Lehrbuch Mikrosystemtechnik

Anwendungen, Grundlagen, Materialien und Herstellung von Mikrosystemen

von
Norbert Schwesinger, Carolin Dehne und Frederic Adler

Oldenbourg Verlag München

Prof. Dr.-Ing. Norbert Schwesinger ist seit 2000 Professor am Fachgebiet Mikrostrukturierte mechatronische Systeme der TU München. Zuvor leitete er zehn Jahre lang das Labor für Mikromechanik/Mikrostrukturtechnik an der TU Ilmenau.

Carolin Dehne, Pädagogin M.A., arbeitete von 2003 bis 2007 als wissenschaftliche Mitarbeiterin am Fachgebiet Mikrostrukturierte mechatronische Systeme der TU München im Bereich Aus- und Weiterbildung in der Mikrosystemtechnik. Zurzeit promoviert sie am Fachbereich Medienpädagogik der Universität Augsburg.

Dipl.-Päd. Frederic Adler ist seit 2004 Doktorand an der Universität Augsburg, Professur für Medienpädagogik, wo er seit 2007 auch als Wissenschaftlicher Mitarbeiter angestellt ist. Zuvor arbeitete er von 2004 bis 2007 als Wissenschaftlicher Mitarbeiter an der TU München am Fachgebiet Mikrostrukturierte mechatronische Systeme.

Bibliografische Information der Deutschen Nationalbibliothek

Die Deutsche Nationalbibliothek verzeichnet diese Publikation in der Deutschen Nationalbibliografie; detaillierte bibliografische Daten sind im Internet über <http://dnb.d-nb.de> abrufbar.

© 2009 Oldenbourg Wissenschaftsverlag GmbH
Rosenheimer Straße 145, D-81671 München
Telefon: (089) 4 50 51- 0
oldenbourg.de

Lektorat: Kathrin Mönch
Herstellung: Anna Grosser
Coverentwurf: Kochan & Partner, München
Gedruckt auf säure- und chlorfreiem Papier
Druck: Grafik + Druck, München
Bindung: Thomas Buchbinderei GmbH, Augsburg

ISBN 978-3-486-57929-1

Vorwort

Ursprünglich war das vorliegende Buch in viel kleinerer Form als Begleitbroschüre zu einem Game-based-learning-Projekt vorgesehen. Das Projekt war im Rahmen der „Aus- und Weiterbildungsnetzwerke für die Mikrosystemtechnik" im Münchner Netzwerk „MunichMicronet" entstanden. Dazu sollte ein Strategiespiel entwickelt werden, das insbesondere an Studierende adressiert war. Diese sollten durch spielerische Interaktion am PC wesentliche Aspekte der Mikrosystemtechnik kennen lernen. In jedem Level sollte dazu ein spezifisches Mikrosystem hergestellt werden. Mit jedem Level war eine Steigerung der Komplexität des zu erstellenden Mikrosystems verbunden. Durch Unterbietung von Zeitvorgaben und richtiges Fertigstellen von Teilabschnitten sollten Bonuspunkte erworben, sollte letztlich das eigene Verständnis von spezifischen Prozesse spielerisch überprüft werden können.

In Vorbereitung des Spiels wurden Fakten und Daten zur Mikrosystemtechnik in beträchtlichem Umfang zusammengetragen. Diese Daten über mikrostrukturierte Grundelemente, Materialien, Prozesse, Qualitätssicherungsverfahren und nicht zuletzt Entwurfsstrategien wurden geordnet, bewertet und systematisiert. Sie wurden in zwei- und mehrdimensionale Matrizen projiziert, um informationstechnisch, im Sinne einer Programmentwicklung, verarbeitet werden zu können. Diese Arbeiten erforderten nicht geringe zeitliche und personelle Aufwendungen, Mühen und Entbehrungen. Kurz vor dem Ende des Projektes zeigte sich jedoch, dass die Entwicklung des (Spiel-)Programms technische und personelle Probleme in einem Maße verursachte, die zum Abbruch dieser Arbeiten führte. Damit war die Arbeit mehrerer Jahre, war die Fortexistenz der gesamten Wissensbasis in Frage gestellt. Um dies zu vermeiden, haben sich die Autoren entschlossen, anstelle der Begleitbroschüre ein umfangreicheres Werk, ein „Lehrbuch Mikrosystemtechnik" zu erstellen und so die gesamte Wissensbasis für Studierende an Hochschulen zur Verfügung zu stellen.

Motivierend war dabei nicht zuletzt die Tatsache, dass ich seit mehr als 10 Jahren Vorlesungen über Mikrosystemtechnik, zuerst an der TU Ilmenau und seit 2000 an der TU München halte.

Außerordentlich glücklich war der Umstand, dass meine Co-Autoren, Pädagogen mit keinerlei technischer Vorbildung, intensiv auf dem Gebiet der effektiven Wissensvermittlung geforscht haben. Diese ungewöhnliche Art einer sehr befruchtenden Zusammenarbeit hat dazu geführt, dass in das Buch nicht nur technische Fakten eingeflossen sind. Die Form und Aufbereitung des Wissens erfolgte auf der Basis neuester pädagogischer Erkenntnisse. Durch die Einführung einer Marginalspalte wird visuell Aufnehmenden das Lernen erleichtert. Schlüsselbegriffe, die in der Marginalspalte aufgeführt sind, werden zu Beginn jedes Kapitels genannt und sind ebenso im Register aufgeführt. Dadurch wird das Auffinden von Sachverhalten sowie die Orientierung im Buch erleichtert. Jedes Kapitel schließt mit einer Zusammenfassung, in der die wesentlichen Zusammenhänge prägnant und stichwortartig wiedergegeben sind. Bei der Angabe der Literaturstellen wird, soweit wie möglich, auf die Benennung spezifischer Fachartikel aus Fachzeitschriften verzichtet, da für Studierende der Zugriff darauf in der Regel schwierig ist. Vielmehr wird auf Fach- und Lehrbücher hingewiesen, die in jeder Hochschulbibliothek vorhanden sein sollten. Die Zusammenarbeit mit den Co-Autoren hat aber auch dazu geführt, dass die Vorstellung auch komplizierter Sachverhalte so verständlich wie möglich erfolgt ist.

Mein besonderer Dank gilt daher meinen Co-Autoren, die durch ihre Impulse ein durch neueste pädagogische Erkenntnisse geprägtes Lehrbuch ermöglichten, die aber auch bei der Sammlung und Aufbereitung der Wissensbasis ein sehr großes Engagement zeigten.

Frau Mönch vom Oldenburg Wissenschaftsverlag gilt unser herzlicher Dank für ihre Geduld bei zeitlichen Verzögerungen und die engagierte Unterstützung bei der Korrektur des Textes.

Meiner Familie möchte ich für das Verständnis danken, das sie mir während der Zeit des intensiven Schreibens entgegen brachte.

München   Norbert Schwesinger

Vorwort

Ursprünglich war das vorliegende Buch in viel kleinerer Form als Begleitbroschüre zu einem Game-based-learning-Projekt vorgesehen. Das Projekt war im Rahmen der „Aus- und Weiterbildungsnetzwerke für die Mikrosystemtechnik" im Münchner Netzwerk „MunichMicronet" entstanden. Dazu sollte ein Strategiespiel entwickelt werden, das insbesondere an Studierende adressiert war. Diese sollten durch spielerische Interaktion am PC wesentliche Aspekte der Mikrosystemtechnik kennen lernen. In jedem Level sollte dazu ein spezifisches Mikrosystem hergestellt werden. Mit jedem Level war eine Steigerung der Komplexität des zu erstellenden Mikrosystems verbunden. Durch Unterbietung von Zeitvorgaben und richtiges Fertigstellen von Teilabschnitten sollten Bonuspunkte erworben, sollte letztlich das eigene Verständnis von spezifischen Prozesse spielerisch überprüft werden können.

In Vorbereitung des Spiels wurden Fakten und Daten zur Mikrosystemtechnik in beträchtlichem Umfang zusammengetragen. Diese Daten über mikrostrukturierte Grundelemente, Materialien, Prozesse, Qualitätssicherungsverfahren und nicht zuletzt Entwurfsstrategien wurden geordnet, bewertet und systematisiert. Sie wurden in zwei- und mehrdimensionale Matrizen projiziert, um informationstechnisch, im Sinne einer Programmentwicklung, verarbeitet werden zu können. Diese Arbeiten erforderten nicht geringe zeitliche und personelle Aufwendungen, Mühen und Entbehrungen. Kurz vor dem Ende des Projektes zeigte sich jedoch, dass die Entwicklung des (Spiel-)Programms technische und personelle Probleme in einem Maße verursachte, die zum Abbruch dieser Arbeiten führte. Damit war die Arbeit mehrerer Jahre, war die Fortexistenz der gesamten Wissensbasis in Frage gestellt. Um dies zu vermeiden, haben sich die Autoren entschlossen, anstelle der Begleitbroschüre ein umfangreicheres Werk, ein „Lehrbuch Mikrosystemtechnik" zu erstellen und so die gesamte Wissensbasis für Studierende an Hochschulen zur Verfügung zu stellen.

Motivierend war dabei nicht zuletzt die Tatsache, dass ich seit mehr als 10 Jahren Vorlesungen über Mikrosystemtechnik, zuerst an der TU Ilmenau und seit 2000 an der TU München halte.

Außerordentlich glücklich war der Umstand, dass meine Co-Autoren, Pädagogen mit keinerlei technischer Vorbildung, intensiv auf dem Gebiet der effektiven Wissensvermittlung geforscht haben. Diese ungewöhnliche Art einer sehr befruchtenden Zusammenarbeit hat dazu geführt, dass in das Buch nicht nur technische Fakten eingeflossen sind. Die Form und Aufbereitung des Wissens erfolgte auf der Basis neuester pädagogischer Erkenntnisse. Durch die Einführung einer Marginalspalte wird visuell Aufnehmenden das Lernen erleichtert. Schlüsselbegriffe, die in der Marginalspalte aufgeführt sind, werden zu Beginn jedes Kapitels genannt und sind ebenso im Register aufgeführt. Dadurch wird das Auffinden von Sachverhalten sowie die Orientierung im Buch erleichtert. Jedes Kapitel schließt mit einer Zusammenfassung, in der die wesentlichen Zusammenhänge prägnant und stichwortartig wiedergegeben sind. Bei der Angabe der Literaturstellen wird, soweit wie möglich, auf die Benennung spezifischer Fachartikel aus Fachzeitschriften verzichtet, da für Studierende der Zugriff darauf in der Regel schwierig ist. Vielmehr wird auf Fach- und Lehrbücher hingewiesen, die in jeder Hochschulbibliothek vorhanden sein sollten. Die Zusammenarbeit mit den Co-Autoren hat aber auch dazu geführt, dass die Vorstellung auch komplizierter Sachverhalte so verständlich wie möglich erfolgt ist.

Mein besonderer Dank gilt daher meinen Co-Autoren, die durch ihre Impulse ein durch neueste pädagogische Erkenntnisse geprägtes Lehrbuch ermöglichten, die aber auch bei der Sammlung und Aufbereitung der Wissensbasis ein sehr großes Engagement zeigten.

Frau Mönch vom Oldenburg Wissenschaftsverlag gilt unser herzlicher Dank für ihre Geduld bei zeitlichen Verzögerungen und die engagierte Unterstützung bei der Korrektur des Textes.

Meiner Familie möchte ich für das Verständnis danken, das sie mir während der Zeit des intensiven Schreibens entgegen brachte.

München   Norbert Schwesinger

Inhalt

1 Einführung und Anwendungen

1.1 Was ist Mikrosystemtechnik?

	Was ist Mikrosystemtechnik (MST)?
MST im Alltag	Heutzutage ist jeder Mensch von zahlreichen Mikrochips umgeben. Die meisten tragen kleine Mikro-Prozessoren in ihrem Handy mit sich herum, wissen aber auch von dem leistungsfähigen Prozessor in ihrem Computer. Neben der Vielfalt an Mikrochips in einem einzigen PC finden sich diese aber in so gut wie jedem elektronischen Gerät vom Videorekorder, über den Anrufbeantworter bis hin zu Küchengeräten. Alle diese Chips sind sehr klein und werden in Mikroelektronik gefertigt. Die Mikroelektronik hat viele Gemeinsamkeiten mit der Mikrosystemtechnik: Unter einem Mikrosystem versteht man ein sehr kleines Bauteil, das im besten Fall Sensoren, elektronische Verarbeitung der Daten und eine physikalische Aktion (Aktorik) miteinander verbindet. Die Verbindung zwischen Mikroelektronik und Mikrosystemtechnik ist die elektronische Verarbeitung von Signalen: Ein Mikroprozessor, z.B. ein Taschenrechner, nimmt die Eingaben in elektronischer Form von den Tasten des Geräts an, berechnet die gewünschte Operation und gibt das Ergebnis elektronisch auf das optische Display aus. Hier ist also, bis auf die optische Wiedergabe, alles elektronisch. Ein Mikrosystem dagegen verwandelt Energie bzw. Signale einer Domäne (mechanisch, elektrisch, magnetisch …) stets in Energie oder Signale einer anderen Domäne. Dabei gibt es zwei Richtungen, die zu einem theoretisch vollwertigen Mikrosystem gehören: Von anderen physikalischen Größen in elektrische Energie (Sensorik) und von elektrischer Energie in andere physikalische Größen (Aktorik). In der Praxis finden sich in Mikrosystemen selten beide Richtungen vereint, da solche Systeme sehr komplex wären.
Mikrosysteme	Die Gemeinsamkeit von Mikrosystemen liegt darin, dass verschiedene Funktionen, Komponenten, Materialien und Technologien in einem System miteinander verbunden werden. Die Mikrosystemtechnik vereint unterschiedliche Basistechnologien wie Mechanik, Optik oder Fluidik und Elektronik. Vorteil von Mikrosystemen ist, dass sie aufgrund ihrer geringen Größe Platz und Gewicht einsparen.

Beispiel für ein bekanntes Mikrosystem sind Airbag-Sensoren, die den Airbag bei einem Unfall auslösen: Das Mikrosystem ermittelt das Ausmaß der physikalischen Größe „Verzögerung" mit einem Sensor und stellt dabei fest, ob das Ausmaß so kritisch ist, dass der Airbag ausgelöst werden muss. Als Sensor wird z.B. eine Metallmasse an einer sehr dünnen Zunge genutzt, die sich durch Masseträgheit weiter in Fahrtrichtung bewegt, wenn das Fahrzeug gebremst wird. Die Besonderheit der sehr geringen Größe dieses Sensors ist, dass sich die Metallmasse nur bei starken Verzögerungen wie einem Auffahrunfall bewegt, nicht aber bei einer normalen oder starken Bremsung des Fahrzeuges. Moderne Airbag-Sensoren erfassen noch mehr Daten, wie z.B. die Richtung des Aufpralls, um den Airbag nur in geeigneten Situationen auszulösen. Derartige Mikrosysteme finden sich zunehmend in modernen Fahrzeugen: Anti Blockier System (ABS), Anti Schlupf Regelung (ASR) und Elektronisches Stabilitätsprogramm (ESP) sind bekannte Beispiele. „Mikro" sind diese Systeme, weil sie extrem klein sind, damit kaum Gewicht, aber dennoch eine hohe Empfindlichkeit bezüglich der zu detektierenden Signale besitzen.

Auch in der anderen Richtung (Umwandlung elektrischer Energie in eine andere physikalische Größe) gibt es ein sehr bekanntes Beispiel: Der Druckkopf eines Tintenstrahldruckers. Hier sorgt ein Mikrosystem für den Auswurf des Tintentropfens. Entsprechend der elektronischen Signale, die der Computer für einen Ausdruck ausgibt, wird durch das Mikrosystem die erforderliche Tintenmenge für das entsprechende Druckbild auf dem Papier in Form kleiner Tropfen ausgegeben. Dazu kann im Mikrosystem z.B. eine kleine Druckkammer, die aus dem Tank der Patrone gefüllt wird, impulsartig verkleinert werden. Die Verkleinerung des Volumens kann durch den inversen piezoelektrischen Effekt hervorgerufen werden, bei dem durch das Anlegen einer elektrischen Spannung an ein piezoelektrisches Material dessen mechanische Verformung auftritt. Durch geschickte konstruktive Anordnung kann dies zur Verkleinerung des Kammervolumens genutzt werden. Das plötzlich verringerte Kammervolumen führt zum Verdrängen von Tinte aus der Kammer. Eine andere Möglichkeit ist es, einen Teil der Tinte sehr stark zu erhitzen. Dadurch kommt es zum Verdampfen der Tinte. Die verdampfte Tinte hat ein viel größeres Volumen als die flüssige und verdrängt dadurch die Tinte aus der Kammer. Das Resultat ist in beiden Fällen gleich – es werden Tintentropfen freigesetzt, die sich bei entsprechender konstruktiver Ausführung in Richtung des zu bedruckenden Papiers bewegen. Dabei ist der Durchmesser der Tropfen so klein (30µm…60µm), dass man getrost von Mikrotechnik sprechen kann.

Wie groß sind Mikrosysteme?

Wie kann man nun ein so kleines Bauteil mit vielen Funktionen herstellen? Klein bedeutet hier, dass ein Mikrosystem nicht größer als eine Geldmünze ist. Zumeist sind die Systeme noch viel kleiner, so dass ihre Dimensionen in Mikrometern angegeben werden. Die notwendige elektrische Kontaktierung des Mikrosystems lässt es dann deutlich größer erscheinen, da gebräuchliche Kabelanschlüsse Makrodimensionen besitzen. Im Innern besitzen die Mikrosysteme aber noch Strukturen entsprechend ihrer Funktion. Zur Herstellung dieser Strukturen können keine herkömmlichen Werkzeuge, wie z.B. in der Feinwerktechnik, verwendet werden. Mit Hilfe verschiedener Mikrotechnologien werden die sehr kleinen Bauteile auf ein Basismaterial aufgebracht oder aus ihm herausgearbeitet.

Allgemein erfolgt die Entwicklung und Fertigung von Mikrosystemen in folgenden Schritten:

Herstellung von Mikrosystemen

1) Definition der Aufgabe und Auswahl eines physikalischen Effekts, der die Erfüllung der Aufgabe ermöglicht (z.B. Verdampfung von Tinte für das Ausstoßen eines Tropfens)

2) Entwicklung einer dreidimensionalen konstruktiven Lösung (z.B. Druckkammer mit Heizelement, Düse), die den Aufbau des Mikrosystems einschließlich der notwendigen Interfaces zeigt (z.B. elektrische und fluidische Verbindungstechnik)

3) Transformation des dreidimensionalen Aufbaus in ein zweidimensionales Layout der einzelnen Bearbeitungsebenen

4) Auswahl der zu verwendenden Materialien

5) Herstellung der Strukturen der einzelnen Bearbeitungsebenen

6) Konfektionierung der Mikrosysteme, d.h. Verbinden der Ebenen, Heraustrennen der Mikrosysteme (Chips) aus dem Waferverbund, Einhausung des Mikrosystems und Gestaltung der Interfaces

Nachdem die Aufgabe des Systems geklärt ist, werden vor Beginn der Herstellung eines Mikrosystems zunächst physikalische Effekte ausgewählt, mit denen die gewünschte Funktion erzielt werden kann. Dazu kann entweder aus Erfahrungen geschöpft, es können bekannte Datenbanken eingesetzt oder es können systematisierte Techniken, die zur Entwicklung innovativer Lösungen beitragen sollen, genutzt werden. Das Resultat dieser Auswahl ist in der Regel ein Effekt, bei dem die Größe aus einer Domäne in eine Größe einer anderen Domäne umgewandelt wird. Das körperliche Objekt der Wandlung wird durch den Wandler repräsentiert.

Um z.B. Bewegung zu detektieren, kommen Wandler zu Einsatz, die eine physikalische Größe in eine andere, vorwiegend elektrische Größe umwandeln. So kann z.B. die Bewegung einer Trägheitsmasse in ein elektrisches Signal umgewandelt werden. Dieses wird ausgewertet, um zu entscheiden, ob ein Airbag ausgelöst wird. Im Tintendruckkopf führt ein elektrisches Steuersignal des Computers zum Freischalten eines Stromimpulses. Dadurch können ein Heizelement erhitzt, geringe Tintenmengen verdampft und weitere Tintenmengen ausgestoßen werden. Wandler werden in Sensoren, Generatoren und Aktoren unterschieden. Sensoren wandeln physikalische Größen in elektrische Signale um. Generatoren funktionieren wie Sensoren, nur wird die dabei erzeugte Energie nicht ausgewertet, sondern zum Betrieb, z.B. von Mikrosystemen, verwendet. Aktoren wandeln elektrische Signale in eine andere physikalische Größe um.

Wenn ein geeigneter physikalischer Effekt ausgewählt wurde, erfolgt die konstruktive dreidimensionale Umsetzung. Man bezeichnet dies als den Entwurf des Mikrosystems. Hierfür können eine Reihe typischer mikrostrukturierter Grundelemente wie Platten, Membranen, Balken, Stäbe, Vertiefungen genutzt werden. Das Ergebnis ist ein dreidimensionaler Entwurf eines Mikrosystems. Die Herstellung des Mikrosystems erfolgt in der Regel mit Prozessen, die nur in eine Raumrichtung wirken. Damit lassen sich Bearbeitungsebenen festlegen. Diese Bearbeitungsebenen sind flächenhafte, also zweidimensionale Gebilde, die bestimmte geometrische Daten enthalten. Die wesentlichen Bearbeitungsschritte sind a) in die Tiefe ätzen, b) in die Höhe auftragen, c) lokale Veränderung spezifischer Eigenschaften. Die geometrischen Daten geben vor, wo bearbeitet wird und wo keine Bearbeitung erfolgt. Für jeden Bearbeitungsschritt zur Herstellung eines Mikrosystems ist daher ein geometrisches Abbild (Layout) zu erstellen, das die entsprechenden Daten der Bearbeitungspositionen enthält. Dabei muss bereits festgelegt sein, welche Werkstoffe für das Mikrosystem eingesetzt werden.

Als Basis für jedes Mikrosystem werden Substratmaterialien verwendet, auf die andere Materialien aufgebracht werden oder in die Strukturen oder andere Materialien eingebracht werden. Das bekannteste Basismaterial ist Silizium, das mit hoher Perfektion und in großer Menge hergestellt werden kann. Es verfügt über Eigenschaften, die für die Herstellung von Mikrosystemen von großer Bedeutung sind. Silizium allein deckt aber nicht den gesamten Bereich möglicher Wandler ab. Je nach Aufgabenstellung werden daher auch Glas, Quarz, Keramik, Metalle oder Kunststoffe (Polymere) als Substratmaterialien verwendet. Wenn Strukturen nicht in das Basismaterial eingebracht werden (durch Ätzen), können andere Stoffe als Funktions- oder Hilfswerkstoffe aufgebracht werden. Sie können dann Grundelemente (z.B. Balken, Stäbe, Platten oder Membranen) bilden. In der Regel wird durch diese Stoffe die Funktion (der Effekt) des Mikrosystems sichergestellt. Daher werden sie auch als Funktionswerkstoffe bezeichnet. Ihre Eigenschaften unterscheiden sich meist erheblich von denen des Substratmaterials. Allerdings müssen sie bestimmte Anpassungsbedingungen an das Substratmaterial erfüllen. Typische Funktionswerkstoffe zeichnen sich beispielsweise durch folgende Eigenschaften aus: hohe spezifische elektrische Leitfähigkeit, hohe thermische Leitfähigkeit, magnetische Permeabilität, Piezoresistivität …

Hilfswerkstoffe sind nicht dauerhafter Bestandteil des Mikrosystems. Sie werden nur zwischenzeitlich verwendet, um bestimmte Prozessschritte zu unterstützen, werden später aber wieder entfernt.

Zur Herstellung eines Mikrosystems existiert eine Vielzahl unterschiedlicher Prozesse, die alle den Hauptbearbeitungsschritten zugeordnet werden können. Lokale Veränderungen der Eigenschaften des Basismaterials werden durch chemische und physikalische Prozesse (Oxidation, Diffusion) im Basismaterial in Verbindungen mit anderen Stoffen realisiert. Um andere Stoffe auf Substratmaterialien aufzubringen, werden chemische oder physikalische Abscheidetechniken aus der Gasphase eingesetzt. Aus der flüssigen Phase erfolgt die Abscheidung mittels galvanischer Verfahren oder durch Spin-coat-Techniken. Zum Einbringen von Strukturen in das Basismaterial werden chemische Nass- und Trockenätzprozesse eingesetzt, die je nach Ätzdauer unterschiedlich tiefe Strukturen im Substratmaterial hinterlassen. Zur gezielten Steuerung des Ätzvorganges werden Schutzschichten aufgebracht, die das Ätzen an ausgewählten Stellen verhindern. Durch alternative Mikrostrukturierungsverfahren werden vorwiegend in mechanischer Bearbeitung Strukturen im Substratmaterial erzeugt (Spritzgießen, -prägen, spanabhebende Verfahren). Laserablation und Funkenerosion ergänzen die Möglichkeiten der Mikrostrukturierung bestimmter Substratmaterialien.

Wesentlicher Bestandteil der Fertigung von Mikrosystemen ist die kontinuierliche Kontrolle der Prozesse und der Prozessergebnisse. Auf Grund der hohen Produktvielfalt ist meist die Entwicklung geeigneter spezifischer Messtechniken erforderlich, wenn neue innovative Mikrosysteme hergestellt werden sollen.

Mit der Konfektionierung eines Mikrosystems erhält dieses, falls nötig, sein Gehäuse und zwingend seine Interfaces zur Umgebung. Da Mikrosysteme in der Regel nicht einzeln hergestellt, sondern hochproduktiv im Batch gefertigt werden (viele gleiche Systeme auf einem Wafer oder einer Scheibe des Basismaterials), müssen diese durch geeignete Trennverfahren (Sägen) vereinzelt werden. Danach erfolgt die Fixierung auf einem Träger, die Einhausung und die Kontaktierung der Mikrosysteme.

Modellierung und Simulation als Bestandteile des Entwurfs von Mikrosystemen haben insbesondere dann große Bedeutung, wenn bereits Messdaten von Prototypen vorliegen, wenn es darum geht, die Leistungsgrenzen des Mikrosystems zu erreichen.

1.2 Beispiele für Anwendungsgebiete

Mikrosystemtechnik im Einsatz

Die Mikrosystemtechnik ist inzwischen im Alltag allgegenwärtig. Unternehmen nutzen zunehmend die MST für die Entwicklung neuer oder zur Verbesserung bestehender Produkte und Verfahren. Es existiert bereits eine Vielzahl von Geräten und Anwendungen, in denen Mikrosysteme eine zentrale Rolle spielen. Man findet Mikrosysteme unter anderem in der Kommunikationstechnik, im Maschinen- und Anlagenbau, in der Umwelttechnik, der Chemie und Pharmazie, der Energietechnik, der Logistik, der Haus- und Gebäudetechnik, im Automobilbau und in der Medizintechnik. Im Folgenden werden einige Beispiele genannt (BMBF, 2007; http://www.bmbf.de/de/5701.php).

Automobilelektronik und Transportsysteme

Mikrosystemtechnik ist überall dort zu finden, wo Technik, Menschen und auch Warenströme mobil sind. Beispiele in denen MST zu finden ist, sind energieautarke Mikrosysteme oder Assistenzsysteme für den Autofahrer, die dessen Sicherheit im Straßenverkehr erhöhen. Systeme zur Fahrerassistenz (Airbagsensor, Anti-collision-Sensor) erhöhen die Sicherheit der Verkehrsteilnehmer und tragen dazu bei, die Unfallzahlen und ihre Folgen zu verringern. Die Systeme funktionieren auch dann zuverlässig, wenn die Leistungsfähigkeit des Fahrers absinkt (BMBF, 2007).

Systemintegration

Ein weiteres Gebiet der Mikrosystemtechnik ist die Systemintegration. Unter Systemintegration versteht man das Verbinden verschiedener MST-Komponenten zu einem intelligenten Gesamtsystem. Themen sind hierbei beispielsweise die Aufbau- und Verbindungstechnik, die Mess- und Prüftechniken sowie Simulationen. Organische Funktionssysteme aus dem Bereich der Biologie ermutigen zu weitreichenden Analogien und ermöglichen vielfältige Kombinationen von einzelnen Komponenten in komplexen Mikrosystemen, z.B. von Sensorik oder Aktorik mit Fluidik und Logik. Auf dieser bionischen Grundlage können neuartige Mikrosysteme aus Aktoren, geeigneten Sensoren der Auswerte- und der Kommunikationselektronik entstehen.

Häufig wird MST auch in der Medizintechnik eingesetzt. Die Anwendungsfelder in der Medizintechnik sind vielfältig. Anwendungsgebiete sind Gesundheitsvorsorge, Diagnose sowie individualisierte Therapie von Krankheiten und der Einsatz von intelligenten Implantaten. Der Gesundheitszustand von Patienten kann mit Monitoring-Systemen überwacht werden (BMBF, 2007). Beispiele für intelligente Implantate sind Herzschrittmacher sowie Cochlea-Implantate im Innenohr, die gehörlosen Menschen das Hörvermögen zurückgeben. Mit intelligenten Komponenten ausgestattete Implantate ermöglichen genauere Diagnoseverfahren und wirksamere Therapien als herkömmliche Medizinprodukte (BMBF, 2007).

1.3 Aufbau des Buches

Aufbau des Buches

Struktur des Buches

Das Buch soll dem Leser die Möglichkeit geben, schnell etwas nachzuschlagen, bzw. als Orientierungshilfe bei Fragen dienen, ohne lange suchen zu müssen oder gleich das gesamte Buch von Anfang bis Ende durchzulesen.

Um dem Leser einen möglichst schnellen und einfachen Zugriff bzw. Überblick zu den gesuchten Informationen zu geben, besitzt das Buch mehrere Nachschlagefunktionen:

Am Anfang jedes neuen Kapitels sind die relevanten Schlüsselwörter des kommenden Kapitels vermerkt. Der Leser kann bei Bedarf die Schlüsselwörter durchlesen und somit gezielt Informationen zu den einzelnen Kapiteln finden.

Zur weiteren Veranschaulichung befindet sich jeweils am äußerem Rand der Buchseite eine so genannte Marginalspalte, in der der Leser notwendige Textinformationen über die einzelnen Passagen erhält. Zudem sind der Inhalt der Marginalspalten und die Schlüsselwörter identisch. So kann ein Schlüsselwort und somit die gesuchte Textstelle leichter im Fließtext gefunden werden.

Am Ende der Kapitel befindet sich jeweils noch der Absatz „Merke", in dem die wichtigsten Informationen stichpunktartig zusammengefasst worden sind. Damit herhält der Leser einen Überblick über die relevanten Informationen des Kapitels.

inhaltlicher Aufbau	Inhaltlich geht das Buch in *Kapitel 2* auf die *mechanischen Grundelemente*, wie Balken und Brücken, *in Kapitel 3* auf die *fluidischen Grundelemente*, wie Mikrokanäle und Mikroventile, ein. Die Beschreibung von sensorischen, generatorischen, aktorischen und mehrstufig sensorischen *Wandlern* findet sich in *Kapitel 4*.

Kapitel 5 des Buches ist den Materialen in der Mikrosystemtechnik gewidmet. Es wird auf die *Basis-/Substratmaterialien* eingegangen. Dazu werden beispielsweise die Herstellung von Silizium-Wafern und die Charakterisierung von Silizium erläutert. Weiter werden Materialien wie Glas und Quarzglas, Keramiken und piezoelektrische Materialien, Metalle, Schichtwerkstoffe, Polymere und Lote näher charakterisiert.

Herstellungsverfahren für Mikrokomponenten werden in *Kapitel 6* beschrieben. Es werden Informationen über die Verfahren zur Strukturübertragung, die Prozesse zur Beeinflussung der Substrateigenschaften, Plasmaprozesse, Schichtabscheidungsverfahren sowie Strukturierungsverfahren gegeben. *Kapitel 7* befasst sich mit der *Konfektionierung* der Mikrokomponenten, wie beispielsweise mit der Aufbautechnik Waferlevel und Chiplevel. In *Kapitel 8* erhält der Leser Einblicke in die *Mess- und Prüftechnik* von Mikrosystemen. Abschließend werden in *Kapitel 9 Entwurf und Entwicklung von Bauelementen*, die Umsetzung von Wirkprinzipien und der effektive Materialeinsatz diskutiert.

2 Mechanische Grundelemente

2.1 Balken und Stäbe; Lager

	Schlüsselbegriffe
	Stäbe, Balken, Brücken, Normal- und Schubspannung, Spannungstensor, Dehnung des Balkens in Achsrichtung, Hookesches Gesetz, Verhalten von Silizium bei Dehnung, Querkontraktion, Poisson-Zahl, Torsion von Stäben, Torsionsträgheitsmomente verschiedener Querschnittsformen, Biegung von Balken, Flächenträgheitsmomente verschiedener Balkenquerschnitte, maximale Auslenkung, Ermitteln der Bieglinie, neutrale Faser, beidseitige Einspannung, maximale Brückenauslenkung, Biegefestigkeit von Silizium, Weibull-Statistik, Einsatz von Si als Biegebalken, nasschemische Herstellung, trockenchemische Herstellung, Schichtmaterial als Balken, Belastung von Si-Balken, E-Moduli, zulässige Dehnung von Si, Loslager, Festlager, Einspannung

	Definitionen
Stäbe, Balken und Brücken	Unter Balken und Stäben sind linienförmige mechanische Grundelemente zu verstehen, die sich dadurch auszeichnen, dass sie Dimensionen aufweisen, die in einer Raumrichtung deutlich größer sind als in anderen Raumrichtungen. Sie sind einseitig fest verankert und besitzen ein freies Ende. Beim Einwirken einer äußeren Kraft auf das Ende kann es zu verschiedenen Reaktionen kommen:

a) Das freie Ende wird in Achsrichtung mit einer Druck- oder Zugkraft beansprucht. Dadurch kommt es zu einer Stauchung oder Streckung des Elementes.

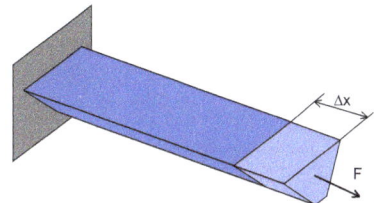

b) Das freie Ende wird mit einem Dreh-
moment beansprucht. Dadurch erfährt
der Körper eine Torsion, d.h. er wird um
seine Längsachse verdreht.

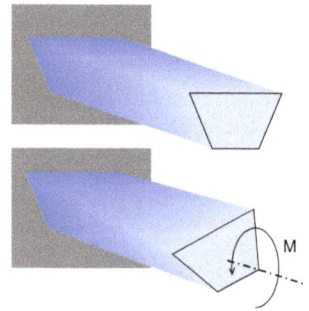

In beiden Fällen bleibt die Längsachse in
ihrer Richtung bestehen. Man spricht deshalb auch von *Stäben*.

c) Wird das freie Ende hingegen mit einer Kraft beansprucht, die Komponenten senkrecht zur Längsach-
se besitzen, dann kommt es zur
Verbiegung des Körpers bzw.
Auslenkung w der Längsachse.

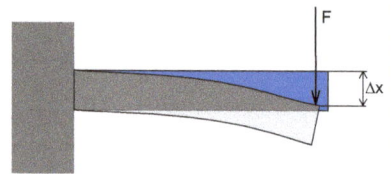

Man spricht in diesem Belastungsfall
von *Balken*.

d) Wenn anstelle der einseitigen eine zweiseitige Einspannung vorliegt
so dass die linienförmigen Strukturen an beiden Enden fixiert sind
dann spricht man von *Brücken*. Brü-
cken können Lasten aufnehmen, die
senkrecht zu ihrer Längsachse auftreten. Dabei kommt es zur Auslenkung und Verbiegung.

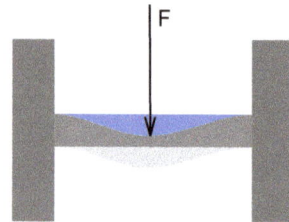

Während im Fall a) eine Streckung des
Balkens entlang der Längsachse auftritt,
werden in den beiden Belastungsfällen c) und d) Verbiegungen induziert.
Im Fall b) erfolgt die Verdrehung des Balkens. Allen Belastungen ist ge-
meinsam, dass infolge der äußeren Kräfte im Inneren des Balkens Spannungen σ aufgebaut werden. Diese Spannungen σ wirken der äußeren
Kraft F entgegen. Die Spannungen σ können als Kräfte F_i aufgefasst werden, die über einer definierten Fläche A_i wirken. Man kann also allgemein
schreiben:

$$\sigma = \frac{F_i}{A_i}$$

Stehen die Kräfte F_i senkrecht auf der entsprechenden Fläche A_i, dann
spricht man von Normalspannungen σ. Verlaufen die inneren Kräfte F_i
parallel zu den Flächen A_i dann spricht man von Schubspannungen τ. In
einem kartesischem Koordinatensystem können bei Belastung somit folgende Spannungen existieren:

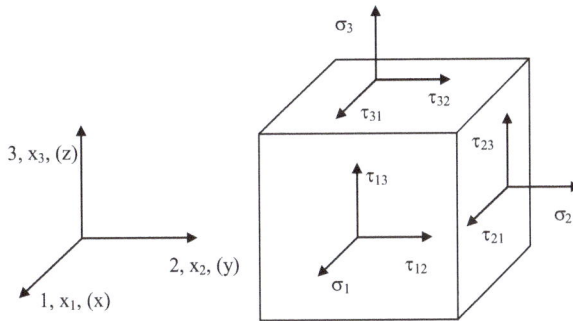

Dabei werden ausschließlich Flächen betrachtet, die jeweils senkrecht zur Richtung der Koordinatenachsen stehen. Man erhält in diesem einfachen Fall einen Spannungstensor S.

Spannungstensor

$$S = \begin{vmatrix} \sigma_x & \tau_{xy} & \tau_{xz} \\ \tau_{yx} & \sigma_y & \tau_{yz} \\ \tau_{zx} & \tau_{zy} & \sigma_z \end{vmatrix}$$

Dabei ergibt der Spannungstensor skalar multipliziert mit dem Flächevektor den Kraftvektor bezogen auf die Flächeneinheit. Spannungstensoren lassen sich jedoch auch für beliebig angeordnete Flächen definieren. Die Tensorschreibweise hat hierbei den Vorteil, dass man Spannungszustände zunächst ohne Festlegung des Koordinatensystems definieren kann. Nach Herleitung der Komponentengleichungen erfolgt dann eine Anpassung an die jeweilige Geometrie der Anordnung.

Zug-Druck-Beanspruchung

Betrachtet man ein Balkenelement, so kann man sich vorstellen, dass Kräfte, die an ihm angreifen, eine unterschiedliche Wirkung besitzen, wenn sich die Angriffspunkte der Kräfte unterscheiden und wenn die Lagerung des Balkens unterschiedlich ist. Die folgenden Bilder sollen dies verdeutlichen.

Dehnung des Balkens in Achsrichtung

Wie aus den obigen Beispielen zu sehen ist, erfolgt bei der ersten Anordnung (Fall a)) eine Dehnung ε in Achsrichtung.

$$\varepsilon_1 = \frac{\Delta l}{l}$$

wobei l die Ausgangslänge des Balkens ist.

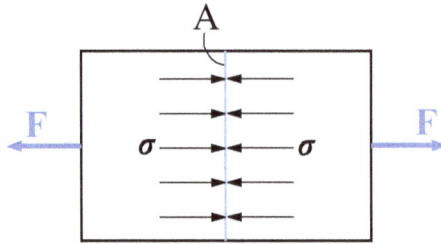

Schneidet man eine Fläche senkrecht zur Achsrichtung heraus, dann ergeben sich ausschließlich Spannungen in Normalenrichtung. Diese Spannungen werden als Zugspannungen bezeichnet. Durch die externe Kraft F wird der Balken aber auch gedehnt. Dabei gibt es in bestimmten Grenzen einen linearen Zusammenhang zwischen der Zugspannung σ und der Dehnung ε des Balkens. Man kann also schreiben $\sigma \sim \varepsilon$. Als Proportionalitätsfaktor kann hier ein Materialparameter eingesetzt werden. Dieser ergibt sich dadurch, dass beim Verschwinden der äußeren Belastung und damit auch der Spannung σ die Dehnung ε gegen null geht, d.h. verschwindet. Das Material reagiert also elastisch und kehrt in den Ausgangszustand zurück. Der Materialparameter ist der Elastizitätsmodul E. Somit gilt in Grenzen

Hookesches Gesetz

$$\sigma = E \cdot \varepsilon$$

Diese lineare Beziehung wird auch als Hookesches Gesetz bezeichnet. Die Grenzen werden dabei dadurch definiert, dass es sich ausschließlich um elastische Verformungen handelt. Erlangt der Balken nach Entfernung der mechanischen Belastung F nicht mehr seine Ausgangslage, so liegt eine plastische Verformung vor und der Zusammenhang von Spannung und Dehnung wird nichtlinear.

Verhalten von Silizium bei Dehnung

Silizium, als ein Grundmaterial der Mikrotechnik, bricht beim Überschreiten einer kritischen Dehnung ohne sich vorher plastisch zu verformen. Daher werden in technischen Mikrosystemen mit Silizium nur Belastungen im Bereich der elastischen Verformung angewendet. Da keine plastische Verformung auftritt, zeigt Silizium im Bereich der elastischen Verformung keine Ermüdung. Dies ist ein wesentlicher Grund für seinen Einsatz in mikrostrukturierten mechanischen Bauelementen. Andere Materialien, z.B. Metalle, können über die kritische Dehnung hinaus belastet werden. Sie zeigen dann ein Fließverhalten, das durch plastische Verformungen gekennzeichnet ist. Allerdings kehren sie dann nicht wieder in den Ausgangszustand zurück. Da geringförmige plastische Verformung bei den meisten Materialien nicht unmittelbar zum Bruch führt, sind Überbeanspruchungen möglich, eine Ermüdungsfreiheit ist aber nicht gegeben.

Querkontraktion

Neben der Dehnung des Balkens in Achsrichtung findet gleichzeitig eine Reduzierung der Balkendimension in den beiden anderen Raumrichtungen statt. Man spricht in diesem Fall von einer Querkontraktion. Als Maß für diese Querkontraktion dient die Querkontraktionszahl ν oder Poisson-Zahl. Diese ist definiert als das Verhältnis der Dimensionsänderung ε_q quer zur Längsachse bezogen auf die Längendehnung ε_l:

Poisson-Zahl	$\nu = -\dfrac{\varepsilon_{jq}}{\varepsilon_l}$ j – Raumrichtung 2 oder 3

Für übliche Materialien nimmt die Querkontraktionszahl Werte zwischen 0,1 und 0,4 an. Die Querkontraktionszahl ist insbesondere von Bedeutung, wenn Schubspannungen auftreten. Mit ihrer Hilfe lässt sich das Schubmodul G berechnen:

$$G = \frac{E}{2(1+\nu)}$$

Torsion

Torsion von Stäben	Bei der Betrachtung der Torsion von Stäben werden folgende grundlegende Annahmen getroffen.

a) der Stab ist einseitig fest eingespannt; das Torsionsmoment greift am freien Ende an.

b) Die Stabachse bleibt erhalten; die Drehung der Querschnittsflächen erfolgt um die Stabachse.

Betrachtet man ein Flächenelement des Stabes, so ergeben sich folgende Verhältnisse:

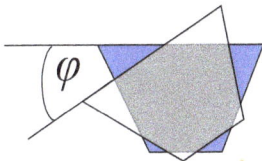

Für ein Stabelement mit der Länge dx ergibt sich damit folgende Beziehung:

$$M = G\,\frac{d\varphi}{dx}\,I_T$$

Dabei sind G der Schubmodul, φ der Verdrehwinkel und I_T das Torsionsträgheitsmoment. Der Schubmodul G ist eine Materialgröße, die wirksam ist, wenn eine Belastung auftritt, die nicht in Richtung der Stabachse gerichtet ist. Als Lösung der Differentialgleichung kann für die gegebenen Annahmen und einen Stab mit der Länge l der Verdrehwinkel ermittelt werden:

$$\varphi = \frac{M \cdot l}{G \cdot I_T}$$

Torsionsträgheitsmomente verschiedener Querschnittsformen	Die Torsionsträgheitsmomente I_T für unterschiedliche Stabgeometrien sind aus der Fachliteratur bekannt. Für einige Querschnitte sind die Torsionsträgheitsmomente in der Tabelle angegeben.

Querschnitt	Trägheitsmoment I_T
	$\dfrac{\pi r^4}{2}$
	$0{,}141 \cdot a^4$

Biegung von Balken

Werden Balken an ihrem freien Ende mit der Kraft F belastet, dann tritt bei entsprechender Größe der Kraft F eine Verbiegung auf. Diese Verbiegung ist mit mechanischen Spannungen und Dehnungen bzw. Stauchungen im Innern des Balkens verkoppelt. Das entsprechende Biegemoment M

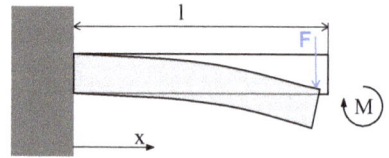

kann unter Berücksichtigung der nebenstehenden Skizze für einen Balken mit der Querschittsfläche A und der Balkendicke h ermittelt werden. Unter der Voraussetzung, dass Momente M positiv entgegengesetzt zum Uhrzeigersinn gezählt werden, ergibt sich allgemein:

$$M = -F(l - x)$$

$$M = \int_A x_2 \, dF$$

$$M = \int_A x_2 \sigma \, dA$$

$$M = \int_A \sigma_1(x_2) x_2 \, dA \quad \text{mit } \sigma_1(x_2) = \sigma_1\left(\frac{h}{2}\right)$$

$$M = \frac{\sigma_1\left(\dfrac{h}{2}\right)}{\dfrac{h}{2}} \int_A x_2^{\,2} \, dA$$

dabei wird der Term $I = \displaystyle\int_A x_2^{\,2} \, dA$ als das Flächenträgheitsmoment I bezeichnet und man erhält:

2 Mechanische Grundelemente

$$M = \frac{\sigma_1\left(\dfrac{h}{2}\right)}{\dfrac{h}{2}} \cdot I$$

Für unterschiedliche Geometrien und Belastungen sind die Flächenträgheitsmomente tabellarisch erfasst und zusammengestellt.

In der Mikrosystemtechnik sind allerdings nur einige wenige Querschnitte technologisch realisierbar. Die entsprechenden Flächenträgheitsmomente für diese Grundstrukturen sind in der folgenden Tabelle wiedergegeben.

Flächenträgheitsmomente verschiedener Balkenquerschnitte

Querschnitt	Flächenträgheitsmomente	
x_2, x_1	Biegung um x_1	Biegung um x_2
Rechteck (b, h)	$\dfrac{b \cdot h^3}{12}$	$\dfrac{b^3 \cdot h}{12}$
Quadrat (a, a)	$\dfrac{a^4}{12}$	$\dfrac{a^4}{12}$
Parallelogramm (b, c, h)	$\dfrac{b \cdot h^3}{12}$	$\dfrac{b \cdot h\left(b^2 + c^2\right)}{12}$

	$\dfrac{h^3\left(b^2+c^2+2bc\right)}{36(b+c)}$	$\dfrac{h(b+c)(b^2+c^2)}{48}$
	$\dfrac{b\cdot h^3}{36}$	$\dfrac{b^3\cdot h}{48}$

freie Auslenkung

Durch das Biegen der Balken verändert das freie Ende seine Ausgangslage. Man bezeichnet dies als die freie Auslenkung, wenn auf den Balken keine Gegenkraft wirkt, die die Auslenkung verhindert. Unter Beachtung der Bernoullischen Hypothese, die annimmt, dass

1. der Balken schubstarr ist, d.h. alle Querschnitte senkrecht auf der Balkenachse stehen, und

2. alle Querschnitte in ihrer Form erhalten bleiben und nur eine Verschiebung und Drehung um einen Winkel ψ erfahren,

Ermitteln der Bieglinie

kann die Biegelinie des Balkens ermittelt werden. Diese ergibt sich zu:

$$w'' = -\frac{M}{E\cdot I}$$

w" ist dabei die 2. Ableitung der Auslenkung und E ist der Elastizitätsmodul des Balkenmaterials.

Das Moment M für einen Balken der Länge l und beliebigen Querschnitt kann für jede Stelle x entlang der Längsachse bestimmt werden.

$$M = -F(l-x)$$

Nach Einsetzen in die Gleichung der Biegelinie und zweifacher Integration erhält man als Lösung:

$$E\cdot I\cdot w = F\cdot\left(l\frac{x^2}{2} - \frac{x^3}{6}\right) + C_1 x + C_2$$

Bei einseitiger Einspannung des Balkens können die Integrationskonstanten C_1 und C_2 ermittelt werden.

Steigung w'(x = 0) = 0
Auslenkung w(x = 0) = 0

Damit werden C_1 und C_2 jeweils gleich 0 und man erhält für die Auslenkung entlang der Achse x:

$$w(x) = \frac{F \cdot l^3}{6 \cdot E \cdot I} \cdot \left(3\frac{x^2}{l^2} - \frac{x^3}{l^3} \right)$$

maximale Auslenkung

Für die maximale freie Auslenkung w_{max} am Balkenende ergibt sich somit

$$w_{max} = \frac{F \cdot l^3}{3 \cdot E \cdot I}$$

Durch das Biegemoment werden innerhalb des Balkens Spannungen aufgebaut, die unterschiedliche Richtung aufweisen. Während der Balken oberhalb der neutralen Faser gestreckt wird, erfährt er unterhalb der neutralen Faser eine Stauchung. Als neutrale „Faser" bezeichnet man die Fläche im Balken, die auch bei Biegebeanspruchung ihre ursprüngliche Länge beibehält. Die Verteilung der Spannungen ist für einen Balkenabschnitt im Bild gezeigt.

neutrale Faser

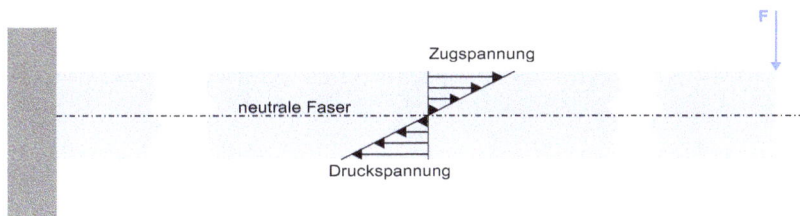

Wird der Balken über seiner gesamten Länge mit einer Kraft belastet, dann liegt eine Flächenlast vor. Dabei entspricht die Flächenlast beispielsweise einem Druck p. Unter derartigen Bedingungen ergibt sich die folgende Beziehung für die Durchbiegung:

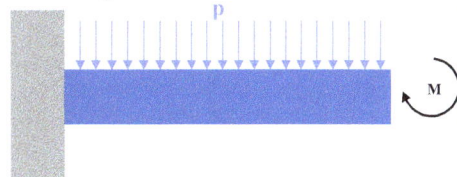

$$w(x) = \frac{p \cdot l^4}{24 \cdot E \cdot I_y} \cdot \left(\left(\frac{x}{l}\right)^4 - 4\left(\frac{x}{l}\right)^3 + 6\left(\frac{x}{l}\right)^2 \right)$$

beidseitige Einspannung

Betrachtet man den am Anfang gezeigten Fall d) näher, so stellt man fest, dass der Balken beidseitig eingespannt ist und die Last in der Mitte des Balkens angreift. Durch diese Art der Belastung wird der Balken sowohl

	auf Zug als auch auf Druck beansprucht. Er verhält sich jedoch nicht wie eine Brücke, bei der zumindest eine Einspannstelle mit einem Gleitlager versehen ist. Diese beidseitige feste Einspannung tritt in der Mikrosystemtechnik sehr häufig auf.
maximale Brückenauslenkung	Für die maximale Auslenkung bei l/2 ergibt sich $$w_{max} = \frac{1}{48} \cdot \frac{F \cdot l^3}{E \cdot I_y}$$ Eine Formel für die Biegelinie dieses 3-fach unbestimmten Systems lautet bei Flächenlast p: $$w(x) = \frac{p \cdot l^4}{E \cdot I_y}\left(\frac{1}{24} \cdot \left(\frac{x}{l}\right)^4 - \frac{1}{12} \cdot \left(\frac{x}{l}\right)^3 + \frac{1}{12} \cdot \left(\frac{x}{l}\right)^2\right)$$
Biegefestigkeit von Silizium	Aus der maximalen Auslenkung lässt sich die Dehnung des Materials ermitteln. Damit ist es möglich, die Festigkeit des Bauteils bei einer gegebenen Belastung zu ermitteln. Problematisch ist dabei jedoch, exakte Werte für die die Biegefestigkeit von Silizium zu erlangen. Obwohl einkristallines Silizium zu den wohl am besten untersuchten Werkstoffen gehört, sind exakte Werte über dessen Biegefestigkeit nicht zu ermitteln. Die Gründe dafür liegen in der Rissentstehung und Rissausbildung. Si-Wafer durchlaufen einen relativ aufwendigen Oberflächenveredlungsprozess. Bei diesem Verfahren kann es zur Ausbildung mikroskopischer mechanischer Fehler kommen, die weit in das Material hineinreichen. Bei mechanischer Belastung können diese Fehlstellen der Ausgangspunkt für die Rissbildung sein. Eine weitere Ursache für die Ausbildung von Fehlstellen liegt in der Strukturierung des Materials mit Hilfe von Ätzprozessen. Hierbei können sehr leicht Kantendefekte generiert werden, die Ausgangspunkte der Rissbildung werden. Da jedoch nicht exakt vorausgesagt werden kann welcher Fehler zum entscheidenden Riss führt, der dann in den Bruch des Materials übergeht, ist die Ermittlung der Bruchfestigkeit ein statistisches Problem. Dazu wird die statistische Bruchwahrscheinlichkeit im Biege-, Zug- oder Druckversuch untersucht. Da Silizium eine sehr hohe Druckfestigkeit besitzt und die Hauptbeanspruchung der Mikrostrukturen bei deren Verbiegung auftreten, ist die Biegebruchfestigkeit des Materials entscheidend für seinen Einsatz.

Bruchstatistik

Bruchwahrscheinlichkeit	Im Bereich der Festigkeitsforschung hat sich hier die Weibull-Statistik etabliert. Bei diesem Verfahren wird aus einer Vielzahl von einzelnen Messungen die Ausfallwahrscheinlichkeit ($F(\sigma)$) über der entsprechenden

mechanischen Spannung aufgetragen. Im doppelt logarithmischen Maßstab erhält man dabei Geraden, die sich durch den 63,2%-Wert und den Anstieg auszeichnen.

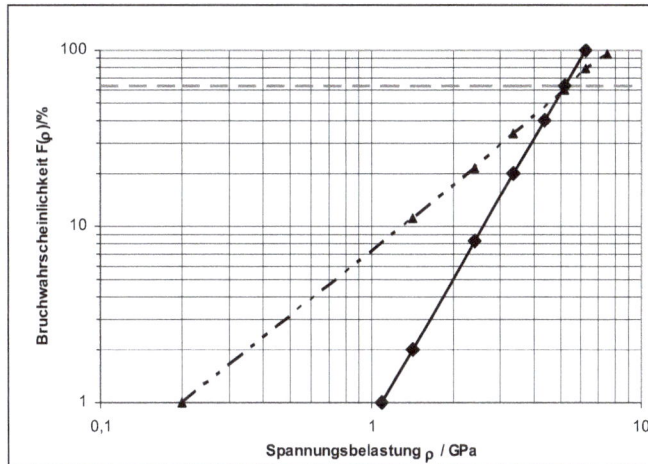

Je steiler der Anstieg der Geraden, umso geringer ist die Ausfallwahrscheinlichkeit bei geringer Belastung. Das Beispiel im Bild verdeutlicht diesen Sachverhalt. Während die durchgezogene Linie geringere Belastungswerte bei der 100%-igen Bruchwahrscheinlichkeit aufweist, ist die Bruchwahrscheinlichkeit unterhalb von 1GPa praktisch null. Bei Proben der strichpunktierten Linie ist bis zu einem Wert von 0,2GPa mit einer merklichen Bruchwahrscheinlichkeit zu rechnen. Die 63,2%-Werte (gestrichelte waagerechte Linie) unterscheiden sich bei beiden Testreihen kaum.

2.1.1 Mikrostrukturierte Si-Balken

Siliizium-Balken

Si als Biegebalken

Balken in der MST

Balken in der Mikrosystemtechnik können grundsätzlich aus verschiedenen Materialien bestehen. Auf Grund seiner mechanisch herausragenden Eigenschaften von Silizium ist dieses Material auch für Mikrobalken von hervorragender Bedeutung. Mikrobalken können mit Hilfe verschiedener Verfahren realisiert werden. Allerdings sind in der Regel mehrere Prozessschritte erforderlich, um die Balken freizulegen. Bei nasschemischen anisotropen Strukturierungen im Volumen sind zwei Ätzschritte nötig, die nacheinander von beiden Seiten des Wafers durchgeführt werden.

Durch die Nutzung trockenchemischer Ätzprozesse kann das Herstellungsverfahren nicht vereinfacht werden. Auch hier sind mindestens zwei Ätzschritte nötig, die ebenso nacheinander von beiden Seiten der Wafer durchgeführt werden. In der Skizze sind die Verfahrensprinzipien gezeigt.

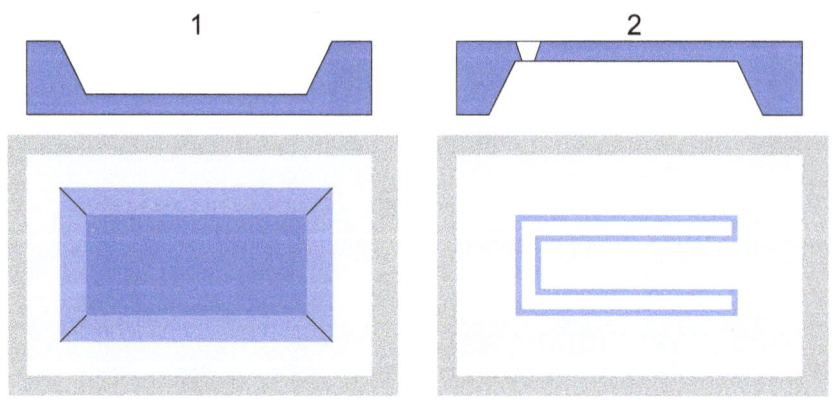

Beim nasschemischen anisotropen Ätzen von (100)-orientierten Si-Wafern wird zuerst eine Grube in das Substrat geätzt. Anschließend erfolgt das Freilegen des Balkens durch einen zweiten Ätzschritt, der von der Rückseite des Substrates erfolgt. Die freigelegten Flächen auf der Vorderseite müssen bei diesem Schritt durch geeignete Passivierungsschichten geschützt werden.

nasschemische Herstellung

Im Falle der trockenchemischen Ätztechnik unterscheidet sich die Herstellung der Balken nur dadurch, dass die entstehenden Kanten nahezu senkrecht zur Oberfläche stehen.

trockenchemische Herstellung

Wesentlich einfacher gestaltet sich die Technologie, wenn Schichtmaterialien als Balken ausgebildet werden. Beim nasschemischen anisotropen Ätzen von (100)-Silizium können Balken bereits mit einem Strukturierungsschritt erzeugt werden. Dabei nutzt man den Effekt des Unterätzens von konvex geformten Ecken. Im Bild ist eine derartige Strukturierung gezeigt.

Schichtmaterial als Balken

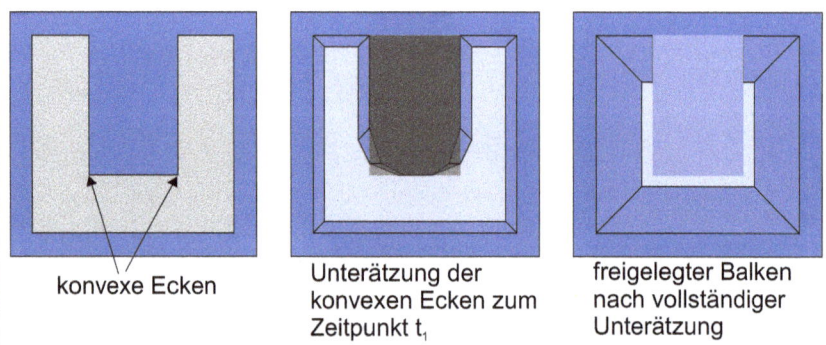

konvexe Ecken

Unterätzung der konvexen Ecken zum Zeitpunkt t_1

freigelegter Balken nach vollständiger Unterätzung

Die beiden konvexen Ecken der Struktur werden mit zunehmender Ätzdauer immer weiter unterätzt. Im Resultat bleibt eine freistehende Balkenstruktur des in diesem Fall verwendeten Maskierungsmaterials. Das Maskierungsmaterial wird hier chemisch nicht oder nur in sehr geringem Maße von der Si-Ätzlösung angegriffen. Typische Maskierungsmaterialien sind in diesem Fall SiO_2 bzw. Si_3N_4.

Balken als Wandler in der MST	Balken an sich werden in der MST kaum verwendet. Vielmehr werden Balken in Kombination mit anderen Materialien, die sich auf den Biegekörpern befinden, genutzt.

Grundsätzlich dienen sie so der Wandlung a) mechanischer Energie in elektrische Energie oder im umgekehrten Fall der Wandlung b) elektrischer Energie in mechanische Energie.

Sie können daher sowohl als Sensoren (a) oder Aktoren (b) genutzt werden. Wesentliche Bedeutung kommt dem Material zu, das sich auf den Balkenstrukturen befindet. Piezoelektrische Materialien können sowohl für den sensorischen als auch den aktorischen Betrieb genutzt werden. Metalle werden in Kombination mit Biegebalken für den aktorischen Betrieb eingesetzt. Piezoresistive Materialien werden in Kombination mit Biegebalken für sensorische Zwecke verwendet. |

Bruchfestigkeit von Silizium

Bruchfestigkeit - Querschnittsfläche	Für Silizium wurde die Biegebruchfestigkeit mit Hilfe der Weibull-Verteilung ermittelt [Frü]. Als Parameter wurde dabei die Querschnittsfläche der untersuchten Proben gewählt. Dabei zeigt es sich, dass die Biege-

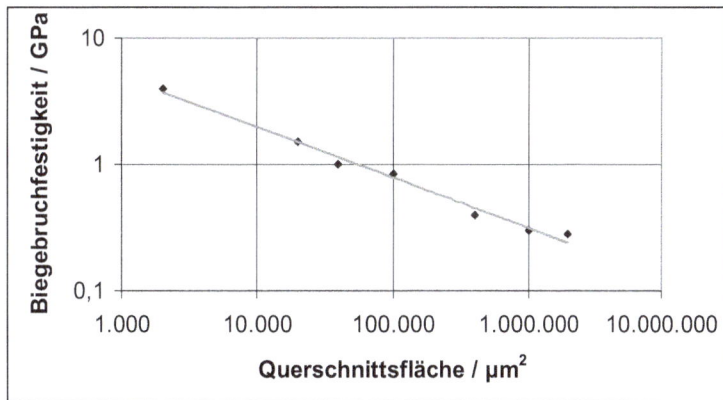

bruchfestigkeit im Mikrobereich deutlich höhere Werte aufweist als im Makrobereich. So können bei sehr kleinen Querschnittsflächen Festigkeitswerte von mehr als 6GPa gemessen werden. Allerdings muss die Auslegung von mikrostrukturierten Bauelementen auf der Basis der niedrigen Bruchwahrscheinlichkeiten erfolgen, d.h. im unteren Bereich der Weibull-Verteilung. Interessant sind in diesem Fall die maximal zulässigen Dehnungen.

E-Moduli und Dehnung von Si	In der Tabelle sind die E-Moduli für unterschiedliche Orientierungen von Silizium aufgeführt. Unter der Voraussetzung einer zulässigen Maximalspannung von $\sigma_{max} = 0,2$GPa sind die entsprechenden Dehnungen ε berechnet.

Si-Orientierung	E-Modul /GPa	ε
<100>	130	0,00153846
<110>	169	0,00118343
<111>	188	0,00106383

Die Dehnung liegt für alle Si-Orientierungen unwesentlich über 1/1000. Führt also eine mechanische Beanspruchung zu Spannungen im Silizium, die es um mehr als 1/1000 dehnen, dann muss mit endlicher Wahrscheinlichkeit mit dem Bruch der Struktur gerechnet werden.

Es ist zu vermerken, dass der Wert der zulässigen Spannung σ_{max} willkürlich und auf der Basis von Erfahrungen gewählt wurde. Im Fall spezieller Anordnungen sind weit davon abweichende Werte nicht auszuschließen.

2.1.2   Lager für mechanische Stellelemente

Fixierung der Grundelemente

unterschiedliche Lagerungen	Für mechanische Stellelemente werden in der Regel Lager benötigt. Diese Lager sind in der Lage, Kräfte oder Momente aufzunehmen. Sie verbinden meist ein bewegliches Teil mit einem festen Teil. Man kann im Wesentlichen zwischen drei verschieden Lagerformen unterscheiden.
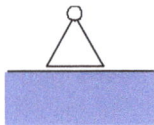 **Loslager**	Das *Loslager* kann die Translation in eine oder mehrere Raumrichtungen sperren, lässt aber eine Bewegung in einer Raumrichtung zu. Loslager werden oft als Gleitlager ausgeführt. Dabei gleiten zumindest 2 Formteile aufeinander. In makroskopischen Systemen kann die dabei auftretende Reibung leicht mit Hilfe von Gleitfilmen überwunden werden. In mikroskopischen Systemen bestimmt jedoch die Reibung das Verhalten des Gesamtsystems, weil die Masse der bewegten Teile extrem klein ist und die Gleitfilmdicke häufig der Strukturhöhe entspricht. Daher sind derartige Formen der Lager in der Mikrotechnik völlig unzweckmäßig.

Als noch schwieriger erweist sich der Einsatz von *Festlagern*, die in allen Raumrichtungen sperren, aber mindestens eine Rotationsbewegung zulassen. Die Rotation, in der konventionellen Technik eine dominierende Bewegungsform, bereitet in der Mikrotechnik wegen der Lagerung der be-

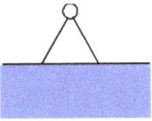

Festlager

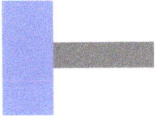

Einspannung

wegten Teile außerordentlich große Schwierigkeiten. Untersuchungen an Testmustern von Mikromotoren haben gezeigt, dass durch die hohe Reibung die Lebenserwartung der rotierenden Systeme extrem niedrig ist. Dieses Verhalten wirkt sich auch auf die konstruktive Umsetzung in Form von gelenkartigen Strukturen aus. Daher sind auch diese Lagerformen in der Mikrotechnik nicht sinnvoll.

Eine weitere Lagerform ist die *Einspannung*. Diese Form der Lagerung sperrt in allen Richtungen und allen Rotationsachsen. Allerdings können Momente und Kräfte aufgenommen und auch übertragen werden. In der Mikrotechnik ist diese Form der Lagerung zum gegenwärtigen Zeitpunkt die einzig sinnvolle. Bis auf innere Körperreibung treten bei der Verformung von eingespannten Elementen keine Reibungsverluste auf. Eingespannte Elemente können am freien Ende in unterschiedliche Raumrichtungen ausgelenkt bzw. auch tordiert werden.

Die Beschränkung auf die Lagerart *feste Einspannung* schränkt auch die Elementvielfalt der Mikrotechnik stark ein. Mikrotechnisch sinnvolle Lösungen sind immer ein- oder mehrfach eingespannte Elemente, die sich auch durch eine entsprechende Federcharakteristik auszeichnen. Typische Beispiele für bewegliche mikrotechnische Bauelemente sind daher Balken, Brücken und Membranen.

Merke

Stab
einseitig eingespannt; Beanspruchung in Achsrichtung oder um Achsrichtung

Balken
einseitig eingespannt, Beanspruchung senkrecht zur Achsrichtung

Brücke
zweiseitig eingespannt, Beanspruchung senkrecht zur Achsrichtung

Normalspannung → in Belastungsrichtung
Schubspannung → senkrecht zur Belastungsrichtung

Hookesches Gesetz
linearer Zusammenhang zwischen Spannung und Dehnung

Verhalten bei Dehnung → Querkontraktion, Parameter: Poisson-Zahl

Torsion von Stäben
Verdrehung entlang der Längsachse, Torsionsträgheitsmomente
für verschiedene Stabquerschnitte

Biegung von Balken
Entwicklung eines Momentes bei Kraftangriff am freien Balkenende, dadurch Verformung durch Verbiegung, Ermitteln der Biegelinie, Einfluss des Balkenquerschnitts durch Berücksichtigung der Flächenträgheitsmomente, Aufbau von Zug und Druckspannungen, neutrale Faser ist spannungsfrei, maximale Auslenkung

Festigkeit als Wahrscheinlichkeitsgröße, Weibull-Statistik

Silizium-Balken in der MST
nasschemische Herstellung, trockenchemische Herstellung, Schichtstrukturen als Balken

Fixierung von Grundelementen
Loslager, Festlager, Einspannungen

Literatur:

[Bec]   Becker, W.; Gross, D.: Mechanik elastischer Körper und Strukturen, Springer, Berlin, 2002

[Frü]   Frühauf, J.: Werkstoffe der Mikrotechnik, Fachbuchverlag Leipzig, 2005

[Gro]   Gross, D.; Hauger, W.; Schröder, J.: Technische Mechanik, Bd.2: Elastostatik, Springer, Berlin, 2007

[Hib]   Hibbeler, R.: Technische Mechanik 2, Pearson Studium, München, 2006

2.2   Platten und Membranen

	Schlüsselbegriffe
	Platten, Membranen, geometrische Dimensionen von Platten, mechanische Belastung, Durchbiegung von Platten, Kirchhoffsche Plattentheorie, Auslenkung von Platten, Einsatz von Platten in der MST, Verfahren zur Herstellung von Platten

	Definition
Platten und Membranen	Unter einer *Platte* wird ein Körper verstanden, der allseitig am Rand eingespannt ist und dessen Dicke sehr viel kleiner ist als seine lateralen Abmessungen. Im englischen Sprachgebrauch wird häufig von *membrane* gesprochen. Dies ist verwirrend, denn *Membranen* sind Körper, die entlang ihrer Ränder mechanisch vorgespannt sind und ebenfalls sehr viel kleiner Dicken aufweisen als in ihren lateralen Dimensionen. In der Realität handelt es sich bei allen flächig ausgedehnten Gebilden der Mikrosystemtechnik wegen der festen Randeinspannung um Platten. Bei mechanischer Belastung dieser Platten kann es aber zur Ausbildung von mechanischen Spannungen entlang der Ränder kommen. Dadurch erhalten die Platten auch Membraneigenschaften.
geometrische Dimensionen von Platten	Platten können in der Realität unterschiedliche geometrische Dimensionen aufweisen. Die Hauptgeometrien der Platten in der MST sind:
	• quadratisch
	• rechteckförmig
	• kreisförmig
mechanische Belastung	Die mechanische Belastung der Platten kann sehr unterschiedlich sein. Eine analytische Berechnung der Verformung ist jedoch nur für einfachste Geometrien und Belastungsfälle möglich. Komplizierte Belastungsfälle und geometrische Formen lassen sich nur mit Hilfe numerischer Verfahren berechnen. Sehr häufig treten an Platten homogen verteilte gleichmäßige Belastungen oder punktförmige Belastungen auf. Im Bild sind typische Belastungsfälle für rechteckförmige Platten gezeigt.

Durchbiegung von Platten	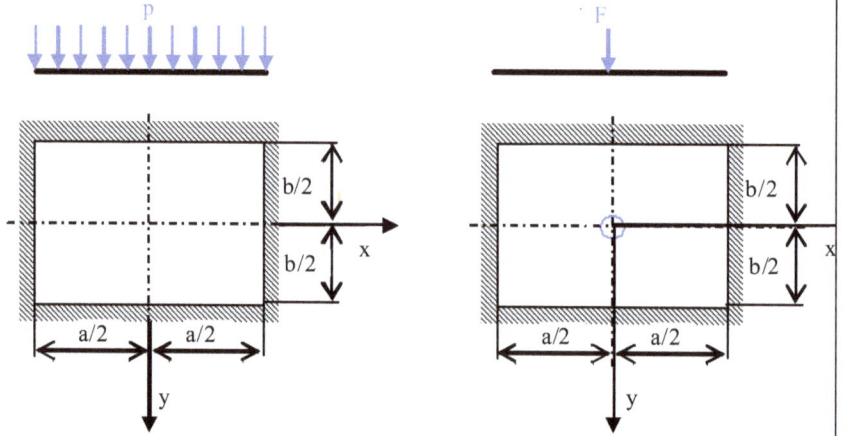

Auslenkung von Platten

Die Berechnung dieser Belastungsfälle erfolgt auf Basis der Kirchhoffschen Plattentheorie. Dabei wird eine große Schubsteifigkeit der Platten vorausgesetzt. Für die Auslenkung w einer Platte gilt demzufolge allgemein:

$$\Delta\Delta w = \frac{p}{D}$$

D ist die Plattensteifigkeit, die sich berechnet nach:

$$D = \frac{Eh^3}{12(1-\nu^2)}$$

E – Elastizitätsmodul, h – Plattendicke, ν – Querkontraktionszahl.

Die Lösung der DGL kann mit Hilfe von Reihenentwicklungen gefunden werden. Nach Timoshenko [Tim] können für verschiedene ausgewählte Belastungsfälle folgende Lösungen gefunden werden.

1. Quadratische Platte (b = a) mit homogener Flächenlast p

$$w_{max} = 0.00126\frac{pa^4}{D}$$

2. Kreisförmige Platte mit dem Radius R und homogener Flächenlast p

$$w(r) = \frac{pR^4}{64D}\cdot\left(1-\frac{r^2}{R^2}\right)^2$$

3. Rechteckförmige Platte mit homogener Flächenlast p. Für die Auslenkung und die Biegemomente können folgende Werte in Abhängigkeit von der Plattengeometrie gefunden werden:

b/a	$w|_{x=0, y=0}$	$M_x|_{x=a/2, y=0}$	$M_y|_{x=0, y=b/2}$	$M_x|_{x=0, y=0}$	$M_y|_{x=0, y=0}$
1,2	$0,00172pa^2/D$	$-0,0639pa^2$	$-0,0554pa^2$	$0,0299pa^2$	$0,0228pa^2$
1,4	$0,00207pa^2/D$	$-0,0726pa^2$	$-0,0568pa^2$	$0,0349pa^2$	$0,0212pa^2$
1,6	$0,00230pa^2/D$	$-0,0780pa^2$	$-0,0571pa^2$	$0,0381pa^2$	$0,0193pa^2$
1,8	$0,00245pa^2/D$	$-0,0812pa^2$	$-0,0571pa^2$	$0,0401pa^2$	$0,0174pa^2$
2,0	$0,00254pa^2/D$	$-0,0829pa^2$	$-0,0571pa^2$	$0,0412pa^2$	$0,0158pa^2$

4. Rechteckförmige Platte mit Punktlast F im Zentrum. Für die Auslenkung und die Biegemomente der längeren Seite können folgende Werte gefunden werden:

b/a	$w|_{x=0, y=0}$	$M_y|_{x=0, y=b/2}$
1,0	$0,00560pa^2/D$	$-0,1257p$
1,2	$0,00647pa^2/D$	$-0,1490p$
1,4	$0,00691pa^2/D$	$-0,1604p$
1,6	$0,00712pa^2/D$	$-0,1651p$
1,8	$0,00720pa^2/D$	$-0,1667p$
2,0	$0,00722pa^2/D$	$-0,1674p$

Einsatz von Platten in der MST

Platten werden in der MST immer in Kombination mit weiteren Funktionsmaterialien, die sich auf den Platten befinden, eingesetzt. In dieser Kombination können Platten sowohl sensorisch als auch aktorisch genutzt werden. Die Materialien für Platten sind neben Silizium auch SiO_2, Si_3N_4, Gläser, Metalle oder Polymere. Als funktionelle Beschichtungen kommen piezoresistive Materialien, piezoelektrische Materialien oder Metalle zur Anwendung. Die Herstellung von Platten ist vergleichsweise unkompliziert. Durch die notwendige Kombination mit anderen Schichtmaterialien sind jedoch mehrere Prozessschritte erforderlich. Da die Dicke der Platten in der Regel sehr klein und das Plattenmaterial häufig äußerst fragil sind, bereiten Folgeprozesse (z.B. Beschichtungen und Strukturierungen) sehr große Handling-Schwierigkeiten. In einigen Fällen wird daher mit sogenannten Hilfswafern gearbeitet, die nach der Herstellung der Platten die entstandenen Kavitäten abdecken. Damit wird sichergestellt, dass die Platten vor zu großen Unterdruckbelastungen während der Folgeprozesse geschützt sind.

Verfahren zur Herstellung von Platten	Üblich ist es, die Beschichtungen und Strukturierungen vor dem Herstellen der Platten zu realisieren. In diesem Fall müssen die Schichtstrukturen vor dem abschließenden Ätzprozess, der zur Erzeugung der Platten dient, durch geeignete Verfahren geschützt werden. Daher werden die Schichtstrukturen durch eine Passivierungsschicht abgedeckt. Ein typisches Verfahren zur Herstellung von Platten ist in der Skizze gezeigt.

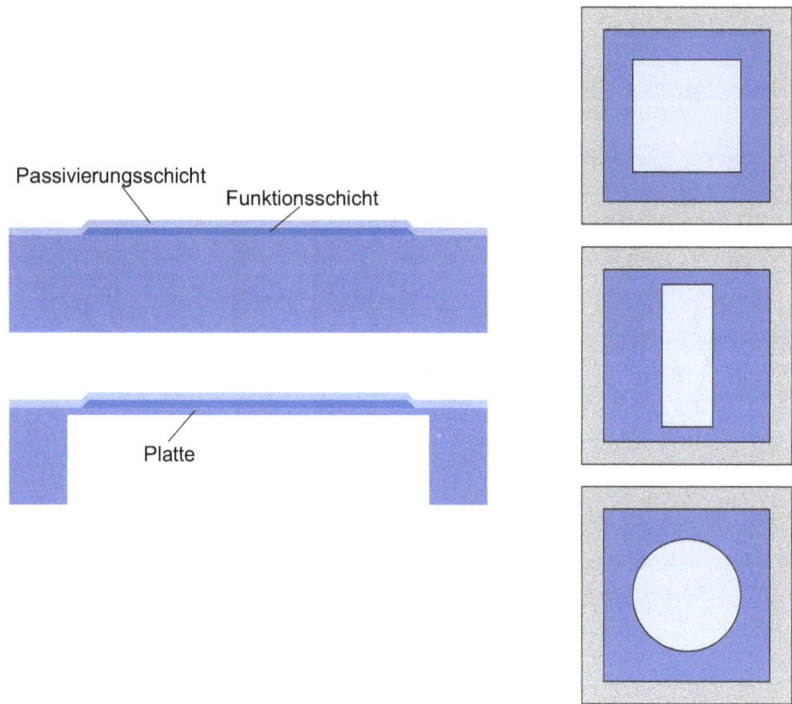

Nachdem die Funktionsschicht strukturiert und passiviert wurde, erfolgt hier eine Freilegung der Mikroplatte mit Hilfe trockenchemischer anisotroper Ätzprozesse. Die Kontur der Kavität ist in diesem Fall frei wählbar. Allerdings beschränkt man sich wegen der analytischen Beschreibung auf rechteckförmige und runde, bestenfalls elliptische Formen.

Mit Hilfe nasschemischer anisotroper Ätzprozesse lassen sich in Silizium ausschließlich rechteckförmige Platten herstellen. Die Ursachen dafür liegen im richtungsabhängigen Ätzen in einkristallinen Materialien.

Durch das anisotrope nasschemische Ätzen ist die Strukturvielfalt der Membranen deutlich eingeschränkt, wie im Bild zu sehen.

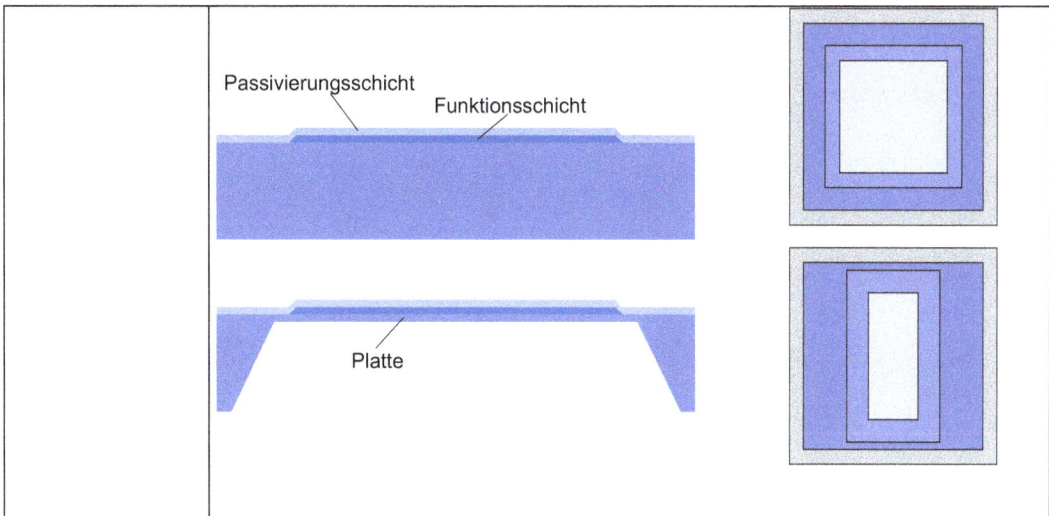

Merke

Platten
Körper, die allseitig am Rand eingespannt sind und deren Dicke sehr viel kleiner ist als deren laterale Abmessungen;
Hauptgeometrien: quadratisch, rechteckförmig und kreisförmig.
Durchbiegung von Platten:
Kirchhoffsche Plattentheorie; Voraussetzung hohe Schubsteifigkeit

Platten in der MST
Werden in Kombination mit weiteren Funktionsmaterialien, die sich auf den Platten befinden, eingesetzt.
- Sensorische Anwendungen
- Aktorische Anwendungen

Materialien für Platten
- Silizium
- SiO_2
- Si_3N_4
- Gläser
- Metalle
- Polymere

Herstellung von Platten
- Trockenchemisches Ätzen
- Nasschemisches Ätzen

Literatur

[Awr]   Awrejcewicz, J.; Krys'ko, V.: Dynamics of Thin Plates and Shells with
        Thermosensitive Excitation (Foundations of Engineering Mechanics), Springer,
        Berlin, 2006

[Bek]   Becker, W.; Gross, D.: Mechanik elastischer Körper und Strukturen, Springer,
        Berlin, 2002

[Hak]   Hake, E.; Meskouris, K.: Statik der Flächentragwerke, Springer, Berlin, 2001

[Tim]   S. Timoshenko; S. Woinowsky-Krieger: Theory of plates and shells,
        McGraw-Hill, 1959

2.3 Vertiefungen

Schlüsselbegriffe

Vertiefungen in der Substratoberfläche, typische Profilformen in Silizium, weitere Formen in unterschiedlichen Materialien, hybride Montagetechnik, Präzisionsfixierung von Lichtwellenleitern, Anisotropiegrad, Aspektverhältnis

Bewegungsspielraum für Mikrostrukturen

Vertiefung in der Substratoberfläche

Unter Vertiefungen sind offene Mikrostrukturen zu verstehen, die sich in einem Substrat befinden. In der Regel besitzen Vertiefungen einen rein passiven Charakter. Vertiefungen werden hergestellt, wenn mechanisch bewegliche Mikrostrukturen keinen Bewegungsspielraum im eigenen Substrat besitzen. Daher werden die Vertiefungen so angeordnet, dass ein entsprechender Bewegungsspielraum entsteht. Vertiefungen können mit Hilfe von nass- und trockenchemischen Ätzprozessen sowie mit Präge- und Abformprozessen realisiert werden. Sie unterscheiden sich durch ihre Tiefe und die Neigung der Seitenwände. Die meisten Strukturierungsverfahren liefern nahezu senkrechte Seitenwände. Bei nasschemischen Ätzprozessen treten jedoch Unterschiede auf. In isotropen Ätzlösungen entsteht ein verrundetes Kantenprofil. Anisotrope Ätzlösungen führen zu Kantenprofilen, die durch die Kristallsymmetrie der verwendeten Substrate bestimmt werden.

Für <100>-Silizium werden beim anisotropen Ätzen Kanten erzeugt, die die Oberfläche der Substrate unter einem Winkel von 54,74° schneiden. Im <110>-orientierten Silizium kann man dagegen Kanten erhalten, die die Oberfläche senkrecht schneiden.

Typische Profilformen von Vertiefungen sind im folgenden Bild gezeigt:

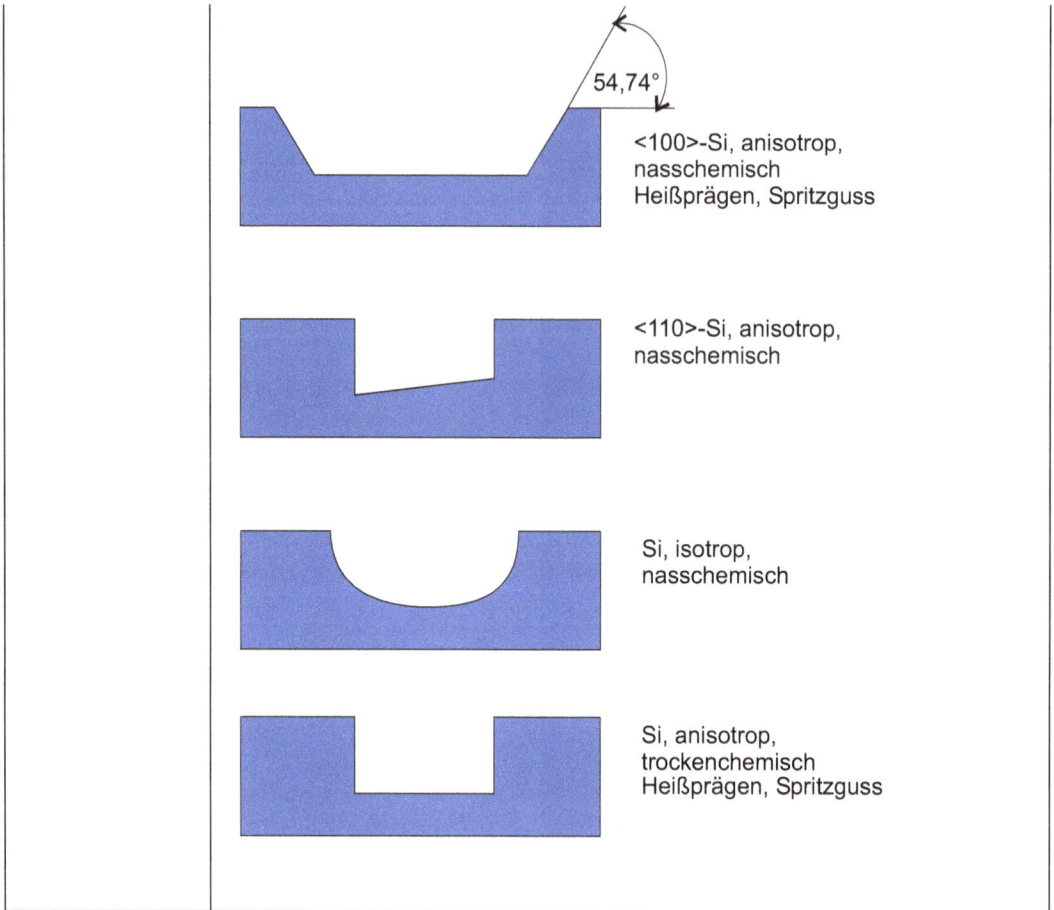

54,74°

<100>-Si, anisotrop,
nasschemisch
Heißprägen, Spritzguss

<110>-Si, anisotrop,
nasschemisch

Si, isotrop,
nasschemisch

Si, anisotrop,
trockenchemisch
Heißprägen, Spritzguss

Aufnahme von Mikrostrukturen

weitere Formen in unterschiedlichen Materialien

In ihren lateralen Dimensionen können Vertiefungen weitgehend beliebige Formen auf den Substraten einnehmen.

Gebräuchliche Formen sind: rechteckförmig, quadratisch, grabenförmig und kreisförmig. Dabei ist die Vielfalt bei (100)-Silizium und nasschemischen anisotropen Ätzprozessen durch die einkristalline Struktur des Materials eingeschränkt. Hier erhält man stets Vertiefungsränder, die senkrecht oder parallel zur Hauptphase der Substrate liegen.

Bei trockenchemischen Ätzprozessen, Prägeverfahren, Ablationsverfahren oder Spritzgusstechniken sind die lateralen Formen von Vertiefungen beliebig gestaltbar.

Typische laterale Formen sind im folgenden Bild gezeigt:

Vertiefungsformen in (100)-Si bei nasschemischen anisotropen Ätzprozessen

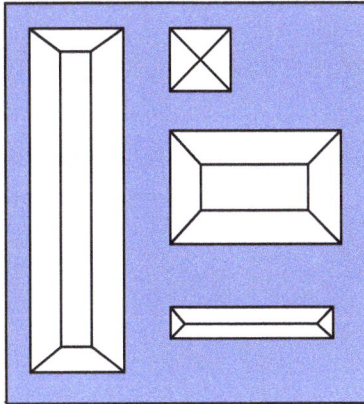

Vertiefungsformen bei verschiedenen Materialien und verschiedenen Technologien

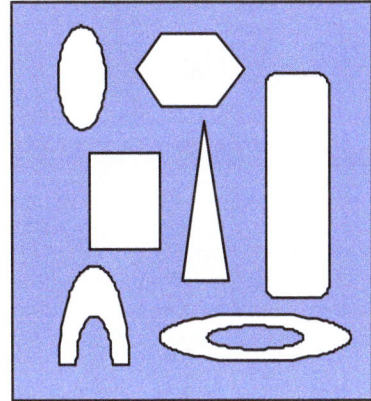

Lage der Hauptphase

hybride Montagetechnik

Vertiefungen in einem Substrat können des Weiteren dazu dienen, Mikrostrukturen, die nicht dem Substrat angehören, aufzunehmen. Dabei handelt es sich in der Regel um hybride Anordnungen, bei denen eine justierte Zuordnung der Mikrostrukturen eines Substrates zu einem weiteren Substrat erforderlich ist. Erhabene Profile des einen Substrates werden dann in den Vertiefungen des Grundsubstrates fixiert.

Im Bild sind zwei typische Beispiele gezeigt, wo die Vertiefungen im unteren Substrat der justierten Zuordnung des oberen Substrates dienen.

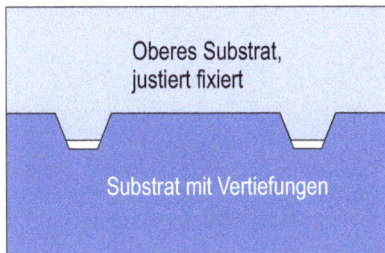

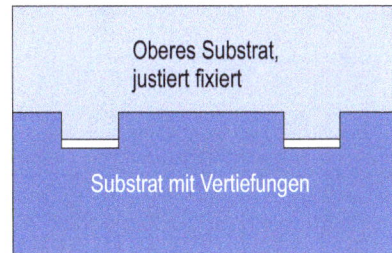

Oberes Substrat, justiert fixiert

Substrat mit Vertiefungen

Oberes Substrat, justiert fixiert

Substrat mit Vertiefungen

Neben der Zuordnung von Substraten können auch andere Mikrostrukturen in Vertiefungen angeordnet werden. Insbesondere wenn Präzisionsausrichtungen gefordert sind, können mikrostrukturierte Vertiefungen in einkristallinem Silizium sehr hilfreich sein.

Auf Grund seiner hohen Kristallperfektion bietet Silizium in Kombination mit mikrotechnologischen Fertigungsverfahren die Möglichkeit der Herstellung hochpräziser Vertiefungen.

Präzisionsfixie-rung von Lichtwellenleitern	 Lichtleit-faser V-förmiger Graben	Diese werden beispielsweise benötigt, wenn Lichtwellenlei-ter mit mikrostrukturierten Bauelementen gekoppelt wer-den sollen. Präzise strukturierte V-förmige Gräben dienen in diesem Fall der Aufnahme des Kerns einer Lichtleitfaser, wie im Bild gezeigt.

Die wesentlichen Merkmale von Vertiefungen in der Mikrosystemtechnik sind der Anisotropiegrad A bzw. das Aspektverhältnis Asp. Der Anisotro-piegrad A beschreibt das Verhalten des Unterätzens u von Maskierungs-schichten zum Ätzen in die Substrattiefe t. Allgemein gilt:

Anisotropiegrad

$$A = 1 - \frac{u}{t}$$

Geringe Unterätzung u der Maskierungsschicht bei gleichzeitiger sehr tiefer Ätzung t in das Substrat führt zu einem Anisotropiegrad von nahezu 1. Ist die Unterätzung u hingegen sehr groß, so verringert sich der Ani-sotropiegrad. Das Aspektverhältnis Asp beschreibt das Verhalten von Ätztiefe t zu Unterätztiefe.

Aspektverhältnis

$$Asp = \frac{t}{u}$$

Merke

Vertiefungen
- offene Mikrostrukturen in einem Substrat;
- haben in der Regel einen rein passiven Charakter
- werden benötigt, wenn mechanisch bewegliche Mikrostrukturen keinen Bewegungsspielraum im eigenen Substrat besitzen
- werden so angeordnet, dass ein entsprechender Bewegungs-spielraum entsteht
- können mit Hilfe von nass- und trockenchemischen Ätzprozessen sowie mit Präge- und Abformprozessen realisiert werden.
- Formenvielfalt in Si bei anisotropen nasschemischen Ätz-prozessen durch Kristallgeometrie eingeschränkt, Anwendung bei Präzionsfixierung von Bauteilen

| | • hohe Formenvielfalt bei anderen Materialien und trocken-chemischen Ätzprozessen |
| | • gebräuchliche Formen: rechteckförmig, quadratisch, graben-förmig, kreisförmig. |

2.4   MESA-Strukturen

	MESA-Strukturen
erhabene Strukturen auf Substratoberflächen	MESA-Strukturen sind erhabene Strukturen auf der Substratoberfläche. Es handelt sich um offene Strukturen, die aktiv in Prozesse eingreifen können, selbst aber keine Funktionsmaterialien besitzen.
	Sie bestehen aus dem Substratmaterial selbst und können unterschiedliche geometrische Formen aufweisen. MESA-Strukturen können mit unterschiedlichen Verfahren hergestellt werden.
MESA-Strukturen auf Silizium	Bei Silizium können anisotrope nass- und trockenchemische Ätzprozesse angewendet werden. Bei nasschemischen anisotropen Ätzverfahren von (100)-Si ist die Formenvielfalt sehr stark eingeschränkt. Ähnlich wie bei den Vertiefungen findet man hier Formen, die stark an der Lage der Hauptphase des (100)-Si-Wafers ausgerichtet sind. Typische Beispiele dafür sind im Bild gezeigt.

Mesa-Strukturen auf Silizium
durch nasschemisches anisotropes Ätzen

Die Konturen sind in der Regel rechteckförmig oder quadratisch. Die Seiten der MESA-Strukturen stehen unter einem Winkel von 54,74° zur Oberfläche. Perfekt ausgebildete konvexe Ecken, wie im Bild, kann man

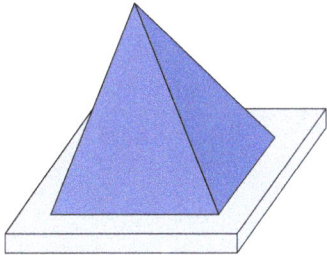

MESA-Strukturen als Spitzen	nur erhalten, wenn die Maske entsprechende Kompensationsstrukturen besitzt. Eine Sonderform der MESA-Strukturen bilden Spitzen. Hierbei werden sehr kleine Maskierungsflächen so weit unterätzt, bis die geneigten Kristallebenen des Siliziums unmittelbar unter der Maskierungsschicht zusammenstoßen. Derartige

Gebilde werden auf Biegebalken in der Kraft- und Tunnelmikroskopie eingesetzt.

MESA-Strukturen auf anderen Werkstoffen	Andere Werkstoffe und Strukturierungsverfahren erlauben die Herstellung beliebiger geometrischer MESA-Strukturen. Derartige Strukturen können mit Hilfe trockenchemischer Ätz-, Präge-, Ablations- und Spritzgießverfahren hergestellt werden. Einige typische Vertreter sind im folgenden Bild gezeigt.

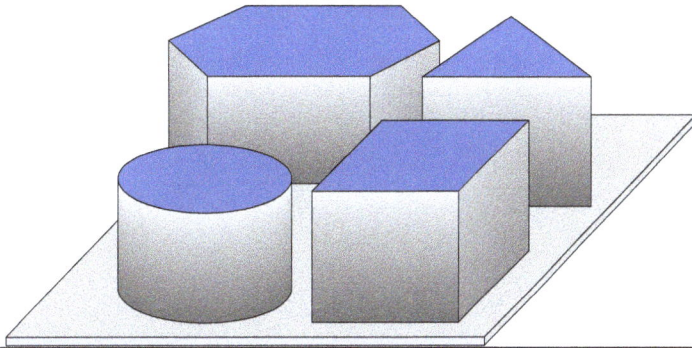

Merke

MESA-Strukturen

- Erhabene, offene Strukturen auf der Substratoberfläche
- Können aktiv in Prozesse eingreifen oder besitzen passiven Charakter
- Bestehen aus dem Substratmaterial, weisen ausschließlich die Substratmerkmale bei Nutzung als Funktionsmaterial auf
- Begrenzte Formenvielfalt bei nasschemischen richtungsabhängigen Ätzprozessen in Silizium, Sonderform: Spitzen mit definiert geneigten Seitenwänden
- Große Formenvielfalt bei trockenchemischen Ätzverfahren und bei Nutzung andere Materialien

3 Fluidische Grundelemente

3.1 Mikrokanäle

	Schlüsselbegriffe
	Leitung fluider Stoffe, Ein- und Auslauf, Grabenstrukturen in Si, „vergrabene" Kanäle, Mikrokanäle durch Polymerzersetzung, lange Kanäle auf kleiner Fläche, technologieabhängige Auslegung

	Voraussetzungen
Leitung fluider Stoffe	Leitungen für gasförmige oder flüssige Stoffe mit einem relativen Durchmesser von weniger als 1mm werden als *Mikrokanäle* bezeichnet. Es sind geschlossenen Gebilde mit einem Einlauf und einem Auslauf. Mikrokanäle sind passive Gebilde, die lediglich den Massefluss in mikroskopisch kleinen Dimensionen leiten. Eine völlig gleiche Betrachtung von Gasströmen und Flüssigkeitsströmen ist nicht möglich, weil sich die stofflichen Eigenschaften von Gasen und Flüssigkeiten erheblich unterscheiden (z.B. Kompressibilität). Dennoch sollen im Folgenden die wesentlichen Kenngrößen von Mikrokanälen für Gase und Flüssigkeiten betrachtet werden. Dabei werden Gase und Flüssigkeiten als „Fluid" bezeichnet. Es wird vorausgesetzt, dass es sich bei den Flüssigkeiten um Newtonsche Flüssigkeiten handelt (Spannung und Dehnung sind zueinander proportional) [Loo]. Weiterhin wird angenommen, dass es sich um kontinuierlich strömende Fluide handelt, die an den Kanalwandungen keinen Schlupf und keine Temperatursprünge aufweisen. Die Strömung durch den Mikrokanal wird durch die Druckdifferenz, die zwischen dem Einlauf und dem Auslauf herrscht, aufrechterhalten. Diese Druckdifferenz ist für technische Aufgabenstellungen von enormer Bedeutung. Daher werden für typische Anwendungsfälle die Druckdifferenzen tabellarisch angegeben.

Ein- und Auslauf	Mikrokanäle können mit Hilfe verschiedener Verfahren hergestellt werden. Üblich ist, dass zunächst Grabenstrukturen in ein Substrat eingebracht werden. Anschließend wird das Substrat mit einer Decklatte verschlossen. Die Ein- und Ausläufe der Kanäle können dabei stirnseitig angeordnet sein. Es ist jedoch auch möglich, die Ein- und Ausläufe in die Substratoberflächen zu legen. Beide Ausführungsformen sind im Bild gezeigt.

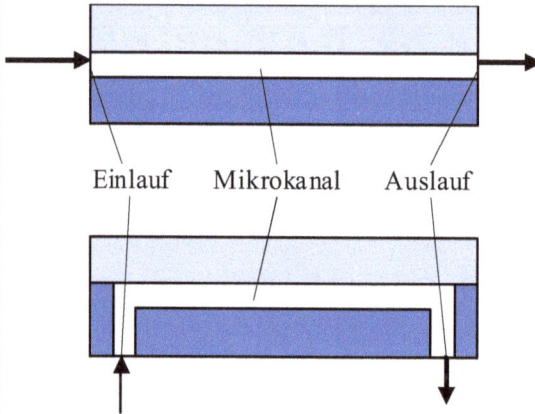

Einlauf   Mikrokanal   Auslauf

Grabenstruk-turen in Si	Die Grabenstrukturen können mit trocken- und nasschemischen Ätz-, Ablations-, Abform-, Mikrofräs-, Prägeverfahren und ähnlichen Techniken realisiert werden. Dabei entstehen die für das jeweilige Verfahren typischen Profile (siehe Bild unten). Das hermetische Abdecken kann mit Hilfe von Bondtechniken (Silizium-Direkt-Bonden bzw. anodisches Bonden), Lottechniken sowie Schweißtechniken bei geeigneten Substraten und Abdeckplatten oder geeigneten Klebetechniken erfolgen.

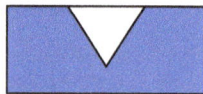

Anisotropes nasschemisches Ätzen von (100)-Si

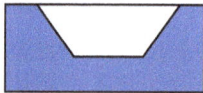

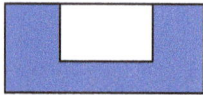

Anisotropes nasschemisches Ätzen von (100)-Si

Anisotropes trockenchemisches Ätzen von Si,
Heißprägen, Ablation, Spritzguss

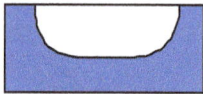

Isotropes nasschemisches Ätzen

„vergrabene" Kanäle	Die beiden folgenden Profile stellen Sonderformen dar, bei denen keine Abdeckung erforderlich ist. In beiden Fällen werden zuerst tiefe Trench-Strukturen (schmale Gräben) mit Hilfe von DRIE-Prozessen im Silizium eingebracht. Danach werden die Trenches passiviert. Im folgenden Prozessschritt wird die Passivierungsschicht am Boden der Trenches entfernt. Anschließend erfolgen ein isotropes Ätzen im oberen Beispiel und ein anisotropes Ätzen im unteren Beispiel. Dadurch können im Silizium Kavi-

täten erzeugt werden. In einem abschließenden CVD-Prozess werden die Kavitäten mit Si_3N_4 beschichtet.

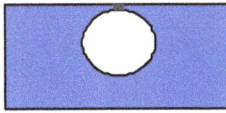

trockenchemisches Ätzen von Si oder Ablation
+ isotropes nasschemisches Ätzen
+ CVD-Beschichtung

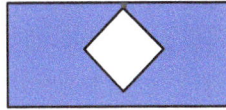

trockenchemisches Ätzen von Si oder Ablation
+ anisotropes nasschemisches Ätzen von (100)-Si
+ CVD-Beschichtung

Auf Grund der geringen Breite der Trench-Strukturen werden diese im Beschichtungsprozess verschlossen und man erhält hermetisch dichte Kanalstrukturen [deB].

Mikrokanäle durch Polymer-zersetzung

In einem anderen Verfahren werden Kanäle erzeugt, indem ein thermisch zersetzbares Polymerprodukt auf einem Substrat abgeschieden und strukturiert wird. Anschließend wird dieses Produkt mit einer geeigneten Schicht abgedeckt. Durch einen folgenden Temperschritt wird das Polymerprodukt in gasförmige Abprodukte zersetzt und es verbleiben die gewünschten Kanäle mit einer bereits oben gezeigten Profilform [Bhu].

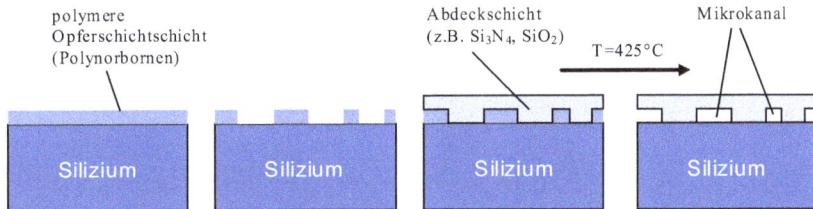

In einigen Fällen wird die Herstellung der Mikrokanäle im Volumen des Siliziums auch an die Mikroelektroniktechnologien angepasst [Ras].

Mit Hilfe der Oberflächenmikromechanik und der Nutzung von Opferschichten können ebenfalls Mikrokanäle realisiert werden. Bei diesem Verfahren entstehen Kanalgeometrien wie im oben beschriebenen Verfahren, d.h. flache Kanäle mit einem rechteckförmigen Querschnitt. Die anstelle der polymeren Schicht verwendete Opferschicht wird mit Hilfe von Nassätztechniken herausgelöst. Auf Grund der in der Mikrotechnik üblichen geringen Schichtdicken (1μm...2μm) besitzen diese Kanalformen jedoch nur eine geringe Bedeutung. Da in der Regel nur sehr kleine Querschnittsflächen realisiert werden können, sind die Druckverluste in diesen Kanälen überdurchschnittlich hoch.

lange Kanäle auf kleiner Fläche

Geradlinige Kanalelemente sind in ihrer Länge durch die Substratgröße beschränkt. Um die zu bearbeitende Substratfläche optimal zu nutzen und längere Kanalabschnitte herzustellen, ist es oft nötig, im Kanalverlauf mehrere Richtungsänderungen vorzusehen. Im einfachsten Fall kann eine sehr große Kanallänge durch eine mäanderförmige Geometrie des Kanals realisiert werden. Durch diese Methode vergrößert sich, bei gleicher Breite und Länge des Bauelementes, die ausgenutzte Fläche und die Länge des Kanals. Im Bild ist ein Vergleich zwischen einem geradlinigen Kanal und einem mäanderförmigen Kanal zu sehen.

Element mit geradlinigem Mikrokanal

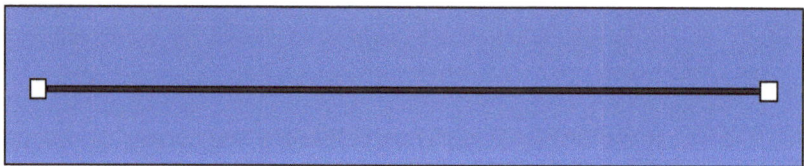

Element mit mäanderförmigem Mikrokanal

Durch die mehrfache Richtungsumkehr werden allerdings die Druckverluste in einem strömenden Medium deutlich vergrößert.

Herstellung von Mikrokanälen

technologie-abhängige Auslegung

Mikrokanäle können sehr unterschiedliche Formen aufweisen. Durch die Herstellungsverfahren wird deren Form weitgehend vordefiniert. Es gibt sehr unterschiedliche Herstellungsverfahren, um Mikrokanäle zu erzeugen. Größte Querschnitte und damit vergleichsweise geringe Druckverluste werden mit Kanälen erzielt, die durch Ablations-, Mikrofräs-, Präge- oder Ätzverfahren in das Substrat eingebracht und anschließend abgedeckt werden. Vergrabene Kanäle oder Kanäle, die mit Hilfe von Oberflächen-Mikrotechniken hergestellt sind, weisen sehr geringe Querschnitte auf und sind daher durch vergleichsweise hohe Druckverluste bei erzwungener Strömung gekennzeichnet. Die Kanalein- bzw. -auslässe liegen günstigerweise in der Substratebene. Stirnseitige Ein- oder Auslässe sind sehr schwierig mit der Makroumgebung zu verbinden.

<table>
<tr><td colspan="2" align="center">**Merke**</td></tr>
<tr><td></td><td>

Mikrokanal
- Leitung für fluide Stoffe
- geschlossene Gebilde mit Einlauf und Auslauf
- Herstellung:
  - Grabenstrukturen (Vertiefungen) in einem Substrat, die nach Tiefenstrukturierung mit Deckeln verschlossen werden;
    relativ große Kanalquerschnitte
  - Vergrabene Kanäle mit modifizierter Ätz- und Beschichtungstechnik,
    relativ kleine Kanalquerschnitte
  - Modifizierte Oberflächenmikrotechnik mit Polymerzersetzung oder Herauslösen von Opferschichten, relativ kleine Kanalquerschnitte
  - Große Kanallänge durch Mäanderform auf kleiner Fläche

</td></tr>
</table>

Literatur

[Loo] Loose, W.; Hess, S.: Rheology of dense fluids via nonequilibrium molecular hydrodynamics: Shear thinning and ordering transitions; in: Rheologica Acta, Vol. 28, 1989, 91–101

[deB] de Boer, M.; Tjerkstra, R.; Berenschot, J.; Jansen, H.; Burger, G.; Gardeniers, J.; Elwenspoek, M.; van den Berg, A.: Micromachining of Buried Micro Channels in Silicon; in: Journal of Microelectromechanical Systems, Vol. 9, No. 1, 2000, 94–103

[Bhu] Bhusari, D.; Reed, H.; Wedlake, M.; Padovani, A.; Allen, S.; Kohl, P.: Fabrication of Air-Channel Structures for Microfluidic, Microelectromechanical, and Microelectronic Applications; in: Journal of Microelectromechanical Systems, Vol. 10, No. 3, 2001, 400–408.

[Ras] Rasmussen, A.; Gaitan, M.; Locascio, L.; Zaghloul, M.: Fabrication Techniques to Realize CMOS-Compatible Microfluidic Microchannels; in: Journal of Microelectromechanical Systems, Vol. 10, No. 2, 2001, 286–297

3.2   Berechnung mikrofluidischer Strukturen

	Kapillarität, hydraulische Durchmesser, relative Länge, Reynolds-Zahl, Druckverlust in Kanälen, Druckverlust in geraden Rohren, Druckverlustbeiwert, Druckverlustbeiwerte verschiedener geometrischer Formen, Gesamtdruckverlust, Ähnlichkeitsgrößen, Euler-Zahl, Weber-Zahl, Hagen-Zahl, Analogie zu elektrischen Größen

Flüssigkeiten in Mikrokanälen

Kapillarität

Das Verhalten von Flüssigkeiten in Mikrokanälen ist nicht umfassend geklärt, da diese in mikroskopischen Strukturen generell ein Kapillarverhalten zeigen. Die Oberflächenspannungen der Fluide bekommen in diesen Strukturen eine deutlich größere Bedeutung als in makroskopischen Rohren.

Von Interesse sind aber stets der Druckabfall, die Strömungsgeschwindigkeit und das Strömungsprofil in den Mikrokanälen. Da Mikrokanäle sehr unterschiedliche Querschnittsformen aufweisen können, wird zu deren Vergleichbarkeit ein hydraulischer Durchmesser definiert. Dieser erlaubt die einheitliche Charakterisierung der Mikrokanäle.

hydraulischer Durchmesser

Der hydraulisch Durchmesser berechnet sich entsprechend:

$$D_h = \frac{4 \cdot A}{U}$$

wobei A die Kanalquerschnittsfläche und U den entsprechenden Umfang darstellen.

Häufig wird auch die auf den hydraulischen Durchmesser bezogene relative Länge L als Vergleichskriterium herangezogen. Sie dient der Beschreibung des Ein- und Auslaufverhaltens von Kanälen. Es gilt:

relative Länge

$$L = \frac{l}{D_h}$$

Die Charakterisierung der Strömung in Kanälen wird mit einer Ähnlichkeitszahl, der Reynolds-Zahl Re, vorgenommen. Die Reynolds-Zahl kann mit folgender Beziehung ermittelt werden:

Reynolds-Zahl	$$Re = \frac{\rho \cdot \overline{v} \cdot D_h}{\eta}$$

Dabei sind ρ die Dichte, $\overline{v}$ die mittlere Geschwindigkeit und η die dynamische Viskosität des strömenden Mediums.

Die Reynolds-Zahlen Re geben an, welches Strömungsprofil sich im Kanal ausbildet. Bei Reynolds-Zahlen größer $Re_{krit} = 2300$ ist die Strömung vollständig turbulent. Bei kleinern Reynolds-Zahlen überwiegt der laminare Strömungsanteil. Für sehr kleine Reynolds-Zahlen (Re < 20) liegt eine voll ausgebildete laminare Strömung vor. Der Übergang von laminar zu turbulent hängt bei Kapillaren von sehr vielen Parametern ab, wie Kanalquerschnitt, dem Verhältnis von Breite zu Höhe, der Kanalform und der Oberflächenbeschaffenheit der Wandungen. In Mikrokanälen kann somit keine klare Definition des Re_{krit} gegeben werden. Als gute ingenieurmäßige Bemessungsgrundlage können aber folgende kritische Reynolds-Zahlen angenommen werden:

Langer Kanal $\quad Re_{krit} = 2300$

Kurzer Kanal $\quad Re_{krit} = 30L$

Kanalöffnung $\quad Re_{krit} = 15$

Kleine Reynoldszahlen treten dann auf, wenn die Strömung durch die Reibungskräfte gedämpft ist. Trägheitskräfte spielen unter diesen Bedingungen eine unbedeutende Rolle. Große Reynoldszahlen stehen für Strömungen, bei denen die Trägheitskräfte gegenüber den Reibungskräften dominieren. In diesem Fall können sich in der Strömung Wirbel bilden. Das laminare Strömungsprofil geht dabei verloren.

Druckverlust in Kanälen	Der Druckverlust Δp_{v_r} in Kanälen ist eine entscheidende Größe im Betrieb. Er hängt von der Reibung des Mediums an der Wandung ab und berechnet sich aus:

$$\Delta p_{v_R} = \frac{1 \cdot \lambda \cdot \rho \cdot \overline{v}^2}{2 \cdot D_h}$$

Dabei sind l die Rohrlänge und λ der Rohrreibungsbeiwert. Letzterer wird in starkem Maße von der Oberflächenqualität der Wandungen bestimmt. Obwohl bei der Herstellung der Kanäle in der Regel sehr geringe Rauhigkeiten auftreten, wirken sich diese im Verhältnis zum Kanalquerschnitt wesentlich stärker aus als bei Rohren mit makroskopischem Querschnitt. Daher sind die λ-Werte auch vergleichsweise groß. Für laminare Spaltströmungen, also Strömungsprofile, wie sie in der Mikrotechnik zu erwarten sind, gilt die grundlegende Beziehung:

$$\lambda = \frac{96}{\text{Re}}$$

Druckverlust in geraden Rohren

Bei Strömungen inkompressibler Flüssigkeiten durch Rohre nimmt die mechanische Energie infolge der Reibungskräfte in der Strömung und am Rand ständig ab. Als Resultat kann man einen Druckverlust feststellen. Die erweiterte Bernoullische Gleichung lautet daher mit dem Druckverlustglied:

Druckverlust-beiwert

$$\frac{v_1^2}{2} + \frac{p_1}{\rho} + gh_1 = \frac{v_2^2}{2} + \frac{p_2}{\rho} + gh_2 + \frac{\Delta p_v}{\rho}$$

mit v_1, v_2 – Strömungsgeschwindigkeiten; p_1, p_2 – Drücke; h_1, h_2 – Höhen; g – Erdbeschleunigung; ρ – Dichte; Indizes: 1 – Ausgangswerte; 2 – Endwerte.

Dabei ist der letzte Term auf der rechten Seite das Druckverlustglied. Einbauten, Querschnittsänderungen, Krümmungen u. dgl. führen zu zusätzlichen Druckverlusten, die mit dem Druckverlustbeiwert ζ gekennzeichnet sind. Diese Druckverluste lassen sich für Re > 2000 allgemein mit Hilfe folgender Formel berechnen:

$$\Delta p_v = \frac{1}{2} \zeta \rho \bar{v}^2$$

Damit ergibt sich der Gesamtdruckverlust zu:

$$\Delta p_{Vges} = \Delta p_{V_R} + \sum_i \Delta p_{v_i}$$

i kennzeichnet die Anzahl aller Einbauten, die den gegebenen Rohrdurchmesser verändern.

Der Druckverlustbeiwert ist ζ eine dimensionslose Größe. Die Werte von ζ hängen von der Reynoldszahl ab und sind teilweise tabellarisch erfasst. Für die wichtigsten Geometrien sind die Druckverlustbeiwerte in der folgenden Tabelle zusammengefasst.

Druckverlust-beiwerte verschiedener geometrischer Formen

Bezeichnung	geometrische Form	ζ- Werte
Querschnitts-erweiterung		$\zeta = \left(\dfrac{A_2}{A_1} - 1 \right)^2$

		$$\zeta = \left(1-\eta\right)\left(\left(\frac{A_2}{A_1}\right)^2 - 1\right)$$ $$\eta = f(Re, 1/\beta)$$ typische Werte $0,75 < \eta < 1,0$
Querschnitts-verengung		$$\zeta = \alpha\left(\frac{A_2}{A_1} - 1\right)^2$$ $$\frac{A_2}{A_1} = \begin{pmatrix} \to 0 \\ 0,3 \\ > 0,6 \end{pmatrix} \to \alpha = \begin{pmatrix} 0,6 \\ 1 \\ 1,5 \end{pmatrix}$$
Blende		$$\zeta = \left(\frac{A_1}{A_2\psi} - 1\right)^2$$ $$\psi = 0,63 + 0,37\left(\frac{A_2}{A_1}\right)^3$$
Einlauf	scharfkantig	$\zeta = 0,5$
	verrundet	$\zeta = 0,04$
Auslauf		$\zeta = 1,0$
Krümmer		<table><tr><td>β</td><td>ζ</td></tr><tr><td>15°</td><td>0,042</td></tr><tr><td>30°</td><td>0,13</td></tr><tr><td>60°</td><td>0,47</td></tr><tr><td>90°</td><td>1,13</td></tr></table>

β	α =2	α =5	α =10
15°	0,03	0,03	0,03
30°	0,06	0,05	0,05
60°	0,12	0,08	0,07
90°	0,14	0,11	0,11

$\alpha = r_m / D$

Verzweiger

Durchmesser ist konstant, Q-Volumenstrom

$\alpha = Q_a / Q$

α	β = 90°		β = 45°	
	ζ_a	ζ_b	ζ_a	ζ_b
0,2	0,88	-0,08	0,68	-0,06
0,4	0,89	-0,05	0,5	-0,04
0,6	0,95	0,07	0,38	0,07
0,8	1,1	0,21	0,35	0,2

Vereiniger

Durchmesser ist konstant, Q-Volumenstrom

$\alpha = Q_a / Q$

α	β = 90°		β = 45°	
	ζ_a	ζ_b	ζ_a	ζ_b
0,2	-0,4	0,17	-0,38	0,17
0,4	0,08	0,3	0	0,19
0,6	0,47	0,41	0,22	0,09
0,8	0,72	0,51	0,37	-0,17

zusammenge-setzte Formen

$\zeta = 1,28$

$\zeta = 4,8$

Gesamtdruck-verlust

Die angegebenen Werte können mit der Rauhigkeit der Oberfläche variieren. Hier wurden im Wesentlichen glatte Oberflächen betrachtet. Weitere Werte insbesondere für raue Oberflächen oder andere geometrische Formen sind in der Literatur beschrieben [Bet, Ric].

Der gesamte Druckverlust berechnet sich aus der Summe der Einzeldruckverluste des gesamten Rohrleitungssystems. Man kann also schreiben:

$$\Delta p_{V_{ges}} = \sum_i \Delta p_{V_{Ri}} + \sum_j \frac{1}{2} \cdot \zeta_j \cdot \rho \cdot \overline{v}_j^2$$

Damit ist es zwingend notwendig, mikrofluidische Strukturen in einzelne Elemente zu unterteilen und diese anschließend gesondert zu analysieren.

Neben Oberflächenrauhigkeiten und Viskosität der Medien spielt hier auch die Ausbildung des Strömungsprofils in Abhängigkeit von der Geometrie des Kanals eine wichtige Rolle. Die angegebenen Werte wurden experimentell ermittelt [Bet].

Ähnlichkeits-größen	Zur Vergleichbarkeit der Strömungsverhältnisse in Mikrostrukturen wird auch häufig mit Ähnlichkeitsgrößen gearbeitet. Diese erlauben es, das Verhalten spezifischer Flüssigkeit in Kanälen und auf Festkörperoberflächen zu charakterisieren. Die wichtigsten Ähnlichkeitsgrößen sollen hier kurz vorgestellt werden.
Euler-Zahl	a) Euler-Zahl

Die Euler-Zahl beschreibt das Verhältnis von Druckkraft bezogen auf die wirkende Trägheitskraft

$$Eu = \frac{\dfrac{p}{\rho L}}{\dfrac{\overline{v}^2}{L}} = \frac{p}{\rho \overline{v}^2}$$

Die Trägheit ist in Mikrokanälen klein gegenüber den Reibungskräften. Daher sind große Eu-Werte die Regel.

Weber-Zahl   b)   Weber-Zahl

Das Verhalten zur Bildung von Flüssigkeits-Tropfen in einer Gasphase oder in einer weiteren, nicht mischbaren Flüssigkeit wird durch die Weber-Zahl charakterisiert. Sie ist das Verhalten der Trägheitskraft bezogen auf die Kraft der Oberflächenbildung

$$We = \frac{\dfrac{\overline{v}^2}{L}}{\dfrac{\sigma}{\rho L^2}} = \frac{\overline{v}^2 \rho L}{\sigma}$$

Dabei ist σ die Oberflächenspannung der Tropfen bildenden Phase. Bei vergleichsweise kleiner Trägheit sind auch nur kleine Werte für We zu erwarten. Das bedeutet aber eine Begünstigung der Tropfenbildung im Mikrobereich. Große We-Werte verhindern die Ausbildung regulär geformter Tropfen.

Hagen-Zahl	**c) Hagen-Zahl** Die Hagen-Zahl beschreibt das Verhalten von Druckkraft zu Reibungskraft bei erzwungener Strömung. $$Ha = \frac{\left(-\dfrac{dp}{ds}\right) D_h^{\,2}}{\eta \, \overline{v}}$$ Bei einer Rohrströmung im kreisförmigen Querschnitt nimmt sie immer den Wert Ha = 32 an. Für Spalt und Kapillarströme beträgt der Wert Ha = 48. Damit steht die Hagen-Zahl in engem Zusammenhang mit der Re-Zahl. Der Rohreibungsbeiwert λ ist bei laminarer Strömung nur noch von Re und Ha abhängig. $$\lambda = 2\,\frac{Ha}{Re}$$
Analogien zu bekannten technischen Systemen	Eine Vereinfachung ist möglich, wenn Analogiebeziehungen zu bekannten technischen Systemen entwickelt werden. Hier spielen elektrische Analogien eine dominierende Rolle. Bei voll ausgebildeter laminarer Strömung können dann analoge Betrachtungen angestellt werden, wie in der Tabelle unten aufgeführt. Des Weiteren ist es möglich, grundlegende Sätze der Elektrotechnik, wie den Knotenpunktsatz und den Maschensatz anzuwenden. Allerdings entspricht diese lineare Betrachtung nicht in jedem Fall der Realität. So ist der Druckverlust in der Regel nicht linear, sondern quadratisch vom Volumenstrom $\dot{Q}$ abhängig.

Fluidische Größe	Elektrische Größe
$\dot{Q}$ – Volumenstrom	I – elektrischer Strom
Δp – Druckabfall	U – Spannungsabfall
$\lambda = \dfrac{\Delta p}{\dot{Q}}$ – Reibungswiderstand	$R = \dfrac{U}{I}$ – elektrischer Widerstand
$\Delta p = \beta \cdot \ddot{Q}$ – Trägheitsverluste	$U = L \cdot \dfrac{dI}{dt}$
$\dot{Q} = \gamma \cdot \dfrac{dp}{dt}$ – Kompressibilität	$I = C \cdot \dfrac{dU}{dt}$

(Der Zeilentitel **Analogie zu elektrischen Größen** steht links neben der obigen Tabelle.)

Merke

Flüssigkeiten in Mikrokanälen
- generelles Kapillarverhalten
- Oberflächenspannungen der Fluide spielen in Mikrokanälen eine größere Rolle als in makroskopischen Rohren
- Reibungskräfte dominieren gegenüber Trägheitskräften
- Vergleichbarkeit unterschiedlicher Strukturen anhand von bezogenen Größen
  - hydraulischer Durchmesser
  - relative Länge

Druckverluste
- Druckabfall in geraden Kanälen durch Reibung
- Druckabfall durch Querschnittsveränderung
- Druckabfall durch Verzweigung
- charakteristische Größe: Druckverlustbeiwert

Vergleich unterschiedlicher Strömungsanordnungen durch Ähnlichkeitszahlen
- Reynolds-Zahl
- Euler-Zahl
- Weber-Zahl
- Hagen-Zahl

Modellierung von Strömungssystemen mit analogen elektrischen Größen möglich

Literatur

[Bet]   Betz, A.: in Hütte I, 28. Aufl. 1955

[Ric]   Richter, H.: Rohrhydraulik, Springer, 1971

[Ngu]   Nguyen, N.-T.; Wereley, S.: Fundamentals and applications of microfluidics; Artech House, 2002

3.3   Mikroventile und Mikropumpen

<table>
<tr><td colspan="2" align="center">Schlüsselbegriffe</td></tr>
<tr><td></td><td>Ventilarten, Bestandteile von Ventilen, Stellorgane passiver Ventile, Kraftbilanz, Federkonstanten von Biegelementen und Membranen, Stellorgane aktiver Ventile, Antriebe von Biegeelementen, elektrostatischer Biegeantrieb, elektrothermischer Biegeantrieb, piezoelektrischer Biegeantrieb, Membranantriebe, elektrostatischer Membranantrieb, elektrothermischer Membranantrieb, piezoelektrischer Membranantrieb, elektro-thermo-pneumatischer Membranantrieb, Wirkungsweise von Mikropumpen, Kenngrößen von Mikropumpen, Grundaufbau von Membranpumpen, alternative Antriebe für Pumpen, Lösungen für Antriebssysteme, peristaltische Pumpen, nichtmechanische Pumpprinzipien, elektro-hydrodynamische (EHD-) Mikropumpen, Elektrophorese, Helmholtz-Schicht, magneto-hydrodynamische (MHD-) Pumpen</td></tr>
</table>

<table>
<tr><td colspan="2" align="center">Mikroventile</td></tr>
<tr><td>Ventilarten</td><td>Ventile dienen zum Sperren oder Freigeben von Fluidströmen. Man kann daher zwischen Ventilen unterscheiden, die entweder „normal" geöffnet oder „normal" geschlossen sind. Dabei bezieht sich der Begriff „normal" auf den Betriebszustand, in dem die Ventile verharren, wenn Sie nicht mit Energie versorgt werden. Die Energiequellen können elektrisch, magnetisch und thermisch sein. Wird keine externe Energiequelle angeschlossen, der Fluidstrom aber selbst als Energiequelle genutzt, dann bezeichnet man die Ventile als passive Ventile. Passive Ventile sind daher in der Regel auch normal geschlossen.</td></tr>
<tr><td>Bestandteile von Ventilen</td><td>Ventile bestehen aus einer Kombination verschiedener Elemente. Im Gegensatz zur Makrotechnik lassen sich klassische Elemente, wie Ventilkörper, Ventilsitz und Ventildichtung nicht immer eindeutig zuordnen.

Ventile verfügen über ein Kanalsystem zur Zu- und Ableitung der Fluide. Dabei können Kanäle jeglicher Art verwendet werden. Diese Kanäle sind mit dem Hauptbestandteil des Mikroventils, dem Stellorgan, direkt verknüpft. Das Stellorgan ist in der Lage, in den Volumenstrom eines Fluids einzugreifen.

Auf Grund der meist planaren Technologie ist die Nutzung zylindrischer Stellorgane, die entweder einen Hub vollziehen oder drehbar gelagert</td></tr>
</table>

sind, nicht möglich. Daher werden in der Mikrotechnik spezielle Stellorgane eingesetzt.

Stellorgane passiver Ventile

• Stellorgane passiver Ventile

Da passive Ventile nur die Energie des Volumenstroms nutzen, öffnen sie in der gewünschten Flussrichtung. Setzt

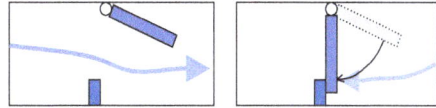

der Fluidstrom aus oder kehrt sich in seiner Richtung um, dann verschließen die Stellorgane die Kanalverbindung zwischen Ein- und Auslauf des Ventils. Die Energie zum Verschließen wird dabei meist durch gespeicherte Federenergie oder durch Nutzung der Schwerkraft bezogen. Bei Nutzung der Federenergie bieten sich grundsätzlich Membranen, Brücken oder Biegebalken als Stellorgane an. Geschlossene Membranen müssen dabei, um einen Volumenfluss sicherzustellen, perforiert ausgeführt sein. Der nicht perforierte Teil der Membran überdeckt den zu sperrenden Kanal. Bei Strömung in der gewünschten Richtung kann das Fluid durch die Perforation in der Membran strömen. Membranen, die an Biegebalken aufgehängt sind, werden hier nicht näher

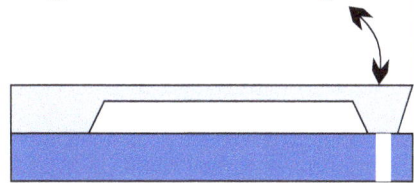

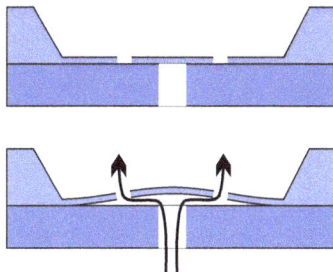

betrachtet, da sich ihr Verhalten aus der Summe des Verhaltens der Biegebalken ergibt. Bei Biegebalken oder Brücken ist eine Perforation nicht erforderlich. Membranen oder Zungen können mit zusätzlichen Elementen, wie Ventilkörper oder Massestücken, ausgestattet werden, um die Sperreigenschaften des Ventils zu steigern. Bei Ventilen mit einem halbkugelförmigen Ventilsitz wird eine Mikrokugel verwendet, um den Flüssigkeitsstrom, der nicht in die gewünschte Richtung verläuft, zu sperren. Diese Art des Mikroventils ist vergleichbar mit den klassischen Rückschlagventilen. Die Kugel wird dabei durch den in die gewünschte Richtung fließenden Fluidstrom angehoben und fällt zurück, wenn sich ein größerer Druck am Auslass als am Einlass einstellt.

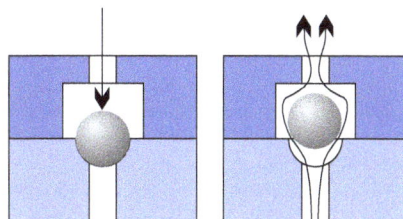

Die Kraft, die Stellorgane ausüben müssen, um den Durchfluss freizugeben, ergibt sich aus folgender Überlegung. Ein Ventilsystem besitze am Eingang den Druck p_1 und am Ausgang den Druck p_2. Dieser wirke auf die entsprechenden Flächen A_1 bzw. A_2. Zum Anheben des

	Stellelementes muss auch dessen Feder-kraft F_F überwunden werden. Damit ergibt sich folgendes Kräftegleichgewicht:
Kraftbilanz	

$$F_1 = F_F + F_2$$
$$p_1 A_1 = F_F + p_2 A_2$$

Anstelle von F_F tritt im Fall der Schwerkraftnutzung die Gewichtskraft des anzuhebenden Teils. Die Federkraft F_F ist das Produkt aus der Feder-konstante k und dem Weg s, um den das Stellorgan bewegt wird.

Federkonstanten von Biegelementen und Membranen

$$F_F = k \cdot s$$

Die Federkonstante ergibt sich aus den Materi-al- und Geometriedaten des verwendeten Stell-organs. Für ein einseitig eingespanntes Biege-element, dessen Dimensionen in der Zeichnung gegeben sind, erhält man für die Federkonstan-te

$$k = \frac{Eh^3 b}{4L^3}$$

Dabei ist E der E-Modul des verwendeten Biegestreifenmaterials. Weiter-hin wird vorausgesetzt, dass die Bewegung nur in h-Richtung erfolgt. Wird ein zweiseitig eingespanntes Biegelement, eine Brücke, verwendet, dann ergibt sich für die Federkonstante:

$$k = \frac{16 Eh^3 b}{L^3}$$

Eine allseitig eingespannt quadratische Membran mit der Kantenlänge a liefert:

$$k = \frac{Eh^3}{0,061 a^2}$$

Passive Mikroventile sind in der Regel normal geschlossen. Dies ist sehr vorteilhaft, da bei Havarien oder Störungen keine Rückströmungen auftre-ten können. Das Schließen erfolgt unter der Bedingung:

$$F_1 \leq F_2 + F_F$$

Stellorgane aktiver Ventile

- **Stellorgane aktiver Ventile**

Aktive Ventile bestehen aus einer Kombination von Kanalelementen, Stell-organ und Mikroantrieb. Die Kanalelemente haben die gleiche Funktion wie bei passiven Ventilen. Als Stellorgane werden vorwiegend Membranen

Antriebe von Biegeelementen

eingesetzt. Es ist jedoch auch möglich, Biegeelemente einzeln oder in Kombination mit Ventilkörpern zu verwenden. Bei der Nutzung von Membranen oder Biegeelementen ist die Kombination mit dem jeweiligen Mikroantrieb von entscheidender Bedeutung für den Ruhezustand des Ventils (normal geöffnet oder normal geschlossen). Da Antriebselemente in der Mikrotechnik in Schichtform bevorzugt werden, ist die Aktion des Steuerorgans bei Ansteuerung des Antriebselementes vom Design abhängig. Sieht man von magnetischen Antrieben ab, die wegen der notwendigen Spulenanordnung sehr schnell den Mikrobereich sprengen, dann können üblicherweise nur elektrostatische, piezoelektrische, elektrothermische oder elektro-thermo-pneumatische Prinzipien in Kombination mit den Steuerorganen genutzt werden. Elektro-thermo-pneumatische Prinzipien sind nur sinnvoll in geschlossenen Kavitäten anwendbar.

Bei Biegeelementen werden die Antriebe als funktionelle Schichten auf deren Oberfläche angeordnet.

elektrostatischer Biegeantrieb

- **Elektrostatischer Antrieb von Biegelementen**

Eine Elektrode befindet sich auf dem Biegelement. Die Gegenelektrode befindet sich auf einem isoliert gelagerten Element, das auch die Kanalstruktur enthält. Beim Anlegen der Spannung wird das Biegelement nach unten gezogen und verschließt das Kanalelement.

Elektroden

Nachteil ist der geringe Abstand zwischen den Elektroden und mögliche Schutzmaßnahmen für die Elektroden beim Gebrauch flüssiger Medien.

elektrothermischer Biegeantrieb

- **Elektrothermischer Antrieb von Biegeelementen**

Auf dem Biegelement befindet sich eine Schicht mit einem vom Biegelement abweichender thermischer Längenausdehnung. (z.B. Al auf Si). Bei Stromfluss durch die Schicht kommt es zur Erwärmung, Ausdehnung der Schicht und zur Verkrümmung in Richtung des Biegeelementes. Damit kann ein darunter liegender Kanal verschlossen werden. Ein unmittelbarer Kontakt zwischen Medien und elektrischer Versorgung liegt nicht vor.

heizbare Schicht

piezoelektrischer Biegeantrieb

- **Piezoelektrischer Antrieb von Biegeelementen**

Auf dem Biegelement befindet sich eine kontaktierbare piezoelektrische Schicht (z.B. Ti-Pt-PZT-Pt). Bei Anlegen einer Spannung zieht sich die Schicht zusammen.

piezoelektr. Schicht

	Es kommt zur Verkrümmung in Richtung der Schicht. Ein darunter liegender Kanal kann dadurch geöffnet werden. Ein unmittelbarer Kontakt zwischen Medien und elektrischer Versorgung liegt nicht vor.
Membranantriebe	Im Gegensatz zu Biegeelementen, deren wesentliches Merkmal die einseitige Einspannung ist, sind Membranen allseitig eingespannt. Dadurch kann sich deren Bewegungsverhalten in Kombination mit den Antriebselementen grundlegend verändern.

- ### Elektrostatischer Antrieb von Membranen

elektrostatischer Membranantrieb	Bei der Nutzung von Membranen zeigen sich gegenüber Biegern als Steuerorgan keine grundlegenden Unterschiede in der Bewegungsrichtung. Die Anordnung der Elektroden muss so erfolgen, dass zwischen ihnen eine anziehende Kraft wirken kann. Bei Ansteuerung erfolgt die Bewegung der Membran nach unten und der Verschluss eines Kanals. Durch die Integration einer weiteren Substratlage kann man jedoch auch das Öffnen eines Kanals erreichen. Im Beispiel ist dies unter Verwendung eines Ventilkörpers gezeigt. Ähnliches Verhalten lässt sich auch bei Biegelementen mit entsprechendem Design realisieren.

Isolationsschicht

Ventilkörper

- ### Elektrothermischer Antrieb von Membranen

elektrothermischer Membranantrieb	Bei der Nutzung unterschiedlicher thermischer Ausdehnungskoeffizienten von Schichten auf Membranen kann man zwei grundlegende Designformen unterscheiden:

Vollständig beschichtete Membranen

Partiell beschichtete Membranen

Unter der Voraussetzung größerer Ausdehnungskoeffizienten der Schichten als der Membranmaterialien kann man dabei folgendes Bewegungsverhalten feststellen. Bei vollständig beschichteten Membranen führt bei der Erwärmung die Ausdehnung des Schichtmaterials zu einer Bewegung in Schichtrichtung. Ist die Membran jedoch nur partiell beschichtet, d.h. die Einspannzonen sind mit einer Schicht versehen, der Mittenbereich der Membran ist dagegen unbeschichtet, dann ist eine Bewegung in Richtung des Membranmaterials zu verzeichnen. Die Anordnung verhält sich wie erwartet, wenn nur eine einseitige Einspannung vorliegt.

total beschichtet

partiell beschichtet

piezoelektrischer Membranantrieb	• **Piezoelektrischer Antrieb von Membranen**

Bei piezoelektrischen Antrieben mit PZT als piezoelektrisches Material erfolgt die Ansteuerung in Richtung der Polarisation. Dadurch kommt es bei Nutzung des Quereffektes zu einer Dillatation des Materials. Der Verbund aus Membran und Piezo bewegt sich in Richtung der Membran. Ein Betrieb gegen die Polarisationsrichtung wäre grundsätzlich möglich. Allerdings ist dabei mit einer Depolarisierung des Piezomaterials und eventuell mit einem totalen Funktionsausfall des Systems zu rechnen. Im Bild ist eine von vielen möglichen Anordnungen mit piezoelektrischen Material und einer Si-Membran gezeigt. Die Membran ließe sich auch mit einem Ventilkörper verstärken, wie im Bild des elektrothermischen Antriebs. Das gezeigte Ventil ist normal geöffnet.

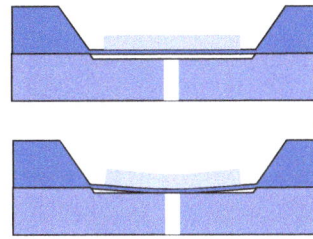

elektro-thermo-pneumatischer Membranantrieb	• **Elektro-thermo-pneumatischer Antrieb von Membranen**

Bei dieser Betriebsart muss die Membran eine Kavität hermetisch dicht verschließen. In der Kavität befindet sich eine metallische Heizungsstruktur und ein Gas oder eine Flüssigkeit. Beim Stromfluss durch das Heizelement wärmt sich dessen Umgebung auf und dehnt sich aus. Dadurch erfährt die Membran eine Verformung, die genutzt werden kann, um eine Kanalstruktur zu verschließen.

Ventile im Zustand „normal geöffnet" müssen gegen die Federkraft F_F und den äußeren Druck der Eingangsseite arbeiten. Dazu muss der Mikroantrieb die entsprechende Kraft F_A Verfügung stellen. Wie aus der Zeichnung zu entnehmen ist, ergibt sich beim Schließen folgendes Kräftegleichgewicht:

$$F_A = p_1 A_1 + F_F - p_2 A_2$$

Bei geeigneter konstruktiver Auslegung können die nötigen Kräfte klein gehalten werden.

Dennoch sei hier vermerkt, dass Ventile mit dem Zustand „normal geöffnet" über nicht immer geeignete Notlaufeigenschaften verfügen, da sie im Fall des Stromausfalls das ungehinderte Strömen nicht unterbinden können.

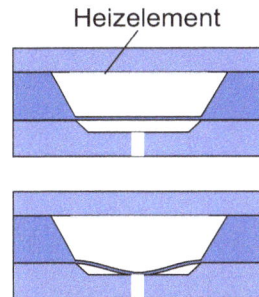

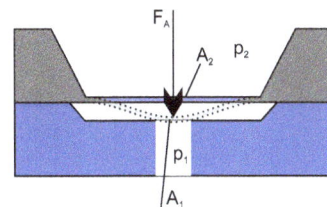

Wirkungsweise von Mikropumpen	Mikropumpen sollen sehr kleine fluidische Strömungen erzeugen. Dazu müssen sie in der Lage sein, einen Druckunterschied aufzubauen. Wegen der markanten Reibungswirkung im Mikrobereich sind rotatorische Pumpen, wie aus der Makrotechnik bekannt, in der Mikrotechnik unzweckmäßig. Unter Nutzung von Mikrotechnologien können daher nur Verdrängungspumpen auf Membranprinzip und nichtmechanisch wirkende Mikropumpen sinnvoll realisiert werden. Die Qualität einer Mikropumpe lässt sich auf der Basis charakteristischer Kenngrößen beurteilen.
Kenngrößen von Mikropumpen	Die wesentlichen Parameter von Pumpen sind a) der maximale Volumenstrom $\dot{Q}_{max}$, b) der maximale Gegendruck p_{max} (gegen den sie noch fördern können) und c) die Pumphöhe h_{max}. Die Leistung der Mikropumpe P_{pu} ergibt sich aus $$P_{pu} = \frac{1}{2}\dot{Q}_{max}p_{max}$$ $$P_{pu} = \frac{1}{2}\dot{Q}_{max}\rho g h_{max}$$ Dabei sind ρ die Dichte des zu pumpenden Mediums und g die Erdbeschleunigung.
Grundaufbau von Membranpumpen	Die Grundstruktur von Membranverdrängungspumpen besteht aus einem Eingangsventil, der eigentlichen Membranpumpe und einem Ausgangsventil. Das Eingangsventil hat die Aufgabe, den Fluidstrom in die Pumpe zu leiten und eine Rückströmung zu verhindern. Das Ausgangsventil dient der Weiterleitung des Fluidstroms aus der Pumpkammer und verhindert das Zuströmen von Fluid aus dem Ausgangsbereich. Beide Ventile müssen nicht elektrisch angesteuert werden und können vorteilhaft passiv als „normal geschlossen" ausgeführt werden.

Pumpkammer mit Antrieb — p_{ein} — p_{aus} — Eingangsventil — Ausgangsventil

Die Pumpe besteht aus einer Pumpkammer mit einer Membran, die mechanisch ausgelenkt werden kann. Die Auslenkung wird durch einen Antrieb hervorgerufen. Die Ansteuerung des Antriebs kann pneumatisch, hydraulisch, thermisch, magnetisch oder elektrisch erfolgen. Dabei werden in der Pumpkammer alternierend folgende Arbeitsphasen durchlaufen:

1. Unterdruckerzeugung durch Vergrößern des Kammervolumens

2. Überdruckerzeugung durch Verkleinern des Kammervolumens

Das Schema dieses Verhaltens ist im Bild beispielhaft für eine Membran

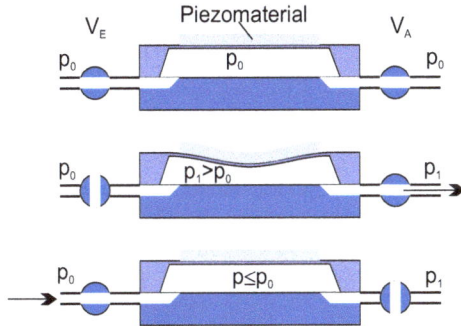

mit piezoelektrischem Antrieb gezeigt. In der ersten Position ist der Ausgangszustand mit geöffneten Ein- und Auslassventilen (V_E, V_A) gezeigt. Die Verformung der Membran erfolgt gegen deren Federsteifigkeit. Während der Bewegung der Membran in Richtung der Pumpkammer wird sie durch das sich darin befindende Fluid gedämpft. Damit ergibt sich für die Gesamtkraft des Antriebs folgende näherungsweise Beziehung:

$$F_{max} = p_{max} A_{mem} + F_F$$

A_{mem} ist die Fläche der Membran

Die Berechnung der Federkraft F_F erfolgt mit Hilfe der weiter oben angegebenen Beziehungen. Der Volumenstrom $\dot{Q}$, den die Pumpe mit einem Hub fördert, ergibt sich aus dem Verdrängungsvolumen ΔV während der Membranauslenkung und der Zeit Δt bis zum Erreichen des maximalen Hubs der Membran.

$$\dot{Q} = \frac{\Delta V}{\Delta t}$$

alternative Antriebe für · Pumpen	Die Verwendung anderer Antriebe ist prinzipiell möglich. Dazu sind entsprechende konstruktive Auslegungen erforderlich. Elektrostatische Antriebe besitzen den Nachteil, nur geringe Hübe zu realisieren. Die außerhalb der Pumpkammer liegenden Elektroden sind dabei auf der Membran und einem weiteren Substrat fixiert. Bei Ansteuerung vergrößert sich das Kammervolumen. Im spannungslosen Zustand bewegt sich die Membran in Richtung der Druckkammer. Dabei kann zum Druckaufbau nur die Federkraft der Membran genutzt werden. Ähnlich verhalten sich thermoelektrische Antriebe mit einer vollständigen Beschichtung der Membran. Partiell beschichtete Membranen, d.h. im Einspannbereich beschichtet und im mittlern Membranbereich unbeschichtet, zeigen ein dem Piezoantrieb ähnliches Verhalten. Allerdings sind die generierbaren Kräfte und die Pumpfrequenz deutlich geringer. Pneumatische oder hydraulische Auslenkungen der Membranen sind durch sehr große mögliche Hübe und sehr große Maximaldrücke gekennzeichnet. Eine Integration in die Mikrotechnik erfordert jedoch eine entsprechende großvolumige Infrastruktur (externe Ventile und Steuergeräte).

Lösungen für Antriebssysteme	Ziel aller Antriebe ist es, den Druck bzw. den Membranweg (Hub) zu maximieren, um die Pumpleistung zu steigern. Gleichzeitig sollte das Totvolumen der Pumpkammer minimiert werden. Unter Totvolumen versteht man den Teil der Pumpkammer, der vom Weg der Membran nicht berührt wird. Möglichkeiten zur Optimierung bestehen in der geeigneten Auswahl von Membranmaterialien. Bei den Antriebssystemen im Mikrobereich sind piezoelektrischen Lösungen zurzeit führend.
peristaltische Pumpen	Häufig findet man auch peristaltische Pumpen [Ngu]. Bei dieser Pumpenart sind die Ventile am Ein- und Ausgang durch je eine Pumpkammer mit Membran ersetzt. Peristaltikpumpen bestehen daher aus drei oder mehr hintereinander geschalteten Membranpumpen, bei denen die beiden außen liegenden Pumpen die Ventilfunktion durch entsprechendes Ansteuern der Membranen übernehmen. Im Betrieb werden die Einzelpumpen nacheinander angesteuert. Die Entleerung der ersten Pumpe erfolgt gegen Unterdruck in der zweiten. Die Entleerung der zweiten Pumpe erfolgt gegen Unterdruck in der dritten Pumpe und gegen Überdruck in der ersten Pumpe. Damit ist die Pumprichtung vorgegeben. Der Nachteil dieser Anordnungen besteht darin, dass sie nicht vollständig leckfrei arbeiten. So wird beim Ausstoß des Inhalts aus der ersten Pumpkammer stets eine geringe Menge des Fluids in Richtung des Einlasses ausgestoßen.
nichtmechanische Pumpprinzipien	Mikropumpen, die keine mechanisch bewegten Teile, wie Membranen, besitzen, aber dennoch einen Fluidstrom generieren können, werden als nichtmechanische Pumpen bezeichnet. Bei diesen Pumpen werden die spezifischen Eigenschaften des Fluids genutzt, um eine Strömung auszulösen. Charakteristische Eigenschaften sind dabei die spezifische elektrische Leitfähigkeit χ, die Dielektrizitätszahl ε ($\varepsilon = \varepsilon_0 \cdot \varepsilon_r$), die Polarisierbarkeit, die Viskosität η und die Oberflächenspannung σ. Diese Art der Mikropumpen ist generell ventillos. $\quad$ Die Nutzung elektrischer Felder leitet sich aus der generellen Kraftbeziehung für dielektrische Fluide im elektrischen Feld E ab. $$F = qE + P\nabla E - \frac{E^2\nabla\varepsilon}{2} + \nabla\left(\frac{\rho E^2}{2}\frac{\partial\varepsilon}{\partial\rho}\right)$$ mit der Ladung q, der Polarisation P, der Raumladungsdichte ρ. $\quad$ Der erste Term der Gleichung bezeichnet die Coulombsche Kraftwirkung. Seine Bedeutung ist gegenüber den weiteren Termen überragend. Daher nutzen auch die meisten Prinzipien diesen Effekt. $\quad$ Bei elektrohydrodynamischen Mikropumpen (EHD) werden Ladungen im Fluid induziert oder es werden Ladungen in das Fluid injiziert. Die Induktion erfolgt an Elektroden, deren Polarität entlang der Flussrichtung dauerhaft alterniert. Dadurch können Ladungen an der Grenzfläche

elektro-hydrodynamische Mikropumpen	induziert werden. Wechselt nun die Polarität der Elektroden, dann werden die geladenen Teilchen abgestoßen und bewegen sich zur nächsten anziehend wirkenden Elektrode. Wenn die Polaritätsänderung an den Elektroden nicht gleichzeitig erfolgt, sondern nacheinander, beginnend am Auslass und durchlaufend zum Einlass, dann folgen die geladenen Teilchen dieser Änderung und bewegen sich in entgegengesetzter Richtung. Wenn Ladungen durch eine Elektrode, die sich im Fluid befindet, injiziert werden, dann können diese durch ein elektrisches Feld bewegt werden. Dazu muss sich eine entsprechende Gegenelektrode ebenfalls im Fluid befinden. Durch die Bewegung der Ladungsträger wird das gesamte Fluid in die gleiche Richtung bewegt. Die Realisierung dieser Pumpsysteme ist mit Hilfe mikrotechnischer Verfahren grundsätzlich möglich. Allerdings können diese Pumpen nur in dielektrischen Fluiden eingesetzt werden.

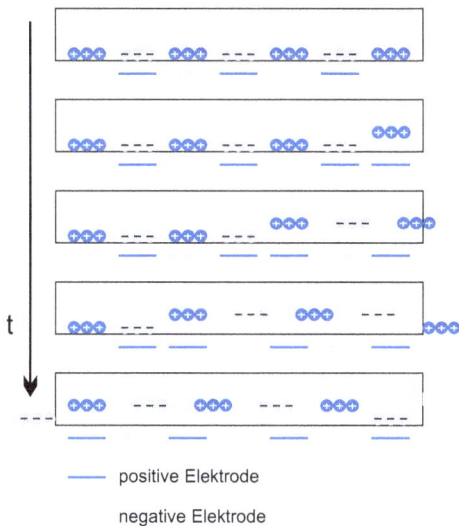

— positive Elektrode

negative Elektrode

Leitfähige Fluide können mit Hilfe elektrokinetischer Pumpen in Bewegung gebracht werden. Dabei nutzt man die Effekte der Elektrophorese oder der Elektroosmose. Die Elektrophorese ist dadurch gekennzeichnet, dass sich leitende Partikel in einem elektrischen Feld gerichtet bewegen können. Die Geschwindigkeit v der Bewegung ist vom elektrischen Feld E und der Beweglichkeit μ der Teilchen abhängig. Die Beweglichkeit hängt dabei direkt von der Ladung der Teilchen q und indirekt von deren Radius r und der dynamischen Viskosität η des Fluids ab.

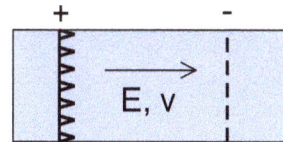

$$\mu = \frac{q}{6\pi r \eta}$$

Die Driftgeschwindigkeit v im elektrischen Feld ergibt sich aus

$$v = \mu E$$

Unterschiedliche Größen der Teilchen führen bei gleicher Ladung zu unterschiedlichen Geschwindigkeiten. Dies wird vor allem zur Trennung im Bereich der Biochemie genutzt.

Bei der Elektroosmose wird die Ausbildung des ζ-Potenzials entlang der Rohrwandung ausgenutzt. In vielen Festkörpern bildet sich, wenn sie mit ionisierbaren Flüssigkeiten in Kontakt gebracht werden, eine über die gesamte Kontaktfläche verteilte negative Oberflächladung aus. Diese Ladung wirkt auf die Flüssigkeit, indem sie positive Ladungsträger anzieht und an der Oberfläche fixiert. Diese nicht mobile Schicht aus Ladungsträgern wird auch als Stern-Schicht bezeichnet. Die Stern-Schicht beeinflusst aber auch die darüber stehende Flüssigkeit und zieht Ladungsträger an. Diese werden aber nicht fixiert, sondern sind mobil. Es bildet sich also eine zweite Schicht, die auch als Diffusionsschicht bezeichnet

Helmoltz-Schicht

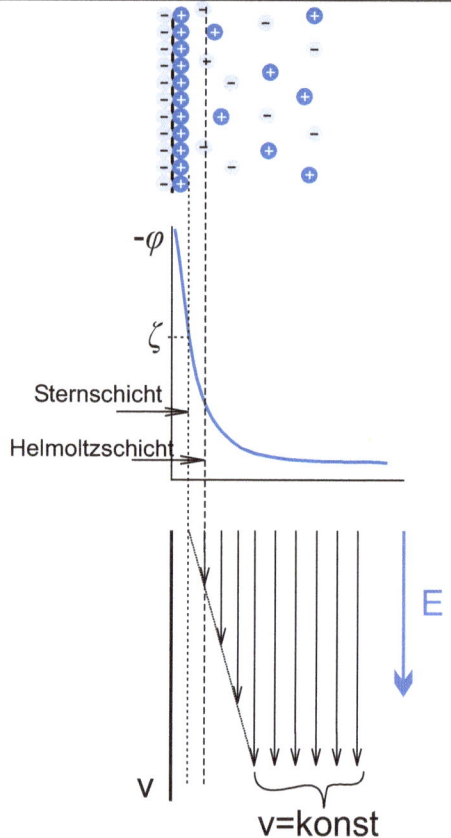

wird. Beide Schichten werden auch als Helmholtz-Schicht bezeichnet. Die Helmholtz-Schicht ist also eine Doppelschicht mit einem fixierten und einem mobilen Anteil. Zwischen beiden Schichten gibt es eine Fläche, die mobile und immobile Teilchen voneinander trennt. Elektrisch wird durch die Ladungsträgerkonzentration ein Potenzial aufgebaut. Dieses Potenzial ist an der Wand sehr negativ und fällt in die Flüssigkeit hinein stark ab. Das Potenzial der Trennfläche ist das ζ-Potenzial. Unter dem Einfluss eines elektrischen Feldes E kann die Flüssigkeit bewegt werden. Dabei ist die Geschwindigkeitsverteilung über den gesamten Rohrbereich mit Ausnahme der Helmholtzschicht konstant. Für die Geschwindigkeit v erhält man

$$v = \mu_{os}E$$

wobei μ_{os} die Beweglichkeit der Teilchen ist.

$$\mu_{os} = \frac{\zeta\varepsilon}{4\pi\eta}$$

mit ε – Dielektrizitätszahl, η – dynamische Viskosität der Flüssigkeit.

Mit Hilfe dieses Effektes können Kanäle mit sehr geringem Querschnitt ohne äußeren Druck befüllt werden. Weiterhin können sehr hohe Gegen-

	drücke überwunden werden, wenn die Querschnitte entsprechend gering gewählt werden.
magneto-hydrodynamische (MHD-) Pumpen	Das Bewegen von Flüssigkeiten durch magnetische Feldkräfte kann mit Hilfe von magnetohydrodynamischen (MHD-) Pumpen erfolgen. Dabei nutzt man die Wirkung der Lorentz-Kraft, bei der bewegte Ladungen im Magnetfeld abgelenkt werden können. Im einfachsten Fall besitzt ein Kanal zwei Elektroden, durch die ein Strom geschickt wird. Senkrecht zum Stromfluss kann ein externes Magnetfeld in die Anordnung einge-koppelt werden. Dadurch werden die Ladungsträger in Kanalrichtung bewegt.

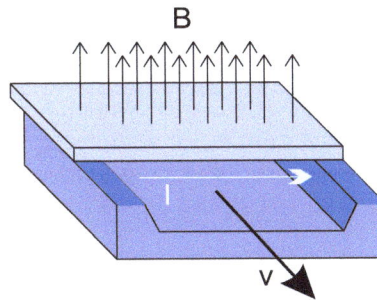

Im Unterschied zu den Mikropumpen auf Membranbasis zeigen die nichtmechanischen Pumpen einen kontinuierlichen nicht pulsierenden Fluss. Durch das Auf- und Abbewegen der Membran ist der Fluss, der generiert wird, nicht pulsationsfrei. Für manche Anwendungen ist dies ein Nachteil, der durch die Anwendung von Pumpen ohne Membranan-trieb überwunden werden kann. Allerdings lassen sich bei den nichtme-chanischen Pumpen nur Fluide mit bestimmten Eigenschaften in Bewe-gung versetzen. Nachteilig ist weiterhin das Notlaufverhalten. Bei Ab-schaltung des elektrischen oder magnetischen Feldes unterliegt die sich ausbildende Strömungsrichtung nur den statischen Druckunterschieden.

Merke

Mikroventile
- zum Sperren oder Freigeben von Fluidströmen
- „Normal" geöffnet oder „normal" geschlossen; „normal" bezieht sich auf den Betriebszustand, in dem die Ventile verharren, wenn Sie nicht mit Energie versorgt werden
- Unterscheidung nach Stellorganen
  - ○ passive Ventile (ohne separaten Antrieb)
  - ○ aktive Ventile (mit separatem Antrieb)
- Stellorgane in der Mikrotechnik sind Biegeelemente und Membranen

- Biegelementantriebe
  - elektrostatisch
  - piezoelektrisch
  - elektrothermisch
- Membranantriebe
  - elektrostatisch
  - piezoelektrisch
  - elektrothermisch
  - Bewegungsrichtungsumkehr bei partieller Beschichtung

Mechanische Mikropumpen
- sollen sehr kleine fluidische Strömungen erzeugen
- Verdrängungspumpen auf Membranprinzip
- bestehen aus Einlassventil – Pumpe – Auslassventil
- Pumpkammer mit Membran, die mechanisch ausgelenkt werden kann
- Antriebe analog zu Ventilen
- Fluss durch Pulsation gekennzeichnet

Nichtmechanische Mikropumpen
- elektro-hydrodynamische Mikropumpe
- elektro-osmotische Mikropumpe
- elektro-phoretische Mikropumpe
- magneto-hydrodynamischen Mikropumpe
- pulsationsfreier Fluss

Literatur

[Ngu]   Nguyen, N.-T.; Wereley, S.: Fundamentals and applications of microfluidics, Artech House, 2002

[Liu]   Liu, C.: Foundations of MEMS, Pearson Education, 2006

[Völ]   Völklein, F.; Zetterer, T.: Einführung in die Mikrosystemtechnik, Vieweg, 2000

4   Wandler

4.1   Sensorische Wandler

Schlüsselbegriffe
Sensoren in der Mikrosystemtechnik, Spektralbereiche, Wellenlängen, Frequenzen, relevante Wellenlängenbereiche für die Sensorik, generatorische Energiewandlung, Detektion optischer Strahlung, Fotostrom, Anwendungsgebiete von Fotodioden, Wärmetransportprozesse, Temperaturmessungen, Wandlungsarten bei Temperaturmessung, Leitfähigkeitsänderung durch Temperatur, metallische Thermoelemente (direkter Kontakt), Bolometer (kontaktlos), Grundstruktur Bolometer, Bolometertypen, Bolometerschaltung, pyroelektrische Temperaturmessung (kontaktlos), pyroelektrische Materialien, Seebeck-Effekt zur Temperaturmessung (kontaktlos), Seebeck-Koeffizient, Seebeck-Koeffizienten verschiedener Materialkombinationen, Voraussetzungen zur Nutzung des Seebeck-Effektes, Thermopiles – Seebeck in Mikrotechnik, Materialkombinationen, Einsatz von Silizium, IR-Dioden zur Temperaturmessung (kontaktlos), Existenz magnetischer Felder, Hall-Effekt – Grundprinzip – Lorentzkraft, Hall-Sensoren, Nutzung von Halbleiter-Werkstoffen, Hallsensoren in CMOS-Technologie, Vergrößerung des Effektes durch Feldplattenanordnung, magnetoresistiver Effekt, anisotrope Magnetisierungsrichtung, Barber-Pole-Elemente, magnetoresoistive Materialien, elektrische Spannung durch mechanische Deformation, elektrische Spannung in Abhängikeit von Elektrodenanordnung, piezoelektrischer Längs-, Quer- und Schereffekt, Anwendungen der Effekte in der MST, Mikrostrukturen mit piezoelektrischem Effekt, Widerstandsänderung bei mechanischer Belastung, Gauge-Faktor, isotropes – anisotropes piezoresistives Verhalten, Grundzusammenhänge, piezoresistive Abhängigkeiten im Si-Einkristall, Wirkung unterschiedlicher Dotierungen im Silizium, Beispiel: Widerstandsbrücke auf Silizium, Brückenschaltung piezoresistiver Widerstände, Einschränkung des Anwendungsbereiches, Verändern von Elektrodenabstand oder -fläche, Kapazitätsänderung, Anordnungen kapazitiver Wandler, Differentialkapazität mit seismischer Masse, Differentialkapazität als Kammstruktur, Einsatz chemischer Wandler, Entwicklungsstand chemischer Wandler,

| | Grundprinzipien, Aufbau und Wirkungsweise chemischer Wandler, geeignete Elektroden, Einsatz halbleitender Schichtmaterialien, Veränderung des Frequenzverhaltens, CHEMFET – Sonderform des ISFET, Materialien für Chemosensoren, Sensormaterialien für detektierbare Gase, Anwendungsprobleme chemischer Sensoren, Grundprinzip biologisch-elektrischer Wandler, Schlüssel-Schloss-Methode. |

4.1.1 Sensoren in der Mikrosystemtechnik

	Mikrostrukturierte Messwertaufnehmer
Sensoren in der Mikrosystemtechnik	Die Kontrolle von Betriebszuständen gewinnt mit steigendem Automatisierungsgrad zunehmend an Bedeutung [Ada, Ahr, Ber, Hes]. Auch die Einhaltung sicherheitsrelevanter Parameter sowie die Garantie von Qualitätsparametern sind nur durch kontinuierliche Messungen möglich. Moderne Fahrzeugen sind beispielsweise ohne den Einsatz entsprechender Mess- und Kontrollsysteme nicht mehr denkbar [Gev, Til, Zab]. Würden diese Messsysteme mit klassischen Technologien gefertigt, dann würden sie sehr bald ein nicht zu unterschätzendes Volumen bzw. eine entsprechend große Masse einnehmen. Durch den Einsatz von Mikrotechnologien können die Volumina und Massen der Messfühler entscheidend reduziert werden und es wird erst möglich, eine Vielzahl unterschiedlicher Messaufgaben bei gleichzeitig verringerter Eigenmasse der Sensoren durchzuführen. Mikrostrukturierte Messfühler sind gegenwärtig in der Lage, Temperaturen, Beschleunigungen, Drücke, Kräfte, Strahlung, chemische Substanzen, biologische Strukturen und vieles mehr zu erfassen. Dabei sind die Potenziale der Messfühler bei weitem noch nicht ausgeschöpft. Eine Vielzahl kleiner physikalischer Effekte ist geradezu prädestiniert, in entsprechend mikrostrukturierte Wandler umgesetzt zu werden. In den folgenden Kapiteln werden daher zunächst Wandler vorgestellt, die eine entsprechende (physikalische, chemische, biologische) Größe direkt in elektrische Signale wandeln. Im Anschluss werden dann mehrstufige Wandlerprinzipien vorgestellt, die keine unmittelbare Wandlung einer beliebigen Größe in elektrische Signale erlauben. Da das Gebiet der Sensorik inzwischen aber eine nahezu unübersichtliche Größe einnimmt, kann es im Rahmen dieser Zusammenstellung nicht vollständige erfasst werden. Daher wird auf wesentliche Literaturstellen zu diesem Thema verwiesen [Ahl, Gö5, Hau, Nie, Trä].

4.1.2 Wandler für Strahlung

<table>
<tr><td></td><td colspan="3">**Spektralbereiche**</td></tr>
<tr><td>**Spektralbereiche, Wellenlängen, Frequenzen**</td><td colspan="3">Strahlung ist generell eine elektromagnetische Welle, die sich, wenn unreflektiert, geradlinig in geeigneten Medien ausbreiten kann. Dabei kann die Wellenlänge der Strahlung ein sehr breites Spektrum überdecken. Man teilt daher die Strahlung entsprechend der Welllänge in verschiedene Spektralbereiche auf. Dabei kann man jedem Spektralbereich auch entsprechende Frequenzbereiche zuordnen.</td></tr>
<tr><td></td><td>**Spektralbereich**</td><td>**Wellenlänge**</td><td>**Frequenzbereich**</td></tr>
<tr><td></td><td>Mittelwellen (MF)</td><td>0,1...1km</td><td>0,3...3MHz</td></tr>
<tr><td></td><td>Kurzwellen (HF)</td><td>10...100m</td><td>3...30MHz</td></tr>
<tr><td></td><td>Ultrakurzwellen (VHF)</td><td>1m...10m</td><td>30...300MHz</td></tr>
<tr><td></td><td>Dezimeterwellen (UHF)</td><td>0,1m...1m</td><td>0,3...3GHz</td></tr>
<tr><td></td><td>Mikrowellen (SHF/EHF)</td><td>1mm...10cm</td><td>3–300GHz</td></tr>
<tr><td></td><td>Infrarot (IR)</td><td>800nm...1mm</td><td>$3 \cdot 10^{11}...3,75 \cdot 10^{14}$Hz</td></tr>
<tr><td></td><td>Nahes Infrarot (NIR)</td><td>800nm...1700nm</td><td>$1,76 \cdot 10^{14}... 3,75 \cdot 10^{14}$Hz</td></tr>
<tr><td></td><td>Sichtbares Licht (VIS)</td><td>380...700nm</td><td>$3,75...7,5 \cdot 10^{14}$Hz</td></tr>
<tr><td></td><td>Ultraviolettes Licht (UV)</td><td>2nm...400nm</td><td>$7,5 \cdot 10^{14}...3 \cdot 10^{16}$Hz</td></tr>
<tr><td></td><td>Röntgenstrahlung</td><td>10pm...10nm</td><td>$3 \cdot 10^{16}...3 \cdot 10^{20}$Hz</td></tr>
<tr><td></td><td>Gammastrahlung</td><td>1fm...10pm</td><td>$3 \cdot 10^{19}...3 \cdot 10^{25}$Hz</td></tr>
<tr><td></td><td>Kosmische Strahlung</td><td>...500pm</td><td></td></tr>
<tr><td>**relevante Wellenlängenbereiche für die Sensorik**</td><td colspan="3">Aus diesem Spektralbereich lassen sich einige für die Sensorik relevante Bereiche ableiten. Während in den Bereichen größerer Wellenlängen bekannte elektronische Schaltungen zum Einsatz kommen, eignen sich mikrostrukturierte Wandler besonders für die Spektralbereiche von Infrarot (IR) bis zu Röntgenstrahlung. Von besonderer Bedeutung in technischen Anlagen sind jedoch die Bereiche von IR bis zu UV, die auch den optischen Bereich des Spektrums repräsentieren. Die Felder dieser Spektralbereiche sind der Tabelle grau hinterlegt. Man bezeichnet die dazu gehörigen Wandlerelemente daher auch als Wandler für optische Größen.</td></tr>
</table>

	<div align="center">**Solarzellen**</div>
generatorische Energiewandlung	Solarzellen gehören zu den einfachsten Bauelementen, die Strahlungs-energie in elektrische Energie umwandeln. Dabei liegt der Anwendungsbe-reich der Zellen ausschließlich in der Energiewandlung mit dem Ziel der Generation elektrischer Energie. Eine eingehende Betrachtung dieser Sys-teme erfolgt im Kapitel „Generatorische Wandler".

	<div align="center">**Fotodioden**</div>
Detektion optischer Strahlung	Fotodioden dienen der Detektion von Strahlung. Dabei wird der Effekt der Ladungsträgergeneration durch einfallende Photonen in pn-Übergängen von Halbleitern ausgenutzt. Durch die einfallende Strahlung werden Elekt-ronen-Lochpaare generiert, die durch das elektrische Feld der Raumla-dungszone getrennt werden. Dabei wird die Diode in Sperrrichtung betrie-ben. Durch diese Betriebsweise wandern die jeweiligen Ladungsträger zu der Seite, in der sie Majoritätsladungsträger sind, d.h. Löcher wandern in die p-dotierte Schicht und Elektronen in die n-dotierte Schicht. Dort tragen sie zum Stromfluss im äußeren Stromkreis in Form von jeweils einer Ele-mentarladung bei.
	Der Strom I durch die Fotodiode setzt sich demzufolge aus dem Sätti-gungssperrstrom I_S und dem Fotostrom I_F zusammen und man kann wegen der unterschiedlichen Stromrichtungen schreiben:
	$$I = I_S - I_F$$
	Da der Sättigungssperrstrom I_S von der Höhe der angelegten Spannung U und der Temperatur T abhängt, gilt
	$$I_S = I_{S_0} e^{-\frac{qU}{kT}}$$
	mit k – Boltzmann-Konstante; q – Elementarladung.
Fotostrom	Der Fotostrom I_F hängt von der Intensität der Strahlung (Strahlungsleis-tung Φ) und der Frequenz der einfallenden Strahlung ab. Die Generation von elektrisch wirksamen Ladungsträgern ist aber nicht zwingend. Das heißt, es können auch Ladungsträger erzeugt werden, die anschließend sofort wieder rekombinieren. Sie stehen damit nicht für den Strom I_F zur Verfügung. Dies wird durch die Quantenausbeute $\eta = \eta(f)$ berücksichtigt.
	Damit gilt mit dem Planckschen Wirkungsquantum h:
	$$I_F = \eta \cdot \frac{q\Phi}{hf} \quad \text{und weiterhin}$$

$$I = I_{S_0} \, e^{-\frac{qU}{kT}} - \eta \cdot \frac{q\Phi}{hf}$$

Wenn der Strom I im äußeren Stromkreis 0 wird, kann man die entsprechende Spannung berechnen:

$$U = \frac{kT}{q} \ln\left(\frac{I_F}{I_S} + 1\right)$$

Anwendungs-gebiete von Fotodioden 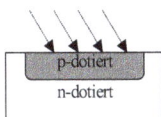 p-dotiert n-dotiert	Fotodioden können sehr einfach mit Hilfe von CMOS-Prozessen herge-stellt werden. Dabei kann entweder die nebenstehende Grundform oder eine Vielfalt von Modifikationen realisiert werden. Die Dioden werden als Belichtungsmesser in Kameras eingesetzt. In Zeilenform zu einigen 1000 Stück angeordnet, dienen sie als Bildsenso-ren in Flachbettscannern. Hierbei werden die Signale zeilenweise ausgele-sen. Für den kompletten Bildaufbau ist der mechanische Antrieb des Sen-sorschlittens erforderlich. Erst durch die Bewegung des Schlittens wird die zweite Dimension des Bildes erschlossen. Auf Grund ihres einfachen Grundaufbaus können sie jedoch auch in Matrixform angeordnet werden. Dadurch kann die mechanische Bewegung für den Aufbau zweidimensio-naler Bilder entfallen. Sie dienen dann als Bildsensoren, mit deren Hilfe Daten in Echtzeit ausgelesen werden können. Für das Auslesen der Infor-mation der einzelnen Zellen werden unterschiedliche Techniken, die sich bis in das Layout der Fotodioden auswirken, eingesetzt. Man kann hier im Wesentlichen zwischen der CCD-Sensor-Technik (CCD – Charge Coupled Device) und der CMOS-Bildsensortechnik unterscheiden. Während die CCD-Technik nur das zeilenweise Auslesen der Informationen aus der Matrixanordnung erlaubt, kann mit Hilfe der CMOS-Technik wahlfrei auf einzelne Pixel (Sensorzellen) zugegriffen werden [Fis].

4.1.3 Thermisch-elektrische Wandler

Formen des Wärmetransportes	
Wärmetrans-portprozesse 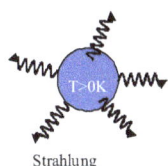 T>0K Strahlung	Temperatur ist eine physikalische Größe, die jedem Stoff, der sich ober-halb des absoluten Nullpunktes (–273.15°C) befindet, zugeordnet werden kann. Sie resultiert aus der ungeordneten Schwingungsbewegung von Atomen und Molekülen. Durch diese Schwingungen werden charakteristi-sche elektromagnetische Strahlen im Infrarotbereich (IR) ausgesendet. Dadurch wird Energie in die Umgebung abgestrahlt. Daher wird dieser Energieaustausch auch als *Strahlung* bezeichnet. Befindet sich ein Körper im reinen Vakuum, dann ist dies die einzige Form der Energieabgabe. Ist

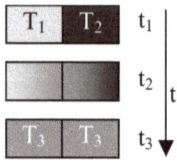
Wärmeleitung

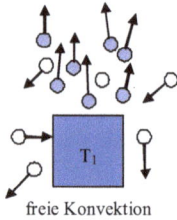
freie Konvektion

der Körper hingegen von einem stofflichen Medium umgeben, das eine andere Temperatur aufweist, dann findet zwischen ihm und dem Umgebungsmedium ein Energieaustausch statt. Dieser Energieaustausch macht sich in einem Wärmestrom bemerkbar. Dabei steigt die Temperatur der kälteren Materie, wobei die Temperatur der wärmeren Materie sinkt. Man kann unterschiedliche Formen des Wärmetransportes feststellen. Ist das Umgebungsmedium ein Festkörper, dann erfolgt der Wärmetransport durch *Wärmeleitung*. Ist die Umgebung hingegen flüssig oder gasförmig, findet der Wärmetransport durch bewegte Teilchen statt. Einzelne Teilchen nehmen dabei die höhere Temperatur auf und übertragen diese an weitere einzelne Teilchen. Dieser Wärmetransport durch Teilchenbewegung wird als *Konvektion* bezeichnet. Bei der Konvektion kann man zwei Arten unterscheiden. Wird die Teilchenbewegung durch äußere Druckunterschiede ausgelöst, dann handelt es sich um *erzwungene Konvektion*. Wird die Teilchenbewegung hingegen durch inzwischen erwärmte Teilchen ausgelöst, dann handelt es sich um *freie Konvektion*.

Temperatur-Messungen

Die Wandlung der thermischen Energie in elektrische wird in Thermosensoren genutzt. Dabei kann grundsätzlich auf alle Formen des Wärmetransportes zurückgegriffen werden.

Um elektrisch verwertbare Signale zu gewinnen, haben sich verschiedene Methoden durchgesetzt. Diese zeichnen sich dadurch aus, dass sie entweder berührungslos die Temperatur erfassen oder dass durch direkten Kontakt des Sensors mit dem zu untersuchenden Medium und durch Nutzung der Wärmeleitung die Temperatur ermittelt werden kann. Dabei ist die letztgenannte Methode stets mit Fehlern behaftet, da durch den direkten Kontakt die Temperatur des zu untersuchenden Mediums beeinflusst werden kann. Der Fehler kann klein gehalten werden, wenn die Masse und die spezifische Wärmekapazität der Sensoren sehr viel kleiner sind als die vom zu untersuchenden Medium. Gerade bei mikrostrukturierten Sensoren ist dies der Fall.

Es können folgende Wandlungseffekte genutzt werden:

Wandlungsarten bei Temperatur-messung

Temperaturänderung	Änderung der elektrischen Leitfähigkeit
	Änderung der Polarisation
Temperaturdifferenz	Elektrische Spannung
IR-Strahlung	Elektrische Spannung

Leitfähigkeits-
änderung durch
Temperatur

a) metallische
Thermoelemente
(direkter Kontakt)

Die spezifische elektrische Leitfähigkeit κ von Leiterwerkstoffen, insbesondere von Metallen, hängt in starkem Maße von der Temperatur ab. Mit steigender Temperatur nimmt die elektrische Leitfähigkeit ab. Die Ursachen liegen in der Temperaturabhängigkeit der Beweglichkeit μ von freien Ladungsträgern. Durch steigende Temperatur nehmen die Gitterschwingungen zu. Dadurch wird die gerichtet Bewegung der Ladungsträger stark gestört. Es gilt:

$$\mu \propto \frac{1}{T}$$

Da die elektrische Leitfähigkeit der reziproken Werte des spezifischen elektrischen Widerstandes ρ ist, steigt dieser mit steigender Temperatur. In begrenzten Temperaturbereichen gilt für dessen Abhängigkeit von der Temperatur:

$$\rho(T) = \rho(T_0) \cdot \left[1 + \alpha(T - T_0) + \beta(T - T_0)^2 \right]$$

mit α – linearer thermischer Widerstandskoeffizient; β – quadratischer thermischer Widerstandskoeffizient.

In der Mikrosystemtechnik kann dieses Verhalten genutzt werden, indem Widerstandsanordnungen in Schichtform auf Träger aufgebracht werden. Temperaturänderungen werden gemessen, indem der Widerstandswert in einer Brückenschaltung ermittelt wird. Der Grundaufbau solcher Anordnungen ist im folgenden Bild gezeigt.

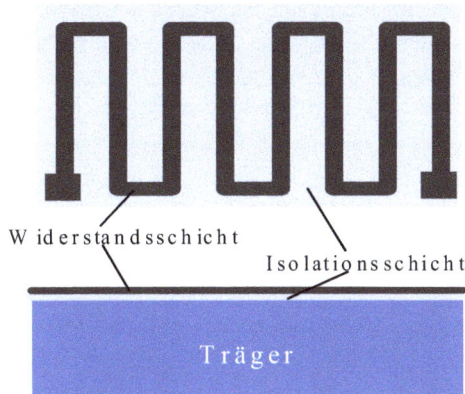

Widerstandsschicht

Isolationsschicht

Träger

Mäanderförmige Widerstandsschicht auf Trägersubstrat, das mit einer Isolationsschicht ausgestattet ist.

Als Widerstandsschichten eignen sich Platin, Kupfer oder Nickel. In der nachfolgenden Tabelle sind für diese Werkstoffe die Temperaturkoeffizienten und der Anwendungstemperaturbereich angegeben.

Metall	α	B	Temp.-Bereich
Platin	$3{,}911 \cdot 10^{-3}\text{K}^{-1}$	$-0{,}58 \cdot 10^{-6}\text{K}^{-2}$	$-220...1000 \,°C$
Kupfer	$4{,}33 \cdot 10^{-3}\text{K}^{-1}$	$\lambda 0$	$0...200°C$
Nickel	$5{,}43 \cdot 10^{-3}\text{K}^{-1}$	$-0{,}58 \cdot 10^{-6}\text{K}^{-2}$	$-60...200°C$

Mit Platin wird der weitaus größte Temperaturbereich überstrichen. Bekannt sind daher auch die Thermosensoren mit der Bezeichnung Pt100 und Pt1000. Dabei gibt die Zahl den erfassbaren Temperaturbereich an.

b) Bolometer **(kontaktlos)**	Eine Form der berührungslosen Messung kann mit Hilfe von Bolometern (bole: griech. Wurf, Strahl) realisiert werden. Allerdings wird hier ein 2-stufiger Energiewandlungsprozess ausgenutzt. In der ersten Stufe wird die eintreffende Strahlung absorbiert. In der zweiten Stufe führt die absorbierte Energie zur Erwärmung eines Widerstandsmaterials und damit zur Veränderung seiner elektrischen Leitfähigkeit. Die Temperaturänderung kann mit Hilfe einer Wheatston-Brücke durch die Veränderung des Widerstandes nachgewiesen werden. Mikrobolometer lassen sich mit Hilfe von Mikrotechnologien relativ einfach herstellen. Nötig sind hier die elektrische Widerstandsschicht und eine thermische Isolation des Messwertaufnehmers von der Umgebung. Dies kann durch konstruktive Maßnahmen gewährleistet werden. Der typische Aufbau eines Mikrobolometers ist im folgenden Bild gezeigt. Auf einer dünnen Membran aus SiO_2 bzw. Si_3N_4 befindet sich das Widerstandsmaterial als Dünnschicht. Als Absorptionsschicht wird meist das Widerstandsmaterial geschwärzt, d.h. oberflächig aufgeraut. In einigen Fällen wird auch mit separaten Absorberschichten gearbeitet. Die Membran wird von der Umgebung isoliert, indem sie über einer tief geätzten Grube aufgehängt wird. Als Aufhängung dienen dabei Brücken aus SiO_2 bzw. Si_3N_4.

Grundstruktur Bolometer	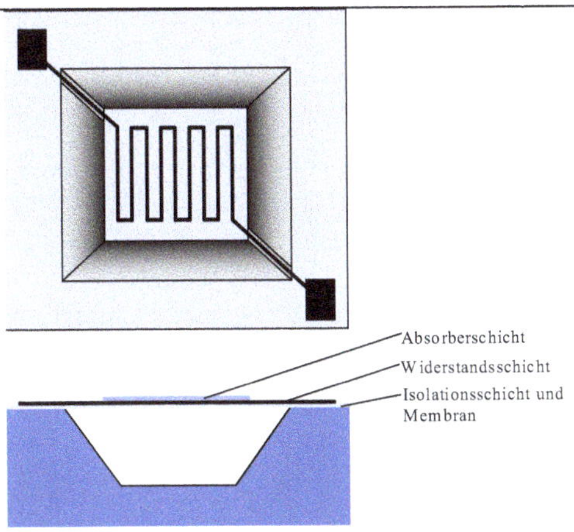 Absorberschicht Widerstandsschicht Isolationsschicht und Membran	Prinzipaufbau der Chipausführung eines Mikrobolometers.

Bolometer können unterschiedliche Widerstandsmaterialien besitzen. In der nachfolgenden Tabelle sind die wichtigsten sowie deren Anwendungsbereich angegeben:

Bolometertypen

Bolometertyp	Widerstandsmaterial	Betriebsparameter
Metallbolometer	Pt, Ni	Raumtemperatur
Thermistorbolometer	MnO, NiO	Raumtemperatur
Supraleitungsbolometer	Ge, NbN, GdBaCuO	Tieftemperatur

Supraleitungsbolometer müssen gekühlt werden. Sie besitzen aber gegenüber den anderen Typen eine höhere Empfindlichkeit. Bei mikrostrukturierten Ausführungsformen sind die Ansprechzeiten extrem kurz. Zur exakten Messung werden in der Regel 2 Bolometer eingesetzt. Ein Bolometer dient als Referenz und wird der Strahlung nicht ausgesetzt. Das zweite Bolometer wird unmittelbar in die zu detektierende Strahlung eingebracht. Die Schaltung dazu ist im folgenden Bild gezeigt.

Bolometerschaltung

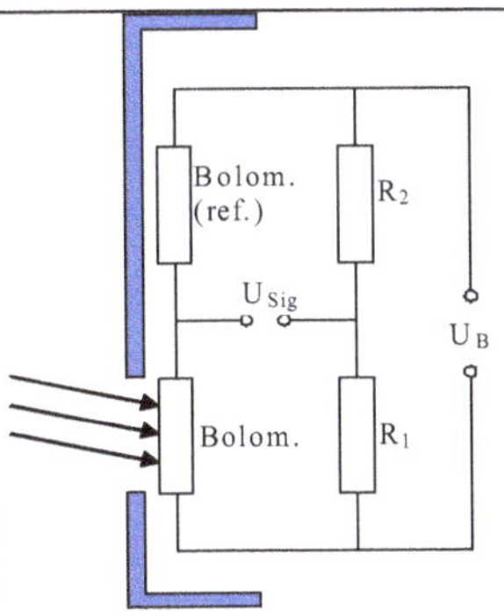

Brückenschaltung zur Erfassung der Widerstandsänderung des der Strahlung ausgesetzten Bolometers.

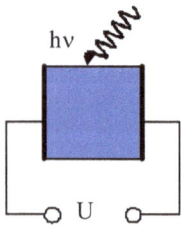

Ändert sich bei dielektrischen Werkstoffen die Polarisation $\vec{P}$ bei Temperaturänderung ΔT, dann bezeichnet man dies als den pyroelektrischen Effekt. Pyroelektrische Werkstoffe sind grundsätzlich auch piezoelektrisch, wohingegen piezoelektrische Werkstoffe nicht zwingend pyroelektrische Eigenschaften aufweisen müssen. Pyroelektrizität ist daher eine Untergruppe der Piezoelektrzität. Die Polarisationsänderung ΔP kann ermittelt werden aus:

$$\Delta P = p \cdot \Delta T$$

Dabei wird vorausgesetzt, dass für die dielektrische Verschiebung $\vec{D}$ in Dielektrika im Feld $\vec{E}$ gilt:

$$\vec{D} = \varepsilon_0 \varepsilon_r \cdot \vec{E} = \varepsilon_0 \cdot \vec{E} + \vec{P}$$

Dabei ist p der pyroelektrische Koeffizient. Für kristalline Werkstoffe kann der Effekt in verschiedenen Raumrichtungen unterschiedlich ausfallen. Daher wird der Koeffizient p dann durch den Vektor $\vec{p}_i$ beschrieben.

Typische Vertreter pyroelektrischer Werkstoffe in der Mikrosystemtechnik sind PZT (Blei-Zikonat-Titanat), ZnO, PVDF und LiNbO$_3$. Die Empfindlichkeit der Materialien kann durch eine pyroelektrische Gütezahl charakterisiert werden. Diese berechnet sich nach:

$$Z_{py} = \frac{p}{\rho \cdot c \cdot \varepsilon}$$

ρ – Dichte, c – Wärmekapazität, ε – Dielektrizitätszahl ($\varepsilon = \varepsilon_0 \cdot \varepsilon_r$).

Um eine hohe Güte zu erzielen, sollten daher alle im Nenner stehenden Werte möglichst klein sein.

Die Messanordnung derartiger Systeme erfasst die mit der Polarisationsänderung verbundene Änderung der Kapazität bzw. eine Spannung, die an den Elektroden infolge der Ladungsverschiebung auftritt. Der Aufbau derartiger Sensoren ist sehr einfach. Sie bestehen aus einer Kondensatoranordnung mit einem pyroelektrisch aktiven Werkstoff als Dielektrikum zwischen den Elektroden. Charakteristische Daten einiger ausgewählter Werkstoffe sind in nachfolgender Tabelle aufgeführt.

Material	$p/nC/cm^2K$	Z_{py}
PZT	50...80	0,023...0,032
ZnO	0,3...1,5	0,014...0,015
LiNbO$_3$	6,8	
PVDF	4	

Da beim pyroelektrischen Effekt thermische Energie unmittelbar in elektrische Energie umgewandelt wird, ist dieser Effekt auch ein *generatorischer Effekt*.

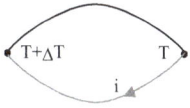

| Seebeck-Effekt zur Temperatur-messung (kontaktlos) | Werden zwei Leiter so verbunden, dass sich ein Kontaktpunkt auf hoher und ein zweiter auf niedriger Temperatur befinden, dann kann man bei Öffnen des geschlossenen Kreises an den Klemmen eine Spannung messen. |

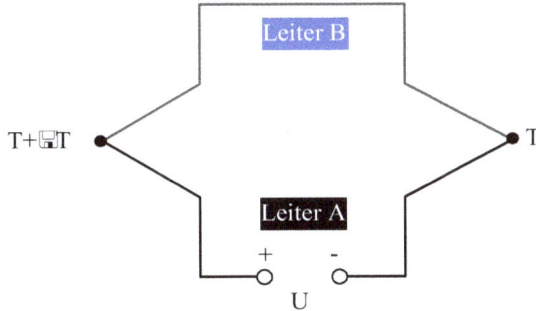

Diese Spannung wird auch als Thermospannung oder „thermoelektrische Kraft" bezeichnet. Die Ursachen dieses Effektes liegen in den Temperaturgradienten, die sich innerhalb beider Leiterwerkstoffe aufbauen und die zu einer räumlichen Verteilung der Elektronen entsprechend ihrer Energiewerte führen. Im Gleichgewicht stellt sich dadurch eine Potentialdifferenz $\Delta\varphi$ ein, die äußerlich als Spannung gemessen werden kann.

Seebeck-Koeffizient

Das Verhältnis der Potentialdifferenz $\Delta\varphi$ zur Temperaturänderung ΔT wird dabei durch den Seebeck-Koeffizienten $\mathbb{S}$ charakterisiert.

$$\mathbb{S} = \frac{d\varphi}{dT}$$

Mit der willkürlichen Festlegung auf Platin als Basismetall, lässt sich so eine thermoelektrische Spannungsreihe aufstellen und es lassen sich die Seebeck-koeffizienten für unterschiedliche Materialpaarungen definieren.

Der Seebeck-Koeffizient der Materialpaarung ergibt sich aus der Differenz der Seebeck-Koeffizienten der Materialien A und B

$$\mathbb{S}_{AB} = \left| \mathbb{S}_A - \mathbb{S}_B \right|$$

Für unterschiedliche Materialpaarungen existieren entsprechende Seebeck-Koeffizienten gemäß nachfolgender Tabelle.

Seebeck-Koeffizienten verschiedener Materialkombi-nationen

Materialkombination	Seebeck-Koeff. $\mathbb{S}_{AB}$ /µV/K	Temperaturbereich
Eisen $\leftrightarrow$ Konstantan	50,37 (@ 0°C)	–210...1200
Chromel $\leftrightarrow$ Alumel	39,48 (@ 0°C)	–270...1370
Kupfer $\leftrightarrow$ Konstantan	38,74 (@ 0°C)	–270...400
Pt(13%) $\leftrightarrow$ Rh/Pt	11,85 (@ 600°C)	–50...1770

Voraussetzungen zur Nutzung des Seebeck-Effektes	Die Messung der Temperatur mit Hilfe des Seebeck-Effektes setzt grundsätzlich Folgendes voraus.

Die Messung der Temperatur mit Hilfe des Seebeck-Effektes setzt grundsätzlich Folgendes voraus.

1. Es müssen zwei unterschiedliche Leitungsmaterialien vorhanden sein.

2. Die Kontaktstellen der beiden Leitungsmaterialien befinden sich auf unterschiedlichen Temperaturniveaus.

Unter diesen Bedingungen kann man für die Spannung an den Klemmen des Stromkreises folgende Spannung erhalten:

$$U = \left(\mathbb{S}_A - \mathbb{S}_B \right) \left(\left(T + \Delta T \right) - T \right)$$

Da auf Grund der kleinen Seebeck-Koeffizienten nur sehr geringe Spannungssignale zu erwarten sind, ist es zweckmäßig, eine Vielzahl derartiger Anordnungen zu verwenden. Dabei werden die thermischen Kontakte parallel geschaltet und die jeweiligen Ausgänge spannungsmäßig in Reihe geschaltet.

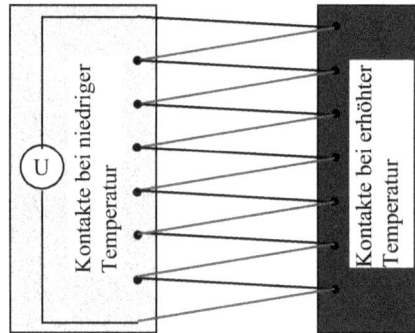

Durch diesen Aufbau mit n gleichartigen Elementen erhält man schließlich für die Spannung:

$$U = n \cdot \mathbb{S}_{AB} \Delta T$$

Diesen Temperaturmessfühler gibt es seit langer Zeit als Thermocouples auf dem Markt.

Mikrostrukturierte Systeme zeichnen sich dadurch aus, dass die Zahl n der Elemente sehr groß werden kann. Dadurch steigt die Messempfindlichkeit der der Geräte sehr stark an. Da das Zusammenschalten vieler Elemente zu einer säulenartigen Struktur führt, wird auch häufig die Bezeichnung „thermopile" verwendet. Da beim Seebeck thermische Energie unmittelbar in elektrische Energie umgewandelt wird, ist dieser Effekt auch ein *generatorischer Effekt*.

Thermopiles – Seebeck in Mikrotechnik	Der Aufbau von Thermopiles ist dadurch gekennzeichnet, dass sich die heißen Kontaktstellen auf einer thermisch gut isolierenden Membran befinden. Die kalten Kontaktstellen werden auf einem Körper angeordnet, dessen Temperatur sich im Wesentlichen nicht mit der Temperatureinstrahlung ändert. Dazu werden isolierende SiO_2- oder Si_3N_4-Membranen, die die heißen Kontaktstellen tragen, über einer tief geätzten Grube aufgespannt. Zur Aufhängung der Membran werden die Isolationsschichten genutzt, auf denen die unterschiedlichen Widerstandmaterialien in Schichtform aufgebracht sind. Der Prinzipaufbau eines mikrostrukturierten Thermopiles ist im folgenden Bild gezeigt.

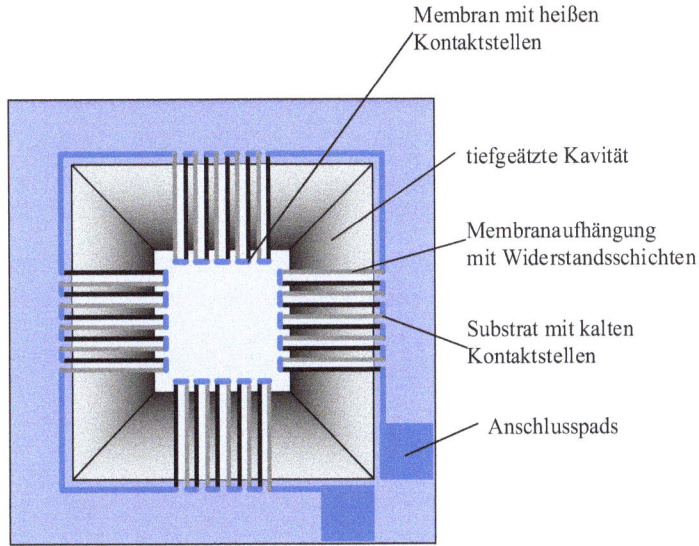

Membran mit heißen Kontaktstellen

tiefgeätzte Kavität

Membranaufhängung mit Widerstandsschichten

Substrat mit kalten Kontaktstellen

Anschlusspads

Im Vergleich zu Metallen sind die Seebeck-Koeffizienten von halbleitenden Materialien deutlich größer. Daher werden in mikrostrukturierten Thermopiles bevorzugt Halbleiter eingesetzt, die mit Hilfe von Dünnschichttechnologien aufgebracht werden können. Beispiele für Materialkombinationen sind in der folgenden Tabelle angegeben.

Materialkombinationen

Materialkombination	$\mathbb{S}_{AB}/\mu V/K$
p-$Bi_{0,5}Sb_{1,5}Te_3 \leftrightarrow$ n-$Bi_{0,87}Sb_{0,13}$	330
p-Poly-Ge:H $\leftrightarrow$ Metall	200…420
ITO $\leftrightarrow$ Pt	12…67
Al $\leftrightarrow$ p-Si	700
Al $\leftrightarrow$ p-Poly-Si	195
Al $\leftrightarrow$ n-Poly-Si	110
p-Poly-Si $\leftrightarrow$ n-Poly-Si	190…320

Einsatz von Silizium	Die vergleichsweise hohen Werte von Silizium lassen einen breiten technischen Einsatz vermuten.

Problematisch ist jedoch die hohe thermische Leitfähigkeit des Materials. Wenn man davon ausgeht, dass der Temperaturunterschied zwischen der heißen und der kalten Kontaktstelle durch den Wärmestrom P_{therm} entsprechend der eingestrahlten thermische Leistung und dem thermischen Widerstand R_{therm} charakterisierbar ist, d.h.

$$\Delta T = P_{therm} \cdot R_{therm}$$

dann ergibt sich aus der Bemessungsgleichung für den thermischen Widerstand

$$R_{therm} = \frac{l}{\lambda \cdot A}$$

mit l – Länge der Widerstandsschicht zwischen den Kontaktstellen; A – Querschnittsfläche, λ – thermische Leitfähigkeit.

die Forderung nach großen Widerstandswerten. Je größer die thermische Leitfähigkeit, umso kleiner wird der thermische Widerstand. Damit sinken auch die Temperaturdifferenz zwischen den Kontaktstellen und damit die Empfindlichkeit des Sensorelementes. Daher werden die Membranen aus thermisch schlecht leitenden Materialien, wie SiO_2 oder Si_3N_4 hergestellt.

IR-Dioden zur Temperatur-messung **(kontaktlos)**	Sehr genaue Messergebnisse erhält man immer, wenn es möglich ist, die Temperatur berührungslos zu messen. Als mögliche Messverfahren eignen sich hier insbesondere IR-Strahlungsdetektoren für den nahen IR-Bereich. Diese Detektoren arbeiten wie die bereits weiter oben erwähnten Fotodioden, d.h. es wird ein Fotostrom durch die einfallende Strahlung generiert. Allerdings sind diese Bauelemente nicht für das gesamte IR-Spektrum geeignet, da die Energie der Strahlung der Bedingung gehorchen muss:

$$W_g \leq \frac{hc}{\lambda}$$

W_g – Bandlücke zwischen Valenzband und Leitungsband, h – Plancksches Wirkungsquantum, c – Lichtgeschwindigkeit, λ – Wellenlänge der Strahlung.

Mit zunehmender Wellenlänge wird dieses Verhältnis für Halbleiterbauelemente auf Si-Basis immer ungünstiger.

In diesen Fällen arbeitet man mit integrierten Thermodioden als Temperatursensoren. Die Dioden werden dabei in Durchlassrichtung betrieben. Die Temperaturabhängigkeit der Bauelemente ergibt sich aus der Reduzierung der Durchlassspannung mit steigender Temperatur. Die Temperaturab-

hängigkeit der Diodenspannung U ergibt sich aus der bereits oben ange-
führten Gleichung zu

$$U = \frac{kT}{q} \ln\left(\frac{I}{I_S} + 1\right)$$

Hier führt allerdings der Beitrag, der durch die Temperatur T selbst realisiert wird, zur Veränderung des Betriebsverhaltens der Diode. In einem
abgegrenzten Temperaturbereich kann man daher mit folgender Faustfor-
mel rechnen:

$$\frac{dU}{dT} \approx -2mV/°C$$

4.1.4   Magnetisch-elektrische Wandler

Existenz magnetischer Felder	**Magnetische Felder** Magnetische Felder existieren nahezu überall. Das Erdmagnetfeld besitzt beispielsweise an der Oberfläche eine magnetische Flussdichte von B = $20\mu T...30\mu T$. Diese außerordentlich geringen Werte sind kaum spürbar. Dennoch reichen sie aus, um die Nadel eines Kompasses in Nord-Süd-Richtung auszurichten. Größere Flussdichten bilden sich in unmittelbarer Umgebung von Dauermagneten aus. Allerdings ist deren räumliche Ausdehnung sehr stark eingeschränkt. Stromdurchflossene Leiter sind ebenfalls die Quelle von Magnetfeldern. Jeder stromdurchflossenen Leiter wird von einem Magnetfeld umwirbelt. Die magnetische Flussdichte sinkt jedoch auch hier hyperbolisch mit dem Abstand vom Leiter ab. Da eine ungeheure Vielzahl technischer Geräte elektrisch betrieben wird, ist auf Grund des Stromflusses mit Magnetfeldern in deren unmittelbarer Umgebung zu rechnen. Damit können Magnetfelder auch genutzt werden, um Betriebszustände zu ermitteln. Wird Materie in Magnetfelder eingebracht, so kann sich, je nach deren stofflichen Eigenschaften, das Magnetfeld ändern. Dieser Effekt kann ebenso zur Charakterisierung technischer Systeme genutzt werden. Auch in biologischen Systemen treten Ströme und damit sie umwirbelnde Magnetfelder auf. Man spricht in diesem Fall von biomagnetischen Feldern. Sie werden insbesondere in der medizinischen Diagnostik genutzt. Die magnetische Flussdichte liegt hier im Bereich von B = $10^{-14}T$. Sehr große Flussdichten (B = 7,5T) werden mit supraleitenden Spulenanordnungen erzielt. Damit ist der Messbereich der magnetischen Flussdichte zwischen B = $10^{-14}T...10T$ charakterisiert.

Messverfahren zur Erfassung der magnetischen Flussdicht beruhen auf zwei grundsätzlichen Effekten:

- *Hall-Effekt*
- *magnetoresistiver Effekt*

Beide Prinzipien sollen im Folgenden unter dem Aspekt der Mikrotechnik erläutert werden.

Hall-Effekt

Hall-Effekt – Grundprinzip – Lorentzkraft

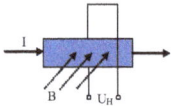

Bewegte elektrische Ladungen können in magnetischen Feldern von ihrer ursprünglichen Bewegungsrichtung abgelenkt werden, wenn das Magnetfeld Komponenten aufweist, die senkrecht zur Richtung des elektrischen Feldes stehen. Auf die Ladungen wirkt dann die Lorentz-Kraft. Ladungen mit entgegengesetzter Polarität werden nach dieser Gesetzmäßigkeit in entgegengesetzte Richtungen abgelenkt. Im folgenden Bild ist dieses Verhalten dargestellt.

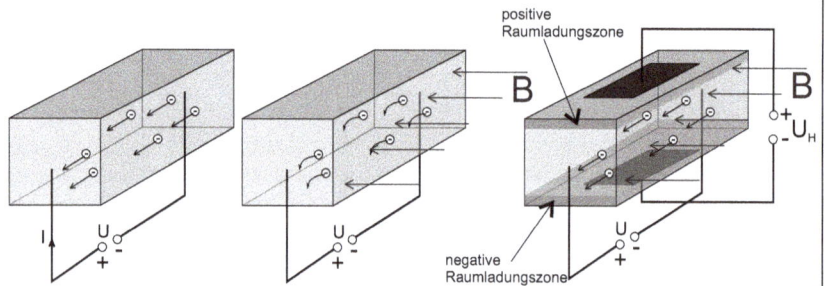

Es bilden sich Raumladungszonen am oberen und unteren Ende des Leiters aus. Diese generieren wieder ein elektrisches Feld (im Bild mit der Feldrichtung von oben nach unten). Dieses innere Feld ist so gerichtet, dass es die Ladungsträgerablenkung durch das magnetische Feld verhindert. Bringt man am oberen und unteren Ende Elektroden an, dann kann man zwischen dieser einen Spannung U_H, die Hall-Spannung messen. Der Effekt wurde 1879 von Edwin Hall entdeckt und trägt die gleichnamige Bezeichnung.

| **Hall-Sensoren** | Unter idealen Bedingungen ist die Hall-Spannung U_H proportional zur magnetischen Flussdichte $\vec{B}$ und berechnet sich aus |

$$U_H = I \cdot B \cdot \frac{R_H}{d}$$

wobei der Strom I und $\vec{B}$ senkrecht aufeinander stehen und d dem Elektrodenabstand entspricht.

Dieser Zusammenhang wird genutzt, um Magnetfelder bzw. deren Änderung nachzuweisen. Es findet also eine Wandlung magnetischer Feldenergie in elektrische Signale statt. Die gerätetechnische Umsetzung wird als Hall-Sensor bezeichnet. Beim Hall-Sensor ist die Größe der Spannung umgekehrt proportional zum Abstand d, d.h. je geringer dieser Abstand ist, umso größere Hall-Spannungen können erwartet werden. Diese Tatsache spricht für die direkte Umsetzung in Mikrobauteile. Die Größe R_H kennzeichnet die Hall-Konstante. Diese ergibt sich aus der Ladungsträgerdichte n und der Elementarladung q.

$$R_H = \pm\frac{1}{n \cdot q}$$

unter Berücksichtigung der Beziehung

$$\kappa = n \cdot q \cdot \mu$$

(wobei κ die spezifische elektrische Leitfähigkeit und μ die Beweglichkeit sind) ergibt sich die reine Materialabhängigkeit von R_H aus

$$R_H = \frac{\mu}{\kappa} = \mu \cdot \rho$$

mit ρ – spezifischer elektrischer Widerstand.

Positive Werte treten bei positiven Ladungsträgern, z.B. Löchern auf. Große Hall-Spannungen werden erzielt, wenn R_H große Werte annimmt, d.h. die das Produkt aus Beweglichkeit und spezifischem Widerstand sollt möglichst groß sein. Diese Forderung kann von Halbleitermaterialien wesentlich besser erfüllt werden als von Metallen. Daher werden in der technischen Realisierung vorwiegend Halbleiterwerkstoffe für Hall-Sensoren genutzt. Für ausgewählte Werkstoffe sind in folgender Tabelle die Beweglichkeiten für Elektronen und Löcher angegeben.

Nutzung von Halbleiter-Werkstoffen

Werkstoff	$\mathbf{\mu_n/cm^2/Vs}$	$\mathbf{\mu_p/cm^2/Vs}$
Silizium	1350	480
Germanium	3900	1900
GaAs	8500	400
InP	4500	150

Werkstoff	$\mu_n/cm^2/Vs$	$\mu_p/cm^2/Vs$
InAs	22600	200
InSb	78000	1700
HgTe	22000	500

Es zeigt sich deutlich, dass einige Verbindungshableiter wesentlich höhere Ladungsträgerbeweglichkeiten aufweisen als reine Element-Halbleiter. Angaben zum spezifischen Widerstand können in dieser Tabelle nicht gemacht werden, da diese Werte sehr stark von der Dotierung abhängen.

Hallsensoren in CMOS-Technologie

Hall-Sensoren können mit Hilfe von Standard-CMOS-Technologien hergestellt werden. Der Grundaufbau von Hall-Sensoren unterscheidet sich nur geringfügig von MOS-Transistoren. Neben Drain, Source und Gate enthalten die Transistoren noch zwei zusätzliche Kontaktstellen, die sich an den Rändern des Kanals befinden.

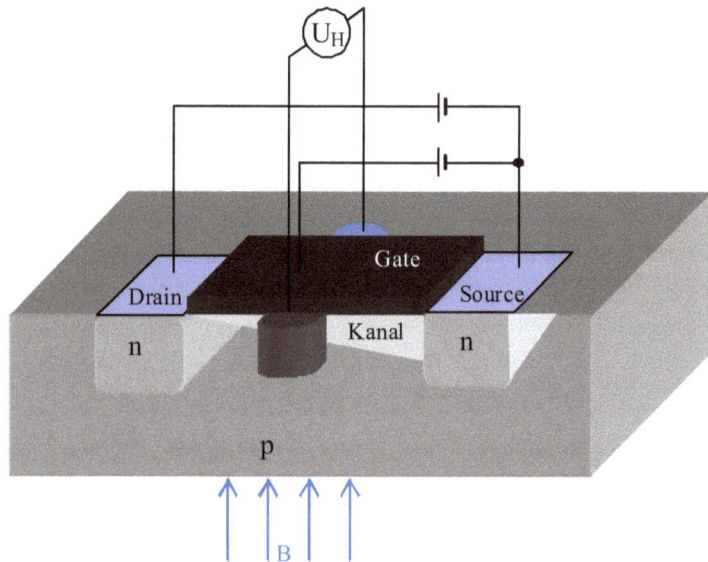

Bei Ausbildung eines leitfähigen Kanals zwischen Source und Drain kann dort ein Strom fließen. Durch das magnetische Feld würden die Ladungsträger in die Randzonen des Kanals abgelenkt. Im stationären Gleichgewicht kann an den beiden zusätzlichen Elektroden im Randbereich des Kanals, wie oben beschrieben, die Hall-Spannung abgegriffen werden.

Die beschriebene Sensorstruktur kann bei entsprechender Dimensionierung Flussdichten bis zu 10^{-7}T detektieren. Auf Grund der Temperaturabhängigkeit der Ladungsträgergeneration sind die Sensoren sehr stark temperaturabhängig. Dies muss mit entsprechenden Schaltungen kompensiert werden. Ein weiteres Problem stellt die Offsetspannung dar, die zu einer Verfälschung der Messsignale führt.

Vergrößerung des Effektes durch Feldplatten- anordnung	Wie bereits oben gezeigt verlängert sich der Strompfad in einem elektrischen Leiter, wenn sich dieser in einem magnetischen Feld befindet. Eine Verlängerung des Laufweges von Ladungsträgern ist aber identisch mit einer Vergrößerung des elektrischen Widerstandes. Dies ist in folgender Abbildung veranschaulicht.

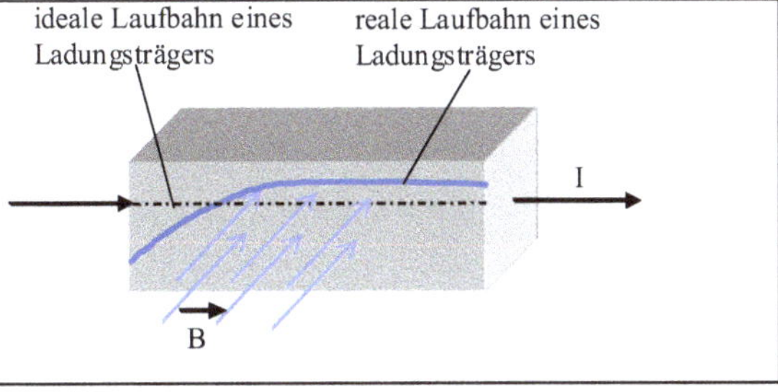

ideale Laufbahn eines Ladungsträgers   reale Laufbahn eines Ladungsträgers

Durch die Lorentzkraft wird der Laufweg eines Ladungsträgers (Elektron) verlängert.

Wenn man mehrer solcher Elemente zusammenschließt und die Hall-Spannung durch eine Elektrode kurzschließt, dann kann dieser Effekt merklich verstärkt werden. In so genannten „Feldplatten" werden beispielsweise InSb-Plättchen übereinander gestapelt. Der Kurzschluss der Hall-Spannung wird durch eine Metallisierung der Oberfläche erzielt.

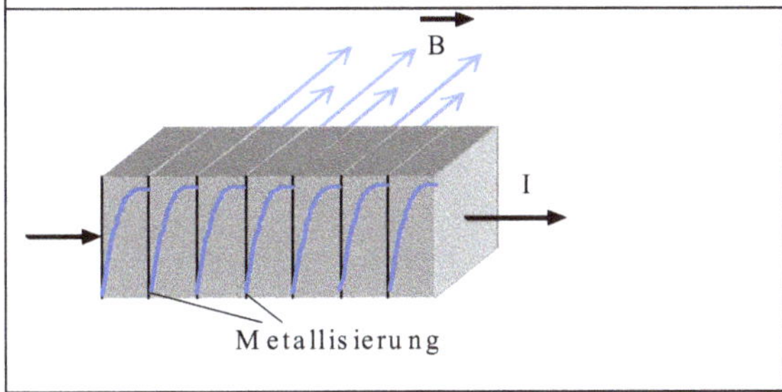

Schichten und Kurzschließen der Hall-Spannung führt zu deutlicher Steigerung des elektrischen Widerstandes.

Ähnlich wie bei Hall-Sensoren werden als Materialien für die Feldplatten halbleitende Materialien verwendet.

magnetoresistiver Effekt	Wenn ferromagnetische Werkstoffe, eine anisotrope elektrische Leitfähigkeit besitzen, dann kann sich diese unter dem Einfluss von magnetischen Feldern ändern. Anisotrope Leitfähigkeit tritt dann auf, wenn die Magnetisierungsrichtung nicht mit der Stromrichtung übereinstimmt.
anisotrope Magnetisierungs- srichtung	Betrachtet man ein Element mit einem festgelegtem Stromfluss und einer festgelegten magnetischen Feldstärkerichtung, die senkrecht zum Stromfluss steht, und setzt voraus, dass eine anisotrope Magnetisierungsrichtung vorliegt, dann kann man folgende Anordnung vorfinden:

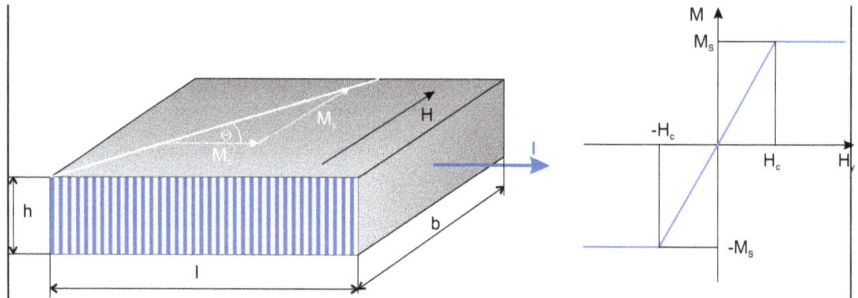

Die Magnetisierung in y-Richtung weist dabei ein Verhalten wie im nebenstehenden Bild auf. Mit dem Winkel der Magnetisierungsrichtung Θ ergibt sich somit:

$$\sin \Theta = \frac{M_y}{|M_S|} = \frac{H_y}{H_c}$$

Für sehr kleine Feldstärkewerte $H_y < H_c$ erhält man damit nach Umformung:

$$\cos^2 \Theta = 1 - \left(\frac{H_y}{H_c}\right)^2$$

Der Widerstand der Anordnung berechnet sich aus

$$R = \rho_s \cdot \frac{l}{h \cdot b} \qquad \text{für } H_y > H_c \text{ und}$$

$$R(H) = \frac{l}{h \cdot b}\left(\rho_s + (\rho_p - \rho_s) \cdot \left(1 - \left(\frac{H_y}{H_c}\right)^2\right)\right) \qquad \text{für } H_y < H_c$$

Dabei sind ρ_p und ρ_s die spezifischen elektrischen Widerstandswerte parallel bzw. senkrecht zur Magnetisierungsrichtung. In realen Anordnungen werden Magnetisierungsrichtung und Stromrichtung so festgelegt. Dass zwischen beiden ein Winkel von 45° aufgespannt wird. Diese auch als Barber-Pole-Struktur bekannte Anordnung führt in engen Grenzen zu einer linearen Abhängigkeit des elektrischen Widerstandes R(H) von der magnetischen Feldstärke. Im folgenden Bild sind eine Barber-Pole-Struktur und der Widerstandsverlauf gezeigt.

Barber-Pole-Elemente	streifenförmige Plättchen I Barber-Pole-Struktur R(H) / Barber-Pole-Struktur / einfacher magnetoresistiver Effekt / R_{max} / R_{min} / H/H$_0$
magnetoresoistive Materialien	Als Materialien für magnetoresistive Widerstände eignen sich weichmagnetische Werkstoffe mit großer Permeabilität μ_r und großer Sättigungsmagnetisierung M_S sowie kleiner Koerzitivfeldstärke H_c und kleiner Remanzflussdichte B_r. Typischer Vertreter ist das Permalloy (81%Ni, 19%Fe). Diese Materialien können als ferromagnetische Schichten auf Glas- oder oxidierten Si-Substraten abgeschieden werden.

4.1.5 Mechanisch-elektrische Wandler

4.1.5.1 Piezoelektrische Wandler

Anwendungen	
elektrische Spannung durch mechanische Deformation F U	Die Nutzung von piezoelektrischen Materialien in Wandlerstrukturen ist vielfältig. Hier sollen die Wirkungen besprochen werden, die auftreten, wenn piezoelektrische Materialien mechanisch belastet werden. In diesem Fall wird der piezoelektrische Effekt genutzt. Durch die mechanischen Spannungen $\underline{T}$ werden Ladungen im Piezomaterial so verschoben, dass bei geeigneter Elektrodenanordnung eine elektrische Spannung gemessen werden kann. Grundsätzlich kann somit die folgende Gleichung angewendet werden: $$\vec{D} = \underline{d} \cdot \underline{T} + \underline{\varepsilon} \cdot \vec{E}$$ D – Verschiebungsdichte; d – piezoelektrischer Koeffizient; ε – Dielektrizitätszahl; E – elektrische Feldstärke. Auf Grund von Materialspezifika ist es jedoch nicht erforderlich, die Matrizengleichung zu lösen. Symmetriebedingungen und Anisotropie der Materialien lassen die Lösung einfacher Gleichungssystem zu. Nimmt man des Weiteren an, dass keine äußeren elektrischen Felder existieren, dann kann vereinfachend mit skalaren Größen in folgender Form gerechnet werden.

$$D = d_{ij} \cdot T_3$$

Dabei ist T_3 die Spannung im Material, durch die die äußerlich wirkende Kraft F aufgebaut wird. Die Verschiebungsdichte D besitzt die Größe einer Ladung Q bezogen auf eine Fläche A. Man erhält somit:

$$\frac{Q}{A} = d_{ij} \cdot \frac{F}{A}$$

und mit $Q = U \cdot C$ folgt durch Umstellung nach der Spannung U

$$U = \frac{d_{ij} \cdot F}{C}$$

elektrische Spannung in Abhängigkeit von Elektroden- anordnung	Betrachtet man einen piezoelektrischen Würfel mit anisotropem piezo- elektrischen Verhalten, dann ergeben sich folgende Beziehungen: $$U = \frac{d_{33} \cdot F}{C} \qquad U = \frac{d_{31} \cdot F}{C}$$
piezoelektrischer Längs-, Quer- und Schereffekt	Wie man erkennt, wird im linken Fall ein elektrisches Feld aufgebaut, das parallel zur äußeren Kraft ausgerichtet ist. Man bezeichnet dies auch als *piezoelektrischen Längseffekt*. Im rechten Fall baut sich offensichtlich ein elektrisches Feld auf, dessen Richtung senkrecht auf der Kraftrichtung steht. Man bezeichnet dies auch als den *piezoelektrischen Quereffekt*. Die Wirkung der Effekte ist leicht an den piezoelektrischen Koeffizienten d_{ij} zu erkennen. Gleichlautende Indizes (ij) kennzeichnen den Längseffekt. Nicht gleich lautende Indizes mit $1 \leq i, j \leq 3$ kennzeichnen den Queref- fekt. Höher indizierte Koeffizienten kennzeichnen einen weiteren Effekt, den *piezoelektrischen Schereffekt*. Bei diesem Effekt kommt es zur Aus- bildung eines elektrischen Feldes, das weder parallel noch senkrecht zur Kraftrichtung ausgerichtet ist.

Anwendungen der Effekte in der MST	Der piezoelektrische Effekt findet vielfältig Anwendung, da eine unmittelbare Umwandlung von mechanischer Energie in elektrische Energie erfolgt. Wegen dieses Verhaltens ist er auch ein *generatorischer Effekt.*

In der Mikrotechnik bestehen grundsätzlich Möglichkeiten der Nutzung des Längseffektes und des Quereffektes. Ziel sollte es sein, bei allen Bauformen mit einer möglichst kleinen Kapazität zu arbeiten, um die Empfindlichkeit des Systems zu steigern. Mit dem Elektrodenabstand h und der Elektrodenfläche A ergibt sich folgende Beziehung für die Spannung:

$$U = \frac{h \cdot d_{ij} \cdot F}{\varepsilon_0 \varepsilon_r \cdot A} \cdot e^{-\frac{t}{R \cdot C}}$$

Wenn das verwendete Material feststeht und der zu erfassende Kraftbereich bekannt ist, können folglich nur die Elektrodenfläche verkleinert und/oder der Elektrodenabstand vergrößert werden.

Mikrostrukturen mit piezoelektrischem Effekt

Mikrostrukturen zeichnen sich einerseits durch dreidimensionale Formen aus, werden aber andererseits im Wesentlichen mit Hilfe von modifizierten Mikroelektroniktechnologien gefertigt. Dabei kommt den Dünnschichttechnologien eine herausragende Bedeutung zu. In planaren Schichtanordnungen sind die oben genannten Bedingungen nur schwer zu erfüllen, da die piezoelektrisch aktiven Materialien und die Metallisierungen der Elektroden als Schichten ausgeführt sind. Die Elektrodenabstände sind in der Regel sehr gering und die Elektrodenflächen sind verhältnismäßig groß. Das führt zu Strukturen mit folgender Anordnung: Um diese

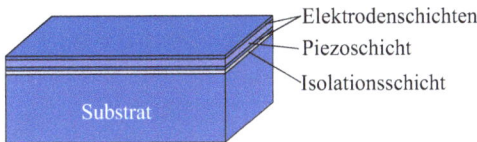

Strukturen für die Wandlung mechanischer Größen nutzen zu können, sollten sie mindestens einen mechanischen Freiheitsgrad besitzen, d.h. sich in einer Achsrichtung bewegen können. (Ausnahme bildet die rein statische Messung eines Druckes senkrecht auf die Oberfläche). Dazu erfolgt die Anordnung der Piezoelemente auf Biegebalken oder auf Brücken. Vereinfacht erhält man dadurch Strukturen, die auf Zug belastet werden. Bei entsprechender Anordnung der Elektroden, wie oben beschrieben, kann

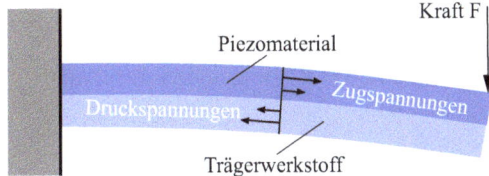

unter diesen Bedingungen der piezoelektrische Quereffekt genutzt werden. Durch Substitution des Trägers mit einem weiteren Piezomaterial könnte die Empfindlichkeit weiter gesteigert werden. Dies führt in der Mikrotechnik allerdings zu erheblichen technologischen Problemen. Die Herstellung der piezoelektrischen Schichten ist kein Standardprozess. Hier

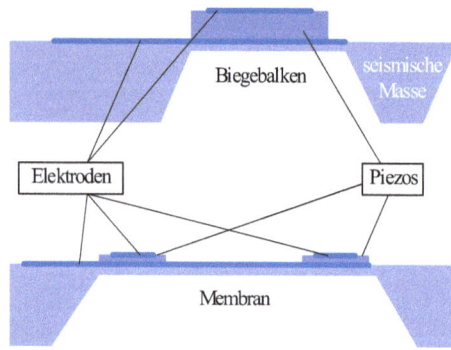

werden entweder Sputter-technologien oder Sol-Gel-Beschichtungen eingesetzt. Näheres dazu ist im Kapitel *Keramiken und piezoelektrische Materialien* beschrieben. Damit sind die möglichen Schichtdicken auch beschränkt. In hybriden Systemen werden Piezo-scheibchen mit Hilfe von Klebstoffen auf den Trägern fixiert. Typische Grundstrukturen für piezoelektrische Wandlerelemente sind im folgenden Bild gezeigt. Im oberen Beispiel greift eine Last am Ende des Biegbalkens an. Die sich ausbildenden mechanischen Spannungen können mit Hilfe des piezoelektrischen Quereffektes in elektrische Signale umgewandelt werden. Im darunterliegenden Beispiel wird die Membran mit einer wechselnden Flächenlast beaufschlagt. Dadurch treten Zug/Druckspannungen in den Piezos auf, die letztlich in Form einer alternierenden elektrischen Spannung erfasst werden können. Bei ferroelektrischen Piezoelektrika steht die Polarisationsrichtung senkrecht zur Elektrodenfläche.

Die Anwendung des piezoelektrischen Längseffektes in mechanischen Wandlern ist wegen der weitge-

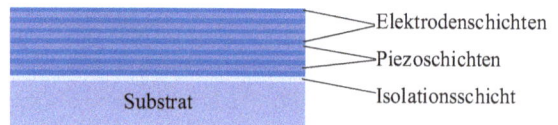

hend planaren Gestalt der mikrostrukturierten Bauelemente sehr stark eingeschränkt. Betrachtet man ein typisches Schichtsystem, dann ist der Längseffekt nur über der Dicke der piezoelektrischen Schicht wirksam nutzbar. Infolge der sehr kleinen Ausdehnung der Dicke ist jedoch bei Krafteinwirkung (y-Richtung) kaum eine messbare Spannung zu erwarten.

Verbesserungen wären möglich, wenn eine Vielzahl derartiger Anordnungen übereinander geschichtet würde. Dieses Design hat jedoch erhebliche technologische Nachteile und führt letztlich zu makroskopischen Bauformen. Alternativ dazu könnte der piezoelektrische Längseffekt genutzt werden, wenn es gelingt, die Elektroden, wie in nebenstehenden Bild angedeutet, seitlich anzuordnen und die Kraft in x-Richtung wirken zu lassen. Dazu müsste die Piezoschicht jedoch auch in x-Richtung polarisiert werden. Dies führt bei großen Strukturen und Polarisationsfeldstärken von >1kV/mm zu sehr großen Spannungswerten.

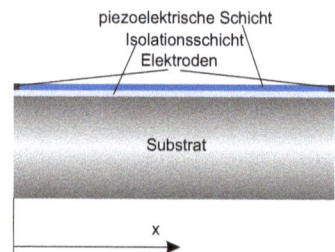

4.1.5.2   Piezoresistive Wandler

Widerstands-änderung bei mechanischer Belastung 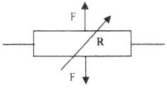	**Elektrischer Widerstand bei mechanischer Spannung** Der elektrische Widerstand kann sich entsprechend seiner Bemessungsgleichung durch die Änderung verschiedener Größen selbst ändern. Mit $$R = \rho \cdot \frac{1}{A} = \frac{1}{\kappa} \cdot \frac{1}{A}$$ (l – Länge; A – Querschnitt; ρ – spez. el. Widerstand; κ – spez. el. Leitfähigkeit) sieht man, dass der Geometrieeinfluss eine große Rolle spielt. Die Widerstandsänderung ΔR bezogen auf die Ausgangsgröße R gehorcht folgender Bedingung: $$\frac{\Delta R}{R} = \frac{\Delta \rho}{\rho} + \frac{\Delta l}{l} - \frac{\Delta A}{A} \quad \text{bzw.} \quad \frac{\Delta R}{R} = \frac{\Delta l}{l} - \frac{\Delta A}{A} - \frac{\Delta \kappa}{\kappa}$$ Eine Streckung des Leiters um die Länge Δl ist aber auch mit einer Kontraktion der Querschnittsfläche verbunden. Mit der Poissonschen Querkontraktionszahl ν ergibt sich für eine Dehnung $\varepsilon = \Delta l / l$ $$\frac{\Delta R}{R} = \varepsilon \cdot (1 + 2\nu) + \frac{\Delta \rho}{\rho}$$ Der spezifische Widerstand ist von der Anzahl der freien Ladungen n, deren Beweglichkeit μ und der Größe der Elementarladung e abhängig. Man kann also schreiben: $$\rho = \frac{1}{n \cdot \mu \cdot e} \quad \text{bzw.} \quad \Delta \rho = \frac{1}{\Delta(n \cdot \mu) \cdot e}$$ Damit ergibt sich
Gauge-Faktor	$$\frac{\Delta R}{R} = \varepsilon \cdot (1 + 2\nu) - \frac{\Delta(n \cdot \mu)}{n \cdot \mu} \quad \text{bzw. mit} \quad K = \left((1 + 2\nu) - \frac{1}{\varepsilon} \cdot \frac{\Delta(n \cdot \mu)}{n \cdot \mu} \right)$$ $$\frac{\Delta R}{R} = \varepsilon \cdot K$$ K ist dabei der Gauge-Faktor. Es besteht ein linearer Zusammenhang zwischen der Dehnung und der Widerstandsänderung. Bei metallischen Leitern hat der Gauge-Faktor den Wert von etwa K = 2. Dies wird technisch in den bekannten Dehnmessstreifen genutzt. Bei Halbleitern zeigen sich deutlich größere Gauge-Faktoren (K = 20…100). Offenbar werden in halbleitenden Materialien die Zahl der Ladungsträger

	und deren Beweglichkeit durch mechanische Spannungen sehr stark beeinflusst.

Betrachtet man ein vom Strom durchflossenes Element, das in Stromflussrichtung gedehnt wird, dann kann man beobachten, dass der Widerstand durch die Dehnung in Stromflussrichtung sinkt. Bei Stromflüssen, die senkrecht zur Dehnungsrichtung stehen, kann man dagegen eine Steigerung des Widerstandes feststellen. Bei einem würfelförmigen Grundelement zeigen sich deutliche Unterschiede zwischen piezoresistiv isotropem und piezoresistiv anisotropem Verhalten, wenn eine mechanische Belastung vorliegt. Wird ein isotropes Material in y-Richtung mechanisch beansprucht, dann gilt für die Anzahl der Ladungsträger $n_x = n_y = n_z$ und damit gilt für den spezifischen Widerstand:

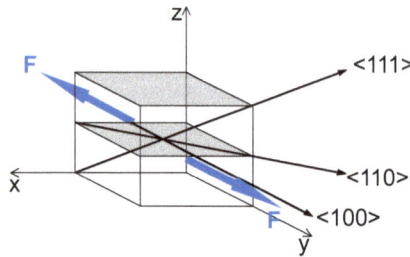

$$\rho = \frac{1}{\frac{1}{6} \cdot e \cdot \left(2n_x\mu_t + 2n_y\mu_l + 2n_z\mu_t\right)}$$

$$= \frac{6}{e \cdot n \cdot \left(2\mu_l + 4\mu_t\right)}$$

Wird hingegen ein piezoresistiv anisotropes Material, wie beispielsweise Silizium in gleicher Weise beansprucht (siehe Bild), dann kann für die Ladungen geschrieben werden $n_y \neq n_x = n_z$. Daraus ergibt sich für den spezifischen Widerstand:

$$\rho = \frac{6}{e \cdot \left(2n_y\mu_l + 4n_{x,z}\mu_t\right)}$$

Der Widerstand in anisotropen piezoresistiven Materialien ist also von der Zahl der freien Ladungsträger und von der äußeren mechanischen Spannung abhängig.

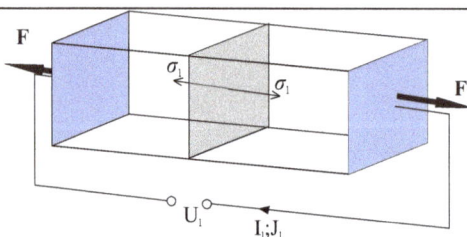

	Die äußere Kraft F ruft im Material die Spannung σ_l hervor. Die elektrische Feldstärke E_l in Kraftrichtung ergibt sich aus: $E_l = \rho_0 \cdot \left(1 + \pi_{11} \cdot \sigma_l\right) \cdot J_l$

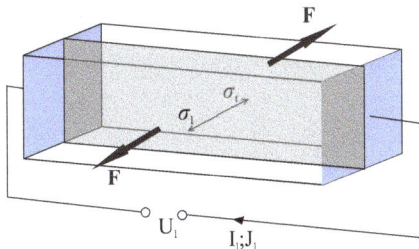

Die äußere Kraft F ruft im Material die Spannung σ_t hervor. Die elektrische Feldstärke E_l senkrecht zur Kraftrichtung ergibt sich aus:

$$E_l = \rho_0 \cdot \left(1 + \pi_{12} \cdot \sigma_t\right) \cdot J_l$$

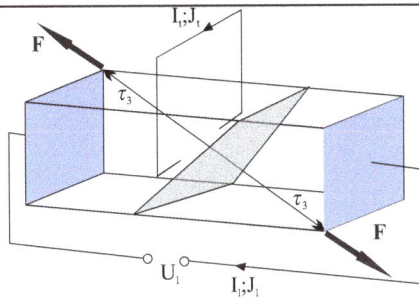

Die äußere Kraft F ruft im Material die Scherspannung τ_3 hervor. Die elektrische Feldstärke E_l schräg zur Kraftrichtung ergibt sich aus:

$$E_l = \rho_0 \cdot \left(\pi_{44} \cdot \tau_3\right) \cdot J_t$$

| **piezoresistive Abhängigkeiten im Si-Einkristall** | Für den symmetrischen Si-Einkristall kann man eine Abhängigkeit der Widerstandsänderung in Form einer Koeffizientenmatrix schreiben. |

$$\frac{1}{R} \cdot \begin{bmatrix} \Delta R_1 \\ \Delta R_2 \\ \Delta R_3 \\ \Delta R_4 \\ \Delta R_5 \\ \Delta R_6 \end{bmatrix} = \frac{1}{\rho} \cdot \begin{bmatrix} \Delta \rho_1 \\ \Delta \rho_2 \\ \Delta \rho_3 \\ \Delta \rho_4 \\ \Delta \rho_5 \\ \Delta \rho_6 \end{bmatrix} = \begin{bmatrix} \pi_{11} & \pi_{12} & \pi_{12} & 0 & 0 & 0 \\ \pi_{12} & \pi_{11} & \pi_{12} & 0 & 0 & 0 \\ \pi_{12} & \pi_{12} & \pi_{11} & 0 & 0 & 0 \\ 0 & 0 & 0 & \pi_{44} & 0 & 0 \\ 0 & 0 & 0 & 0 & \pi_{44} & 0 \\ 0 & 0 & 0 & 0 & 0 & \pi_{44} \end{bmatrix} \cdot \begin{bmatrix} \sigma_1 \\ \sigma_2 \\ \sigma_3 \\ \tau_1 \\ \tau_2 \\ \tau_3 \end{bmatrix}$$

Dabei sind π_{ij} die piezoresistiven Koeffizienten. Wegen der Symmetrie im Silizium gelten für voneinander unabhängige Koeffizienten die folgenden Bedingungen:

$$\pi_{11} = \pi_{22} = \pi_{33}$$
$$\pi_{12} = \pi_{21} = \pi_{31} = \pi_{13}$$
$$\pi_{44} = \pi_{55} = \pi_{66}$$

Für die Widerstandsänderung kann dann allgemein formuliert werden

$$\frac{\Delta R}{R} \approx \frac{\Delta \rho}{\rho} = \pi_l \cdot \sigma_l + \pi_t \cdot \sigma_t$$

Der Koeffizienten π_l bezeichnen dabei den piezoresistiven Längseffekt. Der Quereffekt wird mit dem Koeffizienten π_t beschrieben. Bei bekannter Lage der Widerstandsstrukturen im Einkristall und bekannter Stromrichtung können diese Koeffizienten berechnet werden. So ergibt sich für

Widerstände in (100)-Si-Oberflächen, die in <110>-Richtung ausgerichtet sind und in gleicher Weise vom Strom durchflossen werden:

$$\pi_l = \frac{1}{2}\left(\pi_{11} + \pi_{12} + \pi_{44}\right)$$

$$\pi_t = \frac{1}{2}\left(\pi_{11} + \pi_{12} - \pi_{44}\right)$$

Für unterschiedlich dotiertes Silizium ergeben sich folgende piezoresistive Koeffizienten [Heu].

	Silizium	ρ_0 / Ωcm	$\pi_{11}/10^{-11}\mathrm{Pa}^{-1}$	$\pi_{12}/10^{-11}\mathrm{Pa}^{-1}$	$\pi_{44}/10^{-11}\mathrm{Pa}^{-1}$
Wirkung unterschiedlicher Dotierungen im Silizium	p-Si	7,8	6,6	− 1,1	138,1
	n-Si	11,7	− 102,2	53,4	− 13,6

Für Widerstände, die wie oben beschrieben auf (100)-Si-Oberflächen angeordnet sind, ergeben sich damit die folgenden Längs- und Querkoeffizienten.

Silizium	$\pi_l/10^{-11}\mathrm{Pa}^{-1}$	$\pi_t/10^{-11}\mathrm{Pa}^{-1}$
p-Si	71,8	− 66,3
n-Si	− 31,2	− 17,6

Es zeigt sich, dass die piezoresistiven Koeffizienten von p-Silizium deutlich größere Werte aufweisen als die von n-Silizium. Vorteilhafterweise sind π_l und π_t betragsmäßig etwa gleich groß und besitzen entgegengesetzte Vorzeichen. Dieses Verhalten kann in symmetrischen Brückenschaltungen sehr gut genutzt werden. Im Folgenden ist daher ein Beispiel gezeigt, in dem Widerstände auf einer Membran angeordnet sind.

Beispiel: Widerstandsbrücke auf Silizium

Wie oben gezeigt ist es sinnvoll, p-dotierte Widerstandsstrukturen auf n-dotierten Si-Membranen anzuordnen. Dabei muss deren Ausrichtung in <110>-Richtung bzw. senkrecht dazu erfolgen. Auf einer Membran befinden sich jeweils 4 Widerstände, die bezüglich der Stromrichtung gleichgerichtet sind. Bezüglich der mechanischen Spannungen, die in der Membran induziert werden können, liegen jeweils 2 Widerstände parallel zueinander. Damit ergeben sich unter mechanischer Verformung der Membran folgende Widerstandsänderungen:

$$\Delta R_l = R_0 \cdot (\pi_l \cdot \sigma_l + \pi_t \cdot \sigma_t)$$

$$\Delta R_t = R_0 \cdot (\pi_t \cdot \sigma_l + \pi_l \cdot \sigma_t)$$

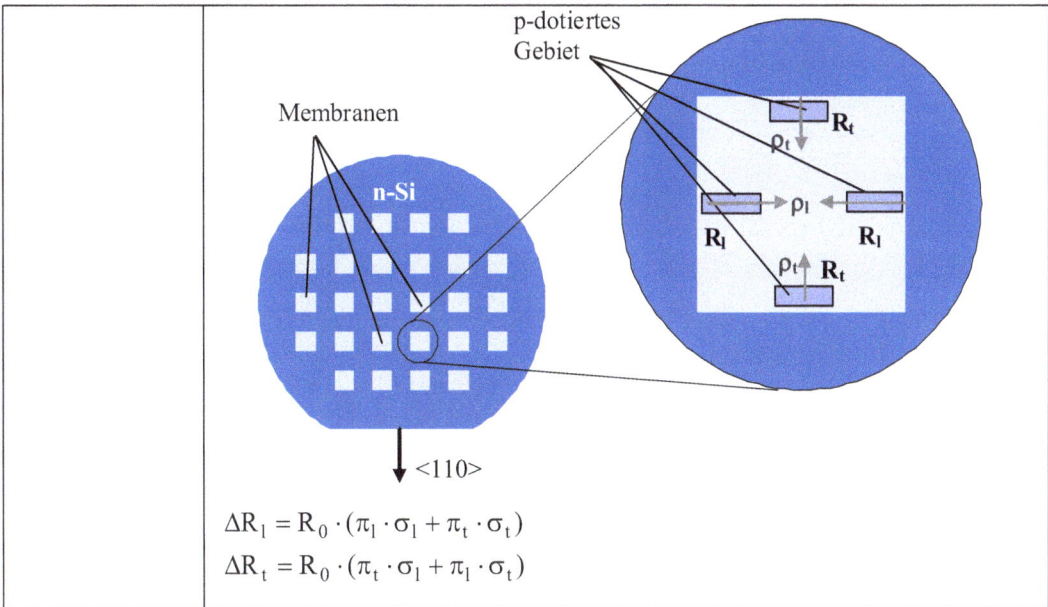

Brückenschaltung piezoresistiver Widerstände	Werden diese Widerstandspaare nun in einer Brückenschaltung zusammengeschaltet, wie im folgenden Bild gezeigt, dann ergibt sich für die Brückenspannung U_B bezogen auf die Ausgangsspannung U_0 folgende Beziehung:

$$\frac{U_B}{U_0} = \frac{R_t}{R_l + R_t} - \frac{R_l}{R_l + R_t}$$

$$\frac{U_B}{U_0} = \frac{R_t - R_l}{R_l + R_t}$$

da weiterhin gilt

$$R_l = R_0 \cdot \left(1 + \frac{\Delta R_l}{R_0}\right)$$

$$R_t = R_0 \cdot \left(1 + \frac{\Delta R_t}{R_0}\right)$$

Damit erhält man:

$$\frac{U_B}{U_0} = \frac{\Delta R_t - \Delta R_l}{2 R_0 + \Delta R_l + \Delta R_t}$$

Schließlich kann man bei sehr kleinen Widerstandsänderungen und unter linearen Bedingungen schreiben:

	$$\frac{U_B}{U_0} \approx \frac{1}{2} \cdot \left(\pi_l - \pi_t\right) \cdot \left(\sigma_l - \sigma_t\right)$$ Da die größten Spannungswerte unmittelbar am Rand der Membran auftreten, werden die Widerstände auch sehr nahe an den Rand gelegt. Die Ermittlung der mechanischen Spannungen σ_l und σ_t kann numerisch oder analytisch erfolgen. Für einfache Geometrien, wie die quadratische, rechteckförmige oder kreisrunde allseitig eingespannte Membran sind analytische Lösungen bei Timoschenko [Tim] angegeben.
Einschränkung des Anwendungs- bereiches	Der piezoresistive Effekt tritt bei allen Widerstandsmaterialien auf. Er ist bei Metallen allerdings sehr klein, weil die Anzahl und Beweglichkeit der Ladungsträger in allen Raumrichtungen durch mechanische Spannungen nicht beeinflusst wird. Bei Halbleitern ist diese Beeinflussung jedoch möglich und man kann den Effekt dadurch besser ausnutzen. Problematisch wirkt sich jedoch die Temperaturabhängigkeit der Leitfähigkeit aus. Höhere Temperaturen führen zu einer größeren Anzahl von freien Ladungsträgern und damit zu einer Steigerung der elektrischen Leitfähigkeit. Damit ändert sich aber auch der Gauge-Faktor K und Temperaturschwankungen nach der Beziehung $\frac{\Delta R}{R} = \varepsilon \cdot K$ können eine vermeintliche Dehnung vortäuschen, wenn keine schaltungstechnische Kompensation des Sensors vorgenommen wurde.

4.1.5.3 Kapazitive Wandler

Verstimmung der Kapazität	
Verändern von Elektroden- abstand oder – fläche	Zur Wandlung mechanischer Energie in elektrische Größen kann auch ein Effekt genutzt werden, bei dem eine kapazitive Anordnung durch mechanische Belastung geometrisch verändert wird. Entsprechend der Bemessungsgleichung für die Kapazität $C = \varepsilon_0 \cdot \varepsilon_r \cdot \frac{A}{d}$ kann die Kondensatorfläche oder den Elektrodenabstand (Voraussetzung: kein festes Dielektrikum zwischen den Elektroden) verändert werden. Als mechanische Strukturen bieten sich Anordnungen an, bei denen die Elektroden in Plattenform gestaltet sind und eine der Elektroden beweglich gelagert ist. Es können aber auch kammförmige Elektroden verwendet werden, von denen wiederum eine feststeht, während die andere in einer definierten Richtung beweglich ist. Typische Grundanordnungen sind im Bild gezeigt. Die Kapazität zwischen den Platten 1 und 2 berechnet sich im ersten Beispiel nach der Gleichung

$$C = \varepsilon_0 \cdot \varepsilon_r \cdot a \cdot \frac{b}{(d - \Delta x)}$$

Hier ist die Elektrode 1 ortsfest, während sich die Elektrode 2 in x-Richtung bewegen kann. Die Vergröße-rung von Δx führt zu einer Kapazitätsstei-gerung. Gleichzeitig wirkt auf die Elekt-roden eine anzie-hende Kraft, die den Abstand weiter zu verringern versucht.

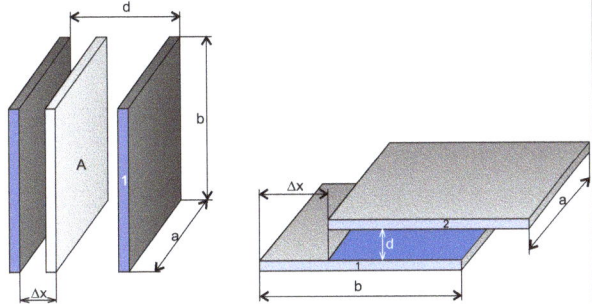

Wird $\Delta x = d$, dann berühren sich die beiden Platten und die Kapazität ver-schwindet. Das Verhalten der Kapazität C(x) ist nichtlinear. Im zweiten Fall kann man für die Kapazität folgende Beziehung erhalten:

$$C = \frac{\varepsilon_0 \cdot \varepsilon_r \cdot a}{d} \cdot (b - \Delta x)$$

Über der ortsfesten Elektrode 1 bewegt sich die Elektrode 2 in x-Richtung. Der Abstand beider Elektroden bleibt konstant. Die Verkleinerung von Δx führt zu einer Kapazitätssteigerung. Die maximale Kapazität tritt auf, wenn Δx den Wert 0 annimmt. Das Verhalten der Kapazität C(x) ist linear.

Die Änderung der Kapazität wirkt sich auch unmittelbar auf elektrische Größen aus. Wenn die Kapazität aufgeladen ist, dann fällt über ihr die Spannung U_C ab. Bei Veränderung des Abstandes um dx ändert sich bei gleich bleibender Spannung der Strom i_C. Es gilt:

$$i_C = U_C \cdot \frac{dC(x)}{dt}$$

$$i_C = U_C \cdot \frac{dC(x)}{dx} \cdot \frac{dx}{dt}$$

Über diesen Zusammenhang kann die mechanische Bewegung direkt in eine elektrische Größe umgewandelt werden. Eine weitere Möglichkeit besteht in der Nutzung von Kapazitätsmessbrücken. Dabei werden mit Hilfe einer Wechselstromanordnung die Größen der Kapazität und des Verlustwiderstandes ermittelt. Häufig wird auch mit Differentialkapazitä-ten gearbeitet. Diese bestehen aus zwei feststehenden Elektroden und einer beweglichen Elektrode, die sich zwischen den beiden festen Elektroden befindet. In diesem Fall erhält man für beide Kapazitäten folgende vonein-ander abhängige Beziehungen:

Anordnungen kapazitiver Wandler	$$C_1 = \varepsilon_0 \cdot \varepsilon_r \cdot A \cdot \frac{1}{d-x}$$ $$C_2 = \varepsilon_0 \cdot \varepsilon_r \cdot A \cdot \frac{1}{d+x}$$

Die Vergrößerung der einen Kapazität führt also unmittelbar zur Verkleinerung der mit ihr verkoppelten zweiten Kapazität.

Das Design für kapazitive Sensoren ergibt sich aus der Elektrodenanordnung und der Lagerung bzw. Aufhängung der Elektroden. Wie bereits oben beschrieben, stehen in der Mikrotechnik nur feste Einspannungen als Lager zur Verfügung. Die bewegliche Elektrode kann somit entweder als eingespannte Membran ausgeführt werden oder

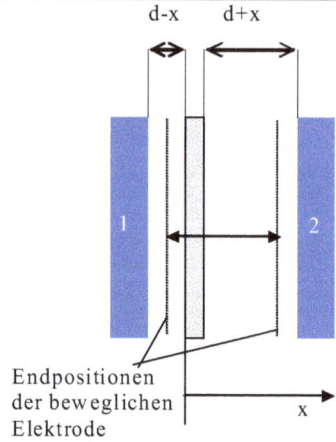

Differential-kapazität mit seismischer Masse

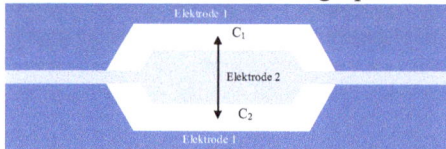

sie wird an Federelementen, die ebenfalls fest eingespannt sind, aufgehängt. Die typische Anordnung einer Differential-kapazität ist im Bild gezeigt.

Das Beispiel zeigt eine an Federelementen aufgehängte seismische Masse, die entsprechend der Pfeilrichtung schwingen kann. Dabei ändern sich die Kapazitäten C_1 und C_2 gegensinnig. Die Kapazitätsänderung wird durch die Veränderung der Elektrodenabstände hervorgerufen.

Im zweiten Beispiel ist eine Kammstruktur gezeigt. Die Mittelelektrode ist federnd aufgehängt. Die Veränderung der Kapazität wird durch die Flächenveränderung hervorgerufen. Durch die Kammanordnung wird die

Differential-kapazität als Kammstruktur

geringfügige Kapazitätsänderung vervielfacht. In beiden Fällen wird durch externe Beschleunigung eine mechanische Kraft ausgelöst, die zur Auslenkung der beweglichen Elektrode führt. Anordnungen, bei denen nur eine einfache Verformung von Membranen auftritt, werden wegen der hochgradigen Nichtlinearität der Kapazitätsänderung nicht bevorzugt angewendet.

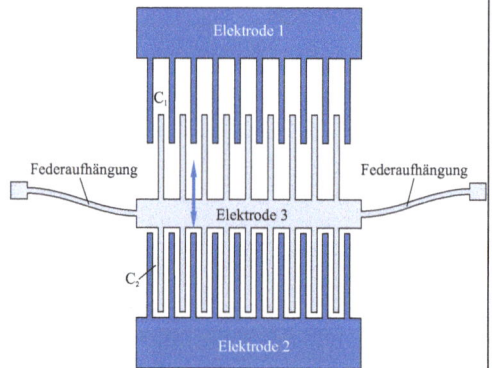

4.1.6 Chemisch-elektrische Wandler

<table>
<tr><td></td><td>

Nachweis von chemischen Substanzen

</td></tr>
<tr>
<td>

Einsatz chemischer Wandler

Entwicklungs-stand chemischer Wandler

</td>
<td>

Der Nachweis chemischer Substanzen in flüssigen und gasförmigen Umgebungen gewinnt zunehmend an Bedeutung. Ziel ist es dabei, das Vorhandensein und die Quantität bestimmter Chemikalien nachzuweisen. Angesichts der immensen stofflichen Vielfalt kann man sich leicht vorstellen, dass nur eine ungeheure Vielfalt an Sensoren notwendig ist, um diese Aufgabenstellung umfassend zu bewältigen. Denkt man zum Beispiel an die künstliche Nase, mit deren Hilfe Gerüche erfasst werden sollen, so ist leicht einzusehen, dass einzelne Sensoren nur einen Bruchteil der Information aufbereiten können, die der natürlichen Nase im täglichen Leben angeboten werden.

Eine Vielzahl von Entwicklungen ist bisher nicht über den Bereich der akademischen Forschung hinaus gelangt. Der Grund dafür liegt hauptsächlich in den bislang verwendeten Messprinzipien. Dabei werden Chemikalien dadurch erkannt, dass sie die elektrische Leitfähigkeit, die Kapazität oder die Masse einer Anordnung messbar verändern. Da nach Abschluss der Messung die Chemikalien oft den Sensor weiterhin kontaminieren, ist eine Folgemessung unter veränderten Bedingungen zwangsläufig fehlerbehaftet.

Dennoch sind einige Lösungen, bei denen ganz spezifische Substanzen detektiert werden können, im unmittelbaren technischen Einsatz (z.B. Lamdasonde in KFZ). Andere stehen kurz vor der kommerziellen Nutzung.

</td>
</tr>
<tr>
<td>

Grundprinzipien, Aufbau, Wirkungsweise chemischer Wandler

</td>
<td>

Die Umwandlung chemischer Information in elektrische Signale erfordert entweder eine direkte Reaktion der spezifischen chemischen Substanz mit einem elektrisch auslesbaren Material oder zumindest dessen zeitliche Veränderung der Eigenschaften. In der Mikrosystemtechnik werden daher spezifische Schichtsysteme angewendet, die an die zu detektierende Substanz angepasst sind. Nicht angepasste Schichten zeigen bei Einwirkung der chemischen Substanz keine Änderung. Die Anpassung der Schichten an die chemische Substanz kann in der im Bild gezeigten Weise erfolgen.

Chemische Kontamination

Änderung der Leitfähigkeit durch Einlagerungen bzw. chemische Reaktionen	Änderung des Volumens durch Quellung	Änderung der Dielektrizitätszahl durch Einlagerungen bzw. chemische Reaktionen	Änderung der Austrittsarbeit an kontaminierten Grenzflächen

Sensitive Schicht

</td>
</tr>
</table>

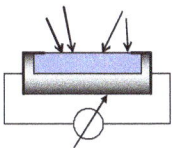

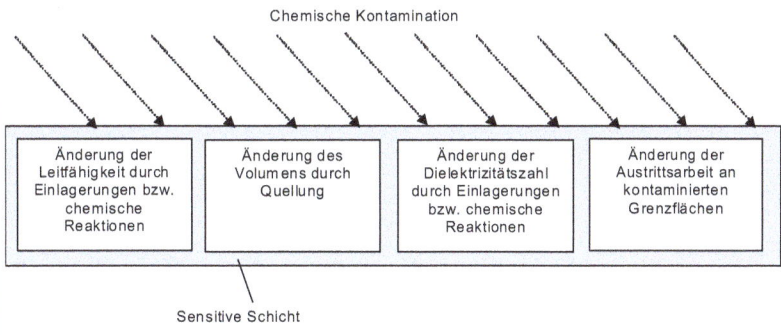

Die elektrische Detektion der Veränderung erfordert des Weiteren die Existenz von geeigneten Elektroden.

Diese sollten mit den chemischen Substanzen nicht in Wechselwirkung treten. Für die elektrische Signalerfassung eignen sich folgende Messungen:

1. elektrischer Widerstand der Schichten
2. Kapazitätsänderung der Schichten
3. Änderungen der Wellencharakteristik von eingeprägten Schwingungen
4. Änderung der Austrittsarbeit durch Einlagerung elektrisch aktiver Fremdstoffe

geeignete Elektroden

Die Änderung des Widerstands von Schichtsystemen wird vorwiegend in der Gassensorik genutzt. Um einen möglichst großen Effekt zu erzielen, werden hier bevorzugt halbleitende Schichtmaterialien eingesetzt. Durch zusätzliche katalytische Schichten auf deren Oberfläche kann die Reaktion beschleunigt werden. Dadurch steigt die Empfindlichkeit der Sensoren weiter.

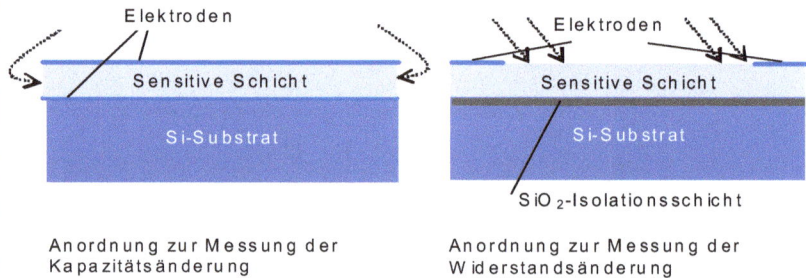

Anordnung zur Messung der Kapazitätsänderung

Anordnung zur Messung der Widerstandsänderung

Einsatz halbleitender Schicht-materialien

Quellungen können sehr erfolgreich mit polymeren Schichtmaterialien nachgewiesen werden. Einige chemische Substanzen dringen in die Polymerschichtsysteme ein und verursachen deren Quellung. Dadurch werden die Dielektrizitätszahl, das Volumen und in geringem Maße auch deren Masse verändert. Durch Ermittlung der damit verbundenen Kapazitätsänderungen mit Hilfe geeigneter elektrischer Schaltungen kann auf die Kontamination der Sensorschicht geschlossen werden.

Zur Ermittlung der Veränderung im Frequenzverhalten durch Kontamination nutzt man SAW (Surface Acoustic Wafe)-Anordnungen.

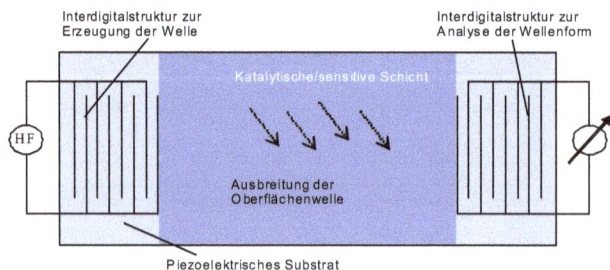

Veränderung des Frequenzverhaltens	Dabei wird in einem piezoelektrischen Material eine Schwingung erzeugt, die nach dem Durchlaufen der Schicht analysiert wird. Treten Veränderungen der Schicht durch chemische Reaktionen, Einlagerungen, Masseänderungen, Leitfähigkeitsänderungen oder Veränderungen der Dielektrizitätszahl auf, dann ergeben sich Verschiebungen in der Frequenz bzw. der Amplitude der eingeprägten Welle gegenüber dem Ausgangszustand. Wird nun zusätzlich mit unterschiedlichen Wellenmoden gearbeitet, kann die Empfindlichkeit der Sensoren weiter gesteigert werden. Eine weitere Steigerung der Empfindlichkeit kann mit Hilfe katalytischer Schichten erreicht werden. Im einfachsten Fall der Masseänderung kann die Frequenzänderung Δf nach der Gleichung von Sauerbrey beschrieben werden. $$\Delta f = -2f_0{}^2 \cdot \frac{1}{\sqrt{g \cdot \rho}} \cdot \frac{\Delta m}{A}$$ f_0 – Anregungsfrequenz; g – Schermodul des Piezomaterials; ρ – Dichte des Piezomaterials; Δm – Masseänderung; A – Fläche des Piezomaterials.
CHEMFET – Sonderform des ISFET	Änderungen der Austrittsarbeit können mit Hilfe von CHEMFETs detektiert werden. CHEMFETs sind modifizierte ISFETs, d.h. ionensensitive Feldeffekttransistoren. Durch direkten Kontakt oder indirekt über spezifische modifizierte Membranen steht die Gate-Isolierung in Kontakt mit dem umgebenden Medium. Das Eindringen von Chemikalien in die Gate-Isolierung führt zu Veränderungen der Austrittsarbeiten an den Grenzflächen. Derartige Anordnungen werden vorrangig zur Bestimmung des pH-Wertes genutzt. Typische Anordnungen für derartige Strukturen sind im folgenden Bild gezeigt: Grundaufbau eines ISFET
Materialien für Chemosensoren	Die Materialien für chemische Energiewandler müssen dem Medium, das zu detektieren ist, und dem jeweiligen Messprinzip angepasst sein. Zur Messung von Gasen mit Hilfe des Prinzips der Widerstandsänderungen werden vorwiegend halbleitende Metalloxid-Verbindungen eingesetzt. Kapazitätsänderungen werden mit Hilfe sensitiver Polymere erfasst. Bei Nutzung des SAW-Prinzips werden piezoelektrische Substrate eingesetzt, die mit einer Schicht versehen sind, in der entweder chemische Reak-

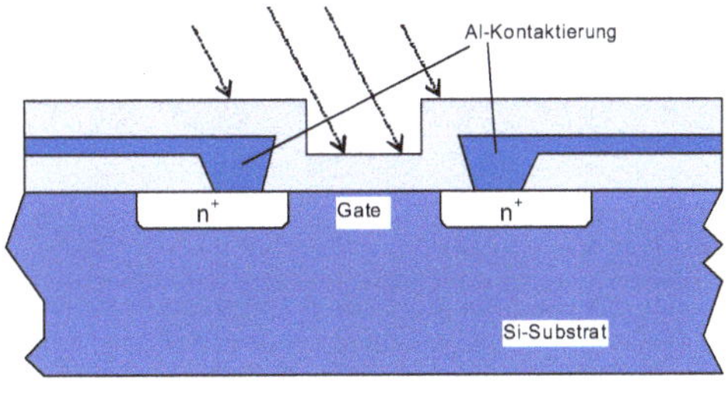

tionen beschleunigt ablaufen oder in denen die zu detektierenden Stoffe absorbiert werden können. In der folgenden Tabelle sind einige typische stoffliche Vertreter aufgeführt.

Sensormaterialien für detektierbare Gase

Widerstandsänderung	Sensitives Material	Katalysatoren	Detektion von...
	$BaTiO_3/CuO$	$CaCO_3$	CO_2
	SnO_2	Sb_2O_3	CO, H_2, O_2, H_2S
	ZnO	V, Mo	Halogenierte Kohlenwasserstoffe
	WO_3	Pt	NH_3
	Ga_2O_3	Au	CO
	MoO_3		NO_2, CO

Kapazitätsänderung	Material	Detektion von...
	Polyphenylazetylen	CO, CO_2, N_2, CH_4
	Pyralin PI-2722	Feuchtigkeit

SAW-Prinzip	Piezoelektrisches Substrat	Sensitive Schicht	Detektion von...
	Quarz	Siehe Widerstandsänderung	Siehe Widerstandsänderung
	Lithiumniobat		
	AlN		
	ZnO		

Anwendungsprobleme chemischer Sensoren

Bei der Detektion spezifischer Substanzen treten erhebliche Selektivitätsprobleme auf. Die Sensoren reagieren nicht nur auf die zu detektierende Substanz, sondern sprechen auch sehr häufig bei der Einwirkung anderer Substanzen an. Dies führt zu einer erheblichen Beeinflussung der Messergebnisse. Man spricht in diesem Fall auch von einer großen Querempfindlichkeit der Sensoren. Da die möglichen Signale sehr klein sind, werden häufig auch Sensoren in Array-Anordnung genutzt.

Bei der Aufnahme von Substanzen in die sensitive Schicht werden deren Eigenschaften verändert. Bei einer erneuten Messung würde sich diese

Veränderung bemerkbar machen und zu Fehlinterpretationen führen. Um dies zu vermeiden, werden die Sensoren nach der Messung konditioniert. Dazu werden sie in der Regel beheizt, so dass physisorbierte Substanzen desorbiert werden können. Viele Sensoren sind daher mit entsprechenden Heizelementen ausgestattet. Diese Heizelemente dienen aber auch der Beschleunigung gewünschter Reaktionen und somit zur Steigerung der Empfindlichkeit. Bei chemischen Reaktionen unter Beteiligung des sensitiven Schichtmaterials kann durch nachträgliches Heizen keine Einstellung des Ausgangszustandes erreicht werden. Diese Veränderungen müssen bei einer Folgemessung in der Signalauswertung berücksichtigt werden. Die Wiederholbarkeit von Messungen ist ein entscheidendes Maß für deren Einsatz. Diese Wiederholbarkeit ist bei vielen Chemosensoren nur bedingt gegeben. Notwendige Kalibrierungen in Folgemessungen beschränken den erfassbaren Wertebereich und reduzieren die Gebrauchsdauer der Sensoren erheblich.

4.1.7   Biologisch-elektrische Wandler

	Modifizierte Chemosensoren
Grundprinzip biologisch-elektrischer Wandler	Wandler, die biologische Informationen in elektrische Signale umsetzen, basieren auf der Nutzung elektrochemischer Prozesse. Dazu werden die zu untersuchenden Substanzen (Analyte) an den Sensor herangeführt. Da Analyte eine Vielzahl unterschiedlicher Moleküle enthalten können, ist es notwendig, die interessierenden Verbindungen gezielt an der Sensoroberfläche zu verankern. Zu diesem Zweck werden die Oberflächen mit spezifisch aktivierten Substanzen wie Enzymen oder Antikörpern beschichtet. Diese reagieren in der Regel nur mit einem im Analyt vorhanden Molekül.
Schlüssel-Schloss-Methode	Die Methode wird auch als Schlüssel-Schloss-Methode bezeichnet. Zur Verdeutlichung soll das folgende Bild dienen.
	Nur Moleküle, die geometrisch an die Form der Rezeptoren angepasst sind, können diese besetzen und anschließend chemisch miteinander reagieren. Bei dieser chemischen Reaktion kommt es zum Ladungsaustausch, der entweder elektrochemisch ermittelt werden kann oder der bei Nutzung

von ISFETs entsprechende Signale liefert. Aus der Intensität der Signale kann auf die Konzentration des gesuchten Stoffes im Analyt geschlossen werden.

Merke

Wandler für sichtbare Strahlung:
- Solarzellen gehören zu den einfachsten Bauelementen
- Fotodioden detektieren sichtbare und z.T. IR-Strahlung
  Nutzung der Ladungsträgergeneration durch einfallende Photonen in pn-Übergängen von Halbleitern

Thermosensoren nutzen folgende Effekte:
- Änderung des spezifischen Widerstandes
- Änderung der Polarisation
- Spannungsgeneration durch Nutzung des Seebeck-Effektes
- Ladungsträgergeneration in pn-Übergängen

Magnetisch-elektrische Wandler erfassen die magnetische Flussdichte unter Nutzung folgender wesentlicher Effekte:
- Hall-Effekt
- magnetoresistiver Effekt

Mechanisch-elektrische Wandler nutzen folgende Effekte:
- piezoelektrischer Effekt
- piezoresistiver Effekt
- Änderung der Größe von Kapazitäten

Chemisch-elektrische Wandler:
- direkte Reaktion der spezifischen chemischen Substanz mit einem elektrisch auslesbaren Material oder
- zumindest dessen zeitliche Veränderung der Eigenschaften
- Materialien, die dabei eingesetzt werden, zeigen Änderungen der:
  - elektrischen Leitfähigkeit
  - Kapazität
  - Wellenausbreitung
  - Austrittsarbeiten von Ladungsträgern

Biologisch-elektrische Wandler:
- gleichen chemisch elektrischen Wandlern
- nutzen Schlüssel-Schloss-Methode zur Steigerung der Selektivität für definierte Substanzen

Literatur

[Ada]   Adam, W.; Busch, M.; Nickolay, B.: Sensoren für die Produktionstechnik; Springer, Berlin, 2001

[Ahl]   Ahlers, H.: Multisensorpraxis; Springer, Berlin, 1996

[Ahr]   Ahrens, O.: Mikrosystemtechnische Sensoren in relativ bewegten Systemen für die industrielle Anwendung; Logos Verlag, Berlin, 2001

[Ber]   Bernstein, H.: Mechatronik in der Praxis. Sensoren, Bussysteme, Antriebssysteme, Messverfahren; Vde-Verlag, 2006

[Ben]   Benhard, F.: Technische Temperaturmessung. Physikalische und meßtechnische Grundlagen, Sensoren und Meßverfahren, Meßfehler und Kalibrierung; Springer, Berlin, 2003

[But]   Butzmann, S.: Sensorik im Kraftfahrzeug. Prinzipien und Anwendungen; Expert-Verlag, 2006

[Fis]   Fischer, W.-J.: Mikrosystemtechnik; Vogel-Buchverlag, Würzburg, 2000

[Frü]   Frühauf, J.: Werkstoffe der Mikrotechnik; Fachbuchverlag Leipzig, 2005

[Gev]   Gevatter, H.-J.: Handbuch der Mess- und Automatisierungstechnik im Automobil; Springer, Berlin, 1999

[Gö1]   Göpel, W.; Hesse, J.; Zemel, J.: Chemical and Biochemical Sensors. Teil I. (Bd. 2): A Comprehensive Survey; Wiley-VCH, 1997

[Gö2]   Göpel, W. u.a.: Thermal Sensors. (Bd. 4): A Comprehensive Survey; Wiley-VCH, 1998

[Gö3]   Göpel, W. u.a.: Mechanical Sensors. (Bd. 7): A Comprehensive Survey; Wiley-VCH, 1998

[Gö4]   Göpel, W. u.a.: Magnetic Sensors. (Bd. 5): A Comprehensive Survey; Wiley-VCH, 1998

[Gö5]   Göpel, W. u.a.: Micro- and Nanosensors. Sensors / Market Trends. (Bd. 8): A Comprehensive Survey; Wiley-VCH, 1998

[Grü]   Gründler, P.: Chemische Sensoren. Eine Einführung für Naturwissenschaftler und Ingenieure; Springer, Berlin, 2004

[Hau]   Hauptmann, P.: Sensoren. Prinzipien und Anwendungen; Hanser Fachbuch, 1999

[Heu]   Heuberger: Mikromechanik, Springer, 1991

[Hes]   Hesse, S.; Schnell, G.: Sensoren für die Prozess- und Fabrikautomation. Funktion – Ausführung – Anwendung; Vieweg, 2004

[Mau]   Mauder, A.: Nachweisgrenze piezoelektrischer Sensoren; Herbert Utz Verlag, 1996

[Nie]   Niebuhr, J.; Lindner, G.: Physikalische Meßtechnik mit Sensoren. Mit 160 Beispielen (Elektronik in der Praxis); Oldenbourg Industrieverlag, München, 2001

[Ste]   Steinem, C.; Janshoff, A.: Piezoelectric Sensors; Springer, 2007

[Til]   Tille, T.: Sensoren im Automobil; Expert-Verlag, 2006

[Tim]   Timoshenko, S.; Woinowsky-Krieger, S.: Theory of plates and shells, McGraw-Hill, 1959

[Trä]   Tränkler, H.-R.; Obermeier, E. (Eds.): Sensortechnik – Handbuch für Praxis und Wissenschaft; Springer, 1998

[Wie]   Wiegleb, G.: Industrielle Gassensorik; Expert-Verlag, 2001

[Zab]   Zabler, E.; Berger, J.; Herforth,A.: Sensoren im Kraftfahrzeug; Holland + Josenhans, 2001

4.2   Mehrstufige sensorische Wandler

Schlüsselbegriffe

Mehrstufige Wandlersysteme, nichtelektrische Wirkgrößen, tabellarische Erfassung möglicher Effekte, Effekte und Wirkungen bei Wandlung magnetischer Energie, Effekte und Wirkungen bei Wandlung von mechanischer Energie, Effekte und Wirkungen bei Wandlung von fluidischer Energie, Effekte und Wirkungen bei Wandlung von optischer Energie, Effekte und Wirkungen bei Wandlung thermischer Energie, Effekte und Wirkungen bei Wandlung von chemischer Energie, Effekte und Wirkungen bei Wandlung von biologischer Energie, Mehrfachwandler

4.2.1   Mehrstufige Wandlungsprinzipien

Wandlungsmöglichkeiten

mehrstufige
Wandlersysteme

Im vorangegangen Kapitel wurden sensorische Wandler beschrieben, bei denen eine Energieform in elektrische Energie gewandelt wurde oder bei denen eine Zustandsänderung genutzt wurde, um die Kennwerte eines elektrischen Bauelementes entsprechend zu verändern.

In jedem Fall erfolgte die Umwandlung einer beliebigen Energie- oder Zustandsform in einem *einstufigen* Prozess in entsprechende *elektrische* Größen. Neben diesen einstufigen Energiewandlern gibt es aber auch zwei- und mehrstufige Wandlersysteme, bei denen keine unmittelbare Wandlung einer Energie- oder Zustandsform in elektrische Größen erfolgt.

Vielmehr erfolgt die Wandlung in eine elektrische Größe in der zweiten bzw. der letzten Stufe der Energiewandlung. Wenn man annimmt, dass Wandlungen aus magnetischen, mechanischen, fluidischen, optischen, thermischen, chemischen und biologischen Ressourcen möglich sind, dann muss die Energiewandlung bei mehrstufigen Wechselwirkungsprozessen in den ersten Stufen innerhalb der erwähnten Bereiche erfolgen. Erst in der letzten Stufe erfolgt eine Wandlung in elektrische Größen nach den im vorangehenden Kapitel behandelten Möglichkeiten. Da die Vielfalt möglicher Kombinationen insbesondere bei mehrstufigen Wandlungen außerordentlich groß ist, sollen im Folgenden nur mögliche direkte Wechselwirkungen betrachtet werden, an denen Größen aus dem nichtelektrischen

Bereich beteiligt sind. Dazu sollen zunächst die wichtigsten nichtelektrischen Wirkgrößen beschrieben werden.

- *Magnetische Größen:* magnetische Feldstärke, Magnetisierung, Induktion

- *Mechanische Größen:* Position, Auslenkung, Kraft, Druck, Dehnung, Geschwindigkeit, Beschleunigung, Drehzahl, Schwingungsfrequenz

- *Fluidische Größen:* Strömungsgeschwindigkeit, Druckdifferenz, Flussrate, Füllstand

- *Optische Größen:* Wellenlänge, Strahlungsintensität, Phase, Polarisation

- *Thermische Größen:* Temperatur, Wärmestrom, Wellenlänge

- *Chemische Größen:* Konzentration, ph-Wert, Reaktionsgeschwindigkeit, Lumineszenz

- *Biologische Größen:* Konzentration, Reaktionsgeschwindigkeit, Lebensdauer, Lumineszenz

Die Unterschiede zwischen chemischen und biologischen Größen sind dabei nur marginal. Daher werden beide Bereiche oft zusammen betrachtet.

In der folgenden Tabelle sind in der ersten Spalte die Herkunftsbereiche aufgeführt. In den darauffolgenden Spalten sind Zielbereiche aufgelistet

tabellarische Erfassung möglicher Effekte

	magnetisch	mechanisch	fluidisch	optisch	thermisch	chemisch	biologisch
magnetisch	11	12	13	14	15	16	17
mechanisch	21	22	23	24	25	26	27
fluidisch	31	32	33	34	35	35	37
optisch	41	42	43	44	45	46	47
thermisch	51	52	53	54	55	56	57
chemisch	61	62	63	64	65	66	67
biologisch	71	72	73	74	75	76	77

Die erste Ziffer kennzeichnet den Herkunftsbereich. Die zweite Ziffer beschreibt den Bereich, in den gewandelt wird. Gleichartige Ziffern bedeuten Wandlung innerhalb eines Bereiches. Diese werden im Folgenden allerdings nicht näher erörtert, da sie keinen unmittelbaren Beitrag zur Wandlung liefern.

Zum Beispiel folgende Wandlungen:

- Feld 42: optisch →mechanisch

- Feld 25 mechanisch → thermisch

Zu den einzelnen Wandlungsarten sind in der Tabelle mögliche Effekte und Wirkungen aufgelistet.

Effekte und Wirkungen bei...		
... Wandlung magnetischer Energie	magnetisch-mechanisch 12	1. Kraftwirkung auf Ferromagnetika im magnetischen Feld.
		2. Kraftwirkung auf stromdurchflossene Leiter im magnetischen Feld.
		3. Magnetostriktiver Effekt – Dehnung/Dilatation bestimmter Materialien im magnetischen Feld.
		4. *Einstein-de-Haas-Effekt:* Wird ein Eisenstab in Achsrichtung magnetisiert, so ändern sich die Richtungen der Elementarmagneten (die vorher ungeordnet waren), und damit auch ihre Drehimpulse.
	magnetisch-fluidisch 13	1. Beeinflussung der Viskosität magnetorheologischer Flüssigkeiten (MRF) im magnetischen Feld.
	magnetisch-optisch 14	1. *Magneto-optischer Kerr-Effekt:* Drehung der Polarisationsebene von Licht, das an ferromagnetischen Metalloberflächen, die sich im Magnetfeld befinden, reflektiert wird. Der magneto-optische Kerr-Effekt kann in den Formen longitudinal, transversal, polar auftreten. Dabei beziehen sich diese Formen auf die Lage des Magnetfelds in Bezug zur Einfallsebene des Lichts.
		2. *Faraday-Effekt:* Drehung der Polarisationsebene von polarisiertem Licht beim Durchgang durch ein transparentes Medium, an das ein Magnetfeld parallel zur Ausbreitungsrichtung der Lichtwelle angelegt ist. Die Drehung der Polaristionsebene ist umso größer, je stärker das angelegte Feld ist. Der Effekt tritt in den meisten dielektrischen Materialien (einschließlich Flüssigkeiten) auf.
		3. *Zeeman-Effekt:* Aufspalten einer atomaren Spektrallinie unter Anlegen eines externen Magnetfeldes in mehrere Linien.

	magnetisch-thermisch 15	1. *Magnetokalorischer Effekt:* Erwärmung von Materialien, wenn diese einem starken Magnetfeld aussetzt sind.
		2. *Ettingshausen-Nernst-Effekt:* Entstehung einer transversalen Temperaturdifferenz bei der Einwirkung eines Magnetfeldes auf einen Wärmestrom in einem elektrischen Leiter.
	magnetisch-chemisch 16	1. *Radikalpaar-Effekt:* Resonanzerscheinung bei Ionen im niedrigfrequenten magnetischen Feld.
	magnetisch-biologisch 17	
... bei Wandlung von mechanischer Energie	mechanisch-magnetisch 21	1. *Barnett-Effekt:* Bei Rotation eines Ferromagneten verhält sich dieser als ob er sich in einem Magnetfeld befinden würde und wird dadurch magnetisiert.
	mechanisch-fluidisch 23	**1.** *Magnus-Effekt:* Führt ein rotierender Körper zugleich eine lineare Bewegung aus wie z.B. ein fliegender Ball, wird seine Flugbahn zu der Seite hin abgelenkt, auf der der Körper mit der Strömung (also entgegen der Flugrichtung) dreht. Auf dieser Seite kann die Luftschicht nahe am Ball schneller strömen, es entsteht also ein Unterdruck. Die Drehung gegen die Luftströmung auf der anderen Seite bedeutet, dass die Luft abgebremst wird. Dadurch entsteht ein Überdruck. Der Druckunterschied ist Ursache der Querkraft.
		2. *Lotuseffekt:* Wenn hydrophobe Oberflächen rau sind, wird der Kontaktwinkel größer und die Benetzbarkeit sinkt. Wasser berührt die raue Oberfläche nur an einigen Stellen. Es zieht sich auf Grund seiner Oberflächenspannung zu einer Kugel zusammen.
	mechanisch-optisch 24	**1.** *Photoelastischer Effekt:* Bei Einkopplung einer stehenden akustischen Welle in einen photoelastischen Modulator (Kristallines Silizium) über einen damit verbundenen Quarz wird der Brechungsindex moduliert und das optische Medium verhält sich wie eine Verzögerungsplatte mit periodisch modulierter Retardation.
		2. Veränderung der Transmission durch mechanische Spannungen in einem transparenten Material.

	mechanisch- thermisch 25	1. Durch innere Reibung (andauernde Biegung) erwärmt sich ein Körper. 2. Durch äußere Reibung zweier Körper miteinander kommt es zu deren Erwärmung. 3. *Joule-Thomson-Effekt:* Wenn ein Gas oder Gasgemisch eine Druckänderung erfährt, dann ist dies mit einer Temperaturänderung verbunden. Starke Verdichtung → Erwärmung. Druckabbau → Abkühlung.
	mechanisch- chemisch 26	1. Steigerung der Reaktionsgeschwindigkeit durch mechanische Bewegung. 2. Steigerung der Reaktionsgeschwindigkeit durch Einkopplung von Ultraschall. 3. Veränderung der Reaktionsgeschwindigkeit durch Überdruck.
	mechanisch- biologisch 27	1. Verhindern von Bewuchs durch mechanische Bewegung. 2. Verhindern von Bewuchs durch Ultraschall.
... bei Wandlung von fluidischer Energie	fluidisch- magnetisch 31	1. Beeinflussung des Magnetfeldes durch magnetorheologische Flüssigkeiten (MRF).
	fluidisch- mechanisch 32	1. *Bodeneffekt:* Bei einem umströmten Körper in Bodennähe kann je nach Form des umströmten Körpers zusätzlicher dynamischer Auftrieb oder auch Abtrieb entstehen. 2. *Fließgeschwindigkeit einer Flüssigkeit und deren Druck:* In einem strömenden Fluid (Gas oder Flüssigkeit) ist ein Geschwindigkeitsanstieg von einem Druckabfall begleitet. Der Druckabfall kann als Differenz von Ruhe- und Staudruck aufgefasst werden. Bei stehendem Fluid ist der Gesamtdruck des Fluids gleich seinem Ruhedruck, denn der Staudruck ist null. Bei Strömung nimmt der Ruhedruck um den Staudruck ab, denn die Summe ist konstant.
	fluidisch- optisch 34	1. Veränderung der Transmission der Strahlung durch Flüssigkeiten im Strahlengang. 2. Veränderung der Reflektion durch Flüssigkeiten auf Oberflächen.

	fluidisch-thermisch 35	1. Isobare Zustandänderungen von Gasen.
	fluidisch-chemisch 36	1. Beeinflussung des Stoffumsatzes durch die Verweilzeit von Reaktanten in einer definierten Reaktionsumgebung.
	fluidisch-biologisch 37	2. Beeinflussung des Wachstums durch die Strömungsgeschwindigkeit.
… bei Wandlung von optischer Energie	optisch-magnetisch 41	
	optisch-mechanisch 42	1. Auslenkung von mit AZO-Molekülen bedampften Fasern bei deren Beleuchtung.
	optisch-fluidisch 43	1. *Tyndall-Effekt:* An submikroskopischen Schwebeteilchen (mit Abmessungen ähnlich der Lichtwellenlänge), die in einer Flüssigkeit oder einem Gas gelöst sind, wird Licht aus einem durchtretenden Strahlenbündel seitlich herausgestreut (Mie-Streuung).
	optisch-thermisch 45	1. Absorption optischer Strahlung und Umwandlung in Wärme führt zum Temperaturanstieg des betreffenden Körpers.
	optisch-chemisch 46	1. Strahlungsinduzierte chemische Synthesreaktionen. 2. Strahlungsinduzierte chemische Zerfallsreaktionen.
	optisch-biologisch 47	1. Strahlungsinduziertes Wachstum. 2. Strahlungsinduzierte Schädigung biologischer Zellen.
… bei Wandlung thermischer Energie	thermisch-magnetisch 51	1. *Curie-Weißsches Gesetz:* Die magnetische Suszeptibilität eines ferromagnetischen Materials ändert sich mit der Temperatur.
	thermisch-mechanisch 52	1. Wärmausdehnung von Festkörpern, Flüssigkeiten und Gasen. Veränderung des Volumens bzw. bestimmter Positionen, bei Gasen Druckanstieg wenn $V = const$. 2. Phasenumwandlung bei Über- bzw. Unterschreitung von Grenztemperaturen. 3. Sublimation einiger Materialien bei Überschreitung einer Grenztemperatur.

	thermisch- fluidisch 53	1. Veränderung der Viskosität eines Fluids mit der Temperatur.
	thermisch- optisch 54	1. Aussendung von elektromagnetischer Strahlung durch alle Körper mit einer Temperatur > 0K.
	thermisch- chemisch 56	1. Steigerung der Reaktionsgeschwindigkeit bei der Synthese. 2. Steigerung der Reaktionsgeschwindigkeit bei Zerfallsreaktionen.
	thermisch- biologisch 57	1. Begünstigung des Wachstums in begrenzten Intervallen. 2. Beschleunigung des Zerfalls organischer Systeme außerhalb eines definierten Temperaturbereiches.
... bei Wandlung von chemischer Energie	chemisch- magnetisch 61	
	chemisch- mechanisch 62	1. Explosive Stoffumsetzung → Druckaufbau. 2. Volumenschwund durch Reaktion.
	chemisch- fluidisch 63	1. Veränderung der Viskosität von Agenzien durch chemische Reaktionen.
	chemisch- optisch 64	1. Chemolumineszenz bei chemischen Reaktionen.
	chemisch- thermisch 65	1. Temperatursteigerung bei exothermen Reaktionen. 2. Temperaturabfall bei endothermen Reaktionen.
	chemisch- biologisch 67	1. Begünstigung des Wachstums biologischer Strukturen. 2. Begünstigung des Zerfalls biologischer Strukturen.
... bei Wandlung von biologischer Energie	biologisch- magnetisch 71	
	biologisch- mechanisch 72	1. Kraftwirkung durch Wachstum und Volumenverdrängung. 2. Druckaufbau durch Wachstum in geschlossenen Systemen. 3. Veränderung von Positionen durch Wachstumsprozesse.

biologisch-fluidisch 73	1.	Steigerung des Strömungswiderstandes durch Wachstum biologischer Strukturen.
biologisch-optisch 74	1.	Biolumineszenz von biologischen Strukturen.
biologisch-thermisch 75	1.	Wärmestrahlung durch biologisch aktive Strukturen.
	2.	Wärmeabsorption bei Wachstumsprozessen.
biologisch-chemisch 76	1.	*Pasteur-Effekt:* Steht der Zelle Sauerstoff zur Verfügung, so besteht die Möglichkeit, NAD^+ in einer ausgedehnten Reaktionsfolge (Glykolyse-Citratzyklus-Atmungskette) zu regenerieren und dies bei fast zwanzigfacher Energie- (ATP-) Ausbeute. Für die Einstellung des Metabolitenstroms unter diesen Bedingungen sind offenbar überwiegend Regulationsphänomene an der Phosphofructokinase verantwortlich.

4.2.2 Mehrfachwandler

Mehrfachwandler

Elektro-magnetisch-mechanische Wandler

Zu den bekanntesten Mehrfachwandlern zählen Wandler, die elektrische Energie in magnetische, und diese anschließend in mechanische wandeln. Alle elektrischen Antriebe beruhen auf dem Prinzip der Verkopplung elektrischer und magnetischer Felder. Die dabei wirksamen Zusammenhänge sind durch die Grundgleichungen der Elektrotechnik gegeben.

$$\oint \vec{H}\vec{ds} = \Theta = Iw$$

$$\vec{B} = \mu\vec{H}$$

$$\vec{F} = wI(l x \vec{B})$$

Die Durchflutung Θ liefert ein magnetisches Feld mit der Feldstärke $\vec{H}$. Die magnetische Flussdichte $\vec{B}$ ergibt sich aus den stofflichen Zusammenhängen (μ). Durch den magnetischen Fluss wird auf vom Strom I durchflossene Leiter in der Leiterschleife mit w Windungen eine Kraft F ausgeübt. Dieser Wandlungsvorgang soll hier nicht weiter vertieft werden [Alb].

Natürlich ist auch der Umkehrvorgang bekannt. Aus mechanischer Energie wird über die Zwischenstufe magnetischer Energie elektrische Energie gewonnen. Dieser Prozess ist Grundlage aller Generatoren. Auf Basis des Induktionsgesetzes kann man formulieren:

$$U_e = -\frac{d\varphi}{dt}$$

$$\vec{B} = \frac{d\varphi}{d\vec{A}}$$

$$U_e = -\vec{B}\frac{d\vec{A}}{dt}$$

$$\frac{d\vec{A}}{dt} = \vec{v}l$$

$$U_e = -\vec{B}\vec{v}l$$

$$U_e = (\vec{v} \times \vec{B})l$$

Dabei sind U_e die induzierte Spannung, A die vom magnetischen Fluss φ durchsetzte Fläche und $\vec{v}$ die Geschwindigkeit, mit der sich eine Leiterschleife mit der wirksamen Länge l durch das Magnetfeld bewegt. Diese mehrstufigen Wandlungen haben sich in der Praxis entschieden bewährt. Ihre Anwendung im Mikrobereich stößt jedoch auf Grenzen, da die Miniaturisierung den Wirkungsgrad erheblich verschlechtert.

Merke

Einstufige Wandler
- Direkte, unmittelbare Umwandlung einer beliebigen Energieform in elektrische Energie.

Mehrstufige Wandlersysteme
- Zwei- und mehrstufige, mittelbare Wandlersysteme, bei denen die Wandlung einer beliebigen Energieform in elektrische Größen über eine oder mehrere Energieformen erfolgt.
- Zu den bekanntesten Mehrfachwandlern zählen Wandler, die elektrische Energie in magnetische und diese anschließend in mechanische wandeln.

Nichtelektrische Wandlungsarten
- Sind durch Effekte und Wirkungen beschrieben.

Literatur

[Alb]   Albach: Elektrotechnik; Pearson, 2005

4.3   Aktorische Wandler

	Schlüsselbegriffe
	Plattenelektrodenanordnung, Kraft auf Kondensatorplatten, Pull-in-Effekt, Kammstrukturen, Bewegungsrichtungen von Kammelektroden, elektrostatische Torsionsstrukturen, Pull-in-Effekt & Sticking, inverser piezoelektrischer Effekt, Schereffekt, Längseffekt, Quereffekt, Applikationsbeispiele in der MST, Verwölbung von Biegebalken, Grundanordnungen indirekter Wandler, Umwandlung von Strom in Wärme, Wärmeverluste, Wärmeleitung, Konvektion, Wärmestrahlung, Gesamtbilanz, thermische Ausdehnung von Festkörpern, Bimetalle, bimorphe Anordnung, Krümmungsradius thermischer Bieger, praktische Anwendungen in der MST, thermische Ausdehnung von Flüssigkeiten, Phasenübergang, Verdampfen von Flüssigkeiten in Mikrosystemen, thermische Ausdehnung von Gasen, Formgedächtnislegierungen, SMA-Einwegeffekt, SMA-Zweiwegeffekt, technische Einsatzgebiete, Lorentz-Kraft, Reluktanz-Prinzip, Reluktanz-Maschine, Luftspalt bei Relais, Spulen Mikrotechnik, Herstellung von Spulen, Prozessfolge – Spulen im Substrat, Vorteile von Spulen im Substrat, Prozessfolge – Spulen auf dem Substrat, Spulengeometrie, hartmagnetische Materialien, kostenaufwendiges Verfahren, weichmagnetische Schichten, Prozessfolge – ferromagnetische Strukturen, Magnetostriktion, Villari-Effekt, Joule-Effekt

	Grundsätzliches zu aktorischen Wandlern
	Als aktorische Wandler werden im Folgenden alle Energiewandler bezeichnet, die in der Lage sind, beliebige Energieformen, jedoch vorwiegend elektrische Energie, in mechanische Energie umzuwandeln. Ziel dieser Wandlung ist es immer, Veränderungen in mindestens einer mechanischen Größe zu erreichen. Mit Hilfe dieser Wandler wird also grundsätzlich Bewegungsenergie erzeugt. Diese Energieform zeigt sich in Form von Linearbewegung, Rotationen, Verbiegung, Geschwindigkeiten, Beschleunigungen und Kräften bzw. Drücken.

Man kann dabei, ähnlich wie bei den sensorischen Wandlern zwischen direkten oder einstufigen Wandlungsprinzipien und indirekten oder mehrstufigen Wandlungsprinzipien unterscheiden [Ger, Fis, Liu, Völ].

4.3.1 Direkte Wandler

Elektrostatische Wandler

Plattenelektroden-anordnung

Wenn an eine Plattenelektrodenanordnung eine elektrische Spannung U angelegt wird, dann baut sich ein elektrisches Feld auf, das eine Kraftwirkung auf die Elektroden ausübt. Die Energie des Feldes W_{el} kann man über die Beziehung

$$W_{el} = \frac{1}{2} \cdot C \cdot U^2$$

ermitteln. Dabei ist C die Kapazität der Anordnung. Die Kraft versucht, beide Elektroden in Kontakt zu bringen. Wenn beide Elektroden festgehalten werden, dann muss eine entsprechende Gegenkraft aufgebaut werden. Diese steht im Gleichgewicht mit der Feldkraft. Die mechanische Arbeit W_{mech}, die dabei geleistet wird, berechnet sich aus

$$W_{mech} = F \cdot d$$

Dabei ist d der Elektrodenabstand. Da beide Energien im Gleichgewicht stehen, kann man schreiben:

$$F \cdot d = \frac{1}{2} C \cdot U^2$$

Kraft auf Kondensator-platten

$$F = \frac{1}{2} \cdot \frac{C \cdot U^2}{d}$$

Mit der Kapazitätsbemessungsgleichung

$$C = \varepsilon_0 \cdot \varepsilon_r \frac{A}{d}$$

erhält man damit für die Kraft

$$F = \frac{1}{2} \varepsilon_0 \cdot \varepsilon_r \cdot \frac{A}{d^2} \cdot U^2$$

$$F = \frac{1}{2} \varepsilon_0 \cdot \varepsilon_r \cdot \frac{a \cdot b}{d^2} \cdot U^2$$

Wird eine der Platten um das Wegelement x_1 bewegt, dann gilt für die Rückstellkraft in den Ausgangszustand

$$F_{mech} = -x_1 \cdot c$$

Wobei c die Federkonstante der Anordnung ist.

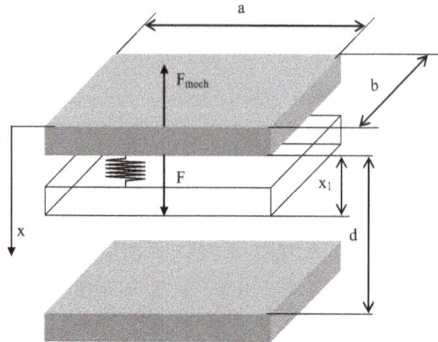

Durch die Bewegung um x_1 ändert sich die Kraft zu:

$$F = \frac{1}{2}\varepsilon_0 \cdot \varepsilon_r \cdot \frac{a \cdot b}{(d - x_1)^2} \cdot U^2 \quad \text{bzw.}$$

$$F = \frac{1}{2}C(x) \cdot \frac{U^2}{(d - x_1)}$$

Wie man erkennt, ist die elektrostatische Kraft $F \propto 1/d$ und die mechani-sche Kraft $F_{mech} \propto d$. Dadurch ergibt sich eine Kraft-Weg-Abhängigkeit wie im Dia-gramm.

Pull-in-Effekt

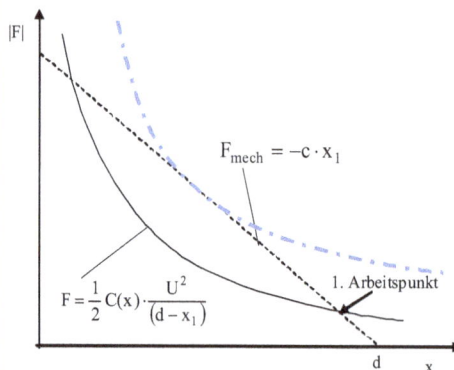

Die Kraft-Weg-Kennlinie der Rückstellkraft ist linear. Die elektrostatische Kraft zeigt hingegen ein hyperbolisches Verhalten. Die Arbeitspunkte des Antriebs sind durch die Schnittpunkte beider Kennli-nien gegeben. Bei einem Betrieb aus der Ausgangslage bei x = d ist der erste Schnittpunkt ein stabi-ler Arbeitspunkt. Das Anlegen größerer Spannungen führt zu einer Ver-schiebung der Kraft-Weg-Kennlinie für die elektrostatische Kraft nach rechts oben. Bei hinreichend großem Spannungswert berühren sich beide Kennlinien nur noch tangential in einem Punkt. Hier stehen beide Kräfte im Gleichgewicht. Ein weiteres Ansteigen der Spannung würde dazu füh-ren, dass die bewegliche Elektrode auf die feststehende gezogen wird. Eine mechanische Rückstellung ist dann nicht mehr wirksam. Man be-zeichnet dieses Verhalten auch als den Pull-in-Effekt.

Kammstrukturen	Unter Kammstrukturen sind mikrostrukturierte Komponenten zu verstehen, deren äußere Form an Kämme erinnert. Bei diesen Strukturen existieren ebenso feste und bewegliche Elektroden. Beide sind kammförmig strukturiert. Im folgenden Bild sind typische Kammstrukturen gezeigt.

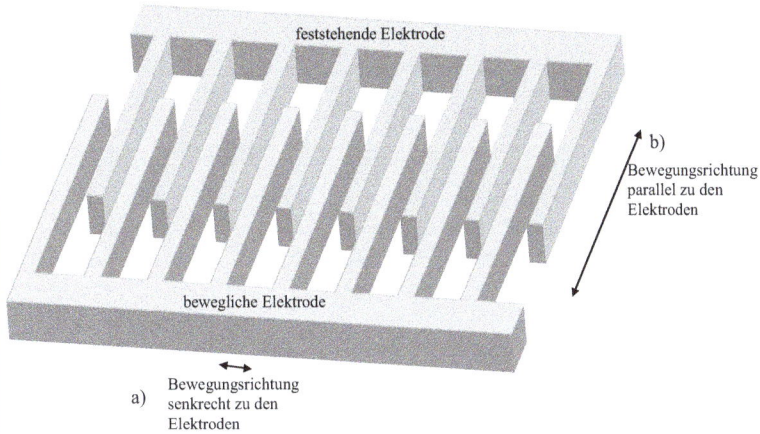

feststehende Elektrode

b)
Bewegungsrichtung
parallel zu den
Elektroden

bewegliche Elektrode

a) Bewegungsrichtung
senkrecht zu den
Elektroden

Man kann zwei Bewegungsrichtungen der Elektroden zueinander unterscheiden.

Bewegungs-richtungen von Kammelektroden

Im Fall a) bewegen sich die Kammelektroden aufeinander zu. Dieser Fall entspricht der bereits weiter oben erläuterten Plattenanordnung.

Im Fall b) ist die Annäherung der Kammstrukturen gesperrt, die Bewegung der beweglichen Elektrode parallel zur feststehenden jedoch möglich. In diesem Fall schiebt sich die bewegliche Kammelektrode in die feststehende Kammelektrode. Der Vorteil ist anhand der deutlich unterschiedlichen Bewegungshübe offensichtlich. Zur analytischen Betrachtung sei nun ein Kammelement herausgegriffen.

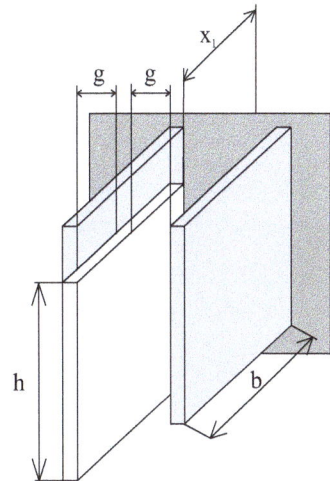

Die Kapazität der Anordnung ergibt sich in etwa aus den überlappenden Flächenbereichen und den um x_1 verschobenen Bereich der beweglichen Elektrode

$$C = \varepsilon_0 \cdot \varepsilon_r \cdot \frac{h \cdot (b - x_1)}{g}$$

Damit kann die Kraft mit der Beziehung

$$F = -\frac{dW_{el}}{dx}$$

$$F = \frac{1}{2}\varepsilon_r \cdot \varepsilon_0 \cdot U^2 \cdot \frac{h}{g} \qquad \text{bzw.}$$

berechnet werden. Bei der Betrachtung dieses Ausdruckes zeigt sich, dass die Kraft proportional zur Höhe h der Platten und indirekt proportional zum Plattenabstand g ist. Die Höhe der Strukturen ist aber aus fertigungstechnischer Sicht sehr stark eingeschränkt. Um dennoch merkliche Kräfte zu erzielen, werden daher mehrere bewegliche Kammstrukturen miteinander mechanisch verkoppelt. Durch diese Maßnahme ergibt sich für n bewegliche Kämme die Kraft

$$F = n \cdot \frac{1}{2}\varepsilon_r \cdot \varepsilon_0 \cdot \frac{h}{g} \cdot U^2$$

Vorteil dieser Anordnung ist es, dass kein Pull-in-Effekt auftritt. Allerdings sind die Kräfte bei vergleichbaren Geometrien ca. 100-mal geringer als bei der Plattenanordnung.

| **elektrostatische Torsionsstrukturen** | Elektrostatische Torsionsstrukturen bestehen in der Regel aus einer zweiseitig aufgehängten Platte. Die Platte ist dabei eine Elektrode. Die Gegenelektrode ist zweigeteilt und befindet sich im Abstand d von der Platte entfernt. Im Betrieb wird entweder die eine Seite der Gegenelektrode oder die zweite Seite angesteuert. Dadurch wirkt auf die Platte ein Moment, |

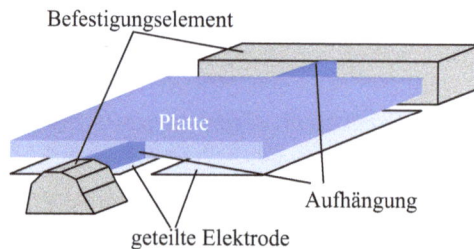

sich in Richtung der Spannung tragenden Elektrode zu bewegen. Da eine Annäherung, wie bei der einfachen Plattenanordnung, durch die Aufhängung verhindert wird und die Anziehungskraft nur auf einer Seite der Anordnung wirkt, neigt sich diese Seite unter Verdrehung der Aufhängung zur Gegenelektrode. Eine typische Anordnung ist im folgenden Bild gezeigt. Durch diese Verdrehung werden die beiden Aufhängungen auf Torsion beansprucht. Das elektrische Moment M_{el} wird durch das entsprechende mechanische Moment M_{mech} kompensiert; d.h. es muss gelten $M_{el} = M_{mech}$. Die Kraft, die auf eine Plattenhälfte bei entsprechender Ansteuerung wirkt, berechnet sich aus:

$$F_{el} = \frac{1}{2}C(x) \cdot \frac{U^2}{d}$$

Dabei wurde eine homogene Feldverteilung angenommen. Ebenso verharrt die Platte in der Ausgangslage, wird also nicht geneigt. Nimmt man nun eine mechanische Verdrehung an, dann ergibt sich für das mechanische Moment folgende Beziehung:

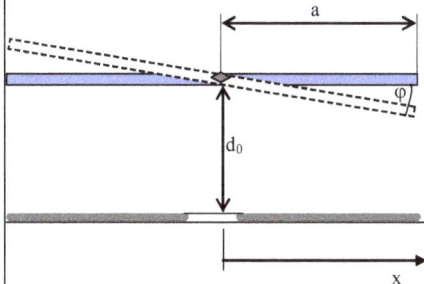

$$M_{mech} = G \cdot I_T \cdot \frac{d\varphi}{dy} = \int x \, dF$$

$$M_{el} = \int \frac{1}{2} \cdot \varepsilon_0 \cdot \varepsilon_r \cdot \frac{b}{d^2} \cdot U^2 \cdot x \cdot dx$$

mit

$$d(x) = d_0 - x \tan \varphi$$

$$M_{el} = \frac{\varepsilon_0 \cdot \varepsilon_r \cdot b}{2 \cdot d_0^2} \cdot U^2 \int_0^a \frac{x \cdot dx}{\left(1 - \frac{x}{d_0} \tan \varphi\right)^2}$$

$$M_{el} \approx \frac{\varepsilon_0 \cdot \varepsilon_r \cdot b \cdot a^2}{2 \cdot d_0^2} \cdot U^2 \cdot \frac{1}{1 - \frac{a}{d_0} \cdot \varphi}$$

für sehr kleine Winkel wird der letzte Term ≈ 1 und man erhält:

$$\frac{d\varphi}{dy} \cdot G \cdot I_T = \frac{\varepsilon_0 \cdot \varepsilon_r \cdot b \cdot a^2}{2 \cdot d_0^2} \cdot U^2$$

Mit der Länge l der Aufhängung erhält man schließlich:

$$\varphi = \frac{\varepsilon_0 \cdot \varepsilon_r \cdot b \cdot a^2 \cdot l}{2 \cdot d_0^2 \cdot G \cdot I_T} \cdot U^2$$

Problem: Pull-in-Effekt & Sticking

mit G – Schubmodul, I_T – Torsionsträgheitsmoment, b – Plattenbreite.

Ähnlich wie bei der Plattenanordnung besteht bei dieser Anordnung auch die Gefahr des Pull-in und schließlich des Sticking. Dies ist sehr problematisch, da der Abstand zwischen der zweiten Plattenhälfte und der Gegenelektrode in diesem Fall sehr groß ist und die Anziehungskräfte oft nicht ausreichen, um die Platte in die andere Richtung zu drehen. Um diesen Effekt einzuschränken, wird daher mit Abstandhaltern gearbeitet. Diese verhindern die zu starke Auslenkung bei Ansteuerung und garantieren die fehlerfreie Funktion der Kippanordnung.

inverser piezoelektrischer Effekt	Piezoelektrische Wandler können unter Nutzung des inversen piezoelektrischen Effektes elektrische Energie direkt in mechanische Energie umwandeln. Dabei tritt beim Anlegen eines elektrischen Feldes $\vec{E}$ an den piezoelektrischen Werkstoff eine Dehnung ε_i auf. Die grundlegende Beziehung der Energiewandlung lautet:

$$\varepsilon_i = s_{ij} \cdot \sigma_j + d_{ij} \cdot \vec{E}$$

Dabei sind σ_j die im Material existierenden mechanischen Spannungen, s_{ij} die Elastizitätskonstanten und d_{ij} die piezoelektrischen Koeffizienten. Im Regelfall finden technische Wandlungen bei mechanisch unbelasteten Wandlern statt, d.h. der erste Term der Gleichung verschwindet wegen $\sigma_i = 0$. Damit erhält man die vereinfachte Gleichung

$$\varepsilon_i = d_{ij} \cdot \vec{E}$$

Wird ein piezoelektrischer Werkstoff in ein elektrisches Feld eingebracht, so ist auf Grund der Anisotropie der Eigenschaften dessen Lage im Feld wichtig für die Intensität und Amplitude des Effektes. Grundsätzlich kann man zwischen drei verschiedenen Effekten unterscheiden:

1. Feldrichtung und Deformationsrichtung stimmen überein
   → *Längseffekt* oder *Longitudinaleffekt*

2. Feldrichtung steht senkrecht zur Deformationsrichtung
   → *Quereffekt* oder *Transversaleffekt*

3. Feldrichtung und Deformationsrichtung stehen schief zueinander
   → *Schereffekt*

Dabei ist die Richtung des Effektes bei dieser Definition nicht festgelegt. Expansion oder Dilatation des Werkstoffes werden durch die Vorzeichen der jeweiligen Piezomoduli festgelegt. Negative Vorzeichen stehen dabei für ein Zusammenziehen des Werkstoffes in einer definierten Richtung. Die mechanische Deformation eines Körpers richtet sich nach der Höhe der elektrischen Feldstärke und den Piezomoduli. Als ein grober Richtwert kann eine Deformation in der Größenordnung von 1...3 Promille angenommen werden. Für den realen Einsatzfall sind diese Werte auf der Basis von Modellrechnungen zu verifizieren.

Es stellt sich die Frage, wie ein Effekt, mit einer derartig geringen Wirkung, sinnvoll genutzt werden kann? Um diese Frage näher zu beleuchten, ist eine vertiefte Betrachtung der verschiedenen Effekte notwendig.

Schereffekt	Der Schereffekt ist auf Grund der sehr schwierig voraussagbaren Deformationen nur mit großem Aufwand in technischen Prozessen einzusetzen, bei

denen eine hohe Reproduzierbarkeit gefordert wird. Da Deformationen in bekannte Ortsichtungen stets Deformationen in nicht trivial vorausbe- stimmbare Ortsichtungen nach sich ziehen, lässt sich das Verformungsver- halten der Körper im Allgemeinen nur schwer analytisch erschließen. Technisch wird der Schereffekt in Tintenstrahldruckköpfen der Firma Xaar genutzt.

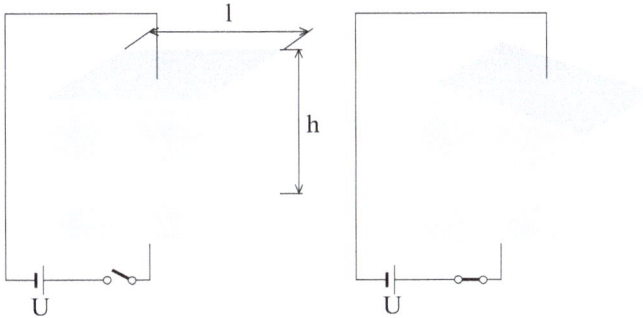

Längseffekt Wesentlich einfacher sind die Verhältnisse beim Längs- und beim Queref- fekt. So werden in beiden Fällen die Kontraktionen in einer Ortskoordinate durch Expansionen in einer zweiten Ortskoordinate ausgeglichen. Die Ortskoordinaten sind bekannt und voraussagbar. Die Änderungen sind analytisch leicht zu ermitteln.

Beim Längseffekt ergibt sich die Dehnung ε_3 in Feldrichtung bzw. in Rich- tung der z-Achse gemäß folgender Gleichung:

$$\varepsilon_3 = d_{33} \cdot E_3$$

Damit ergibt sich für die freie Auslenkung w_f ohne die Wirkung einer Ge- genkraft (F = 0):

$$w_f = h \cdot d_{33} \cdot E_3 \quad \text{bzw.}$$

$$w_f = d_{33} \cdot U_B$$

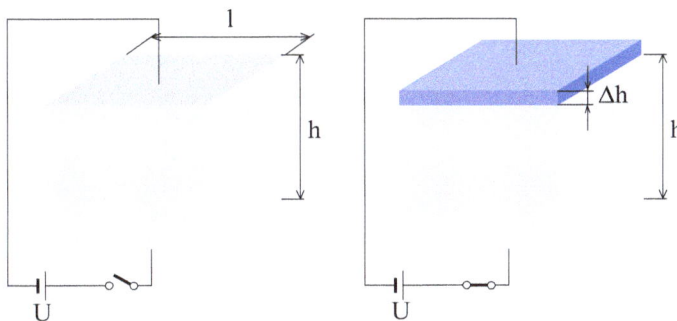

wobei h die Höhe des Piezomaterials ist, E_3 die Feldstärke in z-Richtung darstellt und U_B die resultierende Betriebsspannung ist.

Wird die Auslenkung durch eine äußere Kraft F verhindert, so erhält man die elastische Verformung w_e

$$w_e = \frac{s_{33} \cdot h}{A_F}$$

A_F ist dabei die Kraftangriffsfläche und s_{33} eine Elastizitätskonstante. Die mit diesem Stellelement maximal erreichbare Kraft ergibt sich somit zu:

$$F_{max} = \frac{w \cdot A_F}{s_{33} \cdot h} = \frac{d_{33}}{s_{33}} \cdot E_3 \cdot A_F$$

Quereffekt

Im Unterschied zum Längseffekt werden beim Quereffekt die mechanischen Deformationen erfasst, die sich senkrecht zur Richtung der anliegenden elektrischen Feldstärke ausbilden.

Die Dehnung ε_1 beim Quereffekt ergibt sich gemäß Gleichung (13) zu

$$\varepsilon_1 = d_{31} \cdot E_3$$

wenn das elektrische Feld nicht parallel zur Dehnungsrichtung angeordnet ist. Charakterisiert wird diese Richtungsänderung durch den Piezomodul d_{31}.

Die freie Auslenkung w_f ohne Gegenkraft ergibt sich bei dieser Anordnung zu

$$w_f = d_{31} \cdot l \cdot E_3 = d_{31} \cdot \frac{l}{h} \cdot U$$

Da bei sehr vielen Piezomaterialien der piezoelektrische Koeffizient d_{31} negative Werte annimmt, kommt es zum Zusammenziehen des Werkstoffes in der betrachteten Raumrichtung.

Wird diese Auslenkung durch eine Gegenkraft behindert, so ergibt sich die elastische Deformation zu:

$$w_e = \frac{s_{11} \cdot l}{A_F} \cdot F$$

Die Länge des Piezomaterials ist dabei mit l angenommen.

Die maximal erzielbare Kraft ergibt sich zu:

$$F_{max} = \frac{w \cdot A_F}{l \cdot s_{11}} = \frac{d_{31} \cdot E_3}{s_{11}} \cdot A_F$$

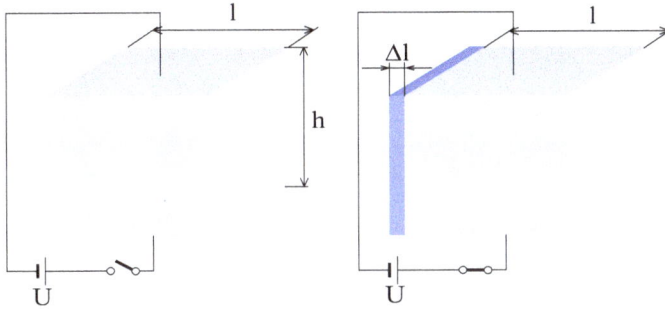

Da die Länge bei derartigen Anordnungen normalerweise ein Vielfaches der Dicke beträgt, ist die Auslenkung im Transversalmodus viel größer als im Longitudinalmodus. Andererseits ist aber auf Grund der deutlich größeren Piezomoduli im Längsmodus mit viel größeren Kräften zu rechnen als im Quermodus. Durch diese Unterschiede in der Kraft-Auslenkungscharakteristik ergeben sich die unterschiedlichen Applikationen für den Quer- und den Längseffekt.

| **Applikations-beispiele in der MST** | In der Mikrotechnik gibt es eine Reihe von Applikationsbeispielen, die die Anwendung der Effekte verdeutlichen. Dabei fällt allerdings auf, dass der piezoelektrische Effekt dünner Filme in seiner Applikation ausschließlich auf den Quereffekt beschränkt ist.

Typische Beispiele für die Anwendung des Längseffektes sind bei Shoji [Sho] gezeigt. Allerdings scheint die Nutzung des Längseffektes in der Mikrotechnik nicht optimal. Kleine Verstellwege und die Notwendigkeit einer Justage jedes einzelnen Piezoelementes verhindern einen breiten Einsatz in Batch-Fertigungsbereichen.

Die Verwendung des inversen piezoelektrischen Quereffektes verspricht dagegen eine deutlich verbesserte Ausnutzung der Vorteile von Mikrotechnologien. Dazu ist es allerdings notwendig, das Design der Antriebselemente grundlegend an diesen Effekt anzupassen.

Das Grundprinzip der Bewegungserzeugung ist in allen derartigen Anordnungen die flächenhafte elektrische Kontaktierung der piezoelektrischen Schichten, die planar auf einer Elementaranordnung angebracht sind, und die Auslenkung dieser Anordnung in Richtung der Flächennormalen. Unter Elementaranordnungen sind dabei Zungen oder Membranen zu verstehen, die gemeinsam mit der piezoelektrischen Schicht eine bimorphe Struktur bilden. |

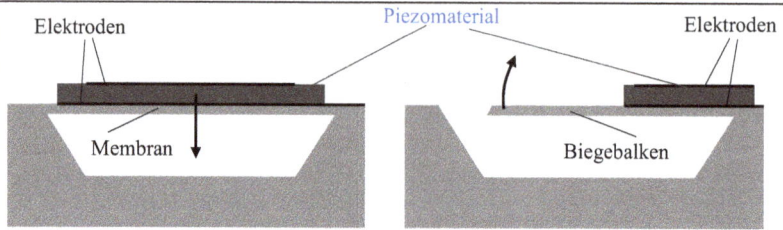

Die Pfeile zeigen die Bewegungsrichtung bei Ansteuerung und unter den Bedingungen $\vec{E} \| \vec{P}$ und $d_{31} < 0$ ($\vec{P}$ ist die Polarisationsrichtung des piezoelektrischen Materials).

Allein die Existenz einer derartigen bimorphen Struktur erlaubt die Ausnutzung des Quereffektes in technisch sinnvoller Weise (Bild unten). Die durch den Quereffekt verursachte Längenänderung des Piezoelementes wird durch die starre, nicht aktive Schicht in eine Verkrümmung der gesamten Anordnung umgewandelt. Dabei bleibt die Länge der neutralen Faser erhalten. Als Basiselemente können Zungen oder Membranen verwendet werden, die entweder einseitig oder zwei- bzw. allseitig eingespannt werden können. Die Art der Einspannung ist dabei dem jeweiligen Einsatzfall anzupassen.

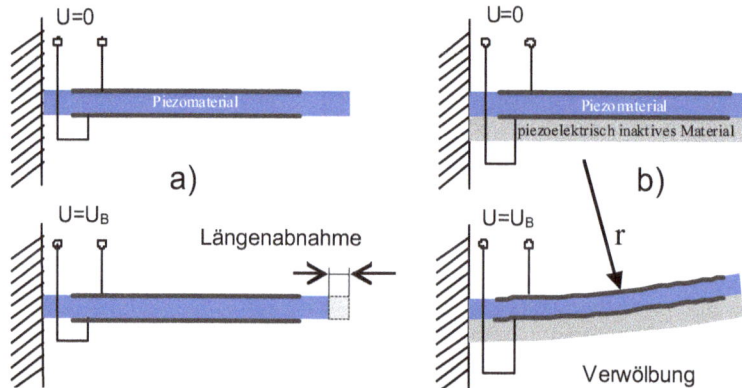

Das oben stehende Bild zeigt die Anordnung von Basiselemente unter Nutzung des piezoelektrischen Quereffektes.

a) monomorphe Anordnung
b) bimorphe Anordnung

Die Auslegung derartiger Mikrobiegeelemente basiert generell auf den aktiven Flächen, den Dicken der aktiven und der passiven Schichten sowie den mechanischen und elektrischen Eigenschaften der Schichten. Dabei kann für die verschiedenen Basiselemente eine optimierte geometrische Auslegung gefunden werden, wenn die entsprechenden Eigenschaften der Schichten bekannt sind.

Verwölbung von Biegebalken	Für die Verwölbung aus dem Bild kann der Verwölbungsradius r mit Hilfe der folgenden Gleichung gefunden werden: $$r = \frac{4(A_t E_t + A_p E_p) \cdot (E_t I_t + E_p I_p) + (A_t A_p E_t E_p) \cdot (h_t + h_p)^2}{2|\varepsilon_1| \cdot (h_t + h_p) \cdot (A_t A_p E_t E_p)}$$ Dabei stehen die Indizes p für das Piezomaterial und t für das inaktive Trägermaterial, A sind die Flächen beider Materialien parallel zu den Elektroden, E sind die Elastizitätsmoduli, I sind die Flächenträgheitsmomente und h sind die jeweiligen Materialdicken. Dabei ist die Dehnung ε_1 in Längsrichtung das Produkt aus dem piezoelektrischen Koeffizienten d_{31} und der Feldstärke E_3 zwischen beiden Elektroden. Auf Grund der flächenhaften Anordnung der piezoelektrischen Grundelemente, der deutlich verminderten Toleranzanforderungen und der vergleichsweise "großen" Stellwege ist Nutzung des piezoelektrischen Quereffektes in der Mikrosystemtechnik die bevorzugte Antriebslösung. Daher ist bei der Auslegung piezoelektrischer Antriebe nicht deren grundsätzliche geometrische Gestaltung das alleinige Auswahlkriterium. Die Eigenschaften der piezoelektrischen Schichten und deren praktische Herstellbarkeit spielen in der Mikrosystemtechnik eine entscheidende Rolle. Es sei hier erneut bemerkt, dass die Dehnungen ε_1 in der Regel im Bereich von etwa 1/1000 der Gesamtlänge liegen. Diese geringen Werte sind bei der Auslegung von piezoelektrischen Biegewandlern grundsätzlich zu beachten.

4.3.2   Indirekte Wandler

Mehrstufige Energiewandler	

Grundanordnungen indirekter Wandler	Bei Wandlung elektrischer Energie in mechanische Energie unter Nutzung einer oder mehrerer weiterer Energiewandlungen liegt keine direkte Wandlung mehr vor. Man spricht daher von indirekten Energiewandlern. Typische Beispiele derartiger Anordnungen sind:
	
	  • Elektro-thermo-mechanische Wandler
	
	  • Elektro-magneto-mechanische Wandler
	
	Bei diesen Systemen wird die elektrische Energie zunächst in eine nicht-mechanische Energie gewandelt, um dann in einem weiteren Wandlungsschritt in mechanische Energie konvertiert zu werden. Durch die Mehrfachwandlung wird der Gesamtwirkungsgrad herabgesetzt, da jede Wandlung mit Verlusten behaftet ist. Es gilt:

$$\eta_{ges} = \eta_{W1} \cdot \eta_{W2} \cdot ... \eta_{Wn}$$

Wenn trotz dieser Einschränkungen die möglichen erreichbaren Effekte im Sinne der Wegänderung oder des Kraftaufbaus die Erwartungen erfüllen oder übertreffen, ist der Einsatz mehrstufiger Wandlersysteme sinnvoll.

Elektro-thermo-mechanische Wandler

Umwandlung von Strom in Wärme	Bei der elektro-thermo-mechanischen Energiewandlung wird elektrische Energie gemäß $P = I^2R$ unmittelbar in Wärme umgesetzt. Dabei erwärmt sich das stromdurchflossene Element nicht sprunghaft, sondern in Abhängigkeit von der Zeit. Die Erwärmung eines Körpers von T_1 auf T_2 kann allgemein mit der Gleichung

$$Q = mc(T_2 - T_1)$$

beschrieben werden. Dabei sind c die spezifische Wärmekapazität und m die Masse des Elementes. Die zur Erwärmung notwendige Leistung P ist mit den thermischen Größen über

$$P = \dot{Q} = mc \cdot \frac{dT}{dt}$$

verknüpft. Mit der Wärmekapazität $C_{th} = mc$ erhält man

$$P = C_{th} \cdot \frac{dT}{dt}$$

Betrachtet man nun die erreichbare Temperatur T_2 bezogen auf eine Bezugstemperatur (T_1), dann ergibt sich folgender Zusammenhang:

$$T_2(t) = \frac{1}{C_{th}} \int_0^t P\, dt$$

Da aber jede Erwärmung mit einem Abfluss von Wärme versehen ist (keine ideale thermische Isolation), muss mit einer Verlustleistung P_V gerechnet werden. Dieser Abfluss an Wärme wird durch den Wärmewiderstand R_{th} charakterisiert. Näheres dazu im folgenden Abschnitt. Die notwendige Leistungsaufnahme zum Erreichen einer Temperaturdifferenz ergibt sich somit zu:

$$P = C_{th} \cdot \frac{dT}{dt} + P_V$$

Mit $\tau_{th} = R_{th_G} C_{th}$ erhält man als Lösung der Dgl. für $T_2(t)$:

4 Wandler

	$$T_2(t) = PR_{th_G}\left(1 - e^{-\frac{t}{\tau_{th}}}\right)$$
Wärmeverluste	Allerdings steht diese Wärme nicht in vollem Umfang für die mechanische Arbeit zur Verfügung. Es treten Wärmeverluste auf, die von folgenden Wärmetransportvorgängen verursacht werden: 1. Wärmeleitung 2. Natürliche oder erzwungene Konvektion 3. Wärmestrahlung
Wärmeleitung	Wärmeleitung tritt in Festkörpern auf, wenn sie Regionen mit unterschiedlicher Temperatur besitzen. Dabei ist der Wärmestrom $\dot{Q}$ stets von der höhern zur niedrigeren Temperatur gerichtet. Es gilt $$\frac{dQ}{dt} = \dot{Q} = \lambda \cdot A \cdot \frac{dT}{dx}$$ Dabei ist $\lambda = [Wm^{-1}K^{-1}]$ die thermische Leitfähigkeit des Festkörpers. In Analogie zum elektrischen Widerstand kann man einen thermischen Widerstand R_{th_L} der Wärmeleitung definieren. $$R_{th_L} = \frac{1}{\lambda \cdot A}$$ Dieser genügt ebenso der Beziehung $$R_{th_L} = \frac{\Delta T}{\dot{Q}}$$
Konvektion	Als Konvektion bezeichnet man die Abgabe von Temperatur von Festkörpern an das sie umgebende flüssige oder gasförmige Medium. Konvektion ist immer mit einer Strömung des umgebenden Mediums verbunden. Man unterscheidet zwischen natürlicher und erzwungener Konvektion. Bei natürlicher Konvektion wird ein Massetransport des umgebenden Mediums durch den Wärmestrom hervorgerufen, der vom Festkörper mit der höheren Temperatur ausgeht

und in das umgebende Medium mit niedrigerer Temperatur gerichtet ist. Es kommt zur Ausbildung einer Strömung, die vom Körper weg gerichtet ist. Von erzwungener Konvektion spricht man, wenn der Körper mit höherer Temperatur von einem Medium mit einer bereits vorgegebenen Geschwindigkeit umströmt wird. Analog zur Wärmeleitung kann man auch bei der Konvektion einen thermischen Widerstand R_{th_K} definieren.

$$R_{th_K} = \frac{1}{\alpha_K \cdot A}$$

Dabei ist α_k der Wärmeübergangskoeffizient:

$$\alpha_k = [Wm^{-2}K^{-1}]$$

Wärmestrahlung

Wärmestrahlung ist im Gegensatz zur Wärmeleitung und Konvektion an kein Medium gebunden. Nach dem Stefan-Boltzmann-Gesetz gilt:

$$\dot{Q} = \varepsilon \cdot \sigma \cdot A_S \cdot \left(T_2^{\,4} - T_1^{\,4} \right)$$

Dabei sind ε die Emessivität, σ die Stefan-Boltzman-Konsante ($\sigma = 5{,}67 \cdot 10^{-8} Wm^{-2}K^{-4}$) und A_S die strahlende Fläche. Auch hier kann ein thermischer Widerstand R_{th_S} für den Wärmeabfluss definiert werden.

$$R_{th_S} = \frac{1}{\alpha_S \cdot A_S}$$

Der Wärmeübergangskoeffizient α_S ist wiederum von der Temperatur T_2 abhängig, wobei gilt:

$$\alpha_S = \left(\left(\frac{T_1}{T_2} \right)^3 + \left(\frac{T_1}{T_2} \right)^2 + \frac{T_1}{T_2} + 1 \right) \cdot \rho \cdot \sigma \cdot T_2^{\,3}$$

Dabei ist ρ der Absorptionsgrad der den Strahler auf Temperatur T_2 umgebenden Flächen mit der Temperatur T_1.

Gesamtbilanz	Da alle Wärmeübertragungsmechanismen gleichzeitig stattfinden können, summieren sich die Verlustleistungen P_V. Damit wird $$P_V = P_{V_L} + P_{V_K} + P_{V_S}$$ Entsprechend können auch die thermischen Widerstände behandelt werden. Für den thermischen Gesamtwiderstand gilt somit: $$\frac{1}{R_{th_G}} = \frac{1}{R_{th_L}} + \frac{1}{R_{th_K}} + \frac{1}{R_{th_S}}$$ Wenn diese Größen bekannt sind, kann die Leistung $P = I^2 R$ ermittelt werden, die zu einer Aufheizung des betrachteten Körpers auf die Zieltemperatur T_2 notwendig ist.
thermische Ausdehnung von Festkörpern	Die Erhöhung der Temperatur $T_2(t)$ führt zu einer zeitabhängigen thermischen Ausdehnung von festen, flüssigen oder gasförmigen Medien, und damit zu einer mechanischen Reaktion. In einigen Fällen kann dabei sogar ein Phasenübergang mit drastischer Volumenveränderung erreicht werden. Für die lineare Volumendehnung ΔV kann man folgenden Zusammenhang finden. $$\Delta V = V_1 \cdot \gamma \cdot (T_2 - T_1)$$ Dabei ist γ der thermische Volumenausdehnungskoeffizient. Dieser hängt bei Festkörpern mit dem linearen thermischen Ausdehnungskoeffizient α entsprechend der Beziehung $$\alpha = \frac{\gamma}{3}$$ zusammen. Man kann also bei Betrachtung einer Raumrichtung des Festkörpers mit der Ausdehnung l von folgender Beziehung ausgehen: $$\Delta l = l_1 \cdot \alpha \cdot (T_2 - T_1)$$ Die thermischen Längsausdehnungkoeffizienten fester Stoffe sind sehr stark differenziert. Metalle weisen Werte von etwa $\alpha = 10...20 \cdot 10^{-6} K^{-1}$ auf. Anorganische Dielektrika liegen im Bereich von $\alpha = 3...10 \cdot 10^{-6} K^{-1}$. Organische Dielektrika besitzen Werte zwischen $\alpha = 30...300 \cdot 10^{-6} K^{-1}$.

Bimetalle	Die relativ kleinen Werte der Längenausdehnungskoeffizienten haben technisch unter dem Aspekt der mechanischen Bewegung praktisch kaum Bedeutung. Interessante Bewegungsglieder können jedoch realisiert werden, wenn Kombinationen aus zwei Materialien mit deutlich unterschiedlichen Koeffizienten zusammengestellt werden. Man bezeichnet diese als Bimaterialien oder Bimetalle. Typischerweise werden derartige Anordnungen in bimorpher Struktur aufgebaut, d.h. es werden zwei Materialien mit unterschiedlichen Eigenschaften fest miteinander verbunden.
	Besteht eine derartige Anordnung aus zumindest einem Metall, dann kann dies als Widerstandsmaterial im Stromkreis genutzt werden. Durch die Erwärmung kommt es in beiden Materialien zu einer unterschiedlichen Längsausdehnung. Dadurch werden mechanische Spannungen im Gesamtsystem aufgebaut, die zum Verwölben der Anordnung führt. Die Verwölbung erfolgt dabei immer in Richtung des Materials mit der geringeren thermischen Längsausdehnung.
bimorphe Anordnung	Betrachtet man eine bimorphe Anordnung, wie im folgende Bild, dann kann man folgende Zusammenhänge festhalten.

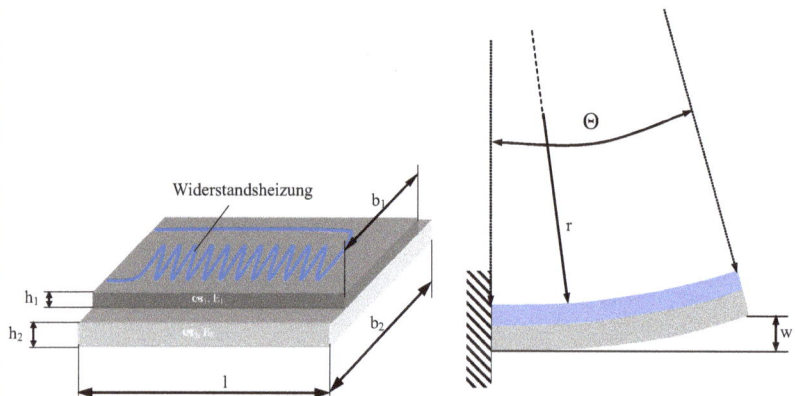

Krümmungsradius thermischer Bieger	Beide Materialien verfügen über unterschiedliche Eigenschaften wie α und E. Der durch den Widerstand fließende Strom I kann die Gesamtstruktur aufheizen. Unter der Annahme $\alpha_1 < \alpha_2$ kommt es bei Heizung zu einer Verwölbung nach oben. Der Radius der Krümmung kann entsprechend der folgenden Gleichung ermittelt werden:

$$r = \frac{\left(b_1 h_1{}^2 E_1\right)^2 + \left(b_2 h_2{}^2 E_2\right)^2 + 2 b_1 b_2 h_1 h_2 E_1 E_2 \cdot \left(2 h_1{}^2 + 3 h_1 h_2 + 2 h_2{}^2\right)}{6 \cdot \left(\alpha_2 - \alpha_1\right) \cdot \left(T_2 - T_1\right) \cdot \left(h_1 + h_2\right) \cdot b_1 b_2 h_1 h_2 E_1 E_2}$$

Wenn die Biegestrukturen gleiche Breiten $b = b_1 = b_2$ und die gleichen Dicken $h = h_1 = h_2$ besitzen, dann erhält man für den Krümmungsradius:

$$r = h \cdot \frac{E_1{}^2 + E_2{}^2 + 14 \cdot E_1 E_2}{12 \cdot E_1 E_2 \cdot \left(\alpha_2 - \alpha_1\right) \cdot \left(T_2 - T_1\right)}$$

Die Kraft am freien Ende des Biegelementes errechnet sich aus:

$$F = \frac{3EI \cdot (\alpha_2 - \alpha_1) \cdot (T_2 - T_1)}{4hl}$$

Mit dem Flächenträgheitsmoment I folgt:

$$F = \frac{3bh^2 E_1 E_2}{2l \cdot (E_1 + E_2)} \cdot (\alpha_2 - \alpha_1) \cdot (T_2 - T_1)$$

Dabei sind E_1 und E_2 die jeweiligen Elastizitätsmoduli der beiden eingesetzten Materialien. Wenn eine entsprechende Kraft gefordert wird, dann kann mit Hilfe der folgenden Gleichung die entsprechend notwendige Temperatur T_2 berechnet werden.

$$T_2 = \frac{F \cdot 2l \cdot (E_1 + E_2)}{3bh^2 E_1 E_2 (\alpha_2 - \alpha_1)} + T_1$$

Die Auslenkung w ergibt sich aus dem Winkel Θ und dem Krümmungsradius r zu

$$w = r - r \cos \Theta \quad \text{bzw.}$$

für sehr kleine Auslenkungen kann man mit folgender Näherung rechnen:

$$w = \frac{r \cdot \Theta^2}{2}$$

praktische Anwendungen in der MST	In der Mikrosystemtechnik werden bimorphe Strukturen hergestellt, indem eine metallische Schicht auf ein Trägermaterial aufgebracht wird. In der Regel entspricht das Trägermaterial dem Substratmaterial. Um möglichst große Effekte zu erzielen, sollten die Schichtdicken des Metalls und des Trägers nicht erheblich voneinander abweichen. Daher ist es notwendig, das Trägermaterial entsprechend zu strukturieren. Dennoch weisen die Träger in der Realität deutlich größere Dicken auf als die Metallschichten. Typische Anordnungen für bimorphe thermische Wandler sind im folgenden Bild gezeigt.

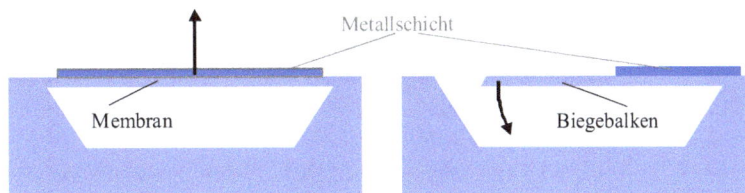

Die Pfeile deuten die Bewegungsrichtung bei Ansteuerung unter der Bedingung $\alpha_{Me} > \alpha_{Tr}$ an.

thermische Ausdehnung von Flüssigkeiten, Phasenübergang	Bei Gasen und Flüssigkeiten wirken sich Volumenänderungen besonders dann aus, wenn das Gas- bzw. Flüssigkeitsvolumen durch Wände begrenzt ist. Grundsätzlich kann die Volumenänderung in Flüssigkeiten mit folgender Formel beschrieben werden:

$$\Delta V = V_1 \cdot \gamma \cdot (T_2 - T_1)$$

Bei Flüssigkeiten kommt es wegen der Inkompressibilität zu erheblichen Kräften auf die Wände, was bei Nichtbeachtung zum Bersten des Flüssigkeitsbehälters führen kann.

Die Volumenausdehnungskoeffizienten γ der meisten technischen Flüssigkeiten liegen im Bereich von $80...150 \cdot 10^{-5} \mathrm{K}^{-1}$. Wasser bildet mit einem Wert von $20{,}7 \cdot 10^{-5} \mathrm{K}^{-1}$ eine Ausnahme.

Übersteigt die Temperatur den kritischen Wert T_{kr} kann das Aufheizen der Flüssigkeiten zu einem Phasenübergang flüssig $\rightarrow$ gasförmig führen. In der entstehenden Gasblase bildet sich dann ein Druck $p(T)$ aus, der folgender Beziehung genügt:

$$p(T) = p_{kr} \cdot e^{\frac{Q_{sd}}{R}\left(\frac{1}{T_{kr}} - \frac{1}{T}\right)}$$

mit Q_{sd} – Verdampfungswärme; R – Gaskonstante; p_{kr} – kritischer Druck.

Der Druck steigt offensichtlich exponentiell mit der Temperatur. Wenn Anfangsdruck p_1 und Enddruck p_2 als Parameter bereits festliegen, kann die Temperatur T_2 gemäß nachstehender Gleichung ermittelt werden.

$$T_2 = T_1 + \frac{RT_1{}^2 \ln\frac{p_2}{p_1}}{Q_{sd} - RT_1 \ln\frac{p_2}{p_1}}$$

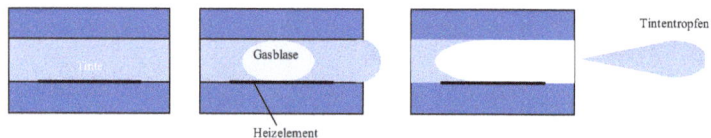

Verdampfen von Flüssigkeiten in Mikrosystemen	Dieses Verhalten wird in technischen Mikrosystemen ausgenutzt, bei denen Flüssigkeit in Mikrokanälen zum Verdampfen gebracht wird. Der resultierende Druckaufbau wird genutzt, um die Flüssigkeit aus dem Mikrokanal zu verdrängen. Nach diesem Prinzip arbeiten alle Tintenstrahldruckköpfe, die auf dem Bubble-Jet-Verfahren beruhen.

thermische Ausdehnung von Gasen	Bei Gasen ist immer ein Druckanstieg zu verzeichnen, wenn sie aufgeheizt werden. Dabei breitet sich der Druck in alle Raumrichtungen gleichmäßig aus. Bei vorgegebenem Anfangsdruck und gefordertem Enddruck ergibt sich für die Heiztemperatur T_2
	$$T_2 = T_1 + \frac{p_2 - p_1}{\gamma \cdot p_1}$$
	Die Werte der Volumenausdehnungskoeffizienten γ von Gasen liegen im Bereich von $370\ldots390 \cdot 10^{-5} K^{-1}$.
	Dieser Druckanstieg kann genutzt werden, um beispielsweise eine Membran auszulenken. Wenn es möglich ist, das Gas anschließend zu kühlen, dann kann die Auslenkung der Membran wieder aufgehoben werden.
Formgedächtnis-legierungen	Formgedächtnislegierungen sind Metalllegierungen, die unter Temperatureinfluss wieder eine ursprüngliche Form annehmen. Der Effekt wird im Englischen auch als SMA-Effekt bezeichnet. (SMA – Shape Memory Alloy). Typische Materiallegierungen sind:
	• Nickel-Titan
	• Kupfer-Zink-Aluminium
	• Kupfer-Aluminium-Nickel
	Diese Legierungen weisen eine Austenitphase bei Temperaturen > Transformationstemperatur T_t und eine Martensitphase bei Temperaturen < T_t auf. Die Austenitphase ist fest und spröde. Dagegen zeigen die Legierungen in der Martensitphase weiche und leicht verformbare Eigenschaften. Wenn eine derartige Legierung bei Temperaturen oberhalb der T_t eine geometrische Form erhält, dann verbleibt sie in dieser Form auch nach einer Abkühlung unterhalb von T_t. Der Körper kann nun in der leicht verformbaren Martensitphase mechanisch verformt werden. Er behält diese Form bei, solange die Temperatur nicht über T_t ansteigt. Tritt dies jedoch ein, dann nimmt der Körper wieder die ursprüngliche Form der Austenitphase ein. Die Ursachen dieses Effektes liegen in der Umwandlung des Kristallgefüges. Charakteristische Eigenschaften der Materialien sind in der nachfolgenden Tabelle aufgelistet [Men].

Eigenschaft	Ni-Ti	Cu-Zn-Al	Cu-Al-Ni
elektrische Leit-fähigkeit	$1...1,5\cdot10^{-4}\Omega cm$	$8...13\cdot10^{-4}\Omega cm$	$7...9\cdot10^{-4}\Omega cm$
max. Trans-formationstemp.	120°C	120°C	170°C
max. Dehnung Einwegeffekt	8 %	4 %	5 %
max. Dehnung Zweiwegeffekt	5 %	1 %	1,2 %

Man kann zwischen dem Einwegeffekt und dem Zweiwegeffekt unterscheiden. Beide sollen im Folgenden näher betrachtet werden.

SMA-Einweg-Effekt

Der Einwegeffekt zeichnet sich dadurch aus, dass das Material nach Überschreiten von T_t wieder die Form annimmt, die in der Austenitphase eingeprägt wurde. Das Verhalten ist im folgenden Bild veranschaulicht.

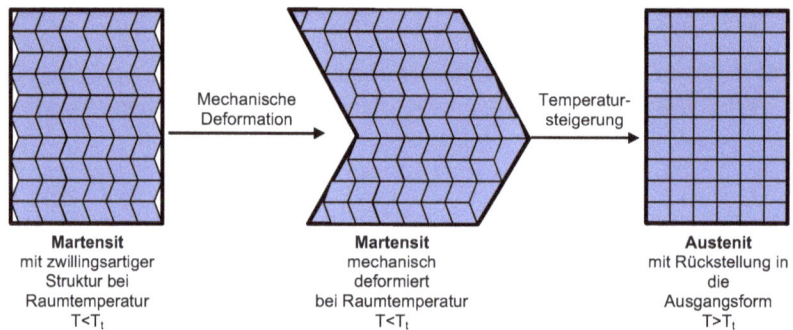

Martensit
mit zwillingsartiger
Struktur bei
Raumtemperatur
$T<T_t$

Mechanische
Deformation

Martensit
mechanisch
deformiert
bei Raumtemperatur
$T<T_t$

Temperatur-
steigerung

Austenit
mit Rückstellung in
die
Ausgangsform
$T>T_t$

Die mechanische Deformation in der Martensitphase lässt sich auf Grund der leichten Verformbarkeit gut realisieren. Wird das Material aus der Austenitphase wieder abgekühlt, dann behält es die Form, die es in der letzten Austenitphase angenommen hat. Daher ist es sinnvoll und notwendig, dem Material in der Austenitphase, d.h. bei hoher Temperatur, die gewünschte Zielform einzuprägen. Dies schränkt die Nutzung derartiger Materialien allerdings ein. Insbesondere in der Mikrosystemtechnik erfordert dies zusätzliche Prozesse, in denen die mechanische Formgebung bei erhöhter Temperatur ausgeführt wird. Dazu müssen beispielsweise vorstrukturierte SMA-Schichten so freigelegt werden, dass deren mechanische Deformation in die Zielform realisiert werden kann. Weiterhin sind dazu Werkzeuge erforderlich, die die mechanische Verformung im Mikrobereich sicherstellen können. In der Batch-Fertigung sind daher erhöhte

Designanforderungen erforderlich, wobei nur einfachste Verformungen realisiert werden können. Einfacher gestaltet sich dieser Prozess bei SMA-Halbzeugen, d.h. Platten, Folien, Drähten und ähnlichen Strukturen. Allerdings sind diese Strukturen dann eher der Feinwerktechnik zuzuordnen.

In der Martensitphase sind beliebige Verformungen möglich. Durch gezielte Erwärmung wird dann wieder die Zielform eingenommen. Die Erwärmung kann durch Stromfluss realisiert werden, da sich die Legierung als hervorragende Widerstandslegierungen auszeichnen. Die Temperaturen T_t liegen in einem Bereich von ca. 100°C...200°C und sind stark von der Zusammensetzung der SMA-Legierung abhängig. Um die Temperatur T_t zu erreichen, kann der Strom I mit dem elektrischen Widerstand R_{el}, dem thermischen Widerstand R_{th} und der thermischen Zeitkonstante τ_{th} entsprechend der folgenden Gleichung ermittelt werden:

$$I = \sqrt{\frac{T_t(t)}{R_{el} \cdot R_{th}\left(1 - e^{-\frac{t}{\tau_{th}}}\right)}}$$

SMA-Zweiweg-Effekt	Beim Zweiwegeffekt zeigt sich eine Rückverformung bei der Abkühlung des Materials. Nachdem das Material in der Martensitphase verformt wurde und beim Aufheizen wieder die Form annimmt, die es in der ursprünglichen Austenitphase besaß, kehrt es bei erneuter Abkühlung in die Form der Martensitphase zurück. Die Verhältnisse sind im nachfolgenden Bild illustriert.

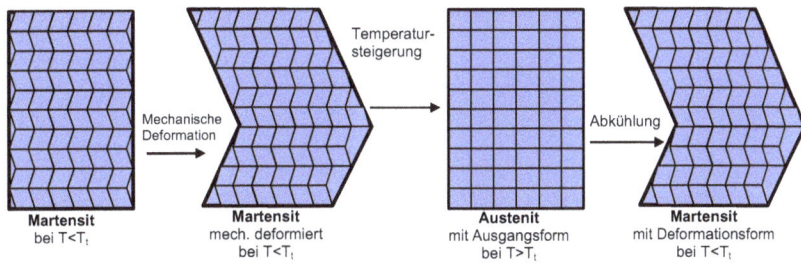

Die Nutzung dieses Effektes in der Mikrotechnik ist ähnlich wie beim Einwegeffekt sehr problematisch. Es besteht auch hier die Notwendigkeit, das Material mechanisch zu deformieren. Dies ist bei einer Batch-Fertigung nur mit hohem Aufwand möglich und meist ökonomisch nicht vertretbar.

technische Einsatzgebiete	Die Wandlung elektrischer in mechanische Energie kann auch unter Nutzung der magnetischen Energieform erfolgen. Technisch wird dies vor allem in makroskopischen Motoren, Relais usw. genutzt. Grundlagen der Energiewandlung liegen in der Nutzung der Lorentz-Kraft, des Reluktanz-Prinzips oder des magnetostriktiven Effekts.
Lorentz-Kraft	Befindet sich ein stromdurchflossener Leiter in einem Magnetfeld konstanter Größe, dann wirkt auf den Leiter die Kraft $\vec{F}$. $$\vec{F} = I \cdot \left(\vec{l} \times \vec{B} \right)$$ Dabei sind l die Leiterlänge im Magnetfeld, I der den Leiter durchfließende Strom und B die magnetische Flussdichte. Im Bild ist ein fiktiver Abschnitt vom Magnetfeld erfüllt. Der Bereich vor der vorderen und hinter der hinteren getönten Scheibe sei frei vom Magnetfeld. In skalarer Schreibweise erhält man auch $$F = I \cdot B \cdot l \cdot \sin\left(> \vec{l}, \vec{B} \right)$$ Reale Systeme werden häufig so ausgelegt, dass der Winkel zwischen l und B 90° beträgt. Damit vereinfacht sich die Beziehung für die Kraft zu $$F = I \cdot B \cdot l$$ Die Anwendung dieses Prinzips ist in der Mikrosystemtechnik mit größeren Problemen verbunden. Es erfordert einen sehr hohen prozesstechnischen Aufwand, um dreidimensionale Gebilde derart zu gestalten, dass entweder ein Drehfeld oder ein Wanderwellenfeld ausgebildet werden kann, um mechanische Bewegungen zu initiieren. Versuche dazu wurden unternommen, brachten aber nicht die erhofften Resultate, da das Auskoppeln der mechanischen Bewegung bzw. des Momentes nicht sichergestellt werden konnte [Guc].
Reluktanz-Prinzip	Unter Reluktanz versteht man den komplexen magnetischen Widerstand in magnetischen Kreisen, in Analogie zur Impedanz in elektrischen Stromkreisen. Dabei wird der gesamte magnetische Widerstand eines Magnetkreises durch die Reihen- und Parallelschaltungen aller magnetischen Widerstände gebildet. Der magnetische Kreis besteht in der Regel aus Material, das den magnetischen Fluss mehr oder weniger gut leitet. Ein guter magnetischer Leiter ist z.B. Weicheisen. Ein schlechter magnetischer

<table>
<tr><td>Reluktanz-
Maschine</td><td>Leiter ist dagegen Luft. Luftspalte innerhalb des Magnetkreises leisten daher einen wesentlichen Beitrag zum magnetischen Widerstand. Auf die Luftspalte wirkt daher auch ein Moment, das deren Größe zu verkleinern sucht. Nach diesem Prinzip arbeiten Reluktanzmaschinen, die einen Rotor mit ausgeprägten Polschuhen besitzen, der aus Weicheisen besteht und keine Wicklungen enthält. Die Statorwicklungen werden sequentiell angesteuert, so dass auf den Rotor immer ein Moment wirkt und die Polschuhe unmittelbar gegenüber den stromdurchflossenen Spulen positioniert werden.</td></tr>
<tr><td>Luftspalt bei
Relais</td><td>

Bei Relais wirkt eine Kraft im Luftspalt, die den Anker an den Kern zieht, wodurch der Luftspalt nach Abschluss der Bewegung verschwindet. Allgemein kann für eine anziehende Kraft F im Luftspalt mit der Luftspaltfläche A_L und der magnetischen Flussdichte im Luftspalt B_L geschrieben werden:

$$F = -\frac{k}{\mu_0} \cdot B_L{}^2 \cdot A_L$$

k ist dabei ein geometrischer Faktor, der die geometrischen Verhältnisse der Anordnung berücksichtigt.

</td></tr>
<tr><td>Spulen ⟷
Mikrotechnik</td><td>Dieses Prinzip wird auch in der Mikrosystemtechnik genutzt [Yan, Smi]. Allerdings stellen die Spulen eine technologische Herausforderung dar. In realen Magnetkreisen sind Spulen in der Regel dreidimensionale Gebilde mit vergleichbarer Ausdehnung in allen Richtungen. Die vorwiegend planare Technologie der Mikrosystemtechnik erlaubt jedoch nur die Gestaltung von zweidimensionalen Spulenanordnungen. Um ähnliche Ergebnisse wie mit makroskopischen Magnetkreisen zu erzielen, wären überproportional große Spulenflächen erforderlich. Dies sprengt jedoch den „Mikro-Maßstab" erheblich. Man kann dann schon von makroskopischen Strukturgrößen ausgehen.</td></tr>
<tr><td>Herstellung von
Spulen</td><td>Spulen dienen dazu, ein magnetisches Feld zu erzeugen. Da die Kraftwirkung unmittelbar mit der magnetischen Flussdichte $\vec{B}$ verkoppelt ist, sind Spulen von essentieller Bedeutung für magnetische Aktoren. Die Herstellung planarer Spulen kann mit Hilfe bekannter Mikrotechnologien und mit modifizierten Abscheidetechniken erfolgen. Unter modifizierten Abscheidetechniken ist dabei die elektrochemische Abscheidung zu verstehen. Man kann grundsätzlich zwischen Spulen „im Substrat" und Spulen „auf dem Substrat" unterscheiden. Im Folgenden werden beide Prozesse kurz beschrieben.</td></tr>
</table>

Prozessfolge – Spulen im Substrat	Spulen im Substrat werden erzeugt, indem zuerst die Substrate durch entsprechende Ätzprozesse strukturiert werden. Die Strukturierung kann mit Hilfe nass- oder trockenchemischer Ätzprozesse erfolgen. Danach erfolgt die Abscheidung einer Isolationsschicht. Vorzugsweise kann hier SiO_2 oder Si_3N_4 verwendet werden, das mit Hilfe von CVD-Verfahren oder thermischer Oxidation, im Falle von SiO_2, aufgebracht wird. Anschließend wird eine metallische Startschicht abgeschieden. Dieser Prozess erfolgt mit Hilfe der Bedampfungs- oder Sputtertechnik. Als Startschichten werden Kupfer, Aluminium oder Gold verwendet. Bisweilen wird zur Haftverbesserung der Startschicht auf dem Substratmaterial zuerst eine dünne Chrom oder Titan-Schicht aufgebracht. Die Startschicht muss nun so strukturiert werden, dass sie nur in den tiefgeätzten Strukturen erhalten bleibt. Die verbliebenen Metallstrukturen werden kontaktiert und als Katode geschaltet in eine elektrochemische Zelle eingebracht. Dort erfolgt die galvanische Abscheidung der metallischen Schicht in die tiefgeätzten Strukturen. Die typische Prozessabfolge ist im nebenstehenden Bild gezeigt.	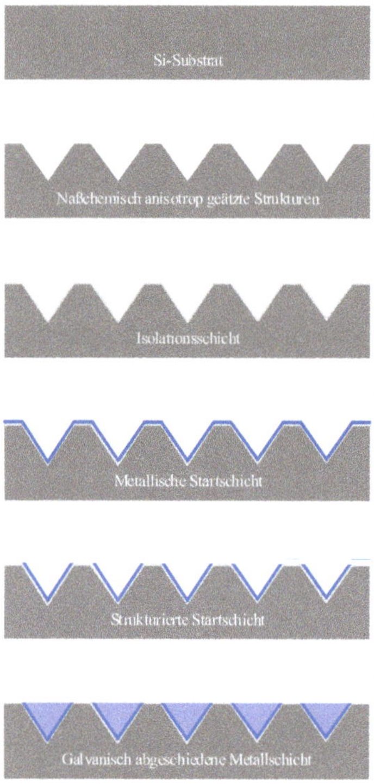 Si-Substrat Naßchemisch anisotrop geätzte Strukturen Isolationsschicht Metallische Startschicht Strukturierte Startschicht Galvanisch abgeschiedene Metallschicht
Vorteile von Spulen im Substrat	Die Vorteile von Spulen im Substrat liegen insbesondere bei Si darin, dass die Wärmeabfuhr über das Substratmaterial sichergestellt werden kann. Damit steigt die Stromtragfähigkeit deutlich an.	
Prozessfolge – Spulen auf dem Substrat	Die Herstellung von Spulen auf dem Substrat ist deutlich einfacher als im Substrat. Bei diesem Verfahren wird zuerst eine Isolationsschicht abgeschieden (SiO_2, Si_3N_4). Auf dieser Schicht wird eine metallische Startschicht plaziert. Anschließend erfolgt der Auftrag	

eines Fotoresists. Um möglichst hohe Strukturhöhen zu erhalten, wird hier mit Resists gearbeitet, die hohe Schichtdicken aufweisen. Besonders häufig wird daher der Negativresist SU8 eingesetzt. Nach der Strukturierung des Resists erfolgt die galvanische Abscheidung des gewünschten Spulenmaterials. Dabei dient die Startschicht als Katode. Beim Aufwachsen der Schicht kommt es sehr häufig zum Überwachsen (*overplating*). Daher ist nach dem Galvanikschritt ein Polieren der Oberflächen erforderlich, um die überstehenden Strukturen zu entfernen. Nach dem Entfernen des Resists, muss die Startschicht geätzt werden, um einen Kurzschluss zwischen den Spulenwindungen zu vermeiden. Die typische Prozessfolge ist im nebenstehenden Bild gezeigt.

Si-Substrat mit SiO₂-Schicht

Metallische Startschicht

Strukturierter Fotoresist

Galvanische Metallisierung mit „overplating"-Effekt

Metallstruktur nach Polieren und Ätzen der Startschicht

Spulengeometrie

Auf Grund der Herstellungstechniken sind Spulen in der Mikrotechnik planare Gebilde, deren Kontaktierung von den Rändern erfolgt. Im folgenden Bild ist eine typische Spulenanordnung gezeigt. Wenn man von realen Strukturen ausgeht, dann liegen die metallischen Strukturbreiten bei etwa 5μm. Mit einem Abstand von ebenfalls 5μm zwischen den Metallstreifen kann eine Aschätzung über die notwendige Spulenfläche getroffen werden, wenn die Zahl der Windungen bekannt ist.

a

Isolierschicht

Kontaktpads

Für 1000 Windungen ist unter den oben getroffenen Regeln ein Vorhaltemaß a = 1000 · 2 · 10μm = 20000μm erforderlich. Die Spule hat also einen minimalen Flächenbedarf von 2cm · 2cm. Diese Größe verdeutlicht das Problem der Integration von magnetischen Antriebslösungen in der Mikrosystemtechnik. Der Bereich des mikroskopisch Kleinen wird sehr schnell aufgegeben, wenn Spulen mit größeren Windungszahlen nötig sind. Der technologische Aufwand, eine zweite Spulenebene über die erste zu setzen, um die Spulenfläche zu reduzieren, ist groß und ökonomisch zwingend zu überdenken. Allerdings kann die Fläche auf ¼ der Einebenenfläche reduziert werden.

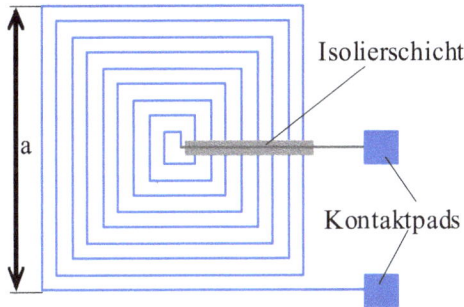

hartmagnetische Materialien	Neben Spulen können auch Permanentmagnete zur Erzeugung von magnetischen Feldern genutzt werden. Permantmagnete bestehen aus hartmagnetischen Materialien. Typische Vertreter von Hartmagneten sind verschiedene Eisen- und Nickellegierungen (AlNiCo, FeNiAl) sowie die Hochleistungsmagnetwerkstoffe Eisen-Neodym-Bor ($Fe_xNd_yB_z$) und Samarium-Kobalt. Grundsätzlich zeichnen sich Dauermagnete durch das Produkt aus Remanenzflussdichte B_r und Koerzitivfeldstärke H_c aus. Große Werte sprechen für eine hohe Leistungsdichte. Die Herstellung der Hartmagnete ist ein pulvermetallurgischer Prozess, bei dem unter hohen Temperaturen und Drücken die pulverförmigen Ausgangssubstanzen zu einem festen Körper gesintert werden. Dieser Prozess ist nicht in die Mikrotechnologien integrierbar [Top]. Es ist daher erforderlich die vorstrukturierten Hartmagnete in einem Montageprozess auf den Mikrostruktuturen zu fixieren. Dazu sind spezielle Werkzeuge (nichtmagnetisierbar) erforderlich.
kostenaufwendiges Verfahren	Diese sehr kostenaufwendigen Verfahren konnten sich daher bislang nicht durchsetzen. Alternativ dazu gibt es auch Versuche, hartmagnetische Schichten mit Hilfe von Schichtabscheideverfahren zu erzeugen. Neben Siebdrucktechniken [Mur] und Sputterverfahren wurden vor allem galvanische Verfahren [Gua, Hor] untersucht. Die dabei ereichbaren magnetischen Kennwerte (B_r, H_c) liegen jedoch weit unter denen von pulvermetallurgischen Festkörpern. Wesentliche Verbesserungen sind gegenwärtig nicht abschätzbar. Damit bleibt die Montage zur Zeit als einzig realistische Technik, leistungsstarke Dauermagnete mit Mikrostrukturen zu verknüpfen.
weichmagnetische Schichten	Um den magnetischen Fluss effektiv zu leiten und Streuverluste zu vermeiden sind weichmagnetische Materialien erforderlich. Hier sind insbesondere Nickel und ferromagnetische Nickellegierungen von Inter- esse. Die Herstellung von ferromagnetischen Strukturen ist mit der Herstellung der Spulen vergleichbar. Die Materialien werden in der Regel galvanisch abgeschieden. Allerdings wird bei gleichzeitiger Herstellung von Spulen die Prozesstechnologie deutlich komplexer, d.h. es müssen zusätzliche Prozessebenen eingeführt werden. Dabei muss verhindert werden, dass sich die Prozesse der Spulenherstellung und der Herstellung ferromagnetischer Mikrostrukturen gegenseitig beeinflussen. Daher wird hier bevorzugt auf den Substraten gearbeitet. Der Fotoresist dient dabei zur Isolation und zur Definition der Abstände. Im beistehenden Bild ist eine Beispiel gezeigt, bei dem beide Herstellungsschritte durchgeführt werden.

Prozessfolge – ferromagnetische Strukturen	

A) Si-Substrat mit Isolationsschicht und strukturiertem Resist
B) Abscheiden / Strukturieren der ferromagnetischen Startschicht
C) Abscheiden Isolationsschicht und metallische Startschicht
D) Resist mit Spulenstruktur
E) Abscheiden Metall der Spule
F) Resistabscheidung
G) Strukturierung Resist, Freilegen ferromagnetische Schicht
H) Abscheiden ferromagnetisches Material
I) Resist entfernen, metallische Startschicht ätzen

Magnetostriktion

Der magnetostriktive Effekt kennzeichnet die mechanische Deformation einiger ferromagnetischer Materialien, wenn sie einem magnetischen Feld ausgesetzt sind. Er wird auch als Joule-Effekt bezeichnet.

Betrachtet man ein ferromagnetisches Material im Magnetfeld, so besteht zwischen magnetischer Flussdichte $\vec{B}$ und magnetischer Feldstärke $\vec{H}$ folgender Zusammenhang:

$$\vec{B} = \mu \cdot \vec{H}$$

Dabei wird vorausgesetzt, dass keine mechanischen Spannungen im Material auftreten. Diese Voraussetzung ist aber nicht erfüllt, wenn das Material einem magnetischen Feld ausgesetzt wird. In diesem Fall richten sich die Weißschen Bezirke nach der äußeren magnetischen Feldstärke aus, d.h. es treten Drehungen dieser Bezirke innerhalb des Festkörpers auf. Die Folge davon sind mechanische Spannungen und Formänderungen des

Villari-Effekt	Materials, die wiederum einen Anteil zur magnetischen Flussdichte liefern. Tatsächlich kann man schreiben: $$\vec{B} = \vec{B}_H + \vec{B}_\sigma$$ dabei ist $\vec{B}_\sigma$ der aus den mechanischen Spannungen herrührende Flussdichteanteil. Mit $$\vec{B}_\sigma = q \cdot \sigma$$ q ist der Villari-Koeffizient und σ kennzeichnet die mechanischen Spannungen. Allgemein gilt daher folgende Beziehung: $$B_j = q_{ji} \cdot \sigma_i + \mu \cdot \vec{H}$$ Diese Gleichung beschreibt das Verhalten der magnetischen Flussdichte bei mechanischen Spannungen und magnetischen Feld. Da mechanische Spannungen offensichtlich B beeinflussen, kann dies in der Sensorik genutzt werden. Bekannt ist dieser Effekt unter der Bezeichnung Villari-Effekt.
Joule-Effekt	Der Joule-Effekt ist die Umkehrung des Villari-Effektes, d.h. durch innere mechanische Spannungen und die Wirkung des äußeren magnetischen Feldes wird eine Dehnung hervorgerufen. Die Dehnung ε kann man allgemein aus der Beziehung $$\varepsilon_i = s_{ij} \cdot \sigma_j + q_{ij} \cdot \vec{H}$$ ermitteln. Setzt man voraus, dass die inneren mechanischen Spannungen sehr klein sind, dann vereinfacht sich die Gleichung zu $$\varepsilon_j = q_{ij} \cdot H_j$$
	Diese Gleichung ist der Dehnungsgleichung für piezoelektrische Materialien sehr ähnlich. Bei der Magnetostriktion unterscheidet man weiterhin zwischen positivem und negativem Effekt. Dabei bezeichnet *positiv* die Ausdehnung und negativ die Dillatation des Materials. Unter der Annahme der Ähnlichkeit mit piezoelektrischen Materialien ist es leicht einzusehen, dass ein positiver magnetostriktiver Längseffekt mit einem negativen magnetostriktiven Quereffekt gekoppelt ist und umgekehrt.

Aktorische Wandler

Alle Energiewandler, die in der Lage sind, beliebige Energieformen, jedoch vorwiegend elektrische Energie, in mechanische Energie umzuwandeln. Ziel dieser Wandlung ist es, Veränderungen in mindestens einer mechanischen Größe (Weg, Kraft, Druck, Geschwindigkeit ...) zu erreichen. Mit Hilfe dieser Wandler wird also grundsätzlich Bewegungsenergie erzeugt. Diese Energieform zeigt sich in Form von Linearbewegung, Rotationen, Verbiegung, Geschwindigkeiten, Beschleunigungen und Kräften bzw. Drücken.

Direkte einstufige Wandler

(relativ leicht in der Mikrotechnik umsetzbar)

Piezo-elektrische Wandler
- Nutzung des inversen piezoelektrischen Effektes
- Dehnung im elektrischen Feld
- bimorphe Strukturen aus piezoelektrisch aktivem Material und passivem Träger
- in der Mikrotechnik hauptsächlich Nutzung des inversen piezoelektrischen Quereffektes

Elektrostatische Wandler
- Plattenanordnungen mit großer Kraft und Pull-in-Effekt,
- Kammanordnungen mit kleinen Kräften, aber ohne Pull-in-Effekt

Indirekte mehrstufige Wandler

Elektro-thermo-mechanische Wandler
- ohne großen Aufwand in der Mikrotechnik umsetzbar
- mehrstufige Energiewandlung über thermische Zwischenstufe
- lineare Thermische Ausdehnung → Bimetallanordnung
- Volumenausdehnung – Nutzung von Phasenübergängen

Formgedächtnislegierungen
- Einweg- und/oder Zweiwegeffekt
- Problem Verformung im Austentitzustand

Elektro-magneto-mechanische Wandler
- nur mit großem Aufwand in der Mikrotechnik anwendbar
- mehrstufige Energiewandlung über magnetische Zwischenstufe
- Lorentz-Kraft-Prinzip
- Reluktanz-Prinzip
- Probleme in der Mikrotechnik:
  - Herstellung von leistungsfähigen Spulen
  - Herstellung hartmagnetischer Kerne
  - Herstellung weichmagnetischer Schichten

Magnetostriktion-Joule-Effekt
- Ähnlichkeit mit inversem piezoelektrischen Effekt
- Dehnung bestimmter Materialien im magnetischen Feld

Literatur

[Fis] Fischer, W.-H. (Hg.): Mikrosystemtechnik; Vogel-Verlag, 2000

[Ger] Gerlach, G.; Dötzel, W.: Einführung in die Mikrosystemtechnik; Hanser, 2006

[Gua] Guan, S.; Nelson, B.: Fabrication of hard magnetic microarrays by electroless codeposition for MEMS actuators; in: Sensors and Actuators, A 118, 2005, 307–312

[Guc] Guckel, H. et al.: Design and Testing of planar magnetic micromotors fabricated by deep x-ray lithography and electroplating; in: technical digest, Transducers, 1993, Yokohama,76–79

[Hor] Horkans, J., Seagle, D. et al.: Electroplated magnetic media with vertical anisotropy; in: J. Electrochem. Soc., Vol. 137, 1990, No. 7, 2056–2061

[Mur] Murray, C. et al.: Nd-Fe-B based magnetic inks bonded with different polymers; UK Magnetic Society Seminar, Sheffield, 1996

[Smi] Smith et al.: The design and fabrication of a magnetically actuated micromachined flow valve; in: Sensors & Actuators, A 24, 1990, 47–53

[Top] Topfer, J.; Christoph, V.: Multi-pole magnetization of NdFeB sintered magnets and thick films for magnetic micro-actuators; in: Sensors and Actuators, A 113, 2004, 257–263

[Yan] Yanagisawa, K. et al.: An Electromagnetically driven Microvalve; in: technical digest, Transducers, 1993, Yokohama, 102–105

[Liu] Liu, C.: Foundations of MEMS; Pearson Education, 2006

[Völ] Völklein, F.; Zetterer, T.: Einführung in die Mikrosystemtechnik; Vieweg, 2000

4.4   Generatorische Wandler

Erzeugung elektrischer Energie

Die Bereitstellung elektrischer Energie ist ein grundlegendes Problem. Angesichts des kontinuierlich zunehmenden Energiebedarfs verschärft sich diese Problemlage zunehmend.

Erzeugung von elektrischer Energie

Elektrische Energie wird vorwiegend mit Hilfe konventioneller Energiewandler erzeugt. Dies sind in der Regel Generatoren, die mechanische Energie in elektrische umwandeln. Zum größten Teil wird die mechanische Energie einem thermo-mechanischen Energiewandlungsprozess entnommen (Heiz- und Brennkraftwerke). Nur zu einem geringen Teil wird die kinetische Energie von strömenden Medien genutzt (Wasser-, Wind- und Gezeitenkraftwerke). Diese Anlagen besitzen in der Regel ausgeprägte makroskopische Dimensionen und erfordern einen hohen Aufwand für die bauseitige Peripherie. Die Rotation der Läuferwelle des Generators unterliegt extremen mechanischen Belastungen, so dass der Wartungsaufwand dieser Systeme nicht unbedeutend ist.

Bedeutung von chemischen Wandlern

Deutlich geringeren Wartungsaufwand besitzen Systeme, bei denen auf die konventionelle mechano-elektrische Energiewandlung verzichtet werden kann. Hier spielen insbesondere chemischen Wandler eine bedeutende Rolle. Chemisch basierte Energiequellen sind Batterien in Form von Primärbatterien und Sekundärbatterien (Akkumulatoren). Zunehmende Bedeutung erlangen inzwischen auch Brennstoffzellen, bei denen chemische in elektrische Energie gewandelt werden kann. Diese konventionellen

Lösungen besitzen unbestreitbare Vorteile und sie sind für eine stabile, flächendeckende Energieversorgung unverzichtbar. Nicht nur die Energieversorgung von Mikrosystemen, auch die Versorgung kleiner autarker Netze erfordert den Einsatz von Energiewandlern. Diese müssen in der Lage sein, die vor Ort angebotenen Energien, dies sind häufig Verlustenergien, in elektrische Energie umzuwandeln.

4.4.1   Strahlungswandler

	Solarzellen
Fotodioden als Generatoren	Vom Grundaufbau unterscheiden sich Solarzellen nicht von einfachen Fotozellen. Weitere Informationen auch im Kapitel sensorische Wandler. In beiden wird elektrischer Strom durch eintreffende Strahlung generiert. Der wesentliche Unterschied besteht jedoch darin, dass Solarzellen für den maximalen Energieumsatz bei einer definierten Wellenlänge der Strahlung ausgelegt sind, wohingegen Fotozellen die Existenz einer kurzwelligen Strahlung an sich durch einen entsprechenden Strom nachweisen sollen. Betrachtet man eine einfache Zelle, wie in nebenstehender Anordnung, dann kann man bei Einfall einer Strahlung Folgendes beobachten: Es werden Elektronen-Löcher-Paare gebildet, wobei durch die Diffusionsspannung die verschiedenen Ladungen sofort voneinander getrennt werden. Im äußeren Kreis fließt ein Strom, der auch als Fotostrom bezeichnet wird.
Generation von Elektronen-Loch-Paaren	Der Fotostrom I_F hängt dabei von der absorbierten Strahlungsleistung Φ der Ladung q und indirekt vom Plankschen Wirkungsquantum h sowie der Frequenz der Strahlung f ab. Es gilt also: $$I_F = \frac{\Phi \cdot q}{h \cdot f}$$ Mit der Quantenausbeute η, die stets kleiner als 1 ist und von der Wellenlänge λ der Strahlung abhängt, ergibt sich schließlich: $$I_F = \frac{\Phi \cdot q}{h \cdot f} \cdot \eta(\lambda)$$

Aufbau der Solarzellen	Da die Bildung von Elektronen-Loch-Paaren nur in den Bereichen stattfinden kann, in die das Licht eindringen kann, ist der p-n-Übergang sehr oberflächennah. Es ist daher üblich, auf der Oberfläche eine dünne n^+-Schicht anzuordnen. Zur Trennung der Ladungsträger dient das interne elektrische Feld, das durch den p-n-Übergang gebildet wird. Um dieses Feld möglichst tief in das Material eindringen zu lassen, wird zunächst eine schwache p-Dotierung (p^-) über einer starken p-Dotierung (p^+) angeordnet. Die Elektronen werden am Vorderseitenkontakt, die Löcher am Rückseitenkontakt in den äußeren Stromkreis eingespeist.
Materialien für Solarzellen	Als Material für Solarzellen wird vorwiegend Silizium eingesetzt, da es die Möglichkeit bietet, die entsprechenden Schichten zu bilden. Das Grundmaterial kann dabei amorphes Silizium (a-Si), polykristallines Silizium (Poly-Si) oder einkristallines Silizium sein. a-Si erfüllt bereits die technischen Forderungen und kann im Vergleich zu einkristallinem Si außerordentlich kostengünstig hergestellt werden. In technischen Systemen beträgt der Wirkungsgrad etwa 5%...10%. Am weitesten verbreitet sind Solarzellen aus Poly-Si. Das Material kann durch Gießverfahren hergestellt werden, die ebenfalls deutlich kostengünstiger sind als Verfahren zur Herstellung von einkristallinem Si. Der Wirkungsgrad beträgt bei derartigen Zellen etwa 10%...15%. Den höchsten Wirkungsgrad erreicht man mit Zellen auf Si-Basis mit einkristallinem Si. Er liegt zwischen 15% und 20%. Andere Materialien eignen sich ebenfalls in der Solarzellentechnik. Typische Vertreter sind GaAs und CdTe. Während GaAs-Zellen sehr teuer in der Herstellung sind und hohe Wirkungsgrade (20%...30%) liefern, sind CdTe-Zellen relativ kostengünstig herstellbar, wobei sie einen deutlich geringeren Wirkungsgrad (< 10%) aufweisen.
Wirkungsgrad-verbesserung	Verbesserungen des Wirkungsgrades sind gegenwärtig noch Gegenstand intensiver Forschungsarbeiten. Durch Verminderung des Reflexionsverhaltens der Oberfläche kann der Wirkungsgrad beachtlich gesteigert werden. Möglichkeiten dazu bieten sich durch gezielte Strukturierungen der Oberfläche der Solarzelle. Allerdings wird durch ein Strukturierungsmuster auf der Oberfläche die Empfindlichkeit gegenüber Wellenlängen, die nicht dem Rasterabstand entsprechen, verringert.

	Weitere Möglichkeiten der Wirkungsgradverbesserung können durch Stapelanordnungen erreicht werden. Diese Technik wird vorwiegend bei GaAs Solarmodulen angewendet. Hier werden bis zu drei Module monolithisch übereinander angeordnet. Die einzelnen Modulebenen sind dabei für die Absorption bestimmter Wellenlängen ausgelegt. Dabei werden transparente Elektroden wie ITO (Indium-Zinn-Oxid) bzw. TCO (transparent conductive oxide) verwendet.
Schaltung und Kennlinie	Durch die Reihenschaltung von n Zellen kann die Ausgangsspannung um den Faktor n vergrößert werden. Eine Vergrößerung des Stromes erreicht man durch die Parallelschaltung von Zellen. In technischen Anlagen werden daher in der Regel gemischte Reihen-Parallel-Schaltungen eingesetzt. Beim Zusammenschalten von Modulgruppen werden Schutzdioden verwendet, die verhindern, dass zeitweilig beschattete Gruppen als Verbraucher wirken. Die Kennlinie einer einzelnen Zelle ist durch charakteristische Werte gekennzeichnet. Diese sind der Kurzschluss-Strom I_K, die Leerlaufspannung U_L sowie Spannung U_{mP} und Strom I_{mP} bei maximaler Leistungsabgabe P_{max}. Eine typische Kennlinie für eine beleuchtete Solarzelle ist im Bild gezeigt. Die gestrichelte Linie stellt den Leistungsverlauf dar. Aus dem Verlauf der Kennlinie lässt sich ablesen, dass die Leistungsabgabe ein Maximum besitzt. Ziel der Anwendungen ist es daher immer, dem Maximalwert möglichst nahe zu kommen.
Leistungsdichte von Solarzellen	Die Leistung von Solarzellen hängt in starkem Maße von deren Beleuchtung ab. So muss man zwischen direkter Sonneneinstrahlung, diffuser Beleuchtung, Innenbeleuchtung u.Ä. unterscheiden. Grundsätzlich kann man von folgenden Energiedichten ausgehen: • Sonnig $\rightarrow$ 15mW/cm^2 • Bewölkt $\rightarrow$ 0,15mW/cm^2 • Innenraum $\rightarrow$ <10µW/cm^2

4.4.2   Thermogeneratoren

<table>
<tr><td colspan="2" align="center">**Wandlung von Wärme in elektrische Energie**</td></tr>
<tr>
<td>**Seebeck-Effekt**</td>
<td>

Die direkte Wandlung thermischer Energie in elektrische Energie basiert auf der thermo-elektrischen Spannungsreihe von metallischen und halbleitenden Werkstoffen. Dabei werden die Seebeck-Koeffizienten von mindestens zwei unterschiedlichen Werkstoffen genutzt. Die Seebeck-Koeffizienten sind willkürlich auf den Referenzwerkstoff Platin bezogen. Das heißt, bei einem Stromkreis aus Platin mit zwei Kontaktstellen, die unterschiedliche Temperatur (T_1;T_2) besitzen, kann man beim Öffnen des Kreises keine elektrische Spannung messen. Wird Platin auf einer Seite des Kreises durch ein anderes Material ersetzt, dann stellt sich an den Klemmen eine Potentialdifferenz $\Delta\varphi = \varphi_a - \varphi_b$ ein. Zur Charakterisierung der Höhe dieser Potentialdifferenz dient der Seebeck-Koeffizient. Man kann für die betrachtete Anordnung auch schreiben:

$$\mathbb{S}_{Ltr} = \frac{\varphi_a - \varphi_b}{T_2 - T_1} = \frac{U}{\Delta T}$$

Dabei ist $\mathbb{S}_{Ltr}$ der Seebeck-Koeffizient des Leitungsteils, das nicht aus Platin besteht. Da verschiedene Stoffe unterschiedliche Seebeck-Koeffizienten besitzen, ist es von großem Interesse, solche Stoffe zu paaren, die besonders starke Unterschiede der Seebeck-Koeffizienten aufweisen. Durch diese Paarungen können relativ große Potentialdifferenzen, d.h. Spannungen, generiert werden. Die Seebeck-Koeffizienten verschiedener Materialpaarung sind im Kapitel „Sensorische Wandler" angegeben.

</td>
</tr>
<tr>
<td>**Schaltung mehrerer Elemente**</td>
<td>

Die von der Temperatur abhängige Spannungsausbeute eines Elementes ist in der Regel sehr gering. Sie kann leicht ermittelt werden nach

$$U = \left(\mathbb{S}_A - \mathbb{S}_B\right) \cdot \Delta T$$

und beträgt je nach verwendeter Materialpaarung zwischen 10...300µV/K. Um höhere Spannungen zu erzielen, ist es erforderlich, eine Vielzahl von Thermogenerator-modulen in Reihe zu schalten. Dies kann vorteilhafterweise mit Bauelementen gesche-hen, die eine Strukturie-rung mit Hilfe von

</td>
</tr>
</table>

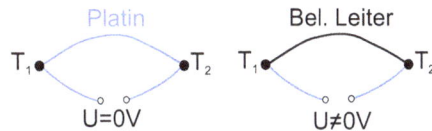

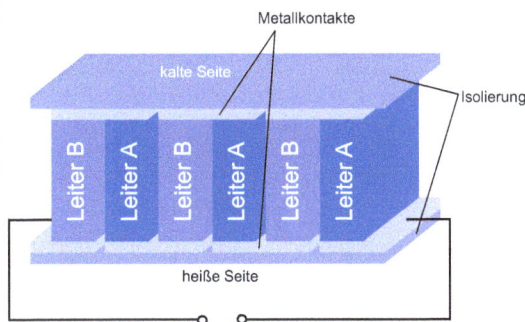

Halbleitertechnologien zulassen. In diesem Fall erhält man Strukturen wie im Bild gezeigt. Da die Strukturen sehr klein, d.h. im µm-Bereich gehalten werden können, bieten sich fotolithographische Strukturierungsverfahren hervorragend an. Als Leitermaterialien eignet sich beispielsweise unterschiedlich dotiertes Si (p-Si; n-Si). Ein wesentlicher Einflussfaktor auf die Spannungshöhe ist die Temperaturdifferenz ΔT. Diese sollte so groß wie möglich sein, was jedoch eine sehr gute Wärmeabfuhr auf der kalten Seite erfordert. In der Realität liegen die Temperaturdifferenzen im Bereich von einigen 10 Grad. Damit lassen sich Leistungen von 20...30µW realisieren.

Neben der Temperaturdifferenz spielen die Materialkennwerte eine wichtige Rolle. Besondere Bedeutung kommt hier dem Z-Wert zu (Z – „figure of merit"). Dieser lässt sich aus der Beziehung:

$$Z = \frac{\mathbb{S}^2}{\lambda \cdot \rho}$$

ermitteln, wobei λ die thermische Leitfähigkeit und ρ der spezifische Widerstand des Materials sind. Bei Leistungsanpassung ($R_i = R_L$; Innenwiderstand R_i; Lastwiderstand R_L) kann die extern verwertbare Leistung aus der Beziehung:

$$P = \frac{Q \cdot Z}{2} \cdot \Delta T$$

bestimmt werden. Dabei ist Q der Wärmestrom durch die Fläche A über die Distanz l gemäß:

$$Q = \frac{A}{l} \lambda \cdot \Delta T$$

Die Z-Werte gehen also linear in die Leistungswandlung ein. Da Z nur aus den Materialparametern hervorgeht, ist die Suche nach geeigneten Materialien für Thermogeneratoren verständlich. In jüngster Zeit wurden eine Reihe neuer Materialien für Thermogeneratoren entwickelt, die gegenüber den Halbleitern deutliche Vorteile zeigen. Typische Vertreter sind Antimon-Verbindungen wie Zn_4Sb_3, $Yb_{0,19}Co_4Sb_{12}$ und $AgPb_mSbTe_{2+m}$.

Leistungsdichte	Die Leistungsdichte von Thermogeneratoren hängt, wie bereits gezeigt von verschiedenen Einflussgrößen ab. In der Realität liegen die Leistungsdichten bei einem Temperaturgradienten von 10K bei etwa $15\mu W/cm^2$.

4.4.3 Mechanische Mikrogeneratoren

	Magnetische Mikrogeneratoren
Induktions-prinzip	Bewegt sich eine Spule in einem magnetischen Feld so, dass sich der sie durchdringende magnetische Fluss ϕ zeitlich ändert, dann wird in der Spule eine Spannung U gemäß $$U = -\frac{d\phi}{dt}$$ induziert. Um die zeitliche Änderung des Flusses herbeizuführen, muss sich entweder die Spule bzw. die Quelle des Magnetfeldes mechanisch bewegen oder muss sich das Magnetfeld zeitlich ändern. Letztes Prinzip wird üblicherweise in Generatoren auf rotatorischer Basis genutzt.
Nutzung von Pendel-bewegungen	Im Mikrobereich sind Rotationsbewegungen wegen der damit verbundenen vergleichsweise großen Reibungsverluste zu vermeiden. Daher kann man nur auf Anordnungen zurückgreifen, die eine Linear- oder Pendelbewegung eines der funktionsbestimmenden Elemente zeigen. Mögliche Anordnungen sind im folgenden Bild gezeigt. Dabei sind dies nur einfache Grundanordnungen, die geometrisch weiter variiert werden können. 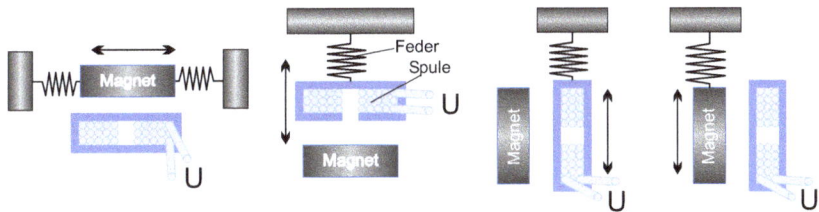 Die Spule oder der Dauermagnet sind so aufgehängt, dass sie bei Vibrationen in Schwingung geraten. Dadurch ist eine zeitliche Änderung des Flusses durch die Spule gegeben und eine Spannung kann induziert werden. Auf Grund sehr starker Streuungen sind jedoch nur kleine Spannungswerte zu erwarten. Die Umsetzung derartiger Anordnungen in Mikrokomponenten ist außerordentlich problematisch. Im Kapitel „Aktorische Wandler" wurde bereits auf die Probleme der Integration von Mikrospulen und Hartmagneten eingegangen.
Leistungsdichte	Die Energiewandlung erreicht bei derartigen Systemen nur einen sehr geringen Wirkungsgrad. Bislang konnten nur Leistungsdichten von $< 1\mu W/cm^2$ erzielt werden.

piezoelektrischer Effekt

Wird ein piezoelektrisches Material mechanisch deformiert, dann wird eine Ladungstrennung im Inneren initiiert. Diese Ladungstrennung kann an einem Elektrodenpaar, das sich auf der Oberfläche des Materials befindet, nachgewiesen werden.

Im Abschnitt „Sensorische Wandler" wurde dieses Verhalten bereits ausführlich beschrieben. Man kann zwischen dem Längs- und dem Quereffekt unterscheiden. Die Spannung U steht in linearer Abhängigkeit zur eingeprägten äußeren Kraft F und es gilt allgemein:

$$U = \frac{d_{ij}}{C} \cdot F$$

wobei d_{ij} der entsprechend wirksame piezoelektrische Koeffizient ist und C die Kapazität der Anordnung darstellt. Es ist offensichtlich, dass die Spannung indirekt proportional zur Kapazität und direkt proportional zur externen Kraft F ist. Kleine Kapazitäten führen zu großen Spannungswerten. Mit der Bemessungsgleichung für die Kapazität

$$C = \varepsilon \cdot \frac{A}{d} \qquad (\varepsilon = \varepsilon_0 \cdot \varepsilon_r - \text{Dielektrizitätszahl})$$

ergibt sich demzufolge

$$U = \frac{d_{ij} \cdot F}{\varepsilon} \cdot \frac{d}{A}$$

Kleine Flächen und große Elektrodenabstände führen offenbar zu großen Spannungswerten, wenn man annimmt, dass die Werte ε und d_{ij} nur marginal und F nur im Bereich der Materialfestigkeit zu beeinflussen sind. Kleine Flächen sprechen für Lösungen im Bereich der Mikrotechnik. Große Elektrodenabstände stehen dagegen im Widerspruch zu mikrotechnischen Fertigungsmethoden.

Daher gilt es hier, Kompromisse zu finden, die es gestatten, derartige Generatoren optimal auszulegen.

Zur Bewertung des Materialeinflusses werden neben den piezoelektrischen Koeffizienten d_{ij} und der relativen Permeabilität ε_r noch weitere Kenngrößen angegeben. Häufig zu finden sind die Koppelfaktoren k_{ij}, die das Verhältnis der gespeicherten elektrischen Energie zur wirkenden mechanischen Energie angeben.

$$k_{ij} = \sqrt{\frac{W_i^e}{W_j^m}}$$

Weitere Kenngrößen sind die piezoelektrischen Spannungskonstanten g_{ij}, die die Größe des elektrischen Feldes in Abhängigkeit von der mechanischen Spannung beschreiben. In der untenstehenden Tabelle sind diese Werte für verschiedene Materialien zusammengefasst.

Bei der genauen Betrachtung zeigen sich erhebliche Unterschiede bei den Dielektrizitätszahlen ε_r. Da aber auch diese die Höhe der Spannung bestimmen, ist die Auslegung von piezoelektrischen Generatorsystemen immer eine Optimierungsaufgabe, bei der nützliche Materialeigenschaften gegen negative abgewogen werden müssen.

Auswahl der Piezowerkstoffe

Die Auswahl des geeigneten Werkstoffes hängt hier sehr von den Einsatzbedingungen ab. Diese werden vor allem durch die Höhe der mechanischen Belastung, deren Häufigkeit sowie die Einsatztemperaturen charakterisiert. Manche Stoffe (PZT-5A) altern unter mechanischer Belastung schneller als andere (PVDF). Temperaturen oberhalb der Curie-Temperatur führen zum Verlust der piezoelektrischen Eigenschaften, da dann eine Depolarisierung eintritt.

Material	$d_{33}/10^{12}C^{-1}N$	$d_{31}/10^{12}C^{-1}N$	$g_{33}/10^3V^{-1}m^{-1}N$	$g_{31}/10^3V^{-1}m^{-1}N$	k_{33}	k_{31}	ε_r
PZT-5H	593	-274	19,7	-9,1	0,75	0,39	3400
PZT-5A	374	-171	24,8	-11,4	0,71	0,31	1700
BaTiO$_3$	149	-78	14,1	5	0,48	0,21	1700
PVDF	-33	23	330	216	0,15	0,12	12
ZnO		-5,413		0,485			
AlN	4,9	1,9					

Werte verschiedener Piezomaterialien nach [Bee, Frü]

Die Indizes (33) stehen für den piezoelektrischen Längseffekt und (31) für den Quereffekt. Bei Vergleich der Kennwerte beider Effekte fällt auf, dass der piezoelektrische Längseffekt zu deutlich größeren Energiewandlungswerten führt. Während die in der Tabelle grau hinterlegten Materialien ferroelektrische Eigenschaften aufweisen, sind die Materialien mit weißem Hintergrund reine Piezoelektrika. Um die Ferroelektrika optimal zu nutzen, ist deren Polarisation erforderlich. Dazu werden die Materialien einem

Polarisation von Ferroelektrika

elektrischen Feld ausgesetzt. Dadurch kommt es zur gleichmäßigen Ausrichtung der Dipole innerhalb des Materials. Als Elektroden kann man dazu die Betriebselektroden der piezoelektrischen Elemente nutzen. Im späteren Betrieb sollten Ferroelektrika stets in Polarisationsrichtung ange-steuert werden, d.h. die Feldrichtung des von außen eingeprägten elektri-schen Feldes muss mit der Polarisationsrichtung übereinstimmen. Bei einer Feldrichtung gegen die Polarisationsrichtung kann es bei zu großen Feld-stärkewerten zu einer spontanen Umkehr der Ausrichtung innerer Dipole und damit zum Verlust der piezoelektrischen Eigenschaften kommen. Wenn Betriebszustände eine der Polarisationsrichtung entgegengesetzte Feldstärke erfordern, sollten die die Feldstärkewerte nicht höher als 10% der maximal zulässigen Feldstärke im gleichsinnigen Betrieb betragen.

Nutzung des piezoelektrischen Effektes in der MST Die Nutzung des piezoelektrischen Längs- oder Quereffekts ist in der Mik-rotechnik jedoch außerordentlich schwierig, da zur Erzeugung großer Spannungsamplituden große Elektrodenabstände und kleine Elektrodenflä-chen gefordert sind. Weiterhin muss auf geeignete Wandlermaterialien zurückgegriffen werden, die nicht zwingend für Dünnschichtprozesse geeignet sind. Die Integration von PZT-Prozessen in die Si-Waferprozessierung bereitet noch sehr große Schwierigkeiten. Sputterver-fahren führen bei akzeptablen Prozesszeiten von bis zu 8h zu sehr geringen Schichtdicken von wenigen μm. Dabei müssen die Substrate entsprechend geheizt werden, um eine kristalline PZT-Schicht zu erzeugen.

Spin-on-Technik bei PZT Einzelprozesse der Spin-on-Technik führen in der Regel zu Schichtdicken von $d_{max} \approx 0,5 \mu m$. Deshalb müssen diese Prozessschritte mehrfach wieder-holt werden, um entsprechend große Schichtdicken (einige μm) zu erzeu-gen. Dickschicht- oder Spin-on-Verfahren leiden darunter, dass die PZT-Schichten auf Grund hoher innerer mechanischer Spannungen zur Rissbil-dung und zum Abplatzen neigen. Die Anpassung der Schichten an das Substratmaterial Silizium erfordert zudem einen nicht unkomplizierten Zwischenschichtaufbau. Hier werden Kombinationen aus Titanoxid, Titan und Platin eingesetzt. Platin dient dabei als Diffusionssperre und als Elekt-rodenmaterial. Die Diffusionssperre ist notwendig, da die Ausbildung der PZT-Schichtmorphologie erst durch einen Temperschritt von T > 700°C erreicht wird.

Eine wirtschaftliche Technologie zur Herstellung von „dicken" PZT-Schichten auf Silizium ist zurzeit noch nicht in Sicht. Andere Materialien, wie ZnO oder AlN, die grundsätzlich in Dünnschichttechnologie herge-stellt werden können, sind in der Energiewandlung deutlich ineffektiver als PZT und damit für die generatorische Nutzung ungeeignet.

Die generatorische Wandlung nach diesem Prinzip scheint nur vielverspre-chend bei der Nutzung rein keramischer oder polymer gebundener kerami-scher Strukturen unter vollständigem Verzicht auf die Silizium-Technik. Damit wird jedoch die Strukturierung im Mikrobereich stark einge-schränkt. Nutzbare Mikrogeneratoren nach dem piezoelektrischen Prinzip bekommen dann Dimensionen im mm-Bereich. Im Folgenden sollen den-noch einige Grundstrukturen piezoelektrischer Generatoranordnungen

	besprochen werden, da oft mikrotechniknahe und mikrotechnische Lösungsformen existieren.
dynamische Lastwechsel	Energiewandlung im Sinne der Generation elektrischer Energie findet in piezoelektrischen Systemen nur dann statt, wenn kein stationärer Zustand vorliegt, d.h. der Wandler ständig unter alternierender mechanischer Belastung steht. Eine gleichmäßige mechanische Last führt nur bei der ersten Deformation des Piezomaterials zu einem Spannungsimpuls. Danach herrscht ein stationärer Zustand, d.h. es finden keine weiteren Ladungsverschiebungen statt. An den äußeren Elektroden tritt keine Spannung auf. Belastet man das Piezomaterial jedoch mit alternierenden mechanischen Spannungen dann werden ebenso alternierend Ladungsschwerpunkte im Inneren verschoben und an den äußeren Elektroden kann eine alternierende Spannung gemessen werden. Dieses Verhalten kann genutzt werden, um gezielt Vibrationsenergie in elektrische Energie zu wandeln. Vibration tritt an technischen Anlagen sehr häufig als Störgröße auf, die sich als Verlustenergie bemerkbar macht. Ziel ist es nun, diese Verlustenergie in elektrische Energie zu wandeln und damit Kleinstverbraucher, wie Sensoren, anzusteuern.
elektrische und mechanische Anordnung	Wie aus den Kennwerten hervorgeht, ist die Nutzung des Längseffektes deutlich effektiver als die des Quereffektes. Beim Längseffekt sind die Elektroden und das mögliche elektrische Feld |E| parallel zur Belastungsrichtung angeordnet. Die Polarisierungsrichtung P liegt ebenfalls parallel zur mechanischen Belastungsrichtung. Wirksam sind bei dieser Form der Wandlung die Koeffizienten mit den Indizes 33. Diese sind bis auf einige Ausnahmen meist positiv. Bei Druckspannungen, wie im Beispiel, bildet sich ein elektrisches Feld in Richtung der Polarisation aus. Bei Zugbeanspruchung ist die Feldstärke entgegen der Polarisierungsrichtung ausgerichtet. Um diesen Effekt optimal auszunutzen, werden daher oft Stapelanordnungen mit alternierend wechselnden Polarisierungsrichtungen aufgebaut. Wegen der geringen Elektrodenabstände sind die Amplitudenwerte der Spannungen jedoch sehr niedrig. Derartige Anordnungen wurden bereits in Kombination mit Sensorsystemen erprobt. Die Spannungswandler befanden sich dabei in den Laufsohlen von Schuhen und versorgten Sensoren und eine Funkeinheit mit elektrischer Energie. Diese Anordnungsform ist jedoch nicht optimal, um Vibrationsenergie in elektrische Energie zu wandeln. Zur Aufnahme und Wandlung von Körperschwingungen sind Anordnungen geeignet, die über einen schwingungsfähigen Aktor, z.B. ein Biegelement, verfügen. Dabei wird die Träg-

heit des Aktorsystems genutzt, um Körperschwingung in mechanische Bewegung und schließlich in elektrische Spannung umzuwandeln.

Wie man im Bild erkennen kann, wird das Biegeelement gleichzeitig auf Druck und Zug beansprucht.

**Duck- und
Zugspannungen**

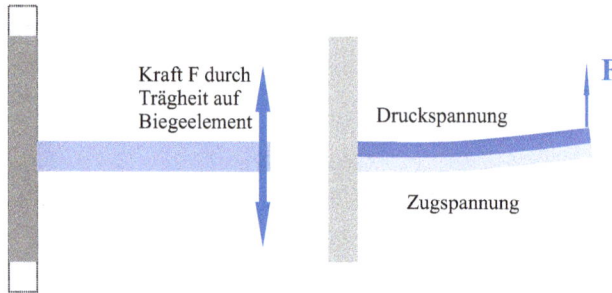

In der Mitte des Elementes heben sich die Beanspruchungen auf. Daher wird die Mittelfläche auch als die neutrale Faser bezeichnet. Ändert sich die Kraftrichtung, dann ändern sich die Beanspruchungen in den beiden Gebieten, die neutrale Faser bleibt hingegen bestehen. Um Vibrationen für die Spannungsgeneration zu nutzen, sollen zunächst die möglichen Grundanordnungen betrachtet werden.

Die *Nutzung des Längseffektes* führt zu Anordnungen wie im Bild gezeigt. Da die Anordnung von Elektroden an den Stirnflächen technologisch äußerst ungünstig ist, würde sich unter der Inkaufnahme geringerer Energiewandlung eine Anordnung wie im Bild anbieten. Bei dieser Form können einfache Monomorphstrukturen jedoch nicht

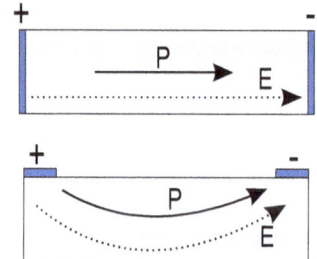

genutzt werden, da diese Anordnung wegen der gegensinnigen mechanischen Spannungszustände fast keine Generation elektrischer Spannungen erwarten lässt. Dabei ist die Richtung der äußeren Kraft völlig belanglos. Monomorphe Anordnungen sind daher wegen der inneren Kompensation für die elektrische Spannungsgeneration ungeeignet. Es müssen generell bimorphe Anordnungen eingesetzt werden, um sich kompensierende Spannungen elektrisch zu trennen. Eine bimorphe Anordnung zur Nutzung des Längseffektes ist im folgenden Bild gezeigt. Dabei müssen die polarisierten Einzelelemente im polarisierten Zustand miteinander verbunden werden.

Problematisch sind bei dieser Anordnung die hohen Feldstärken bei der Polarisierung und die Kontaktierung der Elektroden am freien Ende. Jede Form der Leiterrückführung über das Piezomaterial würde sich bei der Polarisierung und beim Spannungsabgriff negativ auswirken. Frei liegende

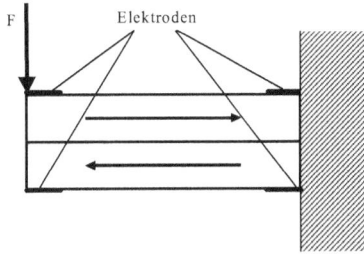

Drähte am vorderen Ende sind aber im Hinblick auf die Zuverlässigkeit ausgesprochen schädlich. Die Nutzung dieses Effektes ist daher nur in einigen Spezialfällen sinnvoll.

Vielversprechender ist dagegen die *Nutzung des Quereffektes*, wobei man die geringere Effektivität der Wandlung in Kauf nimmt. Bimorphe Anordnungen mit 3 Elektroden können leicht hergestellt, polarisiert und auch kontaktiert werden. Im Bild sind die beiden wesentlichen Prinzipanordnungen gezeigt.

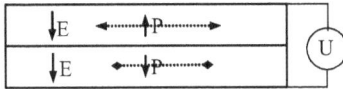

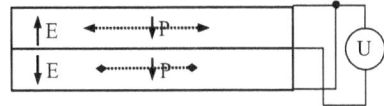

Dabei ist die Polarisationsrichtung mit P bezeichnet und E ist die Richtung der Feldstärke. Der gestrichelte Pfeil gibt die mechanische Spannungsrichtung an. Die Elektroden sind vollflächig ausgeführt und können einseitig über die Einspannung kontaktiert werden. Bei Änderung der Angriffsrichtung der äußeren mechanischen Kraft ändern sich die Richtungen der elektrischen Feldstärke. Dabei ist die Spannung am 2. Beispiel doppelt so groß wie im 1. Beispiel.

| **Untersuchungen an bimorphen Strukturen** | Bimorphstrukturen dieser Art wurden bereits in verschiedenen Geometrieformen untersucht. Dabei kam es darauf an, die Form des Biegeschwingers zu optimieren [Jus]. Die Anregung der Schwinger erfolgte mit Hilfe von |

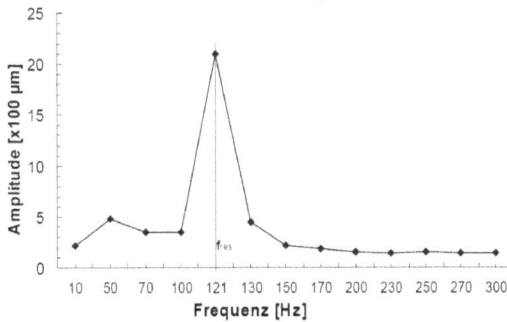

Lautsprechermembranen, auf denen die Schwinger so befestigt waren, dass sie frei schwingen konnten. Bei den Untersuchungen zeigte sich, dass die maximale Energieausbeute erzielt wird, wenn die Schwingungen im Bereich der Eigenresonanz der Schwinger liegen. Da jedoch nicht immer mit derartig abgestimmten Systemen gerechnet werden kann, muss für den jeweiligen Einsatzfall die Geometrie des Schwingers an die entsprechende Frequenz der Schwingung angepasst werden. Realisierbar ist dies durch das zusätzliche Befestigen von Massestücken auf dem Schwingungskörper. Damit vergrößert sich der Fertigungsaufwand jedoch erheblich. Die Anwendbarkeit wird extrem eingeschränkt.

In anderen Untersuchungen wurden piezoelektrische bimorphe Schwingungskörper durch strömende Medien zum Schwingen angeregt [Pob]. Dabei wurde die Ausbildung von Karmanscher Wirbelstraßen hinter Störkörpern genutzt. Bei diesen Untersuchungen zeigte sich, dass die Schwinger generell mit der Resonanzfrequenz angeregt werden. Sind sie kurz genug, dann tritt das Maximum der Auslenkung am freien Ende auf. Die Strömungsgeschwindigkeit wirkte sich nur auf die Amplitude der Schwingung, aber nicht auf die Frequenz aus. Diese vielversprechenden Ergebnisse könnten für eine technische Umsetzung sehr interessant sein, da kein zusätzlicher Montageaufwand erforderlich ist.

4.4.4 Chemische Energieerzeugung

Wandlung chemischer Energie

Die Wandlung chemischer Energie in elektrische ist schon seit vielen Jahren bekannt. Die chemischen Energiewandler haben sich in jüngster Vergangenheit rapide entwickelt. Neuartige Werkstoffkombinationen haben zu höheren Leistungsdichten und größerem Speichervermögen geführt. Unter dem Aspekt Mikrosystemtechnik bestehen wesentliche Neuerungen in der Entwicklung von Lithium-Polymer-Akkumulatoren (LiPo-Akku). Die weiteren chemischen Speicherbauelemente sind der Makrowelt zuordenbar, auch wenn deren Dimensionen bisweilen in den Millimeterbereichen angesiedelt sind.

LiPo-Akku Interessant sind die oben erwähnten Folienakkumulatoren, die in nahezu jeder beliebigen Bauform gestaltet werden können. Die Bezeichnung „LiPo"- weist auf die Verwendung von Lithium und Polymeren hin. Moderne Akkumulatoren basieren auf der Basis der Weiterentwicklung von Lithium-Ionen Batterien. Allerdings ist es gelungen, den flüssigen Elektrolyt durch feste Polymer-Elektrolyten zu ersetzen.

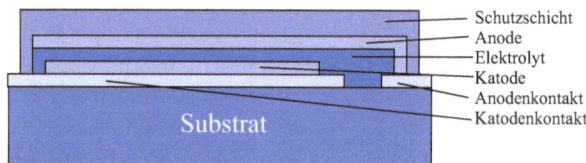

Als Elektrolyte werden Polyethylenoxid (PEO), Polyvenylidendifluorid-Hexafluorpropylen-Copolymer (PVDF-HFP) und Polyphenylen (PPP) eingesetzt. Diese Elektrolyten, besitzen nur eine sehr geringe Eigenleitfähigkeit und werden häufig mit lithiumhaltigen Ionenverbindungen (Li-haltige Salze) oder mit Hilfe von polymeren Gelen modifiziert. Ziel ist dabei, eine möglichst ungehinderte Bewegung von Li^+-Ionen zwischen den beiden Elektroden zu erreichen. Dabei wandern im Ladungsbetrieb und bei Entladung nur Li$^+$-Ionen. Als sehr günstige Variation hat sich inzwischen die Verwendung von Graphit als Katodenmaterial erwiesen. Li$^+$-Ionen werden in das Graphitgitter eingebaut und elektrisch neutralisiert. Die neutralen Li-Atome gehen aber keine chemische Bindung mit dem Kohlenstoff ein. Als Anodenmaterialien werden lithiumhaltige Metalloxide verwendet. Eine bedeutende Rolle spielt hier das LiCoO$_2$. Für die Elektrodenvorgänge können folgende Gleichungen genutzt werden.

Katode: Li$_x$C $\leftarrow$ $\rightarrow$ C + Li$^+$ + e$^-$

Anode: Li$_{1-x}$CoO$_2$ + xLi$^+$ + xe$^-$ $\leftarrow$ $\rightarrow$ LiCoO$_2$

Der Grundaufbau derartiger Anordnungen ist im Bild gezeigt. Der gesamte Akkumulator ist als Schichtsystem aufgebaut. Die Dicke der Einzelschichten kann variieren und liegt im Bereich einiger 10µm. Es aber wurden bereits Akkus mit Schichtdicken von < 5µm aufgebaut. Die Flächenausdehnung kann an die jeweilige Anwendung angepasst werden.

Die Schichten werden mit Hilfe von Sputterprozessen oder durch thermische Verdampfung auf die Substrate aufgebracht. Der Elektrolyt dient dabei der Trennung von Katode und Anode und der Separation der nach außen geführten Anoden- bzw. Katodenkontakte. Problematisch bei der gesamten Entwicklung war der Einsatz von Lithium. Lithium besitzt als Alkalimetall ein sehr hohes Reduktionspotential und reagiert mit vielen Stoffen und insbesondere mit Sauerstoff sehr heftig. Daher ist die Verwendung von reinem Lithium nur möglich, wenn es durch geeignete Maßnahmen geschützt wird und nicht mit reaktiven Materialien in Kontakt gebracht werden kann. Die Vorteile von Lithium liegen allerdings in dessen sehr großem Wert von −3,05V in der elektrochemischen Spannungsreihe. In Kombination mit anderen Elektroden können so Zellen mit einer Basisspannung von 3,7V realisiert werden.

Als Kontaktschichten werden Kupfer oder Aluminium verwendet. Zum äußeren Schutz dienen Kunststofffolien. Auf Grund der im Vergleich zu herkömmlichen Akkus oder Batterien deutlich höheren Speicherkapazität und der Möglichkeit, beliebige Flächenformen zu realisieren und der hohen Biegsamkeit stellen diese Lösungen ein enormes Potential zur autarken Energieversorgung, auch von Mikrosystemen dar.

Brennstoffzellen

Einsatz von Brennstoffzellen

Auch die jüngsten Entwicklungen zu Brennstoffzellen zeigen noch keine akzeptablen Lösungen im Bereich der Mikrosystemtechnik. Obwohl Brennstoffzellen als ideale Energiewandler angesehen werden, da sie die chemische Energie nahezu verlustfrei in elektrische Energie wandeln können, ist deren perspektivischer Einsatz im Mikrobereich nicht sicher.

Marktakzeptanz von Brennstoffzellen	Die Bereitstellung der Primärenergieträger ist energetisch nicht sichergestellt. Wasserstoff kann entweder mit Hilfe der Elektrolyse, also unter Nutzung elektrischer Energie oder aus organischen Verbindungen, wie CH_4 gewonnen werden.

Die Nutzung von Solarstrom zur Erzeugung von H_2 und dessen anschließende Umsetzung mit Sauerstoff in Brennstoffzellen führen auf Grund der damit zwangsläufig verbundenen Verluste zu einer deutlichen Verschlechterung des Gesamtwirkungsgrades der Energieausbeute. Der grundlegende Vorteil dieser Technologie besteht lediglich in der z.Zt. noch deutlich verbesserten Speichermöglichkeit des Energieträgers H_2 gegenüber den Speichermöglichkeiten für die erzeugte elektrische Energiemenge. Es wird aber nicht mehr Energie aus Primärquellen erzeugt.

Die Verwendung von Reformerstufen bei der Nutzung von organischen Verbindungen setzt noch immer hohe Temperaturen voraus, die in mobilen Anwendungen nicht akzeptiert werden. Diese notwendigen thermischen Prozesse schlagen sich aber auch in der Gesamtenergiebilanz nieder. Wenn mehr Energie in die Aufbereitung des Energieträgers H_2 gesteckt werden muss als bei der Umwandlung in elektrische Energie wieder zurückgewonnen werden kann, dann ist die Gesamtbilanz negativ. Problematisch sind weiterhin die bei diesem Verfahren entstehenden Nebenprodukte CO und CO_2. Brennstoffzellen, die dieses Prinzip nutzen, werden kaum die CO_2-Belastung merklich senken. Schließlich sind die Kosten zur Herstellung entsprechender Zellen weitaus größer als bei LiPo-Akkus. Daher wird kaum mit einer Marktakzeptanz zu rechnen sein, wenn sich diese Kosten nicht drastisch verringern. |

	Merke

Elektrische Energie wird vorwiegend mit Hilfe konventioneller Energiewandler erzeugt. Durch die Mikrotechnik können kleine, dezentralen Energieversorgungsbausteine realisiert werden. Dazu werden folgende Prinzipien genutzt:

Umwandlung von Strahlung in elektrische Energie

Solarzellen
einfache Bauelemente, die Strahlungsenergie in elektrische Energie umwandeln; unterscheiden sich im Grundaufbau nicht von einfachen Fotozellen. Anwendungsbereich der Zellen liegt ausschließlich in der Energiewandlung mit dem Ziel der Generation elektrischer Energie. Wesentlicher Unterschied besteht darin, dass Solarzellen für den maximalen Energieumsatz bei einer definierten Wellenlänge der Strahlung ausgelegt sind, wohingegen Fotozellen die Existenz einer kurzwelligen Strahlung an sich durch einen entsprechenden Strom nachweisen sollen. |

Umwandlung thermischer in elektrische Energie

Thermogeneratoren
Direkte Wandlung thermischer Energie in elektrische Energie basiert auf der thermoelektrischen Spannungsreihe von metallischen und halbleitenden Werkstoffen. Seebeck-Koeffizienten von mindestens zwei unterschiedlichen Werkstoffen werden genutzt.

Umwandlung mechanischer in elektrische Energie

Magnetische Mikrogeneratoren
Bewegung einer Spule in einem magnetischen Feld → zeitliche Änderung des sie durchdringenden magnetischen Flusses → Induktion einer Spannung in der Spule. Im Mikrobereich Vermeidung von Rotationsbewegungen wegen der damit verbundenen vergleichsweise großen Reibungsverluste. Daher nur Anordnungen, die eine Linear- oder Pendelbewegung eines der funktionsbestimmenden Elemente zeigen. Dynamik des Systems zur Spannungserzeugung erforderlich.

Piezoelektrische Mikrogeneratoren
Deformation von piezoelektrischem Material führt zu Ladungstrennung im Inneren. Ladungstrennung führt zu Aufbau einer Spannung, an Elektroden, die sich auf der Oberfläche des Materials befinden. Dynamik des Systems zur Spannungserzeugung erforderlich.

Umwandlung chemischer in elektrische Energie

Lithium-Polymer-Akkumulatoren
Wandlung chemischer Energie in elektrische ist schon seit vielen Jahren bekannt. Neuartige Werkstoffkombinationen haben zu höheren Leistungsdichten und größerem Speichervermögen geführt. Für MST bestehen wesentliche Neuerungen in der Entwicklung von Lithium-Polymer-Akkumulatoren (LiPo-Akku). Weitere chemische Speicherbauelemente sind der Makrowelt zuordenbar, auch wenn deren Dimensionen bisweilen im Millimeterbereich angesiedelt sind.

Mikrobrennstoffzellen
Mikrobrennstoffzellen stehen in unmittelbarer Konkurrenz zu Akkumulatoren. Ihre Akzeptanz am Markt ist bislang nur sehr gering.

Literatur

[Bee]   Beeby, S.; Tudor, M.; White, N.: Energy harvesting vibration sources for microsystems applications; in: Meas. Sci. Technol., Nr. 17, 2006, R175–R195

[Frü]   Frühauf, J.: Werkstoffe der Mikrotechnik; Fachbuchverlag Leipzig, 2005

[Jus]   Just, E.; Hackenjos, D.; Woias, P.: Elektromechanischer µ-Generator basierend auf der Piezo-Polymer-Komposit-Technologie; GMM-Workshop „Energieautarke Sensorik", Karlsruhe, 2006, 25–28

[Kie]   Kiehne, H.-A.: Batterien; Expert-Verlag, 2003

[Lin]   Linden, D.; Reddy, T.: Handbook of Batteries; McGraw-Hill, 2007

[Pob]   Pobering, S.; Schwesinger, N.: Device for harvesting hydropower with piezoelectric bimorph cantilevers; 5. euspen-confernence, Montpellier, 2005, proceedings Vol. 2, 283–286

[Poo]   Poortmans, J.; Arkhipov, V.: Thin Film Solar Cells. Design, Fabrication, Characterization and Applications; Wiley & Sons, 2006

[Tru]   Trueb, L.; Rüetschi, P.: Batterien und Akkumulatoren. Mobile Energiequellen für heute und morgen; Springer, Berlin, 1997

[Wen]   Wenzl, H.: Batterietechnik; Expert-Verlag, 1999

[Wey]   Weydanz, W.; Jossen, A.: Moderne Akkumulatoren richtig einsetzen; printyourbook, 2006

5 Basis-/Substratmaterialien

5.1 Silizium

	Schlüsselbegriffe
	Silizium als Werkstoff in der MST, Vorzüge von Silizium, mehrstufiger Herstellungsprozess, Sand und Koks, Umsetzung zu Trichlorsilan, Destillation von Trichlorsilan, Abscheidung an Si-Seelen, Verunreinigungen, Einkristallzüchtung, Tiegelziehverfahren nach Czochralski, Nachteil des Tiegelziehens, Zonenziehverfahren, Stäbe und Wafer, Abtrennen der Konen, Rundschleifen der Barren, Bestimmung der Orientierung der Barren, Flat-Kennzeichnung, Zerteilen der Stäbe und Aufkitten der Abschnitte, Abtrennen der Siliziumscheiben, Bearbeitung der Silizium-Scheiben, Läppen der Oberflächen, Ätzen der Oberfläche, Polieren der Oberflächen, BOW-Durchbiegung, WARP-Verwerfung, TTV-Keiligkeit, TIR-Ebenheit, Waferkenngrößen, Eigenschaften von Silizium, physikalische Eigenschaften, mechanische Eigenschaften, elektrische Eigenschaften, Eigenleitung von Silizium

	Basisinformationen zu Silizium
Silizium als Werkstoff in der MST	Für den Einsatz in der Mikrotechnik sind die unterschiedlichsten Werkstoffe geeignet. Eine dominierende Stellung nahm und nimmt jedoch das Silizium ein. Die Ursachen dafür liegen in der Verfügbarkeit des Materials, der chemisch reinen Herstellbarkeit, der bekannten Prozessierbarkeit und den hervorragenden mechanischen und elektrischen Eigenschaften. Darüber hinaus bietet Silizium die Möglichkeit der direkten Integration elektronischer, optischer und mechanischer Komponenten auf einem Chip. Gegenwärtig liegt der Anteil mikrotechnischer Bauelemente auf der Basis von Silizium bei etwa 90%. Auch in der Zukunft wird Silizium als bevorzugtes Material für Mikrokomponenten eingesetzt werden.
	Die Verfügbarkeit des Siliziums ist im Vergleich zu den übrigen Feststoffen außerordentlich groß. Silizium ist mit einem Anteil von ca. 28% das zweithäufigste Element auf der Erde. Dabei tritt es nicht als reines Element auf, sondern in gebundener Form wie z.B. SiO_2.

Vorzüge von Silizium	Für die Mikroelektronik besitzt Silizium eine hervorragende Bedeutung. Als elementarer Halbleiterwerkstoff hat Silizium gegenüber anderen halbleitenden Materialien entscheidende Vorzüge. Auf Grund seiner hohen Affinität zu Sauerstoff bildet es ein chemisch, elektrisch und mechanisch sehr stabiles Siliziumdioxid – SiO_2 – aus, das sich hervorragend als Isolator, als Maskierungs- und als Passivierungsschicht eignet. Die Planartechnik (Basistechnologie in der Mikroelektronik) basiert letztlich auf der Existenz von SiO_2 als Maskierungsmaterial. Nach langjährigen und umfangreichen Entwicklungsaufwendungen konnten Verfahren gefunden werden, die es gestatten, Silizium in einer Massenproduktion mit höchster Reinheit und Perfektion als monokristallines Material herzustellen – ein Vorzug, den die anderen Halbleitermaterialien nicht aufweisen.

5.1.1   Herstellung von Silizium-Wafern

Vom Sand zum Wafer	
mehrstufiger Herstellungsprozess	Die Herstellung von Si-Wafern ist ein mehrstufiger Prozess. Am Anfang dieses Prozesses steht das natürlich auftretende SiO_2 in Form von Quarzsand. Am Ende dieses Prozesses stehen monokristalline versetzungsarme Si-Substrate mit definierten Dimensionen.
Sand und Koks	Um das zur Verfügung stehende SiO_2 aufzuschließen, erfolgt zunächst eine Reduktion des Materials unter sehr hohen Temperaturen durch Kohlenstoff. Dazu werden reiner Quarzsand und Kohle bzw. Koks in einem Lichtbogenofen zur Reaktion gebracht.$$SiO_2 + 2C \xrightarrow{\;1500°C...1650°C\;} Si + 2CO$$
Umsetzung zu Trichlorsilan	Die Bildung von Siliziumkarbid SiC während dieser Reaktion wird durch die Zugabe von Eisen verhindert. Das gebildete Si besitzt nach diesem Prozess eine Reinheit von etwa 96–99%. Da diese Verunreinigungen noch erheblich die elektrischen Eigenschaften des Materials stören, wird das gebildete Si weiter bearbeitet. Dazu wird das technisch reine Silizium zermahlen und in einem Wirbelschichtreaktor mit Chlorwasserstoff zu Trichlorsilan umgesetzt. Diese Reaktion verläuft bei Temperaturen von 300°C–400°C nach folgender Beziehung:$$Si + 3HCl \xrightarrow{\;300°C...400°C\;} SiHCl_3 + H_2$$Bei höheren Temperaturen kann sich außerdem Siliziumtetrachlorid bilden:$$Si + 4HCl \xrightarrow{\;300°C...400°C\;} SiCl_4 + 2H_2$$

Destillation von Trichlorsilan	Trichlorsilan, eine hellgraue Flüssigkeit mit einem Siedepunkt von 31°C, wird bei diesem Prozess als dampfförmiges Produkt freigesetzt. Auf Grund des niedrigen Flammpunktes und der hohen Explosivität seiner Dämpfe im Gemisch mit Luft sind bei diesem Prozess verstärkte Sicherheitsvorkehrungen notwendig. Neben der Umsetzung von Silizium im Chlorwasserstoff werden auch sehr viele Verunreinigungen mit umgesetzt. Die Trennung der entstandenen Chloride erfolgt in einem anschließenden Destillationsprozess. Während die meisten Metallchloride problemlos abgetrennt werden können, liegen die Siedetemperaturen von BCl_3 und PCl_3 in unmittelbarer Nachbarschaft zum $SiHCl_3$, so dass mit entsprechend geringen Verunreinigungen zu rechnen ist. Die Bedeutung dieser Verunreinigungen liegt vor allem darin, dass sowohl Brom als auch Phosphor als Dotierungsmaterialien für Si Anwendung finden. Üblicherweise erfolgt die Destillation in korrosionsbeständigen Anlagen aus Edelstahl.
	Nach der Destillation erfolgt die Reduktion der Hauptfraktion des Destillationsprozesses mit reinem Wasserstoff. Dabei können folgende Vorgänge auftreten:

$$SiHCl_3 \xrightarrow{\;1000°C...1100°C\;} Si + 3HCl$$

$$4SiHCl_3 \xrightarrow{\;1000°C...1100°C\;} Si + 3SiCl_4 + 2H_2$$

$$SiCl_4 + H_2 \xrightarrow{\;1000°C...1100°C\;} SiHCl_3 + HCl$$

Abscheidung an Si-Seelen	

Verunreinigungen	Die Reaktionsprodukte dieser Reaktion sind reines Silizium und ein Gemisch aus HCl, $SiCl_4$, H_2 und $SiHCl_3$. Dabei sind Ausbeuten an reinem Silizium von ca. 20% realisierbar. Diese Reaktion erfolgt in einem von der Firma Siemens entwickelten Reaktor und wird deshalb auch als Siemens-Prozess bezeichnet. Dazu wird ein Gasgemisch aus H_2 und $SiHCl_3$ in den Reaktorraum geleitet. Im Inneren des Reaktors befinden sich stromdurchflossene Siliziumstäbe (so genannte Seelen) mit einem Anfangsdurchmesser von 4mm...8mm, die auf eine Temperatur von 1000°C bis 1100°C gebracht wurden. Alle anderen Teile des Reaktors sind kalt. Eine Abscheidung des reinen Siliziums erfolgt ohne Gefährdung der Reinheit nur an diesen Seelen. Eine mögliche Temperaturverringerung der Seelen durch die Zunahme deren Dicke wird durch die Nachregelung des Stromes kompensiert. Nach Abschluss der Abscheidung haben die Seelen einen Durchmesser von bis zu 200mm. Das abgeschiedene Material ist polykristallin und n-leitend, da sich die Nebenfraktion des Destillationsprozesses PCl_3 bei den Reaktionstemperaturen vollständig zersetzt und Phosphor mit in das Kristallgitter eingebaut wird.
	Die Verunreinigungskonzentrationen des Materials sind in der nachfolgenden Tabelle aufgelistet. Das so gewonnene Material kann bereits zur Herstellung von Bauelementen der Photovoltaik genutzt werden. Eine weitere Reinigung des Materials, zur Verringerung der Verunreinigungsdichte wäre

grundsätzlich möglich, wird aber auf Grund der geringen Effektivität der weiteren Reinigungsschritte (z.B. Zonenschmelzen im Vakuum) und der Gefahr des Einschleppens neuer Verunreinigungen nicht durchgeführt.

Verunreinigung	Konzentration / Atome / cm^3
Phosphor	$1 \cdot 10^{13}$
Bor	$5 \cdot 10^{12}$
Schwermetalle	$1 \cdot 10^{12}$
Sauerstoff + Kohlenstoff	$1 \cdot 10^{16}$

Einkristall-züchtung

Zur Herstellung von einkristallinem Silizium werden gegenwärtig zwei Verfahren genutzt. Bei beiden Verfahren erfolgt die Züchtung der Einkristalle aus der Schmelze.

Man unterscheidet das Tiegelziehverfahren nach *C*zochralski (CZ) und Zonenziehverfahren (*F*loating Zone Technique = FZ). Die stetige Weiterentwicklung beider Verfahren resultiert aus den Forderungen der ständigen Vergrößerung der Durchmesser, der Reinheit, der Kristallperfektion und der Dotierungshomogenität der Einkristalle.

Tiegelziehverfahren nach Czochralski

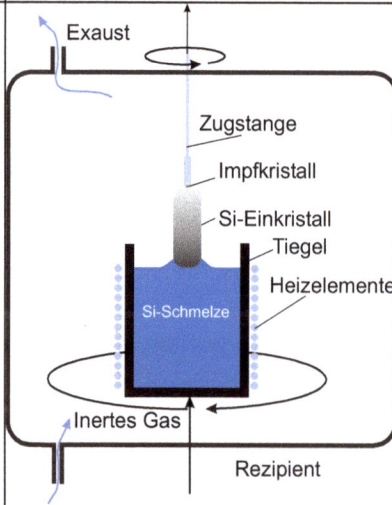

Das aus dem Siemens-Prozess gewonnene Material wird zerkleinert und in einem Tiegel aus reinem Quarzglas aufgeschmolzen. Der Tiegel befindet sich dabei in einem Graphitmantel, der induktiv oder mittels Widerstandserwärmung aufgeheizt wird. Ein an einer Ziehstange angebrachter Impfkristall wird in die Schmelze eingebracht. Dieser Si-Impfkristall besitzt eine Größe von 6–12mm Durchmesser und besteht aus perfekten einkristallinem Material, das entsprechend den Anforderungen kristallographisch orientiert ist.

Beim Eintauchen in die Schmelze wird der Impfkristall zunächst ein wenig aufgeschmolzen. Durch das langsame Herausziehen aus der Schmelze kristallisiert Si am Impfkristall in der gleichen Orientierung. Bei diesem Verfahren rotiert der Impfkristall mit 15–20U/min und der Tiegel mit ca. 5U/min in gegenläufiger Richtung. Um die thermischen Bedingungen in der Schmelze konstant zu halten, wird der Tiegel ständig angehoben, so dass die Schmelzoberfläche stets die gleiche Lage zum Heizsystem aufweist. Auf diese Weise lassen sich Einkristalle mit Durchmessern von bis zu 300mm und Längen von größer als 1m herstellen. Vorzugsweise werden Kristalle gezüchtet, deren Längsachse mit der [111]- oder der [100]-

	Richtung des Einkristalls zusammenfallen. Um eine möglichst hohe Kristallperfektion zu erzielen, wird häufig das Dünnhalsverfahren angewendet. Bei diesem Verfahren wird unmittelbar nach dem Aufschmelzen des Impfkristalls der Durchmesser des sich bildenden Kristalls drastisch verringert (ca. 3mm). Nach einigen cm Wachstum erfolgt dann die Aufweitung auf den gewünschten Durchmesser. Durch diese Art der Prozessführung können die sich bildenden Versetzungen im „dünnen Hals" bis zur Oberfläche auswachsen. Das folgende Kristallvolumen bleibt dann völlig versetzungsfrei. Die Dotierung der Einkristalle erfolgt durch Zugabe der elementaren Dotanten während der Kristallzüchtung. N-Leitung wird im Allgemeinen durch die Zugabe von Phosphor und p-Leitung generell durch Zugabe von Bor realisiert. Das Tiegelziehverfahren kann im Vakuum oder unter einer Schutzgasatmosphäre (Ar) durchgeführt werden.
Nachteil des Tiegelziehens	Zurzeit werden ca. 80% des gesamten Siliziumbedarfs mit Hilfe dieses Verfahrens abgedeckt. Die schematische Darstellung einer Tiegelziehanlage ist im Bild dargestellt.
	Der Nachteil des Tiegelziehverfahrens besteht in der möglichen Verunreinigung des Siliziums durch den direkten Kontakt mit der Tiegelwandung. Durch den Einbau von Fremdstoffen werden die elektrischen Eigenschaften, insbesondere die Durchschlagfestigkeit stark beeinträchtigt. Für Bauelemente, die mit hohen Betriebsspannungen belastet werden, ist der Reinheitsgrad des Siliziums nach dem Tiegelziehverfahren nicht ausreichend.
Zonenziehverfahren	Daher wird ein weiteres Kristallzüchtungsverfahren eingesetzt, bei dem keine Wandberührungen des Siliziums auftreten. Beim Zonenziehverfahren wird die hohe Oberflächenspannung der Si-Schmelze genutzt. Die polykristallinen Si-Stäbe werden am oberen Ende in eine Ziehstange eingespannt. Am unteren Ende wird ein Impfkristall, der ebenfalls auf einer Ziehstange befestigt ist, mit dem Stab in Verbindung gebracht. Anschließend wird dieser Kontaktbereich in einer Heizzone aufgeschmolzen, so dass ein orientiertes Kristallwachstum vom Impfkristall ausgehend ermöglicht wird. Durch Bewegung der Ziehstangen oder der Heizzone wandert die Schmelzzone zum oberen Stabende. Durch Relativbewegungen der beiden Ziehstangen können die gewünschten Durchmesser der Kristalle eingestellt werden. Die Ziehstangen rotieren während der Kristallzüchtung gegenläufig. Auf Grund

	der lokal begrenzten Aufheizung und der damit verbundenen thermischen Ausdehnung können sehr große mechanische Spannungen induziert werden. Daher wird beim Zonenziehverfahren bevorzugt die Dünnhalstechnik eingesetzt. Eine Dotierung kann erfolgen, indem entweder bereits vordotierte Seelen eingesetzt werden oder während des Prozesses die Schutzgasatmosphäre mit Beimischungen (Phosphin-PH_3 oder Diboran B_2H_6) angereichert wird. Eine schematische Darstellung des Zonenziehverfahrens zeigt das Bild.
Stäbe und Wafer	Zur Produktion von Si-Wafern (Substraten) sind nach der Herstellung der einkristallinen Si-Stäbe weitere Verfahrensschritte notwendig. Diese kann man unterscheiden in Verfahren zur Bearbeitung der Si-Stäbe und Verfahren zur Bearbeitung der Si-Substrate.
Abtrennen der Konen	Nach dem Ziehen der einkristallinen Si-Stäbe, die auch als *Barren* bezeichnet werden, erfolgt deren mechanische Weiterbearbeitung.
	Der erste Prozessschritt der Bearbeitung besteht in der Abtrennung der Konen von den Enden der Stäbe. Als Konen werden die Abschnitte der Barren bezeichnet, die sich beim Ziehen der Einkristalle an den Enden einstellen und deren Durchmesser sich längs der Ziehachse stetig ändert und kleiner ist als der geforderte Nenndurchmesser. Im Bereich dieser Konen treten gehäuft Versetzungen auf, so dass das Material praktisch nicht verwendet werden kann. Das Abtrennen der Konen wird mittels eines Kappschnittes auf einer Außenbord-Trennschleif-Einrichtung realisiert.
Rundschleifen der Barren	Während des Ziehvorgangs kann eine Durchmesserschwankung der Barren nicht ausgeschlossen werden. Dadurch hat die Oberfläche ein welliges Aussehen. Die zulässigen Toleranzen liegen im Bereich von 1%–5%. Mit Hilfe des Rundschleifens erhalten die Stäbe den Außendurchmesser der späteren Si-Wafer.
	Bei diesem Verfahren können zwei Varianten unterschieden werden. Beim spitzengelagerten Längsseiten-Rundschleifen werden die Stäbe zentriert spitzengelagert und mittels einer Topfschleifscheibe bearbeitet. Der relativ hohe Verfahrensaufwand führte zur Entwicklung des spitzenlosen Rundschleifens, bei dem die Barren ohne Zentrierung mittels einer regelbaren Andruckscheibe gegen eine Schleifscheibe gepresst und abgeschliffen werden.

Bestimmung der Orientierung der Barren	
„Flat"-Kennzeichnung	Obwohl die Orientierung der Si-Barren bezüglich ihrer Längsachse auf Grund des eingesetzten Impfkristalls bekannt ist, muss die Orientierung des Kristalls bezüglich seiner Oberfläche ermittelt werden. Dies erfolgt mittels Röntgenstrahlung im Laue-Verfahren. Nach der Ermittlung der Kristall-richtung und der Messung der elektrischen Parameter erhalten die Barren Anschliffe am Außenrand. Durch diese Anschliffe werden die Orientierung und der Leitungstyp charakterisiert, so dass nach dem Zerteilen der Stäbe eine Identifikation der entsprechenden Wafer möglich ist.
	Die Anschliffe werden als Phasen oder „Flats" bezeichnet. Zur exakten Identifikation unterscheidet man zwischen „Hauptflat" und „Nebenflat". Das Hauptflat oder „Primary Flat" (im Bild stets unten) ist entlang einer symmetrischen Kristallachse orientiert und dient in Folgeprozessen als Referenzanlagelinie für Wafer-Handling-Schritte. Die kleineren „Ne-benflats" oder „Secondary Flats" dienen der Kennzeichnung des Leitungs-typs und der Orientierung.
	Die Kennzeichnung der Stäbe bzw. Wafer erfolgt nach DIN 50441 bzw. SEMI-Standard.
Zerteilen der Stäbe und Aufkitten der Abschnitte	Das Zerteilen der Stäbe ist erforderlich, da eine Bearbeitung der bis zu 2m langen Stäbe praktisch nicht realisierbar ist. Mit Hilfe von Drahtsägen oder Außendurchmesser-Trennschleifmaschinen werden die Stäbe in Abschnitte von etwa 500mm Länge zerteilt. Für den Trennvorgang müssen die Ab-schnitte in eine Maschine eingespannt werden. Dies wird mit Hilfe eines

	Maschinenadapters realisiert, der über eine schwalbenschwanzförmige verdrehsichere Führung verfügt, in die die Abschnitte stirnseitig eingespannt werden. Um sicherzustellen, dass die Wafer geordnet aus der Trennvorrichtung entnommen werden können, wird vor dem Trennprozess eine Graphitschiene längsseitig auf die Abschnitte aufgekittet.
Abtrennen der Siliziumscheiben	Mit dem Abtrennen der Siliziumscheiben werden deren Dicke und Oberflächenorientierung festgelegt. Für den Trennvorgang werden verschiedene Verfahren eingesetzt, wobei gegenwärtig das Innenloch-Trennschleifen dominiert. Bei diesem Verfahren werden scheibenförmige Sägeblätter eingesetzt, die am äußeren Rand eingespannt sind und ein zentrales kreisförmiges Innenloch aufweisen. Der innere Rand der Trennscheiben ist mit einem Diamantbelag versehen. Der zu bearbeitende Abschnitt wird in das Innenloch der Trennscheibe eingebracht und gegen den diamantbesetzten Rand gedrückt. Durch die Rotation der Trennscheibe mit einer Schnittgeschwindigkeit von ca. 20m/s erfolgt der Werkstoffabtrag [Tön].
	Das Verfahren hat jedoch den Nachteil, dass ein axiales Auslenken der Trennscheibe während des Prozesses möglich ist. Dadurch wird die Geometrie der Scheibe erheblich gestört. Die Differenz zwischen dem maximalen und dem minimalen Abstand der Scheibenebene gegenüber einer Referenzlinie, auch als *Warp* bezeichnet, kann so Werte außerhalb des zulässigen Toleranzbereiches einnehmen. Daher wurde das Verfahren durch Einführung der Stabstirn-Trennschleiftechnik erweitert. Bei diesem Verfahren wird die Unterseite des Kristalls während des Trennschleifprozesses geschliffen. Dadurch wird eine planparallele Fläche erzeugt, die zu einer deutlichen Reduzierung des warp beiträgt und als Referenzfläche für weitere Bearbeitungsschritte dient [Hin].
	Da die Beeinflussung der Oberflächengeometrie der Wafer wesentlich durch den Trennvorgang beeinflusst wird, werden auch gegenwärtig noch intensive Untersuchungen durchgeführt, die zur Verbesserung der Trennverfahren beitragen sollen [Tön].
	Die Oberflächenqualität der Siliziumscheiben nach dem Trennprozess ist für den Einsatz in der Mikrotechnik nicht ausreichend. Daher sind weitere Bearbeitungsmaßnahmen notwendig.
Bearbeitung der Si-Scheiben	Wie bereits oben erläutert werden die Stäbe an ihrer Längsseite mit einer Graphitschiene versehen, die die getrennten Scheiben im Verband hält. Diese Schiene wird in einem Säurebad entfernt.
	Durch das Trennen werden sehr scharfkantige Außenränder der Siliziumscheiben freigelegt. Diese sind für die Folgeprozesse äußerst störend. Mit Hilfe der Kantenbearbeitung (Verrundung) sollen nach Tönshoff [Tön] folgende Ergebnisse erreicht werden:

	1. Abtragen der Gitterstörungen, die durch den Außenrundschleifprozess in den Einkristall eingebaut wurden.
	2. Erzeugung eines definierten Kantenprofils.
	3. Verringerung der Gefahr von Ausbrüchen oder Absplitterungen bei notwendigen Folgearbeitsschritten.
	4. Begünstigung einer homogenen Resistverteilung auch im Randbereich.
	5. Erleichterung des automatischen Wafer-Handlings.
Läppen der Oberflächen	Die Oberfläche der Si-Wafer ist durch den Trennprozess erheblich in ihrer Struktur gestört. Weiterhin zeigt die Oberfläche durch den Einsatz der verwendeten Diamantbearbeitungswerkzeuge eine Rauheit, die dem Durchmesser der eingesetzten Diamantkörner proportional ist. Zum Abbau der Randzonenstörungen und zur Verringerung der Rauheit werden daher die Oberflächen des Materials mehreren Läppvorgängen unterzogen. Gleichzeitig erfolgt die Einstellung eines geforderten Dickenbereiches der Scheiben. Als Läppmaterial kommen Suspensionen von SiC oder Al_2O_3 mit Wasser oder Ölen zum Einsatz, wobei mit zunehmender Zahl der Läppschritte die Korngröße ständig verringert wird.
Ätzen der Oberfläche	Durch die mechanische Oberflächenbearbeitung wird die Randzone des einkristallinen Materials gestört. Nach Hadamovsky [Had] bilden sich polykristalline Oberflächenschichten mit darunter liegenden Riss- und Übergangszonen aus. Das Entfernen dieser Schichten kann mit Hilfe chemischer Ätztechniken erfolgen. Als Ätzmittel können isotrop wirkende Lösungen auf der Basis HNO_3-HF-H_2O oder anisotrop wirkende Lösungen auf der Basis KOH-H_2O eingesetzt werden. Der Vorteil der basischen Lösungen liegt in deren Reaktionskinetik. Der Materialabtrag wird von der Anzahl der zur Verfügung stehenden freien Oberflächenbindungen und somit der Orientierung des Materials dominiert. Die Uniformität des Abtrages ist daher sehr groß.
	Mit Hilfe des chemischen Verfahrens lassen sich aber auch die Parameter Rauheit und Glanz definiert einstellen.
Polieren der Oberflächen	Der letzte Schritt der Oberflächenbearbeitung von Si-Scheiben ist das Polieren der Oberflächen. Bei diesem Verfahren werden die Wafer auf Trägerplatten befestigt und gegen ein Poliertuch gepresst. Als Poliermittel wird kolloidal gelöstes SiO_2 verwendet. Der Prozess ist eine Kombination aus mechanischem und chemischem Abtrag. Durch die auftretende Wärme reagieren einzelne Si-Oberflächenatome mit den OH-Gruppen unter Bildung von SiO_2. Das Oxid wird durch die mechanische Wirkung der SiO_2-Partikel der Lösung abpoliert. Dieser Prozess erfordert äußerste Sorgfalt, da die Wafergeometrie entscheidend beeinflusst werden kann. Unebenheiten zwischen dem Wafer und der Trägerplatte können bereits zu negativen Polierergebnissen bezüglich der vorgegebenen Toleranzen führen.

<table>
<tr>
<td colspan="2" align="center">**Geometrische Parameter
von Si-Wafern**</td>
</tr>
<tr>
<td>**BOW- Durch-
biegung**</td>
<td>Bei der Bearbeitung der Silizium-Scheiben können verschiedene geometrische Abweichungen entstehen.

Unter der Durchbiegung versteht man das Maß der maximalen Verwölbung der Scheibe gegenüber einer Referenzlinie.

BOW h_{max}</td>
</tr>
<tr>
<td>**WARP-
Verwerfung**</td>
<td>WARP h_{min} h_{max}

Die Verwerfung eines Wafers lässt sich aus der Differenz des maximalen und des minimalen Abstandes zu einer Referenzebene ermitteln.</td>
</tr>
<tr>
<td>**TTV- Keiligkeit**</td>
<td>Unter der Keiligkeit ist die radiale Änderung der Scheibendicke zu verstehen. Dazu werden die maximale und die minimale Dicke verglichen.

TTV d_{min} d_{max}

Bisweilen wird die Dickenabweichung nur innerhalb einer Einheitsfläche von 15mm x 15mm gemessen. Der dann ermittelte Wert wird als LTV-Wert angegeben und steht für *„Local Thickness Variation"*.</td>
</tr>
<tr>
<td>**TIR- Ebenheit**</td>
<td>Die Ebenheit charakterisiert die Summe der maximalen und der minimalen Abweichung von der Referenzebene.

TIR Da_1 Da_2</td>
</tr>
</table>

Wafer-kenngrößen

Die typischen geometrischen Waferkenngrößen sind nach [Sch] in der Tabelle angegeben:

Durchmesser/mm Zoll	100 ± 0,3 4′	125 ± 0,1 5′	150 ± 0,1 6′
Dicke / µm	525 ± 10	625 ± 10	675 ± 10
TIR / µm	< 2,0	< 2,5	< 3,0
LTV / µm	< 1,0	< 1,0	< 1,0
TTV / µm	< 5,0	< 5,0	< 5,0
WARP / µm	< 15	< 20	< 25

5.1.2 Charakterisierung von Silizium

Eigenschaften von Silizium

Silizium steht in der 4. Gruppe des Periodensystems und wird als Metalloid bezeichnet. In der Natur kommt es auf Grund seiner hohen Affinität zu Sauerstoff meist gebunden in Form von SiO_2 vor. Als elementares Material kristallisiert es in der typischen Diamantstruktur. Jedes der Atome des Tetraeders besitzt zu seinen Nachbaratomen kovalente Bindungen. Die Lage der hochsymmetrischen Kristallebenen sowie die Bindungen der einzelnen Atome zueinander sind deutlich erkennbar.

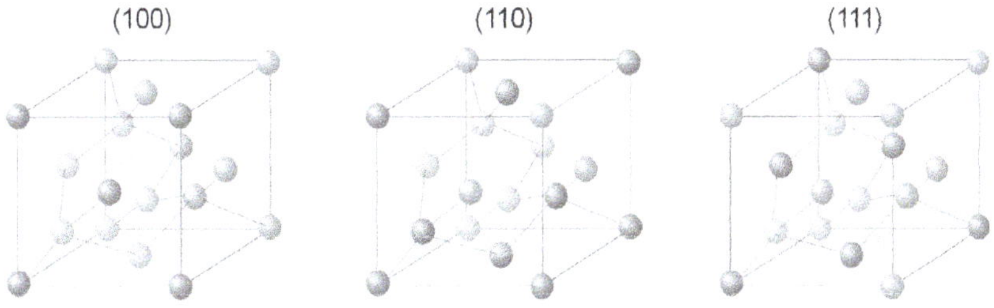

physikalische Eigenschaften von Si

Auf Grund dieser Struktur lassen sich die hohe Härte, die Sprödigkeit, der Glanz, die hohen Schmelz- und Siedetemperaturen sowie die Halbleitereigenschaften erklären. Einige ausgewählte physikalische Eigenschaften sind in der folgenden Tabelle verzeichnet. Silizium besitzt eine sehr geringe Dichte und ist daher für den Einsatz, bei dem es auf geringe Massen ankommt, ausgezeichnet geeignet.

mechanische Eigenschaften

Die mechanischen Eigenschaften des Materials sind für eine Vielzahl von Anwendungen sehr vorteilhaft. Neben der hohen Härte zeigt das einkristalline Material praktisch keine plastische Verformung bis zum Bruch. Dies ist insbesondere für Federelemente von sehr großer Bedeutung.

Eigenschaft	Si
Ordnungszahl	14
Atom / Molekülmasse	28,09
Atomdichte /cm^{-3}	$5,0 \cdot 10^{22}$
Kristallstruktur	Diamant
Gitterkonstante / nm	0,54
Atomradius /nm	0,12
Dichte / g $\cdot$ cm^{-3}	2,33
Schmelzpunkt /°C	1417 ± 4
Siedepunkt /°C	2.600
Wärmeleitf. / Wm^{-1}K^{-1}	146,5
spezifische Wärme /Jkg^{-1}K^{-1}	695
linearer Wärmeausdehungskoeff. / K^{-1}	$2,3 \cdot 10^{-6}$
Mikrohärte/ MPa	11282
Breite verbotene Zone/eV	1,11
Halbleitertyp	indirekt
rel. Dielektrizitätskonstante	11,7
Eigenleitungskonzentration cm^{-3}	$1,5 \cdot 10^{10}$
Elektronenbeweglichkeit/ cm^{2}V^{-1}s^{-1}	1350 ± 100
Löcherbeweglichkeit / cm^{2}V^{-1}s^{-1}	480 ± 15
spez. Widerstand bei Eigenleitung /Wcm	250000

Die Bruchvorzugsebenen sind die {111}-Ebenen. Als Bruchvorzugsrichtungen wurden die [110]-Richtungen ermittelt [Hou]. Die Bruchfestigkeit von [111]-orientierten Wafern liegt dabei mit 4,4GPa etwa 10% über der von [100]-orientiertem Material.

elektrische Eigenschaften

Die elektrischen Eigenschaften von Silizium bilden die Basis für dessen breite Anwendung in der Mikroelektronik. Silizium ist ein indirekter Halbleiter, d.h. der Übergang von Elektronen vom Valenzband in des Leitungsband und umgekehrt ist nur bei einer gleichzeitigen Änderung des Elektronenimpulses möglich.

Eigenleitung von Silizium

Die Eigenleitung von Silizium ist von der Temperatur abhängig. Mit steigender Temperatur gelangen Elektronen aus dem Valenzband in das Leitungsband, wobei im Gleichgewichtszustand im Valenzband Löcher gebildet werden. Dabei gilt:

$$n = p = n_i$$

n ist die Dichte der in das Leitungsband gewechselten Elektronen, p ist die Dichte der im Valenzband gebildeten Löcher und n_i wird als Inversionsdichte bezeichnet. Die Temperaturabhängigkeit lässt sich durch folgende Beziehung charakterisieren.

$$n \cdot p = n_i^2 = N_L \cdot N_V \cdot e^{-\frac{W_G}{kT}}$$

Dabei ist W_G die Breite der verbotenen Zone und N_L, N_V stellen die effektiven Zustandsdichten im Leitungs- bzw. Valenzband dar.

Auf Grund der geringen Eigenleitung erfolgt eine Dotierung von Silizium mit 3- oder 5-wertigen Elementen. Durch die Dotierung kann eine definierte Ladungsträgerkonzentration eingestellt und der Leitungstyp festgelegt werden. Dabei werden durch Atome der 3. Hauptgruppe, den Akzeptoren, Energieniveaus dicht oberhalb des Valenzbandes gebildet, die leicht mit Elektronen besetzt werden können. Im Valenzband verbleiben die gebildeten positiven „Elektronen-Löcher". Der Leitungstyp wird auch als p-Halbleiter bezeichnet. Die Donatoren, das sind Dotierungselemente der 5. Hauptgruppe, bilden unterhalb des Leitungsbandes ein Energieniveau, aus dem die Elektronen sehr leicht in das Leitungsband gehoben werden können. Durch die Besetzung des Leitungsbandes auf Grund des Elektronenüberschusses bezeichnet man den Halbleiter als n-leitend.

Merke

Herstellung von Si-Wafern als mehrstufiger Prozess
- Grundwerkstoffe: Siliziumdioxid und Kohlenstoff
- Umsetzung zu Trichlorsilan
- Destillation von Trichlorsilan
- Abscheidung an Si-Seelen
- Zerkleinern, Aufschmelzen und Einkristallzüchtung
- Bearbeitung der Einkristallbarren
- Bestimmung der Orientierung
- Abtrennen von Si-Scheiben (Wafer)
- Bearbeitung der Wafer
- Kenngrößen BOW, WARP, TTV und TIR

Eigenschaften von Silizium
Einstellen der Eigenleitung durch Dotierung

Literatur

[Had]   Hadamovsky, H.-F.: Werkstoffe der Halbleitertechnik;
        Dt. Verl. für Grundstoffindustrie, Leipzig, 1985

[Hin]   Hinzen, H.: Zu zweit geht's genauer: Innenlochsäge trennt und schleift;
        in: Pronic 5, 1989, 40–43

[Hop]   Hoppe, B.: Mikroelektronik, Bd.1, Prinzipien, Bauelemente und Werkstoffe der
        Siliziumtechnologie; Vogel, 1997

[Hou]   Houdeau, D.; Kieswetter, L.: Bruchspannungsermittlung an Si-Wafermaterialien;
        in: VDI-Berichte, Nr. 993, 1991, 107–121

[Sch]   Schumicki, G.; Seegebrecht, P.: Prozeßtechnologie; Springer, 1991

[Tön]   Tönshof, H., K.; Klein, M.: Präzisionsbearbeitung von monokristallinem Silizium;
        In: VDI-Berichte, Nr 933, 1991, 29–77

5.2   Glas, Quarzglas

	Schlüsselbegriffe
	Silikatische Gläser, Struktur silikatischer Gläser, kristalliner Quarz, silikatisches Quarzglas, sonstige Gläser, Einsatz vom Glas in der Mikrosystemtechnik, Borosilikatglas, Lithium-Aluminium-Silikatglas, Prozesssequenz zur Herstellung von Mikrostrukturen im Glas, Daten von Gläsern für die Mikrotechnik

	Gläser
silikatische Gläser	In der folgenden Betrachtung werden vor allem silikatische Gläser näher beschrieben. Die silikatischen Gläser sind amorph und können als unterkühlte Schmelzen angesehen werden. Die Ursache für diesen Zustand liegt in dem beim Abkühlen der Schmelze raschen Durchlaufen des Temperaturbereiches, in dem eine erhöhte Keimbildung bzw. Kristallwachstumsgeschwindigkeit auftritt. Dadurch kann die kristalline Phase unterdrückt werden. Die einzelnen Bausteine orientieren sich und sind unterhalb einer Transformationstemperatur T_T fest fixiert. Allerdings ist diese Orientierung nur schwach ausgeprägt, so dass lediglich eine Nahordnung der Bausteine festgestellt werden kann. Das makroskopische Eigenschaftsprofil dieser Werkstoffe ist daher in hohem Maße isotrop.
Struktur silikatischer Gläser	Zur Erklärung der Struktur silikatischer Gläser sei auf die Netzwerktheorie von Zachariasen [Zac] verwiesen. Diese Theorie geht davon aus, dass sich kristalline und amorphe Stoffe gleicher Zusammensetzung aus gleichartigen Strukturelementen aufbauen.
	Der Unterschied beider Zustände lässt sich auf Unterschiede im Energiegehalt zurückführen. Diese Tatsache lässt sich leicht an der Betrachtung von *kristallinem Quarz* und *amorphem Quarzglas* nachvollziehen.

kristalliner Quarz

Sauerstoff
Silizium | Kristalliner Quarz besteht aus einer regelmäßigen Anordnung der einzelnen Gitterbausteine. Jedes Si-Atom steht dabei im Zentrum eines Tetraeders (SiO_4) mit Bindungen zu 4 Sauerstoffatomen. Das 4. Si-Atom liegt in der Darstellung unmittelbar hinter bzw. vor dem Si-Atom. Der Übersichtlichkeit wegen wurde hier auf die Darstellung verzichtet. Da jedes der Sauerstoffatome somit |

Bindungen zu je zwei Si-Atomen aufweist, bildet sich ein regelmäßig geformtes dreidimensionales Netzwerk aus. Die Schmelztemperatur für diese Art der Bindung liegt bei $T = 1713°C$.

Silikatisches Quarzglas		Das silikatische Quarzglas bildet auf Grund der Existenz der netzwerkbildenden SiO_2-Gruppe ebenfalls ein Netzwerk. Dieses ist jedoch in seiner Regelmäßigkeit stark gestört, sodass nur noch eine Nahordnung mit amorpher Struktur existiert. Die kristalline Struktur mit Nah- und Fernordnung ist praktisch verschwunden. Die Folge ist das Auftreten

einer Übergangs- oder Transformationstemperatur $\leq 1500°C$. Wesentlich für diesen Effekt sind Netzwerkbildner. Dazu gehören Oxide, die Oxidpolyeder bilden können (z.B. SiO_2, GeO_2, P_2O_5, B_2O_3). Sie verbinden sich mit den Silizium-Sauerstoff-Tetraedern und verbiegen dadurch die regelmäßige Kristallstruktur.

Sonstige Gläser

Oxide von Alkali- oder Erdalkaliatomen bilden keine Oxidpolyeder. Sie verhindern allerdings auch, dass sich Polyeder miteinander verbinden. Dadurch wird die vernetzte Struktur des SiO_2 unterbrochen. Die Folge davon sind deutlich veränderte mechanische und thermische Eigenschaften der entstehenden Gläser. Man bezeichnet Stoffe, die das Netzwerk aufbrechen, auch als Netzwerkwandler. Viele technische Gläser enthalten derartige Netzwerkwandler. Die wichtigsten technischen Gläser sind:

Borosilikatglas: $80\%SiO_2 : 13\%B_2O_3 : 5\%Na_2O : 2\%Al_2O_3$

Kalknatronglas: $70\%SiO_2 : 3\%B_2O_3 : 15\%Na_2O : 4\%Al_2O_3 : 8\%CaO$

Fensterglas: $72\%SiO_2$ $\quad\quad\quad\quad : 14\%Na_2O : 2\%Al_2O_3 : 8\%CaO$

Der Rest zu 100% wird durch geringe Zugaben anderer Oxide realisiert. Im Vergleich dazu zeigt das technisch genutzte Quarzglas folgende Zusammensetzung.

Quarzglas: $100\%SiO_2$

Einsatz vom Glas in der MST	Der Einsatz von Gläsern in der Mikrosystemtechnik wird schon seit vielen Jahren beschrieben. Allerdings ist der große wirtschaftliche Durchbruch bislang noch nicht gelungen. Ursache dafür ist die deutlich schlechtere Strukturierbarkeit im Mikrobereich und die bislang noch fehlende hochproduktive Technologie zur Glasbearbeitung. Auf einige wesentliche Ausnahmen soll hier jedoch hingewiesen werden.
Borosilikatglas	Borosilikatgläser werden häufig in Kombination mit mikrostrukturierten Si-Wafern genutzt. Durch die Zugabe von Netzwerkbildnern und Netzwerkwandlern können Gläser so konfektioniert werden, dass ihre Eigenschaften an spezifische Anforderungen angepasst sind. Borosilikatgläser können im anodischen Bondverfahren mit Silizium hermetisch dicht verbunden werden. Wesentlich ist dabei unter anderem die Eigenschaft des thermischen Ausdehnungskoeffizienten. Dieser unterscheidet sich bei diesem Verfahren nur geringfügig (bei T = 400°C: $\alpha_{Si} = 3{,}6 \cdot 10^{-6}K^{-1}$; $\alpha_{Glas} = 3{,}3 \cdot 10^{-6}K^{-1}$. Dadurch wird vermieden, dass sich große mechanische Spannungen in einem der Verbindungspartner aufbauen, die später zu einem frühzeitigen Ausfall eines Bauelementes führen könnten.
	Ein weiterer Grund für die Verwendung dieser Gläser liegt in der Existenz freier Na^+-Ionen. Diese wandern beim anodischen Bonden in Richtung der Katode, die auf der Glasoberseite liegt. Die Glasunterseite steht in unmittelbarem Kontakt zur positiven Si-Oberfläche, während die Leitfähigkeit des Glases bei einer Prozesstemperatur von 400°C nicht zuletzt durch die freien Na^+-Ionen hoch ist. Da weiterhin durch die Wanderung dieser Ionen zur Katode an der Oberseite im Kontaktbereich durch die Verarmung an positiven Ladungsträgern eine negative Raumladungszone entsteht, fällt die gesamte von außen angelegte Spannung über den Spalt zwischen Glas und Silizium ab. Die dabei auftretende Feldstärke führt zu einer Kraft auf die beiden Materialien in Form einer Verringerung des Luftspaltes bei gleichzeitig weiter steigender Feldstärke und damit auch Kraft. Durch die relativ hohe Temperatur kann sich das Glas plastisch an kleinere Unebenheiten auf der Si-Oberfläche anpassen. Man erhält als Resultat einen Verbund Glas-Silizium, der hermetisch dicht miteinander verbunden ist.

Lithium-Aluminium-Silikatglas	Gläser dieser Art haben in der Regel folgende Zusammensetzung: $70\%SiO_2 : 14\%Al_2O_3 : 15\%Li_2O$ Der Rest zu 100% sind Zusätze aus Ag_2O und CeO_2. Diese Zusätze reagieren auf UV-Licht durch einen elektrochemischen Prozess, bei dem eine Umladung von $Ce^{3+} \rightarrow Ce^{4+} + e^-$ bzw. $Ag^+ \rightarrow Ag^{2+} + e^-$ erfolgt. Dadurch bilden sich Kristallisationskeime aus, die bei einer anschließenden Temperung des Materials zur Bildung einer kristallinen Phase führen. Dieser Effekt kann gezielt genutzt werden, um in den Gläsern Mikrostrukturen herzustellen. Eine typische Prozesssequenz ist im Bild gezeigt [Ehr].

Nach dem Belichten durch eine UV-undurchlässige Maske (meist eine strukturierte Metallschicht) wird das Glas in den belichteten Bereichen durch einen nachfolgenden Temperschritt bei ca. 500°C kristallisiert. Die Belichtung kann in Maskalignern mit speziellen Quarzoptiken durchgeführt werden. Die Belichtungszeiten hängen von der Glasdicke ab, liegen aber immer im Bereich von > 10min. Die kristallisierten Gebiete unterscheiden sich von dem umgebenden Glasbereich erheblich in der Ätzrate.

Beim Gemisch HF: H_2O treten Ätzratenunterschiede von $R_{krist} : R_{Glas} = 20 : 1$ auf. Die nicht vernachlässigbaren Ätzraten des Glases führen bei zunehmender Ätzzeit zur Ausbildung von geneigten Seitenwänden. Die minimalen Strukturbreiten liegen bei 25µm. Die Tiefenätzraten besitzen Toleranzen im Bereich von ±10µm.

(Zeile links: Prozesssequenz zur Herstellung von Mikrostrukturen im Glas)

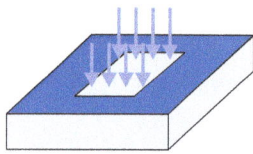

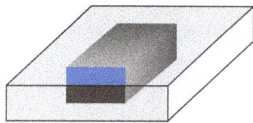

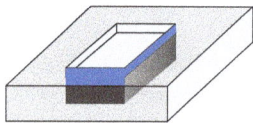

Daten von Gläsern für die Mikrotechnik

In der folgenden Tabelle sind wesentliche Materialeigenschaften von Gläsern angegeben, die in der Mikrosystemtechnik zum Einsatz [Frü], [Sha] kommen.

Glasart	Dichte g/cm³	E-Modul GPa	Biege-festigkeit GPa	Erweichungs-temperatur °C	Wärmeaus-dehnungs-koeff. $10^{-6}K^{-1}$	Wärme-leitfähig-keit W/mK	Spez. elektr. Widerstand Ωcm
Quarzglas	2,2	73	0,107	1500	0,49	1,4	$>10^{16}$
Boro-silikatglas	2,23	63	0,069	820	3,25	1,15	$>10^7$
Li-Al-Silkatglas	2,37	78	0,06	465	8,6	1,35	$>10^{12}$

Zur Benutzung dieser Tabelle sei vermerkt, dass die Werte durchaus schwanken können, da bereits geringste Mengen an Zugaben zu silkatischen Gläsern gravierende Eigenschaftsänderungen hervorrufen können. Stabilere Werte betreffen das Quarzglas, aber auch hier können technologisch bedingt leichte Schwankungen auftreten.

Merke

Einsatz vom Glas in der Mikrosystemtechnik

Silikatische Gläser

amorph, „unterkühlte" Schmelze, Netzwerk

Unterscheidung:
- Borosilkatglas
  - 80% SiO_2, 13% B_2O_3
  - Nutzung in Kombination mit mikrostrukturierten Si-Wafern
  - angepasste lineare thermische Ausdehnungskoeffizienten
  - freie Na^+-Ionen, die anodisches Bonden ermöglichen

- Lithium-Aluminium-Silikatglas
  - 70%SiO_2 ,14%Al_2O_3, 15%Li_2O
  - Zusätze: Ag_2O und CeO_2
  - Zusätze reagieren auf UV-Licht durch einen elektro-chemischen Prozess, bei dem eine Umladung erfolgt
  - Bildung von Kristallisationskeimen
  - bei Temperung des Materials Bildung einer kristallinen Phase
  - Hohe Selektivität beim Ätzverhalten zwischen kristalliner Phase und amorpher Glasphase

Möglichkeit der Mikrostrukturierung von Gläsern

Literatur

[Ehr] Ehrfeld, W.: Handbuch Mikrotechnik; Hanser, 2002

[Fel] Feltz, A.: Amorphous Inorganic Materials and Glasses; Wiley-VCH, 1993

[Frü] Frühauf, J.: Werkstoffe der Mikrotechnik; Fachbuchverlag Leipzig, 2005

[Sha] Shackelford, J.: Werkstofftechnologie für Ingenieure; Pearson Studium, 2005

[Zac] Zachariasen, W.: The atomic arrangement in glass; in: J. Amer. Chem. Soc., Vol. 54, 1932, 3841–3851

5.3   Keramiken und piezoelektrische Materialien

	Allgemeines zu Keramik, Eigenschaften und Anwendungen von silikatischen Keramiken, Unterschied zu Gläsern, trockene Formgebung, Formgebung mit plastischen Massen, mikrostrukturierte Formteile, oxidische Keramiken, Schwund, nichtoxidische Keramiken, Anwendung in der MST, piezoelektrischer Effekt, inverser piezoelektrischer Effekt, Piezoelektrika – Untergruppe der Dielektrika, Polarisation in Dielektrika, Verschiebungspolarisation, Elektronenpolarisation, Ionenpolarisation, Orientierungspolarisation, Grenzflächenpolarisation, Anisotropie der Dielektrizitätszahl ε, mechanische Deformation im elektrischen Feld, inverser piezoelektrischer Effekt, Beispiel-Quarz, Ladungstrennung durch kristalline Asymmetrie, piezoelektrische Moduli von ausgewählten Piezoelektrika, einkristalline Piezomaterialien, Lithiumniobat, GaAs, Quarz-SiO_2 in kristalliner Form, Einsatz von Quarz, Eigenschaft der unterschiedlichen Schnittebenen, Strukturierung von Quarz, nasschemische Prozesse, trockenchemische Prozesse, Nachteil von Quarz, polykristalline Piezomaterialien, piezoelektrischen Werkstoffe mit Perowskit-Struktur, ferroelektrisches PZT, piezoelektrische Dünnschichten, Herstellung von PZT-Schichten, Sputtertechnik, Sputterbedingungen, Sol-Gel-Technik, Strukturierung von PZT, Vor- und Nachteile von ZnO, Cut-off-Frequenz, allgemeines Wachstumsmodell dünner Schichten, Sandwichstruktur von ZnO-Schichten, Herstellung von ZnO-Schichten, Eigenschaften reaktiv gesputterter ZnO-Schichten, Strukturierung von ZnO, Vorteile von AlN, Eigenschaften von AlN, Herstellung von AlN-Schichten, Strukturierung von AlN

Allgemeines zu Keramik	Keramiken sind Materialien, die eine polykristalline Struktur besitzen. Man kann zwischen a) silikatischen Keramiken, b) oxidischen Keramiken und c) nichtoxidischen Keramiken unterscheiden. In der Mikrosystemtechnik finden Keramiken vorwiegend als Funktionswerkstoffe Anwendung. Als Substrat oder Basismaterial für die Mikrostrukturierung konnten sich keramische Werkstoffe bislang nicht durchsetzen obwohl einige vielversprechende Ansätze, das Material in der Mikroverfahrenstechnik als Reaktormaterial einzusetzen, existieren [Kni]. Im Folgenden werden daher

die silikatischen Keramiken kurz dargestellt. Für die Mikrotechnik relevante Keramiken werden näher beleuchtet.

5.3.1   Differenzierung der Keramiken

a) Silikatische Keramiken

Unterschied zu Gläsern	Silikatische Keramiken basieren auf SiO_2 als Grundbestandteil. Der Unterschied zu Gläsern liegt nicht in der Zusammensetzung, sondern in der Morphologie. Während Gläser amorph sind, zeichnen sich Keramiken durch ihre Kristallinität aus. Allerdings liegen keine Einkristalle vor, sondern Polykristalle mit beliebiger Orientierung. Silikatische Keramiken werden hergestellt, indem die Ausgangsstoffe gereinigt, sehr fein gemahlen und zu einem Pulver gemischt werden. Nach der Mischung erfolgt eine Weiterverarbeitung in Abhängigkeit von den Formgebungsverfahren.
Formgebungs-verfahren	Hier können im Wesentlichen zwei grundlegende Verfahren unterschieden werden:

a) trockene Formgebung
b) Formgebung mit plastischen Massen
      a. Schlickergießen
      b. Spritzgießen
      c. Extrudieren

trockene Formgebung	Bei der trockenen Formgebung werden die Pulver heiß isostatisch in die gewünschte Form gepresst. Dadurch lassen sich komplizierte Formteilkonstruktionen realisieren. Um eine Endfestigkeit zu erreichen, werden die Formteile nun bei Temperaturen > 1300°C gebrannt. Dabei verschwinden z.T. die Korngrenzen der Pulverkörnchen, d.h. es kommt zur Vereinigung der Körnchen. Weiterhin treten glasartige Phasen auf, die das Material weiter verdichten, indem bestehende Poren ausgefüllt werden. Dieser Verdichtungsprozess ist mit einem Volumenschwund des Materials verbunden. Plastisch formbare Massen erhält man durch Zugabe von Plastifizierern. Dies kann im einfachsten Fall Wasser sein, dies können aber auch Polymere sein, die für eine Bindung der Pulverteilchen untereinander sorgen. Diese plastischen Massen lassen sich nun mit Hilfe unterschiedlicher Verfahren in die gewünschte Ausgangsform bringen. Für viele Anwendungen reicht der Schlickerguss aus. Dazu wird eine Suspension (Schlicker) aus Teilchen und Plastifizierer erzeugt, die in vorgefertigte Formen gegossen wird. Anschließend erfolgt ein Trocknungsprozess, bei dem der Palstifizierer weitgehend aus der Masse entfernt wird und dabei eine starre Rohform hinterlässt. Zur weiteren Verfestigung muss der verbleibende Plastifizierer ausgetrieben werden. Dies geschieht in einem Brennprozess bei T > 1000°C. Analog zum Brennprozess trocken gepress-
Formgebung mit plastischen Massen	

	ter Formteile tritt auch hier eine Verdichtung und eine Volumenschwund auf.
	Bei Spritzgießen oder Extrudieren werden die plastifizierten Massen in entsprechende Werkzeuge gepresst oder extrudiert. Anschließend erfolgt auch der Brennprozess, bei dem ebenfalls ein Volumenschwund auftritt.
mikrostruk-turierte keramische Formteile	Grundsätzlich ist es möglich, mikrostrukturierte Formteile herzustellen. Dazu eignen sich das isostatische Pressen bei hohen Temperaturen und das Spritzgießen. Problematisch ist jedoch das Toleranzverhalten nach dem Brennvorgang. Hier können durch den Volumenschwund bis zu 10% erhebliche Abweichungen von der gewünschten Dimension auftreten. In Grenzen lässt sich der Schwund durch Vorhaltemaße kompensieren. Da der Schwund aber vorwiegend durch Masseanhäufungen- bzw. –reduktionen und durch das Auftreten von Glasphasen dominiert wird, die wiederum von der lokalen Temperaturverteilung abhängen, ist in der Regel eine exakte Vorhersagbarkeit der endgültigen Feinstruktur von komplizierten Formteilen nicht möglich. Einfacher wird dies bei plattenförmigen Formteilen, die keine Masseanhäufungen aufweisen. Auf Grund dieses Schwundverhaltens haben sich mikrostrukturierte Formteile aus Keramik bislang auch noch nicht am Markt etabliert. Plattenförmige Keramiksubstrate finden jedoch in verschiedensten Bereich der Technik Anwendung. Allerdings liegen die Strukturdimensionen nicht im Mikrobereich.

b) Sonstige oxidischen Keramiken

oxidische Keramiken	Oxidkeramiken sind polykristalline Werkstoffe, deren Basis nicht durch SiO_2 gebildet wird. Bekannteste Vertreter sind die Aluminiumoxid (Al_2O_3)-Keramik, die Magnesiumoxid (MgO)-Keramik, Zinkoxid (ZnO), Bariumtitanat $(BaTiO_3)$, Lithiumniobat $(LiNbO_3)$, Lithiumtantalat $(LiTaO_3)$ Bleititanat $(PbTiO_3)$ und Bleizirkonattitanat (PZT). Letzteres erhält man durch gezielten Austausch von Titanatomen durch Zirkoniumatome. Je nach Austauschgrad können die Eigenschaften der jeweiligen Keramik gezielt eingestellt werden.
Schwund	Analog zu den silikatischen Keramiken können die oxidischen Keramiken mit den gleichen Verfahren zu Formteilen verarbeitet werden. Dies führt jedoch zu ähnlichen Schwierigkeiten, die auf Grund des Schwundes bezüglich der Toleranz auftreten.

c) Nichtoxidische Keramiken

nichtoxidische Keramiken	Zu den nichtoxidischen Keramiken zählen Verbindungen wie Aluminiumnitrid (AlN), Bornitrid (BN) Siliziumcarbid (SiC), Titancarbid (TiC), Tantalcarbid (TaC) und Wolframcarbid (WC).

Anwendung in der MST	Diese Materialien werden als Hartstoffe für verschleißarme Bauteile verwendet oder werden bei extrem hohen Temperaturen technisch genutzt.
	In der Mikrosystemtechnik sind nur SiC und AlN von Bedeutung. Auf Grund der recht hohen Herstellungskosten der Ausgangsmaterialien ist deren Bedeutung aber z.Zt. nur sehr gering. Dabei wird SiC als Halbleitermaterial genutzt und AlN wird wegen seiner piezoelektrischen Eigenschaften und seiner hohen chemischen Beständigkeit als Wandlermaterial eingesetzt.

5.3.2   Piezoelektrischer Effekt

	Piezoelektrischer und inverser piezoelektrischer Effekt
piezoelektrischer Effekt	Piezoelektrische Materialien zeichnen sich dadurch aus, dass sie bei mechanischer Deformation im Innern eine Ladungstrennung zeigen, die sich extern an geeignet angeordneten Elektroden durch das Auftreten einer elektrischen Spannung bemerkbar macht. Man spricht in diesem Fall vom piezoelektrischen Effekt.
inverser piezoelektrischer Effekt	Der inverse piezoelektrische Effekt beschreibt die mechanische Deformation eines piezoelektrisch aktiven Körpers, wenn an diesen in geeigneter Weise eine elektrische Spannung angelegt wird. Die Grundlagen für das Verständnis dieses Verhaltens liegen in der Polarisation von dielektrischen Werkstoffen. Im Folgenden soll dies näher erläutert werden.
Piezoelektrika – Untergruppe der Dielektrika	Da piezoelektrische Materialien grundsätzlich Dielektrika sind, den Strom also nicht leiten, und Keramiken in der Regel ebenfalls Nichtleiter sind, da des Weiteren eine Vielzahl piezoelektrische Werkstoffe in ihrer Zusammensetzung den keramischen Materialien entsprechen, liegt es nahe, die piezoelektrischen Materialien innerhalb dieses Kapitels zu behandeln.

	Polarisation in Dielektrika
Polarisation in Dielektrika	Bringt man feste Materialien, die bei Raumtemperatur als Isolierstoffe angesehen werden, in ein elektrisches Feld $\bar{E}$, so kann man gegenüber dem vorherigen Zustand ohne Festkörper eine Veränderung der Größe der Kapazität feststellen. Offensichtlich ändert sich durch den eingebrachten Festkörper die Fähigkeit der Speicherung von Ladungen. Während die Verschiebungsstromdichte $\bar{D}$ unter Luft (Vakuum) sich nach (1) berechnet, nimmt diese Größe Werte nach (2) an, wenn sich Materie zwischen den Elektroden befindet.

$$\vec{D} = \varepsilon_0 \cdot \vec{E} \qquad\qquad (1)$$

$$\vec{D} = \varepsilon_0 \cdot \varepsilon_r \cdot \vec{E} = \varepsilon_0 \cdot \vec{E} + \vec{P} \quad (2)$$

Der zweite Term der Verschiebungsstromdichte aus (2) entspricht dabei der Polarisation $\vec{P}$. Nach Umstellen von (2) erhält man somit

$$\vec{P} = \varepsilon_0 \cdot \vec{E} \cdot \left(\varepsilon_r - 1 \right) \qquad\qquad (3)$$

Der Ausdruck in der Klammer $\left(\varepsilon_r - 1 \right)$ wird als die dielektrische Suszeptibilität bezeichnet und charakterisiert quantitativ die Fähigkeit der Polarisation des Festkörpers in äußeren elektrischen Feldern.

Was ist unter der Polarisation zu verstehen?

Bei allen Arten der Polarisation werden elektrische Dipole durch die Einwirkung äußerer elektrischer Felder erzeugt oder bereits vorhandene Dipole ausgerichtet.

In realen Festkörpern kann man im Wesentlichen 4 Polarisationsarten unterscheiden:

Verschiebungs-polarisation	Die eigentlich neutralen Festkörper besitzen keine Dipole, d.h. die unterschiedlichen Ladungsschwerpunkte liegen räumlich übereinander. Die Stoffe sind unpolar. Durch äußere elektrische Felder werden die Elektronenhüllen relativ zum Kern der Atome verschoben. Dies wird auch als *Elektronenpolarisation* P_e bezeichnet. Die Größe dieses Effektes ist an der Veränderung von ε_r messbar. Für typische Vertreter wie Edelgase, Molekülgase, CO_2 und PTFE kettenförmige Kohlenwasserstoffe liegt ε_r zwischen 2 und 3.
Elektronen-polarisation P_e	
Ionen-polarisation P_i	Bei unpolaren Ionenverbindungen, erfolgt eine Verschiebung der Ionen entsprechend dem äußeren elektrischen Feld. Man bezeichnet diese Art der Polarisation als *Ionenpolarisation* P_i. Die relative Dielektrizitätszahl ε_r kann Werte bis zu 80 einnehmen. Typische Vertreter sind NaCl, SiO_2 und andere.
Orientierungs-polarisation P_O	Befinden sich bereits unter Normalbedingungen Dipole innerhalb eines Festkörpers, so nennt man diesen *polar*. Die Dipole werden meist durch unsymmetrisch aufgebaute Molekülgruppen gebildet. Ohne äußere elektrische Felder sind diese Dipole zufällig ausgerichtet, so dass kein äußeres Dipolmoment messbar ist. Bei der Einwirkung elektri-

	scher Felder richten sich diese bestehenden Dipole mehr oder weniger stark aus. Bekannte Stoffe sind unter anderen H_2O und PVC.
Grenzflächenpolarisation P_{Gr}	Die *Grenzflächenpolarisation* P_{Gr} tritt auf, wenn der Festkörper über innere Grenzflächen verfügt. Als typische Stoffgruppe sind in diesem Fall polykristalline Materialien, z.B. Keramiken zu nennen. Bei dieser Art der Polarisation bilden sich an den inneren Grenzflächen des Festkörpers durch äußere Felder induzierte Raumladungen aus.
Anisotropie der Dielektrizitätszahl ε **mechanische Deformation im elektrischen Feld**	Die Polarisationsarten können in einem Festkörper nebeneinander auftreten. Auf Grund ihres universalen Charakters ist die Elektronenpolarisation immer vorzufinden. Generell gilt: $P_G = P_e + P_i + P_O + P_{Gr}$ Die bisher erläuterten Zusammenhänge sind für alle isotropen Medien gültig. Das heißt, alle dielektrischen Festkörper, die keine Richtungsabhängigkeit der Eigenschaften aufweisen, können mit Hilfe der oben gezeigten Gleichungen charakterisiert werden. Die Dielektrizitätszahl ($\varepsilon = \varepsilon_0 \cdot \varepsilon_r$) ist eine skalare Größe. Nun kann diese Annahme aber nur auf wenige Stoffe (amorphe Stoffe, nicht texturierte polykristalline Stoffe, dreidimensional vernetzte Polymere u.Ä.) beschränkt werden. In vielen Fällen sind die Eigenschaften der Stoffe richtungsabhängig, d.h. anisotrop. Damit wird aus der skalaren Größe ε ein symmetrischer Tensor $\underline{\varepsilon}$ mit $$\underline{\varepsilon} = \begin{matrix} \varepsilon_{11} & \varepsilon_{12} & \varepsilon_{13} \\ \varepsilon_{21} & \varepsilon_{22} & \varepsilon_{23} \\ \varepsilon_{31} & \varepsilon_{32} & \varepsilon_{33} \end{matrix}$$ Somit ergibt sich für die dielektrische Verschiebung $$\vec{D} = \underline{\varepsilon} \cdot \vec{E}$$ Wird nun ein derartig anisotroper Festkörper einem elektrischen Feld ausgesetzt, so können die auftretenden Polarisationsvorgänge zu Änderungen des Zustandes im Festkörper führen. Diese Zustandsänderungen können sehr vielfältig sein. Insbesondere können sich mechanische, elastische Deformationen einstellen – Effekte, die bei der direkten Umwandlung elektrischer in mechanische Energie genutzt werden können. Man bezeichnet die mechanische Deformation eines Festkörpers, wenn dieser einem elektrischen Feld ausgesetzt wird, als *inverser piezoelektrischer Effekt*. Dabei ist die Deformation der Höhe der angelegten Feldstärke proportional. Die Umkehrung dieses Effektes wird als piezoelektrischer Effekt bezeichnet. (griech.: pizein –drücken) Der piezoelektrische Effekt

ist in sehr starkem Maße mit der Polarisation verknüpft. Wird ein anisotroper, asymmetrisch aufgebauter Festkörper einer mechanischen Beanspruchung ausgesetzt, so tritt eine der Beanspruchung proportionaler Polarisation auf. Diese macht sich in Form einer Spannung bemerkbar, die zwischen zwei Elektroden an seiner Außenseite abgegriffen werden kann. Diese Zusammenhänge lassen sich in Form von Matrixgleichungen quantifizieren.

Für den piezoelektrischen Effekt gilt:

$$\begin{pmatrix} D_1 \\ D_2 \\ D_3 \end{pmatrix} = \begin{pmatrix} d_{11} & d_{12} & d_{13} & d_{14} & d_{15} & d_{16} \\ d_{21} & d_{22} & d_{23} & d_{24} & d_{25} & d_{26} \\ d_{31} & d_{32} & d_{33} & d_{34} & d_{35} & d_{36} \end{pmatrix} \cdot \begin{pmatrix} T_1 \\ T_2 \\ T_3 \\ T_4 \\ T_5 \\ T_6 \end{pmatrix} + \begin{pmatrix} \varepsilon_{11} & \varepsilon_{12} & \varepsilon_{13} \\ \varepsilon_{21} & \varepsilon_{22} & \varepsilon_{23} \\ \varepsilon_{31} & \varepsilon_{32} & \varepsilon_{33} \end{pmatrix} \cdot \begin{pmatrix} E_1 \\ E_2 \\ E_3 \end{pmatrix}$$

Oder in anderer Form:

$$\vec{D} = \underline{d} \cdot \underline{T} + \underline{\varepsilon} \cdot \vec{E}$$

Dabei beschreibt der erste Term die Ladungstrennung – infolge mechanischer Spannungen – und der zweite Term die dielektrischen Zusammenhänge. Die mechanischen Spannungen sind durch die Größen T gekennzeichnet. Für diese Größen gilt die folgende Vereinbarung: T_1, T_2, T_3 sind Normalspannungen im Festkörper in Richtung der Hauptkoordinaten ($T_1 = \sigma_1$, $T_2 = \sigma_2$, $T_3 = \sigma_3$). Die restlichen Komponenten des Spannungstensors sind Schubspannungen, wobei angenommen wurde, dass

$T_4 = \tau_{23} = \tau_{32}$

$T_5 = \tau_{13} = \tau_{31}$

$T_6 = \tau_{12} = \tau_{21}$

Die Piezomoduli in unterschiedliche Richtungen sind durch die Werte d_{ij} charakterisiert.

Bei mechanischer Beanspruchung der Festkörper kann man die angreifenden Kräfte in unterschiedliche Spannungsformen differenzieren. Die Dehnungen werden durch die Komponenten S_1, S_2, S_3 charakterisiert. Die Scherspannungen werden durch die Werte S_4, S_5 und S_6 wiedergegeben.

inverser piezoelektrischer Effekt

Unter diesen Bedingungen ergibt sich die vollständige Matrixgleichung für den inversen piezoelektrischen Effekt, also die mechanische Deformation infolge äußerer mechanischer und elektrischer Felder:

5 Basis-/Substratmaterialien

$$\begin{pmatrix} S_1 \\ S_2 \\ S_3 \\ S_4 \\ S_5 \\ S_6 \end{pmatrix} = \begin{pmatrix} s_{11} & s_{12} & s_{13} & s_{14} & s_{15} & s_{16} \\ s_{21} & s_{22} & s_{23} & s_{24} & s_{25} & s_{26} \\ s_{31} & s_{32} & s_{33} & s_{34} & s_{35} & s_{36} \\ s_{41} & s_{42} & s_{43} & s_{44} & s_{45} & s_{46} \\ s_{51} & s_{52} & s_{53} & s_{54} & s_{55} & s_{56} \\ s_{61} & s_{62} & s_{63} & s_{64} & s_{65} & s_{66} \end{pmatrix} \cdot \begin{pmatrix} T_1 \\ T_2 \\ T_3 \\ T_4 \\ T_5 \\ T_6 \end{pmatrix} + \begin{pmatrix} d_{11} & d_{21} & d_{31} \\ d_{12} & d_{22} & d_{32} \\ d_{13} & d_{23} & d_{33} \\ d_{14} & d_{24} & d_{34} \\ d_{15} & d_{25} & d_{35} \\ d_{16} & d_{26} & d_{36} \end{pmatrix} \cdot \begin{pmatrix} E_1 \\ E_2 \\ E_3 \end{pmatrix}$$

oder

$$\underline{S} = \underline{s} \cdot \underline{T} + \underline{d_t} \cdot \vec{E}$$

Der erste Term charakterisiert die mechanische Belastung. Im zweiten Term ist die Verknüpfung mit dem elektrischen Feld über die Piezomoduli gegeben.

Die elastischen Koeffizienten s_{ij} beschreiben dabei den Zusammenhang zwischen elastischer Deformation und mechanischen Spannungen. Die Kennzeichnung $\underline{d_t}$ steht für die transponierte Matrix der Piezomoduli. Eine umfassende Lösung dieser Gleichungssysteme ist außerordentlich aufwendig und nicht sinnvoll. Aus Gründen der Kristallsymmetrie sind viele der Koeffizienten oft gleich Null. Dadurch reduzieren sich die Gleichungssysteme häufig auf einfache arithmetische Beziehungen.

Beispiel Quarz

Für Quarz ergibt sich aus Gründen der Kristallsymmetrie folgende Charakteristik:

- Piezomoduli von 0 verschieden: d_{11}, d_{12}, d_{14}, d_{25}, d_{26}

- Beziehungen: $d_{12} = -d_{11}$

  $d_{25} = -d_{14}$
  $d_{26} = -2\,d_{11}$

Demzufolge vereinfachen sich die Matrixgleichungen für den inversen piezoelektrischen Effekt zu:

$S_1 = d_{11}\,E_1$
$S_2 = -d_{11}\,E_1$
$S_4 = d_{14}\,E_1$
$S_5 = -d_{14}\,E_2$
$S_6 = -2d_{11}\,E_2$

Für den piezoelektrischen Effekt kann geschrieben werden:

$D_1 = d_{11}\,T_1 - d_{11}\,T_2 + d_{14}\,T_4$
$D_2 = -d_{14}\,T_5 - 2d_{11}\,T_6$

5.3.3 Eigenschaften ausgewählter Piezoelektrika

Piezoelektrische Materialien

Ladungstrennung durch kristalline Asymmetrie

Piezoelektrische Materialien zeichnen sich dadurch aus, dass sie entweder permanente Dipole enthalten, die sich bei mechanischer Deformation ausrichten, oder dass durch die Deformation Dipole gebildet werden. In beiden Fällen kommt es zu einer Ladungsverschiebung, die bei geeigneter Elektrodenanordnung (in Richtung der Ladungsverschiebung) erfasst werden kann. Auf Grund der Asymmetrie der Materialien kommt es nur in einigen Richtungen zur Ladungsverschiebung.

Für die wichtigsten piezoelektrischen Materialien sind daher die wirksamen Piezomoduli d_{ij} in folgender Tabelle aufgelistet. PVDF ist als Polymermaterial in diese Tabelle zum Vergleich mit aufgenommen. Weitere Angaben zu diesem Material finden sich im Kapitel „Polymere".

piezoelektrische Moduli von ausgewählten Piezoelektrika

Material	$d_{ij}/10^{-12}$ As/N							$T_C/°C$
	d_{11}	d_{14}	d_{15}	d_{22}	d_{31}	d_{32}	d_{33}	
Quarz	2,31	-0,727	-	-	-	-	-	-
GaAs	-	-2,69	-	-	-	-	-	-
LiNbO$_3$	-	-	69,2	20,8	-0,85	-	6,0	1145
LiTaO$_3$	-	-	23,1	7,86	-3,11	-	8,9	603
ZnO	-	-	-8,3	-	-5	-	12,4	-
AlN	-	-	-	-	1,9	-	4,9	-
PZT	-	-	265...765	-	-60...-270	-	380...590	190...360
PVDF	-	-	-	-	18...28	0,9...4,0	-20...-35	170...200

T_C bezeichnet die Curie-Temperatur des jeweiligen Werkstoffes

Einkristalline Piezomaterialien Lithiumniobat

Als einkristalline Werkstoffe haben im Bereich der SAW-Bauelemente (SAW-Surface Acoustic Wave) Lithiumniobat und mit Abstrichen Lithiumtantalat Bedeutung erlangt. Als einkristalline Substrate unterscheiden sie sich deutlich in der Herstellung von Formteilen von den pulverförmigen Fertigungsverfahren. Einkristalle können mit Hilfe eines modifizierten Czochralski-Verfahrens gewonnen werden. Dazu werden die Materialien geschmolzen und Einkristalle aus der Schmelze gezogen. Die hohen Schmelztemperaturen erfordern spezielle Tiegelmaterialien, die mit der Schmelze keine Reaktion eingehen. So werden für LiNbO$_3$ (T_S = 1256°C) Platintiegel und für LiTaO$_3$ (T_S = 1774°C) Iridiumtiegel eingesetzt. Um Materialien mit ausgeprägt gleichsinniger Domänenstruktur zu erhalten, wird während des Kristallziehens zwischen dem Impfkristall und der Schmelze ein elektrisches Feld angelegt. Dadurch richten sich die Dipole in Feldrichtung aus. Im vorherigen Abschnitt „Polarisation in Die-

	lektrika" dieses Kapitels war auf die Bedeutung der Dipole bei piezoelektrischen Materialien näher eingegangen worden. Dieser Zustand wird „eingefroren" indem die Abkühlung unter die Curie-Temperatur bei angelegtem elektrischem Feld erfolgt. Nach dem Kristallziehen werden die Einkristalle, ähnlich wie Silizium, zerteilt und zu kreisförmigen Substraten weiterverarbeitet. Sie erhalten dabei auch polierte Oberflächen. Die Mikrostrukturierung dieser Substrate ist nicht vorgesehen. Sie dienen als Basis für Elektrodenstrukturen, um Oberflächenwellen in geeigneter Form zu detektieren. Gebräuchlich sind hier Interdigitalstrukturen wie im Bild gezeigt.
GaAs	Galliumarsenid verfügt als A^{III}-B^{V}-Halbleitereinkristall über anisotrope Eigenschaften. Diese zeigen sich auch in der nasschemischen Strukturierung. Auf Grund der Reaktionsträgheit der Elemente der III. Hauptgruppe und der Reaktionsfreudigkeit der Elemente der V. Hauptgruppe können Mikrostrukturen erzeugt werden, die ähnlich wie beim Silizium an den {111}-Ebenen, die durch das Gallium gebildet werden, einen natürlichen Ätzstopp zeigen. Da diese Ebenen im Gitter anders liegen als beim Silizium, können auch vom Si verschiedene Formen erzeugt werden. In Kombination mit den piezoelektrischen Eigenschaften des Materials lassen sich so aktive mikromechanische Strukturen herstellen [Hjo]. Nachteilig ist allerdings der deutlich höhere Preis der GaAs-Wafer gegenüber dem Silizium und der sehr kleine Piezokoeffizient d_{14}, der zudem noch einen Schereffekt charakterisiert und daher technisch schwer nutzbar ist.

	Quarz
SiO₂ in kristalliner Reinstform	Quarz ist ein natürlicher Werkstoff, der in hexagonaler Form kristallisiert. Quarz kommt natürlich als kristallisierte Form des SiO_2 vor. Typischer Vertreter ist der Bergkristall. Die Herstellung künstlicher Quarzkristalle ist aber auch im Hochdruckverfahren möglich. Dabei werden die Reaktion von Na_2CO_3 mit Bruchquarz und die Abscheidung von SiO_2 auf einem einkristallinem Keimling ausgenutzt. Diese Reaktion findet üblicherweise in Druckgefäßen bei etwa 100MPa und einer Temperatur zwischen 350°C am Kristall und 400°C in der Lösung statt.
Einsatz von Quarz	Die Symmetrie des Einkristalls ist außerordentlich gering. Die Eigenschaften des Materials sind daher in hohem Grade anisotrop. Auf Grund der Asymmetrie sind ausgeprägte piezoelektrische Eigenschaften vorhanden.

	Quarz wird daher seit langer Zeit als Resonatormaterial in technischen Applikationen, z.B. Uhren, verwendet. Die Kristallstruktur von Quarz ist nach [Dan] im Bild dargestellt. Quarzelemente werden aus natürlichem oder künstlich hergestelltem Quarz meist so herausgeschnitten, dass die für den jeweiligen Einsatzfall optimierten Eigenschaftskombinationen, z.B. großer Störwellenabstand oder geringer Temperaturkoeffizient der Frequenz, erzielt werden.
Eigenschaft unterschiedlicher Schnittebenen	Man unterscheidet in der Technik verschiedene Schnitte, wie den AT-Schnitt oder den Z-Schnitt, der für Anwendungen in der Mikrotechnik von Bedeutung ist. In der folgenden Tabelle werden daher die Eigenschaften immer bezüglich ihrer Lage zur Z-Achse charakterisiert.

Eigenschaft	‖ Z	⊥ Z
Dichte / g/cm^{-3}	\multicolumn{2}{c}{2,65}	
Wärmeleitfähigkeit / cal/cmsK	$2,9 \cdot 10^{-2}$	$1,6 \cdot 10^{-2}$
lin. Ausdehnungskoeff. /1/K	$7,1 \cdot 10^{-6}$	$13,2 \cdot 10^{-6}$
spez. Widerstand / $\square$cm	$1 \cdot 10^{14}$	$2 \cdot 10^{16}$
Dielektrizitätszahl ε_r	4,4	4,7
Glastemperatur T_G / °C	1.713	
Piezokoeffizient d_{11} / m/V	$2,3 \cdot 10^{-12}$	
Piezokoeffizient d_{14} / m/V	$-0,67 \cdot 10^{-12}$	

	Obwohl in der technischen Applikation die Resonatorstrukturen eine große Bedeutung besitzen, werden auch Applikationen in der Mikrotechnik vorgeschlagen, die die hervorragenden Eigenschaften von Quarz nutzen [Del, Dan]. Allerdings beziehen sich diese Vorschläge auf Bulk-Material und haben abgesehen von den weiteren Prozesstechniken mit der Dünnfilmtechnik nicht unmittelbar zu tun. Wegen seiner Bedeutung als piezoelektrisches Material und der Möglichkeit zu dessen Mikrostrukturierung ist aber Quarz in dieses Kapitel mit aufgenommen worden.
Strukturierung von Quarz	Die Strukturierung von Quarz kann sowohl auf der Basis nasschemischer als auch trockenchemischer Prozesse erfolgen.
a) nasschemische Prozesse	Nasschemische Verfahren bieten die Möglichkeit der isotropen und der anisotropen Strukturierung des Quarzes. Als Lösungsmittel werden entweder verdünnte HF oder eine Mischung aus HF und NH_4F (gepufferte HF) verwendet. Auf Grund der Anisotropie des Basismaterials unterscheiden sich die Ätzraten in unterschiedlichen Orientierungsrichtungen erheblich. Die z-Richtung wird bevorzugt geätzt, andere Richtungen im Kristall werden dagegen nur sehr schwach angegriffen. Die Ätzrate in z-Richtung liegt

	in einem Bereich zwischen 0,015μm/min und 0,16μm/min. Diese Werte sind, verglichen mit Silizium, bei dem mit einer Ätzrate von 1μm/min gerechnet werden kann, sehr niedrig und führen zu einer langwierigen Prozesstechnologie. In Abhängigkeit von der verwendeten Ätzlösung und unter Beachtung der Orientierungsrichtung können Unterschiede in der Ätzrate von 100 bis 1000 auftreten. Dies ist vergleichbar mit dem bekannten anisotropen Ätzverhalten von Silizium. Quarz kann ähnlich wie Silizium als Wafer bearbeitet werden. Als Maskierungsschichten werden Chrom-Gold-Metallschichten verwendet, die mit Hilfe von Verdampfungsverfahren hergestellt werden. Allerdings ist auf Grund der deutlich komplizierteren asymmetrischen Kristallstruktur des Quarzes die einfache Vorhersage der entstehenden Formen, wie beim Silizium, nicht möglich. Nur auf Grund experimenteller Erfahrungen lassen sich die entstehenden Strukturen vorhersagen.
b) trocken-chemische Prozesse	Trockene Strukturierungsverfahren können mit Hilfe von RIE-Prozessen durchgeführt werden. Man kann zwischen anisotropen und isotropen Verfahren unterscheiden. Während auf Basis von SF_6 als Ätzgas vorwiegend isotrope Ätzprofile erzeugt werden, bilden sich bei Nutzung von CHF_3 anisotrope Profile aus. Im isotropen Mode wird mit Al als Maskierungsschicht gearbeitet. Die maximal erreichbare Ätzrate beträgt ca. 2μm/min. Im anisotropen Mode wird Si als Maskierungsschicht verwendet, die Ätzrate liegt bei 150nm/min bei einer vergleichsweise geringen Selektivität von 5–10.
Nachteil von Quarz	Als sehr nachteilig für den Einsatz in der Mikrotechnik erweist sich die Verfügbarkeit des Materials. Obwohl Quarzsubstrate bis zu einem Durchmesser von 4" industriell gefertigt werden, liegt deren Preis auf Grund der geringen Absatzmöglichkeiten bei mehr als dem 10-fachen vergleichbarer Si-Substrate. Die Übertragung bekannter mikrotechnischer Strukturen von Silizium auf Quarz ist prinzipiell gelungen, bietet aber zurzeit noch keine wesentlichen Vorteile. Auf Grund seiner hohen Qualität und Stabilität in den Eigenschaften wird Quarz sicher auch in der Zukunft in einer Vielzahl technischer Applikationen genutzt werden. Der produktive Einsatz im Bereich der Mikrokomponenten bleibt dagegen aus ökonomischen Gründen sehr fraglich.

	Blei-Zirkonat-Titanat - PZT **($PbTiO_3$-$PbZrO_3$)**
polykristalline Piezomaterialien	Für die Mikrosystemtechnik sind aus der Gruppe der polykristallinen Werkstoffe nur das a) Blei-Zirkonat-Titan (PZT) und das b) Zinkoxid (ZnO) und bedingt auch das c) Aluminiumnitrid (AlN) von Bedeutung. Diese Materialien sind piezoelektrisch, außerdem ist das PZT auch ferroelektrisch. Für diese Materialien wurden verschiedene andere Methoden

entwickelt, um sie auch bei hohen Toleranzanforderungen einsetzen zu können. Dabei handelt es sich um spezifische Schichttechnologien, die es gestatten, das Material als Dünnfilm auf Substraten zu deponieren. Wesentliche Verfahren der hier verwendeten Dünnfilmtechnik sind:

das Katodenzerstäuben (sputtering) → PZT, ZnO, AlN

das spin-on-Verfahren auf Basis des Sol-Gel-Prozesses → PZT

das MOCVD-Verfahren → AlN

Die Vorteile dieser Verfahren liegen in ihrer Prozesskompatibilität zur Si-Einkristallbearbeitung. Auf die Details dieser Verfahren soll hier nicht näher eingegangen werden.

piezoelektrische Werkstoffe mit Perowskit-Struktur

Piezoelektrische Werkstoffe auf der Basis von Blei-Zirkonat-Titanat (PZT) sind polykristallin. Sie kristallisieren in Perowskit-Struktur. Historisch gesehen sind diese Werkstoffe Nachfolger von Bariumtitanat (Ba-TiO_3), das, verglichen mit PZT, nicht über die gleiche thermische Stabilität der piezoelektrischen Eigenschaften verfügt und auch die piezoelektrischen Eigenschaftskennwerte von PZT nicht erreicht. Gegenwärtig ist daher PZT das am meisten technisch genutzte piezoelektrische Material. Die große Anzahl verschiedener Typen von PZT-Keramiken entspricht den auf konkrete Applikationen zugeschnittenen Modifikationen des Basismaterials. Die Grundstruktur von PZT ist im nachfolgenden Bild gezeigt.

ferroelektrisches PZT

PZT ist ferroelektrisch, d.h. bei Unterschreiten der Curie-Temperatur T_C tritt eine spontane Polarisation auf. Damit verbunden ist die Deformation der einzelnen Kristallite im Verbundmaterial. Äußerlich ist das Material neutral, da die Ausrichtung der Domänen im Verbund stochastisch verteilt ist.

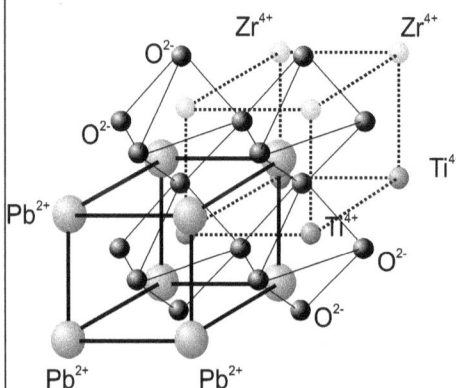

Unter dem Einfluss eines äußeren elektrischen Feldes erfolgt die Ausrichtung der Dipole entsprechend der Feldrichtung. Diese Ausrichtung ist mit der Deformation des Materials gekoppelt. Der Polarisationsvorgang wird häufig unter erhöhter Temperatur, aber bei $T < T_C$ durchgeführt. Nach Abschalten des elektrischen Feldes bleibt eine remanente Polarisation P_r erhalten. Das Material zeigt nach diesem Prozess auch piezoelektrische Eigenschaften. Wird ein der Polarisationsrichtung entgegengesetztes elektrisches Feld angelegt, so erfolgt eine Depolarisation.

	Wird die Feldstärke entgegen der Polarisation weiter gesteigert, können die Domänen umpolarisiert werden. Dieses Verhalten ist durch eine ausgeprägte Hysterese charakterisiert. Auf Grund der Ähnlichkeit dieses Verhaltens zu ferromagnetischen Werkstoffen im Magnetfeld werden diese Dielektrika als „Ferro"-Elektrika bezeichnet.
	PZT wird technisch in Form von keramischen Werkstoffen eingesetzt. Die hervorragende Bedeutung des Materials leitet sich aus dessen sehr großen piezoelektrischen Koeffizienten ab. Durch Variation unterschiedlicher Anteile des Komposits ist es möglich, Keramiken mit zugeschnittenen Werkstoffeigenschaften herzustellen. Für niedrigfrequente Anwendungen wird z.B. ein Werkstoff mit der Bezeichnung „PK 51" angeboten.
piezoelektrische Dünnschichten	Im Bereich der Mikrotechnik werden piezokeramische Werkstoffe seit langer Zeit in Form hybrider Strukturen eingesetzt. Insbesondere in der Mikrofluidik haben piezoelektrische Materialien als aktive Elemente für Pumpen und Ventile eine sehr hohe Bedeutung erlangt, die bereits zu technischen Applikationen geführt hat. Die Verwendung von PZT als Dick-/Dünnschichtmaterial blieb dagegen lange Zeit unbedeutend. Problematisch ist insbesondere die Verarbeitung der Ausgangsstoffe in Kombination mit Silizium. Brennprozesse, die zur Herstellung der keramischen Strukturen normalerweise erforderlich sind, führen zu einer erhöhten Diffusion der Kompositmaterialien und zur Ausbildung von Si-Metallverbindungen bzw. von SiO_2. Undefinierte Grenzflächeneffekte und spontane Legierungen erschweren eine kontrollierte Prozesstechnologie auf konventioneller Basis. Durch die Verwendung von diffusionsperrenden Materialien wie Ti und Pt konnten diese Nachteile überwunden werden. Allerdings werden die Prozesskosten dadurch gesteigert. Die Eigenschaften dünner PZT-Schichten sind ähnlich denen gesinterter PZT-Keramik. Als Piezokoeffizient wurde ein Wert von $d_{31} = -100 \cdot 10^{-12}$m/V ermittelt. Der Einfluss des nachträglichen Temperschrittes wirkt sich allerdings nur geringfügig auf die Verbesserung der Eigenschaften aus, so dass angenommen werden muss, dass sich die Perowskit-Struktur bereits während der Beschichtung ausbildet.
	Obwohl die Versuche zur Herstellung piezoelektrischer Schichten auf der Basis von PZT noch ganz am Anfang der Entwicklung stehen, wurde der Nachweis erbracht, dass es möglich ist, leistungsfähige piezoelektrische Werkstoffe mit Hilfe von mikroelektronikkompatiblen Technologien herzustellen und zu strukturieren. Daher wurden auch diese weitgehend singulären Resultate in diesem Kapitel mit aufgenommen.

Alternativ zur klassischen Sinter-Technologie ist die Nutzung von echten Dünnschichttechnologien eine Möglichkeit zur Verknüpfung von Silizium und PZT. Erste Untersuchungen zum Einsatz dünner PZT-Filme werden von Sakata [Sa1] beschrieben. PZT wird dabei mit Hilfe von Sputtertechnologien abgeschieden. PZT als reine Mischkomponente ist allerdings nur sehr schwer abzuscheiden, wenn nicht ein Mischtarget verwendet wird. Um die optimale Schichtzusammensetzung herauszufinden, kann mit segmentierten Targets gearbeitet werden. Dabei werden die Targetmaterialien so angeordnet, dass eine stöchiometrische Schichtzusammensetzung eingestellt werden kann. Die von [Sa2] beschriebenen Targets wurden dabei im folgenden Verhältnis segmentiert: Pb : Zr : Ti = 1 : 8 : 9. Die Beschichtung der Si-Wafer mit dem piezoelektrischen Material erfolgt,

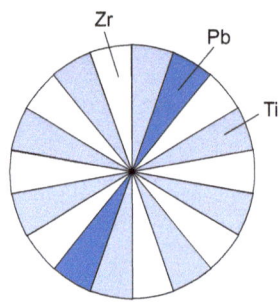

nachdem das Silizium zuvor mit einer Diffusionssperrschicht versehen wurde. Diese Sperrschicht ist erforderlich, um beim notwendigen Temperschritt nach der PZT-Beschichtung die Bildung von Siliziumdioxid oder anderen Si-Verbindungen zu verhindern. Als Sperrschicht wird eine Kombination aus 50nm Titan und 100nm Platin verwendet. Auf Grund der segmentierten Wahl des Targetmaterials muss der Sputterprozess reaktiv geführt werden, um die Bildung der jeweiligen Metalloxide zu gewährleisten. Als Prozessgase werden Argon und Sauerstoff verwendet. Da sich die Sputterfähigkeit der einzelnen Elemente deutlich unterscheidet, können folgende Verhältnisse der Abstäuberaten eingestellt werden:

Pb : (Zr + Ti) = 1 : 1
Zr : Ti = 45 : 55

Nach der Beschichtung erfolgte das Tempern des Materials, um die Ausbildung der Perowskit-Struktur zu ermöglichen. Die Temperaturen liegen dabei im Bereich von 700°C. Typische Prozessparameter zur Herstellung von PZT-Dünnfilmen sind in der nachfolgenden Tabelle zusammengefasst.

Sputter-bedingungen	Druck / mTorr	10
	Ar-Flußrate / sccm	12,5
	O_2-Flußrate / sccm	37,5
	Temperatur / °C	425
	RF-Leistung / W	350
	Sputterrate / nm/min	50
Temper-bedingungen	Aufheizrate / K/s	0,05
	max. Temperatur / °C	700
	max. Verweildauer bei T_{max} / s	600
	Atmosphäre	O_2, Ar

Sputter-bedingungen	Ein weiteres Verfahren zur Herstellung von PZT-Schichten ist die Sol-Gel-Technik. [Lee] Dieses Verfahren besitzt gegenüber den Sputterverfahren deutliche Kostenvorteile bei gleichzeitiger Möglichkeit der Herstellung relativ dicker Schichten (> 2µm). Bei diesem Verfahren werden, ähnlich wie bei der Sputtertechnik zunächst diffusionssperrende Schichten (TIO_2-Ti-Pt) erzeugt, die als Elektrodenmaterial dienen und auf die das PZT als Percursorlösung aufgetragen wird. Nach Auftragen des PZT-Sols erfolgt dessen Dehydrierung und die Umwandlung zum Gel. Dieser Vorgang wird mehrfach wiederholt, um eine maximale finale Endschichtdicke zu realisieren. Nach der letzten Sol-Beschichtung erfolgt dann der Brennprozess bei Temperaturen von 700°C–900°C. Dabei kommt es zu erheblichem Materialschwund und zur Ausbildung mechanischer Spannungen in der Schicht. Bei Schichtdicken < 3µm können diese Spannungen von der Schicht aufgenommen werden. Größere Schichtdicken führen meist zur Spannungsrissbildung.
Sol-Gel-Technik	
Strukturierung von PZT	Die Strukturierung der PZT-Schichten ist ein wesentliches Kriterium für deren Einsatz in der Mikrotechnik. PZT kann mit Hilfe trockenchemischer und nasschemischer Verfahren mit hohem Fluoranteil strukturiert werden. Bei nasschemischen Verfahren kann konzentrierte HF (49%) eingesetzt werden [Tan]. Als Maskierung dienen Metallschichten auf der PZT-Schicht. Häufig wird dazu die Deckelektrode aus Pt genutzt. Mit Hilfe von RIE-Prozessen kann PZT im Temperaturbereich von −100°C und unter Verwendung von CHF_3 ebenfalls strukturiert werden. Als geeignetes Maskierungsmaterial hat sich dabei Nickel mit einer relativ hohen Selektivität von 4:1 herausgestellt.

Zinkoxid (ZnO)

Eigenschaften von Zinkoxid	Zinkoxid ist ein sehr weit verbreitetes Material. Es wird in technischen und medizinischen Produkten, in der Gummi- und Farbherstellung und vielen anderen Bereichen eingesetzt. Seine thermischen und optischen Eigenschaften sind nichtlinear. Es ändert den Brechungsindex im elektrischen Feld, ist fotoluminiszent, als aktives Sensormaterial (Gassensoren) sehr gefragt, besitzt piezoelektrische Eigenschaften und gehört zur Gruppe der A^{II}-B^{VI}-Verbindungshalbleiter. ZnO ist ein kristallines Material, das hexagonal im Wurzitgitter kristallisiert (siehe Bild).

Zink
Sauerstoff

Weitere wesentliche Eigenschaften sind in der Tabelle aufgelistet.

Dichte	$5{,}68 \text{ g/cm}^3$
Gitterkonstanten	$a = 0{,}325$
	$c = 0{,}52$
Wärmeleitfähigkeit	$0{,}54 \text{ W/cmK}$
lineare thermische Ausdehnung	$9 \cdot 10^{-6} \text{ K}^{-1}$
Brechungsindex	$1{,}99 \ldots 2{,}1$
Schmelzstemperatur	$2400°C$
Sublimationstemperatur	$1800°C$
Dielektrizitätszahl ε_3	$10{,}3$

Vor- und Nachteile von ZnO

ZnO ist auch für die Mikrosystemtechnik ein sehr herausforderndes und interessantes Material. Neben dem Einsatz als aktives Material in Mikrosensoren kann es auch als piezoelektrisches Material in Mikroaktoren angewendet werden. Vorteilhaft ist die Möglichkeit, ZnO als Schichtmaterial in die Si-Technik zu integrieren, ohne dabei aufwändige Brennprozesse einsetzen zu müssen. Nachteilig ist das Leitungsverhalten von ZnO, das als Halbleiter den Aufbau stationärer elektrischer Felder einschränkt.

In der Mikroaktorik werden relativ niedrigfrequente Bewegungen (bis zu wenigen kHz) gefordert. Diese können nur dann mit Hilfe piezoelektrischer Energiewandler realisiert werden, wenn die Ladungen auf den Elektroden nicht zu schnell durch innere Leitungseffekte des Piezomaterials abfließen. Die minimale Betriebsfrequenz f_{min} (Cut-off-Frequenz) eines piezoelektrischen Antriebssystems berechnet sich zu:

Cut-off-Frequenz

$$f_{min} = \varepsilon_r \cdot \varepsilon_0 \cdot \rho$$

mit ε_r = relative bzw. ε_0 absolute Dielektrizitätskonstante des Piezomaterials und ρ = spezifischer elektrischer Widerstand des Piezomaterials.

Für Frequenzbereiche um 10Hz werden für ZnO demzufolge spezifische Widerstandswerte $> 10^{11}\Omega$cm gefordert. Die Herstellung derartig hochohmiger Schichten konnte bisher nur mit Hilfe von CVD-Prozessen (meist MOCVD-Prozesse) und einer anschließenden Dotierung (Cu) oder einem nachgelagerten Temperprozess realisiert werden. Diese Prozesse sind nicht unproblematisch und erfordern große Prozesszeiten. Des Weiteren ist die exakte Reproduzierbarkeit der Schichteigenschaften nicht immer gewährleistet. Daher wurde versucht, ZnO-Schichten mit Hilfe von Sputtertechniken (HF) herzustellen. Mit dieser Technologie konnten nur Schichten mit einem sehr hohen Texturierungsgrad erzeugt werden. Dabei steht die c-Achse (<002>-Richtung) der sich bildenden Kristallite nahezu senkrecht auf der Substratoberfläche. Die elektrische Leitfähigkeit ist aber, durch

5 Basis-/Substratmaterialien

	den Einbau von atomarem Zink, entlang dieser Achse sehr hoch ($\rho \approx 10^6$ Ωcm).
	Zur Steigerung des spezifischen Widerstandes der Schichten wurde daher eine modifizierte Sputtertechnik auf der Basis der folgenden Modellvorstellungen entwickelt.
allgemeines Wachstumsmodell dünner Schichten beim Sputtern	Das Wachstum dünner Schichten kann in drei verschiedene Phasen unterteilt werden [Tho]: 1. Nukleation und Koaleszenzen 2. Horizontales Wachstum der Koaleszenzen und Bildung einer geschlossenen Schicht 3. Vertikales Wachstum der geschlossenen Schicht Während in den ersten beiden Phasen keine Vorzugsorientierung zu verzeichnen ist, setzt sich in der 3. Phase die am schnellsten wachsende Kristallorientierung gegenüber allen anderen durch. Für diese Phase wurde der Begriff vom „Überleben der Schnellsten" (der am schnellsten wachsenden Orientierung) geprägt. Bestimmende Parameter für das Schichtwachstum sind die Temperatur des Substrates, die Energie der auftreffenden Teilchen und die Wechselwirkungsvorgänge an der Substrat- bzw. späteren Filmoberfläche. Durch diese Parameter werden in entscheidendem Maße die Morphologie der Schicht und die Form der sich ausbildenden Kristallite bestimmt. Die Ausbildung einer Textur in der 3. Phase des ZnO-Schichtwachstums ist aber auch mit dem Anstieg der elektrischen Leitfähigkeit verbunden. Findet man Möglichkeiten, die sich nach den Wachstumsregeln zwangsläufig einstellende Ausrichtung der Kristallite zu verhindern, so kann man Schichten erhalten, die nicht in der bekannten Weise texturiert sind, aber auf Grund der Korngrenzen zwischen den Kristalliten einen hohen elektrischen Widerstand aufweisen.
Sandwichstruktur von ZnO-Schichten	Nach diesem Wachstumsmodell kann ein nichtorientiertes Schichtwachstum dann erreicht werden, wenn nach Ablauf der Phase 2 oder während der Phase 3 das Schichtwachstum unterbrochen wird und folgende Prozessschritte eingeleitet werden: 1. Auf die gebildete ZnO-Schicht wird eine Zwischenschicht mit einer völlig anderen Morphologie aufgebracht. Die Zwischenschicht dient wiederum als Basis für eine nächste ZnO-Schicht (Bild a)). 2. Der gebildeten Schicht wird so viel Energie entzogen, dass beim erneuten Starten des Sputtervorganges wieder eine Nukleationsphase einsetzen muss (Bild b)). 3. Die gebildete Schicht wird angeätzt, so dass neue Keimbildungszentren gegenüber vorbestimmten Wachstumsorientierungen dominieren (Bild b)).

 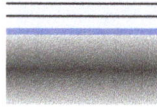

a)   b)

In allen Fällen ergibt sich eine Sand-wich-Struktur der Schicht. Im ersten Fall erhält man eine heterogene, im zweiten und dritten Fall eine homogene Struktur.

Herstellung von ZnO-Schichten

ZnO-Schichten können mit Hilfe von Sputterverfahren abgeschieden werden. Dabei kann unter Nutzung von Ar als Sputtergas vom ZnO-Target gesputtert werden. Wegen der geringen Leitfähigkeit des Targetmaterials ist ein Sputtern im HF-Betrieb sinnvoll.

Sputtern im Gleichstrom-Betrieb ist unter Nutzung eines reinen Zink-Targets möglich. Dabei muss allerdings mit Sauerstoff als Prozessgas gearbeitet werden, um die Bildung von ZnO auf dem Substrat anzuregen. Durch Zugabe von Ar zum Prozessgas können die Schichtspannungen auf dem Substrat in Grenzen beeinflusst werden. Typische Prozessbedingungen sind als Beispiel in der Tabelle aufgelistet.

Target	Zink, Reinheit 5N, Durchmesser = 8"
Sputter-Mode	bottom-up, HF (13,56MHz), Magnetron
Abstand: Target – Substrat	65 mm
Gas	80% Sauerstoff, 20%Ar
Gasfluss	24 Sccm
Druck während des Prozesses	0,86 Pa
Temperatur am Substrathalter	22 °C

Mit der Zielstellung, Schichten ohne eine senkrechte Orientierung der c-Achse herzustellen, kann man nach den oben geschilderten Methoden 2. oder 3. arbeiten.

Da eine theoretische Vorhersage der notwendigen Energiefluktuation an der Substratoberfläche zur Initialisierung einer erneuten Nukleationsphase nicht möglich ist, können durch Variationen des Zeit-Leistungs-Regimes Sputterbedingungen eingestellt werden, bei denen ein texturiertes Wachstum der Schichten stark eingeschränkt ist. Die Zunahme der Schichtdicke während des Sputterprozesses und der damit verbundene verringerte Wärmeübergang zum Substrathalter und damit ein schlechterer Energieentzug sind dabei zu berücksichtigen. Möglich wird dies, indem mit zunehmender Prozessdauer die Sputterzeit t_S oder die Plasmaleistung P verkleinert bzw. die Zeit zwischen den Sputterzyklen, die Pausenzeit t_P, vergrößert werden. Die typischen Prozessvarianten sind schematisch im Bild gezeigt.

	Nachteilig sind bei diesen Prozessen die zunehmende Prozessdauer bzw. das abnehmende Schichtwachstum.

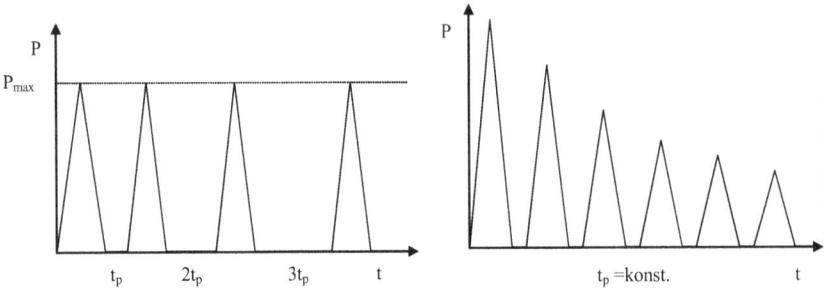

Eigenschaften reaktiv gesputterter ZnO-Schichten	Mit Hilfe der Prozessmodifikationen können ZnO-Schichten erzeugt werden, die eine schwach ausgeprägte <101>-Orientierung aufweisen. Diese schwache Orientierung ist mit dem Diffraktogramm polykristalliner ZnO-Schichten vergleichbar. Die elektrischen Eigenschaften der erzeugten Schichten sind in der folgenden Tabelle angegeben. Schichten mit einer starken <002>-Orientierung besitzen erwartungsgemäß einen geringen spezifischen elektrischen Widerstand und zeigen auch bezüglich der piezoelektrischen Eigenschaften deutliche Nachteile. Die Schichten bilden nur eine sehr schwache Textur aus.

Orientierung	ρ / Ωcm	e_{31} / As/m^2	d_{31} / m/V
<002>	$5{,}0 \cdot 10^5 - 3{,}6 \cdot 10^7$	0,05	$0{,}1 \cdot 10^{-12}$
<101>	$1{,}1 \cdot 10^{11} - 2{,}0 \cdot 10^{11}$	0,46 –0,87	$-2{,}0 \cdot 10^{-12\dots} -3{,}8 \cdot 10^{-12}$

	Interessant sind dabei die erreichten spezifischen Widerstandswerte von $>10^{11}\Omega$cm. Damit ist der Einsatz in niederfrequenten Mikroaktorsystemen grundsätzlich gegeben.

Strukturierung von ZnO	Die Strukturierung von ZnO kann nass- oder trockenchemisch erfolgen. Bei der nasschemischen Strukturierung können folgende Ätzlösungen verwendet werden [Vel]:

Ätzlösung	Zusammensetzung	Ätzrate in µm/min
HCl	1%-ig	10
$NH_4Cl:NH_4OH:H_2O$	6g:4ml:30ml	0,5
$H_3PO_4:CH_3COOH:H_2O$	1ml:1ml:10ml	1,5
$H_3PO_4:CH_3COOH:H_2O$	1ml:100ml:100ml	0,8

	Zur trockenchemischen Strukturierung von ZnO werden chlorhaltige Gase eingesetzt. Beste Ergebnisse erzielt man mit CCl_2F_2. Als Maskierungsmaterialien eignen sich nur Werkstoffe, die von den Ätzlösungen bzw. –gasen nicht angegriffen werden.

Aluminiumnitrid (AlN)

Vorteile von AlN	Da ZnO eine Reihe von Schwierigkeiten in der Bearbeitung und seiner chemischen Beständigkeit aufweist, ist die Suche nach anderen, möglicherweise optimal auf den Anwendungsfall zugeschnittenen Materialien, ein zwangsläufige Konsequenz. Als eine Alternative wurde sehr bald Aluminiumnitrid (AlN) angesehen. Dieses Material besitzt z.T. hervorragende physikalische Eigenschaften, wie große Härte, chemische und thermische Stabilität, und wird schon seit einiger Zeit als Keramikwerkstoff eingesetzt. Aus stofflichen Untersuchungen ist bekannt, dass AlN auch über piezoelektrische Eigenschaften verfügt. AlN ist ein halbleitender Werkstoff der AIII-BV-Gruppe und daher in seinen Eigenschaften ein wenig dem GaAs ähnlich. Es kristallisiert im Wurzitgitter. Typische Eigenschaftsparameter sind in der Tabelle aufgezeigt.

Dichte	$3,26$ g/cm^3
Gitterkonstanten	$a = 0,311$ nm
	$c = 0,498$ nm
spez. elektrischer Widerstand	$10^3 - 10^6$ Ωcm
Wärmeleitfähigkeit	$3,2$ W/cmK
lin. thermische Ausdehnung	$3,1 \cdot 10^{-6}$ K^{-1}
Brechungsindex	$1,99$
Zersetzungstemperatur	$2400°C$

piezoelektrische Eigenschaften von AlN	Die piezoelektrischen Eigenschaften von AlN sind nicht ganz so gut, wie die von ZnO. Andererseits konnten bei diesem Material im Resonatorbetrieb Wellengeschwindigkeiten in der Größe von 5650ms^{-1} ermittelt werden, was zu einem bevorzugten Einsatz im Hochfrequenzbereich (GHz) führt. Die bevorzugten Einsatzgebiete von AlN sind, historisch bedingt, somit in der SAW-Technik im HF-Bereich zu finden. Niedrigfrequenzanwendungen wurden bislang nicht untersucht, obwohl bei dem nutzbaren piezoelektrischen Koeffizienten $d_{31} = -1,9 \cdot 10^{-12}$m/V keine

	größeren Differenzen zu (ZnO d_{31}= $-5{,}2 \cdot 10^{-12}$ m/V) auftreten. Offensichtlich bereiten die Möglichkeiten der Herstellung und Strukturierung des Materials wesentlich größere Schwierigkeiten als beim ZnO.
Herstellung von AlN-Schichten	Als Herstellungsverfahren für AlN-Schichten werden im Wesentlichen CVD-Techniken beschrieben. Ein CVD-Prozess nutzt die Reaktion von Aluminiumhalogeniden mit Ammoniak unter Bildung von AlN. Die Reaktion verläuft nach der Beziehung $AlX_3 + 2NH_3 \rightarrow AlN + 2HX + NH_4X$ wobei X für Cl, Br, bzw. J stehen kann. Die Reaktion selbst findet in der Gasphase statt, wobei als Trägergas H_2 verwendet wird. Die Abscheidung von AlN erfolgt auf den vorgeheizten Substraten. Als Substrattemperaturen sind Werte von > 1000°C üblich. Mit sinkender Substrattemperatur reduziert sich die Abscheiderate linear. Bei einer Substrattemperatur von 1250°C wurde eine Abscheiderate von 15μm/h auf Saphir ermittelt. Bei 550°C beträgt die Abscheiderate nur noch 2,5μm/h. Weitere Verfahren verwenden anstelle von $AlCl_3$, das sehr hygroskopisch ist, eine pyrolytische Zersetzung des $AlCl_3 \cdot 3NH_3$ -Komplexes. Diese Reaktion verläuft nach: $AlCl_3 \cdot 3NH_3 \rightarrow AlN + 3HCl + 2NH_3$ Die Abscheideraten auf Si-Scheiben liegen, abhängig von der Prozesstemperatur, in einem Bereich zwischen 0,5μm/h und 4,5μm/h. Nachteilig ist in allen Fällen die Verunreinigung der Schichten mit Halogen- und Sauerstoffverbindungen, wobei Letztere aus den Wandungen der Prozesskammer (Quarz) freigesetzt werden. Nachteilig ist auch die relativ hohe Prozesstemperatur, bei einer vertretbaren Abscheiderate. Als Alternative dazu wird daher auch mit CVD-Verfahren auf der Basis metallorganischer Verbindungen gearbeitet. Diese MOCVD-Verfahren (**M**etal **O**rganic **C**hemical **V**apour **D**eposition) erlauben die Herstellung von AlN-Schichten mit höchster Reinheit. Die extrem hohe Toxizität des verwendeten Precursors TMA, stellt allerdings erhebliche Sicherheitsansprüche an die gesamte Anlagentechnik. Der Precursor TMA (**Tri****M**ethyl**A**luminium) reagiert in diesem Verfahren mit Ammoniak. Dabei läuft folgende Reaktion ab: $(CH_3)_6Al_2 + 2NH_3 \xrightarrow{\ 258K\ } 2(CH_3)_3Al:NH_3$ $(CH_3)_3Al:NH_3 \xrightarrow{\ 1473K\ } AlN + 3CH_4$

	Das Trägergas ist auch in diesem Fall H_2. Die erreichbare Abscheiderate beträgt etwa 3μm/h. Niedrigere Prozesstemperaturen sind möglich, wenn die Pyrolyse des zyklisch aufgebauten Dimethylaluminiumamid ($[(CH_3)_2AlNH_2]_3$) genutzt wird.

Die Reaktion dabei ist:

$$\left[(CH_3)_2 AlNH_2\right]_3 \xrightarrow{\text{673K}} 3AlN + 6CH_4$$

Bei 800°C Substrattemperatur sind Abscheideraten von 0,2μm/h auf Silizium erreichbar. Diese geringen Abscheideraten bei niedrigen Temperaturen sind im Blick auf eine effektive Prozesstechnik außerordentlich problematisch. Daher wurde auch versucht, Schichten mit Hilfe von Sputtertechnologien zu erzeugen. Als Target wird dazu reines Aluminium verwendet, das entweder in einer reinen N_2-Atmosphäre oder in einem Gasgemisch aus N_2 und Ar gesputtert werden kann. Die erreichbaren Abscheideraten liegen im Bereich von 0,2μm/h bis 0,8μm/h. Die erzeugten Schichten sind in jedem Fall texturiert. |
| **Strukturierung von AlN** | Die Strukturierung von AlN ist auf Grund seiner hohen chemischen Beständigkeit ein technisches Problem. Als Ätzlösung kann 85%-H_3PO_4 verwendet werden. Die Ätzrate liegt bei einer Temperatur von 65°C bei etwa 20nm/min. Unter 50°C ist die Ätzrate praktisch vernachlässigbar. Mögliche Ansätze werden in einer Laserstrukturierung gesehen, die aber den Nachteil einer seriellen Bearbeitung in sich birgt. |

Merke

Keramiken besitzen polykristalline Struktur.

Unterscheidung
  a) silikatischen Keramiken
  b) oxidischen Keramiken
  c) nichtoxidischen Keramiken

Mikrostrukturen aus silikatischer Keramik durch
  Schlickergießen   )
  Spritzgießen   }   + Brennen
  Extrudieren   )

Nachteil: hoher Volumenschwund durch Brennprozess

Nichtoxidische Keramiken haben in der Mikrotechnik bislang wenig Bedeutung

Oxidische Keramiken werden in der Mikrotechnik als piezoelektrische Wandlermaterialien eingesetzt.

Ursache der Piezoelektrizität
Asymmetrien im Kristallgitter von Dielektrika
- Piezoelektrischer Effekt → mechanische Deformation führt zu elektrischem Feld → Einsatz in der Sensorik oder Generatorik
- inverser piezoelektrischen Effekt → elektrisches Feld führt zu mechanischer Deformation,
  - Kenngröße für den Einsatzfrequenzbereich → Cut-off-Frequenz → Einsatz in der Aktorik

In MST sind von Bedeutung:
- Blei-Zirkonat-Titan (PZT),
  Herstellung von PZT-Schichten:
  - Sputtern,
  - Sol-Gel-Technik
  Strukturierung von PZT:
  Nass- oder trockenchemisch

- Zinkoxid (ZnO)
  Herstellung von ZnO-Schichten:
  - Sputtern, auch reaktiv
  Strukturierung von ZnO-Schichten:
  Nass- oder trockenchemisch

- Aluminiumnitrid (AlN)
  Herstellung von AlN-Schichten:
  - CVD, MOCVD, Sputtern
  Strukturierung von AlN-Schichten:
  - Nasschemisch
  - Laser

- Quarz (SiO_2)
  natürlich oder künstlich in Substratform, einkristallin, sehr kostenintensives Grundmaterial
  grundsätzlich mikrostrukturierbar
  nass- und trockenchemisch
  schlechte piezoelektrische Eigenschaften

Literatur

[Ash]   Ashby, M.; Jones, D.; Heinzelmann, M.: Werkstoffe 2: Metalle, Keramiken und Gläser, Kunststoffe und Verbundwerkstoffe; Spektrum Akademischer Verlag, 2006

[Dan]   Danel, J. Delepierre, G.: Quartz: A material for microdevices; in: Journal of Micromech. Microeng., No.1, 1991, 187–198

[Del]   Delapierre, G.: Micro-machining: A survey of the most commonly used processes; in: Sensors & Actuators, 17(1989), 123–138

[Hjo]   Hjort, K.: Gallium Arsenide Micromechanics; Diss. Univ. Uppsala, 1993

[Hor]   Hornbogen, E.: Werkstoffe: Aufbau und Eigenschaften von Keramik-, Metall-, Polymer- und Verbundwerkstoffen; Springer, Berlin, 2006

[Lee]   Lee, S. et al.: Thickness Dependence of the Electrical Properties for PZT Films; in: Journal of the Korean Physical Society, Vol. 35, 1999, 1172–1175

[Sa1]   Sakata, M. et al.: Sputtered high d_{31} coefficient PZT thin film for microactuators MEMS; in: Proceedings San Diego, Vol. 96, 1996, 263–266

[Sa2]   Sakata, M.; Wakabayashi, S. et al.: T. Pb-based ferroelectric thin film actuator for optical applications; in: MST '94, Technical Digest, 1994, 1063–1072

[Tan]   Tanaka, T.; Li, X.A.: Structural and Ferroelectrical Properties of (111) Oriented Lead Zirconate Titanate Thick Films for Microultrasonic Sensors; in: Sensors and Materials, Vol. 14, No. 7, 2002, 373–385

[Tho]   Thornton, J.: High Rate Thick Film Growth; in: Ann. Rev. Mater. Sci., No. 7, 1977, 239–260

[Vel]   Vellekoop, M.; et al.: Compatibility of Zinc Oxide with Silicon IC Processing; in: Sensors and Actuators, A21–A23, 1990, 1027–1030

5.4 Metalle

Schlüsselbegriffe

	Allgemeines zu Metallen, Leitermaterialien, Metalle als Konstruktionswerkstoffe, Mikrostrukturierung von Metallen, Herstellung dünner Metallschichten mit Verdampfungstechniken, Herstellung dünner Metallschichten mit Sputtertechniken, Haftung metallischer Schichten, Ätzverfahren, nasschemische Strukturierung, Strukturierung mit Lift-off-Technik, Aufwachsen anstatt Ätzen, Strukturierung mit Hilfe galvanischer Prozesse, Eigenschaften metallischer Werkstoffe, weitere Leiterwerkstoffe, Poly-Silizium

Leiter- und Strukturwerkstoffe

Allgemeines zu Metallen	Metalle dienen vorrangig der Leitung elektrischer Signale. Sie werden daher in Mikrokomponenten auch dort eingesetzt, wo ein Strom fließen soll oder wo elektrische Felder erzeugt werden sollen. Um die mit der Stromleitung verbundenen Verluste möglichst klein zu halten, werden Leiterwerkstoffe mit kleinen spezifischen Widerstandswerten bevorzugt. Daher ist es verständlich, dass die Leitermaterialien denen der Mikroelektronik gleichen. Ohne die Reihenfolge ihrer Bedeutung zu kennzeichnen lassen sich folgende Leitermaterialien identifizieren: Aluminium, Kupfer, Gold, Platin, Chrom, Nickel, Palladium, Molybdän, Titan.
Leitermaterialien	
Metalle als Konstruktionswerkstoffe	Neben der Leitung des elektrischen Stromes eignen sich Metalle auch als Konstruktionswerkstoffe. Sie können verschiedene dreidimensionale Strukturen wie z.B. Membranen bilden. Sie können aber auch als mikrostrukturierte Stützelemente oder Formteile für die Abformtechnik eingesetzt werden. In Kombination mit anderen Werkstoffen können sie thermoelektrische Effekte zeigen oder in der thermomechanischen Energiewandlung von Nutzen sein.
Mikrostrukturierung von Metallen	Metalle besitzen sehr häufig eine polykristalline Morphologie. Bei der Mikrostrukturierung von Metallen kann man drei wesentliche Verfahren erkennen. Die subtraktive Strukturierung mit Hilfe von Ätztechniken (1), die subtraktive Strukturierung mit Hilfe spanabhebender Techniken (2) und die additive Strukturierung mit Hilfe galvanischer Abscheidetechniken (3). Die in der Mikrosystemtechnik sehr häufig verwendeten metallischen Schichten werden in der Regel mit Ätzverfahren strukturiert.

	Metallische Schichten
Herstellung dünner Metallschichten mit Verdampfungstechniken	Dünne metallische Schichten lassen sich im Wesentlichen mit PVD-Verfahren herstellen. Das thermische Verdampfen von Metallen ist ein bewährtes Verfahren, bei dem die zu verdampfenden Metalle durch einen Stromfluss erhitzt werden, schmelzen und schließlich verdampfen. Diese Methode findet vor allem bei niedrigschmelzenden Metallen, wie Al, Ag, Au, Cu und Ni Anwendung. Die Metalle werden dazu in Schiffchen oder Drahtwendeln aus höchstschmelzendem Wolfram deponiert. Höherschmelzende Metalle, wie Pt, Cr, Ti, Mo oder W können mit dieser Methode nicht verdampft werden. In diesen Fällen kann die Verdampfung mittels Elektronenstrahl erfolgen. Dabei wird ein Elektronenstrahl auf einen Tiegel fokussiert, in dem sich das zu verdampfende Metall befindet. Die thermische Belastung der Substrate ist bei diesen Verfahren sehr gering, da sich diese relativ weit entfernt von der Schmelzzone befindet. Da die thermische Verdampfung eine Richtcharakteristik aufweist, können Strukturkanten auf dem Substrat insbesondere bei tiefen Strukturen zur Schattenbildung führen. Dadurch werden nicht alle Bereiche des Substrates beschichtet.
Herstellung dünner Metallschichten mit Sputtertechniken	Metalle lassen sich auch sehr gut mit Hilfe der Sputtertechnik abscheiden. Dabei kann mit Gleichstromsputteranlagen gearbeitet werden. Zur Steigerung der Sputterrate werden oft Magnetrons eingesetzt. Das Beschichtungsmaterial (Target) befindet sich auf Kathodenpotential und wird durch im E-Feld beschleunigte Ionen und Neutralteilchen abgestäubt. Als Prozessgas findet vorwiegend Argon Anwendung. Diese Methode liefert hochreine Schichten auf dem Substrat, das sich in einer Entfernung von 3cm…6cm zum Target befindet. Durch Heizung der Substrate können die Schichthaftung verbessert und die Ausbildung einer kristallinen Morphologie unterstützt werden. Im Gegensatz zur thermischen Verdampfung treten bei diesem Verfahren keine Schattenwirkungen auf.
Haftung metallischer Schichten	Die Haftung metallischer Schichten auf Si oder SiO_2 ist nicht gleich. Gute Haftungseigenschaften zeigen Al, Cr und Ti. Bei Metallen mit schlechten Haftungseigenschaften (Au, Pt, Cu usw.) erfolgt daher zuerst eine Beschichtung mit einem gut haftenden Metall und anschließend die Beschichtung mit dem gewünschten Metall.

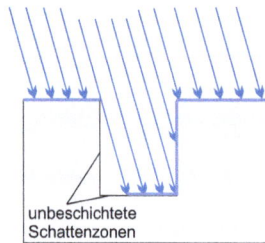

unbeschichtete Schattenzonen

	Mikrostrukturierung metallischer Schichten
Ätzverfahren	Metalle können mit Hilfe nass- und trockenchemischer Ätzverfahren strukturiert werden. Allerdings ist die Strukturierung edler Metalle sehr

schwierig, da sie sehr reaktionsträge sind. Unedlere Metalle lassen sich hingegen relativ einfach strukturieren.

Nasschemische Strukturierung

Grundlage der Strukturierung ist ein fotolithografischer Prozess. Dazu wird die auf dem Substrat befindliche Metallschicht mit einem Fotolack überzogen. Dieser wird durch eine Maske belichtet, anschließend entwickelt und getempert. Im Fotolack befinden sich dann Fenster, in denen die Metallschicht freiliegt. Durch Verwendung einer der Metallart entsprechenden Ätzlösung oder eines entsprechenden Ätzgases werden die freiliegenden Metallbereiche abgetragen. In der Regel ist das dabei entstehende Ätzprofil isotrop. Die Auswahl der geeigneten Ätzmedien ist außerordentlich vielfältig. Eine entsprechende Zusammenstellung findet sich in [Köh]. Nach dem Ätzvorgang wird der Fotolack entfernt und man erhält eine mikrostrukturierte Metallschicht auf der Substratoberfläche. Diese Methode kann für Einfach- und Mehrfachschichten angewendet werden.

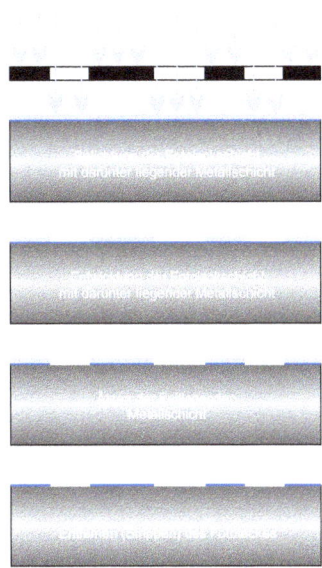

Strukturierung mit Lift-off-Technik

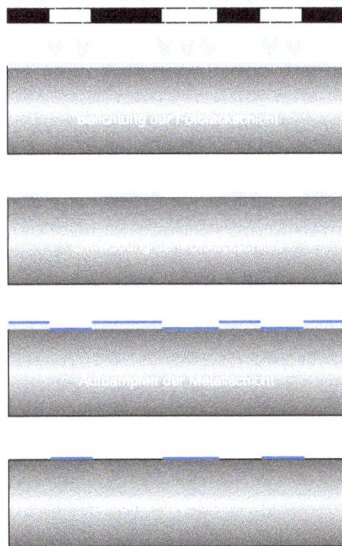

Edelmetalle, aber auch andere Metalle lassen sich mit Hilfe der Lift-off-Technik sehr elegant strukturieren, da bei diesem Verfahren kein Ätzschritt erforderlich ist. Dazu wird das Substrat zuerst mit einem Fotolack beschichtet. Anschließend wird dieser durch eine Maske belichtet, entwickelt und getempert. Dadurch entstehen Fenster, die die Substratoberfläche freilegen. Danach erfolgt die Bedampfung mit einem Metall. Dabei bilden sich Metallschichten auf dem Fotolack und in den Fensterbereichen auf dem Substrat. Im folgenden Schritt wird der Fotolack gestrippt (entfernt). Da sich die Schichthöhen von Fotolack und Metallschicht deutlich unterscheiden, kann dass Lösungsmittel in den Fensterbereichen seitlich in die unbeschichteten Strukturkanten des Fotolackes eindringen und den Fotolack lösen. Die auf dem Fotolack befindlichen Metallschichten werden dadurch ebenfalls entfernt. Die auf dem Substrat befindlichen Metallschichten verbleiben dort. Zur Illustration ist ein maßstäbliches Beispiel der Schichtdicken-unterschiede gezeigt. Die Dicke der Fotolack-schicht beträgt 2µm, die der Metallschicht 0,1µm. Diese Strukturierungsmethode eignet sich für Einfach- und Mehrfachschichtsyste-me.

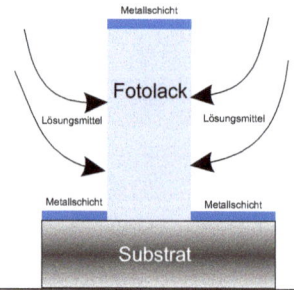

Additive Strukturierung von Metallen

Aufwachsen anstatt Ätzen

Die additive Strukturierung metallischer Werkstoffe erfolgt mit Hilfe galvanischer Prozesse. Voraussetzung für die Erzeugung galvanischer Mikrostrukturen sind eine metalli-sche Startschicht (ME-Startschicht) und eine geometri-sche Mikroform, in der die Ab-scheidung erfolgen kann. Dazu wird auf dem Substrat zunächst eine Metallschicht mit einem der oben beschriebenen Verfahren abgeschieden. Danach wird eine Fotolackschicht aufgebracht. Hier werden Fotolacke verwendet, die auch große Schichtdicken erlau-ben (SU-8, AZ 9260). Nach der Belichtung des Fotolacks durch eine Maske erfolgt dessen Ent-wicklung und Temperung. Die dabei entstehenden Fenster geben die Metallschicht frei. Anschlie-ßend wird das Substrat in einem Halter fixiert und die Metall-schicht elektrisch kontaktiert. Dieser Verbund wird in eine flüs-sige Elektrolytlösung gebracht und an einen elektrischen Gleich-stromkreis angeschlossen. Dabei wird die Metallschicht auf Kato-denpotential gelegt. Als Elektrolyte werden Salze der abzuscheidenden Metalle genutzt. Sehr häufige eingesetzte Metalle sind bei diesen Verfah-ren Cu, Ni, Au und Cr. Von der ME-Startschicht ausgehend wächst das elektrolytisch abgeschiedene Metall in der durch das Fotolackfenster vorgegebenen Form. Nach Erreichen der gewünschten Strukturhöhe (bis

Strukturierung mit Hilfe galvanischer Prozesse

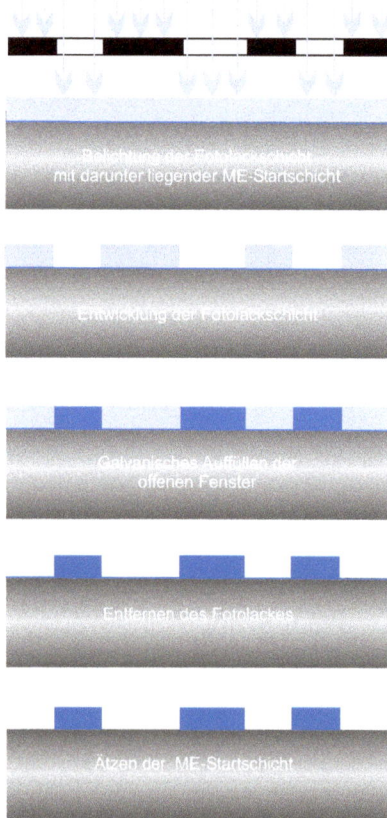

zu einigen 100µm) wird die Abscheidung unterbrochen und der Fotolack entfernt. Es verbleiben metallischen Mikrostrukturen, die über die Startschicht elektrisch miteinander verbunden sind. In einem abschließenden Ätzschritt wird die freiliegende Startschicht entfernt, so dass elektrisch isolierte Metallstrukturen verbleiben.

Kennwerte ausgewählter Metalle

Eigenschaften metallischer Werkstoffe

In der folgenden Tabelle sind wichtige Eigenschaften einiger ausgewählter Metalle im Vergleich zu Si aufgelistet.

Metall	$\rho/g/cm^3$	$T_S/°C$	Spez. el. Wid./ $10^{-6}\Omega cm$	$\alpha/10^{-6}K^{-1}$	$\lambda/W/mK$	E-Modul/ GPa
Al	2,7	660	2,6	23	236	70
Ti	4,6	1668	42	8,6	22	40
Cr	7,14	1875	14	5,1	90	277
Cu	8,93	1083	1,6	16,1	400	131
Ni	8,96	1453	6,5	13,1	59	193
Mo	9,01	2620	5,2	3,7	138	330
W	19,3	3380	5,2	4,5	177	410
Au	19,3	1063	2,2	14,2	314	77
Pt	21,4	1769	9,8	8,8	72	173
Si	2,33	1417	$5 \cdot 10^3...10^9$	2,3	146	130...188

Weitere Leiterwerkstoffe

Weitere Leiterwerkstoffe

Neben den reinen Metallen werden eine Reihe weiterer Schichtwerkstoffe als elektrische Leiter eingesetzt. Dies sind Metallsilzide (WSi_2, $TiSi_2$, $MoSi_2$) und elektrisch leitende zinnhaltige Mischoxide (ITO – Indium-Zinn-Oxid; ATO – Antimon-Zinn-Oxid). Die Silizide besitzen eine ausgezeichnete chemische und thermische Beständigkeit. Die Mischoxide sind optisch transparent und werden vorwiegend als lichtdurchlässige Elektroden genutzt.

Poly-Silizium

Von besonderer Bedeutung ist dotiertes Poly-Silizium. Dies kann im CVD-Prozess bei relativ niedrigen Temperaturen (650°C) gewonnen werden. Dazu werden dem Reaktionsgas Silan (SiH_4) entsprechende Dotiergase wie B_2H_6, PH_3 oder AsH_3 beigemischt. Diese Gase zersetzen sich pyrolytisch. Der Wasserstoff entweicht und die Dotanten werden in das sich bildende Si-Gitter eingebaut. Dadurch kann das sich abscheidende Silizium in seinen spezifischen elektrischen Widerstandswerten in einem sehr weiten Bereich beeinflusst werden. Hochdotierte Poly-Si-Schichten werden als elektrische Leiterbahnen genutzt.

Merke

Metalle werden als Leit- und Konstruktionsmaterial eingesetzt.

In der MST werden Metalle vorwiegend in Form dünner Schichten genutzt.

Abscheiden von Metallen
- Thermisches Verdampfen
- Sputtern
- Galvanisches Abscheiden

Strukturierung von Metallen
- Nasschemisches Ätzen
- Trockenchemisches Ätzen
- Lift-off-Technik
- Galvanisches Abscheiden in Mikrostrukturen

Weitere Leiterwerkstoffe
- Metallsilizide
- Mischoxide
- Poly-Silizium, dotiert

Literatur

[Köh]   Köhler, M.: Etching in Microsystem Technology; Wiley-VCH, 1999

5.5   Polymere

	Polymere in der Mikrosystemtechnik
Vorteile von Polymeren Nachteile von Polymeren	Der Einsatz von Polymerwerkstoffe in der Mikrosystemtechnik ist seit einigen Jahren Gegenstand intensiver Forschungen. Die Gründe dafür sind sehr vielschichtig. Wesentliches Argument für Polymere ist deren enormer Kostenvorteil gegenüber den klassischen Werkstoffen wie Silizium oder Glas. Daneben zeichnen sich Polymere durch eine hohe Elastizität und in vielen Fällen durch eine Biokompatibilität aus. Trotz dieser Vorteile konnten Polymere bis auf Ausnahmen noch nicht die Bedeutung erlangen, die ihnen zugesprochen wird. Dies liegt vor allem daran, dass der Einsatz von Polymeren in der Mikrotechnik nicht ganz unproblematisch ist. Viele Polymere zeigen eine hohe Formtreue im Mikrobereich nur unter sehr eingeschränkten Randbedingungen. Das heißt, Temperatur, Feuchte, orga-

nische Lösungsmittel, mechanische Belastungen u. dgl. können sehr leicht dazu führen, dass Dimensionstoleranzen von Mikrostrukturen in Polymeren überschritten werden. Als Gegenmaßnahme werden die Polymere modifiziert und konfektioniert. Dies steigert aber den Preis der Ausgangsprodukte, sodass der entscheidende Vorteil mehr und mehr verloren geht. Im Folgenden wird auf die Grundstrukturen und -eigenschaften von Polymeren eingegangen. Schließlich werden einige Polymere, die sich inzwischen in der Mikrosystemtechnik etabliert haben, näher charakterisiert.

Polymere – Struktur und Eigenschaften

Was ist Polymerisation?	Unter Polymerisation ist ein Vorgang zu verstehen, bei dem sich eine Vielzahl von Monomeren zu Ketten, zu 2-dimensionalen oder zu 3-dimensionalen Netzwerken verbinden. Man kann verschiedene Formen der Polymerisation identifizieren. Bei der *Polymerisation* schließen sich im einfachsten Fall gleiche Monomermoleküle zu einer Kette zusammen, wobei an beiden Kettenenden weitere Monomere angelagert werden können. Grundlage der Polymerisation bilden ungesättigte Monomermoleküle.

Im Beispiel ist diese Reaktion gezeigt:

$$n \cdot CH_2 = CH_2 \longrightarrow \left[-CH_2 - CH_2 - \right]_n$$

Homopolymer	Die Doppelbindung des Monomers wird aufgespalten und weitere Monomereinheiten können sich anlagern. Bei dieser Reaktion entstehen keine Nebenprodukte. Es bildet sich nur ein Homopolymer aus, das schematisch die folgende Struktur aufweist.

Homopolymer

Co-Polymerisation	Wenn sich dagegen zwei oder mehrere unterschiedliche Monomermoleküle ebenso zu Ketten zusammenschließen, wobei die verschiedenen Monomereinheiten in der Kette alternierend angeordnet oder stochastisch verteilt sein können, dann bezeichnet man dies als Co-Polymerisation.

Copolymer

Polykondensation	Reagieren dagegen zwei oder mehrere unterschiedliche Monomermoleküle miteinander unter Bildung von Nebenprodukten und bilden dabei Kettenstrukturen, dann bezeichnet man dies als *Polykondensation*. Basis dieser Reaktion sind besonders reaktionsfreudige funktionelle Gruppen wie [-OH]; [-C=O]; [-COOH] oder [-NH$_2$]. Diese gestufte Reaktion ist in der Regel deutlich langsamer als die Polymerisation.

Polyaddition	Unter der *Polyaddition* wird eine Reaktion verstanden, die ebenfalls stattfindet, wenn die unterschiedlichen Monomeren reaktionsfreudige Gruppen enthalten. Allerdings findet hier keine Abspaltung von Nebenprodukten statt.
Ketten und Netze bei der Polymerisation **2- und 3-dimensional vernetzte Polymere**	Durch die Polymerisation werden Molekülketten gebildet. Die Länge der Ketten unterliegt statistischen Schwankungen und kann zwischen 100…10000 Monomereinheiten liegen. Die Ketten können a) chaotisch angeordnet sein, oder aber auch b) in Grenzen ähnlich ausgerichtet sein. Wenn eine ähnliche Ausrichtung besteht, dann bezeichnet man das Polymer als teilkristallin oder kristallin, da neben der Nahordnung auch eine zumindest partielle Fernordnung besteht. In einigen Fällen kann es zu Verzweigungen kommen, d.h. von einem Glied der Polymerkette entwickelt sich eine weitere Polymerkette. Tritt dies häufiger auf, was gezielt so eingestellt werden kann, dann bildet sich ein 2-dimensionales Netzwerk aus. Verknüpfen sich nun die Enden der Verzweigungen wieder mit anderen Polymerketten, dann bildet sich eine 3-dimensional vernetzte Struktur.
Eigenschaften von Thermoplasten **Differenzierung vernetzter Polymere**	Die Eigenschaften der Polymere werden durch die Kettenlängen, deren Lage zueinander bzw. die Verknüpfung von Netzwerken bestimmt. Man kann zwischen Thermoplasten, Duroplasten und Elastomeren unterscheiden. Thermoplaste lassen sich durch erhöhte Temperaturen erweichen und dabei verformen. Beim Abkühlen behalten sie die Form bei, wenn keine weiteren mechanischen Belastungen vorliegen. Dieser Vorgang lässt sich häufig wiederholen. Vertreter dieser Werkstoffgruppe sind Polyethylen (PE), Polystyrol (PS), Polycarbonat (PC), Polymethylmetacrylat (PMMA) und Polyparaxylylen (Parylen). In der Mikrosystemtechnik haben das PMMA und das Parylen eine gewisse Bedeutung erlangt. Vertreter von vernetzten Strukturen sind die Elastomere und die Duroplaste. Dabei weisen die Elastomere wenige Verknüpfungen auf, die Duroplaste hingegen sehr viele. Duroplaste zeichnen sich dadurch aus, dass sie bei Temperatursteigerung zur Verfestigung neigen. Sie können also nicht wie die Thermoplaste mehrfach verformt werden. Die einmal gegebene Form bleibt auch bei hohen Temperaturen erhalten.

Polymere in Fotolacken	Vertreter dieser Gruppe sind Phenol-Formaldehyd-Harze (PF) und Epoxidharze (EP) und Polyimid (PI). PF-Harze bilden in modifizierter Form die Basis für Positivfotolacke. Sie verhalten sich wie dreidimensional vernetzende Duroplaste, zeigen aber bei hohen Temperaturen auch Neigung zur Verformung. Epoxidharz ist die Basis für den Negativfotolack SU 8 und kann in ausgehärteter Form auch in mikrostrukturierten mechanischen Funktionskomponenten genutzt werden. Es zeigt hohe Formstabilität auch bei erhöhten Temperaturen. Polyimid kann ebenfalls als Negativfotolack genutzt werden. Seine thermische Formstabilität übersteigt die des SU 8 deutlich.
Elastomere	Elastomere besitzen häufig Eigenschaften, die dem der Thermoplaste nahe kommt. Ihr mechanisches Verhalten drückt sich in dem Oberbegriff aus. Von diesen gummiartigen Materialien haben vor allem das Polydimethylsiloxan (PDMS) und das Polyisopren in der Mikrotechnik Bedeutung. Polyisopren ist die Basis vieler Negativfotolacke.
Polymerisationsgrad	Ein Maß für die Charakterisierung der Eigenschaften stellt der Polymerisationsgrad dar. Der Polymerisationsgrad kann über die Molekülmasse M der gebildeten Ketten ermittelt werden. Diese ist jedoch nur eine statistische Größe, d.h. es können neben durchschnittlich langen Ketten auch kürzere oder längere Ketten auftreten. Es stellt sich offensichtlich eine Gaußsche Verteilungsfunktion der Molekülmassen ein. Durch gezielte Zugabe von Additiven kann die Wahrscheinlichkeit W(M) erhöht werden, bei der Molekülketten einer bestimmten Länge auftreten. Die Verteilungsfunktion nimmt dann eine deutlich schlankere Form an (blaue Linie). Die Zugabe von Additiven, die zur gewünschten Wirkung führen, ist allerdings ein Prozess, der Erfahrung und Aufwand bedeutet. Die Kosten für die so modifizierten Polymere steigen folglich an.
makro- und mikroskopische Eigenschaften von Polymeren	Die Ketten können Längen bis in den Nanometerbereich aufweisen. Bei integralen Messungen der Festkörpereigenschaften werden daher die lokalen Unterschiede nicht erfasst. Vielmehr kann das Verhalten der Polymere makroskopisch erfasst und statistisch abgesichert werden. Für makroskopische Anwendungen ist dies völlig ausreichend. Im Bereich der Mikrotechnik können lokale Eigenschaftsschwankungen jedoch merkliche Beeinflussungen verursachen. So können beispielsweise lokale Quellungen durch die Aufnahme von Feuchtigkeit zur Beeinträchtigung der Formstabilität führen. Ein Effekt der im Makroskopischen nicht wahrgenommen wird, beeinflusst im Mikrobereich die Zuverlässigkeit und Reproduzierbarkeit.

Nutzungsein-schränkung in der MST	Daher ist die Nutzung von Polymeren in der Mikrotechnik nicht uneinge-schränkt möglich. Die Bedingungen, unter denen Polymere eingesetzt werden, müssen insbesondere hinsichtlich der Beeinflussungsmöglichkei-ten wie Temperaturbereiche, Absorptionsverhalten gegenüber auftreten-den Gasen oder Flüssigkeiten, mechanischen Beanspruchungen usw. klar charakterisiert sein

5.5.1   Fotolacke

	Polymere in der Mikrostrukturübertragung
Funktion von Fotolacken	Fotolacke dienen der Übertragung der entworfenen Strukturen auf die Substrate. Dazu werden die Fotolacke als dünne Schicht auf die zu struktu-rierenden Substrate aufgetragen und anschließend verfestigt. Danach er-folgt die Belichtung dieser Materialien mit Hilfe energiereicher Strahlung. Durch physicochemische Umwandlungsprozesse können so die belichte-ten Bereiche von den unbelichteten selektiert werden. Mit Hilfe geeigneter Entwicklungstechniken erfolgt anschließend ein Herauslösen der Bereiche, deren Löslichkeit gegenüber den restlichen Lackflächen im Belichtungs-prozess deutlich gesteigert wurde.
	Als Materialien werden inzwischen ausschließlich Mehrstoffsysteme auf organischer Basis verwendet. Auf Grund ihrer dominierenden Bedeutung für die Mikrotechnik sollen hier die wesentlichen Eigenschaften der Foto-lacke hervorgehoben beschrieben werden.
Anforderungen an Fotolacke	Fotolacke kommen unmittelbar mit den Substraten in Kontakt. Daher und aus Gründen der Mikrostrukturierung existieren wesentliche Anforderun-gen an Fotolacke, die im Folgenden aufgeführt sind: 1. Gute Haftung auf dem Substrat 2. Partikelfreiheit 3. Unkomplizierte Verarbeitungstechnik 4. Gutes Glättungsverhalten der Oberfläche 5. Lange Lagerfähigkeit unter Lichtabschluss 6. Gute Löslichkeit in definierten Lösungsmitteln 7. Hohe Empfindlichkeit gegenüber energiereicher Strahlung mit definierter Wellenlänge 8. Hohes Auflösungsvermögen 9. Unkomplizierte und rasche Entwickelbarkeit mit nichttoxischen Stoffen 10. Reproduzierbar steile Flankenausbildung

	11. Rasche und unkomplizierte Verfestigung
	12. Hohe Beständigkeit der Resistmaske gegenüber Ätzlösungen, Galvanikbädern, Plasma- und Temperprozessen
	13. Entfernung der Resistmaske mit Hilfe einfacher Techniken
	14. Keine Beeinflussung der bedeckten Schicht- oder Substratmaterialien
Fotolack = Resist	Auf Grund des Wirkprinzips kann zwischen „Positivlacken" und „Negativlacken" unterschieden werden. Wegen der Beständigkeitsanforderung der zu bildenden Masken werden die Fotolacke auch häufig als „Resist" bezeichnet. In den folgenden Abschnitten sollen die wesentlichen Merkmale und Eigenschaften der Resists unterschiedlicher Polarität erläutert werden.

Positiv-Fotolacke

Bestandteile von Positiv-Fotolacken	Positivlacke bestehen aus dem Matrixmaterial, einer lichtempfindlichen Komponente und Lösungsmitteln. Als Matrixmaterial wird ein Novolack, das ist ein in alkalischen Lösungen lösliches Phenol-Formaldehyd-Harz (PF), eingesetzt. Die wesentlichen Merkmale und Eigenschaften der Resists werden durch dieses Material geprägt. Die fotoempfindliche Komponente ist ein Diazonaphtalinon-Derivat. Beim Einbau dieser Komponente in die Harzmatrix reduziert sich
Vorgänge beim Belichten von Positiv-Fotolacken	dessen Löslichkeit erheblich. Nach [Ste] kann ein Schema für die Löslichkeit entsprechend nebenstehendem Bild angegeben werden. Der zunächst reine Novolack besitzt eine endliche Löslichkeit in alkalischen Lösungen Der Abtrag einer solchen Lackschicht liegt in alkalischen Lösungen bei etwa 10nm/s. Durch Zugabe des Diazonaphtalinon-Derivates kann das entstehende Produkt nur sehr schwer gelöst werden, da die Abtragsrate auf Werte von 0,2 – 1,0nm/s absinkt. Eine Belichtung mit kurzwelliger Strahlung führt zu einem drastischen Anstieg der Löslichkeit. Die Abtragsrate erreicht mit Werten von 100nm/s Werte, die 100-mal höher liegen als die der Ausgangssubstanz. Somit können belichtete und unbelichtete Gebiete mit Hilfe geeigneter alkalischer Lösungen voneinander selektiert werden. Bei der Reaktion der Diazonaphtalinon-Derivate mit entsprechend kurzwelliger Strahlung wird N_2 abgespalten. Dabei bilden sich Ketene, die mit Wasser aus der Umgebung zu Indencarbonsäure reagieren. Zur Gewährleistung der Reproduzierbarkeit dieser Prozesse sind daher erhöhte Aufwendungen bei der Klimatisierung der Bereiche erforderlich, in denen die Lithographie durchgeführt wird. Als dritten Bestandteil enthalten Positivlacke ein Lösungsmittel. Dieses Lösungsmittel dient der Einstellung der

Viskosität des Lackes. Nach dem Aufbringen auf die Substrate muss dieses Lösungsmittel abdunsten, wobei dieser Prozess durch zusätzliches Tempern verstärkt wird. Eine wesentliche Anforderung an diesen Prozess ist die absolute Blasenfreiheit. Dies kann nur erreicht werden, wenn es zu keiner Hautbildung an der Oberfläche des Lackes kommt, das Lösungsmittel also zuletzt die Lackoberfläche verlässt. Als Lösungsmittel werden organische Verbindungen wie Äthylenglykol-Äthyläther-Acetat eingesetzt. Üblicherweise liegt der Massenanteil der Lösungsmittel bei 70% der Gesamtmasse.

Absorptions-verhalten von Positivlack	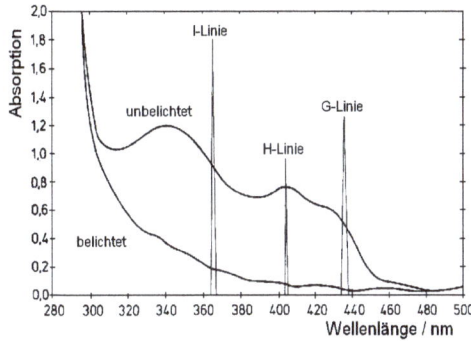	Die Wellenlänge der verwendeten Strahlung hängt vom Absorptionsverhalten der Lackkomposition zusammen. Für diesen Zweck werden entsprechende Absorptionskurven aufgenommen. Eine typische Absorptionskurve für Positivlack ist im Bild gezeigt [Sch].

Negativ-Fotolacke

Einsatz von Negativlacken	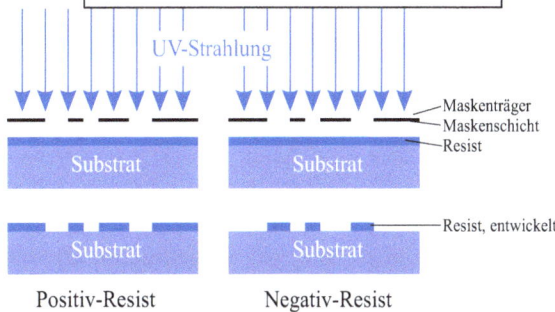	Negativlacke sind historisch gesehen länger als die Positivlacke im industriellen Einsatz. Allerdings war der Einsatz von Negativlacken in der Vergangenheit sehr

stark eingeschränkt. Erst mit dem Aufkommen der Sub-Mikrometertechniken bieten sich für diese Lacksorten in Zusammenhang mit der Elektronenstrahlbelichtung wieder neue Einsatzmöglichkeiten. Im Gegensatz zu den Positivlacken nimmt bei den Negativlacken die Löslichkeit in den belichteten Bereichen sehr stark ab, so dass ein Abtrag der unbelichteten Bereiche im späteren Entwicklungsschritt folgt. Die Unterschiede zwischen den beiden Lackpolaritäten sind im Bild illustriert.

Bestandteile von Negativlacken	Ähnlich wie Positivlacke bestehen auch die Negativlacke aus den Bestandteilen Matrixmaterial, fotoempfindliche Komponente und Lösungsmittel. Als Matrixkomponente werden meist zyklisierte Polyisoprene, dies sind

	synthetische Kautschuke, verwendet, die als vernetzbarer Bestandteil fungieren. Dieses Matrixmaterial ist maßgeblich für eine Reihe wichtiger Eigenschaften des Resists verantwortlich. Lichtempfindliche Komponenten und Vernetzer zugleich sind Diazid-Verbindungen. Bei Bestrahlung spalten die Azidgruppen Stickstoff ab und bilden sehr reaktive Nitrene. Diese können ideal mit dem zyklisiertem Polyisopren reagieren. Dabei bildet sich ein unlösliches Netzwerk aus. Allerdings können auch sehr leicht Reaktionen mit dem Sauerstoff aus der Umgebung eintreten und so die Vernetzung behindern [Kun]. Daher werden Belichtungen häufig unter einer Stickstoffatmosphäre durchgeführt. Als Lösungsmittel werden Xylen oder ebenso wie bei den Positivlacken, alkalische Lösungen verwendet. Vergleichbar mit den Positivlacken ist auch bei den Negativlacken der Massenanteil der Lösungsmittel am größten.
Absorptions-verhalten von Negativlacken	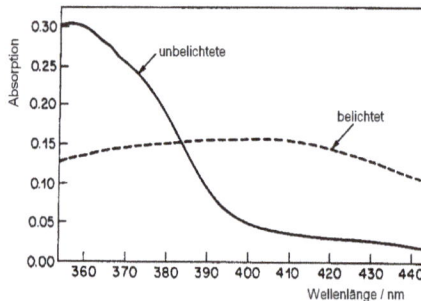 Wesentlich ist bei allen Fotolackprozessen, dass die Absorption mit der Bestrahlung abnimmt. Das Absorptionsverhalten von Negativlacken zeigt im Wellenlängenbereich < 385nm derartige Eigenschaften [Sch]. Die zuerst belichteten Oberflächenbereiche werden für die Photonen transparent. Mit dem weiteren Eindringen der Strahlung in den Lack nimmt auch dessen Transparenz zu. Durch dieses Verhalten kann eine Durchbelichtung der gesamten Lackschicht erreicht werden. Da die Absorption aber nicht unbegrenzt abnimmt, d.h. immer eine Wechselwirkung zwischen den Photonen und den Molekülen des Lackes stattfinden wird, sind die verwendbaren Lackdicken limitiert. Üblicherweise werden Dicken von ca. 1µm bis 2µm verwendet. Bei der Entwicklung der Negativlacke kommt es im Allgemeinen zu einem Eindringen des Lösungsmittels in die Harzmatrix und einem damit verbundenen Quellen des Resists. Folge dieser nachteiligen Eigenschaft sind Aufweitungen der Reststrukturen.

Kenngrößen

Strukturbreite	Die Zielsetzung der Fotolithographie besteht darin, die Strukturen der Maske mit möglichst großer Exaktheit auf das Substrat zu übertragen. Dabei wird angestrebt, möglichst kleine Strukturbreiten zu übertragen und eine hohe Übertragungsgenauigkeit zwischen Maske und Resistschicht zu erzielen. Die Qualität der Strukturübertragung hängt somit in starkem

Maße von dem Fotolack, der Belichtung und dem Entwicklungsprozess ab. Neben der Empfindlichkeit des Fotolackes, die im Wesentlichen von dessen chemischer Zusammensetzung bestimmt wird, wirken sich die Intensität der Bestrahlung sowie die Dauer der Entwicklung einschließlich der Art und Konzentration der verwendeten Entwickler auf die Strukturen aus.

Gradationskurve

Zur Charakterisierung dieser recht komplexen Zusammenhänge werden daher die Gradations- oder Kontrastkurven unter genau definierten zeitlichen Entwicklungsbedingungen ermittelt. Eine typische Gradationskurve ist im Bild gezeigt.

Entlang der Abszisse ist die Bestrahlungsenergie logarithmisch aufgetragen. Die Ordinate zeigt die normierten Werte der Lackdicke.

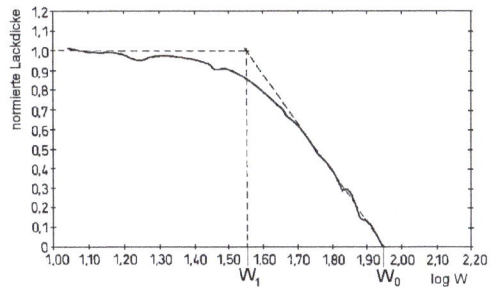

Für die Lackdicke existieren zwei voneinander abweichende Werte d_0 und d_1. Der Wert d_0 bezeichnet dabei die Lackdicke vor der Entwicklung. Nach der Entwicklung der unbelichteten Gebiete stellt sich eine von d_0 abweichende Lackdicke ein. Dieser Vorgang wird auch als Dunkelabtrag bezeichnet und kann gemäß folgender Formel beschrieben werden:

Dunkelabtrag

$$d_1 = d_0 (1 - k)$$

Dabei ist k eine von der Art des verwendeten Fotolackes abhängige Konstante. Der Kontrast des Lackes ergibt sich aus dem Verhalten des Lackabtrages der belichteten und der unbelichteten Bereiche. Beim Überschreiten der Belichtungsenergie W_0 kann im Entwicklungsvorgang die gesamte Lackschichtdicke abgetragen werden. Bei geringeren Bestrahlungsenergien ist ein linearer Lackabtrag bis zur Schwellenergie W_1 erkennbar. Der Kontrast K wird als Absolutbetrag der Steigung der Kurve zwischen der Energie W_0 und der Schwellenergie W_1 bezeichnet.

Kontrast

$$K = \frac{1}{\log W_0 - \log W_1} = \frac{1}{\log \frac{W_0}{W_1}}$$

Für Positivlacke ist eine Kontrast zwischen K = 2 bis 3 erreichbar. Dabei werden möglichst große Kontrastwerte angestrebt. Dies kann erreicht werden, wenn die beiden Energiewerte W_0 und W_1 sehr dicht beisammen liegen. Durch gro-

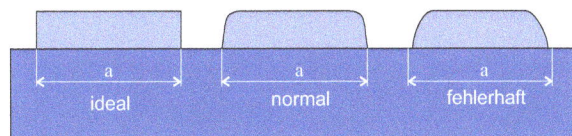

ßen Kontrast werden auch die Kanten der entwickelten Struktur sehr steil ausgebildet. Betrachtet man eine Maskenkante, wie im Bild, so ist im Lack eine kleine extrem scharfe Intensitätsverteilung der Strahlung zu erwarten. Beugungserscheinungen an der Kante führen zu einem Verschleifen des Intensitätsprofils und somit zu einer Neigung der schließlich herausentwickelten Maskenkante.

Durch die Beugung kann es somit zu Neigungen der ausgebildeten Kanten und zu Übertragungsfehlern kommen. Bei einem optimalen Kontrastverhalten des Lackes können diese Effekte jedoch sehr klein gehalten werden.

Resistmaterialien für größere Schichtdicken

Resist und metallische Mikrostrukturen

In den vergangenen Jahren haben Prozesse, bei denen metallische Mikrostrukturen erzeugt werden, immer mehr an Bedeutung gewonnen. Insbesondere im Bereich der magnetischen Mikroaktoren bestand das Ziel darin, geeignete Methoden zu finden, mit denen Spulenanordnungen im Mikrobereich hergestellt werden können. Als bevorzugtes Verfahren hat sich hier die elektrochemische Abscheidung von Kupfer in Mikrostrukturen herausgestellt. Um eine entsprechende Stromtragfähigkeit zu gewährleisten, müssen die Strukturen eine relativ große Höhe h aufweisen. Die Realisierung dieser Höhe ist sehr eng an die Resistprozesstechnik gebunden. In Bild ist die grundsätzliche Anordnung dargestellt.

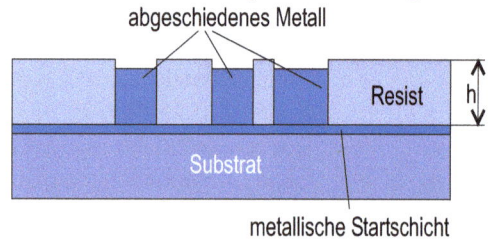

Fotolacke für große Lackdicken

Im Gegensatz zu der bekannten Resisttechnik, bei der Resisthöhen von 1 bis $2\mu m$ realisiert werden, bestehen hier Anforderungen an die Resisthöhe in einer Größenordnung von bis zu einigen hundert μm. Es ist verständlich, dass auf Grund dessen die rheologischen Eigenschaften dieser Resists sehr verschieden von herkömmlichen Resistmaterialien sind. Äußerlich zeigt sich dies an einer sehr hohen Zähigkeit und einem verminderten Fließverhalten. Die Prozessbedingungen müssen demzufolge an diese Eigenschaften angepasst werden. Im Gegensatz zum SU-8 können Positivresists nur in eingeschränkten Dickenbereichen genutzt werden. Die typischen maximalen Dickenbereiche für verschieden Resists sind in der Tabelle angegeben:

Resist	Max. Lackdicke
SU-8	$1000\mu m$
AZ 4562	$90\mu m$
AZ 9260	$150\mu m$
AZ PLP 100ST	$250\mu m$

| Negativlack SU-8 | SU-8 ist ein Negativlack auf Epoxidharzbasis. Die Viskosität kann mit Hilfe von Butyrolacton eingestellt werden. Als fotoempfindliche Substanz wird $AgSbF_6$ verwendet. Unter UV-Bestrahlung (I-Linie: 365nm) wird Lewissäure $H^+SbF_6^-$ generiert. Durch diese werden schon bei relativ niedrigen Temperaturen (50°C...95°C) Bindungen der Harzmatrix aufgebrochen. Auf Grund der hohen Reaktivität der offenen Bindungen kommt es zu Quervernetzungen und zur Ausbildung eines schwer löslichen dreidimensionalen Netzwerkes der Harzmatrix. Man spricht auch von kationisch induzierter Polymerisation. Im anschließenden Softbake setzt sich die Vernetzung weiter fort.

Für den EPON SU-8 Resist ist die typische Prozesssequenz in der folgenden Tabelle aufgetragen. Dabei wurde berücksichtigt, dass dieser Fotolack mit konventionellen Anlagen verarbeitet wird.

Die gesamte Prozesszeit liegt deutlich über jener mit konventionellen Fotolacken. Dies hat Auswirkungen auf die Produktivität und muss bereits beim Entwurf der Mikrokomponenten berücksichtigt werden. |

SU-8 Prozess	Nr.	Prozess	Prozessbedingungen
	1	Dehydrisierung	250°C, 10–15 min
	2	Primern	Dampfatmosphäre HMDS
	3	Auftragen	3–8ml/100mm Wafer, 0 Umin^{-1}, 5–15s
	4	Verteilen	500 Umin^{-1}, 5–15s
	5	Dickeneinstellung	Beschleunigungsrate 200 Umin^{-1}/s^2 auf 2500 Umin^{-1}, 15s
	6	Softbake	65–95°C, 5–60min, Heizplatte (Zeitdauer von Lackdicke abhängig)
	7	Belichtung	W = 200mJ/cm^2 bei 365nm
	8	PEB	100°C; 10–30min, Heizplatte
	9	Entwicklung	SU-8 Entwickler, 15–30min
	10	Hardbake	100°C–150°C, 60–300s
	11	Fenster öffnen	Remover PG, 80–85°C, 30min, leichtes Reiben

| Vor- und Nachteile von SU-8 | Die Vorteile des SU-8 sind offensichtlich. Dennoch wird permanent an der Verbesserung anderer Fotolacke gearbeitet. Die Hauptursachen dafür liegen in der sehr problematischen Verarbeitung des SU-8 und der extrem schlechten Löslichkeit dieses Resistmaterials. Vernetztes Material ist praktisch unlöslich in allen bekannten organischen Lösungsmitteln und kann nur mit Hilfe von Plasmaverfahren von den Substratoberflächen |

abgetragen werden. Allerdings ist auch diese Technologie als sehr problematisch einzuschätzen, da mögliche große Schichtdicken zu unvertretbar langen Prozesszeiten führen. Nur bei exakter Einhaltung des Temperregimes kann das unvernetzte Material vom Substrat abgelöst werden. Häufig ist jedoch auch dabei eine Partikelbildung zu beobachten. Da das Lösen dieser Partikel ebenso Schwierigkeiten bereitet, sind generelle Prozessbeeinträchtigungen und Querkontaminationen nicht auszuschließen. Die charakteristischen Eigenschaften von SU-8 sind unten aufgeführt:

Elastizitätsmodul:	$E = 4{,}4\,GPa$
Querkontraktionszahl:	$\nu = 0{,}22$
Viskosität: 40% SU8 60% Lösungsmittel :	$\eta = 0{,}06\,Pas$
60% SU8 40% Lösungsmittel:	$\eta = 1{,}5\,Pas$
70% SU8 30% Lösungsmittel:	$\eta = 15\,Pas$
Thermische Leitfähigkeit:	$\lambda = 0{,}2\,W/m\,K$
Glastemperatur:	$T_g = 200°C$
Zersetzungstemperatur	$T_s \sim 380°C$
Brechungsindex:	$n = 1{,}8$ bei 100GHz,
	$n = 1{,}7$ bei 1,6THz
Relative Dielektrizitätskonstante:	$\varepsilon_r = 3{,}0$ bei 10MHz

Polyimid – **Vorgänge beim** **Belichten**	Polyimid (PI) ist ein Duromer, das sich durch eine Vielzahl hervorragender Eigenschaften auszeichnet. Der Lack enthält Monomere von Diaminen und modifizierten Dicarbonsäureanhydriden, in denen unter dem Einfluss von energiereicher Strahlung (G-, und I-Linie im Hg-Spektrum) Doppelbindungen aufgespalten werden. Dadurch werden Vernetzungsreaktionen ausgelöst, die die belichteten Gebiete gegenüber den Entwicklerlösungen resistent machen. Es entsteht ein sehr temperaturstabiler Duroplast. Die maximalen Einsatztemperaturen können kurzzeitig bis zu 450°C betragen Als Entwickler kann Tetramethylammoniumhydroxid (TMHA) und spezifische Entwickelerlösungen der entsprechenden Hersteller eingesetzt werden. Die Lackdicken können > 10µm betragen. Dabei wird der Lack im Spin-on-Verfahren auf die Substrate aufgetragen.
thermoplastisches **Polymethylmeth-** **acrylat (PMMA)** **Verwendung von** **PMMA** **Strukturüber-** **tragung**	Polymethylmetacrylat (PMMA) ist ein thermoplastisches Material mit linearen Kettenmolekülen. Der Fotolack ist eine Mischung aus Copolymeren und Methylmetacrylat. Als Verdünner werden Anisol oder Chlorobenzen eingesetzt. Durch geeignete Initiatoren wird eine Vernetzung des Harzes eingeleitet. Dabei entsteht bei Raumtemperatur ein Feststoff. Die Polymerisation wird entweder direkt auf dem Substrat oder es werden PMMA-Platten auf entsprechende Substrate aufgeklebt. Mit Hilfe energiereicher Strahlung werden die Ketten des Polymers aufgespalten und erfahren dadurch eine Steigerung der Löslichkeit. Als Strahlungsquellen können Elektronenstrahlen oder Röntgenstrahlen genutzt werden. In der LIGA-Technik wird PMMA der Synchrotron-Strahlung ausgesetzt. Die Strukturauflösung der Polymere liegt im Bereich von einigen nm und ist außerordentlich hoch im Vergleich zu auf Novolack basierten Systemen.

	Die Entwicklung erfolgt mit Gemischen aus Methyl-Isobutyl-Keton und Isopropanol oder Methoxypropanol und Wasser.
	Zum Entfernen der Acryllackschichten eigenen sich Lösungen mit dem Hauptbestandteil Essigsäure.

5.5.2   Mikrostrukturierbare polymere Feststoffe

	Mikrostrukturen in weiteren Polymermaterialien
Polymermaterialien in mikrostrukturierten Bauelementen	Die oben betrachteten Polymere zeichnen sich bis auf Ausnahmen dadurch aus, dass sie als dünne Schichten auf Substraten (die auch mit unterschiedlichen Schichten versehen sein können) aufgebracht sind. Sie dienen im Wesentlichen der Strukturübertragung und werden nach der erfolgten Strukturierung der darunter liegenden Substrate oder Schichten wieder entfernt. Sie werden nur für den „Hilfsprozess" Fotolithographie benötigt und haben daher auch keine funktionelle Bedeutung in finalen mikrostrukturierten Bauelementen. Ausnahme bildet der Fotolack SU 8 und das Polyimid. SU 8 gestattet Strukturhöhen von einigen 100µm und kann im ausgehärteten Zustand durchaus mechanische Funktionen übernehmen. Das fotostrukturierbare Polyimid lässt Strukturhöhen im Größenbereich von etwa 10µm zu und ist daher für einfache mechanische Strukturen wie Membranen, Brücken und Zungen sehr gut geeignet. Im Folgenden sollen weitere Polymere beschrieben werden, die in funktionellen Mikrobauelementen eingesetzt werden können.
PDMS – Werkstoff zur Abformung	 Silizium, strukturiert PDMS-Beschichtung & Vernetzung mikrostrukturiertes PDMS Das Polydimethylsiloxan (PDMS) ist ein elastomerer Werkstoff. Er liegt in einer schwach räumlich vernetzten Struktur vor. Daraus erklären sich die hochgradig elastischen Eigenschaften des Materials. Ausgangsmaterialien sind das Präpolymer Polydimethylsiloxan und ein Vernetzer, die gemischt und in flüssiger Form vorliegen (Precursor). Das Material ist relativ hochviskos und kann mit Hilfe von Siebdruckverfahren (screen printing) auf beliebige Substrate aufgebracht werden. Eine weitere Möglichkeit besteht darin, den Precursor mit Hilfe von Spin-on-Verfahren abzuscheiden. Nach der Abscheidung erfolgt die Vernetzung, die entweder bei Raumtemperatur erfolgen kann oder bei höheren Temperaturen erfolgt, um die Vernetzungszeit zu reduzieren. Nach erfolgter Vernetzung kann das Material von Si-Substraten mit einer SiO_2-Schicht als elastischer Film abgezogen werden.

	Besitzt das Si Mikrostrukturen, dann werden diese als Negative im PDMS abgebildet. Man erhält also Mikrostrukturen in einem bislang nicht foto-strukturierbaren Material. Der Vorteil dieses Verfahrens liegt darin, dass mit Hilfe einer „Mutter"-Form aus Si eine Vielzahl von negativen „Toch-ter"-Formen aus PDMS gewonnen werden können. Auf Grund der Ein-fachheit des Prozesses trägt dies zur Kostensenkung bei. Bei der Verarbei-tung tritt ein Volumenschwund auf, der insbesondere bei kritischen Ma-ßen berücksichtigt werden muss.
Eigenschaften von PDMS	Das vernetzte Material ist transparent, glasklar und ein elektrischer Isola-tor. Es ist außerdem biokompatibel und eignet sich daher hervorragend für mikrostrukturierte Komponenten, die im medizinischen Bereich eingesetzt werden. Obwohl Gase und Flüssigkeiten das Material vergleichsweise leicht durchwandern können, wird PDMS sehr häufig für mikrofluidische Applikationen eingesetzt. Dabei ist von Vorteil, dass sich die erzeugten Filme mit vielen Substratmaterialien reversibel verbinden lassen. Die Verbindung PDMS-PDMS ist ebenso möglich, neigt aber zur Dauerhaf-tigkeit.
Polyparaxylylen (Parylen) **Sublimation – Basis der Schicht-bildung**	Parylen ist ein thermoplastischer Werkstoff mit ungewöhnlichen Herstel-lungsparametern. Basis bildet das Diparaxylylen, das bei höheren Tempe-raturen (>150°C) sublimiert und bei noch höheren Temperaturen reakti-onsfähige Monomere bildet. Diese Monomere schlagen sich auf allen Oberflächen im Reaktionsraum nieder und beginnen zu polymerisieren. Voraussetzung ist dabei eine Oberflächentemperatur von < 150°C. Der Sublimations- und Polymerisationsprozess werden dabei in Vakuum durchgeführt. Damit entspricht der Prozess vom Grundsatz den PVD-Prozessen (PVD – Physical Vapour Deposition). Das sich bildende Poly-mer benetzt alle freien Oberflächen nahezu konform. Mit Hilfe dieses Prozesses können Schichtdicken im Bereich zwischen 0,5μm und 50μm realisiert werden. Die Schichten stehen nicht unter mechanischen Span-nungen, da die Abscheidung bei Raumtemperatur erfolgen kann.
Eigenschaften von Parylen	Parylen weist eine nahezu kristalline Struktur auf. Es ist nicht fotostruktu-rierbar, kann aber in verschiedener Weise wegen seiner vorteilhaften Ei-genschaften genutzt werden. Es lässt sich im Sauerstoffplasma strukturie-ren. Als Maskierung dienen dabei meist Metallschichten. Parylen ist che-misch sehr beständig und nahezu undurchlässig für Gase und Flüssigkei-ten. Außerdem verfügt es über ausgezeichnete Isolationseigenschaften.
PVDF in hybriden Mikrostrukturen	Polyvenylidendiflourid (PVDF) ist ein thermoplastischer Werkstoff mit ausgeprägtem polarem Charakter. Allerdings sind die Molekülketten chaotisch verteilt, so dass keine wesentlichen Unterschiede zu anderen Polymeren bestehen. Durch Recken, d.h. Ziehen des Materials können jedoch partiell kristalline Bereiche erzeugt werden. Im elektrischen Feld kann das Material bei erhöhter Temperatur polarisiert werden. Dabei wird der Polarisationszustand durch das Abkühlen unter Feldeinfluss eingefro-

ren. Dadurch erhält man eine Struktur mit permanenten Dipolmomenten, die sich anhand der piezoelektrischen Koeffizienten nachweisen lassen. Bislang steht polarisiertes PVDF nur in Folienform zur Verfügung. Schichtverfahren auf Substraten führen zu amorphen Strukturen ohne markante Dipolausprägung. Das Material besitzt in der Mikrosystemtechnik zurzeit nur Bedeutung als piezoelektrischer Werkstoff, der mit Hilfe von Hybridtechnolgien genutzt werden kann. Das Material muss daher in Montageprozessen mit mikrostrukturierten Komponenten verbunden werden.

	Polymer	ρ/g/cm^3	E/GPa	T_G/°C	α/10^{-6}K^{-1}	ε
Eigenschaften ausgewählter Polymere	SU-8	1,2	4…5	195	35	5
	PI	1,42	2,5…5	170…410	20…60	3,5
	PMMA	1,2	2,1…3,2	100	60…90	2,9…4
	PDMS	1,05	0,0001	−125	30	2,7
	Parylen	1,1…1,4	2,4…3,2	60…170	35…70	2,7…3,2
	PVDF	1,76	2,0…2,9	145	100…140	8…9

5.5.3   Klebstoffe

Klebstoffeinsatz

Mikrotechnik und Klebstoffe

Der Einsatz von Klebstoffen in der Mikrosystemtechnik muss kritisch betrachtet werden. Klebstoffe liegen in der Regel in flüssiger hochviskoser Phase vor. Einige Klebstoffe sind niederviskos. Obwohl die Dosierung von Klebstoffen beachtliche Fortschritte gemacht hat, ist die Verwendung dieser Hilfsstoffe nicht unproblematisch. Die Strukturdimensionen von Mikrokomponenten weisen oft Dimensionen auf, die extrem klein sind und von einem Klebstoff-

Klebstofftropfen
Schutzkanal
Mikromembran

tropfen vollständig überdeckt werden können. Gelingt es, den Klebstoff exakt und genau dosiert zu positionieren, dann kann der Kontakt mit dem zu verbindenden Gegenstück zum unkontrollierten Fließen der Klebstoffe führen. In ungünstigen Fällen wird die Mikrostruktur dann mit Klebstoff kontaminiert und kann die vorgesehene Funktion nicht mehr erfüllen. Wenn keine anderen Möglichkeiten der Montage möglich sind, dann müssen im Design der Mikrokomponente Strukturen vorgesehen werden, die das unkontrollierte Fließen des Klebstoffs kanalisieren. Im einfachsten Fall können dazu Kanäle genutzt werden, die sich zwischen der funk-

	tionsbestimmenden Mikrostruktur und den Klebstoffdosierpunkten befinden. Im Beispiel ist eine Membran gezeigt, die durch Klebstoffkontamination ihre charakteristischen Eigenschaften verlieren würde. Der Schutzkanal verhindert das Fließen des Klebstoffes in den Membranbereich.
Adhäsionskräfte und Oberflächeneigenschaften	Die Verwendung der Klebstoffe hängt im starken Maße von den zu verbindenden Fügepartnern ab. Adhäsionskräfte zwischen dem Klebstoff und der Fügeoberfläche spielen hier eine bedeutende Rolle. Sind diese nicht gewährleistet, ist die Klebung nicht zuverlässig. Zum Beispiel besitzen Silizium oder Glas als Substratmaterialien extrem glatte Oberflächen und sind in der Regel nicht leicht zu kleben. Meist ist es notwendig, die Oberflächen durch geeignete Maßnahmen vorzubehandeln. Dazu werden Primer eingesetzt, die an den Oberflächenatomen der Substrate gebunden werden können, die aber andererseits eine hohe Bindungskraft zum Klebstoff aufweisen. Ein typischer Primer für Silizium ist das HMDS (Hexamethyldisilasan), das als Basis für die Haftung der Fotolacke auf dem Si dient. Dieser wird bei Temperaturen bis zu 150°C verdampft und schlägt sich auf den mit Klebstoff zu benetzenden Oberflächen nieder. Die Schichtdicken liegen bei < 5nm.

Die Klebstofftauglichkeit der Fügepartner und mögliche Primer müssen also für eine erfolgreiche Klebung bekannt sein. Da die Klebetechnik ein nicht zu unterschätzendes Fachgebiet ist, sei an dieser Stelle auf weiterführende Literatur hingewiesen [IvK] [Gier] [Hab].

Im Folgenden sollen kurz wesentliche Klebstoffarten beschrieben werden. Dabei werden nur Klebstoffe besprochen, die chemisch reagieren. Physikalisch bindende Klebstoffe, wie Dispersionskleber oder lösungsmittelhaltige Klebstoffe werden nicht näher beschrieben. |
| **Klebstoffarten** | Klebstoffe gehören zu den Polymeren. Man unterscheidet auch hier zwischen Polymerisations-, Polyadditions- und Polykondensationsklebstoffen. Ein wichtiger Polymerisationsklebstoff ist das Cyanacrylat. Es ist ein Einkomponentenklebstoff und wird in unterschiedlichen Modifikationen eingesetzt, wobei es durch spezielle Additive für verschiedene Anwendungen aufbereitet wird. So gibt es Cyanacrylate, bei denen erst unter Luftabschluss, d.h. anaerob, die Polymerisation einsetzt. Diese Klebstoffe sind als Sekundenkleber bekannt. Bei anderen Cyanacrylaten wird die Polymerisation durch UV-Strahlung ausgelöst. In den meisten Fällen wird die Polymerisation bei Raumtemperatur durchgeführt. |
| **Polyadditions-Klebstoffe** | Zu den Polyadditionsklebstoffen gehören die Epoxidharze. Diese Klebstoffe sind in der Regel Zweikomponentenklebstoffe, bei denen Harz und Härter zu einem dreidimensionalen Netzwerk reagieren. Das Aushärten ist ein zeitdeterminierter Prozess, der durch die Zufuhr von Wärme beschleunigt werden kann. Da Epoxidharze ein sehr gutes Haftungsvermögen auf unterschiedlichsten Substraten zeigen und durch verschiedene |

Polykondensations-Klebstoffe	Additive und Füllstoffe über sehr weite Bereiche modifiziert werden können, haben diese Klebstoffe auch ein sehr großes Einsatzspektrum. Polykondensationsklebstoffe besitzen den Nachteil, dass bei der Reaktion Nebenprodukte entstehen. Diese müssen aus der Klebefläche austreten können, da sie andernfalls zu einem Druckaufbau zwischen den Fügepartnern führen und die Klebung wieder aufbrechen. Bekanntester Vertreter sind die Phenol-Formaldehyd-Klebstoffe. Diese werden als Präpolymer in Lösung verarbeitet. Die vollständige Polykondensation setzt ein, wenn die Verbindung auf Temperaturen von ca. 170°C gebracht wird. Als Resultat erhält man einen dreidimensional vernetzten Duroplast im Klebespalt.

Merke

Bildung von Polymeren durch
- Polymerisation
- Polyaddition
- Polykondensation

Polymere können bestehen aus
- Kettenmolekülen (Thermoplaste)
- 2-dimensional vernetzten Kettenmolekülen
- 3-dimensional vernetzten Kettenmolekülen (Duromere, Elastomere)
- Kettenlänge ist durch den Polymerisationsgrad charakterisiert

Fotolacke – wesentliche Polymervertreter in der Mikrotechnik
- Positivfotolacke (Positivresists)
  - Basis: Phenol-Formaldhyd-Harz
  - Fotoempfindliche Komponente: Diazonaphtalinon-Derivat
  - Belichtung → Aufbrechen von Bindungen, Steigerung der Löslichkeit
  - Unbelichtete Gebiete sind sehr schlecht löslich
- Negativfotolacke (Negativresists)
  - Basis: zyklisiertes Polyisopren
  - Fotoempfindliche Komponente: Diazid-Verbindung
  - Belichtung → Zunahme des Vernetzungsgrades, Verringerung der Löslichkeit
  - Unbelichtete Gebiete gut löslich
- Kenngrößen von Fotolacken
  - minimale Strukturbreite
  - Gradationskurve
  - Dunkelabtrag
  - Kontrast

- Fotoresists mit großer Lackdicke
  - SU-8 (negativ)
  - Polyimid (negativ)
  - Polymethylmethacrylat (positiv)

Mikrostrukturierbare Polymere
- SU-8; Strukturhöhe >100μm
- Polyimid; Strukturhöhe bis 10μm
- Polydimethylsiloxan; elastomeres Abformmaterial
- Parylen; Strukturhöhe bis 50μm; Abscheidung durch modifizierten PVD-Prozess
- Polymethylmethacrylat, LIGA-Technik

Polymere Klebstoffe
- Verbesserung der Adhäsion durch Primer
- Polyadditionsklebstoffe
- Polykondensationsklebstoffe

Literatur

[Ash] Ashby, M.; Jones, D.; Heinzelmann, M.: Werkstoffe 2: Metalle, Keramiken und Gläser, Kunststoffe und Verbundwerkstoffe; Spektrum Akademischer Verlag, 2006

[Ehr] Ehrenstein, G.: Polymer-Werkstoffe. Struktur – Eigenschaften – Anwendung; Hanser, 1999

[End] Endlich, W.: Klebstoffe und Dichtstoffe in der modernen Technik; Vulkan, 2004

[Gie] Gierenz, G.; Röhmer, F.: Arbeitsbuch Kleben und Klebstoffe; Cornelsen und Schwann, 1989

[Hab] Habenicht, G.: Kleben. Grundlagen, Technologien, Anwendungen; Springer, 2005

[Hor] Hornbogen, E.: Werkstoffe: Aufbau und Eigenschaften von Keramik-, Metall-, Polymer- und Verbundwerkstoffen; Springer, 2006

[IVK] Industrieverband Klebstoffe e. V.: Adhäsion kleben & dichten, Handbuch Klebtechnik 2006/2007; Vieweg, 2006

[Sch] Schumtzki, G.; Seegebrecht, P.: Prozeßtechnologie; Springer, 1991

5.6 Schichtwerkstoffe

	Schichten in der Mikrosystemtechnik
Schichten in der MST	Festkörper, deren laterale Dimensionen viel größer sind als ihre Höhenausdehnung, bezeichnet man als Schichten. Schichten sind in der Mikroelektronik von entscheidender Bedeutung. Ihre Dicke liegt im Bereich einiger nm bis etwa 5μm.
	In der Mikrosystemtechnik sind, ähnlich wie in der Mikroelektronik die dünnen Schichten von sehr großer Bedeutung. Die gesamte Oberflächenmikromechanik basiert auf dem Einsatz und der Strukturierung dünner Schichten.
thin films & thick films	Im englischen Sprachraum wird daher von „thin film" gesprochen. Im Unterschied dazu kennt man auch „thick films". Diese zeichnen sich durch eine markante Höhe von >10μm aus. Man bezeichnet Pasten, die mit Hilfe von Siebdruckverfahren (screen printing) aufgetragen und zu Schichten umgewandelt werden, auch als dicke Schichten. Basis der Pasten sind pulverförmige Ausgangsmaterialien, die durch geeignete Zusatzstoffe plastifiziert werden.

Einsatz von Dickschichten	Die Bedeutung von Dickschichten ist nicht zu unterschätzen. Sie können im Gegensatz zu den relativ aufwendigen Dünnfilm-Schichtabscheidetechniken durch einfache Druckverfahren auf die Substrate gebracht werden. Durch das Drucken erhalten sie gleichzeitig die finale Kontur, so dass auch Strukturierungsprozesse entfallen. Allerdings sind der minimalen Strukturbreite und der Toleranzhaltigkeit Grenzen gesetzt. Durch das Druckverfahren einerseits und den notwendigen Sinterprozess, der zu einem Schwund führt, liegen die minimalen Strukturbreiten nicht unter 20μm. Beim Sintern, einem Hochtemperaturprozess (auch Brennprozess) erhalten die Pasten ihre charakteristischen Festkörpereigenschaften. Dieser Prozess ist identisch mit dem Herstellungsprozess von keramischen Festkörpern. Man unterscheidet die Dickschichtmaterialien auch nach dem
LTCC-, HTCC-Schichten	Brennprozess (LTCC – low temperature cofired ceramics; HTCC – high temperature cofired ceramics). Die hohen Temperaturen dieses Prozesses und Komponenten in den Pasten, die mit dem Substrat reagieren könnten, haben dazu geführt, dass die Verknüpfung mit der siliziumbasierten Dünnfilmtechnik bislang nicht befriedigend gelungen ist. Vielmehr gibt es einen Zweig der elektronischen Bauelemente, der sich ausschließlich auf Dickschichten gründet. Diese haben den Vorteil einer sehr einfachen Technologie ohne Reinraumanforderungen sowie einer sehr hohen chemischen
Vorteil von Dickschichtmaterialien	Beständigkeit und Temperaturbeständigkeit. Die Kombination mit Si-Komponenten erfolgt im Hybrid. Das heißt, Si-basierte Mikrostrukturen werden auf keramischen Trägern angeordnet und kontaktiert.
	Gegenstand der folgenden Betrachtung sollen jedoch nicht die Dickschichten sein. Hier sollen vielmehr die, der Mikrosystemtechnik nahe stehenden, dünnen Filme beleuchtet werden. Dabei sei darauf verwiesen, dass der Begriff Schicht nicht nur für abgeschiedene Schichtstrukturen verwendet wird. Auch aus dem Substrat wachsende Schichten, wie das SiO_2, oder dotierte pn-Übergänge sollen mit betrachtet werden.

5.6.1   Dotierte Schichten

selektive Schichten durch Dotierung	**Selektive Schichten** 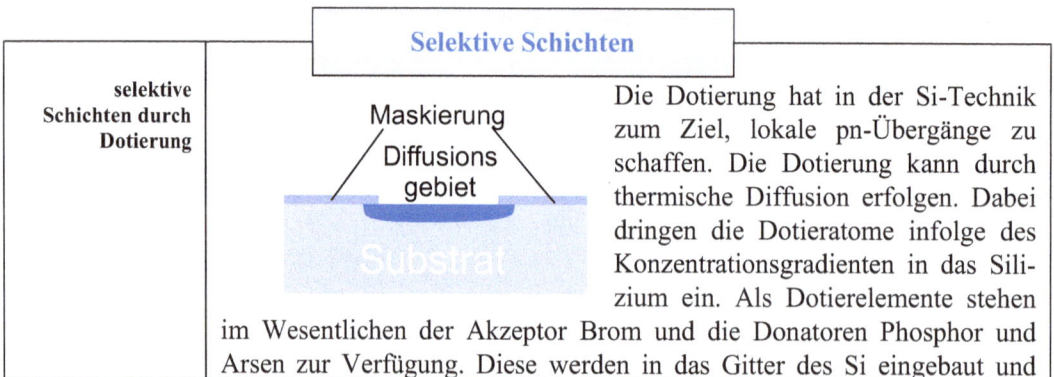 Die Dotierung hat in der Si-Technik zum Ziel, lokale pn-Übergänge zu schaffen. Die Dotierung kann durch thermische Diffusion erfolgen. Dabei dringen die Dotieratome infolge des Konzentrationsgradienten in das Silizium ein. Als Dotierelemente stehen im Wesentlichen der Akzeptor Brom und die Donatoren Phosphor und Arsen zur Verfügung. Diese werden in das Gitter des Si eingebaut und

	verändern so die Eigenleitfähigkeit. Durch die lokale Begrenzung der pn-Übergänge sollen keine geschlossenen Schichten entstehen. Dazu wird das Silizium mit einer Maskierungsschicht abgedeckt, die die nicht zu dotierenden Bereiche schützt. Durch den Dotierungsvorgang werden also selektive „Schicht"-Bereiche erzeugt. Als eine wirkungsvolle Maskierungsschicht wird meist SiO_2 eingesetzt. Als Diffusionsquellen können Feststoffe, Flüssigkeiten oder Gase genutzt werden, die einen hohen Dotantenanteil aufweisen. Im Kapitel Dotierstoffe werden die Vorgänge näher charakterisiert.
Dotierung durch Implantation	Die Implantation ist das modernere Dotierverfahren, da es die gezielte Einstellung von Dotierprofilen erlaubt. Allerdings kann die Implantation nicht angewendet werden, wenn die Dotierung der Seitenwände von tief strukturierten Si-Substraten gefordert ist. Bei der Implantation befinden sich die chemisch gebundenen Dotanten in einem Gas, das mit Hilfe einer Plasmaquelle ionisiert wird. Die Ionen werden aus der Quelle extrahiert und in einem Massenseparator selektiert. Die dann verbleibenden Dotanten-Ionen werden in einem elektrischen Feld beschleunigt, fokussiert und auf die Oberfläche des zu dotierenden Substrates geschossen. Dabei kann die implantierte Dosis $N_\square$ exakt ermittelt werden, indem der Strom I pro implantierter Fläche A_{imp} ermittelt wird. $$N_\square = \frac{I \cdot t_{imp}}{q \cdot A_{imp}}$$ Die Ladung der Dotanten-Ionen ist dabei q, t_{imp} ist die Dauer der Implantation.

5.6.2 Isolations-, Passivierungs- und Maskierungsschichten

	Isolationsschichten
Isolation von Leiterbahnen	Zur Isolierung elektrischer Leiterbahnen werden entsprechende Isoliermaterialien benötigt. Diese überdecken die Leiterbahnen vollständig und erhalten zur Kontaktierung der Leiterzüge strukturierte Fenster. Bei der Auswahl der Isolationsschichten muss die Materialart des darunter liegenden Leiters und die Beschichtungstechnik, die für die Isolationsschicht benötigt wird, berücksichtigt werden.
	Wenn beispielsweise Leiterzüge aus Aluminium gefertigt wurden, dann sind Beschichtungsverfahren mit Temperaturen > 650°C nicht möglich. Als Isolationsschichten kommen in der Regel SiO_2, Si_3N_4 sowie Polymere als Fotolacke oder Parylen zur Anwendung. Die Abscheidebedingungen für die verschiedenen Schichten unterscheiden sich erheblich. In der fol-

genden Tabelle sind wesentliche Abscheideparameter für verschiedene Isolationsschichten zusammengefasst.

Abscheidebedingungen verschiedener Isolationsschichten

	Prozess	Reaktion	Stufenbedeckung	El. Durchschlagfeldst./ MV/cm
SiO$_2$	PECVD	$SiH_4 + 2N_2O \xrightarrow{300°C} SiO_2 + 2H_2 + 2N_2$	n. konform	5
	LTO	$SiH_4 + 2N_2O \xrightarrow{450°C} SiO_2 + 2H_2 + 2N_2$	n. konform	8
	HTO	$SiH_2Cl_2 + 2N_2O \xrightarrow{900°C} SiO_2 + 2HCl + 2N_2$	konform	10
	TEOS	$Si(OC_2H_5)_4 \xrightarrow{750°C} SiO_2 + ...$	konform	10
Si$_3$N$_4$	LPCVD	$3SiH_4 + 4NH_3 \xrightarrow{750°C} Si_3N_4 + 12H_2$	konform	12
	PECVD	$SiH_4 + NH_3 \xrightarrow{300°C} Si_xN_yH_z + aH_2$	n. konform	6
Resist	Spin-on	Polykondensation (110°C)	n. konform	2
Parylen N	PVD	Polymerisation (RT)	konform	2,7

Temperatureinfluss

Die jeweiligen Prozesstemperaturen unterscheiden sich erheblich. Hier sind Polymerschichten zu bevorzugen. Deutliche Nachteile zeigen diese Schichten in der elektrischen Durchschlagfestigkeit. Dies macht sich insbesondere bei sehr geringen Schichtdicken von ca. 1µm bemerkbar. Konforme Stufenbedeckung ist nur bei Hochtemperaturprozessen und bei der Parylenabscheidung gegeben.

Liqud Phase Deposition

Unter dem Begriff *Liqud Phase Deposition* (LPD) ist die Schichtabscheidung aus der flüssigen Phase zu verstehen. Mit diesem Verfahren können sowohl metallische Schichten (stromlose Abscheidung) als auch dielektrische Schichten erzeugt werden. Eine gewisse Bedeutung hat die Abscheidung von SiO$_2$-Schichten mit Hilfe dieses Verfahrens erlangt [Hom].

Abscheidung von SiO$_2$-Schichten

Bei diesem Verfahren wird mit einer übersättigten Siliziumfluorwasserstoffsäure H$_2$SiF$_6$ gearbeitet. Die Sättigung wird durch die Zugabe von reinem SiO$_2$-Pulver zur Säure erreicht. Zur Bildung von SiO$_2$ wird die folgende Reaktion genutzt:

$$H_2SiF_6 + 3H_2O \leftrightarrow 6HF + SiO_2$$

Diese Reaktion ist allerdings nicht unproblematisch, da Flusssäure (HF) ein sehr gutes Ätzmittel für das Siliziumoxid selbst ist. Aus diesem Grunde erfolgt eine ständige Zugabe von 0,1 molarer Borsäure (H$_3$BO$_3$). Damit

Vorteil des Verfahrens	erzielt man eine Bindung der Fluorionen in folgender Form:

$$H_3BO_3 + 4HF \leftrightarrow BF_4^- + H_3O^+ + 2H_2O$$

Die Reaktion findet in einem beheizbaren Teflongefäß statt. Als Temperaturbereich für die Abscheidung werden 20°C–35°C genannt. Mit zunehmender Temperatur kann eine lineare Zunahme der Abscheiderate registriert werden. Die Abscheiderate liegt bei diesem Prozess zwischen 20nm/h und 160nm/h. Das abgeschiedene Oxid ist in seinen Eigenschaften sehr gut mit thermischem Oxid vergleichbar. Der Brechungsindex beträgt $n = 1{,}43$. Dieser relativ niedrige Wert wird auf die poröse Struktur des Materials zurückgeführt. Vorteilhaft ist dieses Verfahren durch die sehr geringen Prozesstemperaturen und die grundsätzliche Möglichkeit der Abscheidung von SiO_2 auf verschiedenen Materialien. Ausgesprochen nachteilig ist die außerordentlich geringe Abscheiderate, so dass nur Anwendungen im Bereich sehr dünner Schichten denkbar sind. |

Passivierungsschichten

Schutz kompletter Mikrostrukturen	Passivierungsschichten sind mit den Isolationsschichten vergleichbar. Hier liegt der Schwerpunkt aber nicht in der Überdeckung von Leiterbahnen, sondern in der Überdeckung kompletter Bauelemente. Eine Strukturierbarkeit dieser Schichten zur Kontaktierung ist nicht zwingend erforderlich, wenn im Design die Leitbahnen zu entsprechenden Pads aus dem aktiven zu passivierenden Bereich herausgezogen sind. Die Unterschiede in den Anforderungen zu Isolationsschichten liegen dabei in Folgendem. Durch Passivierung sollen aktive Gebiete vor der Beeinflussung durch saure und basische sowie organische Lösungsmittel schützen. Sie sollen weiterhin die Diffusion von Fremdstoffen in aktive Bereiche verhindern und das Eindringen von schnellen Ionen unterbinden. Auf Grund ihrer Eigenschaften werden zur Passivierung der Bauelemente auch Schichten wie SiO_2, Si_3N_4 oder Polymere genutzt. Die konkrete Schichtauswahl wird durch die Prozessfolge und die jeweiligen Einsatzbedingungen bestimmt.

Maskierungsschichten

Maskierungsschichten	Maskierungsschichten dienen dazu, Gebiete zu bedecken und vor der Einwirkung von Medien oder vor ungewollter Beschichtung zu schützen. Daher werden Maskierungsschichten in der Regel vor einem Prozessschritt auf die (vor-)strukturierten Substrate aufgebracht. Anschließend werden sie strukturiert, um Fenster an den Stellen zu öffnen, an denen der folgende Prozess Eingriff nehmen soll. Sie können vor Ätz-, Diffusions-, Implantations-, Beschichtungs- oder Ablöseprozessen eingesetzt werden.

Die hohe Prozessvielfalt spiegelt sich auch in der Vielfalt der möglichen Maskierungsschichten wider. Stellvertretend für diese Vielfalt sollen hier nur einige Maskierungsschichten betrachtet werden.

a) nasschemisches Ätzen von Silizium

Als Maskierungschichten eignen sich hier SiO_2 und Si_3N_4. Dabei ist die Ätzrate von SiO_2 in basischen Ätzlösungen durchaus endlich und kann nach den Herstellungsbedingungen unterschieden werden. So besitzt thermisch gewachsenes SiO_2 eine um 30% geringere Ätzrate als CVD-Oxid. Bei Temperaturen bis 90°C in KOH kann man für thermisches SiO_2 mit einer Ätzrate von bis zu 16nm/min rechnen. Bei höheren Ätztemperaturen steigt die Ätzrate des SiO_2 noch merklich an. Setzt man für das (100)-Si eine durchschnittliche Ätzrate von 1μm/min an, so wird klar, dass eine 1μm dicke SiO_2-Schicht der Ätzlösung nur für ca. 1h standhält. Ein Durchätzen von Standardwafern mit einem Durchmesser > 75mm ist unter diesen Bedingungen praktisch nicht möglich, da die Oxiddicke bei etwa 4μm liegen müsste. Dies lässt sich jedoch mit den oben geschilderten Prozesstechniken nicht realisieren (hohe Schichtspannungen). Auch die thermische Oxidation führt in endlichen Zeiten nicht zu derart dicken Oxiden. Abhilfe leistet hier Si_3N_4. Die Ätzrate in basischen Lösungen ist praktisch nicht messbar.

b) trockenchemisches Ätzen von Silizium

Für das trockenchemische Ätzen von Silizium eignen sich als Maskierungsschichten SiO_2, Si_3N_4 und Fotolacke. Dabei werden die Maskierungsschichten chemisch durch freie Radikale und physikalisch durch Ionenbombardement angegriffen. Dies führt unter anderem zur Erwärmung der Maskierungsschicht. Bei Fotolacken sinkt dadurch die Stabilität und die Konturtreue in den Fenstern. Um diesem Verhalten entgegen zu steuern, werden Ätzprozesse auch bei sehr tiefen Temperaturen durchgeführt. Die Beeinträchtigung der SiO_2-Schicht kann durch die Wahl der Prozessgase beeinflusst werden. Hier sei auf den Abschnitt RIE-Prozesse verwiesen.

c) Nasschemisches Ätzen von Gläsern und glashaltigen Keramiken

Gläser und glashaltige Keramiken werden in HF-haltigen Lösungen strukturiert. Da HF Metall kaum angreift, eignen sich eine Vielzahl von Metallen als Maskierungsmaterial für diesen Prozessschritt.

d) Diffusion, Implantation

Das bevorzugte Maskierungsmaterial bei der Diffusion ist das SiO_2, da es eine Diffusionsbarriere für die meisten Atome darstellt. Bei der Implantation können Fotolacke als Maskierung dienen.

Metallisierung	**e)** **Metallisierung**
	Als Maskierungsschichten werden bei diesen Verfahren meist Fotolacke verwendet. Die thermische Substratbelastung ist, wenn nicht mit einer Substratheizung gearbeitet wird, gering.
Strukturierung von Schichten	Die Strukturierung von Isolations-, Passivierungs- und Maskierungs-schichten ist eine Grundanforderung in der Mikrotechnik. Auf Grund der großen Materialvielfalt können nicht alle Strukturierungsverfahren be-sprochen werden. Es wird daher insbesondere für die Strukturierung von Metallen auf [Köh] hingewiesen. Ausgewählte Schichtmaterialien sollen jedoch kurz besprochen werden.
Strukturierung von SiO$_2$	**a)** **Strukturierung von SiO$_2$**
	Siliziumdioxid kann mit Hilfe von HF-haltigen Lösungen strukturiert werden. Um eine Verarmung der Lösung zu vermeiden, verwendet man gepufferte HF. Als Puffer dient dabei NH$_4$F. Typische SiO$_2$-Ätzer beste-hen aus 40% NH$_4$F und 49%HF, die im Volumenverhältnis NH$_4$F : HF = 1 : 5…20 gemischt sind. Beim Ätzen läuft folgende Reaktion ab:
	$$SiO_2 + 6HF \xrightarrow{\quad RT \quad} SiF_6 + 2H_2O + H_2$$
	Die Ätzrate liegt bei etwa 0,1µm/min. Als Maskierungsmaterial für diesen Prozess dienen Fotolacke, die eine Beständigkeit von ca. 15min…20min in der Lösung besitzen.
	Die trockenchemische Strukturierung von SiO$_2$ erfolgt in Plasmen mit fluorhaltigen Gasen wie CF$_4$. Dabei bilden sich Flouratome und reaktive CF$_x$-Gruppen, die mit dem SiO$_2$ reagieren:
	$$SiO_2 + 4F \rightarrow SiF_4 + O_2$$ $$SiO_2 + aCF_x \rightarrow SiF_4 + (CO, CO_2, COF_2, O_2)$$
	Der Anteil der CF$_x$-Gruppen im Plasma kann gezielt gesteuert werden. Durch Zugabe von H$_2$ steigt die CF$_x$-Bildung an und das SiO$_2$ wird stärker geätzt. Daher wird auch häufig CHF$_3$ als Ätzgas eingesetzt. Durch Zugabe von reinem Wasserstoff zu CF$_4$ steigt die Ätzrate zunächst an und fällt durch vermehrte Bildung von Plasmapolymeren nach Überschreiten eines Maximalwertes ab.
Strukturierung von Si$_3$N$_4$	**b)** **Strukturierung von Si$_3$N$_4$**
	Si$_3$N$_4$ zeichnet sich durch seine hohe chemische Stabilität aus. Es kann nasschemisch nur in kochender (180°C) Phosphorsäure (85%) strukturiert werden. Als Maskierung wird für diesen Prozess SiO$_2$ eingesetzt, da Foto-lacke der Temperaturbelastung nicht standhalten. Die Ätzrate beträgt ca. 10nm/min.

| Strukturierung von Fotolack | Trockenchemisch lässt sich Si_3N_4 mit fluorhaltigen Gasen wie CF_4 und Beimischungen von O_2 (4%...10%) strukturieren.

c)   **Strukturierung von Fotolacken**

Die Strukturierung von Fotolacken erfolgt in der Regel ohne Maskierungsschicht. Bei diesem Prozess werden bei Raumtemperatur die unvernetzten, leicht löslichen Gebiete mit einem dem Fotolack angepassten Entwickler vom Untergrund abgelöst. Als Entwickler werden in der Regel schwach alkalische Lösungen auf Natrium- oder Kaliumbasis verwendet. |

5.6.3   Metalle und elektrisch leitende Schichten

Metallschichten

| Erzeugung dünner Metallschichten | Metalle als Werkstoffe der Mikrosystemtechnik wurden bereits im Kapitel „Metalle" ausführlich behandelt. Die Herstellung metallisch dünner Schichten erfolgt in der Regel mit Hilfe von PVD-Verfahren. Dabei muss zwischen höherschmelzenden und niedrigschmelzenden Metallen unterschieden werden. Niedrigschmelzende Metalle, wie Al, Ag und Cu, können mit Hilfe thermischer Widerstandsverdampfung verarbeitet werden.

Höherschmelzende Metalle wie Cr, Ni, Ti, Pt, Mo und W lassen sich mit Hilfe von Elektronenstrahlverdampfungsverfahren abscheiden. Sputterverfahren sind immer anwendbar. Metallschichten dienen im Wesentlichen zur Stromleitung und Kontaktierung. Daneben werden sie als Haft- und Diffusionssperrschichten eingesetzt. |

| Strukturierung von Metallschichten | Neben der Abscheidung ist die Strukturierung metallischer Schichten wesentlich für deren Einsatz in der Mikrosystemtechnik. Für die wichtigsten Metalle sind die möglichen Strukturierungsverfahren in der nachfolgenden Tabelle zusammengefasst [Wil, Ker]. |

Metall	Ätzlösung / Verfahren	$T/°C$	Ätzrate/ nm/min	Ätzrate Si/ nm/min	Ätzrate SiO_2/ nm/min
Al	H_3PO_4:HNO_3:CH_3COOH:%H_2O = 4:1:4:1 (VT)	50	500…600	0	0
Ti	HF : H_2O_2 : H_2O = 1:1:20 (VT)	20	1100	0	0
Cr	9%$(NH_4)Ce(NO_3)_6$:6%HCl :H_2O	20	170	0	0,4
	22%$(NH_4)Ce(NO_3)_6$:8%CH_3COOH :H_2O	20	95	0	0
Cu	30%$FeCl_3$:4%HCl:H_2O	20	3900	0	0

	$15\%(NH_4)_2S_2O_8:H_2O$	30	2500	0	0
Ag	$9\%(NH_4)Ce(NO_3)_6:6\%HCl:H_2O$	20	450	0	0
Au	$HCl:HNO_3:H_2O = 3:1:2$ (VT)	30	680	0	0
	Lift-off	-	-	-	-
Pt	Lift off	-	-	-	-
Mo	$H_3PO_4:CH_3COOH:HNO_3:H_2O = 180:11:11:150$ (Volumenteile)	20	690	0	0
W	$30\%H_2O_2:70\%H_2O$ (Gewichtsprozent)	50		0	0

Basis für die Angabe in Volumenteilen (VT) sind:

$49\%HF$; $30\%H_2O_2$; $70\%HNO_3$; $85\%H_3PO_4$; $37\%HCl$; $99\%CH_3COOH$

Die Ätzraten von Si und SiO_2 sind in allen verwendbaren Ätzlösungen praktisch nicht messbar. Die Strukturierungsergebnisse sind weitgehend isotrop. Dies wirkt sich jedoch kaum auf die Mikrostrukturen aus, da die Schichtdicken im Bereich von 50nm…200nm liegen.

5.6.4 Polymerschichten

Polymere Schichtmaterialien

Polymere Dünnschichten	Polymere Schichtmaterialien wurden bereits im Kapitel „Polymere" behandelt. Die meisten Polymere werden mit Hilfe von Spin-on-Techniken auf den Substraten in Schichtform abgeschieden. Ausnahmen bilden die Parylene und die Plasmapolymere. Parylene wurden ebenfalls im oben erwähnten Abschnitt besprochen.

Plasmapolymere sind hingegen Polymere, die mit Hilfe von Plasmaverfahren abgeschieden werden können. |
| **PTFE** | Ein in seinen Eigenschaften kaum vergleichbares Material ist das Polytetrafluoretylen (PTFE), das auch unter dem Handelsnamen Teflon bekannt ist. PTFE besitzt ausgezeichnete thermische und chemische Eigenschaften. Es wird von organischen Lösungsmitteln nicht angegriffen und ist hydrophob. Die Bearbeitung von PTFE ist nicht einfach und erfordert Erfahrung, da das Material bei mechanischer Belastung ausweicht. Klebeverbindungen sind praktisch nicht realisierbar. Teflon kann in Form von makroskopischen Halbzeugen, wie Blöcken, Rollen, Schläuchen und Folien bezogen werden. Für die Mikrosystemtechnik war dieses Material auf Grund dieser Bearbeitungssituation bislang weniger interessant. Dennoch ist verständlich, dass versucht wurde, das PTFE mit Hilfe anderer |

	Methoden zu erzeugen und für die Mikrotechnik nutzbar zu machen. Grundlage dieser Untersuchungen war das Wissen über die Bildung von Plasmapolymeren in Ätzprozessen [Ago, Yas]. Auch in jüngster Zeit wurden Untersuchungen zur Abscheidung von Polymeren in RIE-Reaktoren und zur Charakterisierung der dadurch gebildeten Schichten durchgeführt [Yan].
Erzeugung von Plasma-Polymerschichten	Das Ätzen von Si-haltigen Materialien erfolgt im Plasma mit Hilfe von fluorhaltigen Gasen, wie CF_4 oder CHF_3. Im Plasma werden die Moleküle dieser Gase zerlegt. Dadurch entstehen eine Vielzahl von Radikalen CF_x und atomares Fluor F. Die Radikalen können entweder mit SiO_2 reagieren oder unter bestimmten Bedingungen Polymere bilden. Es hat sich gezeigt, dass durch Zugabe von H_2 zum Prozessgas die Bildung von CF_x begünstigt wird. Weiterhin konnte festgestellt werden, das bei einem Verhältnis der Atome F : C < 3 die Polymerisation begünstigt wird. Zugabe von O_2 zum Prozessgas führt zu dessen Reaktion mit CF_x unter Bildung von CO, CO_2 u.a. Die dadurch freigesetzten F-Atome können verstärkt mit Si oder SiO_2 reagieren, der Ätzprozess wird begünstigt. In dem folgenden Schema ist die Wirkung verdeutlicht.

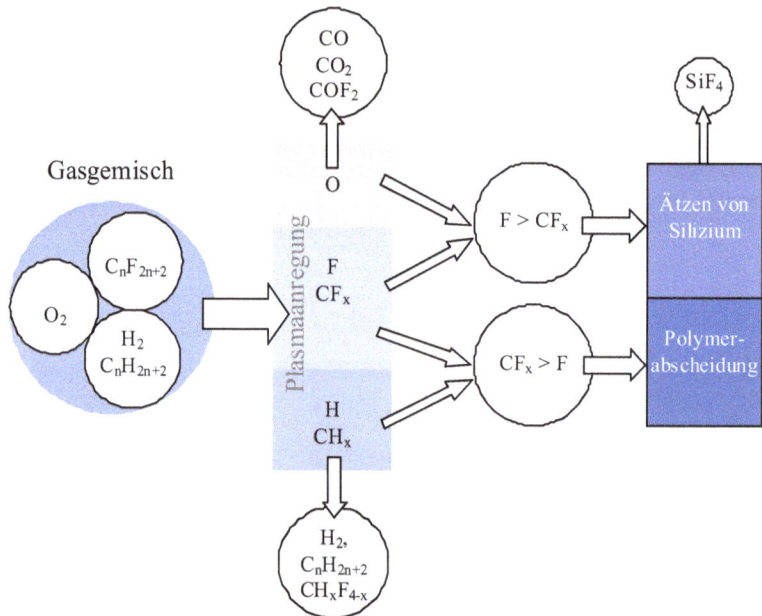

Diagramm:

Gasgemisch: O_2, C_nF_{2n+2}, H_2, C_nH_{2n+2} → Plasmaanregung

Plasmaanregung ergibt:
O → CO, CO_2, COF_2
F, CF_x
H, CH_x → H_2, C_nH_{2n+2}, CH_xF_{4-x}

$F > CF_x$ → Ätzen von Silizium → SiF_4
$CF_x > F$ → Polymerabscheidung

| **PTFE-ähnliche Schichten** | In den abgeschiedenen Polymere sind folgende Molekülgruppen identifizierbar: $-CF_3$; $-CF_2-$; $= CF-$ und $-C-CF_x$. Interessant ist dabei der Anteil der $-CF_2$-Gruppen, die im PTFE zu > 90% vertreten sind. Durch die Optimierung von Gasfluss, Leistung und Druck kann hier ein Maximum erreicht werden. Allerdings ist die Zusammensetzung der gebildeten Schichten nicht mit der Zusammensetzung von reinem PTFE identisch. Es können bestenfalls dem PTFE ähnliche Schichten erzeugt werden. Daher ist die Bezeichnung Flour-Carbon-Polymere angezeigt. CF_4 im Gasge- |

	misch erweist sich grundsätzlich als nicht vorteilhaft bei der Bildung stark -CF$_2$-haltiger Polymere.
Plasma-Fluor-Carbon-Schichten	Einige Eigenschaften der im Plasma abgeschiedenen Fluor-Carbon Schichten (PFC) sind in der Tabelle zusammengefasst.

Eigenschaft	PFC	PTFE
Dielektrizitätszahl ε_r	2,1	2,1
El. Durchschlagfestigkeit / MV/cm	1,35	1,4
spezifischer Widerstand / Ωcm	$>10^{18}$	$>10^{18}$
Randwinkel von H$_2$O	105°	108°
Beständigkeit in sauren Lösungen	++	++
Beständigkeit in basischen Lösungen	++	++
Beständigkeit in Methanol	++	++
Beständigkeit in DMSO	0	+

	Obwohl einige Eigenschaften der PFC dem des PTFE sehr nahe kommen, wird das gesamte Eigenschaftsspektrum von PTFE nicht erreicht.
Strukturierung von PFC-Schichten	Die Strukturierung von PFC-Schichten erweist sich als nicht unproblematisch, wenn die Oberflächeneigenschaften (Hydrophobie) erhalten bleiben sollen. Trockenchemische Ätzverfahren in sauerstoffreichen Plasmen beeinträchtigen die Oberflächenzustände erheblich und sind daher ungeeignet. Auf Grund der hohen chemischen Stabilität der Schichten sind klassische Ätzverfahren ebenso ungeeignet. Schwierig ist weiterhin die Beschichtung der PFC-Schichten mit Fotolacken. Die niedrigen Oberflächenenergien führen zu sehr schlechten Benetzungsergebnissen.
Lift-off-Technik	Mit Hilfe der Lift-off-Technik können diese Probleme überwunden werden. Dazu erfolgt zuerst eine Beschichtung der Wafer mit Resist, der anschließend fotolithographisch strukturiert wird. Danach erfolgt die PFC-Abscheidung auf den vorstrukturierten Fotolack. Der Fotolack wird danach durch ein Lösungsmittel entfernt, dabei können auch die auf dem Fotolack befindlichen PFC-Schichten von der Substratoberfläche entfernt werden. Es verbleiben die Bereiche der PFC-Schicht, die in direktem Kontakt mit dem Substrat stehen.

modifizierte Lift-off-Technik	Neben der beschriebenen Strukturierungsmethode ist es möglich, PFC-Schichten selektiv in tiefgeätzte Si-Strukturen abzuscheiden. Dazu wird eine modifizierte Lift-off-Technik eingesetzt. Zunächst erfolgt die Beschichtung der Si-Substrate mit einer Cr-Cu-Schicht. Diese wird strukturiert und anschließend erfolgt die Tiefenstrukturierung des Si mit trocken- oder nasschemischen Ätzprozessen. Dabei kann im Nassätzprozess mit KOH gearbeitet werden, weil Cu in dieser Ätzlösung beständig ist. Anschließend erfolgt die PFC-Abscheidung. Da die Haftung der PFC-Schichten auf Metallen sehr schlecht ist, können die Bereiche der Schicht in DI-Wasser mit Ultraschallunterstützung abgelöst werden. Abschließend werden die verbliebenen Metallschichten geätzt. Als Resultat erhält man eine selektive PFC-Beschichtung in den tiefgeätzten Strukturen. Im Bild ist die Prozessfolge veranschaulicht. Dabei wurden der Einfachheit wegen nass- und trockenchemische Tiefenstrukturen auf einem Chip gemeinsam dargestellt.

Sol-Gel-Schichten

Eigenschafts-angepasste Dünnschichten	Die Sol-Gel-Technik erlaubt es, „maßgeschneiderte" Schichten herzustellen, d.h. Schichten, die optimal an den jeweiligen Einsatzfall angepasst sind. Damit ergeben sich grundsätzlich neue Möglichkeiten bei der Realisierung neuer Schichtsysteme in der Mikrosystemtechnik. Schichten mit spezifischen Eigenschaften könnten in die Prozessabfolge integriert werden und damit zu völlig neuartigen Systemen führen. Leider ist die Sol-Gel-Technik noch nicht weit verbreitet in der Mikrosystemtechnik anwendbar. Die Gründe dafür sollen im Folgenden beleuchtet werden.
Herstellung von Sol-Gel-Schichten	Basis der Sol-Gel-Technik bilden folgende Reaktionen. Zuerst findet eine Hydrolyse von monomeren Alkoxiden statt. Als Alkoxide können Tetramethylorthosilicat (TMOS), Tetraethylorthosilicat (TEOS), Ti(IV)-Butoxid, Zr(IV)-Propoxid und viele ähnliche eingesetzt werden. $$\equiv M - OR + H_2O \Leftrightarrow \equiv M - OH + R - OH$$

Für M können Metalle oder auch Si stehen. Die Molekülgruppe R steht z.B. für C_3H_7. Die hydrolysierten Moleküle können nun in verschiedener Form miteinander reagieren. Man unterscheidet dabei die wässrige Kondensationsreaktion

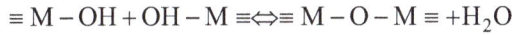

$$\equiv M - OH + OH - M \equiv \Leftrightarrow \equiv M - O - M \equiv + H_2O$$

und die alkoholische Kondensationsreaktion

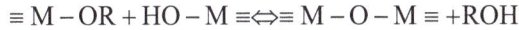

$$\equiv M - OR + HO - M \equiv \Leftrightarrow \equiv M - O - M \equiv + ROH$$

Die $\equiv M - O - M \equiv$ Gruppen können nun unter Wasserabspaltung polymerisieren. Dabei sind drei Stufen der Polymerisation zu beobachten.

1) Polymerisation und Bildung von Partikeln

2) Wachstum der Partikel

3) Vernetzen der Partikel und Verdichtung zum Gel durch den Entzug des Lösungsmittels (H_2O)

dreistufiger Polymerisations-prozess

Wird die Reaktion nach der Stufe 2 unterbrochen, dann verbleibt ein Sol mit suspendierten Partikeln. Dieses Sol kann mit Hilfe gebräuchlicher Spin-on-Techniken auf Substrate aufgebracht werden. Durch das Aufschleudern kann das Lösungsmittel leicht verdunsten und die Stufe 3 des Prozesses setzt ein. Auf den Substraten bildet sich eine gelartige organische Schicht. Diese wird im Folgeschritt pyrolytisch, d.h. unter Wärmezufuhr in einem Brennprozess zersetzt. Dabei werden alle organischen Bestandteile des Gels entfernt. Als Ergebnis erhält man eine anorganische keramische Schicht. Gebräuchlich ist dieses Verfahren in der Mikrosystemtechnik unter anderem zur Herstellung von SiO_2-Schichten und von PZT-Schichten. Nachteilig und in der Entwicklung hinderlich sind die relativ hohen Temperaturen bei der pyrolytischen Zersetzung. Hier wird mit Temperaturen von 700°C gearbeitet. Damit sind Al-Metallisierungen nicht mehr möglich. Um die Diffusion bei PZT-Schichten zu verhindern, müssen diffusionsperrende Schichten zwischen Si und PZT angeordnet werden. Hier wird mit einer Schichtkombination aus TiO_2-Ti-Pt gearbeitet. Das Pt ist dabei gleichzeitig Elektrodenschicht. Die obere Elektrode wird ebenfalls aus Pt gefertigt und kann gleichzeitig als Ätzmaske für eine Strukturierung der PZT-Schicht dienen. Ein typischer Schichtaufbau ist im Bild gezeigt. Die maximal erreichbaren Schichtdicken bei einem Sol-Gel-Prozess liegen bei 50nm. Größere Schichtdicken erfordern ein mehrfaches Durchlaufen des Spin-on-Prozesses gefolgt von einem Prebake bei Temperaturen < 200°C. Schichtdicken von 1μm und mehr führen leicht zum Cracken der Schich-

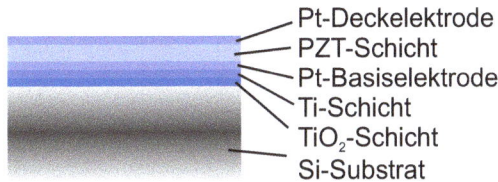

Zukunft der Sol-Gel-Technik	ten. Das heißt, auf Grund der hohen inneren mechanischen Spannungen neigen die Schichten bei zu großer Schichtdicke zur Rissbildung. Auf Grund der vielen Prozessschritte, der geringen Schichtdicken und der möglichen Beeinflussungen durch Diffusionsvorgänge halten sich die verwertbaren Ergebnisse der Sol-Gel-Technik sehr in Grenzen. Dennoch muss mit einer Verbesserung der Werkstoffentwicklung auf diesem Gebiet gerechnet werden. Dadurch könnten sich in der Zukunft durchaus große Chancen für völlig neuartige mikrostrukturierte Produkte mit maßgeschneiderten Werkstoffen ergeben.

Merke

Dickschichten
- LTCC-Schichten
- HTCC-Schichten

→ Schwundprobleme, daher nicht zwingend MST-tauglich

Dünnschichten
selektive Schichten (p- oder n-dotierte Zonen)
Isolationsschichten (SiO_2, Si_3N_4, Fotolack)
Passivierungschichten (SiO_2, Si_3N_4, Fotolack)
Maskierungsschichten (SiO_2, Si_3N_4, Fotolack, Metalle, Polymere)
Metallische Schichten
Polymerschichten
Sol-Gel-Schichten

Herstellungsverfahren
Selektive Schichten
- Diffusionsprozesse, Implantationsprozesse

Isolationsschichten
- thermische Oxidation, CVD-Verfahren, Sputterverfahren Flüssigphasenabscheidung, Spin-on-Technik

Passivierungsschichten
- thermische Oxidation, CVD-Verfahren, Sputterverfahren Flüssigphasenabscheidung, Spin-on-Technik

Maskierungsschichten
- thermische Oxidation, CVD-Verfahren, PVD-Verfahren, Flüssigphasenabscheidung, Spin-on-Technik, Plasmapolymerisation

Metallische Schichten
- PVD-Verfahren, galvanische Abscheidung, Spin-on-Technik

Polymerschichten
- Plasmapolymerisation, Modifizierte PVD-Verfahren

Sol-Gel-Schichten
- Breite Materialauswahl, Basis Hydrolyse monomerer Alkoxide und weiter Kondensationsreaktion unter Bildung von Polymeren → Sol durch Wasserentzug Bildung des Gels und Verfestigung
- Begrenzte Schichtdicke!

Strukturierungsverfahren
- Nasschemische Strukturierung durch Ätzprozesse (SiO_2, Si_3N_4, Metalle)
- Trockenchemische Strukturierung durch Ätzprozesses (SiO_2, Si_3N_4, Metalle, Polymere)
- Lift-off-Technik (Metalle, Polymere)

Literatur

[Ago]   D' Agostino, R.: Plasma deposition, treatment and etching of polymers; Academic press, 1990

[Die]   Dietlmeier, M.: Plasmapolymerschichten aus fluorierten Verbindungen Herstellung, Charakterisierung, Eignung als Inter Metall Dielektrika; Herbert Utz Verlag, 2001

[Dit]   Dittert, B.: Geordnete und ungeordnete Nanostrukturierung von Sol-Gel-abgeleiteten Materialien; Herbert Utz Verlag, 2006

[Hom]   Homma, T. et al.: A selective SiO2 film-formation technology using liquid-phase deposition for fully planarized multilevel interconnections; in: J. Electrochem. Soc., Vol. 140, No. 8, 1993, 2410–2414

[Ker]   Kern, W.: Chemical etching, Thin film processes; in: Academic press, V-1, 1978, 401–496

[Kor]   Koriath, J.: Erzeugung von SiO2-Beschichtungen auf Siliziumoberflächen durch Sol-Gel-Prozesse zur Modifizierung der elektrischen Eigenschaften; Shaker Verlag, 2002

[Völ]   Völger, K.: Keramische Materialien über einen nichtoxidischen Sol-Gel-Prozess; Shaker Verlag, 2002

[Wil]   Williams, K.; Gupta, K.; Wasilik, M.: Etch Rates for Micromachining Processing – Part II; in: Journal of Microelectromechanical Systems, Vol. 12, No. 6, 2003, 761–778

[Yan]   Yanev, V.: Erzeugung, Charakterisierung und Strukturierung von Fluorcarbon-Plasmepolxmeren für den Einsatz in der Mikrosystemtechnik; Ilmenau, 2003

[Yas]   Yasuda, H.: Plasma polymerisation; Academic press, 1985

5.7 Dotierstoffe

<table>
<tr><td></td><td style="text-align:center">Schlüsselbegriffe</td></tr>
<tr><td></td><td>Einsatz von Dotierstoffen, Donatoren, Akzeptoren, Dotierung von Si, Dotierung mit elementaren Dopanten, feste Dotierquellen, flüssige Dotierquellen, gasförmige Dotierquellen</td></tr>
</table>

Änderung der Leitfähigkeit

Einsatz von Dotierstoffen

Donatoren, Akzeptoren

Dotierung von Si

Dotierstoffe werden eingesetzt, um die Eigenleitfähigkeit von Halbleitern zu verändern. Man kann Donatoren und Akzeptoren unterscheiden. Donatoren liefern beim Einbau in die Gitterstruktur des Halbleiters zusätzliche Elektronen, Akzeptoren liefern dagegen Löcher. Durch die Dotierung mit Akzeptoren entstehen daher p-Gebiete. Elektronenüberschuss durch Donatoren führt zur Bildung von n-Gebieten. Mit Silizium als Basismaterial der Mikrosystemtechnik kann man als Donatoren Elemente der V. Hauptgruppe des Periodensystems nutzen. Akzeptoren werden von Elementen der III. Hauptgruppe gebildet. Im Bild ist dieses Verhalten im Kristallgitter gezeigt. Die Dotieratome sind blau gegenüber den sie umgebenden Si-Atome dargestellt. Die Si-Atome sind jeweils mit 4 weiteren Si-Atomen in ihrer Umgebung gebunden. Als Dotieratome werden Donatoren wie P oder As genutzt, als Akzeptoren können B, Al oder Ga eingesetzt werden. Die Dotierung wird durch die Buchstaben p und n gekennzeichnet. Der Dotierungsgrad wird durch hochgestellt „+" bzw. „-" charakterisiert. Dabei sind Zuordnungen wie in der folgenden Tabelle getroffen.

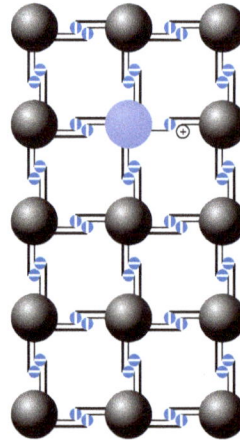

Dotierung mit Element der III. HG

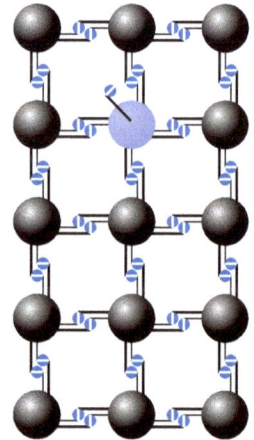

Dotierung mit Element der V. HG

Bezeichnung	Anzahl der Atome/cm^3
n	10^{16}
p	10^{17}
n$^+$	10^{19}
p$^+$	10^{19}
n$^-$	$< 10^{16}$
p$^-$	$< 10^{17}$
n^{++}	$> 10^{19}$
p^{++}	$> 10^{19}$

Durch diese Bezeichnungen kann bereits auf den spezifischen Widerstandsbereich des Siliziums geschlossen werden. Geringe Dotierungen haben einen hohen spezifischen Widerstand zur Folge, hohe Dotierungen dagegen einen niedrigen. Die Wertebereiche des spezifischen Widerstands können je nach Dotierung zwischen $\rho = 10^{-4} \ldots 1k\Omega cm$ betragen.

Die Dotierung erfolgt meist mit den elementaren Stoffen. Diese liegen jedoch in der Regel chemisch gebunden vor. Daher werden diese Substanzen auch als Quellen bezeichnet. Man kann feste, flüssige und gasförmige Quellen unterscheiden.

feste Dotierquellen

a)   Dotierung aus festen Quellen

Feste Dotierstoffe sind:

p $\rightarrow$ Bornitrid BN, Aluminiumarsenat AlAsO$_4$
n $\rightarrow$ Siliziumpyrophosphat SiP$_2$O$_7$

Bei der Dotierung aus festen Quellen wird eine Dotierscheibe mit dem chemisch gebundenen Dotanten auf dem zu dotierenden Substrat positioniert. Bei hohen Prozesstemperaturen (900°C…1100°C) und unter gleichzeitiger Sauerstoffzufuhr bildet sich ein Oxid des Dotierelementes. Dieses reagiert mit den freien Si-Atomen unter Bildung des elementaren Dotanten und SiO$_2$. Ein Beispiel ist am Bornitrid gezeigt:

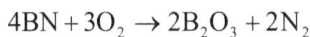

$$4BN + 3O_2 \rightarrow 2B_2O_3 + 2N_2$$
$$2B_2O_3 + 3Si \rightarrow 4B + 3SiO_2$$

Das elementare Bor kann dann in das Silizium diffundieren. Weitere Festkörperquellen sind SiP$_2$O$_7$ oder AlAsO$_4$. Auch bei Nutzung dieser Quellen bilden sich die entsprechenden elementaren Dotanten.

flüssige Dotierquellen

b)   Dotierung aus flüssigen Quellen

Flüssige Dotierquellen sind:

p $\rightarrow$ Bortribromid BBr$_3$
n $\rightarrow$ Phosphoroxichlorid PClO$_3$

Die Dotierung aus Flüssigkeiten erfolgt meist mit Hilfe eines Bubblers. Dazu wird ein Trägergas durch einen Bubbler geleitet, in dem der Dotant chemisch gebunden in einer Flüssigkeit vorliegt. Bei gleichzeitiger Sauerstoffzufuhr und hoher Temperatur bildet sich ein Oxid des Dotanten, das analog zu a) mit freien Si-Atomen reagiert. Dabei bilden sich SiO$_2$

und der Dotant in elementarer Form. Ein Beispiel ist am Phosphoroxich-lorid $POCl_3$ gezeigt:

$$4POCl_3 + 3O_2 \rightarrow 2P_2O_5$$
$$2P_2O_5 + 5Si \rightarrow 4P + 5SiO_2$$

Auch hier diffundiert der elementare Phosphor in das Silizium.

gasförmigen Dotierquellen

c) Dotierung aus gasförmigen Quellen

Gasförmige Quellen sind die hoch toxischen Gase:

p → Diboran B_2H_6
n → Phosphin PH_3, Arsin AsH_3

Bei der Dotierung aus gasförmigen Quellen wird einem Trägergas (N_2) ein Dotiergas mit dem chemisch gebundenen Dotanten und Sauerstoff beigemischt. Dieses Dotiergas reagiert mit dem Sauerstoff unter Bildung des Dotantenoxids und weiter wie unter a) und b). Als Beispiel ist das Dotiergas Arsin AsH_3 angegeben.

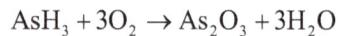

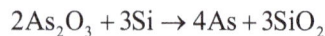

$$AsH_3 + 3O_2 \rightarrow As_2O_3 + 3H_2O$$
$$2As_2O_3 + 3Si \rightarrow 4As + 3SiO_2$$

Das elementare Arsen kann unter Temperatureinfluss in das Si eindrin-gen.

Merke

Einsatz von Dotierstoffen

Veränderung der Eigenleitfähigkeit von Halbleitern

Unterscheidung:
- Donatoren
    o Elemente einer höheren Hauptgruppe als zu dotierender Halbleiter
    o liefern Elektronen
    o bei Silizium als Halbleiter z.B. P, As
- Akzeptoren
    o Elemente einer niedrigeren Hauptgruppe als zu dotierender Halbleiter
    o liefern Löcher
    o bei Silizium als Halbleiter z.B. B

Dotierung erfolgt
- aus atomaren Quellen
- aus Quellen, in denen Dotanten chemisch gebunden sind

- Unterscheidung:
  - feste Quellen
  - flüssige Quellen
  - gasförmige Quellen
- generell: Bildung eines Oxids des Dotanten → Umsetzung des Oxids mit Si unter Bildung von SiO_2 und dem elementaren Dotierstoff → dieser diffundiert in Si

5.8   Lote

	Lote – Verbindungen von Fügepartnern
Einsatz von Loten in der MST	Lote sind Werkstoffe, die bei erhöhter Temperatur schmelzen und mit den an sie angrenzenden Werkstoffen eine Verbindung eingehen, die sich nach dem Abkühlen verfestigt. In der Mikrosystemtechnik werden Lote für externe leitende Verbindungen, zur Verbindung von Keramiken und Gläsern mit jeweils metallischen oder metallisierten Trägern und zur Verbindung von strukturierten Glassubstraten eingesetzt. Es wird angestrebt, Lote zu verwenden, die flussmittelfrei ein gutes Benetzungsverhalten zeigen, die zu den Verbindungspartnern hohe Adhäsionskräfte entwickeln (möglichst eine Verbindung in Form einer Legierung eingehen), einen niedrigen Schmelzpunkt besitzen und beim Erstarren sehr rasch eine hohe mechanische Endfestigkeit erreichen.

5.8.1   Metallische Lote

	Lote für leitende Verbindungen
metallische Lote **Blei-Zinn-Lote**	Lote, die eine leitende Verbindung gewährleisten, sind seit vielen Jahren in der Mikroelektronik erprobt. Dabei handelt es sich im Wesentlichen um Blei-Zinn-Lote, deren Schmelztemperaturen unter 200°C liegen. Diese Lote müssen auf den Fügepartnern sicher haften. Um die Haftung zu verbessern, wurde häufig mit Flussmitteln gearbeitet. Die Flussmittel dienen dazu, das Benetzungsverhalten der Lote auf den Oberflächen zu verbessern. Das Be-

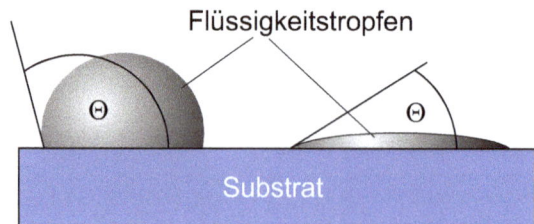

netzungsverhalten wird durch den Randwinkel charakterisiert, der sich zwischen dem Lottropfen und dem Fügepartner ausbildet. Ein großer Randwinkel Θ deutet auf eine schlechte Benetzung und hat eine unzuverlässige oder keine Lötverbindung zur Folge. Kleine Randwinkel Θ zeigen sich bei gutem Benetzungsverhalten. Beide Beispiele sind im Bild gezeigt. Um gute Benetzungsbedingungen zu erhalten, werden die Oberflächen oft mit Flussmitteln vorbehandelt. Diese beseitigen mögliche Fremd- oder Oxidschichten und führen so zu guten Benetzungen. Allerdings sind diese Mittel in mikrostrukturierten Komponenten nicht einsetzbar, weil sie auf Grund ihres korrosionsfördernden Verhaltens und der mögliche Beeinträchtigung von funktionsrelevanten Teilen die Zuverlässigkeit der Mikrokomponenten erheblich reduzieren. Daher werden auf den Oberflächen der mikrostrukturierten Chips Gebiete geschaffen, die lokal eine gute Benetzung durch das Lot zulassen. Dies wird durch dünne Metallschichten aus Au, Ag, Cu oder Ni erreicht. Das Lot wird dann in einem thermischen Schritt aufgetragen. Einige gebräuchliche Lote sind in der Tabelle zusammengefasst [Frü]. Es sind bleihaltige Weichlote zu erkennen, die niedrige Schmelztemperaturen besitzen und hohe Endfestigkeiten zulassen. Die nichtbleihaltigen Lote haben deutlich höhere Schmelztemperaturen und erreichen fast die Festigkeitswerte bleihaltiger Lote. Hauptbestandteil aller Lote ist das Zinn – Sn.

Lotzusammensetzung	$T_s/°C$	$\rho/10^{-6}\Omega cm$	Zugfestigkeit/MPa
60Sn:40Pb	185	15	30
12,5Sn:12,5Cd:50Bi:25Pb	65	50	46
99,3Sn:0,7Cu	227	13	22
96,5Sn:3,5Ag	225	12	27

T_s kennzeichnet die Schmelztemperatur und ρ den spezifischen elektrischen Widerstand.

Die Lote bilden mit den metallischen Schichten auf den Fügepartnern beim Erwärmen eine Zone aus, in der es durch Interdiffusion zur Durchmischung kommen kann. Es entsteht an der Berührungsfläche eine Legierungszone aus dem Schichtmaterial und dem Lotmaterial mit intermetallischem Gefüge. An der Legierungsbildung ist in der Regel nur das Zinn beteiligt. Die andern Bestandteile der Lote dienen hauptsächlich der Erniedrigung der Schmelztemperatur. Durch diese Legierungszone wird eine stoffschlüssige Verbindung zwischen Lot und Schichtmaterial geschaffen. Die Breite dieser Zone liegt im Bereich von wenigen µm. Mechanisch ist diese Zone deutlich härter als das Lot. Mechanische Spannungen, die beim Abkühlen auftreten, können jedoch durch das Lot mit seiner hohen Duktilität abgebaut werden.

5.8.2 Lote für Gläser

<table>
<tr><td rowspan="4">

dielektrische Lote

Löten ohne Legierungsbildung

Gebräuchliche Glaslote

</td><td>

Glaslote

Um mikrostrukturierte Gläser miteinander verbinden zu können, werden spezifische Werkstoffe benötigt, die die vorteilhaften Eigenschaften des Glases (z.B. Transparenz, Lösungsmittelbeständigkeit usw.) nicht stören. Klebstoffe scheiden aus, wenn die Kontaktstellen mit organischen Lösungsmitteln in Kontakt kommen oder die Einsatztemperaturen dauerhaft über 200°C liegen. Man verwendet daher spezielle niedrigschmelzende Gläser, die als Granulat oder mit einem Bindemittel gemischt als viskose Paste auf die zu verbindenden Fügepartner aufgetragen werden. Durch Erwärmung bildet sich eine Glasschmelze zwischen den Fügepartnern, die beim Abkühlen zum Festkörper erstarrt. Beim Glaslöten bildet sich keine Legierungszone aus. Das Glaslot verhält sich ähnlich wie ein organischer Schmelzkleber. Erneutes Erwärmen über den Schmelzpunkt hinaus ermöglicht ein Lösen der Glaslotverbindung. Glaslotverbindungen sind starr, da Glaslote, im Gegensatz zu metallischen Loten keine Duktilität zeigen. Für die Mikrosystemtechnik wurden daher auch Lote entwickelt, die angepasste Ausdehnungskoeffizienten besitzen. Die Prozesstemperaturen T_p von Glasloten sind in der nachstehenden Tabelle aufgelistet [Frü].

Zusammensetzung / %	T_p / °C
75...82 PbO : 7...14 ZnO : 6...12 B_2O_3	470
75...82 PbO : 7ZnO : >12 B_2O_3	380
70...80 PB-Zn-B-Silikatglas : <15 Ba-B-Silikatglas	430

</td></tr>
</table>

<table>
<tr><td></td><td>

Merke

Einsatz von Loten in der Mikrotechnik

Verbindung von gleichartigen oder unterschiedlichen Fügepartnern

Unterscheidung:
- Metallische Lote
  - Aufschmelzen bei erhöhter Temperatur
  - bilden mit den kontaktierten Werkstoffen Legierungszone
  - Verfestigung beim Abkühlen

</td></tr>
</table>

- Glaslote
  - schmelzen bei erhöhter Temperatur
  - durch Verwendung spezieller niedrigschmelzender Gläser kann Einsatztemperatur erniedrigt werden
  - werden als Granulat oder viskose Paste auf die zu verbindenden Fügepartner aufgetragen
  - Bilden keine Legierung
  - Verfestigung beim Abkühlen

Lote werden in der MST eingesetzt:
- für externe leitende Verbindungen,
- zur Verbindung von Keramiken und Gläsern mit jeweils metallischen oder metallisierten Trägern,
- zur Verbindung von strukturierten Glassubstraten.

Literatur

[Frü]   Frühauf, J.: Werkstoffe der Mikrotechnik, Fachbuchverlag Leipzig, 2005

[Rei]   Reitlinger, C.: Entwicklung alternativer bleifreier Lote für die Mikroverbindungstechnik; Herbert Utz Verlag, 2001

[Sch]   Schal, W.: Fertigungstechnik, Bd.2, Urformen, Umformen (Massivumformungen und Stanzen), Trennen (Zerteilen), Fügen (Pressen, Schweißen, Löten, Kleben); Handwerk und Technik, 2005

[Wui]   Wuich, W.: Löten kurz und bündig. Lötverfahren, Lote, Flußmittel, Anwendungstechniken; Vogel, 1985

6 Herstellung der Mikrokomponenten

6.1 Verfahren zur Strukturübertragung

	Schlüsselbegriffe
	Vom Entwurf zum Layout, Übersicht Masken- und Entwurfsphase, zwei-stufige Strukturübertragung, Maskenherstellung, Anforderungen an Masken, Materialien für Maskierungsschichten, vom Layout zur Maske, ein-stufige Strukturübertragung, Maskenarten, Maskeninhalte, Justiermarken, Prozessmarken, Maskenkontrolle, Masken für die Röntgenlithographie, Strukturübertragung mit Hilfe der UV-Belichtungstechnik, Vorbehandlung der Substrate, Wasserbelag auf Oberflächen, Tempern, Primern mit HDMS, Belackungsprozess, Belacken, Einstellen der Fotolackdicke, Maßnahmen gegen kleinste Lacktröpfchen, Softbake-Prozess, Infrarot-Prozess, Hot-Plate-Verfahren, Belichtung fotoempfindlicher Schichten, Belichtungsverfahren, Projektionsbelichtung, minimale Strukturbreite, Schärfentiefe DOF, Kompromisslösung, Beugung des Lichtes, Fehlerbe-seitigung, Ausrichtungs- und Justiersysteme, Proximity-Belichtung, Auf-lösungskriterium nach Rayleigh, minimale Strukturbreite, Vorteil der Proximity-Belichtung, Röntgenstrahlbelichtung, Belichtung mit fokussier-ten Strahlen, Rasterscan und Vektorscan, Einseitenbelichtung, Zweiseiten-belichtung, IR-Justierung, „echte" Zweiseitenbelichtung, „unechte" Zwei-seitenbelichtung, Reflexionen, Anti-Reflex-Coating (ARC), Entwicklungs-fehler

6.1.1 Maskenprozesse

	Entwurfsphase – Maskenphase
vom Entwurf zum Layout	Mikrokomponenten sind im Allgemeinen zwei- oder dreidimensionale Gebilde, die sich im Wesentlichen durch ihre außerordentlich kleinen Di-

mensionen und ein hohes Maß an Präzision auszeichnen. Diese Komponenten werden in einem Entwurfsprozess generiert, wobei sehr häufig CAD-Werkzeuge, Simulationsprogramme und Modellierungsprogramme genutzt werden. Im Ergebnis dieser Entwurfsphase liegt dann eine Mikrokomponente vor, die bezüglich ihrer Maße genau definiert ist.

Wie gelangen nun diese maßlichen Definitionen auf die in der Mikrotechnik nahezu ausschließlich verwendeten planaren Substratmaterialien?

Nach der maßlichen Definition erfolgt eine Festlegung der einzelnen Prozessschritte und deren Reihenfolge. Dabei muss die Rückwirkung von Folgeprozessen auf bereits durchgeführte Prozesse bekannt sein. Durch eine Kombination des maßlichen Entwurfs der Mikrokomponente und der notwendigen Prozessschritte werden Layouts generiert. Diese Layouts stellen die maßliche Definition der Mikrokomponente in einer Ebene (meist der Oberflächenebene des Substratmaterials) und für genau einen Prozessschritt dar. Diese Layoutdaten werden für jeden einzelnen Prozessschritt auf das Substrat übertragen. Im Bild ist der schematische Verlauf dieser Entwurfsphase wiedergegeben.

Übersicht über die Masken- und Entwurfsphase

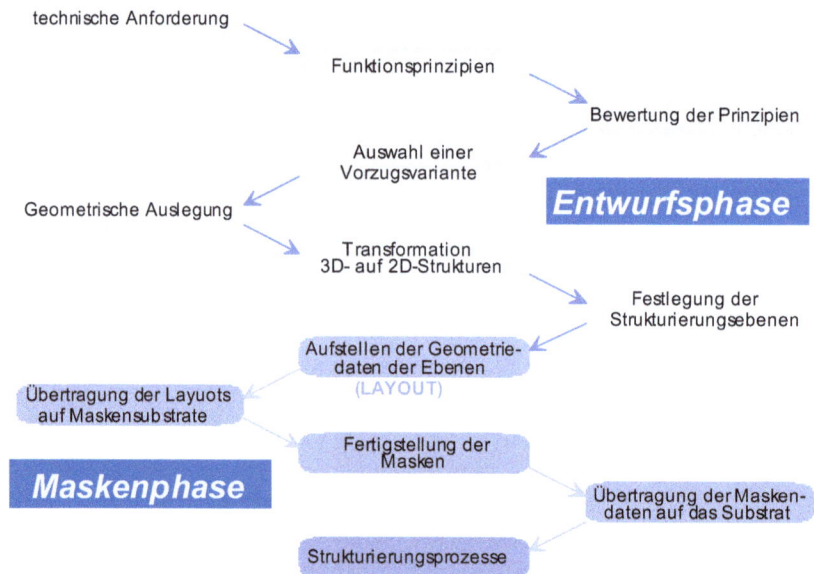

Dabei kann die Übertragung mit Hilfe verschiedener Verfahren realisiert werden.

Das gebräuchlichste – und in der Massenfertigung kostengünstigste – Verfahren ist die Übertragung der Layoutdaten auf eine Maske. Von dieser Maske werden anschließend die Strukturen auf das zu bearbeitende Substrat übertragen. Neben diesem Verfahren haben sich, vor allem im Labormaßstab und der Kleinserienfertigung direkt schreibende Verfahren bewährt. Bei diesen Verfahren erfolgt die Übertragung der Layoutdaten unmittelbar auf das Substrat, d.h. nicht über den Zwischenschritt der Maske. Man kann daher grundsätzlich zwischen einstufigen und zweistufigen Verfahren der Strukturübertragung unterscheiden.

Im folgenden Abschnitt soll zunächst die Strukturübertragung mit Hilfe der Maskentechnik näher betrachtet werden. Im Weiteren wird dann die einstufige Strukturübertragung behandelt.

Maskentechnik

Wie bereits erläutert, stellen die Masken das unmittelbare Bindeglied zwischen den Layoutdaten und den Strukturdaten für einen Prozess auf der Substratoberfläche dar.

zweistufige Struktur-übertragung

Die Strukturübertragung ist ein zweistufiger Prozess, d.h. zunächst müssen die entsprechenden Masken gefertigt werden, anschließend erfolgt die Übertragung der Maskenstruktur auf das Substrat (Bild).

Layout - Pattern-Generator - Maske   Maske - Substrat

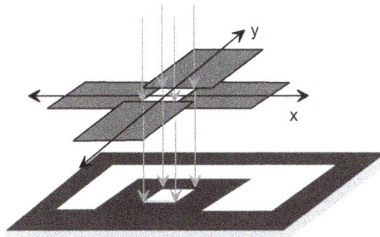

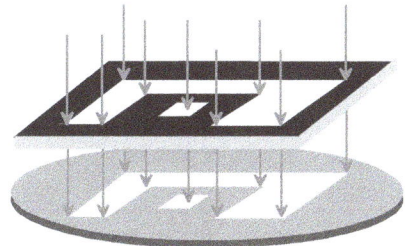

1. Stufe   2. Stufe

Masken-herstellung

Die erste Stufe dieses Prozesses, die Maskenherstellung, erfolgt auf der Basis von Planartechnologien. Bereits zu diesem Zeitpunkt muss festliegen, welche Folgetechnologien in Stufe 2 angewendet werden.

Anforderungen an Masken

Auf Grund der Kleinheit der Strukturen und der hohen Anforderungen an deren Maßhaltigkeit und Präzision müssen die Masken selbst diesen Forderungen gerecht werden, müssen aber auch die exakte Strukturübertragung in der Stufe 2 gewährleisten. Da die Strukturübertragung in der Stufe 2 mit UV-Strahlung oder aber mit Hilfe energiereicher Strahlungen erfolgen kann, ist die Kenntnis des Folgeprozesses und die damit verbundene Materialauswahl zwingend erforderlich. Zu weit über 90% hat sich die Strukturübertragung mit Hilfe von UV-Strahlung bewährt. Daher soll diese Form auch näher behandelt werden. Um eine exakte Strukturübertragung sicherzustellen, müssen die betreffenden Teile der Maske entweder völlig transparent oder völlig lichtundurchlässig sein. Dabei dürfen die transparenten Bereiche nicht durch Einschlüsse im Maskenmaterial, wie Blasen oder Schlieren, gestört sein. Die undurchlässigen Bezirke dürfen hingegen keine Fehler in der Maskierungsschicht besitzen. Grundsätzlich kann man nach der Polarität der Masken zwischen Hellfeldmasken und Dunkelfeldmasken unterscheiden (siehe Bild).

Dunkelfeldmaske

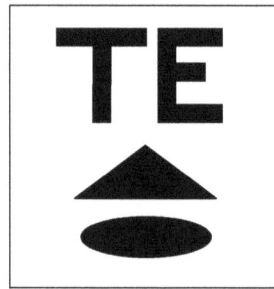

Hellfeldmaske

Die wesentlichen Kriterien, die dabei an das Maskenmaterial gestellt werden, sind: Transmissionsgrad, thermisches Verhalten, Defektdichten.

Materialien für Maskierungsschichten

Obwohl in der Vergangenheit mit verschiedenen Materialien gearbeitet wurde, hat sich das Quarzglas als Maskenmaterial als die bisher kostengünstigste Alternative erwiesen. Die Transmission von Strahlung im flachen und tiefen UV-Bereich ist nahezu konstant und liegt bei ca. 95%. Der lineare thermische Ausdehnungskoeffizient beträgt $0,5 \cdot 10^{-6}K^{-1}$. Auch die Defektdichte, ein Problem, das in der Vergangenheit kaum bewältigt werden konnte, wurde mit Hilfe moderner Fertigungstechnologien drastisch gesenkt. Für die Maskierungsschichten können unterschiedliche Materialien eingesetzt werden. Je nach Anforderung stehen hier grundsätzlich Fotoemulsionen, Eisenoxid und Chromschichten zur Verfügung. Obwohl Fotoemulsionen in der Mikroelektronik bei hochintegrierten Schaltkreisen auf Grund der geringen Kantendefinition nicht eingesetzt werden, haben diese Materialien in der Mikrosystemtechnik wegen ihrer geringen Kosten ihre Berechtigung. Die Dicke der Maskierungsschichten variiert zwischen 90nm und 200nm.

vom Layout zur Maske

Um die entsprechenden Layoutdaten auf die Maske zu übertragen (Stufe 1), sind über den Maskenschichten, mit Ausnahme der Fotoemulsionsschichten, Fotolackschichten angeordnet. Die fotoempfindlichen Schichten werden mit Hilfe eines Pattern Generators belichtet. Diese Geräte verfügen über eine Strahlungsquelle, ein steuerbares Blendensysteme, und einen hochpräzisen x-y-Tisch. Mit Hilfe der Daten des Layouts können der x-y-Tisch und das Blendensystem angesteuert werden. Dadurch werden die dem Layout entsprechenden Daten auf die fotoempfindliche Schicht der Maske übertragen. In einem anschließenden Entwicklungsprozess werden im Falle der Fotoemulsion die belichteten Gebiete geschwärzt oder bei den Fotolacken die belichteten Gebiete aus der vormals geschlossenen Lackschicht heraus entwickelt. Durch die entstandenen Fenster in der Lackmaske kann anschließend die Maskierungsschicht definiert abgeätzt werden.

einstufige Strukturübertragung

In anderen Verfahren erfolgt die Belichtung der fotoempfindlichen Schicht mit Elektronen- oder Laserstrahlen. Bei diesen Verfahren ist es möglich,

6 Herstellung der Mikrokomponenten

die Strukturen mit Hilfe der Strahlablenkung zu realisieren. Die weiteren Verfahrensschritte sind dann denen ähnlich, die bereits beschrieben wurden (siehe folgendes Bild).

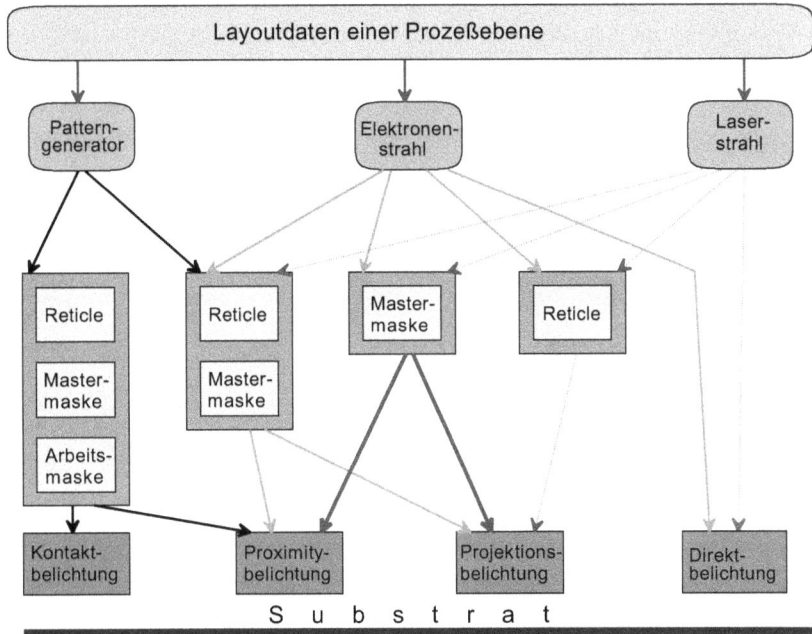

Maskenarten	Die so erzeugten Masken werden als „Muttermasken" oder „Mastermasken" bezeichnet. In der Fertigung wird üblicherweise mit Arbeitsmasken gearbeitet. Die Arbeitsmasken werden durch Kopien der Muttermasken erzeugt. Für besonders kleine Strukturen wird mit Reticlen gearbeitet. Diese Reticle enthalten häufig nur eine Strukturebene des herzustellenden Bauteils. Die Struktur der Reticle wird in der Stufe 2 der Strukturübertragung mit Hilfe von Projektionssteppern auf den fünf- bzw. zehnfach verkleinerten Wert auf die Substrate gebracht. Durch diese Vorgehensweise kann erreicht werden, dass Fehler in der Maßhaltigkeit der Struktur auf dem Reticle ebenso verkleinert werden, die auf dem Substrat abgebildeten Strukturen also insgesamt wesentlich genauer sind als bei einer 1:1-Übertragung von einer Arbeitsmaske.
Maskeninhalte	Masken dienen dazu, die Strukturen des Layoutentwurfs auf ein Substrat zu übertragen. Wesentlicher Inhalt der Maskenstrukturen sind daher die Strukturdaten des Layouts. Nun kann die gesamte Struktur eines Mikrobauteils auf Grund der möglichen Vielzahl von Prozessschritten aus mehreren Masken bestehen. Man spricht dann von einem Maskensatz. Dieser Maskensatz umfasst alle Strukturebenen der Einzelprozessschritte. Wenn jedoch mehrere Masken zum Einsatz kommen, so ist eine Überdeckung der jeweiligen Einzelstrukturen generell notwendig. Häufig werden aber die Einzelstrukturen durch die vorangegangenen Prozesse in starkem Maße

Justiermarken	beeinträchtigt. Daher ist es notwendig, zusätzliche Strukturen auf den Masken anzubringen, die eine eindeutige Zuordnung der einzelnen Prozess- oder Maskenebene zulassen. Dazu werden im Allgemeinen Justiermarken verwendet. Diese Justiermarken werden so erzeugt, dass auch nach mehreren Folgeprozessen eine Zuordnung der jeweiligen Maskenebene zu den vorangegangenen möglich ist. Eine gebräuchliche Form der Justiermarken stellen Kreuze dar, deren laterale Abmessungen von Ebene zu Ebene systematisch verkleinert werden. Darüber hinaus werden auch bisweilen Polaritätsunterschiede der Justiermarken genutzt. Das Bild zeigt die Anordnung von Justiermarken in mehreren Ebenen. Kreuzmarken waagerechte Fenster / Balken senkrechte Fenster / Balken
Prozessmarken	Neben den Justiermarken spielen natürlich auch Prozessmarken bei bestimmten Prozessabläufen eine wichtige Rolle. Diese Prozessmarken oder Prozessmodule dienen der Kontrolle der Einzelprozessschritte. Die Marken sind für die jeweiligen Einzelprozesse spezifisch ausgelegt. Mit Hilfe dieser Marken ist es möglich, den Ablauf der Einzelprozesse im Hinblick auf definierte Prozessparameter zu kontrollieren. Ebenso kann dadurch eine Qualitätsüberwachung der Fertigung gewährleistet werden. Zur Kennzeichnung der Masken werden diese generell mit einem Namen versehen. Üblich sind auch Datums- oder Variantenkennzeichen.
Maskenkontrolle	Nach der Herstellung der Masken erfolgt generell deren Kontrolle. Dabei werden die maßlichen Strukturen des Layouts mit den maßlichen Strukturen auf der Maske verglichen. Diese Kontrolle kann sowohl manuell als auch automatisch erfolgen. In einem weiteren Kontrollschritt wird die Deckungsgenauigkeit der einzelnen Maskenebenen eines Maskensatzes überprüft. Dazu werden die Strukturkanten einer ersten Maskenebene in Beziehung zu Nachbarstrukturkanten einer zweiten Maskenebene gestellt. Durch Fertigungstoleranzen können diese Strukturkanten beider Ebenen einander näher kommen oder sich voneinander entfernen. Diese Messung wird als CD-Messung (CD – *Critical Dimensions*) bezeichnet. Bei zu starker Annäherung oder gar Überdeckung der Strukturen zweier Ebenen ist ein Funktionsausfall der Komponenten zu befürchten.

	Eine weitere Kontrollmaßnahme ist in der Fertigung die Ermittlung der Defektdichte der Masken. Hierbei werden die Maskierungsschichten auf Kratzer, Risse und Materialdefekte untersucht. Die Maskensubstrate werden bezüglich ihrer Partikel-, Blasen- und Schlierenfreiheit bewertet.
Masken für die Röntgenlithographie	Neben den Strukturübertragungsverfahren mit Hilfe von Lichtstrahlung oder Elektronenstrahlung wurde in jüngster Vergangenheit auch eine Technik entwickelt, die eine Auflösung noch feinerer Strukturen ermöglicht. Bei dieser Technik nutzt man Strahlungen im Wellenlängenbereich zwischen 0,2 und 2nm, also Röntgenstrahlung. Während bei der optischen Lithographie Strukturbreiten bis zu etwa 0,5µm auflösbar sind, kann mit Hilfe der Röntgenstrahlung eine Auflösung im Bereich von 0,1µm realisiert werden. Für diese hochenergetische und kurzwellige Strahlung müssen andere Maskensubstratmaterialien und Maskierungsschichten verwendet werden als in der optischen Lithographie. Als Substrate sind Materialien mit kleiner Ordnungszahl grundsätzlich geeignet. Dabei sollte die Dichte dieser Materialien möglichst klein sein. Als hervorragender Werkstoff hat sich hier Beryllium erwiesen. Aber auch Silizium kann als Substratmaterial genutzt werden. Als Maskierungsschichten werden Materialien mit hoher Ordnungszahl und großer Dichte eingesetzt. Das zur Abschirmung von Röntgenstrahlungen häufig in der Praxis verwendete Blei kann allerdings nicht benutzt werden, da eine hochpräzise Strukturierung dieses Materials nicht möglich ist. Daher verwendet man meist Gold als Absorptionsmaterial. Die Herstellung der Masken ist ein mehrstufiger Prozess, bei dem Elektronenstrahlen zur Strukturübertragung, Ionenätztechniken zur Tiefenstrukturierung und Galvanotechniken zur Abscheidung der Goldabsorberschichten eingesetzt werden. Auf Grund der vielen Prozessschritte und der notwendigen hohen Präzision sind die Kosten für die Herstellung derartiger Masken außerordentlich hoch. Nicht zuletzt ist dies ein Grund dafür, dass die optische Lithographie ständig weiterentwickelt wird. Im Bild ist der Aufbau einer Maske für die Röntgenlithographie dargestellt.

6.1.2 Lackprozesse

	Strukturübertragung in Fotolack
Struktur-übertragung mit Hilfe der UV-Belichtungs-technik	Bei der Übertragung der Maskenstrukturen auf die Substrate wird erstmals die Verbindung zwischen dem Entwurf und der technologischen Bearbeitung hergestellt. In diesem Schritt werden Layoutdaten, die auf der Maske in Form planarer Strukturen generiert wurden, auf die Substrate übertragen. Dies geschieht, wie bereits erwähnt, größtenteils mit Hilfe von licht-optischen Verfahren im UV-Bereich. Da aber, abgesehen von einigen Ausnahmen, die zu bearbeitenden Substrate keine optische Empfindlichkeit aufweisen, d.h. gegenüber der einfallenden Strahlung keine Reaktion im Sinne einer Strukturausbildung zeigen, ist es im Allgemeinen notwendig, bei dieser Strukturübertragung mit einem „Hilfsprozess" zu arbeiten. Bei diesem Hilfsprozess werden die Substrate mit einer Schicht bedeckt, die eine entsprechende Fotoempfindlichkeit aufweist. Üblicherweise werden als Materialien für diesen Prozess die bereits weiter oben beschriebenen Fotolacke eingesetzt. Diese werden im Beschichtungsprozess auf die Substrate aufgebracht. Der gesamte Beschichtungsprozess ist relativ umfangreich und in Abhängigkeit von den Eigenschaften der verwendeten Fotolacke nicht unkompliziert. Im Folgenden soll auf die einzelnen Schritte eingegangen werden.
Vorbehandlung der Substrate	Die zu beschichtenden Substrate besitzen im Allgemeinen Oberflächen, die eine sehr geringe Rauhigkeit aufweisen. Dadurch ist die Haftung der Lacke auf den Substraten nicht leicht zu garantieren. Die Haftungsbedingungen des Lackes an der Substratoberfläche können praktisch kaum durch mechanische Verankerungen verstärkt werden. Nur durch die Wahl spezifischer Lackparameter können hohe Adhäsionskräfte auf molekularer Basis erzeugt werden.
Wasserbelag auf Oberflächen	Problematisch ist auch die grundsätzliche Bedeckung der Substrate mit einem dünnen Wasserfilm, der sich, unabhängig von den Reinheitsbedingungen, generell auf der Oberfläche von nicht unter Vakuum gelagerten Festkörpern ausbildet. Dieser Film reduziert die Haftfestigkeit der Fotolacke erheblich und muss daher von den Oberflächen entfernt werden.
Tempern	Ein bekanntes Verfahren ist das Tempern der Substrate vor der Belackung. In diesem Prozess werden die Substrate auf eine Temperatur von 700°C bis 900°C über eine Zeitdauer von etwa 30min aufgeheizt. Nach einer kurzen Abkühlphase erfolgt dann die Belackung.
Primern mit HMDS	Häufig wird aber auch ein Primerverfahren eingesetzt, bei dem die an der Oberfläche adsorbierten Wassermoleküle durch den Primer (Grundierlack) gebunden werden. Im Bereich der Si-Technik wird als Primer meist HMDS (Hexamethyldisilasan, $C_6H_{19}NSi_2$) verwendet. Der Vorteil dieses

	Materials liegt in der sehr guten Haftung auf polierten Si-Oberflächen und der hohen Adhäsion zu den Molekülen des Fotolackes. Der Auftrag von HMDS erfolgt im Schleuderverfahren, bei dem eine definierte Menge der Flüssigkeit auf das Substrat aufgebracht und anschließend bei hohen Drehzahlen abgeschleudert wird. Das Substrat ist während dieses Verfahrens mit der Rückseite auf einem drehbar gelagerten Vakuumchuck befestigt. Auf Grund des hohen Dampfdruckes der Lösung ist auch die Lagerung von Substraten in einer gesättigten HMDS-Atmosphäre gebräuchlich.
Belacken	Die Zielstellung der Belackung ist die Bedeckung der gesamten Scheibe mit einer Fotolackschicht homogener Dicke. Dabei liegt die zulässige Dickenschwankung über einer Scheibe im Bereich von ±0,5% der Fotolackdicke. Zur Realisierung dieser Toleranzen innerhalb einer Charge ist es notwendig, mit Geräten zu arbeiten, die einen hohen Automatisierungsgrad aufweisen. Ein prinzipieller Grundaufbau dieser Geräte ist im Bild gezeigt.
	Die Belackungsstation besteht aus einem drehbar gelagerten Vakuumchuck zur Aufnahme der Substrate. Die Welle des Chucks ist mit einem hochdrehenden Motor verbunden. Das Substrat wird mit der Rückseite auf dem Chuck gelagert, nachdem es zuvor mit Hilfsvorrichtungen zentriert wurde. Die gesamte Anordnung befindet sich in einem Gefäß, in das, um Verwirbelungen zu vermeiden, nur die Düsen der Lackkartuschen hineinragen. Diese Düsen sind so angeordnet, dass ein von ihnen ausgehender Flüssigkeitsstrahl im Wesentlichen das Zentrum des darunter positionierten Substrates trifft. Die Flüssigkeitsabgabe erfolgt mit Hilfe von unter Druck stehendem Stickstoff und einem entsprechenden Steuergerät. Um Partikelkontaminationen zu vermeiden, wird meist unmittelbar vor dem Primer-/Lackauftrag die Substratoberfläche mit reinem Stickstoff gespült. Der Lackauftrag erfolgt meist zeitgesteuert, d.h. in Abhängigkeit von der Viskosität des Lackes wird innerhalb einer definierten Zeit eine definierte Menge auf dem Substrat platziert.
Einstellen der Fotolackdicke	Die im Lack enthaltenen Lösungsmittel werden von diesem Zeitpunkt an freigesetzt. Dadurch steigt im weiteren Verlauf der Bearbeitung die Viskosität des Lackes kontinuierlich an. Daher muss die Verteilung des Lackes über der gesamten Substratoberfläche innerhalb kurzer Zeit vollzogen sein. Um homogene Bedeckungen zu erhalten, erfolgt häufig zunächst ein

Formieren des Lackes. Die aufgebrachte Lackmenge wird dabei durch relativ langsame Rotation des Chucks (600min^{-1}) über das Substrat verteilt. Anschließend wird zur Einstellung der endgültigen Lackdicke die

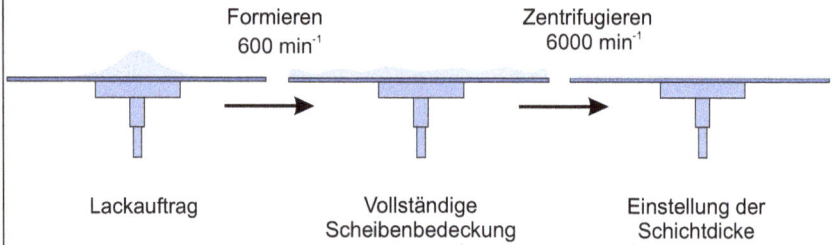

Drehzahl auf Werte zwischen 4000min^{-1} und 6000min^{-1} eingestellt. Diese Drehzahl wird über eine Zeitdauer von ca. 10s konstant gehalten. Die Dicke des Lackfilmes hängt bei diesem Verfahren nur von der Viskosität des Lackes und der Drehzahl ab. Um reproduzierbare Resultate zu erhalten, wird mit einem Überschuss an Lack gearbeitet. Die letztlich auf dem Substrat genutzte Lackmenge beträgt weniger als 5% der Einsatzmenge. Die Verteilung des Lackes auf der Oberfläche des Substrates ist im Bild gezeigt.

Maßnahmen gegen kleinste Lacktröpfchen

Auf Grund der hohen Drehzahlen werden bei dem Schleuderprozess Lacktröpfchen freigesetzt, die sehr fein verteilt im gesamten Beschichtungsbereich auftreten. Insbesondere die Unterseiten der Substrate werden durch diese Tröpfchen in hohem Maße kontaminiert. Dies kann sehr kritisch sein, wenn zweiseitige Lackprozesse durchzuführen sind. Mögliche Abhilfen für diesen Effekt liegen in einer Azetonspülung der Substrate nach dem Abschleudern aus einer seitlich angeordneten Düse. Dabei können allerdings wieder Defekte in der bereits fertig gestellten Lackschicht generiert werden. Dieser Nachteil wird mit einem Verfahren behoben, bei dem der Lackprozess in einer Kammer durchgeführt wird, bei der die Kammerwandungen ebenfalls rotieren. Dadurch werden Verwirbelungen vermieden und die Relativgeschwindigkeit zwischen abgeschleuderten Tropfen und der Wandung drastisch herabgesetzt. Dieses so genannte GYR-SET$^{®}$-Verfahren ist besonders für den Einsatz im zweiseitigen Lackprozess geeignet (siehe Bild).

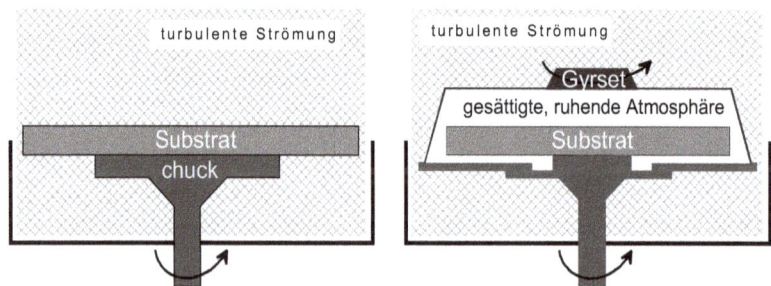

Für Standardprozesse werden Lacke eingesetzt, die eine Schichtdicke im Bereich von 1μm bis 2μm ermöglichen. Die Dicke der Lackschicht richtet sich dabei immer nach dem Folgeprozess. Sind additive Strukturen mit einem hohen Aspektverhältnis durch galvanische Abscheidung zu erzeugen, so werden auch Lackdicken bis zu 60μm eingestellt. Bei diesen großen Dicken werden Lacke mit einer hohen Viskosität verwendet. Der Formierungsprozess und auch der Abschleuderprozess sind in diesem Fall speziell an die rheologischen Eigenschaften der verwendeten Lacke anzupassen. Unmittelbar nach der Belackung der Substrate muss der Fotolack in den festen Zustand überführt werden. Anderenfalls kann die Einhaltung der homogenen Schichtverteilung über dem Substrat nicht gewährleistet werden.

„Soft Bake"-Prozess

Problematisch ist ebenso die Kontaminationsgefahr, ausgelöst durch die großen Adhäsionskräfte des Lackes selbst. Der Lack erhält in einem so genannten „Soft Bake"-Prozess die entsprechende Festigkeit bei gleichzeitiger Eliminierung der großen Klebekraft. Dies wird mit Hilfe von Heizsystemen realisiert, die industriell in zwei Formen existieren.

Infrarot-Prozess

Bei IR-Strahlungsfeldern, durch welche die beschichteten Substrate bewegt werden, erfolgt eine sanfte rampenförmige Aufheizung. Dadurch werden die im Lack enthaltenen Lösungsmittel mit einem niedrigen Partialdampfdruck aus dem Lack herausgetrieben. Der Lack ist nach einer Durchlaufzeit von ca. 30min bei etwa 100°C ausreichend verfestigt. Nachteilig ist bei diesem Verfahren die Temperatureinwirkung von beiden Seiten. So können geringe Prozessunregelmäßigkeiten bereits zu Defektbildungen führen. Wenn beispielsweise die Heizung von der Oberseite nicht optimal eingestellt ist, erfolgt eine verstärkte Freisetzung von Lösungsmitteln aus den oberflächennahen Bereichen des Filmes und damit eine vorzeitige Verfestigung der Oberfläche. Die noch im unteren Filmbereich enthaltenen Lösungsmittel können dann auf Grund der sich ausbildenden festen Schicht den Lack nicht mehr verlassen und generieren kleine Blasen.

Hot-Plate-Verfahren

Das Hot-Plate-(Heizplatte-)Verfahren hat sich daher in letzter Zeit immer deutlicher durchgesetzt. Bei diesem Verfahren werden die Substrate unmittelbar nach der Beschichtung auf die Hot Plate aufgelegt. Diese weist Temperaturen um 100°C auf. Durch die sehr gute thermische Leitfähigkeit von Silizium als Substratmaterial wird diese hohe Temperatur sofort von der Unterseite auf den Lack übertragen. Dadurch werden zuerst die Lösungsmittel aus dem Lack getrieben, die örtlich in größter Nähe zum Substrat stehen. Eine Schichtbildung an der Oberseite tritt erst ein, wenn die Lösungsmittel den Lack verlassen haben. Nach 10s bei 100°C ist bei diesem Verfahren eine ausreichende Lackverfestigung erreicht. Allerdings sind diese Werte nur für Standardlackdicken zutreffend. Bei größeren Lackdicken und den damit verbundenen längeren Aushärtezeiten besteht in hohem Maße die Gefahr der Blasenbildung. Daher sind bei diesen Systemen auch von Seiten der Hersteller noch intensive Untersuchungen notwendig, um reproduzierbar defektfreie Schichten herstellen zu können. Nach dem Temperprozess empfiehlt es sich, die Substrate ruhen zu lassen. Während dieser Relaxationsphase von 1h bis 2h kommt es zur nachträglichen Ausrichtung von Molekülketten im Lackgefüge. Die Empfindlichkeit und das Auflösungsvermögen werden dabei verbessert.

6.1.3   Belichtungsprozess

Belichtung	
Belichtung fotoempfindlicher Schichten	Das wesentliche Verfahren bei der Übertragung der Layoutdaten auf die Substrate ist die Belichtung, der auf dem Substrat befindlichen fotoempfindlichen Schichten. Dies geschieht üblicherweise auf Belichtungsanlagen, bei denen das gesamte Substrat oder Teile davon über die Maske bestrahlt werden. Man kann bei der Belichtung verschiedene Verfahren unterscheiden. So kommt in der Mikrosystemtechnik die Abstands- (proximity) Belichtung noch relativ häufig zum Einsatz. In der Mikroelektronik wurde dieses Verfahren auf Grund der damit verbundenen Probleme der Kontamination der Masken und der begrenzten Auflösung weitgehend durch die Projektionsbelichtung abgelöst. Im folgenden Abschnitt sollen die Wirkungsweise und der prinzipielle Aufbau der Belichtungsmaschinen erläutert werden. Grundsätzliche Prozessparameter, wie die Konstanz der Strahlflussdichte, die Konstanz der Fotolackdicke und die optimale Fokuseinstellung werden dabei vorausgesetzt.
verschiedene Belichtungsverfahren	
Projektionsbelichtung	Bei der Projektionsbelichtung sind die Masken und die zu belichtenden Substrate räumlich voneinander getrennt angeordnet. Die Abbildung der Struktur der Maske in dem Fotolack muss daher mit Hilfe eines optischen Systems realisiert werden. Ein solches System ist im Bild gezeigt. Es besteht aus einer Belichtungsquelle, einem Reflektor, einer Kondensorlinse, der Maske und der Abbildungslinse. Als Belichtungsquellen werden Hg-Dampflampen, die charakteristische Spektrallinien aussenden, eingesetzt. Handelsübliche Fotolacke sind in ihrer Empfindlichkeit auf die Wellenlängen von 436nm (G-Linie), 405nm (H-Linie) oder 365nm (I-Linie) eingestellt. Bei der 1:1-Projektion erfolgt die Übertragung der gesamten Maskenstruktur in den Fotolack in einem Belichtungsschritt. Nachteilig ist bei diesem Verfahren die Beschränkung auf kleine Substratdurchmesser bei hoher Auflösung. Daher erfolgte die Entwicklung von Belichtungsmaschinen, die diese Nachteile nicht aufweisen. Bei den so genannten Wafersteppern wird stets nur ein Teil der Substrate belichtet. Anschließend erfolgt eine weitere Ausrichtung des Reticles zum Substrat und eine erneute Belichtung („step and repeat"). Die Belichtungsfelder haben eine Größe von 14 x 14 mm^2. Zur Verringerung der Wirkung von Maskenfehlern und

zur Verkleinerung der Strukturen auf dem Substrat erfolgt dabei eine verkleinerte Abbildung im Fotolack.

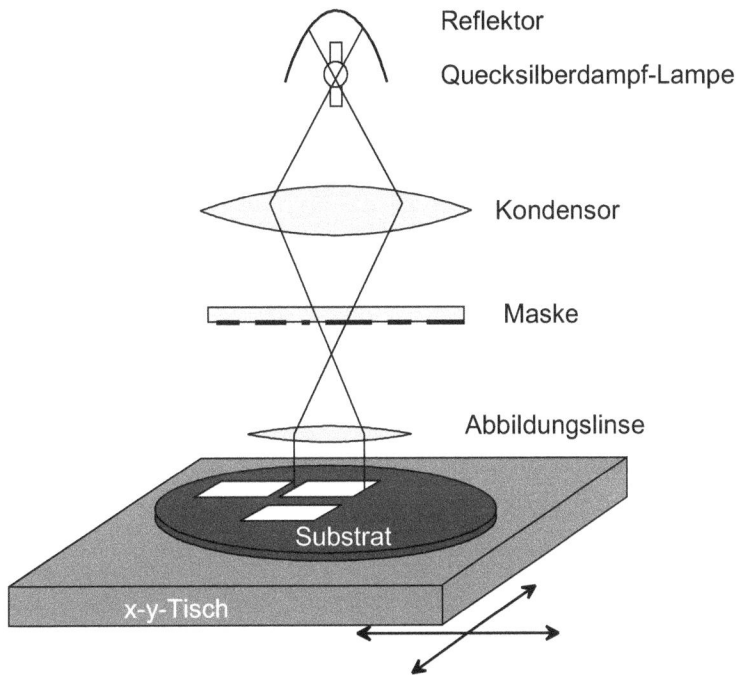

| minimale Strukturbreite | Die üblichen Stepper arbeiten mit Projektionen von 5:1 und 10:1. Die verwendeten Optiken weisen – bezüglich der Strukturbreite – eine Beugungsbegrenzung auf. Damit ergibt sich die minimal erreichbare Strukturbreite a_{min} zu: |

$$a_{min} = \frac{k_1 \lambda}{NA}$$

Mit der Lichtwellenlänge λ, der numerischen Apertur NA des optischen Systems und einer vom Kohärenzgrad der Beleuchtungsquelle abhängigen Konstante k_1. Diese Konstante k_1 nimmt in kommerziellen Geräten Werte zwischen $k_1 = 0{,}5$ (für inkohärente Strahlung und $k_1 = 0{,}8$ (für kohärente Strahlung) an.

Schärfentiefe – DOF

Ein weiters Kriterium für die Nutzbarkeit des optischen Systems ist die Schärfentiefe, auch als DOF (*D*epth *O*f *F*ocus) bezeichnet. Diese Größe charakterisiert die Einstellgenauigkeit des Objektives bei einer vorgegebenen Maximaltoleranz der Strukturen in der Bildebene.

$$DOF = \pm \frac{k_2 \lambda}{NA^2}$$

wobei k_2 üblicherweise einen Wert von 0,5 aufweist. Außerhalb dieses Bereiches ist die abgebildete Struktur optisch nicht aufgelöst, also unscharf. Zur Verdeutlichung sind diese Zusammenhänge im Bild gezeigt.

Kompromiss-lösung	Aus den Gleichungen für a_{min} und DOF sind die Probleme dieser Technik ersichtlich. Möglichst kleine Strukturbreiten a_{min} lassen sich realisieren, wenn die Wellenlänge der Beleuchtungsquelle klein gewählt wird. Dies wird durch die Nutzung der I-Linie von Quecksilberdampflampen oder den Einsatz von Laserquellen, die im Bereich der I-Linie emittieren, verwirk-

licht. Weiterhin ist die numerische Apertur des Systems möglichst groß zu wählen. Dies ist eine prinzipielle Frage der Präzisionsfertigung großer Linsensysteme. Große Linsen mit großen Abbildungsbereichen weisen eine Reihe von geometrischen Bildfehlern auf, die technisch nur sehr aufwendig kompensiert werden können. So können Verzerrungen, Astigmatismus und Verwölbungen des Bildfeldes auftreten. Doch auch wenn diese Fehler weitgehend beseitigt werden können, besteht bei der Tiefenschärfe die Zielsetzung, den absoluten Wert von DOF möglichst groß einzustellen. Dies ist aber laut Gleichung nur möglich, wenn die Wellenlänge der Beleuchtungsquelle vergrößert wird und/oder die numerische Apertur verkleinert wird. Beide Bedingungen stehen im Widerspruch zu den Möglichkeiten der Verkleinerung der Strukturbreite. Dieser prinzipiell unlösbare Widerspruch lässt sich nur durch Kompromisslösungen beseitigen. Moderne Projektionsbelichtungsmaschinen arbeiten daher im Bereich der I-Linie. Dabei wird in Kauf genommen, dass die nutzbare Schärfentiefe kleiner als 2μm ist.

Beugung des Lichtes	Der Einfluss der Lichtbeugung auf die Abbildung der Strukturen im Fotolack ist relativ kompliziert und wird analytisch nur näherungsweise mit den o.g. Gleichungen beschrieben. Mathematisch exakte Betrachtungsweisen auf der Basis von Modulationstransferfunktionen [Bow] erlauben eine umfassende Charakterisierung des Abbildungsverhaltens von Projektionsbelichtungssystemen.
Ausrichtungs-und Justiersysteme	Da bei der Herstellung mikrotechnischer Produkte, bis auf wenige Ausnahmen, immer mehrere Prozessschritte und damit auch Maskierungsschritte erforderlich sind, ist es notwendig die Belichtungsmaschinen mit entsprechenden Ausrichtungs- und Justiersystemen auszustatten, die eine Zuordnung von Maskenstrukturen und Strukturen auf den Substraten zulassen. In kleineren Laboranlagen geschieht diese Ausrichtung manuell. Mit Hilfe von Splitfeldmikroskopen erfolgt die Zuordnung von mindestens zwei Marken, die jeweils auf der Maske und dem Substrat angeordnet sind. Bei Produktionsmaschinen erfolgt die Ausrichtung der Masken automatisch.

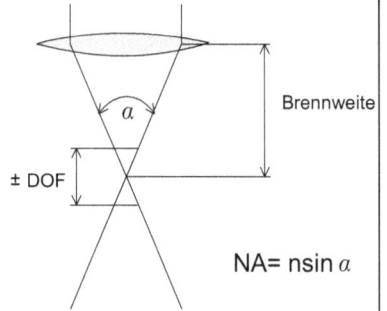

Brennweite

$\pm$ DOF

α

NA$= n\sin\alpha$

	Dieser Prozessschritt lässt sich in drei wesentliche Phasen unterteilen:
	1. mechanische Vorausrichtung
	2. optische Vorausrichtung
	3. optische Feinausrichtung
	Dabei lassen sich grundsätzliche Aussrichtungsstrategien unterscheiden. Bei der Ausrichtung nach dem ganzen Substrat erfolgt eine einmalige Zuordnung von Marken auf Maske und Substrat und die anschließende Belichtung der gesamten Scheibe. Bei der lokalen Ausrichtung werden Marken des Pellicles zu Marken in Segmenten der Substrate ausgerichtet. Anschließend erfolgt die Belichtung der zuvor ausgerichteten Segmente. Als Marken werden bei den automatischen Ausrichtprozessen auch Reflexions- bzw. Transmissionsgitter verwendet.
Proximity-Belichtung	Die Proximitybelichtung ist historisch gesehen älter als die Projektionsbelichtung. Die Ursprünge dieser Technik liegen in Zeiten erster mikroelektronischer Bauelemente. Zu dieser Zeit erfolgt die Maskenherstellung auf der Basis von Folien, die mit Hilfe von Folienschneidemaschinen bearbeitet wurden. Die Strukturen der Masken wurden fotografisch auf Muttermasken übertragen. Die Strukturen dieser Muttermasken wurden dann mit Hilfe von Kontaktbelichtungsverfahren in die Fotolacke übertragen. Bei diesem Verfahren gab es allerdings erhebliche Probleme, verursacht durch den direkten Kontakt zwischen Maske und Substrat.
	Innerhalb kürzester Zeit steigt bei diesem Verfahren die Defektdichte auf der Maske durch anhaftende Lackreste und durch Kratzspuren von Staubpartikeln. Eine Abhilfe konnte erreicht werden, indem der Abstand zwischen Maske und Substrat vergrößert wurde. Damit war der Übergang zur Ab-

stands- oder Proximitybelichtung vollzogen. Bei der Proximitybelichtung werden die Substrate im Abstand zu den Masken ausgerichtet und belichtet. Durch den Abstand zwischen Maske und Substrat kann die Standzeit der Masken erheblich gesteigert werden. Dabei findet immer die Belichtung des gesamten Substrates in einem Belichtungsschritt statt. Die typische Anordnung einer Proximity-Belichtung ist im Bild weiter oben gezeigt.

Die Kondensorlinse ist bei einem unmittelbaren Kontakt zwischen Substrat und Maske nicht unmittelbar erforderlich, im Proximity-Betrieb kann sie zu einer Parallelisierung des Lichtstrahles und somit zur Verbesserung der Qualität der Lackstrukturen im Randbereich des Substrates führen. Die minimal erreichbaren Strukturen sind durch die Beugung des Lichtstrahles an den Strukturkanten der Masken und den Abstand d zwischen Maske und Substrat definiert. Nach dem Auflösungskriterium von Rayleigh (siehe Bild) sind zwei Punkte dann aufgelöst, wenn das Maximum der Intensität einer Punktabbildung im ersten Minimum der Intensität der zweiten Punktabbildung liegt.

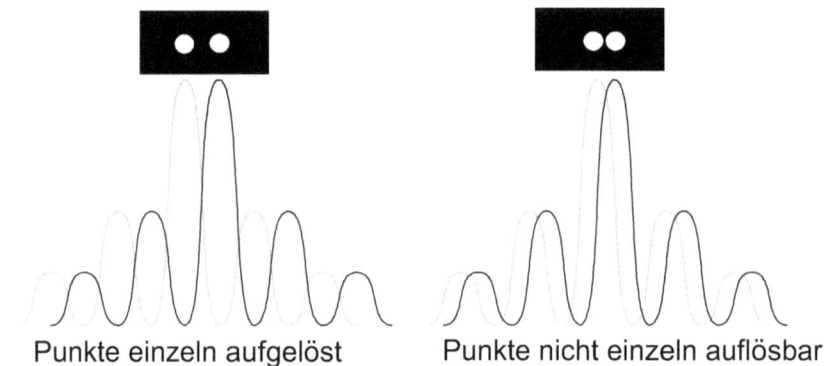

Punkte einzeln aufgelöst   Punkte nicht einzeln auflösbar

**minimale
Strukturbreite**

Auf dieser Basis ergibt die minimale Strukturbreite entsprechend:

$$a_{min} = \sqrt{d \cdot \lambda}$$

wobei d den Abstand zwischen Maske und Substrat und λ die Wellenlänge der Beleuchtungsquelle repräsentieren. Auch in diesem Fall kann man Strukturverkleinerungen mit einer Reduzierung der Lichtwellenlänge und der Verringerung des Abstandes erreichen. Obwohl dieses Verfahren in der Mikroelektronik, vor allem auf Grund der Beugungsbeschränkung, kaum noch zum Einsatz kommt, ist der Einsatz in der Mikrosystemtechnik nicht von der Hand zu weisen. Die im Vergleich zur Mikroelektronik deutlich größeren mikromechanischen, mikrofluidischen oder mikrooptischen Strukturen erlauben das Arbeiten mit Proximity-Belichtungsmaschinen. Bei einem Abstand von 20µm lassen sich minimale Strukturbreiten von 4µm realisieren.

Vorteil der Proximity-Belichtung

Der Vorteil dieser Belichtungstechnik liegt dabei vor allem in den deutlich reduzierten Anlagenkosten, ein Faktor, der vor allem unter dem Gesichtspunkt einer hoch flexiblen Fertigung mit relativ niedrigen Stückzahlen von entscheidender Bedeutung ist.

Röntgenstrahlbelichtung

Die Wellenlänge der bisher betrachteten Belichtungsverfahren liegt im UV-Bereich, wobei als Quellen Quecksilberdampflampen mit charakteristischen Linien bei 363nm (I), 404nm(H) und 437nm(G) genutzt werden. Da aber die minimale Strukturbreite von der verwendeten Wellenlänge abhängt, ist es sinnvoll, bei sehr kleinen Strukturen mit Belichtungssystemen zu arbeiten, deren Wellenlänge deutlich unter denen der Quecksilberlampen liegen. Einen quantitativen Sprung stellt die Nutzung von Röntgenstrahlen im Wellenlängenbereich von 0,5nm…2nm dar. Die Erzeugung von Röntgenstrahlen kann in vielfältiger Weise erfolgen. Allerdings gelingt es nicht in allen Fällen, eine parallele Strahlung zu erzeugen, so dass sich die Nutzung von Röntgenquellen stark einschränkt. Klassische Röntgenröhren und lasergepulste Plasmaquellen scheiden daher als optimaler Strahlungslieferant aus. Eine hohe Parallelität weisen dagegen Synchrotronstrahlen auf, die an Teilchenbeschleunigern tangential ausgekoppelt werden können. Sie verfügen außerdem über eine hohe Energie und können daher für lithographische Zwecke ideal eingesetzt werden. Bringt man in den entsprechenden Strahlengang geeignete Masken (siehe oben) ein, dann kann die Synchrotronstrahlung auf ein hinter der Maske angeordnetes Substrat projiziert werden. Als Substratmaterial wird bei dieser Technik häufig mit Polymethylmethacrylat (PMMA) gearbeitet. Durch die energiereiche Strahlung werden im Polymer Bindungen aufgebrochen und die Löslichkeit wird drastisch heraufgesetzt. Die so veränderten Gebiete können mit geeigneten Entwicklerlösungen abgelöst werden. Die Mischung aus Äthylenglykolmonobutyläther, Monoethanolamin, Tetrahydro-1,4-Oxazin und Wasser wird als optimale Entwicklerlösung eingesetzt [Men].

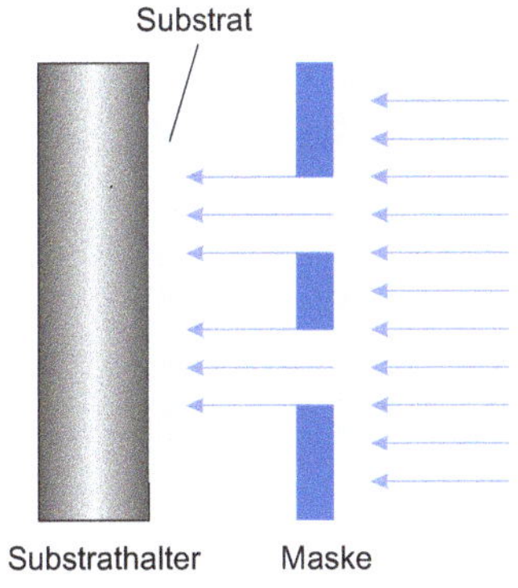

Belichtung mit fokussierten Strahlen

Die Belichtung der Fotolacke ist grundsätzlich auch mit fokussierten Strahlen möglich, wenn diese entsprechend energiereich sind. Hierzu können gebündelt Lichtstrahlen (→ Laser), Elektronenstrahlen und Ionenstrahlen genutzt werden. Bei Laserstrahlen liegt der Fokusbereich bei etwa 1µm. Elektronenstrahlen erlauben Fokussierungen von etwa 20nm. Ionenstrahlen können im Fokus Durchmesser von < 10nm besitzen. Die Anwendung dieser Lithographieverfahren ist jedoch sehr spezialisiert, da der Aufwand an Technik außerordentlich groß, der Durchsatz jedoch sehr gering ist.

Rasterscan und Vektorscan

Diese Stahlverfahren sind serielle schreibenende Verfahren. Die Layoutdaten werden direkt in die Strahlpositionierung auf dem zu

	belichtenden Substrat umgerechnet. Dabei werden die Strukturen im Vektorscan oder Rasterscan übertragen. Die Unterschiede beider Verfahren sind im untenstehenden Bild gezeigt. Das Rasterscan-Verfahren ist, weil stets die gesamte Substratfläche überstrichen wird, deutlich zeitaufwändiger als das Vektorscan-Verfahren, bei dem nur die vorgegebenen Strukturen gezeichnet werden.
	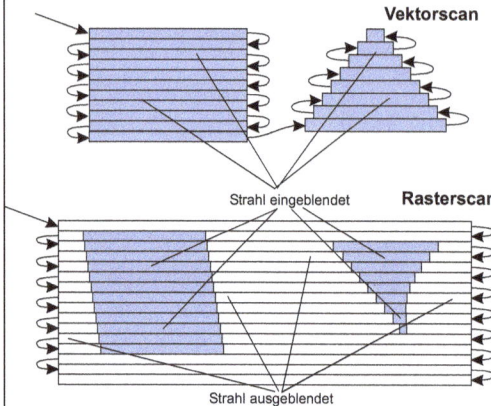
geringe Bedeutung für die MST	Der Strahl beschreibt das gesamte Substrat in einem relativ zeitaufwändigen Prozess (Stunden…Tage). Im Gegensatz dazu sind Belichtungen durch eine Maske parallele Verfahren, bei denen in einem Belichtungsschritt alle Strukturdaten auf das Substrat übertragen werden. Die Zeitdauer für einen Belichtungsschritt liegt im Bereich von wenigen Sekunden. Eingesetzt werden diese Verfahren vorwiegend bei der Maskenherstellung. Das direkte Schreiben auf Substrate ist ungebräuchlich und wird wegen der hohen Flexibilität nur in Forschungsinstituten eingesetzt. Da diese Verfahren für die Mikrosystemtechnik mit Ausnahme der Maskenherstellung auch nicht die Bedeutung besitzen wie die zuerst geschilderten Verfahren, soll hier auf eine weitere Vertiefung verzichtet werden.

6.1.4   Belichtungstechniken

	Unterschied zur Mikroelektronik
Belichtungstechniken in der Mikroelektronik	Die Belichtung der Substrate erfolgt in der Mikroelektronik nur auf der polierten Seite der Wafer. Die Rückseite dient im Wesentlichen dem Waferhandling. Der Zugriff auf diese Seite erfolgt meist mit Vakuum. Bei der Belackung und der Belichtung werden die Substrate, wie weiter oben bereits gezeigt, auf einen Vakuumchuck aufgespannt. Anschließend erfolgt die Prozessierung der Wafer. Nur die Vorderseite wird mit entsprechenden Strukturen versehen. Daher ist in diesem Bereich auch nur die Einseitenbelichtung notwendig. Die Rückseite der Siliziumsubstrate ist speziell für diese Prozesse geschliffen oder chemisch poliert ausgelegt.
MST → Zweiseitenbelichtung	In der Mikrosystemtechnik kann es dagegen vorkommen, dass eine zweiseitige Prozessierung der Substrate notwendig wird. Voraussetzung dafür sind entsprechende Maskierungs- und Lithographieschritte. Das Herstellen der Maskierungsschichten erweist sich in der Prozesstechnologie nicht als

problematisch. Die Durchführung der beidseitigen Lithographie ist dagegen ein Prozessschritt, der bislang noch nicht in vollem Umfang befriedigen kann. Die prozesstechnischen Schwierigkeiten liegen auf der Hand. Die bekannten Anlagen aus der Mikroelektronikfertigung nutzen, wie bereits geschildert, die Rückseite zum Handling der Wafer. Schädigungen der Oberfläche, wenn auch in geringem Maße sind dadurch nicht ausgeschlossen. In der Mikrosystemtechnik dienen aber diese Rückseiten, ebenso wie die Vorderseiten, als Prozessfläche. Schäden sind also weitgehend zu vermeiden. Wie aber soll eine vernünftige Belackung der Wafer erfolgen, ohne diese im mechanischen Kontakt mit dem Chuck zu schädigen? In einer Reihe von Untersuchungen konnte die Beeinflussung der polierten Oberflächen durch den unmittelbaren Kontakt zum Vakuumchuck nachgewiesen werden. Sieht man von dieser Einflussgröße ab, die sich auf den oberflächennahen Bereich ($0,5\mu m$–$1\mu m$) beschränkt, so bleibt die Frage der Belackung in kommerziell verfügbaren Systemen. Beim Test verschiedener Anlagen zeigte es sich, dass die beim Abschleudern auftretenden fein verteilten Tröpfchen die Rückseite z.T. bedecken. Bei einer Folgebelackung ist die Rückseite somit automatisch mit einer höheren Defektdichte belegt. Nur bei Systemen, bei denen das Abschleudern in einer Kammer erfolgte, die ebenfalls rotierte, war diese massive Defektgeneration erheblich eingeschränkt.

Zweiseitenbelichtung

Die zweiseitige Belichtungstechnik für Siliziumsubstrate existiert schon seit einigen Jahren im Labormaßstab. Die Probleme dieser Technik liegen vor allem in der nicht vorhandenen Transparenz von Silizium für sichtbares Licht. Die Zuordnung und Ausrichtung von Marken auf der Maske sowie der Ober- und der Unterseite der Substrate erfolgt daher im Wesentlichen auf der Basis folgender Strategien:

1. Nutzung von IR-Strahlungsquellen und Detektoren; Silizium ist gegenüber IR-Strahlung transparent

2. Gleichzeitige Belichtung von Ober- und Unterseite mit vorher zueinander ausgerichteten Masken (echte Zweiseitenbelichtung)

3. Belichtung der Oberseite nach bekanntem Ausrichtverfahren, Belichten der Unterseite wie Oberseite und nach Ausrichten auf Marken der Oberseite (unechte Zweiseitenbelichtung)

IR-Justierung Die Nutzung von IR-Strahlung zur Ausrichtung stellt eine kostengünstige Variante der Ausrichtung dar. Bei diesem Verfahren wird das Siliziumsubstrat von der Unterseite mit einem IR-Strahler durchstrahlt, wobei sich die Justiermarken ebenfalls auf der Unterseite des Wafers befinden.

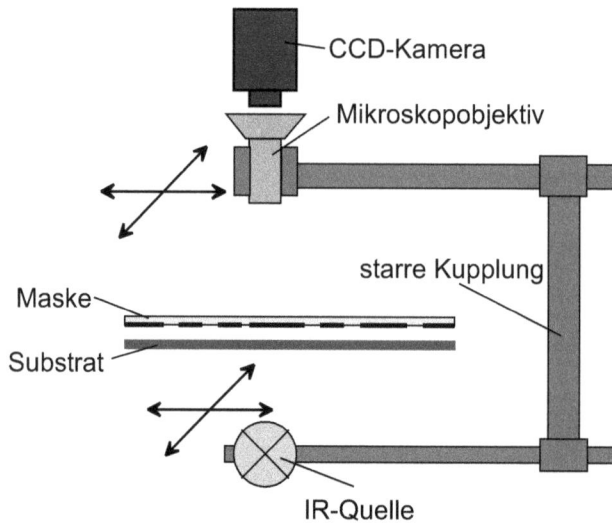

Auf der Oberseite des Wafers ist die Maske angeordnet, die ebenfalls Marken enthält. Oberhalb dieser Anordnung befinden sich das Mikroskop sowie eine CCD-Kamera, die eine Visualisierung der IR-Strahlung ermöglicht. Im Bild ist das Prinzipbild einer IR-Justieranlage dargestellt. Das Verfahren ist bei sehr dünnen Substraten hervorragend einsetzbar. Bei größeren Substratdicken ist es notwendig, mit Objektiven zu arbeiten, deren Schärfentiefe über der Dicke des Substrates liegt. Da dies nur in begrenztem Maße möglich ist, kann die Zuordnung einer Maskenstruktur zu einer Struktur auf der Unterseite des Wafers mit einer Genauigkeit von ±5μm realisiert werden. Dieser relativ große Wert ist für eine große Zahl von Anwendungen nicht akzeptabel.

"echte" Zweiseitenbelichtung	Wesentlich bessere Überdeckungsgenauigkeiten werden mit der echten Zweiseitenbelichtung erreicht [Süs]. Bei diesem Verfahren (siehe Bild) werden zunächst die Maske für die Oberseite und die Maske für die Unterseite zueinander ausgerichtet.

Dazu werden Splitfeldoptiken und entsprechende Marken auf den Masken genutzt. Diese Ausrichtung erfolgt in einem definierten Abstand (200μm) zueinander, um die Generation von Defekten möglichst klein zu halten. Nach dem Ausrichten werden die Masken in ihrer Position zueinander fixiert, wobei sie in z-Richtung nicht festgelegt sind. Damit wird erreicht, dass im folgenden Schritt die Masken entlang dieser Achse bewegt werden können und der zu belichtende Wafer beim Auseinanderbewegen der Masken in den entstehenden Spalt eingefügt werden kann.

Anschließend wird das Substrat zu den Marken der unteren Maske ausgerichtet und auf die untere Maske abgelegt (Soft-Kontakt). Die obere Maske wird auf einen definierten Abstand abgesenkt. In dieser Position sind die Marken der drei Körper zueinander ausgerichtet. Das Substrat wird nun gleichzeitig mit einem doppelten Belichtungssystem von der Oberseite und der Unterseite belichtet. Dadurch ergibt sich auf der Oberseite eine Proximitybelichtung und auf der Unterseite eine Kontaktbelichtung. Dies wirkt sich unmittelbar auf das Auflösungsvermögen der Strukturen auf beiden Seiten aus und muss bereits im Layoutentwurf der Strukturen beachtet werden. Durch die Auflage des Substrates auf der Maske können leicht Maskendefekte generiert werden.

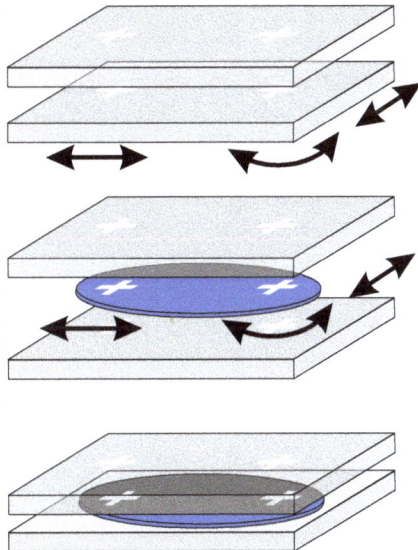

1. Justierung der unteren Maske zu Justiermarken der oberen Maske; Fixierung der Anordnung in der Ebene

2. Vertikale Vergrößerung des Maskenabstandes; Einbringen des Wafers; Justierung Maskenverbundes zu Justiermarken auf Wafer

3. Ablegen des Wafers auf unterer Maske (Softkontakt); Einstellen des Abstandes (proximity) der oberen Maske zum Substrat

| „unechte" Zweiseiten-belichtung | Als Alternative wurde ein Justierverfahren entwickelt [EVG], das die Nachteile der vorher beschriebenen Verfahren weitgehend vermeidet. Die so genannte „unechte" Zweiseitenbelichtung ist die Folgebelichtung eines Substrates. Der Vorgang der Justierung soll hier kurz erläutert werden. Dabei wird vorausgesetzt, dass bereits Justiermarken auf beiden Seiten des Substrates vorhanden sind.

Zunächst wird die Oberseite des Substrates im klassischen Justierverfahren zur Oberseitenmaske in der x-, y- und ω-Position ausgerichtet und belichtet. Anschließend wird die die Oberseitenmaske durch die zur Belichtung vorgesehene Unterseitenmaske ersetzt. Mit Hilfe eines Unterseitenmikroskopes, ausgeführt als Splitfeldmikroskop mit frei verstellbaren Objektiven, werden nun die Justiermarken auf der Maske angefahren. Die Position der Objektive wird geblockt und elektronisch gespeichert, wenn die Zuordnung von Fadenkreuzen im Splitfeldmikroskop und Justiermarken auf der Maske übereinstimmen. Danach wird das Substrat um 180° gedreht in den Maskaligner eingelegt, so dass die Unterseite nach oben zeigt. Die Ausrichtung des Substrates erfolgt, indem die Justiermarken auf dem Substrat, betrachtet von der Unterseite, mit den zuvor gespeicherten Positionen der Fadenkreuze in Übereinstimmung gebracht werden. Anschließend erfolgt die Belichtung der nun oben liegenden Unterseite des Substrates. Bei Erstbelichtungen ist vor der Unterseitenbelichtung eine Entwicklung der Strukturen auf der Oberseite vorzunehmen, so dass eine eindeutige Zuordnung gewährleistet werden kann. |

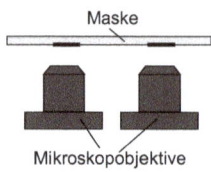

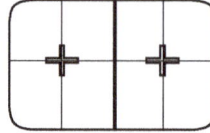

1. Ausrichtung der Fadenkreuze zu Justiermarken auf Maske; Speichern der Fadenkreuzpositionen mit Software

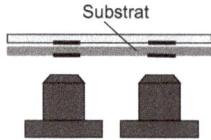

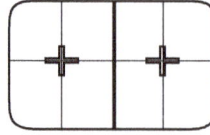

2. Einlegen des Substrates mit untenliegenden Justiermarken; Ausrichten der Justiermarken zur gespeicherten Position der Fadenkreuze; Belichtung von der Oberseite

Der Vorteil dieser Vorgehensweise liegt vor allem in der Möglichkeit, die Abstände zwischen Substrat und Maske in jedem Fall auf die gleiche Größe festzulegen. Damit entfallen aufwendige Vorhalteberechnungen in der Entwurfsphase. Eine Berührung zwischen Maske und Substrat kann immer ausgeschlossen werden. Nachteilig ist allerdings die verdoppelte Prozesszeit bei Durchlauf der Substrate. Da die Fotolithographie aber im Allgemeinen nicht der zeitbestimmende Durchlaufprozess ist, sondern langwierige Ätz- oder Beschichtungsprozesse, ist dieser erhöhte Zeitaufwand bei gleichzeitig verbesserter Qualität in vielen Anwendungsfällen vertretbar.

Bei allen ein- bzw. zweiseitigen Belichtungsprozessen ist generell ein Ausgleich von Keilfehlern durchzuführen. Dieser Verfahrensschritt ist notwendig, weil die eingesetzten Substrate und Masken im Allgemeinen keine absolute Planparallelität der Oberflächen aufweisen. Dadurch könnten zwischen Substrat und Maske keilförmige Luftspalte auftreten, die die Auflösung der Strukturen entscheidend beeinflussen würden. Zur Vermeidung dieses Effektes werden daher die einander zugewandten Flächen von Maske und Substrat bzw. Maske und Maske mit Hilfe spezieller Keilfehlerausgleichsvorrichtungen parallel ausgerichtet.

6.1.5 Belichtungsdefekte

Fehler im Prozess

Reflexionen | Bei der Belichtung kann es trotz einer Reihe vorbeugender Maßnahmen zu Defekten kommen, die die Qualität der Strukturübertragung in starkem Maße beeinträchtigen.

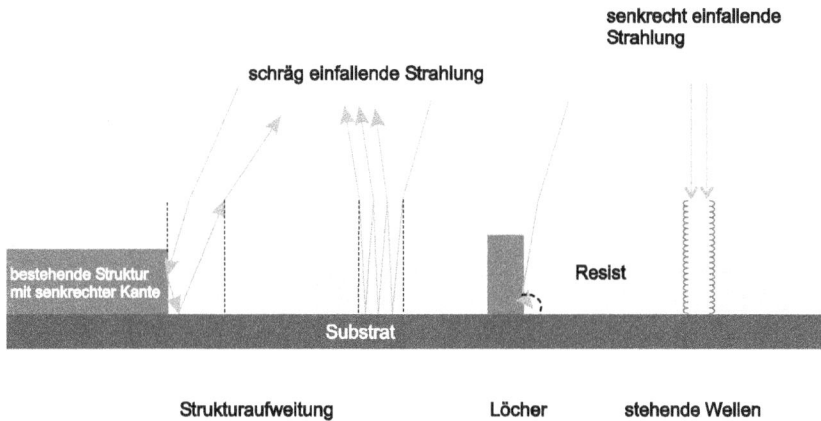

| Strukturaufweitung | Löcher | stehende Wellen |

Betrachtet man ein bereits strukturiertes Substrat, d.h. ein Substrat das nach einigen Vorprozessen bereits Strukturen enthält und erneut für einen Lithographieschritt präpariert wird, so lassen sich, wie im Bild zu sehen, eine Reihe von Fehlerquellen definieren. Die Ursachen dafür liegen hauptsächlich in Reflexionen, die unterschiedliche Effekte hervorrufen können. Die Reflexionen können an reflektierenden Oberflächen auftreten und bei senkrechtem Einfall der Strahlung zur Ausbildung stehender Wellen im Resist führen. Als Folge dieses Effektes bilden sich nach der Entwicklung Wellenstrukturen in den senkrechten Wänden des Resists aus. Dieser Effekt hat eine geringfügige Strukturaufweitung zur Folge. Durch einen Temperprozess, der sich unmittelbar an die Belichtung anschließt („post exposure bake"), kann diese Strukturveränderung stark eingeschränkt werden. Reflexionen bei schrägem Lichteinfall führen, wie aus dem Bild zu ersehen ist, zu erheblichen Strukturaufweitungen.

Anti-Reflex-Coating ARC	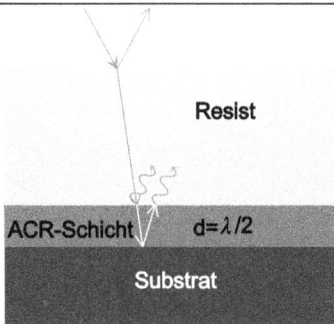

Zur Verringerung dieses Effektes werden antireflektierende Schichten (*A*nti *R*eflective *C*oatings = ACR) auf die strukturierten Oberflächen aufgebracht. Die Dicke dieser antireflektierenden Schichten wird dabei so eingestellt, dass es zu einer Löschung der reflektierenden Strahlung kommt (siehe Bild). Dies wird erreicht, wenn die Dicke der ACR-Schicht etwa so groß ist, wie die halbe Lichtwellenlänge der einfallenden Strahlung. Durch die Laufunterschiede der die ACR-Schicht durchlaufenden Strahlung und der an deren Oberfläche reflektierten Strahlung und die damit verbundene Phasenschiebung kommt es zur Überlagerung der reflektierten Strahlung und zur Auslöschung. Die ACR-Schichten müssen daher ein transparentes Verhalten aufweisen. Als Materialien können in dem erforderlichen Schichtdickenbereich Metalle und Dielektrika genutzt werden. Nach Bencher et al. [Ben] eignen sich besonders gut dielektrische Schichten, die mit Hilfe von PECVD-Verfahren hergestellt werden. Durch

	die hohe Variabilität der Prozessparameter lassen sich Schichten erzeugen, die ein großes Spektrum von Brechungsindizes aufweisen können.
Entwicklungs-fehler	Nach der Belichtung erfolgt die Entwicklung der fotoempfindlichen Schicht auf den Substraten. Obwohl dieses Verfahren recht einfach zu realisieren ist, werden gerade in diesem Prozessschritt die komplexen und nicht unkomplizierten Vorgänge der gesamten Fotolithographie offensichtlich. Durch die Visualisierung der vorangegangenen Prozessschritte kann auf deren Qualität geschlossen werden. Ebenso kann die Empfindlichkeit und Qualität der verwendeten Fotolacke beurteilt werden.

Dabei werden in Abhängigkeit von den eingesetzten Fotolacken unterschiedliche Entwickler benutzt. Wie bereits im Abschnitt [Fotolacke] beschrieben, kann man zwischen Positiv- und Negativlacken unterscheiden. Negativlacke sind durch eine drastische Reduktion der Löslichkeit in belichteten Gebieten charakterisiert. Damit lassen sie sich leicht mit dem organischen Lösungsmittel entwickeln, das auch Bestandteil des Lackes selbst ist.

Positivlacke zeichnen sich dagegen durch eine Zunahme der Löslichkeit im Bereich der belichteten Gebiete aus. Auf Grund der vorausgegangenen chemischen Reaktionen und Strukturwandlungen in den belichteten Gebieten, müssen nun Lösungsmittel eingesetzt werden, die die unbelichteten Gebiete nicht angreifen. Der Einsatz der lackeigenen Lösungsmittel schließt sich aus. Als Entwickler werden schwach alkalische Lösungen eingesetzt (0,5% NaOH).

Das Verfahren wird als Tauch- oder Sprühentwicklung durchgeführt. Bei der Tauchentwicklung werden die Substrate eine definierte Zeit (10 bis 60 Sekunden) in die Lösung eingetaucht und anschließend sorgfältig unter fließendem DI-H_2O gespült. Da sich in Abhängigkeit von der Zahl der durchgeführten Entwicklungen die Entwicklungszeit einer Lösung ständig ändert, ist eine reproduzierbare Prozessführung nicht immer gegeben. Qualitative Verbesserungen können mit Hilfe der Sprühentwicklung erreicht werden, bei der die Entwicklungslösung auf das Substrat aufgesprüht wird. Das Substrat, rückseitig von einem Vakuumchuck gehalten, rotiert bei diesem Vorgang. Nach entsprechender Entwicklungszeit erfolgt ein intensiver Spülprozess mit DI-H_2O. Für die beiden Fotolacktypen bilden sich dabei deutlich unterschiedliche Lackprofile aus (siehe Bild).

Positivlack   **Negativlack**

Während der Positivlack deutlich aufgeweitete Profile im Fußbereich aufzuweisen scheint, sind diese Aufweitungen beim Negativlack im oberen Bereich |

zu finden. Die Ursachen dafür liegen im Gradations- bzw. Kontrastverhalten und der Aufnahme von Lösungsmitteln während des Entwicklungsprozesses und den damit verbundenen Quellungsreaktionen des Matrixmaterials.

Merke

Strukturübertragung
Zweistufiger Prozess:
1. Anfertigung entsprechender Masken
2. Übertragung der Maskenstruktur auf das Substrat

Maskenprozesse
- Entwurfsphase
- Maskenphase (Maske – Bindeglied zwischen Layoutdaten und Strukturdaten für *einen* Prozess auf der Substratoberfläche)

Lackprozesse
- Vorbeschichtung mit Haftvermittler
- Lackbeschichtung durch Spin-on-Verfahren
- Formieren zur Ausbreitung des Lackes über Wafer
- Abschleudern zum Einstellen der Schichtdicke
- Pre-Bake zur mechanischen Verfestigung

Belichtungsprozesse
- UV-Strahlquellen
  - Projektionsbelichtung
  - Proximitybelichtung
  - minimale Strukturbreite
  - Schärfentiefe

- Röntgenstrahlbelichtung
  - Si-Masken mit Gold-Absorber
  - Belichtung mit Synchrotronstrahlung
  - Belichtung von PMMA-Substraten

- Belichtung mit energiereicher Strahlung
  - Elektronenstrahlbelichtung
  - Laserbelichtung
  - Besonderheiten der Strahlführung
    - Vektorscan
    - Rasterscan
- Zweiseitige Belichtung
  - IR-Ausrichtung von Masken und Waferen
  - Echte Zweiseitenbelichtung
    1. Ausrichtung der Masken zueinander
    2. Ausrichtung zum Wafer, der zwischen den Masken positioniert wird
    3. Belichtung von beiden Seiten gleichzeitig

o   Unechte Zweiseitenbelichtung
    1. Speichern der Position der Justiermarken auf Maske
    2. Überlagerung mit Justiermarken auf Unterseite
        der Wafer
    3. Belichtung der Oberseite durch vorjustierte Maske

Belichtungsdefekte
- Reflexionen
- Antireflexionsschichten
- Quellungsverhalten von Fotolacken

Literatur

[Alb]   Albers, J.: Grundlagen integrierter Schaltungen, Hanser, 2006

[Ben]   Bencher et al.: Dielectric antireflective coatings for DUV lithography;
        in: Solid state technology, Vol. 40, No. 3, 1997, 109ff.

[Bow]   Bowden, M.: The physics and chemistry of the lithographic process;
        in: J. Electrochem. Soc., Vol. 128, 1981, 195C–214C

[EVG]   Electronic Vision Group: Firmenschrift AL6-2, Schärding, o.J.

[Men]   Menz, W. et al.: Mikrosystemtechnik für Ingenieure; Wiley-VCH, 2005

[Mic]   MicroChemicals GmbH: Broschüre Lithografie; Ulm, 2007

[Süs]   Süss MicroTec AG: Firmenschrift SUSS MA 25; Garching, o.J.

6.2 Prozesse zur Beeinflussung der Substrateigenschaften

6.2.1 Oxidationsprozesse

	Aufwachsen von Schichten
Vorteil des Siliziums in thermischer Oxidation	Die Oxidation von Silizium (Si) ist ein Verfahren, das den Vorteil des Materials gegenüber allen anderen Halbleitermaterialien deutlich werden lässt. Im Gegensatz zu Si besitzen die kommerziell genutzten weiteren

Einsatz von Oxiden ...	Halbleitermaterialien kein Oxid (GaAs) oder nur ein thermisch instabiles Oxid (Ge). Die Oxide sind jedoch für viele Prozesse in der Planartechnik und der Tiefenstrukturtechnik von sehr großer Bedeutung. Oxide werden in der Mikrotechnik vorwiegend als Maskierungsschichten eingesetzt.
... als Maskierungsschicht	
... als Opferschicht	Dotierte Oxide fungieren als Opferschichten, die nach erfolgter Strukturierung des Si wieder entfernt werden, so dass dreidimensionale Mikrokomponenten entstehen.
... als Zwischenschicht	Ebenso können Oxide als Zwischenschichten beim anodischen Bonden oder beim Silizium-Direkt-Bonden fungieren. Auf Grund der guten mechanischen Kennwerte ist das Material auch zur Herstellung freitragender Mikrostrukturen geeignet. Als Isolationsschichten haben sich Oxidschichten seit langer Zeit bewährt.
Oxidwachstum bei Silizium	Trotz dieser vielen Applikationen ist die Klärung des Oxidwachstums bis zum heutigen Tag nicht vollständig abgeschlossen. Noch immer gibt es eine Reihe offener Fragen, die sich auf Basis der entwickelten Modelle nicht klären lassen. An dieser Stelle soll daher versucht werden, die Oxidation des Si mit Hilfe der bekanntesten Modelle näher zu beschreiben.
	Silizium besitzt eine sehr große Affinität zu Sauerstoff und bildet daher bereits bei Raumtemperatur an Luft eine dünne Oxidschicht. Die Reaktion verläuft nach der Gleichung:
	$$Si + O_2 \rightarrow SiO_2$$
Beschleunigung des Oxidwachstums	Die Dicke dieser Schicht kann je nach Dotierungsgrad des Materials zwischen 1nm und 3nm betragen. Durch eine Steigerung der Temperatur kann dieser Vorgang des Oxidwachstums beschleunigt, können dickere Schichten erzeugt werden. Technisch wird dies genutzt, indem die Oxidation des Siliziums bei Temperaturen um etwa 1000°C durchgeführt wird. Dieses Verfahren findet in einem Gasstrom statt. Als Gase kommen im Wesentlichen reiner Sauerstoff oder Wasserdampf zur Anwendung.
Feucht- und Trocken-Oxidation	Man spricht daher im ersten Fall von einer „trockenen" Oxidation und im zweiten Fall von einer „feuchten" oder „nassen" Oxidation. Diese feuchte Oxidation wird durch die Reaktionsgleichung
	$$Si + 2H_2O \rightarrow SiO_2 + 2H_2$$
	beschrieben. Bei diesen Reaktionen wird also Material des Substrates zur Bildung der Oxidschicht verbraucht. Die Menge des Si-Verbrauchs kann kalkuliert werden, da bekannt ist, dass für eine Oxidschicht der Dicke d_{Ox} eine Siliziumschicht der Dicke
	$$d_{Si} = 0,44 \cdot d_{Ox}$$
	verbraucht wird.
physikalischer Ablauf der Oxidation	Der tatsächliche Ablauf der Oxidation ist ein physikalisch nicht unkomplizierter Vorgang. Wie erwähnt, bildet das Silizium bereits unter Luft

Modellannahme von Deal und Grove

eine Oxidschicht. Diese Oxidschicht bedeckt die Oberfläche des Substrates und verhindert die notwendige chemische Reaktion zur Vergrößerung der Schichtdicke. Es ist auf der anderen Seite aber durchaus möglich, Oxidschichten mit Dicken bis zu etwa 2μm herzustellen. Die Realisierung dieser Oxiddicken wird sehr häufig mit dem Modell von *Deal* und *Grove* [Dea] beschrieben. Dieses Modell stützt sich auf die folgenden Voraussetzungen:

1. Im Gasraum gilt das ideale Gasgesetz

$$pV = RT$$

mit p – Gasdruck, V – Volumen des Gases und R – Gaskonstante

$$R = 8{,}314 \text{ J mol}^{-1}\text{ K}^{-1}$$

2. An der Grenzfläche SiO_2 / Gasraum gilt das Henry'sche Gesetz

$$a = k_O\, p V_F$$

mit a – Menge des gelösten Gases, k_O – Ostwaldscher Absorptionskoeffizient (von Temperatur und Materialien abhängig) und V_F – Volumen der Flüssigkeit.

Diese Annahme impliziert, dass das Oxid an der Oberfläche des Siliziums in Form einer Schmelze vorliegt (bei Temperaturen > 800°C ist dies zulässig). Das Henry'sche Gesetz besagt, dass die Masse eines reinen Gases, das in der Volumeneinheit einer Flüssigkeit gelöst wird, bei gegebener Temperatur proportional dem Gasdruck des ideal angenommenen Gases ist.

3. Der Sauerstoff liegt molekular gelöst im SiO_2 vor und ist dort schwebend in die Struktur, d.h. mit freien Bindungen, eingebaut.

4. Eine Reaktion zwischen Sauerstoff und Silizium findet nur an der Grenzfläche Si / SiO_2 statt und gehorcht einem Gesetz 1. Ordnung.

Auf der Basis dieser Annahmen bietet sich folgendes Bild: Der Sauerstoff wird aus dem Gasraum zur Substratoberfläche transportiert. Dort wird er absorbiert und wandert durch den Aufbau eines Konzentrationsgefälles (d.h. Diffusion) durch das SiO_2 zur Grenzfläche SiO_2 / Si. An dieser Grenzfläche kommt es zur Reaktion zwischen dem Sauerstoff und dem Silizium, wobei gleichzeitig die Grenzfläche tiefer in das Silizium hineingeschoben wird.

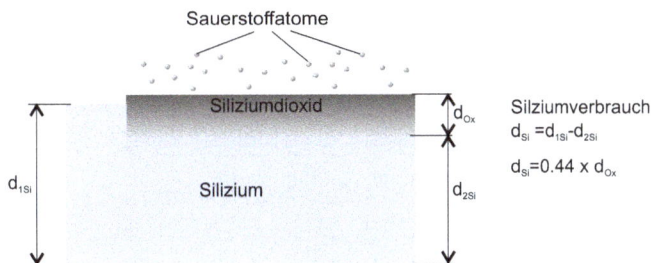

Sauerstoffatome

Siliziumdioxid

d_{Ox}

Silizium

d_{1Si}

d_{2Si}

Siliziumverbrauch
$d_{Si} = d_{1Si} - d_{2Si}$
$d_{Si} = 0.44 \times d_{Ox}$

Die zeitliche Verschiebung der Grenzfläche SiO_2/Si kann unter der Annahme einer eindimensionalen Betrachtung mit der folgenden Differentialgleichung beschrieben werden:

$$\frac{dx_O}{dt} = \frac{B}{A + 2x_O}$$

wobei A und B als Anpassungsparameter bezeichnet werden, x_O ist die Oxiddicke. Die Lösung der Differentialgleichung liefert:

$$x_O{}^2 + Ax_O = B(t + \tau) \quad \text{mit}$$

$$t = \frac{x_O{}^2 - x_a{}^2}{B} + \frac{A(x_O - x_a)}{B} \quad \text{und} \quad \tau = \frac{x_a{}^2 + Ax_a}{B}$$

unter der Randbedingung: $x_O(t = 0) = x_a$

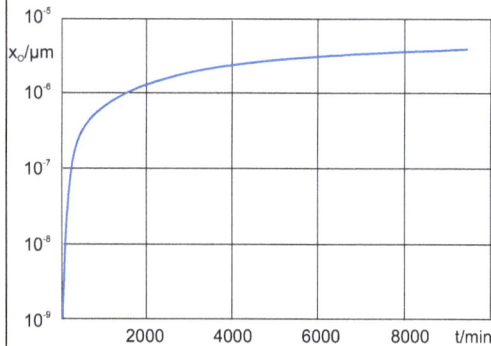

Dabei wird Folgendes vereinbart:

x_a = 20nm (trockene Oxidation)

x_a = 0 (feuchte Oxidation)

Der Graph dieser Funktion ist im Bild gezeigt. Man kann bei Betrachtung des Verhaltens zwei generelle Tendenzen feststellen. Bei kurzen Oxidationszeiten, d.h. $t + \tau \ll \frac{A^2}{4B}$, verhält sich die Oxidschichtbildung nahezu linear.

Dies kann in folgender Gleichung festgehalten werden:

$$x_O = \frac{B}{A}(t + \tau)$$

Die Linearität mit der Zeit kann durch den Ausdruck B/A gekennzeichnet werden. Im Falle großer Oxidationszeiten d.h., $t + \tau \gg \frac{A^2}{4B}$, gilt

$$x_O = \sqrt{Bt}$$

Das Schichtwachstum unterliegt einer parabolischen Gesetzmäßigkeit mit der parabolischen Konstante B.

Die Ermittlung der Konstanten B und B/A erfolgt durch Umstellen der Lösungsgleichung gemäß

	$$x_O{}^2 + Ax_O = B(t + \tau)$$ $$x_O = \frac{B(t + \tau)}{x_O} - A$$ und anschließender grafischer Ermittlung, wie im Bild gezeigt, oder experimentell und muss für jeden Anlagentyp gesondert ausgewiesen sein.
Schichtwachstum bei feuchter Oxidation	Dabei ist festzustellen, dass im Falle einer feuchten Oxidation gute Übereinstimmungen zwischen den gemessenen Schichtdicken und den berechneten Werten bestehen.
Schichtwachstum bei trocken Oxidation	Bei der trockenen Oxidation hingegen gibt es erhebliche Abweichungen. Insbesondere dünne Oxide wachsen deutlich schneller als rechnerisch voraussagbar.

Aus dem Wachstumsverhalten ist weiterhin ersichtlich, dass zu Beginn des Oxidationsprozesses die Oxidschicht sehr stark anwächst. Bei längeren Oxidationszeiten ist jedoch nur eine verhältnismäßig geringe Zunahme der Schichtdicke mit der Zeit zu verzeichnen. Dieses Verhalten führt dazu, dass die Schichtdicken wegen der notwendigen Prozesszeiten auf Werte von etwa 2µm begrenzt sind. |

Einflussfaktoren auf den Oxidationsprozess

Temperaturabhängikeit	An Hand experimenteller Untersuchungen hat sich gezeigt, dass das Wachstum der Oxidschichten in starkem Maße von der Temperatur abhängt.
Arrhenius-Gleichung	Temperaturabhängigkeiten physikalischer Prozesse werden üblicherweise mit Hilfe der Arrhenius-Gleichung beschrieben. Diese Gleichung beschreibt allgemein den exponentiellen Zusammenhang zwischen der Reaktionsgeschwindigkeit v_R und der Temperatur T.

$$v_R = Ce^{-\frac{E_a}{kT}}$$

Dabei ist C eine Konstante und E_a die notwendige Aktivierungsenergie der Reaktion. Bei der Oxidation wird die Temperaturabhängigkeit durch die Anpassungsparameter beschrieben. Es gilt also für lange Oxidationszeiten |
| **lange Oxidationszeit** | $$v_l = C_l e^{-\frac{E_{a_l}}{kT}}$$ |

kurze Oxidationszeit	Für kurze Oxidationszeiten kann geschrieben werden $$v_k = C_k e^{-\frac{E_{a_k}}{kT}}$$

Die Indizes k bzw. l stehen für kurze bzw. lange Oxidationszeiten. Obwohl experimentell nachgewiesen wurde, dass diese Annahmen nur für definierte Temperaturbereiche gültig sind, können mit Hilfe dieser Näherung Abschätzungen für die Anpassungsparameter der Oxidation getroffen werden. Dabei sind deutliche Unterschiede zwischen der trockenen und der feuchten Oxidation bemerkbar.

Prozesstemperatur bestimmt Eigenschaften

Durch die Prozesstemperatur werden auch die Eigenschaften der sich bildenden Oxidschicht bestimmt. Das Oxid wird durch die Reaktion von Sauerstoff und Silizium gebildet. Dabei kommt es zu einer Veränderung der Struktur. Aus der regelmäßigen Gitterstruktur des Siliziums wächst eine unregelmäßige, d.h. amorphe Oxidstruktur aus.

mechanische Schichtspannungen

Auf Grund der Fehlanpassungen dieser amorphen Schicht zum Gitter werden mechanische Spannungen induziert. Man bezeichnet diese Spannungen als inneren Stress σ_i. Weitere Spannungen σ_{th} gründen sich auf die unterschiedlichen linearen thermischen Ausdehnungskoeffizienten beider Materialien, die in festem Kontakt miteinander stehen. Der gesamte Stress σ_g, der dann auf die Si-Wafer wirkt, ergibt sich zu:

$$\sigma_g = \sigma_i + \sigma_{th}$$

Der thermische Stress ist erst zu bemerken, wenn die Scheiben nach der Oxidation wieder auf Raumtemperatur abgekühlt werden. Die Berechnung des thermischen Stresses erfolgt nach der Beziehung

$$\sigma_{th} = \left(\alpha_{Si} - \alpha_O\right)\left(T - T_O\right)\frac{E_O}{1 - \nu_O}$$

Mit E_O – E-Modul des SiO_2, ν_O – Poissonzahl des SiO_2, α – lineare thermische Ausdehnung.

Prozesstemperatur ↔ Spannungszustand

Wie leicht zu erkennen ist, wirkt sich die Höhe der Prozesstemperatur auf die Höhe des Spannungszustandes aus. Bei Raumtemperatur stehen die Oxidschichten immer unter einer Zugspannung von $\sigma_g = -3 \cdot 10^8 \text{N/m}^2$. Mit zunehmender Temperatur nimmt dieser Stress zu. Im Bereich zwischen 975°C und 1000°C verschwindet der Stress der Schichten. Bei höheren Temperaturen stehen die Schichten unter einer leichten Druckspannung. Die Ursachen für dieses Verhalten werden in der Fließfähigkeit des Oxides bei hohen Temperaturen vermutet.

Durch die Höhe der Prozesstemperatur werden aber auch in bestimmtem Maße Fehler in der Gitterstruktur des Siliziums erzeugt. Die zugeführte hohe thermische Energie versetzt die Gitterbausteine in erhebliche

Oxidation-induced Stacking Faults – OSF	Schwingungen um ihre Ruhelage. Dadurch wächst die Wahrscheinlichkeit, dass einzelne Atome entweder durch zufällige hohe Energiezustände oder durch Stöße mit diffundierenden Sauerstoffatomen aus ihren Gitterplätzen gedrängt werden. Diese Atome können im Si-Volumen wandern, bzw. sie werden auf Zwischengitterplätzen eingebaut. Dadurch werden Stapelfehler in der Kristallstruktur ausgebildet (Oxidation-induced Stacking Faults – OSF)
	Die Länge dieser OSFs hängt von der Prozesstemperatur ab. Bis zu Temperaturen von 1200°C wachsen die OSFs. bei höheren Temperaturen ist auf Grund der Zunahme der Diffusionswahrscheinlichkeit von Si-Atomen im Gitter ein Rückgang der Stapelfehlerausbildung zu bemerken.
Einfluss des Drucks ... **... bei trockener Oxidation**	Der Einfluss des Druckes auf die Oxidation ist bereits diskutiert worden. Durch eine Steigerung des Partialdruckes von Sauerstoff kann eine Steigerung der Oxidationsrate erwartet werden, wenn die Gültigkeit des Henry'schen Gesetzes vorliegt. Für die trockene Oxidation kann diese Gesetzmäßigkeit als gegeben vorausgesetzt werden.
... bei feuchter Oxidation	Im Falle der feuchten Oxidation zeigt es sich jedoch, dass das Schichtwachstum nur proportional zur Wurzel des Partialdruckes der H_2O-Moleküle ist. Offenbar dominieren in diesem Fall andere Mechanismen. Begründet wird dies mit dem Transport von Wasser durch das Oxid in Form eines H_3O^+-OH^--Komplexes, der aus zwei Wassermolekülen aufgebaut ist. Unter dieser Annahme hat auch wieder das Henry'sche Gesetz Gültigkeit.
	Für technische Anwendungen ist dieser Einfluss sehr interessant. Bei hohen Sauerstoffpartialdrücken können in vertretbar kurzer Zeit dicke Oxidschichten erzeugt werden. Dies wird vor allem in der Hochdruckoxidation genutzt. Leider werden diese Verfahren aus Sicherheitsbedenken nicht sehr häufig eingesetzt. Für die Mikrotechnik kann dieses Verfahren aber sehr bedeutsam in Hinblick auf Maskierungsschichten bei langen Ätzzeiten und Opferschichten sein.
Beeinflussung durch Fremdstoffe	Fremdstoffe können den Oxidationsprozess in starker Weise beeinflussen. Dabei ist zwischen gewünschten Fremdstoffen und ungewollten Verunreinigungen zu unterscheiden. Fremdstoffe, wie z.B. Wasser, sind an der Oxidation selbst beteiligt und steigern im Sinne der oben beschriebenen Vorgänge die Wachstumsgeschwindigkeit der Oxidschichten. Andere Verunreinigungen können die Si-O-Bindungen im SiO_2 aufbrechen und so Diffusionsprozesse im SiO_2 erleichtern. Damit wird auch die Bildung von SiO_2 begünstigt. Allerdings besitzen eine Vielzahl von Fremdstoffen Eigenschaften, die sich negativ auf die Eigenschaften der gebildeten Oxide und des Siliziums auswirken. Metallatome und insbesondere Alkaliatome diffundieren bei den hohen Prozesstemperaturen sehr leicht im SiO_2 und im Si. Durch die hohen Prozesstemperaturen wird das Eindrin-

	gen der Verunreinigungen auch durch die Rohrwandungen ermöglicht. Bei der Kontamination mit den Substraten werden Ladungszustände generiert, die die elektrischen Eigenschaften merklich verschlechtern. So kann die Durchbruchspannung des Oxids drastisch reduziert und die Schwellspannung von MOS-Transistoren transient beeinflusst werden. Zur Reduzierung dieser Ladungszustände wird die thermische Oxidation daher häufig in einer HCl-Atmosphäre durchgeführt. Durch das freie Chlor können insbesondere alkalische Verunreinigungen gebunden und damit elektrisch neutralisiert werden. Diese Atmosphäre wirkt sich ätzend auf das Basismaterial und eine Reduzierung der OSFs aus. Gleichzeitig sinkt die Wachstumsrate der sich bildenden Oxidschicht.
Wirkung von Dotierstoffen	Dotierstoffe im Silizium haben eine ähnliche Wirkung wie Verunreinigungen, d.h., durch Dotieratome wird die Oxidationsrate generell verbessert. Unterschiedlich ist jedoch der Ausgangszustand zu bewerten. Die Dotierstoffe befinden sich bereits vor dem thermischen Prozessschritt im Silizium. Durch den Verbrauch an Silizium während der Reaktion ändert sich das Lösungsvermögen der Dotieratome im Volumenmaterial. So kann deren Löslichkeit in Si größer sein als in SiO_2 oder umgekehrt. Ein Maß für dieses Verhalten beschreibt der Segregationskoeffizient k.
Seggregations- koeffizient	$$k = \frac{\text{Löslichkeit der Dotieratome in Si}}{\text{Löslichkeit der Dotieratome } SiO_2}$$
	Bei Werten $k > 1$ erfolgt eine Wanderung der Dotieratome in das Silizium und eine damit verbundene Anreicherung in der Nähe der Grenzfläche Si/SiO_2. Nahezu alle Dotierstoffe zeigen ein derartiges Verhalten. So sind beispielsweise die Segregationskoeffizienten von Phosphor $k = 10$, Arsen $k = 10$, Antimon $k = 10$ und Gallium $k = 20$. Eine Ausnahme bildet das Bor mit $k = 0,3$ [Rug]. In diesem Fall findet eine bevorzugte Anreicherung von Dotieratomen im SiO_2 statt. An der Grenzfläche Si/SiO_2 kommt es dadurch zu einer Verarmung.

	Oxidationsanlagen
Anlagen zur thermischen Oxidation	Thermische Oxidationsverfahren von Silizium werden immer dann eingesetzt, wenn qualitativ hochwertige Oxidschichten gefordert sind sowie hohe Prozesstemperaturen und der Verbrauch an Basismaterial akzeptiert werden.
	Die Anlagen zur Herstellung von thermischen Oxidschichten sind daher auch unabhängig von der Prozessführung (trockene oder feuchte Oxidation) identisch. Um ein reproduziertes Schichtwachstum zu erzielen, werden an die Anlagenkonzepte hohe Anforderungen gestellt. Da die Unterschiede zu thermischen Diffusionsprozessanlagen unerheblich sind, werden für die Oxidation industriell gefertigte Diffusionsanlagen eingesetzt.

Bestandteile der Anlagen	Grundsätzlich besteht eine Oxidations-/Diffusionsanlage aus dem a) Reaktionsraum, der b) Gasversorgung, der c) Beladestation, und dem d) Steuerteil. Im Allgemeinen sind die Anlagen relativ groß, wobei nur die Beladestation den Reinraumbereich direkt belastet.
a) Reaktionszone	Auf Grund der hohen Temperaturen ist die Auswahl der Materialien für den Reaktionsraum nicht unkritisch. Neben der rein thermischen Stabilität spielen Fragen der Diffusionsmöglichkeit durch das Reaktormaterial eine bedeutende Rolle. Daher können nur wenige Materialien für den Reaktorraum genutzt werden. Die gebräuchlichsten Rohrmaterialien sind Quarz und Siliziumkarbid. Polysilizium wurde zum Teil auch schon verwendet. Quarz ist die kostengünstigste Alternative, obwohl das Material mit einer Reihe von Nachteilen behaftet ist. Die mechanische Stabilität sinkt mit der Temperatur und ist bei T > 1100°C nicht mehr vernachlässigbar. Prozesstemperaturen von mehr als 1100°C sind daher möglichst zu vermeiden.
Bildung von Cristobalit	Kritisch ist auch die Phasenumwandlung des amorphen SiO_2 bei der Abkühlung unter 275°C. Es bildet sich Cristobalit, das andere thermische Ausdehnungskoeffizienten als das Quarzglas aufweist. Damit ändert sich die Transparenz des Quarzes in oberflächennahen Bereichen infolge der Ausbildung von Mikrorissen und Korngrenzen. Partikel können durch diese Schichten ebenfalls generiert werden. Der Betrieb von Quarzrohren unter dieser Umwandlungstemperatur ist daher zwingend zu vermeiden. Notwendige höhere Verweiltemperaturen führen allerdings zu nicht vernachlässigbaren Betriebskosten. Nachteilig sind für viele Applikationen auch die hohe Beweglichkeit von Alkaliionen im Quarz und die damit verbundene Kontamination der Si-Substrate. Alternativ dazu wird bei extrem hohen Anforderungen SiC als Reaktormaterial verwendet.
Heizungs-anordnung	Die Heizung ist generell an den Außenwandungen der Rohre angeordnet. Wegen der geforderten hohen Reproduzierbarkeit beim Schichtwachstum müssen sehr enge Temperaturtoleranzen eingehalten werden. Dies ist nicht trivial, da während des Prozesses eine permanente Gasströmung vorhanden ist. Aus diesem Grund ist die Heizung meist in drei oder fünf unabhängig voneinander regelbare Heizzonen aufgeteilt. Die Regelung erfolgt üblicherweise mit PID-Reglern. Die typische Anordnung der Heizbereiche ist im Bild gezeigt.

Während in den Heizzonen I und III die Temperatur infolge des Gasflusses gewissen Schwankungen unterliegen kann, ist die Temperatur in der „Flat"-Zone (flache Zone) mit einer Toleranz von ±0,5K festgelegt. Die Länge der Flat-Zone wird nach dem Scheibendurchsatz ausgelegt. Üblich sind Losgrößen zwischen 25 und 200 Wafern pro Prozess. Die Scheiben sind in einem „Boot", das aus Quarz oder SiC bestehen kann, aufrecht stehend fixiert. An diese Boote werden sehr hohe geometrische Anforderungen gestellt. Die Position der Halterungsschlitze muss exakt definiert sein. Andernfalls können bei den hohen Prozesstemperaturen sehr leicht mechanische Spannungen in den Substraten induziert werden.

b) Gasversorgung

Die Oxidation der Si-Wafer erfolgt generell in einer sauerstoffhaltigen Umgebung. Dabei ist es zunächst unerheblich, ob der Sauerstoff in atomarer Form vorliegt oder molekular an H-Atome gebunden ist. Die Art dieser Vorgabe bestimmt im Wesentlichen die Oxidwachstumsrate.

Die Zufuhr der entsprechenden Prozessgase kann jedoch in unterschiedlicher Weise erfolgen. Man muss hierbei zunächst zwischen der feuchten Oxidation und der trockenen Oxidation unterscheiden.

... bei trockener Oxidation

Bei der trockenen Oxidation wird der Gaseinlass unmittelbar mit der Sauerstoff-Gasversorgung verbunden. Der Gasfluss des Sauerstoffs wird mit Hilfe von Durchflussreglern (MFC – Mass Flow Contoler) konstant gehalten. Vor dem Einlass in das Prozessrohr kann bei hohen Anforderungen an die Qualität des Oxides noch ein „Point of use"-Filter in der Gaszuleitung angeordnet sein. Nach dem Durchströmen der Prozesszone werden die Gase über den Gasauslass und einen Scavenger (Absauger) entsorgt.

... bei feuchter Oxidation

1. Variante

Bei der feuchten Oxidation kann man zwischen zwei grundsätzlich unterschiedlichen Systemen differenzieren. Mit Hilfe eines „Bubblers" werden bei einer Anordnung die entsprechenden H_2O-Moleküle freigesetzt. Dabei strömt der Prozesssauerstoff durch eine Art Gaswaschflasche, in der sich Wasser auf einer Temperatur von 90°C–95°C befindet.

Stickstoff
Sauerstoff
Heizmanschette
Reaktionsrohr
Bubbler

Infolge der hohen Wassertemperatur können sehr viele Dampfteilchen vom Sauerstoffstrom abtransportiert werden. Auf dem Weg zum Reaktor werden die Rohrleitungen, durch die dieser Dampf fließt, beheizt, um Kondensationen zu vermeiden. Wird während der Oxidation gleichzeitig eine Dotierung durchgeführt (thermische Diffusion), dann wird der Bubbler mit dem entsprechenden Quellenstoff gefüllt. Auch im Fall einer Beteiligung von HCl ist die Anordnung der Gaszuführung identisch. Im Bubbler befindet sich in diesem Fall HCl.

Die zweite Variante der feuchten Oxidation nutzt die direkte Umsetzung von H_2 und O_2 in einer Knallgasflamme. In diesem Fall werden beide

2. Variante	Gase einem Brenner zugeführt, der sich entweder im Inneren des Reaktionsrohres befindet oder der unmittelbar außen am Gaseinlass angeordnet ist. Der Vorteil dieses Verfahren besteht in der hohen Temperatur der Gase, die in die Reaktionszone geleitet werden. Da Innenbrenner das Temperaturprofil im Reaktor erheblich beeinträchtigen, haben sich die externen Brenner in hohem Maße durchgesetzt.
c) Beladestation	Die Belade- und Entladestation befindet sich außerhalb der Reaktionszone. Da die Substrate in diesem Bereich stark der externen Umgebung ausgesetzt sind, wird versucht, die Kontaminationsgefahr durch einen weitgehend automatisierten Betrieb zu senken. Üblicherweise sind diese Stationen von einem Laminarflow reinster Luft durchströmt. In der Beladestation werden die Substrate den „Carriern" entnommen und in die Boote geladen. Diese wiederum werden mit Hilfe so genannter „Paddel" angehoben und berührungslos in die Reaktionszone befördert. Erst wenn die Boote die entsprechende Flat-Zone im Rohr erreicht haben, werden die Paddel abgesenkt, die Boote setzen auf und verbleiben bis zum Ende des Prozesses in dieser Position. Nach Beendigung des Prozesses erfolgt die Entnahme der Boote in ähnlicher Weise wie die Beladung, aber in umgekehrter Reihenfolge. Die Position eines beladenen Bootes auf einem Paddel in der Beladestation ist im Bild gezeigt.
d) Steuerung der Oxidation	Die gesamte Steuerung der Oxidation erfolgt mit Hilfe von durch Mikrorechner gesteuerter Komponenten. Sowohl die Regelung der Gasströmung als auch die der Temperatur werden mit Hilfe dieser Komponenten realisiert. Dabei werden die Art der Gasversorgung und entsprechend notwendige Vorhaltetemperaturen in der Heizzone I berücksichtigt. Die Abkühlung der Gase beim Austritt aus der Prozesszone und die damit verbundene Temperaturabsenkung in diesem Reaktorbereich werden gleichfalls über entsprechende Regelmechanismen kompensiert. Auch Be- und Entladeprozesse werden gezielt kontrolliert und gesteuert. Mit Hilfe voreingestellter Programmdaten ist es möglich, Substratschädigungen, die beim unkontrollierten Einfahren der Substrate in die vorgeheizte Prozesszone auftreten könnten, zu vermeiden. Die Anforderungen an die Steuerung sind anspruchsvoll und nicht immer leicht zu realisieren. So ist stets eine hohe Reproduzierbarkeit definierter Prozesse zu garantieren; andererseits ist auch eine hohe Flexibilität bei sich ändernden Prozessparametern gefordert.

6.2.2   Diffusionsprozesse

Bedeutung der Diffusion in der MST

Bedeutung der Diffusion in der Mikroelektronik (ME) **pn-Übergänge**	Thermische Diffusionsprozesse werden eingesetzt, um Halbleiter gezielt zu dotieren, d.h. deren Leitungsverhalten zu beeinflussen. Mit Hilfe der Diffusion werden Gebiete im Silizium erzeugt, die n-, n^+-, p- oder p^+-leitend sind. Durch das Zusammenschalten unterschiedlicher Leitungszonen werden pn-Übergänge erzeugt. Diese pn-Übergänge sind die Grundlage für die wichtigsten Bauelemente der Mikroelektronik (ME), die Transistoren. Auf Grund ihrer Bedeutung bei der Herstellung mikroelektronischer Schaltungen ist die Diffusion ein herausragendes Basisverfahren in der Mikroelektronikproduktion.
Bedeutung der Diffusion in der MST	In der Mikrosystemtechnik hat die Diffusion, wenn man von der Integration elektronischer Komponenten absieht, nicht diese herausragende Bedeutung. Diffusionsverfahren werden eingesetzt, wenn durch die Leitfähigkeitsunterschiede im Substratmaterial dessen Ätzverhalten beeinflusst werden kann. So kann bei hochbordotiertem ($n > 10^{19} cm^{-3}$) Si ein totaler Ätzstopp in alkalischen Lösungen beobachtet werden. Bei elektrochemischen Ätzprozessen hat n-dotiertes Si ein deutlich geringeres Passivierungspotential als p-dotiertes Si. Die Folge ist, dass in einem definierten elektrischen Spannungsbereich das p-Si geätzt wird, während das n-Si nicht angegriffen wird. Diese Unterschiede im Ätzverhalten können hervorragend genutzt werden, um Membranen, Brücken oder Zungen aus Si herzustellen. Daneben können Dotierungsunterschiede auch in piezoresistiven Sensoren genutzt werden. So unterscheidet sich das Widerstandsverhalten von p-dotiertem und n-dotiertem Si erheblich, wenn es einer mechanischen Belastung ausgesetzt wird.
Diffusion in Silizium	Die Diffusion in Silizium erfolgt in 2 Stufen. Zuerst erfolgt eine Vorbelegung der Si-Oberfläche mit den Atomen des Dotierstoffes. Häufig wird dazu eine SiO_2-Schicht mit einem hohen Anteil an Dotieratomen genutzt. In der zweiten Stufe werden die Dotieratome in die Tiefe des unter der angereicherten Schicht liegenden Si getrieben. Die Diffusion ist ein Prozess, bei dem durch Konzentrationsunterschiede ein stofflicher Austausch so lange stattfindet, bis keine Konzentrationsunterschiede mehr bestehen. Beschrieben wird die Diffusion durch das 1. und 2. Ficksche Gesetz
1. und 2. Ficksches Gesetz	$$\dot{Q} = -D \cdot \mathrm{grad}\, c$$ $$\frac{dc}{dt} = \mathrm{div}(D \cdot \mathrm{grad}\, c)$$

Grundsätzliche Diffusions-Mechanismen	Dabei ist c die Konzentration eines Stoffes, D der Diffusionskoeffizient und $\dot{Q}$ der Stoffstrom. Da der Diffusionskoeffizient D eine von der Temperatur abhängige Größe ist, gilt:

$$D(T) = D_0 e^{-\frac{E_A}{kT}} \quad \text{mit der für Feststoffe gültigen Beziehung}$$

$$D_0 = a^2 N f_s$$

E_a – die Aktivierungsenergie der Wanderung der Teilchen, a – Atomabstand, N – Anzahl freier Gitterplätze, f_s – Sprungfrequenz

Die Diffusion kann in unterschiedlicher Weise erfolgen. Man unterscheidet im Wesentlichen vier unterschiedliche Mechanismen.

a) Diffusion über Zwischengitterplätze

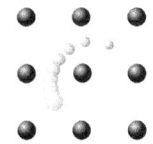

b) Diffusion durch Atomtausch

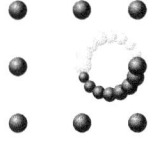

c) Diffusion durch Ringtausch

d) Diffusion über Leerstellen

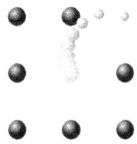

Die einzelnen Arten sind im Bild gezeigt. Die Aktivierungsenergien für die unterschiedlichen Diffusionsprinzipien unterscheiden sich erheblich. So liegen sie für die Prinzipien a) und d) bei $E_A \leq 5eV$. Bei den Tauschprinzipien b) und c) sind die Aktivierungsenergien mit $E_A > 10eV$ deutlich höher. Damit kann im Wesentlichen nur mit den Diffusionsmechanismen a) und d) gerechnet werden. Für die im Si gebräuchlichen Dotieratome kann mit Werten gerechnet werden, die in der folgenden Tabelle aufgelistet sind [Fai].

Werte von Dotieratomen im Silizium

Dotieratom	D_0/cm^2s^{-1}	E_A / eV
B	0,76	3,46
Al	1,35	4,1
Ga	225	4,12
P	3,85	3,66
As	22,9	4,1
Sb	0,214	3,65

Das Profil der Verteilung der Dotieratome innerhalb des Halbleiters genügt dann folgender Bedingung

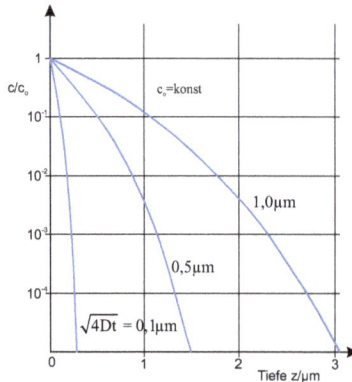

$$c(z,t) = \frac{2c_O}{\sqrt{\pi}} \cdot \int_{\frac{x}{\sqrt{4Dt}}}^{\infty} e^{-z^2} dz$$

$$c(z,t) = c_O \operatorname{erfc} \frac{z}{\sqrt{4Dt}}$$

wobei c_O die konstante Oberflächenkonzentration der Dotieratome und erfc die komplementäre Fehlerfunktion sind.

Dotierprofil bei unerschöpflichen Quellen

Damit ergibt sich ein Dotierprofil für die Diffusion aus einer unerschöpflichen Quelle wie im Bild gezeigt. Allerdings ist die Diffusion aus einer unerschöpflichen Quelle eine idealisierte Modellvorstellung. In der Realität kommt es zu einer Ansammlung von Dotieratomen an der Oberfläche durch die Vorbelegung. Anschließend werden diese Atome aus dieser erschöpflichen Quelle, d.h. beim Vorliegen von N Dotieratomen in das Si transportiert.

Dotierprofil bei erschöpflichen Quellen

Dadurch ändert sich das Dotierprofil gegenüber der unerschöpflichen Quelle und man erhält ein gaußförmiges Dotierprofil gemäß

$$c(z,t) = \frac{N}{\sqrt{\pi Dt}} e^{-\frac{z^2}{4Dt}}$$

Dabei ändert sich die Oberflächenkonzentration c_o entsprechend

$$c_o = \frac{N}{\sqrt{\pi Dt}}$$

Der Graph dieser Funktion ist für verschiedene Werte von $\sqrt{4Dt}$ im folgenden Bild gezeigt.

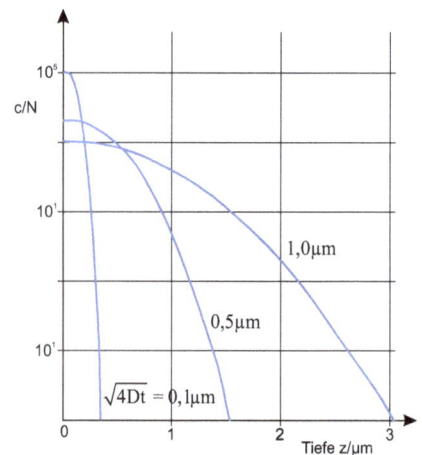

intrinsische Diffusion

Die intrinsische Diffusion tritt auf, wenn die Ladungsträgerkonzentration im Halbleiter (hier Si) deutlich über der Konzentration der Dotieratome bei Dotiertemperatur liegt. Dieser Fall tritt in der Regel auf.

extrinsische Diffusion

Bei der extrinsischen Diffusion ist die Konzentration der Dotieratome größer als die der Ladungsträger im Halbleiter. Dadurch kann die Diffusi-

6 Herstellung der Mikrokomponenten

on in das Silizium erheblich beschleunigt werden. Ursache dafür ist das Auftreten von elektrischen Raumladungszonen. Bei den in der Diffusion auftretenden Temperaturen liegen die Dotieratome meist im ionisierten Zustand vor. Die von ihnen abgegebenen Elektronen bzw. Löcher können aber leichter in das Si diffundieren und somit ein elektrisches Feld aufbauen, das wiederum eine Kraft auf die ionisierten Dotierionen ausübt. Es handelt sich hierbei um eine feldunterstützte Diffusion („field enhanced diffusion"). Wegen der erhöhten Diffusion ändert sich auch die Diffusionskonstante. Man bezeichnet diese Diffusionskonstante auch als effektive Diffusionskonstante D_{eff}.

$$D_{eff} = D \left(1 + \frac{1}{4 \left(\frac{n_i}{N} \right)^2} \right)$$

mit $n_i^2 = np$.

Segregations-koeffizient	Die Diffusion erfolgt meist aus einer Vorbelegung der Oberfläche. Dabei wird mit Dotieratomen angereichertes SiO_2 auf der Si-Oberfläche erzeugt. Die Löslichkeit für die Dotieratome in Si und SiO_2 ist aber nicht gleich. Die unterschiedliche Löslichkeit drückt sich im Segregationskoeffizienten k aus

$$k = \frac{c_{Si}}{c_{SiO_2}}$$

Betrachtet man nun die Segregationskoeffizienten für die gebräuchlichen Dotierstoffe, dann zeigen sich folgende Werte:

Dotierstoff	k
B	0,3
Ga	2
P	10
As	10
Sb	10

Offensichtlich ist die Löslichkeit aller Dotierstoffe mit Ausnahme von Bor in Si größer als im Oxid. Damit kommt es bei den meistern Dotierstoffen zu einer Anreicherung an der Grenzfläche im Silizium. Bor wird hingegen im SiO_2 angereichert. Dadurch verarmt die grenzflächennahe Si-

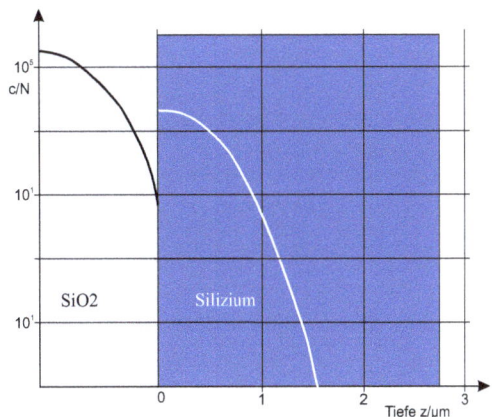

	Schicht an Bor-Atomen. Die sich ausbildenden Dotierprofile haben für die „Nicht"-Bor-Diffusion folgendes Aussehen.

Zufuhr der Dotierstoffe	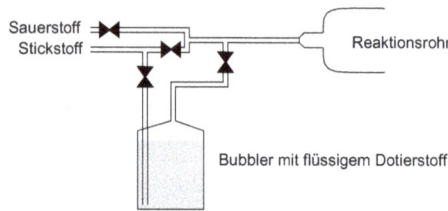Die thermische Diffusion wird bei Temperaturen von etwa 800°C...1200°C durchgeführt. Dazu werden Diffusionsöfen genutzt, die mit den weiter oben beschriebenen Oxidationsöfen vergleichbar sind. Als Rohrmaterial wird in der Regel Quarzglas verwendet. Die Si-Wafer werden meist stehend in Horden angeordnet und können so vom Dotierstoff enthaltenden Gas umspült werden. Die Dotierstoffe werden aus gasförmigen oder flüssigen Quellen gespeist. Gasförmige Dotierstoffe haben den Vorteil, dass der Gasfluss und damit auch die Menge des zugeführten Dotiergases genau geregelt werden kann. Bei flüssigen Quellen werden meist Bubbler genutzt. Im Bubbler wird die zur Dotierung geeignete Flüssigkeit auf einer konstanten Temperatur gehalten. Durch den Bubbler strömt ein Trägergas (N_2), das die Moleküle des Dotierstoffs in die Reaktionszone transportiert. Auch hier kann über den Gasfluss des Trägergases die Menge des einströmenden Dotierstoffes genau geregelt werden. Ein weiterer Vorteil beider Verfahren liegt in der Automatisierbarkeit und der damit verbundenen hohen Produktivität. Eine Ausnahme bildet die wegen ihrer schlechteren Kontrollierbarkeit kaum noch genutzt, Diffusion aus festen Quellen. Dort werden die Quellen aus dotierstoffhaltigem Material in Scheibenform auf die zu dotierenden Scheiben gelegt und müssen nach dem Temperaturprozess wieder entfernt werden.
Grundreaktionen der thermischen Diffusion	Bei der thermischen Diffusion können unterschiedliche Dotierstoffe eingesetzt werden. Dennoch kann bei allen ein weitgehend gleichartiger Reaktionsverlauf realisiert werden.

Der Bildinhalt: Sauerstoff, Stickstoff, Reaktionsrohr, Bubbler mit flüssigem Dotierstoff

1. Umwandlung des Dotierstoffs mit Sauerstoff in das Dotierstoffoxid

   $XDot + O_2 \rightarrow DotO_y + X$

2. Reaktion des Dotierstoffoxids mit Si unter Bildung von SiO_2 und eingelagerten atomaren Dotierstoff

   $DotO_y + Si \rightarrow SiO_2 + Dot$

	Dabei ist es unabhängig, ob aus festen oder flüssigen Quellen dotiert wird. Es bildet sich also in allen Fällen ein mit atomaren Dotierstoffen angereichertes Siliziumoxid an der Oberfläche – die Vorbelegung. Aus dieser
Vorbelegung	

	Vorbelegungsschicht erfolgt die Diffusion in das Silizium. Nach erfolgter Diffusion wird die Vorbelegungsschicht nasschemisch weggeätzt.

Ionenimplantation

weiteres Vorbelegungs-verfahren	Die Vorbelegung bei der thermischen Diffusion erfordert bereits sehr hohe Temperaturen und ist dennoch bezüglich der Konzentration der Dotierstoffe auf Grund der chemischen Reaktionen limitiert. Der akute Bedarf nach höheren Dotierstoffkonzentrationen führte bald zu einem neueren Verfahren, das inzwischen die thermische Diffusion in vielen Bereichen abgelöst hat – die Ionenimplantation.
Ionenimplantation	Bei der Ionenimplantation werden Ionen beschleunigt und auf das zu dotierende Substrat geschossen. Dabei treffen die Ionen nicht nur auf die Oberfläche, sie dringen auf Grund ihrer hohen Energie sogar in das Substrat ein. Die Vorteile gegenüber der thermischen Diffusion sind offensichtlich.
	• Es sind keine hohen Temperaturen erforderlich, um die Oberflächen zu belegen
	• Es sind keine Vorbelegungen an der Oberfläche nötig (die Vorbelegung erfolgt bereits im Substrat)
	• Es gibt keine Beschränkung durch die Löslichkeit
Hauptbestandteile von Implanta-tionsanlagen	Die Implantation wird in Implantationsanlagen durchgeführt. Der Grundaufbau einer solchen Anlage ist im Bild gezeigt. Die wesentlichen Bestandteile einer Implantationsanlage sind dabei folgende:

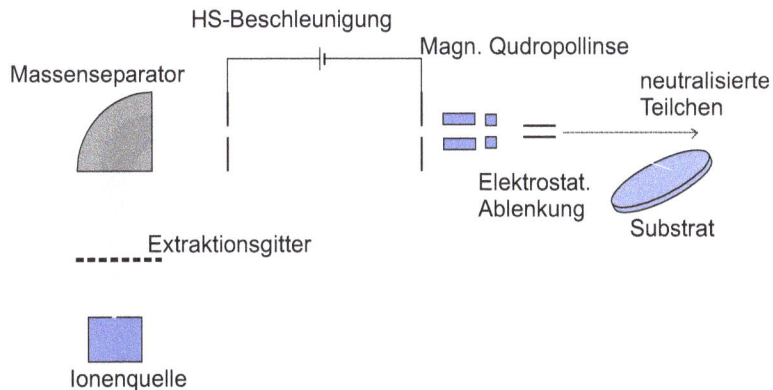

	Die Ionenquelle dient der Bereitstellung der zu implantierenden Ionen. Zur Generation der Ionen wird in der Regel ein Plasma verwendet, in dem ein gasförmiges Dotiergas gezündet wird. Am Extraktionsgitter werden die Elektronen aus dem Strahl separiert. Der Massenseparator dient dazu, Ionen, die nicht dotiert werden (Verunreinigungen, Restgasionen), aus dem Strahl zu trennen. Anschließend erfolgt eine Beschleunigung des

Channeling-Effekt	Ionenstrahls durch eine Hochspannungsbeschleunigungsstrecke. Mit Hilfe einer magnetischen Quadropollinse wird der Strahl fokussiert. Anschließend erfolgt eine elektrostatische Strahlablenkung auf das Substrat. Dabei werden neutralisierte Teilchen nicht abgelenkt und gelangen dadurch nicht auf das zu dotierende Substrat. Um „Channeling" zu vermeiden, wird der Ionenstrahl nicht senkrecht auf die Substratoberfläche gerichtet. Als Channeling bezeichnet man einen Effekt, bei dem die Ionen nahezu ungebremst, d.h. ohne Stöße mit den Gitteratomen, entlang der freien Zwischgitterplätze in das Volumen des Gitters vordringen. In perfekten einkristallinen Substraten bilden die hintereinander angeordneten Zwischengitterplätze nahezu ideale Kanäle. Eindringende Ionen können in diesen Kanälen sehr tief, aber unkontrolliert in das Substrat eindringen. Um einen ungehinderten Strahl zu erzielen, findet die Implantation im Hochvakuum statt.
implantierte Dosis	Die Implantation erlaubt es, die Menge der implantierten Ionen genau zu kontrollieren. Da alle Teilchen geladen sind, kann deren Menge über die Integration aller Ladungen bestimmt werden. $$N_\square = \frac{1}{q} \int_0^t J(t) dt$$ Dabei sind $N_\square$ die implantierte Dosis, $J(t)$ die Stromdichte und q die Ladung Ist die Fläche A festgelegt, die in einem Vorgang beschossen wird, so erhält man mit $$J = \frac{I}{A}$$ $$N_\square = \frac{I \cdot t}{q \cdot A}$$ Damit kann durch ein zeitabhängiges Messen des Stromes die Dosis exakt bestimmt werden.
Verteilung der Ionen im Substrat	Die Verteilung der Ionen im Substrat weicht bei der Implantation erheblich von der der Diffusion ab. Die Ursachen dafür liegen in der Energie der auftreffenden Teilchen und deren Wechselwirkung mit Atomen des Substratgitters. Beim Eindringen in das Substratgitter werden die Ionen durch unelastische Elektronenstöße und elastische Kernstöße abgebremst, verlieren ihre Energie und gelangen schließlich in den Ruhezustand. Unter Berücksichtigung der Bremswirkung lässt sich eine mittlere projizierte Reichweite R_p und eine Reichweitenstreuung ΔR_P definieren. Daraus kann man das Verteilungsprofil bestimmen.

$$c(z) = \frac{N_\square}{\sqrt{2}\Delta R_P} \cdot e^{-\frac{(z-R_P)^2}{2\Delta R_P{}^2}}$$

Dotierprofil nach der Implantation

Das Profil zeigt einen ausgeprägten gaußförmigen Charakter und ist von der Energie des Ionenstrahls abhängig. Mit zunehmender Energie wächst die Eindringtiefe bei sich verringernden Maximalwerten. Es zeigt sich aber auch, dass es möglich ist, Dotierungen im Substrat selbst und nicht nur an dessen Oberfläche zu realisieren. Für die gebräuchlichen Dotiermaterialien sind in der folgenden Tabelle die Werte von R_P und ΔR_P bei verschiednen Strahlenergeien aufgelistet.

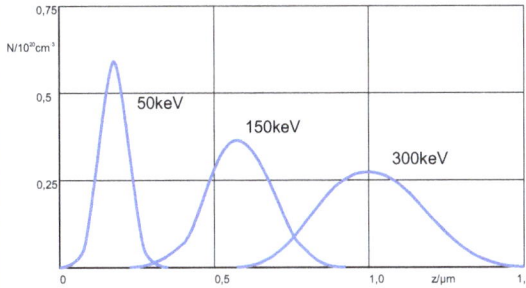

E/keV	Sb		B		As		P	
	$R_P/\mu m$	$\Delta R_P/\mu m$	$R_P/\mu m$	$\Delta R_P/\mu m$	$R_P/\mu m$	$\Delta R_P/\mu m$	$R_P/\mu m$	$\Delta R_P/\mu m$
50	0,0315	0,0097	0,1826	0,0574	0,0392	0,0145	0,0696	0,0268
100	0,0534	0,0165	0,3422	0,0851	0,0723	0,0258	0,136	0,0464
500	0,2269	0,0643	1,1936	0,1442	0,3467	0,102	0,635	0,1405
1000	0,4507	0,1173	1,8052	0,1612	0,6932	0,1756	1,1203	0,1825
5000	2,2163	0,3880	5,8765	0,2149	2,9076	0,4003	2,913	0,234
10000	4,2164	0,5405	11,61	0,275	4,3478	0,4417	4,5277	0,2521

Strahlenschäden und deren Ausheilung

Durch die Implantation wird das Gitter des Substrates sehr stark beansprucht.

Es kommt zu Bindungsabbrüchen, Versetzungen, Fehlstellen u. dgl. Diese Gitterschäden sind makroskopisch wirksam. Die Strahlungsschäden hängen von der Energie und der Masse der eindringenden Ionen sowie der Dosis $N_\square$ ab. Grundsätzlich lassen sich in Abhängigkeit von der Ionensorte und deren Energie 3 unterschiedliche Schadensbereiche quantifizieren. Beisielhaft soll dies für die Phosphorimplantation gezeigt werden [Sch].

- Bereich 1: $N_\square < 10^{13} \text{cm}^{-2}$ → einfache, voneinander isolierte Defekte

- Bereich 2: $10^{13} \text{cm}^{-2} < N_\square < 6 \cdot 10^{14} \text{cm}^{-2}$ → größere isolierte Defekte, amorphe Zonen

- Bereich 3: $N_\square > 6 \cdot 10^{14} \text{cm}^{-2}$ → amorphe Schicht auf implantierter Oberfläche

elektrische Aktivierung	Die Ausheilung dieser Strahlenschäden kann durch Tempern erfolgen. Für den Bereich 1 sind dabei Temperaturen von 300°C ausreichend, um die Defekte zu beseitigen. Für den Bereich 2 sind Prozesstemperaturen von 500°C...600°C erforderlich, um die Strahlenschäden zu beseitigen. Die amorphen Zonen können dabei epitaktisch rekristallisieren. Bei amorpher Schichtbildung müssen Ausheiltemperaturen von bis zu 1000°C angewendet werden, um die Schäden zumindest teilweise zu beseitigen. Das Tempern erfolgt grundsätzlich in einer inerten Gasatmosphäre unter Ar oder N_2. Die Dauer des Temperschrittes richtet sich nach der Art der Schädigung und kann in einem Zeitraum von 10min bis zu 60min liegen. Bei diesen Temperschritten werden die in das Material implantierten Ionen in das sich rekristallisierende Gitter auf regulären Gitterplätzen eingebaut. Dabei werden sie neutralisiert und elektrisch aktiviert, so dass sich der gewünschte Leitungstyp einstellen kann.
Sputtern bei Implantation	Während der Implantation tritt außerdem ein Absputtern aller dem Ionenstrahl ausgesetzten Flächen auf. Die Abtragsrate liegt im Bereich einiger nm.
Schäden an Schichten	Neben dem Silizium werden auch Schutzschichten, wie SiO_2 oder Si_3N_4 oder Fotolack geschädigt. Bei Fotolacken bildet sich durch das Verdampfen von H_2, O_2 bzw. N_2 eine graphitartige Kohelenstoffschicht, die mit Lösungsmitteln nicht mehr entfernt werden kann. Abhilfe liefert hier nur die Veraschung des Restlackes im Sauerstoff-Plasma. In den anorganischen Schutzschichten werden Bindungsbrücken aufgebrochen. Dadurch steigt die Ätzrate dieser Schichten bei nasschemischen Ätzprozessen an.

Merke

Oxidation von Silizium

Ziel: Herstellung von:
- Maskierungsschicht
- Opferschicht
- Passivierungsschicht

SiO_2 dauerhaft stabiles Oxid
- natürliches Oxid
  - bildet sich immer auf freien Si-Oberflächen
  - nur einige nm dick
- Beschleunigung der Oxidbildung durch thermische Prozesse
  - trockene Oxidation
    - in reiner O_2-Atmosphäre
  - feuchte Oxidation
    - in einem Gemisch aus O_2 und Wasserdampf

- Schichtwachstum linear bei sehr kurzen Oxidationszeiten
- Schichtwachstum parabolisch bei großen Oxidationszeiten
- Begrenzung des Oxidwachstums durch SiO_2-Schicht

- Begünstigung der Oxidwachstums durch
  - Fremdstoffe
  - Druck
- Bestandteile von Oxidationsanlagen
  - Beladestation
  - Reaktionsrohr mit Heizzonen
    - Cristobalitbildung in Quarzrohren bei Unterschreitung kritischer Rohrtemperatur
  - Gasversorgung
- Einsatz von Siliziumoxid

Diffusionsprozesse in Silizium

Ziele:
- lokale Beeinflussung der elektrischen Leitfähigkeit des Siliziums
- Änderung des Ätzverhaltens dotierter Gebiete gegenüber dem Substrat

Thermische Diffusion
- 2-stufiger Prozess:
- Vorbelegung der Oberfläche mit Dotierstoffen
- hohe Temperaturen
- Reaktion er dotierstoffhaltigen Moleküle unter Bildung des Dotierstoffoxids
- Reaktion des Dotierstoffoxids mit Silizium unter Bildung des atomaren Dotierstoffs und SiO_2
- Diffusion der Dotieratome in das Substrat
- Unterschiedliche Löslichkeit → Konzentrationsunterschiede der Dotanten im Substrat und der sich bildenden SiO_2-Schicht
- Verteilung der Dotanten (Diffusionsprofile) annähernd gaussförmig
- Einbau der Dotanten auf Gitterplätzen

Ionenimplantation
- höhere Vorbelegungskonzentration
- genau einstellbare Dosis durch Strommessung
- schärferes Tiefenprofil auch nach thermischer Nachdiffusion
- Strahlschäden
  - im Substrat
  - Ausheilung der Strahlschäden durch Temperprozess
  - gleichzeitig elektrische Aktivierung durch Einbau der Dotanten auf Gitterplätze

	• Strahlschäden in Maskierungsschichten
	o Veränderung der Eigenschaften, insbesondere des Ätzverhaltens

Literatur

[Ben]   Beneking, H.: Halbleiter-Technologie; Teubner, 1997

[Car]   Carter, G. et al.: Ionenimplantation in der Halbleitertechnik; Hanser, 1985

[Dea]   Deal, B.; Grove, A.: General relationship for the thermal oxidation of silicon; J. Appl. Phys., Vol. 36, 1965, 3770–3778

[Fai]   Fair, R.B.: Concentration Profiles of Diffuse Dopants in Silicon; in: Yang, F.Y.Y. (Ed.): Impurity Dopant Processes in Silicon, North Holland, 1981

[Hil]   Hilleringmann, U.: Silizium-Halbleitertechnologie; Teubner, 2004

[Mün]   v. Münch, W.: Einführung in die Halbleitertechnologie; Teubner, 1998

[Rug]   Ruge, I.: Halbleiter-Technologie, Reihe Halbleiter-Elektronik, Bd. 4; Springer, 1984

[Sch]   Schumicki, G.; Seegebrecht, P.: Prozesstechnologie; Springer, 1991

[Wie]   Wierzbicki, R.: Analytische Beschreibung der Implantation von Ionen in Ein- und Mehrschichtstrukturen; Shaker Verlag, 1994

6.3   Plasmaprozesse

6.3.1   Plasmaprozesse in der Mikrotechnik

	Schlüsselbegriffe
	Anwendung von Plasmatechnologien, Plasma, Verschiedenheit von Plasmen, Hg-Lampe, Niederdruckentladung, kinetische Energie der Teilchen, Geschwindigkeitsverteilung, Wimmelbewegung, mittlere freie Weglänge, Wechselwirkungen zwischen Teilchen, elastischer Stoß, Geschwindigkeitsänderung bei Stoßprozessen, Energieverlust beim zentral elastischem Stoß, teilelastischer Stoß, Verlust an kinetischer Energie, Geschwindigkeiten der Teilchen nach teilelastischem Stoß, teilelastische Wechselwirkungsvorgänge, Anregung, strahlende Neutralisierung, Ionisation, Rekombination, Dissoziation, Umlagerungen, Zündung stabiler Entladungen, Ladungsträgerbilanz, Erzeugung freier Ladungsträger, Vorraussetzungen für das Auftreten einer Entladung, unselbstständige Entladung, selbstständige Entladung, elektrischer Durchschlag, stationäre Entladung, Zündung der Entladung, Ionenstoßprozesse, Elektrodenprozess, Anzahl der freigesetzten Elektronen, Sekundärelektronenemissionen, Gesamtstrom der Entladung, Ionenstrom, Townsendsches Durchschlagskriterium, Durchschlagsspannung, Paschen-Kurven, Einflussfaktoren auf elektrische Durchschlagsspannung, stationäre Entladung, Grundformen der Entladung, Übergangsgebiete, Glimmentladungsverfahren, Leuchterscheinungen, Ladungsträgerdichteänderungen, Ladungsträgerbeweglichkeit

6.3.1.1   Übersicht der Plasmaprozesse

	Plasmatechnologie
Anwendung von Plasma-technologien	In der Mikrotechnik finden eine Vielzahl von Plasmatechnologien Anwendung. Zur Strukturierung von Silizium existieren verschiedene Verfahren, die sich durch unterschiedliche Prozessparameter sowie Selektivitäts- und Anisotropieunterschiede auszeichnen. Diese Techniken besitzen gegenüber den Strukturierungstechniken auf nasschemischem Wege den Vorteil, dass auf den Einsatz von Substanzen, die zu einer Gefährdung von elektronischen Strukturen durch die Kontamination mit Alkaliionen führen, verzichtet werden kann. Dadurch wird die Kompatibilität der Strukturbildungsprozesse zu den Prozessen der Mikroelektronik erheblich gesteigert. Die relativ geringe Temperaturbelastung der Substrate während der Prozesse ist ein weiterer Vorteil dieser Verfahren.

Neben der Strukturierung mit Hilfe plasmagestützter Verfahren werden auch Schichttechnologien in großem Umfang auf der Basis von Plasmaprozessen realisiert. Insbesondere die geringen Prozesstemperaturen, minimale Strahlschäden und vergleichsweise nur sehr geringfügige Gitterstörungen der Substrate sind einige Vorteile dieser Verfahren. Dennoch bereiten diese Verfahren bezüglich der Prozessführung, der erreichbaren Resultate und der Reproduzierbarkeit bisweilen einige Schwierigkeiten. So ist es beispielsweise kaum möglich, Prozessparameter, die auf einer Anlage mit Erfolg eingestellt waren, auf einen anderen Anlagentyp zu übertragen. Meist ist es notwendig, das optimale Technologiefenster für den spezifischen Anlagentyp durch langwierige Versuchsreihen zu ermitteln.

Die Ursachen dafür sind im Komplex der Physik der Gasentladung unter Niederdruckbedingungen zu suchen. Um den Zeitaufwand für die Ermittlung der günstigen Prozessparameter möglichst gering zu halten, ist ein grundlegendes Verständnis der ablaufenden Prozesse unumgänglich. In den folgenden Abschnitten sollen daher die physikalischen Zusammenhänge der Niederdruckgasentladung näher betrachtet werden.

6.3.1.2 Grundlagen der Plasmatechnik

Charakterisierung des Plasmazustandes

Plasma

Unter Plasmen sind Gase zu verstehen, deren Moleküle in geringem Maße ionisiert sind, d.h. es existieren neben den neutralen Molekülen positive Ionen und Elektronen. Dabei ist aus Gründen der Quasineutralität die Anzahl der Elektronen und der Ionen gleich. Derartige Zustände zeichnen sich durch ein völlig anderes Verhalten gegenüber neutralen Gasen aus, insbesondere unter dem Einfluss elektrischer und magnetischer Felder. Häufig ist die Existenz von Plasmen auch mit entsprechenden Leuchterscheinungen verbunden.

Verschiedenheit von Plasmen

Typischerweise werden Plasmen durch Druck- und Temperaturbereiche charakterisiert, unter denen sie auftreten. Dabei erfolgt stets eine getrennte Angabe der Elektronen- und der Gastemperatur, wie in der Tabelle zu erkennen ist. Man kann deutlich sehen, dass sich die ausgewählten Plasmazustände im Ionisierungsgrad praktisch kaum unterscheiden. Deutliche Unterschiede treten aber beim Vergleich der Gas- und Elektronentemperaturen hervor. Offensichtlich handelt es sich bei diesen Plasmen um völlig andere Qualitäten.

Plasma	Druck	Gastemperatur	Elektronen-temperatur	Ionisierungs-grad
Niederdruck-Reaktor	10^{-1} ...10^3 Pa	300...700 K	10^3...$2 \cdot 10^5$ K	10^{-4}
Hg-Lampe	10^6 Pa	7500 K	7500 K	$2 \cdot 10^{-4}$

Hg-Lampe	Bei der Quecksilberdampflampe ist die Temperatur des Gases gleich der Elektronentemperatur. Dieses Plasma befindet sich im thermischen Gleichgewicht, d.h. alle Teilchen besitzen die gleiche Temperatur.
Niederdruckgas-entladung	Bei der Niederdruckentladung besitzen dagegen die Elektronen eine wesentlich höhere Energie als Ionen und Neutralteilchen, das Plasma befindet sich im nichtthermischen Gleichgewicht. Die Ursache für dieses Verhalten ist im unterschiedlichen Energieaufnahmevermögen der Teilchen aus einem äußeren elektrischen Feld begründet. Da sämtliche Prozesse der Mikrotechnik auf Niederdruckgasentladungen beruhen, sollen im Folgenden die Parameter dieser Verfahren näher charakterisiert werden.
kinetische Energie der Teilchen **Geschwindigkeits-verteilung**	In einem Plasma sind generell drei verschiedene Sorten von Teilchen vorhanden. Unter der Annahme einatomiger Gase, d.h. Molekülverbindungen der Atome sind nicht vertreten, besteht das betrachtete Gas aus einem Gemisch von Neutralteilchengas, Ionengas und Elektronengas. Alle Teilchen bewegen sich innerhalb des Gasraumes ungeordnet. Dabei ist die mittlere kinetische Energie der Teilchen durch folgende Beziehung charakterisiert: $$W_{kin} = \frac{1}{2} m \cdot \overline{v}^2 = \frac{3}{2} k \cdot T$$ Dabei ist m die Masse und $\overline{v}$ die mittlere Geschwindigkeit der Teilchen, k = 1,38 $\cdot$ 10^{-23}WsK^{-1} die Boltzmann-Konstante. Die Geschwindigkeit der Teilchen ist dabei eine statistisch verteilte Größe, die sich nach der Maxwell-Boltzmann-Statistik in der Geschwindigkeitsdichtefunktion oder einfacher Geschwindigkeitsverteilung in folgender Form ausdrücken lässt: $$F(v) = \frac{dN}{N} = \frac{4v^2}{\sqrt{\pi}} \cdot \left(\frac{1}{2RT}\right)^{\frac{3}{2}} \cdot e^{-\left(\frac{v^2}{RT}\right)} dv$$ N ist die Anzahl der Moleküle im Gas. Die Anzahl der Moleküle mit einer definierten Geschwindigkeit ist dN, R die Gaskonstante und v die Ge-

schwindigkeit der Gasmoleküle. Die Form der Verteilung F(v) ist im Bild wiedergegeben.

Diese Verteilung besitzt mehrere charakteristische Größen: Die wahrscheinlichste Geschwindigkeit $\hat{v} = \sqrt{2 \cdot R \cdot T}$ der Teilchen (Maximum von F(v)), die mittlere Geschwindigkeit $\bar{v} = \sqrt{\dfrac{8 \cdot R \cdot T}{\pi}}$ und den quadratischen Mittelwert der Geschwindigkeit $\sqrt{\bar{v}^2} = \sqrt{3 \cdot R \cdot T}$.

Auf Basis dieser Gleichungen ist es möglich, verschiedene Parameter der einzelnen Teilchensorten zu berechnen. Dabei gelten die grundlegenden Zusammenhänge laut folgender Tabelle:

Molekülgeschwindigkeit	$\sqrt{\bar{v}^2}$	v	$\hat{v}$
quadratischer Mittelwert	1	1,085	1,225
mittlere Geschwindigkeit	0,921	1	1,128
wahrscheinlichste Geschwindigkeit	0,816	0,886	1

Die einzelnen Teilchen innerhalb dieses Zustandes bewegen sich praktisch wie freie Teilchen, obwohl Ladungen vorliegen. Durch die geringe Reichweite der Ladungen werden nur sehr kleine Kräfte erzeugt, so dass eine gegenseitige Beeinflussung nur in sehr geringem Maße erfolgt. Sollten sich dennoch zwei Teilchen extrem einander annähern, so erfolgt in den meisten Fällen eine Wechselwirkung, die mit dem Austausch des Impulses und der Energie verbunden ist. Dadurch ändern sich die Geschwindigkeiten der Teilchen in ihrer Größe und in der Richtung. Nun können statistisch gesehen sehr viele solcher Zusammenstöße erfolgen, d.h. die Teilchen ändern ständig ihre Geschwindigkeit und ihre Richtung.

Wimmelbewegung

Man spricht in diesem Fall von einer *Wimmelbewegung*. Charakteristisch an einer solchen Bewegung ist ihre Zufälligkeit.

mittlere freie Weglänge

Daher wird eine statistische Größe für den freien Flug der Teilchen definiert. Diese Größe heißt: *mittlere freie Weglänge* – λ und charakterisiert die statistische mittlere freie Flugbahn zwischen zwei aufeinanderfolgenden Stößen. Die freie Flugbahn ist natürlich im Wesentlichen von der Teilchendichte im betrachteten Raum und der Größe der Teilchen selbst bestimmt.

Unter der Annahme, die Teilchen besäßen eine reine Kugelform, ergibt sich für λ die folgende Beziehung:

$$\lambda = \frac{1}{n \cdot 4\sqrt{2} \cdot \pi \cdot r^2}$$

mit n – Anzahl der Teilchen pro Volumeneinheit und r – Radius der Teilchen.

	Diese Größe ist kennzeichnend für eine Vielzahl der unterschiedlichsten Transportvorgänge. Sie wird bei der Erklärung von Diffusionsprozessen, Wärmeleitungsvorgängen in Gasen und Fragen der inneren Reibung in Gasen sehr häufig verwendet. Stoßvorgänge zwischen Teilchen jeglicher Art sind aber in jedem Fall mit einem Austausch an Energie verbunden. Dabei können sich sowohl die inneren Energien der beteiligten Teilchen als auch deren kinetische Energie ändern. Im Folgenden sollen daher die grundlegenden Stoßprozesse näher betrachtet werden.

Stoßprozesse

Wechselwirkungen zwischen Teilchen	Wenn sich zwei Teilchen auf ihrer Flugbahn im gasgefüllten Raum soweit annähern, dass eine Kollision der Massen nicht mehr ausbleibt, so wird dies als „Stoß" dieser Teilchen bezeichnet. Bei einem Stoßvorgang zweier Teilchen erfolgt ein Austausch von Impuls und Energien der Teilchen. Da aber beide Teilchen eine Veränderung ihres ursprünglichen Zustandes durch diesen Prozess erfahren, indem der Impuls und die Energie ausgetauscht werden, bezeichnet man diese Vorgänge auch als Wechselwirkungsvorgänge. Diese sich gegenseitige Beeinflussung oder Wechselwirkung kann zwischen Neutralteilchen, Ionen, Elektronen und Photonen stattfinden. Unter Neutralteilchen ist dabei die Summe aus nicht ionisierten Atomen, Molekülen und Radikalen zu verstehen. Man kann verschiedene Wechselwirkungsvorgänge beobachten.
a) Elastischer Stoß	Elastische Stoßvorgänge sind dadurch gekennzeichnet, dass die kinetische Energie der wechselwirkenden Teilchen ausgetauscht wird. Infolge der extremen Annäherung können sich somit Flugbahn und Geschwindigkeit der beteiligten Teilchen ändern. Unter der Annahme elastischer, kugelförmiger Stoßpartner und unter Beachtung des Impulserhaltungssatzes ergibt sich: 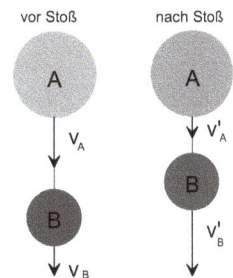 $$m_A v_A + m_B v_B = m_A v_A' + m_B v_B'$$ Wobei die Indizes A und B für Merkmale der Körper A und B stehen; die Massen sind mit m bezeichnet, die Geschwindigkeiten vor dem Stoß mit v und mit v' nach dem Stoß. Nach dem Energieerhaltungssatz gilt: $$m_A (v_A^2 - v_A'^2) = m_B (v_B^2 - v_B'^2)$$ Nach Umformen und Einsetzen erhält man $$v_A + v_A' = v_B + v_B'$$
Geschwindigkeitsänderung bei Stoßprozessen	Für alle am Stoß beteiligten Körper ist somit die Summe der Geschwindigkeiten gleich groß. Die Geschwindigkeiten der Körper nach dem Stoß ergeben sich zu:

elastischer Stoßprozeß

$$v'_A = \frac{(m_A - m_B)v_A + 2m_B v_B}{m_A + m_B} \quad \text{bzw.}$$

$$v'_B = \frac{(m_B - m_A)v_B + 2m_A v_A}{m_A + m_B}$$

Energieverlust beim zentral elastischen Stoß

Die Summe der Energien ist vor und nach dem Stoß gleich groß. Allerdings kann von einem Teilchen auf das andere Teilchen Energie übertragen werden. Im Falle eines zentralen elastischen Stoßes ergibt sich für die Energieübertragung des bewegten Teilchens A auf das ruhende Teilchen B ein Energieverlust in der Form:

$$\frac{dW_A}{W_A} \approx 4\frac{m_A}{m_B}$$

Die rein elastische Wechselwirkung zweier Teilchen ist eine idealisierte Betrachtung, die aber unter bestimmten Umständen der Realität sehr nahe kommen kann. So können Wechselwirkungen mit Elektronen (e^-) der folgenden Art als nahezu ideal angesehen werden:

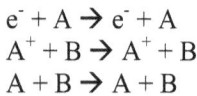

$e^- + A \rightarrow e^- + A$
$A^+ + B \rightarrow A^+ + B$
$A + B \rightarrow A + B$

Bei diesen Stößen ändert sich der innere energetische Zustand der Teilchen nicht. Es werden vorwiegend Bahnrichtungsänderungen ausgelöst, die letztlich zur schon beschriebenen Wimmelbewegung führen.

Unter dem Einfluss eines gerichteten elektrischen Feldes erfahren die ersten beiden Stoßprozesse allerdings eine grundlegende Änderung. Die geladenen Teilchen nehmen eine Geschwindigkeit ein, die der angelegten Feldstärke proportional ist. Im Gleichgewicht zwischen Stoß – Bahnrichtungsänderung – Beschleunigung im elektrischen Feld stellt sich eine im Mittel gerichtete Geschwindigkeit der Teilchen – die Driftgeschwindigkeit – ein.

b) teilelastischer Stoß

Für den Fall der nicht elastischen Wechselwirkung findet ein Austausch der inneren Energien statt. Damit muss nach dem Gesetz von der Erhaltung der Energie die Bewegungsenergie zumindest eines der Teilchen nach dem Stoß kleiner sein als vor dem Stoß. Da aber beide stoßenden Teilchen sowohl ihre kinetische Energie als auch ihre innere Energie austauschen, d.h. nicht sämtliche Energie für innere Energiewandlungen verbrauchen, wie bei einem ideal unelastischen Stoß, spricht man in diesem Fall von einem teilelastischem Stoß. Der Verlust an kinetischer Energie ergibt sich somit zu:

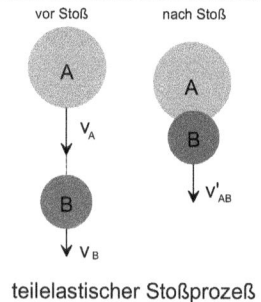

teilelastischer Stoßprozeß

Verlust an kinetischer Energie	$$\Delta W = \frac{m_A m_B}{2(m_A + m_B)} \cdot (v_A + v_B)^2 \cdot (1 - k^2)$$ Der Stoßparamter k charakterisiert dabei den Unterschied zum elastischen Stoß. Für diesen Parameter gilt: $k = 0$ unelastischer Stoß $0 < k < 1$ teilelastischer Stoß $k = 1$ elastischer Stoß In der Realität werden nahezu immer teilelastische Stöße zu erwarten sein. Unelastische Stöße oder elastische Stöße sind idealisierte Vorgänge, die die Modellierung natürlicher Prozesse erleichtern.
Geschwindigkeiten nach teilelastischem Stoß	Unter dieser Voraussetzung ergibt sich für die Geschwindigkeiten der Teilchen: $$\left(v_A - v_B\right) k = v_A' - v_B'$$ Daraus lassen sich die Geschwindigkeiten der Teilchen nach dem Stoß ableiten: $$v_A' = \frac{m_A v_A + m_B v_B - (v_A - v_B) m_B k}{m_A + m_B} \quad \text{und}$$ $$v_B' = \frac{m_A v_A + m_B v_B - (v_A - v_B) m_A k}{m_A + m_B}$$ Die Folgen der teilelastischen Wechselwirkungsvorgänge sind vielfältig und sollen im Folgenden kurz und auf die Vorgänge in Gasentladungen bezogen erläutert werden.

Klassifikation der Wechselwirkungen im Plasma

Teilelastische Wechselwirkungs-vorgänge	Typische teilelastische Wechselwirkungen sind: a) Anregung b) Ionisation c) Rekombination d) Dissoziation e) Umladung

Anregung 	Die Anregung ist ein Vorgang, bei dem durch einen Stoßprozess der energetische Zustand eines der stoßenden Teilchen angehoben wird. In atomaren Gasen kann durch Energieabsorption ein Elektron von einem niederen in einen höheren Energiezustand (Schale) gehoben werden. Diese Wechselwirkung kann erfolgen, wenn ein Elektron mit einem Gasatom zusammentrifft. Dabei gilt folgende Beziehung: $e^- + Ar \rightarrow e^- + Ar^*$
strahlende Neutralisierung 	Diese angeregten Zustände können spontan nach sehr kurzer Zeit (10^{-8}s) wieder in den Ausgangszustand zurückkehren, wobei die frei werdende Energie in Form von Strahlung abgegeben wird. Diese Rückkehr in den Grundzustand ist an keinen Stoßprozess gebunden und verläuft nach folgender beispielhafter Beziehung: $Ar^* \rightarrow Ar$ Durch diesen Prozess werden die entsprechenden Entladungen in Form von Leuchterscheinungen sichtbar. Dabei ist die Wellenlänge der emittierten Strahlung abhängig von den zuvor angeregten Atomen. Insbesondere bei molekularen Verbindungen, die durch das Plasma in ihre Grundkomponenten zerlegt werden, die ebenfalls angeregt werden können, ergibt sich oft ein sehr breites Strahlungsspektrum. Bei reinen, atomaren Gasen ist hingegen bei bekannter Aktivierung der Gase aus der Farbe, der Intensität und der räumlichen Ausbreitung der Leuchterscheinung eine Diagnostik der Plasmaentladung möglich. Neben dieser Art der Anregung können bei Molekülen Rotations- und Schwingungsanregungen ausgelöst werden, bei denen die innere Energie der betroffenen Moleküle ansteigt.
Ionisation 	Die Aufrechterhaltung einer Entladung durch das ständige Bereitstellen von Ladungsträgern wird mit einem Wechselwirkungsprozess erreicht, der als Ionisation bezeichnet wird. Dieser grundlegende Prozess ist die Voraussetzung für die gesamte Plasmatechnologie. Bei der Ionisierung werden positive und negative Ladungsträger gleichermaßen gebildet. Für einen atomaren Prozess gilt beispielsweise: $e^- + Ar \rightarrow e^- + e^- + Ar^+$ Wie leicht zu erkennen ist, steigt durch diesen Prozess die Zahl der Ladungsträger an. Da im Umkehrprozess, der Rekombination ständig Ladungsträger vernichtet werden, ist für die Aufrechterhaltung einer stationären Entladung eine ständige Ionisierung notwendig. Die Ionisierung von Atomen in einem Gasraum ist letztlich abhängig von der Feldstärke E und dem Druck p des Gases. Als charakteristische Größe für die Effektivität der Ionisierung im Gasraum wird der 1. Townsendsche Stoßkoeffizient α [Tow] angegeben. Durch α wird die Zahl an Ionisationen beschrieben, die

ein Elektron im Mittel auf einer definierten Strecke im homogenen elektrischen Feld ausführt. Dabei konnten bei konstanter Temperatur folgende Abhängigkeiten gefunden werden:

$$\alpha = k(E - E_I)$$

E_I ist die Ionisierungsfeldstärke des entsprechenden Gases und k eine spezifische Konstante. Mit steigender Feldstärke kann ein nahezu linearer Anstieg der Stoßionisierungsprozesse festgestellt werden.

Rekombination 	Die Rekombination von Ladungsträgern ist als Umkehrung der Ionisation zu verstehen. Bei diesem Prozess werden die Ladungsträger vernichtet. Im einfachsten Fall kann dies durch die folgende Gleichung beschrieben werden: $$Ar^+ + e^- \rightarrow Ar$$ Unter Beachtung des Energie- und Impulserhaltungssatzes müssten bei diesem Stoßprozess die stoßenden Teilchen negative Massen besitzen, wenn die freiwerdende Energie in kinetische Energie umgesetzt werden sollte. Da dies aber nicht realistisch ist, muss von einer anderen Form des Energieumsatzes ausgegangen werden. Die am häufigsten auftretenden Mechanismen sind Rekombinationen an Gehäusewandungen. Die frei werdende Energie kann in Form von Wärme abgeführt werden. Möglich ist auch die Abgabe von Strahlungsenergie. In der Rekombination werden positive und negative Ladungsträger in gleicher Anzahl vernichtet. Dadurch bleibt die Neutralität der Entladung erhalten. Wenn die Rekombinationsprozesse gegenüber den Ionisationsprozessen überwiegen, bricht auf Grund des Mangels an freien Ladungsträgern die Entladung zusammen.
Dissoziation 	Die Dissoziation ist ein Vorgang, der an molekulare Gase gebunden ist. Durch Stoßprozesse mit Elektronen zerfallen diese Gasmoleküle. Im einfachsten Fall geschieht dies entsprechend folgender Gleichungen: $$e^- + N_2 \rightarrow e^- + N + N$$ $$e^- + SF_6 \rightarrow e^- + (SF_6)^* \rightarrow e^- + SF_5 + F$$ $$e^- + SF_6 \rightarrow e^- + (SF_6)^* \rightarrow e^- + S + 6F$$ Dieser Prozess führt allerdings nicht zu einer Vergrößerung der Ladungsträgerdichte und leistet somit keinen Beitrag zur Aufrechterhaltung der Entladung. Von größerer Bedeutung sind dagegen dissoziative Zersetzungen molekularer Gase unter Bildung von Ladungsträgern. Dabei handelt es sich um die dissoziative Ionisation, die beispielhaft für verschiedene Molekülgase in den folgenden Gleichungen gezeigt ist: $$e^- + SF_6 \rightarrow e^- + e^- + (SF_6^+)^* \rightarrow 2e^- + SF_5^+ + F$$

	$e^- + SF_6 \qquad\qquad \rightarrow 2e^- + SF_4^+ + 2F$ $e^- + SF_6 \qquad\qquad \rightarrow 2e^- + SF_3^+ + 3F$ $e^- + SF_6 \qquad\qquad \rightarrow 2e^- + F^+ + S + 5F$ $e^- + CCl_4 \rightarrow e^- + e^- + (CCl_4^+)^* \rightarrow 2e^- + CCl_3^+ + Cl$ $e^- + SiH_4 \rightarrow e^- + e^- + (SiH_4^+)^* \rightarrow 2e^- + SiH_2^+ + H_2$ Wie aus den Gleichungen zu erkennen ist, werden die Ladungsträger bei der dissoziativen Ionisation über Anregungszustände gebildet. Durch diese Art der Wechselwirkung werden Radikale bzw. Gaskomponenten erzeugt, die Reaktionen mit den Oberflächen der Substrate ausführen können. Dabei können die Reaktionstemperaturen auf Grund der hohen Reaktivität der Radikale drastisch gesenkt werden. Diese Art der Wechselwirkungsprozesse führt somit zur Bildung von Ladungsträgern und ermöglicht gleichzeitig die Bereitstellung der für die Oberflächenbearbeitung notwendigen Reaktanten.
Umlagerungen	Bei der Umlagerung erfolgen Wechselwirkungen zwischen Ionen und Neutralteilchen. Dabei geben die im elektrischen Feld beschleunigten Ionen ihre Ladung oder Geschwindigkeit an Neutralteilchen ab. Durch diesen Prozess können Neutralteilchen beschleunigt bzw. zu Ladungsträgern umgewandelt werden. Eine typische Reaktion ist in der Gleichung gezeigt. $A^+ + B \rightarrow A + B^+$ Eine Umkehrung dieser Reaktion ist ebenso möglich. In diesem Fall stoßen zuvor durch Stoß beschleunigte Neutralteilchen mit Ionen und tauschen dabei Ladung bzw. kinetische Energie aus. Gasentladungen, mit vergleichsweise sehr hohen Dichten an Ladungsträgern, zeichnen sich gegenüber der Umgebung als neutral aus. Die Dichte der negativen und positiven Ladungsträger ist im Mittel gleich groß. Somit werden durch die beschriebenen Wechselwirkungen Ladungsträger in bestimmter Anzahl erzeugt und in gleicher Anzahl wieder vernichtet. Die Ladungsträgerdichte, d.h. Anzahl der pro Volumenelement erzeugten Ladungsträger, ist eine entscheidende Größe für die Bearbeitung von Substratoberflächen mit Hilfe von Gasentladungsverfahren. Durch die Ladungsträgerdichten werden letztlich Abscheideraten oder Ätzraten bestimmt. Die Bildung bzw. Vernichtung von Ladungsträgern ist, wie bereits gesehen, ein statistischer Prozess. Nicht jeder Stoßprozess führt zwangsläufig zur Bildung neuer Ladungsträger. Der Energieumsatz vieler Wechselwirkungen ist zu klein, um eine Ladungsträgerbildung zu erzielen. Erst wenn die kinetische Energie der

	stoßenden Teilchen größer ist als die zur Ionisierung notwendig Energie, ist die Ionisierungswahrscheinlichkeit größer als null. Zur Charakterisierung dieser statistischen Zusammenhänge geht man daher von Modellvorstellung aus.

<table>
<tr><td></td><td align="center">**Zündung einer Entladung**</td></tr>
<tr><td>**Zündung stabiler Entladungen**</td><td>Die bisherige Betrachtungsweise zeigte, dass sich Teilchen durch den Einfluss eines elektrischen Feldes in anderer Form bewegen können, als ohne dieses Feld. Verursacht wurden diese Unterschiede durch die Bildung von Ladungsträgern, die die Energie des elektrischen Feldes unmittelbar aufnehmen können. Nun führt aber die Existenz eines elektrischen Feldes in einem Gasraum nicht sofort zur Ausbildung einer stabilen Entladung, wie sie in technischen Prozessen eingesetzt wird. Offensichtlich sind noch einige wesentlichen Randbedingungen zu erfüllen, die zur Ausbildung einer stabilen Entladung notwendig sind.</td></tr>
<tr><td>**Ladungsträgerbilanz**</td><td>Betrachtet man eine Elektrodenanordnung, bestehend aus einem geschlossenen, gasgefüllten Raum und zwei Elektroden, so kann für jedes Volumenelement eine Ladungsträgerbilanz aufgestellt werden. Diese Bilanz berücksichtigt die durch Stoßprozesse gebildeten Ladungsträger in Form von Ionen und Elektronen, die Wechselwirkungen, die zu einer Vernichtung von Ladungsträgern führen sowie die das Volumenelement durchfließenden Ladungen.

Ist diese Bilanz negativ, so kann von einer Dominanz der Rekombinationsprozesse gegenüber den Ladungsträgerbildungsmechanismen ausgegangen werden. Entladungen innerhalb des Gasraumes können nur auftreten, wenn die Bilanz der Ladungsträger entweder ausgeglichen ist oder eine positive Ladungsträgerbilanz vorliegt. Dabei stellt sich die Frage nach der Herkunft der ersten Ladungsträger. Auf Grund der beschriebenen Bewegung der Teilchen, ohne Feldeinfluss, ist eine Ionisierung sehr unwahrscheinlich. Die mittleren freien Weglängen liegen im Bereich von einigen nm bis µm. Dadurch sind die kinetischen Energien der Teilchen viel zu gering um bei entsprechenden Stößen eine Anregung oder sogar eine Ionisierung auszulösen.</td></tr>
<tr><td>**Erzeugung freier Ladungsträger**</td><td>Freie Ladungsträger können aber durch verschiedene Mechanismen erzeugt werden:

1. Kosmische Strahlung
2. Radioaktive Strahlung
3. Kurzwellige Strahlung (Photonen)
4. Feldemision von Elektronen an Spitzenelektroden
5. Thermoemission von Elektronen</td></tr>
</table>

Ladungsträger

elektisches Feld

neutrales Gas

Eigen-ionisierung

unselbständige Entladung

positive Ladungsträgerbilanz

Durchschlag

selbständige Entladung

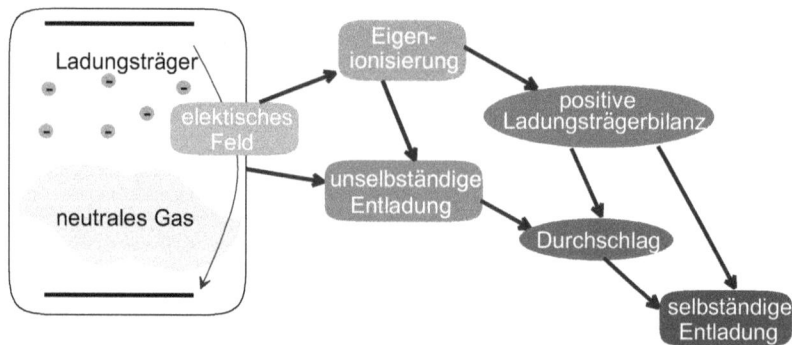

Voraussetzungen für das Auftreten einer Entladung

Die notwendigen Bedingungen für das Auftreten einer Entladung sind daher:

- Ein elektrisches Feld

- Die Existenz von freien Ladungsträgern, die bereits vor dem Anlagen des elektrischen Feldes vorhanden sind

- Eine positive Ladungsträgerbilanz für die Summe aller betrachteten Volumenelemente des gasgefüllten Raumes

unselbstständige Entladung

Als Resultat dieser Bedingungen kann sich eine selbständige Entladung ausbilden. Dies ist durch einen exponentiellen Stromanstieg im äußeren Kreis messbar. Die zeitliche Entwicklung einer solchen Entladung ist im Bild oben gezeigt. Wie zu erkennen ist, kann die Entladung im Gasraum unselbständig oder selbständig sein. Eine unselbständige Entladung setzt eine Ionisierung der Gasmoleküle im elektrischen Feld voraus. Durch intensive Rekombinationsprozesse werden jedoch mehr Ladungen vernichtet als durch die Fremdionisierung und die Ionisierung im Feld bereitgestellt werden können. Der in diesem Fall in einem äußeren Kreis messbare Strom, der durch den Transport der Ladungsträger hervorgerufen wird, ist außerordentlich gering (10^{-19} bis 10^{-16}A). Durch eine Steigerung der elektrischen Feldstärke, geeignete Gase, entsprechend gestalteten, Elektroden, magnetische Felder oder hochfrequente Spannungen kann jedoch eine positive Ladungsträgerbilanz erzwungen werden. In diesem Fall steigt der Strom mit steigender Feldstärke immer mehr an. Dies wird im Wesentlichen durch eine Vervielfachung der Ladungsträger im Gasraum verursacht. Eine weitere Steigerung der Spannung führt schließlich zum Durchschlag. Die Entladung wird in diesem Fall selbständig, d.h., die Erzeugung freier Ladungsträger durch Fremdionisierung ist nicht mehr erforderlich. Eine typische selbständige Entladung ist der Blitz bei Gewittern. Durch eine explosionsartige Vermehrung der Ladungsträger, infolge der Wirkung elektrischer Felder bildet sich extrem kurzzeitig eine selbständige Entladung aus. Obwohl die dabei umgesetzten Energien von ungeheurer Größe sind, ist eine technische Nutzung gegenwärtig nicht

selbstständige Entladung

elektrischer Durchschlag

vorstellbar. Offensichtlich reicht das Kriterium der Selbständigkeit noch nicht aus, Entladungen technisch zu nutzen. In technischen Anwendungen wird vorausgesetzt, dass die Entladungen stabil sind. Die Stabilität einer Entladung soll im Folgenden näher erklärt werden. Dazu ist es jedoch notwendig, zunächst ein wenig auf die außerordentlich komplizierten Vorgänge des Durchschlages einzugehen, der die Vorstufe einer stabilen Entladung bildet. Insbesondere soll an dieser Stelle auf die wesentlichen Zusammenhänge hingewiesen werden, die sich bei Niederdruckgasentladungen ergeben. Entladungen unter atmosphärischem oder erhöhtem Druck werden im Folgenden nicht behandelt. In verschiedenen Monographien wird auf diese Zusammenhänge unter besonderen Aspekten eingegangen [Mos, Hes].

stationäre Entladung

Bei Niederdruckgasentladungen, die in technischen Anlagen genutzt werden, kann von einer drastisch erniedrigten Gasdichte ausgegangen werden. Mechanismen, die zur Streamer- oder Leaderbildung führen, wie bei natürlichen Entladungen, sind praktisch ausgeschlossen. Die stationäre Entladung wird hier durch eine positive Ladungsträgerbilanz und das Zünden einer Glimmentladung erreicht. Diese Glimmentladung setzt ein, wenn die Zündspannung U_Z (auch als Durchschlagspannung U_D bezeichnet) überschritten wird.

Zündung der Entladung

Zur Zündung der Entladung sind, wie bereits dargestellt, Mechanismen der Stoßionisation im Gasraum erforderlich, die zu einer Ladungsträgervervielfachung führen können. Neben diesen Stoßprozessen im Gasraum können aber durch weitere Stoßprozesse energiereicher Teilchen, insbesondere an den Wandungen und hierbei vorwiegend an den Elektroden,

Ionenstoßprozesse

Ladungsträger freigesetzt werden. Als wesentliche Größe tritt in diesem Zusammenhang der Ionenstoßprozess an der Katode in Erscheinung. Wie im Bild zu sehen ist, werden bei dem Stoßprozess der Ionen mit der Katode Elektronen freigesetzt. Wie ebenfalls im Bild zu sehen ist, nimmt die Elektronendichte erst mit dem Abstand zur Katode zu.

In unmittelbarer Umgebung der Elektrode befinden sich in hoher Anzahl Ionen und Neutralteilchen. Angeregte Teilchen findet man erst in einem entsprechenden Abstand von der Elektrode. Das

heißt, die Elektronen müssen zunächst aus dem elektrischen Feld die zur Anregung notwendige kinetische Energie aufnehmen. Da die angeregten Zustände nur sehr kurze Zeit beständig sind (10^{-9}s), wird deren Zerfall durch ein deutliches Leuchten gekennzeichnet. Auf Grund ihrer „Elektrodenferne" ist die unmittelbare Umgebung der Elektrode durch eine Dunkelzone gekennzeichnet. Bei dem eigentlichen Elektrodenprozess werden

Elektrodenprozess

aber nicht zwangsläufig Elektronen freigesetzt. Nur ein Bruchteil der Ionen, die zur Katode gelangen, können dort Elektronen freisetzen. Die Anzahl der freigesetzten Elektronen n_e berechnet sich nach:

Anzahl der freigesetzten Elektronen	$n_e = \gamma \cdot n_I$
	Dabei ist n_I die Anzahl aller zur Katode gelangenden Ionen. Der Koeffizient γ stellt die Sekundärelektronenausbeute dar und wird auch als 2. Townsendscher Ionisierungskoeffizient bezeichnet. Dieser Koeffizient ist
Stoßionisations-koeffizient α	ebenso wie der Stoßionisationskoeffizient α in starkem Maße von der Feldstärke und dem Druck abhängig. Dabei kann γ durchaus größere Werte annehmen, als durch die Gleichung ausgedrückt wird. Die Ursachen dafür liegen vor allem in möglichen Sekundärelektronenemissionen durch
Sekundärelek-tronenemissionen	stoßende Neutralteilchen oder auch angeregte Teilchen. Durch diese Sekundäremission von Elektronen kann eine Stabilität in der Entladungsstrecke erreicht werden. Während die durch Fremdionisation gebildeten Ladungsträger zu einem Lawinenprozess beitragen und so die Entladung initiieren, bildet die erneute Ladungsträgergeneration an der Katode die Basis für neue Lawinenmechanismen ohne die Notwendigkeit einer Fremdionisierung. Durch diese Rückkopplung der Lawinenprozesse auf
Gesamtstrom der Entladung	die Elektrode wird die Entladung selbständig. Dies wird deutlich an einem Anstieg des Gesamtstromes i_G an der Anode.
	$i_G = (i_F + i_S) \cdot e^{\alpha d}$
	Der durch Sekundäremission erzeugte Stromanteil ist mit i_S bezeichnet, i_F stellt den durch Fremdionisation generierten Stromanteil dar, d kennzeichnet den Abstand der Elektroden. Der zur Katode fließende Ionen-
Ionenstrom	strom i_I ist demzufolge
	$i_I = i_G - (i_F + i_S)$
	Durch Stoßprozesse kann an der Katode ein Sekundärstrom ausgelöst werden, der die folgende Größe besitzt:
	$i_S = \gamma \cdot i_I$
	Der Zusammenhang zwischen Gesamtstrom i_G und Fremdionisationsstrom i_F ergibt sich auf dieser Basis durch Umformen zu:
	$$i_G = \frac{i_F \cdot e^{\alpha d}}{1 - \gamma \left(e^{\alpha d} - 1 \right)}$$
	In Entladungsstrecken kann somit unter bestimmten Umständen, ein Verhältnis von $i_G > i_F$ erreicht werden. Die Selbständigkeit der Entladung kann erreicht werden, wenn der Nenner der letzten Gleichung gegen null geht. Unter diesen Umständen ist die durch die Entladung generierte Ladungsträgermenge größer als der Bedarf an Ladungsträgern zur Aufrechterhaltung der Entladung. Es gilt:

$$\gamma\left(e^{\alpha d}-1\right)\geq 1$$

Townsendsches Durchschlagskriterium

Dieses Townsendsche Durchschlagkriterium kennzeichnet das exponentielle Stromwachstum in einer Entladungsstrecke durch den parallelen Ablauf von Elektronenemissionsprozessen und Lawinenvervielfachungen von Ladungsträgern. Obwohl in diesem Kriterium keine Aussagen zum elektrischen Feld oder der Spannung gegeben sind, ist ein unmittelbarer Zusammenhang aus den Größen α und γ ablesbar. Beide Koeffizienten sind unmittelbar von der elektrischen Feldstärke abhängig, die somit die Art der Ladungsträgergeneration und letztlich den Durchschlag selbst beeinflusst. Wie aber auch gezeigt wurde, ist neben der elektrischen Feldstärke auch die Dichte der Materie in der Entladungsstrecke entscheidend für die Ladungsträgergeneration. Dieses Verhalten zeigt sich in der Druckabhängigkeit der Entladung. Für definierte Elektrodenmaterialien und unter Berücksichtigung eines bekannten Verhältnisses $\alpha / p = f (E / p)$ lässt sich die Durchschlagsspannung U_D als eine Funktion von Druck p und Elektrodenabstand d Form darstellen:

Durchschlagsspannung

$$U_D = f(pd)$$

Diese Abhängigkeit konnte von Paschen [Pas] bereits 1889 experimentell nachgewiesen werden. Auf der Basis der empirischen Konstanten A und B fand Paschen für homogene elektrische Felder den Zusammenhang:

$$U_D = \frac{0,43B\cdot pd}{\lg pd + \lg A - \lg(2,3\lg\gamma^{-1})}$$

Paschen-Kurven

Beim Auftragen der Durchschlagsspannung U_D über dem Produkt pd ergeben sich im homogenen Feld für jedes Gas charakteristische Kurven, die so genannten Paschen-Kurven. Typische Paschen-Kurven sind im folgenden Bild gezeigt. Für jedes Gas existiert offenbar eine minimale Durchbruchspannung. Dieser Spannungswert liegt je nach Gasart im Bereich von einigen hundert Volt. Verkleinert man von diesem Minimalwert ausgehend das Produkt pd, so steigt die Durchschlagsspannung an. Die Ursache dafür liegt in der sich verringernden Stoßausbeute. Bei festgehaltenem Abstand und geringerer Partikeldichte im Gasraum nimmt die Wechselwirkungswahrscheinlichkeit der Teilchen ab. Damit sinkt aber auch die Ionisierungswahrscheinlichkeit. Die Lawinenbildung wird erschwert. Eine Kompensation dieses Verhaltens kann mit einem Anstieg der elektrischen Feldstärke erfolgen. Die Durchschlagsspannung steigt an. Bei konstantem Druck und sich verkleinerndem Elektrodenabstand verringert sich ebenfalls die Stoßausbeute der Ladungsträger, da nicht genügend Lawinen im Gasraum gebildet werden können. Allerdings ist in diesem Fall zu beachten, dass mit sinkendem Elektrodenabstand auch die elektrische Feldstärke zunimmt. Trotz dieser größeren Energie, die dem Gasraum angeboten wird, sinkt auf Grund der sich verkürzenden Distan-

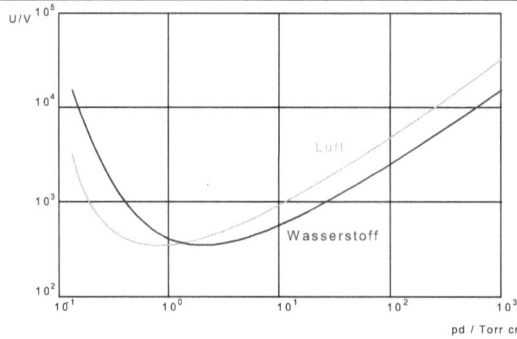

zen die Stoßausbeute. Im Extremfall kleiner Produkte pd liegt die freie Weglänge der Teilchen weit über dem Elektrodenabstand. Der Durchschlag kann dann nur von Teilchenlawinen ausgehen, die sich nicht geradlinig zur Gegenelektrode bewegen. Damit diese Teilchen über eine ausreichende kinetische Energie verfügen, ist eine Steigerung der elektrischen Feldstärke bzw. Spannung notwendig. Dieses Verhalten hat aber nur in beschränktem Maße Gültigkeit. Bei sehr kleinen pd-Werten ($< 10^{-4}$Torrcm) bildet sich infolge von Feldemissionen ein direkter Elektrodendurchschlag (Vakuumdurchschlag) aus.

Bei einer Vergrößerung der pd-Werte kann man ein analoges Verhalten beobachten. Steigt der Druck bei festgehaltenem Elektrodenabstand, verringert sich die Stoßausbeute infolge der sich verringernden Energieaufnahme der Ladungsträger im elektrischen Feld. Zu viele aufeinanderfolgende Stoßprozesse verkürzen die freie Weglänge. Die Ionisierungswahrscheinlichkeit nimmt ab. Bei sich vergrößerndem Abstand der Elektroden und festgehaltenem Druck sinkt die Feldstärke im Gasraum. Die Energieaufnahme der Teilchen reduziert sich ebenso. Eine Kompensation dieses Verhaltens ist in jedem Fall nur mit einer Steigerung der Spannung möglich.

Der elektrische Durchschlag von Gasstrecken ist aber auf Grund des Minimumverhaltens verschiedener realer Gase in definierten pd-Bereichen sehr stark begünstigt und kann somit auch bei vergleichsweise niedrigen Spannungen ($100V < DU < 500V$) relativ leicht ausgelöst werden.

Einflussfaktoren auf elektrische Durchschlagsspannung

Das gesamte Durchschlagsverhalten wird aber von verschiedenen Faktoren beeinflusst, die bisher nicht näher erläutert wurden. Daher sollen sie kurz genannt werden:

- Zeitlicher Verlauf der Spannung
- Polarität der anliegenden Spannung
- Form der Elektroden
- Austrittsenergie des Elektrodenmaterials
- Art und Zusammensetzung des Gases
- Ionisierungsenergie der Gasatome/-moleküle
- Fremdionisierung
- Magnetfelder

6 Herstellung der Mikrokomponenten

	Durch diese Faktoren kann die Durchschlagsspannung erheblich beeinflusst werden. Zur technischen Nutzung von Entladungen ist dies von sehr großer Bedeutung. In Prozesstechniken, die die elektrische Entladung gezielt zur Erzeugung von Raum- bzw. Oberflächenreaktionen nutzen, ist man an einer deutlichen Absenkung der Durchschlagsspannung interessiert. Andererseits ist auch eine Steigerung der Durchschlagsspannung im Bereich der elektrischen Isoliertechnik von Interesse, so dass die Beeinflussung des Durchschlagprozesses nicht generell betrachtet werden kann, sondern immer unter dem Aspekt der jeweiligen Anwendung behandelt werden muss.
stationäre Entladung	Für den Einsatz in technischen Gasentladungsprozessen ist neben einer niedrigen Durchschlagsspannung auch die Existenz einer stabilen stationären Entladung von großer Bedeutung. Die Zündung der Entladung bildet in diesem Fall die notwendige Vorstufe einer dauerhaften Entladung. Als Einflussgröße zur Aufrechterhaltung einer stationären Entladung steht die Spannung zur Verfügung. Die Stationarität wird dadurch erreicht, dass stets durch Elektroden- bzw. Raumionisierungsprozesse Ladungsträger in ausreichender Anzahl gebildet werden, ohne dabei eine Fremdionisierung in Anspruch nehmen zu müssen. In diesem Fall fließt in der Entladungsstrecke ein elektrischer Strom i, der gleich groß ist wie der Strom im äußeren Stromkreis. Damit ist es denkbar und auch möglich, eine Strom-Spannungs-Kennlinie für Entladungsstrecken aufzustellen. Der typische Verlauf einer solchen Charakteristik ist im Bild gezeigt. Derartige Kennlinien können für definierte Bedingungen aufgestellt werden. Dazu wird im äußeren Stromkreis einer Entladungsstrecke nach Überschreiten der Durchschlagsspannung im äußeren Stromkreis der Strom bzw. die Spannung geregelt. Variationen von Gasart, Elektrodenmaterial und -anordnung, Wandflächen, Geometrien und Drücken führen zu anderen Werten innerhalb der gezeigten Charakteristik. Aus dem qualitativen Verlauf der Kennlinien lassen sich im Wesentlichen vier Formen der Entladung ableiten (siehe folgendes Bild):
	1) Dunkelentladung,
	2) normale Glimmentladung,
	3) anormale Glimmentladung,
	4) Bogenentladung
Grundformen der Entladung	Zwischen diesen Grundformen der Entladung existieren Übergangsgebiete. Dabei ist der Übergang von der Dunkelentladung zur Glimmentladung relativ scharf ausgeprägt. Von den Entladungszuständen, die nicht im thermischen Gleichgewicht stehen, erfolgt der Übergang zu Entladungen im thermischen Gleichgewicht über die anormale Glimmentladung.

Übergangsgebiete	
Glimmentladungsverfahren	

Figure labels: I/A, 10^3, 10^0, 10^{-3}, 10^{-6}, 10^{-9}, 10^{-12}, 10^{-15}; Bogenentladung; Übergangszone; Zündung Bogenentladung; anormale Glimmentladung; normale Glimmentladung (Arbeitsbereich von Niederdruckgasentladungen); selbständige Entladung; Zündung Glimmentladung; unselbständige Entladung; Dunkelentladung; 1, 10, 100, U_z, 1000, U/V.

Obwohl auch eine Reihe von Verfahren mit Entladungen im thermischen Gleichgewicht technisch genutzt werden, sollen im Folgenden nur die Verfahren, die der normalen Glimmentladung zugeordnet werden können, näher betrachtet werden.

Diese Verfahren finden vor allem im Bereich der Oberflächenbearbeitung und Modifikation von halbleitenden Substraten Anwendung. Aber auch in der Beleuchtungstechnik wird mit Glimmentladungen innerhalb der Leuchtstoffröhren gearbeitet. Die Entladungen finden hierbei im niedrigen Druckbereich ($p \leq 10^{-3}$Torr) statt und werden daher auch als Niederdruckgasentladungen bezeichnet.

Leuchterscheinungen

Nach der Zündung bildet sich bei diesen Entladungen im Raum zwischen den Elektroden eine Glimmentladung aus, die durch eine typische Leuchterscheinung charakterisiert ist. Dabei zeigen sich dunkle und helle Zonen. Die dunklen Zonen treten vor allem im Bereich der Elektroden und der Wände auf.

Ladungsträgerdichteänderung

In diesen Randzonen des eigentlichen Plasmas treten sehr große Dichteänderungen der Ladungsträger auf. Im Gegensatz zum quasineutralen Plasma sind diese Bereiche daher durch Raumladungen gekennzeichnet. Dabei zeigt sich, dass die Raumladungszone vor der Katode eine wesentlich größere Ausdehnung aufweist als vor der Anode. Die Ausbildung dieser Raumladungszonen ist mit der unterschiedlichen Beweglichkeit der verschiedenen Ladungsträgertypen im Plasma verbunden.

Ladungsträgerbeweglichkeit

Die Beweglichkeit der Ladungsträger im elektrischen Feld wurde bisher noch nicht näher betrachtet. Um die Prozesse zu verstehen, die innerhalb der Gasentladungszone ablaufen, ist es jedoch notwendig die grundlegende Zusammenhänge zwischen Ladungsträgerbewegung und elektrischem Feld zu kennen. Im folgenden Abschnitt sollen daher diese Ladungsträgerbewegungen vorgestellt und bewertet werden.

Plasmen sind Gase, deren Moleküle teilweise ionisiert sind; neben neutralen Molekülen existieren positive Ionen und Elektronen.

Unterscheidung
- Plasmen im thermischen Gleichgewicht (Lichtbogen, Hg-Lampe)
- Plasmen im nichtthermischen Gleichgewicht (Leuchtstofflampe, Gasentladungsprozesse)

Kenngrößen
- Geschwindigkeitsverteilung der Teilchen
- Mittlere freie Weglänge der Teilchen

Stoßprozesse
- Elastischer Stoß
- Teilelastischer Stoß (bedeutend in Gasentladungsprozessen)
  - Anregung
  - Ionisation
  - Rekombination
  - Dissoziation
  - Umlagerung

Zündung einer Entladung
- Ladungsträgerfreisetzung
  - Thermische Emission
  - Feldemission
  - Ionisierende Strahlung
- Positive Ladungsträgerbilanz
- Unselbständige Entladung → selbständige Entladung → Durchschlag → stationäre Entladung
- Zündspannung
- Townsendsches Durchschlagskriterium (Anzahl der durch Stoßprozesses erzeugten Ladungen muss größer sein als Anzahl der durch Rekombination verlorengehenden Ladungen)
- Durchschlagspannung $U_D = f(pd)$ (Paschenkurve)

Grundformen der Entladung
- Dunkelentladung
- normale Glimmentladung (Arbeitsgebiet technischer Gasentladungsprozesse)
- anormale Glimmentladung
- Bogenentladung

Literatur

[Bro] Brown, S.: Introduction to electrical discharges in gases; Wiley, New York, 1966

[Car] Carr, W.: On the laws governing electric discharges in gases at low pressures; Philos. Trans. A 102, 1903, 403

[Hes] Hess, H.: Der elektrische Durchschlag in Gasen; Akademie Verlag, Berlin, 1976

[Mee] Meek, J.; Craggs, J.: Electrical breakdown of gases; Clarendon press, Oxford, 1953

[Mos] Mosch, W.; Hauschild, W.: Hochspannungsisolierungen mit SF_6; Verlag Technik, Berlin, 1978

[Pas] Paschen, F.: Über die zum Funkenübergang in Luft, Wasserstoff und Kohlensäure bei verschiedenen Drucken erforderliche Potentialdifferenz; Weid. Ann., Nr. 37, 1889, 69

[Sch] Schulz, P.: Elektronische Vorgänge in Gasen und Festkörpern; Verlag G. Braun, Karlsruhe, 1974

[Tow] Townsend, J.: Die Ionisation der Gase, Handbuch der Radiologie, Band 1; Akademische Verlagsanstalt, Leipzig, 1920

6.3.2 Ladungsträger in Niederdruckgasentladungen

	Schlüsselbegriffe
	Ladungsträgerbewegung im elektrischem Feld, Energieaufnahme, Elektronenvolt, Geschwindigkeit der Teilchen, Ladungsträgerdrift, Wirkungsquerschnitt, freie Weglänge – Wirkungsquerschnitt, Stoßfrequenz, Bestimmung der Reaktionsrate, Ladungsträgerbewegung in elektromagnetischen Feldern, stoßfreie Elektronenbewegung, erhöhter Ionisierungsgrad, unterschiedliche Ladungsträgerbeweglichkeiten, Quasineutralität, Bildung von Raumladungszonen, ambipolare Diffusion, Kompensation von Neutralitätsstörungen, Plasmafrequenz, Gasentladung im Vakuum, Prozesse ohne Gasfluss, Prozesse mit kontrolliertem Gasfluss, Verweilzeit, Dimensionen des Gasflusses, Reaktorströmungen, Einflüsse der Gasströmungen, Sonde im Plasma, Floatingpotential, Dunkelbereiche, Ladungsträgergeneration, Potentialverlauf der Entladungstrecke, Relevanz des Potenzialverlaufs für technische Prozesse, Nachteile der Gleichspannungsentladung, dauerhaft wechselndes Elektrodenpotenzial, Voraussetzungen für Hochfrequenzentladungen, Unterschiede zur Gleichspannungsentladung, Leistungseinkopplung, Frequenzeinfluss, Stromfluss, Modell der HF-Entladung, U-I-Kennlinie im Modell, Eigengleichvorspannung – Self-Bias, U-I-Kennlinie bei Self-Bias, Einsatz von Gasentladungs-Prozessen, Vorteile von Gleichspannungsentladungen, Nachteile von Gleichspannungsentladungen, Nachteile von Hochfrequenzentladung, Vorteile von Hochfrequenzentladung

	Ladungsträger
Ladungsträger-bewegung im elektrischem Feld	Wie aus dem vorhergehenden Abschnitt zu ersehen war, ist die freie Bewegung der einzelnen Ladungsträgersorten in Niederdruckgasentladungen von entscheidender Bedeutung für deren Eigenschaften. In diesem Abschnitt sollen die Ladungsträgerbewegungen und deren Auswirkungen näher betrachtet werden.
Energieaufnahme	Ladungsträger können aus dem elektrischen Feld Energie aufnehmen, wenn ihr Flug nicht durch Stoßprozesse unterbrochen ist. Die Größe der aufgenommenen Energie W_{kin} richtet sich nach der Größe der Potentialdifferenz, also der Spannung U, und kann für Elektronen der Masse m_e nach der folgenden Gleichung berechnet werden:
	$$W_{kin} = \frac{1}{2} m_e \cdot v^2 = e \cdot U$$

Dabei ist unter e die Elementarladung und unter v die Geschwindigkeit des Elektrons zu verstehen. Aus dieser Beziehung leitet sich auch die sehr häufig zu findende Energiebewertung von Elektronen – *das Elektronenvolt* – ab. Dabei charakterisiert diese Einheit die Zunahme der kinetischen Energie eines Elektrons in einem elektrischen Feld mit einer Potentialdifferenz von 1 Volt.

Die Zunahme der kinetischen Energie und somit der Geschwindigkeit v von Ladungsträgern äußert sich in deren Beschleunigung a. Dabei gilt:

$$v = a \cdot t \qquad \text{und mit}$$

$$v = \frac{E \cdot q \cdot t}{m} \qquad \text{folgt}$$

$$W_{kin} = \frac{1}{2} m \cdot v^2 = \frac{1}{2} \cdot \frac{(E \cdot q \cdot t)^2}{m}$$

wobei q die Elementarladung der Ladungsträger kennzeichnet. Aus dieser Betrachtungsweise ist aber auch ersichtlich, dass die kinetische Energie der Elektronen erheblich über der der Ionen liegen muss, wenn die Massen beider Teilchensorten verglichen werden. Da ganz allgemein gilt, dass $m_e \ll m_I$, folgt auch, dass sich die kinetischen Energien der Teilchensorten verhalten wie

$$W_{kin_e} \gg W_{kin_I}$$

Damit kann jedoch nicht auf die Geschwindigkeit der Teilchen geschlossen werden. Durch eine Vielzahl von Stoßprozessen verändern sich ständig die Energiezustände der Teilchen sowie die Richtungen der Flugbahnen. Durch die Wirkung des elektrischen Feldes wird allerdings eine bevorzugte Strömungsrichtung der Teilchen erzwungen. Da diese Bewegung der Teilchen aber nicht geradlinig verläuft, sondern nur im Mittel eine gerichtete Charakteristik aufweist, wird von einer gerichteten Driftbewegung oder Wanderbewegung mit der Geschwindigkeit $\bar{v}$ gesprochen. Die

Driftbewegung der Ladungsträger ist proportional der elektrischen Feldstärke $\vec{E}$ und es gilt:

$$\vec{v} = \pm \mu \cdot \vec{E}$$

Der Proportionalitätsfaktor μ wird in diesem Fall als die Beweglichkeit der Ladungsträger bezeichnet. Die Vorzeichen kennzeichnen die unterschiedlichen Bewegungsrichtungen für Ionen und Elektronen. Entsprechend der Konvention für die Bewegung der Teilchen steht das „+" für die Ionenbewegung und das „-" für die Bewegung der Elektronen.

Wirkungs-querschnitt	Die Beweglichkeit μ der Ladungsträger ist eine Größe, die wiederum in starkem Maße von den Wechselwirkungsprozessen abhängt, die die Teilchen ausführen können. Geht man davon aus, dass die Bewegung der Teilchen auf Grund eines elektrischen Gleichfeldes gerichtet ist, so kann die Wirkung der Stöße, die diese Teilchen auf ihrem Weg vollziehen können, angegeben werden.

Bewegt sich, wie im Bild gezeigt, ein gerichteter Teilchenstrahl, z.B. ein Elektronenstrahl in Richtung der Anode, so können einzelne Elektronen mit anderen Teilchen in Wechselwirkung treten. Die Art der Wechselwirkung hängt dabei von den energetischen Verhältnissen der Stoßpartner ab. Je nach umgesetzter Stoßenergie können elastische Stöße oder teilelastische Stöße mit unterschiedlichen Stoßresultaten auftreten. Betrachtet man nur eine definierte energetische Wechselwirkung, die von einem Teilchenstrahl ausgeht, so können die Stoßprozesse eines aus a Teilchen bestehenden Strahles im Streckenabschnitt dx wie folgt beschrieben werden:

$$\frac{da}{a} = \sigma \cdot n \cdot dx$$

Die Dichte der Teilchen pro Volumeneinheit ist durch n beschrieben. σ ist dabei ein Proportionalitätsfaktor, mit der Dimension einer Fläche. Daher wird σ auch als Wirkungsquerschnitt bezeichnet. Da für jede Stoßart einer Teilchensorte unterschiedliche Wirkungsquerschnitte angenommen werden können, berechnet sich der gesamte oder totale Wirkungsquerschnitt σ_g aus der Summe aller Wirkungsquerschnitte.

$$\sigma_g = \sigma_e + \sigma_I$$

freier Weglänge-Wirkungsquerschnitt

Wie bereits weiter oben erwähnt, ist die mittlere Wegstrecke eines Teilchens zwischen zwei aufeinanderfolgenden Zusammenstößen die freie Weglänge λ. Der Zusammenhang zwischen der freien Weglänge und dem Wirkungsquerschnitt ist offensichtlich und gegeben durch:

$$\lambda = \frac{1}{n \cdot \sigma_g}$$

Stoßfrequenz

Aus der mittleren freien Weglänge kann auch eine mittlere Stoßfrequenz f_S abgeleitet werden. Diese Stoßfrequenz charakterisiert die zeitliche Folge von Stoßprozessen innerhalb eines geschlossenen Systems. Da hierbei offenbar zeitliche Vorgänge von Bedeutung sind, kann zur Herleitung der Stoßfrequenz der Teilchen deren mittlere Geschwindigkeit $\overline{v}$ herangezogen werden. Unter diesen Bedingungen ergibt sich:

$$f_s = \frac{\overline{v}}{\lambda}$$

mit $\overline{v}$ als arithmetischer Mittelwert der Geschwindigkeit der Teilchen im Gasraum bei Maxwellscher Geschwindigkeitsverteilung:

$$f_s = \frac{\overline{v}}{n \cdot \sigma_g}$$

Die freie Flugzeit t_f ist somit der Kehrwert der Stoßfrequenz entsprechend

$$t_f = \frac{1}{f_s}$$

Reaktionsrate

Schließlich kann aus diesen Größen eine Reaktionsrate R bestimmt werden. Diese Reaktionsrate ist proportional der Stoßfrequenz f_s und der Anzahl n der stoßenden Teilchen der betrachteten Teilchensorte.

$$R = n \cdot f_s$$

Aus der Reaktionsrate kann unmittelbar auf die Reaktionsgeschwindigkeit eines Prozesses geschlossen werden.

Ladungsträger-bewegung in elektromagneti-schen Feldern

Wie bereits gezeigt wurde, kann die Flugbahn der sich im Gasraum befindlichen geladenen Teilchen durch das elektrische Feld beeinflusst werden. Aber auch magnetische Felder $\vec{B}$ können die Flugrichtung der Ladungsträger beeinflussen. Für Kräfte $\vec{F}$ auf bewegte Ladungsträger q gilt:

$$\vec{F} = q(\vec{E} + (\vec{v} \times \vec{B}))$$

Bewegte geladene Teilchen werden in magnetischen Feldern durch die Lorentzkraft entsprechend $\vec{F} = q(\vec{v} \times \vec{B})$ auf eine Kreisbahn gezwungen. Dies gilt wenn alle Komponenten des Geschwindigkeitsvektors senkrecht zum Magnetfeld ausgerichtet sind. Verfügt der Geschwindigkeitsvektor dagegen über Komponenten, die in ihrer Richtung parallel zum Magnetfeld stehen, so wird die kreisförmige Bahn der Ladungsträger von einer Linearbewegung überlagert. Es entsteht eine wendelförmige Ladungsträgerbahn. Eine Beschleunigung der Teilchen wird aber nicht generiert. Die Beschleunigung kann nur mit Hilfe elektrischer Felder ausgelöst werden. In Gasentladungsanlagen ist die Existenz elektrischer Felder demzufolge eine notwendige Grundvoraussetzung. Durch magnetische Felder kann nur die Richtung der Ladungsträger beeinflusst werden. Allerdings zieht diese Richtungsbeeinflussung Wirkungen nach sich, die bei technischen

	Prozessen genutzt werden können. So kann die Zahl der Stöße erheblich gesteigert werden, wenn die elektrische Feldstärke und die magnetische Feldstärke senkrecht aufeinander stehen.
stoßfreie Elektronenbewegung im Plasma	
erhöhter Ionisierungsgrad	Im Bild ist die Wirkung elektrischer und magnetischer Felder auf die Flugbahn von Elektronen dargestellt. Dabei zeigt sich, dass die stoßfreie Elektronenbewegung im Plasma ohne externes B-Feld geradlinig von der Katode zur Anode verläuft. Durch das magnetische Feld werden die Elektronen jedoch abgelenkt und beschreiben eine periodische Sprungbahn mit allmählicher Annäherung an die Anode. Sie können auf diesem Weg eine größere Anzahl von Stoßprozessen vollziehen als auf einem gedachten linearen Weg, wenn die mittlere freie Weglänge als konstant angenommen wird. Die Folge dieser vermehrten Stoßprozesse ist ein erhöhter Ionisierungsgrad des Plasmas. Dies wird sowohl in der Abtragstechnik als auch in Beschichtungsprozessen bevorzugt genutzt. Infolge des erhöhten Ionisierungsgrades können insbesondere Abtragsprozesse verstärkt werden. Dies hat eine verstärkte Strukturierungsgeschwindigkeit zur Folge. Andererseits können auch die verstärkten Abtragsraten zu einer deutlich größeren Abscheiderate der abgelösten Teilchen auf freien Oberflächen in der Umgebung des Abtragsortes führen.
unterschiedliche Ladungsträgerbeweglichkeiten	Eine weitere Form der Ladungsträgerbewegung resultiert aus deren charakteristischer Beweglichkeit. Wie bereits gezeigt wurde, ist die Ladungsträgerbeweglichkeit der Elektronen im elektrischen Feld um ein Vielfaches höher als die der Ionen. Betrachtet man nun ein geschlossenes Volumenelement, in dem sich beide Ladungsträgersorten befinden und in dem ein elektrisches Gleichfeld existiert, dann ist leicht vorstellbar, dass die Elektronen, auf Grund ihrer höheren Beweglichkeit, schon nach sehr kurzer Zeit die positive Elektrode erreicht haben werden. Die positiven Ionen würden demzufolge im Gasraum zurückbleiben und eine positive Raumladung bilden. Das gesamte Volumenelement wäre, von außen betrachtet, positiv geladen. Dies würde aber die Neutralitätsbedingung verletzen. Weiterhin würde durch die Raumladung ein inneres Feld aufgebaut werden, dass der gewünschten Gasentladung durch eine Reduzierung der inneren Feldstärke in bestimmten Raumbereichen entgegensteht. Da aber Entladungsprozesse grundsätzlich stattfinden und auch die Quasineutralität des Plasmas gewährt ist, müssen sich innerhalb des Raumes Prozesse abspielen, die die Dominanz einer Ladungsträgersorte verhindern.

Quasineutralität	Unter Quasineutralität ist in diesem Zusammenhang zu verstehen, dass die Anzahl der im Mittel gebildeten Ladungsträger beider Sorten zeitlich gesehen ausgeglichen ist. Lokale und zeitlich begrenzte Abweichungen sind jedoch grundsätzlich möglich. Allerdings ist die Abweichung der Anzahl einer der Trägersorten klein im Verhältnis zur Gesamtzahl aller Ladungsträger.
Bildung von Raumladungs-zonen **ambipolare Diffusion**	Die erhöhte Beweglichkeit der Elektronen im elektrischen Feld führt dazu, dass Bereiche mit einer hohen Elektronenansammlung und Bereiche mit einer hohen Ionenansammlung entstehen. Durch diese Ladungsträgeransammlungen werden aber örtliche Raumladungszonen gebildet, die ein inneres elektrisches Feld aufbauen, das dem äußeren elektrischen Feld entgegengerichtet ist. Im Bild ist dieser Zusammenhang dargestellt. Infolge dieses inneren Feldes wird die Bewegung der Elektronen gebremst. Die innere Feldstärke verringert sich erst, wenn durch die Bewegung der langsameren Ionen ein Abbau der Raumladungen erfolgt ist. Diese unmittelbare Verkopplung der Bewegung der unterschiedlichen Ladungsträgersorten wird auch als ambipolare Diffusion bezeichnet.
Kompensation von Neutralitäts-störungen **Plasmafrequenz**	Die Störung der Neutralität von Gasentladungen wird durch den Aufbau innerer Felder kompensiert. Positive und negative Ladungsträger sind, wie oben gezeigt, in ihrer Bewegung miteinander verkoppelt. Wenn sich aber wie im Bild oben gezeigt innere Felder aufbauen die der eigentlichen Bewegungsrichtung der Elektronen in äußeren elektrischen Feld entgegengerichtet sind, dann ist auch eine Richtungsumkehr der Elektronen nicht auszuschließen. Durch den damit verbundenen Abbau der inneren Felder nimmt die Wirkung des äußeren Feldes wieder zu, eine erneute Richtungsumkehr ist die Folge. Unter dem Einfluss innerer und äußerer elektrischen Felder kommt es so zu einem Zustand, in dem die Elektronen um ihre Ruhelage schwingen. Diese Schwingung ist unmittelbar an die Beweglichkeit dieser Teilchen gekoppelt. Unter Beachtung von Bewegungsgesetzen erhält man für die Frequenz f_e bzw. ω_e dieser Elektronenschwingung: $$\omega_e = 2\pi f_e \quad \text{bzw.}$$ $$\omega_e = 2e\sqrt{\frac{\pi n_e}{m_e}}$$ Anzahl der Elektronen n_e Masse der Elektronen m_e.

	Diese häufig auch als Plasmafrequenz angegebene Größe ist unmittelbar von der Elektronendichte im Plasma abhängig. Für übliche Prozesse liegt diese Frequenz im Bereich von GHz.
Gasentladung im Vakuum	Gasentladungsprozesse finden generell unter Bedingungen eines gasverdünnten Raumes, also eines Vakuums, statt. Andernfalls wären die zur Zündung der Entladung notwendigen Energien, auf Grund der extrem kleinen freien Weglängen der Teilchen, so groß, dass eine technische Verwertung der Prozesse nicht stattfinden könnte. In technischen Gasentladungsanlagen wird das Vakuum mit Hilfe von Vakuumpumpen erzeugt. Die Reaktion der Substrate mit Radikalen oder energiereichen Teilchen findet in der Prozesskammer oder dem Rezipienten statt, in dem auch das Plasma gezündet wird. Dabei dient das Plasma im Wesentlichen zur Aktivierung der Teilchen.
Prozesse ohne Gasfluss	Würde der Rezipient nach dem Evakuieren geschlossen und das Plasma anschließend gezündet werden, wären die erzielbaren Resultate unter dem Aspekt einer Fertigung als mangelhaft anzusehen. Die Gründe dafür liegen in der unzureichenden Reproduzierbarkeit der Prozesse unter diesen geschlossenen Bedingungen. Durch unvermeidliche Lecke in der gesamten Anordnung würden ständig unerwünschte Gase an der Reaktion beteiligt werden und so die Ergebnisse beeinflussen. Könnte diese Undichtheit vermieden werden, wäre eine Reproduzierbarkeit dennoch nicht sichergestellt.
	Zum einen erfolgt ein Umsatz der aktivierten Prozessgase mit den Oberflächen der Umgebung und dem Substrat, zum anderen entstehen Reaktionsprodukte, die ihrerseits wieder in die Reaktion einbezogen werden können. Damit würde sich in der Umgebung des zu bearbeitenden Substrates ständig die Zusammensetzung des Gases ändern. Diese Instabilität führt zu nicht reproduzierbaren Prozessbedingungen. Die Steuerung der Prozesse wäre praktisch nicht mehr möglich.
Prozesse mit kontrolliertem Gasfluss	Kontrollierte Prozessbedingungen können allerdings mit Hilfe einer definierten Gasströmung durch das Reaktionsgefäß erzwungen werden. Durch eine kontinuierliche Gasströmung kann die Konzentration der am Prozess beteiligten Teilchen konstant gehalten, der Einfluss von Lecken stark reduziert und frei werdenden Reaktionsprodukte abtransportiert werden.
Verweilzeit	Die Gasströmung durch den Reaktionsraum kann mit Hilfe von Gasflussreglern („mass flow controler") oder entsprechenden Ventilen, die unmittelbar in die Pumpleitung geschaltet sind, geregelt werden. Zur Charakterisierung der grundsätzlichen Reaktionswahrscheinlichkeit wird die mittlere Verweilzeit t_{VZ} der Gase im Reaktor angegeben
	$$t_{Vz} = \frac{p \cdot V}{\dot{Q}}$$

	mit p – Druck in der Reaktionskammer, V – Volumen der Reaktionskammer und $\dot{Q}$ – dem Gasfluss.
Dimensionen des Gasflusses	Die Verweilzeiten betragen bei technischen Anordnungen üblicherweise ca. 1s...70s ohne Gasverbrauch. Der Gasfluss $\dot{Q}$ wird üblicherweise in der Dimension sccm („*s*tandard *c*ubic *c*entimeter per *m*inute") angegeben. Nach internationalem Standard ist die Dimension des Gasflusses $Pa \cdot l \cdot s$.
Reaktorströmungen	Die Strömungen durch den Reaktor, hervorgerufen durch die Druckdifferenz am Gaseinlass und am Gasauslass, kann sehr unterschiedlichen Charakter aufweisen. So ist beim Einschalten des Pumpsystems nach erfolgter Belüftung des Rezipienten mit turbulenten Strömungen zu rechnen, weil die kurzen freien Weglängen der Teilchen und der hohe Druck für eine hohe innere Reibung der Gase und hohe Reynoldszahlen sorgen. Nach dem Druckabfall infolge der Pumpwirkung geht die turbulente Strömung auf Grund der abnehmenden inneren Reibung in eine laminare Strömung über. Im Druckbereich von < 1Pa muss nach [Scha] mit einer Strömung im Übergangsbereich gerechnet werden. Das heißt, die Wechselwirkungen der Teilchen untereinander sind gleichrangig zu den Wechselwirkungen der Teilchen mit den Wandungen zu betrachten.
Einflüsse der Gasströmungen	Natürlich werden auch die Ladungsträger von dieser im Allgemeinen laminaren Strömung beeinflusst. Neben der Eigenbewegung infolge der elektrischen und/oder magnetischen Felder erfolgt noch eine konvektiv erzwungene Bewegung. Durch diese Strömung werden aktive Radikale in die Nähe der zu bearbeitenden Oberflächen transportiert. Aus diesem Umgebungsbereich werden sie dann durch die Wirkung elektrischer Felder oder Diffusionsprozesse zur Substratoberfläche beschleunigt.

Gleichzeitig wirkt sich die Gasströmung auch auf die gesamte Prozessführung, insbesondere bei Beschichtungs- und bei Ätzprozessen, aus. Die wesentlichen Einflüsse resultieren dabei aus:

1) der Erzeugung einer zu geringen Anzahl von freien Radikalen bei zu geringen Flussraten,

2) dem Abtransport freier Radikale durch zu große Flussraten,

In beiden Fällen ist mit einer verminderten Reaktionsrate zu rechnen. Die optimale Einstellung der Flussrate für den jeweiligen technologischen

	Prozess und die spezifische Reaktorgeometrie ist daher ein wesentlicher Schwerpunkt technologischer Prozessentwicklungen.

6.3.2.1   Gleichspannungsgasentladung

<table>
<tr><td></td><td colspan="1" align="center">**Elektrische Kenngrößen von
Gleichspannungsgasentladungen**</td></tr>
<tr><td>**Sonde im Plasma**</td><td>Die enorm großen Unterschiede in den Geschwindigkeiten der einzelnen Ladungsträger wirken sich aber nicht nur auf die inneren Zustände der Entladung aus. Ebenso werden dadurch die elektrischen Größen in unmittelbarer Umgebung beeinflusst. Zur Charakterisierung dieses Verhaltens soll eine Modellbetrachtung dienen. Wird, wie im nachfolgenden Bild gezeigt, eine leitende Sonde in die Entladungsstrecke eingebracht, die die Entladung nicht beeinflusst, dann kann sich auf dieser Sonde ein definiertes Potential einstellen.

Da die leitfähige Sonde in der Entladungsstrecke die Entladung nicht beeinflussen darf, muss sie die Neutralitätsbedingungen erfüllen. Dies ist aber nur dann möglich, wenn die Anzahl der positiven Ladungsträger, die auf die Sonde fließen, gleich der Anzahl negativer Ladungsträger ist. Diese Bedingung muss außerdem für den gesamten Entladungsraum gelten. Wie kann aber auf Grund der hohen Geschwindigkeiten der verschiedenen Ladungsträgersorten diese Bedingung erfüllt werden?

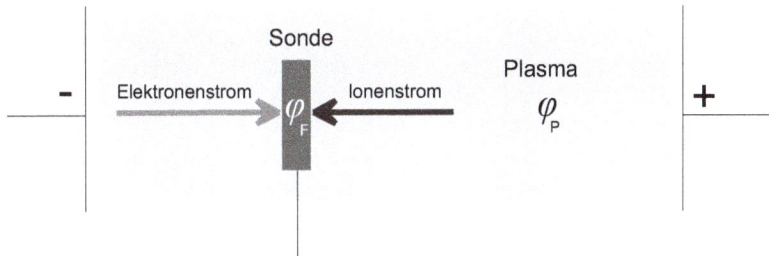
</td></tr>
<tr><td>**Floatingpotential**</td><td>Die Ladungsträger mit der größeren Geschwindigkeit werden zuerst die Oberfläche der Sonde erreichen. Da dies in jedem Fall die Elektronen sind, ist mit einer negativen Aufladung der gesamten Sondenoberfläche zu rechnen. Durch dieses negative Potential werden die Ionen zur Sonde beschleunigt, während die Elektronen gegen einen Potentialwall anlaufen müssen. Die Folge ist ein ständiger Ladungsausgleich auf der Oberfläche der Sonde und somit eine Einhaltung der Neutralitätsbedingung. Auf der Sonde stellt sich ein gegenüber der Umgebung negatives Potential ein. Dieses Potential wird auch als Floatingpotential bezeichnet. Da sich aber die Wände einer Entladungsstrecke analog zu dieser modellhaften Sonde verhalten, kann davon ausgegangen werden, dass die Wände auch das Floatingpotential annehmen. Dieses Floatingpotential muss aber gegenüber dem Plasma selbst negativere Werte annehmen, um die Neutralität zu</td></tr>
</table>

gewährleisten. Damit ergibt sich in jedem Fall zwischen dem Plasma und seiner Begrenzung (außer den beteiligten Elektroden) ein Spannungsabfall. Die Größe dieses Wertes liegt im Bereich von etwa 10V bis 15V. Weiterhin kann man feststellen, dass das Plasma in jedem Fall ein Potential annimmt, das positiver ist als das der Sonde. Da von einer sehr guten Leitfähigkeit des Plasmas auszugehen ist, lässt sich ein Plasmapotential φ_P definieren. Das Potential des Plasmas φ_P ist, unabhängig von der Beschaltung der Elektroden und der Gefäßwandungen, immer am positivsten in der gesamten Entladungsstrecke.

	Potenzialverlauf einer Gasentladungsstrecke
Dunkelbereiche	Im Allgemeinen zeigen reale Entladungsstrecken eine dreigeteilte Struktur auf. Während das Plasma selbst durch eine leuchtende Zone gekennzeichnet ist, bilden sich der Nähe der Elektroden und auch der Wandungen Bereiche aus, die dunkel sind. Diese dunklen Zonen weisen unterschiedliche Dimensionen auf. Während die Dunkelzone vor der positiven Elektrode und auch im Wandungsbereich sehr schmal ist, verfügt die Dunkelzone vor der negativen Elektrode über eine beträchtliche Dicke. Diese Dunkelzonen isolieren schon rein visuell das Plasma vollständig von seiner Umgebung. Die Ursachen dieser Dunkelzonen liegen in der Ausbildung von Raumladungsbereichen. Auf Grund der deutlich größeren Geschwindigkeit der Elektronen verarmen die wandnahen Bereiche an dieser Ladungsträgersorte. Es bleiben die langsameren Ionen im Gasraum zurück und bilden eine positive Raumladung.
Ladungsträger-generation	Im Bereich der Katode werden die Ladungsträger gebildet, die zur Aufrechterhaltung der Entladung notwendig sind. Dies geschieht durch Emissionsprozesse an der Katode und Stoßionisationen im unmittelbar davor liegenden Raum. Die Energie der Stoßprozesse wird durch das elektrische Feld charakterisiert. Während das leitfähige Plasma als nahezu idealer Leiter betrachtet werden kann, in dem nur sehr geringfügige Potentialdifferenzen auftreten, fällt gerade in dem Raum vor der Katode der größte Teil der Spannung der Entladungsstrecke ab. Die Ionen als die Strom tragenden Ladungsträger werden entweder direkt oder über Umladungen zur Katode beschleunigt. Die Höhe des Spannungsabfalls liegt in diesem Raumladungsbereich in einer Größe von 100V...800V.
Relevanz des Potenzialverlaufs in technischen Prozessen	Vor der Anode sind allein die Elektronen Träger des Stroms. Der sich über der Raumladungszone einstellende Spannungsabfall ist im Vergleich zum Katodenbereich sehr klein und liegt bei 1V...15V. Damit ergibt sich für die Entladungstrecke ein Potentialverlauf wie im Bild gezeigt. Bei Gleichspannungsentladungen nimmt die geerdete Anode das Floatingpotential an. Das Potential des Plasmas ist noch positiver als das der positiven Elektrode.

Potentialverlauf der Entladungstrecke

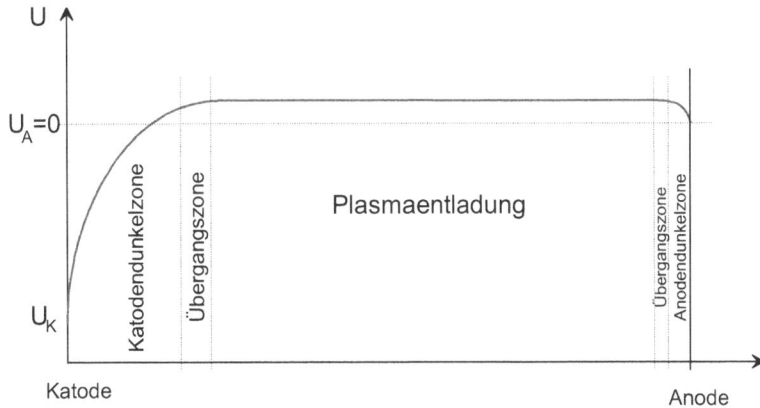

Für technische Prozesse ist dieser Potentialverlauf von dominierender Bedeutung. Eine in die Entladungsstrecke eingebrachte Probe kann in der oben gezeigten Anordnung grundsätzlich nur zwei unterschiedliche Potentiale einnehmen. An der Katode angekoppelt würde das Substrat dessen Potential einnehmen und ständig mit Teilchen relativer hoher Energie beschossen werden.

Nachteile der Gleichspannungsentladung

Im anderen Fall wäre das Substrat auf Wand- bzw. Anodenpotential. Die Potentialdifferenz zum Plasma stellt sich auf den Wert $w_P - w_F$ ein. Diese relativ konstante aber sehr geringe Potentialdifferenz ist in vielen Fällen zur Bearbeitung der Substratoberflächen nicht ausreichend. Daher ist der Einsatz von Gleichspannungsentladungssystemen auf nur wenige Anwendungen eingeschränkt. Typischerweise werden Gleichspannungsentladungen in Katodenzerstäubungsverfahren eingesetzt. Dabei werden die zu beschichtenden Substrate auf Erdpotential gelegt und das zu zerstäubende Material als Katode geschaltet. Diese Technik ist aber nur eingeschränkt nutzbar. Nur leitfähige Materialien können auf diese Weise zerstäubt werden. Isolierende Stoffe würden den Stromkreis unterbrechen und die Entladung zum Erliegen bringen.

Auch aus diesem Grunde wurde schon sehr bald nach alternativen Lösungen gesucht, die die Nachteile der Gleichspannungsentladung nicht aufweisen. Dabei zeigte sich recht schnell, dass mit Hilfe von hochfrequenten Entladungen deutliche Vorteile in der Prozesstechnologie erreicht werden konnten. Im Folgenden soll daher die Hochfrequenzentladung näher erläutert werden.

	Allgemeines zur Hochfrequenzentladung
dauerhaft wechselndes Elektroden- potenzial	Im Gegensatz zur Gleichspannungsentladung, bei der die Elektrodenpo- tentiale zeitlich klar festgelegt sind, ist das Verständnis für Hochfrequenz- entladung mit ständig wechselnden Elektrodenpotentialen nicht nahe liegend. Wie kann bei ständig wechselnden Feldrichtungen die Entladung stabil aufrechterhalten werden, wie können unter diesen Bedingungen die Oberflächen von Substraten mit hoher Präzision bearbeitet werden? Zur Klärung dieser Fragen soll zunächst die Wirkungsweise einer Hoch- frequenzentladung näher beschrieben werden.
Voraussetzungen für Hochfrequenz- entladungen	Um eine Entladung im hochfrequenten Feld zu zünden, sind grundsätzli- che Prozessbedingungen einzuhalten. Diese unterscheiden sich fast nicht von denen der Gleichspannungsentladung. Das heißt, die Bedingungen innerhalb des Reaktionsraumes, gegeben durch Gasfluss, Druck, Reaktivi- tät der Gase, Temperatur u.a. sind mit denen von Gleichspannungsentla- dungen vergleichbar.
Unterschiede zur Gleichspannungs- entladung	Unterschiede bestehen letztlich nur in der Einkopplung der äußeren Span- nung in die Entladungsstrecke. Während bei der Gleichspannungsentla- dung eine direkte Kopplung der Elektroden mit der externen Spannungs- quelle möglich und auch notwendig ist, wird bei einer Hochfrequenzent- ladung (HF-Entladung) die Spannung induktiv oder kapazitiv in den Ent- ladungsraum eingekoppelt. Das typische Schaltbild einer kapazitiven Einkopplung ist im Bild gezeigt. Die Wandung des Rezipienten liegt dabei auf Massepotential und bildet mit der ebenfalls auf Massepotential liegenden Elektrode die Gegenelekt- rode. Der Substrathalter ist über eine isolierende Durchführung mit der Spannungsquelle verbunden. Diese Elektrode wird als HF-Elektrode be- zeichnet.
Leistungs- einkopplung	Eine so genannte „Match- box" dient zur Abstimmung der Leistungsrichtung in der Entladungsstrecke. Durch die variable Einstellung von offenen Schwingkreisen (Spulen, Kondensatoren) kann die vom Leitungsende (Substratoberfläche) reflektierte Leistung minimiert werden. Dies ist notwendig, da die reflektierte Leistung ansonsten den HF-Generator aus- gangsseitig belasten würde. Die Anpassung des Schwingkreises an die Plasmabedingungen und die Substratgeometrie und -eigenschaften erfolgt

	durch regelbare Elemente meist automatisch. Diese regelbaren Netzwerke werden als „Matchbox" bezeichnet.
Frequenzeinfluss	Wird an eine Gasentladungstrecke eine Spannung mit variierbarer Frequenz angelegt und die Entladung gezündet, so sind bei Steigerung der Frequenz verschiedene Effekte zu beobachten. Bei niedrigen Frequenzen, d.h. bis etwa 50kHz, wird die gesamte Entladung nur mit Hilfe von Elektrodenprozessen aufrechterhalten. An den jeweils wechselnden negativen Elektroden werden die zur Aufrechterhaltung der Entladung notwendigen Elektronen durch Stoßprozesse generiert. Die Entladung verhält sich wie eine Gleichspannungsentladung deren Richtung alternierend mit der äußeren Frequenz wechselt. Elektrodenprozesse, in diesem Fall Sekundärelektronenemissionen – (γ-Prozesse), sind zur Aufrechterhaltung der Entladung erforderlich.
	Mit zunehmender Entladungsfrequenz verschiebt sich die Ladungsträgergeneration immer stärker in die Entladungsstrecke. Bei Frequenzen von einigen MHz können die Elektronen aus dem oszillierenden elektrischen Feld E so viel Energie aufnehmen, dass sie die Ladungsträgerrekombination durch eigene Stoßprozesse kompensieren können. Damit wird die Entladung im Wesentlichen durch α-Prozesse im Gasraum aufrechterhalten. Bei der Schwingung legen die Elektronen folgenden Weg a(ω) zurück:
	$$a(\omega) = \frac{\mu \cdot \hat{E} \cdot \cos \omega t}{\omega}$$
	mit ω – Kreisfrequenz der HF-Spannung und μ – Ladungsträgerbeweglichkeit.
Stromfluss	Der Stromfluss im äußeren Kreis wird durch den Elektronenstrom in der Entladungsstrecke und den an den Elektroden eingekoppelten Verschiebungsstrom aufrechterhalten. Ionen liefern aufgrund ihrer Trägheit nur einen vernachlässigbar kleinen Anteil zum Gesamtstrom. Auf Grund der Einkopplung von Verschiebungsströmen in die Entladungsstrecke, ist die Auslegung der Elektrodenmaterialien von untergeordneter Bedeutung. Auch isolierende Werkstoffe sind als Elektrodenmaterial verwendbar. Dieses Verhalten führt zu einigen entscheidenden Vorteilen der HF-Entladung in der technischen Nutzung gegenüber der Gleichspannungsentladung, bei der generell leitfähige Elektrodenmaterialien benötigt werden.
	Die Entladung zwischen beiden Elektroden muss auch bei einer HF-Einkopplung die Neutralitätsbedingungen erfüllen. Das heißt, innerhalb der Entladungsstrecke muss die Anzahl der positiven und der negativen Ladungsträger im Mittel immer gleich sein. Da aber die Elektronen eine deutlich höhere Beweglichkeit besitzen als die Ionen, ist das Verhalten einer solchen Entladung nicht sofort zu verstehen. Daher sollen im folgenden Modell die Zusammenhänge näher erläutert werden.

Modell der HF-Entladung	Betrachtet man zunächst nur die HF-Elektrode und vernachlässigt den Spannungsabfall des Plasmas gegenüber der Gegenelektrode, so ergibt sich für diese Anordnung eine Strom-Spannungs-Kennlinie entsprechend folgendem Bild.

C_K

i_{HF}

Plasma

U_{HF}

i_{HF}

Elektronenstromsättigung

φ_F φ_P

U_{HF}

Ionenstromsättigung

U-I-Kennlinie im Modell

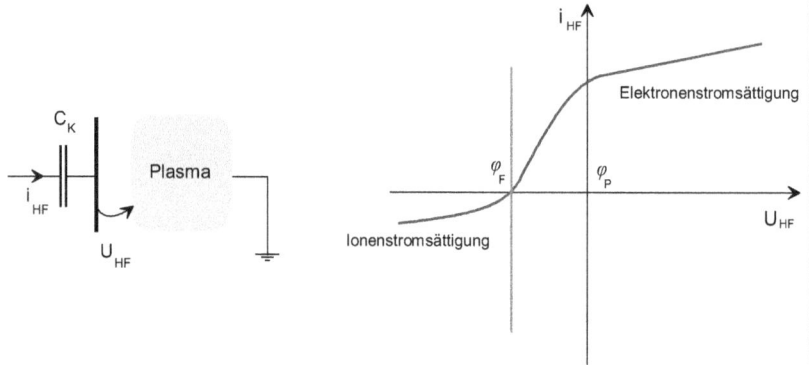

In der Kennlinie sind zwei markante Punkte dargestellt. Das Plasmapotential φ_P ist, entsprechend der Annahme, gleich null. Allerdings kann man bei diesem Potential noch einen merklichen Elektronenstrom feststellen. Auf Grund der wesentlich höheren Beweglichkeit der Elektronen bewegen sich fast nur diese Ladungsträger zur Elektrode. Auch eine weitere Abnahme des Potentials der Elektrode gegenüber dem Plasmapotential führt bis zum Erreichen des Floatingpotentials φ_F weiterhin zu einem Elektronenstrom, der sich allerdings immer mehr vermindert. Beim Erreichen des Floatingpotentials φ_F ist der zur Elektrode fließende Elektronenstrom gleich dem zur Elektrode fließenden Ionenstrom. Dadurch kommt es zum Ladungsausgleich, der Gesamtstrom wird null. Die Elektronen werden in ihrer Bewegung zur Elektrode gebremst, die Ionen dagegen beschleunigt. Weitere Verringerung des Potentials der Elektrode führt zu einem Anstieg des Ionenstromes, der dabei ein Sättigungsverhalten zeigt. Die Ursachen der Sättigung liegen im Aufbau von Raumladungen vor der Elektrode, die ein weiteres starkes Ansteigen des Ionenstromes verhindern. Ähnliches Verhalten zeigt sich mit zunehmendem Potential der Elektrode oberhalb des Plasmapotentials φ_P. Der Gesamtstrom wird im Wesentlichen durch den Elektronenfluss charakterisiert. Auch in diesem Fall bremst die Raumladung vor der Elektrode, unter diesen Bedingungen die negative Raumladung, einen weiteren Anstieg des Elektronenstromes, so dass ebenfalls eine Sättigungscharakteristik zu beobachten ist. Diese zunächst statische Betrachtungsweise charakterisiert die prinzipiellen Verhältnisse an der HF-Elektrode, wenn unterschiedliche Elektrodenpotentiale angenommen werden. Wie aber verhält sich das System, wenn das Potential der Elektrode sich periodisch mit hoher Frequenz ändert? Betrachtet man dazu die geometrischen Relationen der Entladungsanordnung so ergibt sich folgendes Bild: Einer relativ kleinen Elektrode, auf die eine äußere Spannung eingeprägt wird, steht eine sehr große Gegenelektrode, die auf Massepotential liegt, gegenüber. Dabei wird die Gegenelektrode durch die Elektrodenfläche selbst und die Wandungen des Reaktionsgefäßes gebildet. Phänomenologisch hat dies folgende Auswirkungen: In der positiven Halbwelle der Spannung bewegen sich die Elektronen in Richtung der kleineren HF-Elektrode, die Ionen bewegen sich dagegen in Richtung der großflächigen Gegenelektrode. Kehrt sich die Spannungsrichtung um, so müssen sich die Ionen zur kleinflächigen HF-Elektrode und die Elektronen in Richtung der großflächigen Gegenelektrode bewegen. Auf Grund der unterschiedlichen Beweglichkeit der Ladungsträgersorten, erreicht eine definierte Anzahl von Elektronen in der negativen Halbwelle der HF-Elektrode die Gegenelektrode. Die Zahl der Ionen, die in dieser Halbwelle die HF-Elektrode erreicht, ist jedoch um Größenordnungen geringer. Als Folge dieses Verhaltens wäre die Neutralität der Entladung gestört. Im äußeren Kreis würde ein Gleichstrom fließen. Auf Grund der kapazitiven Kopplung ist dies jedoch nicht möglich. Offensichtlich müssen sich in der Entladungsstrecke Verhältnisse einstellen, die die Neutralität des Prozesses garantieren. Damit muss die HF-Elektrode ein Potential annehmen, dass der auf sie fließende Elektronenstrom in einer Periode gleich dem auf sie fließenden Ionenstrom ist.

Eigengleichvorspannung – Self-Bias

Wegen der unterschiedlichen Beweglichkeit und der geometrischen Anordnung wird das Potential der HF-Elektrode daher negativ. Die Koppelkapazität lädt sich negativ auf, wird vorgespannt, ein Gleichstromanteil wird verhindert. Dieser Vorgang wird als „Eigengleichvorspannung" oder „Self-Bias" bezeichnet.

U-I-Kennlinie bei Self-Bias

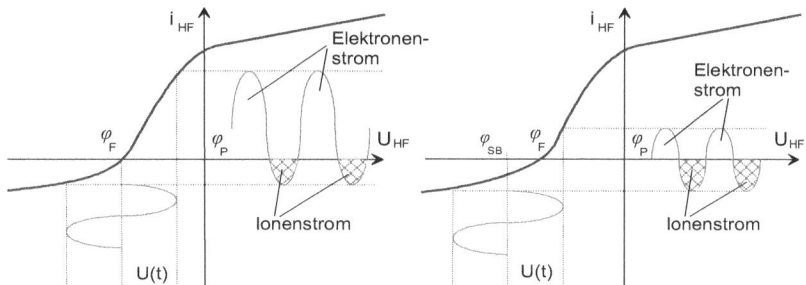

Strom an HF-Elektrode bei elektrisch nicht neutralem Verhalten

Strom an HF-Elektrode bei elektrisch neutralem Verhalten durch Einstellung auf das Selfbiaspotential φ_{SB}

Die Verschiebung des Potentials der HF-Elektrode ist im Bild gezeigt. Wie zu erkennen ist, gleichen sich durch diese Potentialverschiebung die Ströme an der Elektrode innerhalb einer Periode aus. Durch Veränderung der geometrischen Anordnung bzw. der Spannungseinkopplung kann auch ein positives Self-Bias erzwungen werden.

Einsatz von Gasentladungs- Prozessen	Die Verwendung der einen oder der anderen Entladungsform unterliegt technischen und wirtschaftlichen Randbedingungen. So ist es nicht möglich, einer Entladungsform einen grundsätzlichen Vorteil einzuräumen und die andere als generell nachteilig zu bezeichnen. Je nach spezifischer Applikation ist die eine oder andere Entladungsform bevorzugt anzuwenden.
Vorteile von Gleichspannungs- entladungen	Grundlegende Vorteile der Gleichspannungsanlagen liegen in der relativ einfachen und unkomplizierten Gerätetechnik. Die klare Definition von Anode und Katode sowie die damit verbundene Stromflussrichtung erleichtern die Auslegung der zur Erzeugung und Aufrechterhaltung notwendigen Generatoren. Auch die im Innern von derartigen Plasmaanlagen befindlichen Gehäuseteile lassen sich leicht durch entsprechendes Design einem vordefinierten Potential zuordnen, das sich während des Betriebes nicht ändern kann. Diese Vorteile zeigen sich hauptsächlich in deutlich reduzierten Investitionskosten entsprechender Anlagen.
Nachteile von Gleichspannungs- entladungen	Nachteilig sind Gleichspannungsentladungssysteme bei der Bearbeitung isolierender Substrate. Diese führen entweder zur Isolation der Elektrode auf der sie angeordnet sind (Parallelplattenreaktor) und somit zum Verlöschen der Entladung. Im Fall von Rohrreaktoren bildet sich in jedem Fall eine Potentialdifferenz zum umgebenden Plasma in Höhe des Floatingpotentials aus. Diese Potentialdifferenz von ca. 15V ist für die meisten technisch interessanten Prozesse nicht ausreichend, d.h. die erzielbaren Ätz- oder Abscheideraten sind unattraktiv niedrig.
Nachteile von Hochfrequenz- entladung	HF-Entladungssysteme besitzen oft einen konstruktiv komplizierten Aufbau. Die Einkopplung der HF-Leistung in die Entladungskammer ist nur mit Hilfe von Kapazitäten und Impedanzanpassungsnetzwerken (Matchbox) möglich. Bei Fehlankopplungen besteht die Gefahr der Reflektion der gesamten Leistung. Dabei können die HF-Generatoren zerstört werden. Obwohl die Regelung dieser Netzwerke inzwischen computergesteuert realisiert wird, kann es bei großen Generatorausgangsleistungen zu Fehlern kommen. Dabei besitzen das Design der Matchbox, der Entladungskammer, der Elektrodenanordnung und der Substratanordnung einen bedeutenden Einfluss.
Vorteile von Hochfrequenz- entladung	Vorteilhaft finden HF-Entladungen Anwendung, wenn die zu bearbeitenden Substrate aus isolierenden Materialien bestehen. Weiterhin vorteilhaft ist die deutlich höhere Plasmadichte gegenüber Gleichspannungsentladungen. Bei gleichem Energieumsatz ist somit die Ätz- bzw. Abscheiderate merklich größer. Dadurch kann andererseits mit verringerten Entladungsspannungen gearbeitet werden. Dies verringert die kinetische Energie der Teilchen und damit auch die Schädigungen, die ausgelöst werden können, wenn Zusammenstöße mit dem Substrat auftreten.

Nutzung von Plasmaentladungssystemen in der Mikrostrukturierung: Wirkungen und Einflussgrößen auf die Prozesstechnologie

Ladungsträgerbewegung in Niederdruckgasentladungen
- Energieaufnahme
- Ladungsträgergeschwindigkeit
- Ladungsträgerdrift
- Wirkungsquerschnitt
- freie Weglänge
- Stoßfrequenz
- Reaktionsrate

Wirkung magnetischer Felder auf Ladungsträger
- Lorentz-Kraft → Krümmung der Flugbahnen
- Steigerung der Ladungsträgerkonzentration in definierten Volumenbereichen der Entladung
- Steigerung der Ionisierungswahrscheinlichkeit
- Unterschiedliche Ladungsträgerbeweglichkeit
- Quasineutralität durch ambipolare Diffusion

Einfluss des Gasflusses auf Reproduzierbarkeit technischer Gasentladungsprozesse
- Verweilzeit
- Strömungsarten in Vakuumsystemen

Gleichspannungsentladung
- Floatingpotenzial – Potenzial einer Modellsonde in Entladungsstrecke
- Plasmapotenzial – am meisten positives Potenzial von Gleichspannungsentladungen
- Dunkelzonen, Raumladungszonen vor Elektroden
- Potenzialverlauf in der Entladungsstrecke
- Ladungsträgergeneration durch Stoßprozesse an Katode

Hochfrequenzentladung
- Einkopplung der HF-Leistung mit „Match-Box"
- niedrige Frequenzen
  → Verhalten wie Gleichspannungsentladung; Ladungsträgergeneration vorwiegend an negativer Elektrode
- hohe Frequenzen → qualitativ verändertes Verhalten; Ladungsträgergeneration durch Stoßprozesse im Plasma
- Stromfluss im Plasma vorwiegend durch Elektronen
- Unterschiedliche Beweglichkeit der Ladungsträger stört Neutralität → Eigengleichvorspannung der HF-Elektrode Self-Bias
- HF-Elektrode wird negativ vorgespannt
- Überlagerung durch HF-Spannung

Einsatz von Entladungsprozessen
- Gleichspannungsentladung → metallische Werkstoffe auf Katode, preiswert, da einfacher Aufbau der Anlagen
- Hochfrequenzentladungen → Bearbeitung isolierender Werkstoffe auf Elektroden möglich; relativ teure Analagentechnik

Literatur

[Höf]   Höfler, K.: Wellerdieck, HF-Zerstäubung zur Substratreinigung; Balzers Fachbericht

[Sch]   Schade, K.; Suchaneck, G.; Tiller, H.-J.: Plasmatechnik; Verlag Technik, Berlin 1990

6.4 Schichtabscheidungsverfahren

	Schlüsselbegriffe
	Abscheideprozesse, Herstellung dünner Schichten, Grundprinzip des CVD-Prozesses, unterschiedliche CVD-Verfahren, Reaktionskinetik, Kaltwandreaktoren, Heißwandreaktoren, Schichtbildungsprozesse, entscheidende simultane Mechanismen, Konvektion, Diffusion, Grenzschichtdicke, Konsequenzen bei Energieaufnahme, diffusionbegrenzte Abscheidung, reaktionsbegrenzte Abscheidung, Temperatur und Prozessbegrenzung, Abscheiden von Siliziumdioxidschichten, Herstellung von Siliziumdioxid, LTO-Prozess, HTO-Prozess, konforme Stufenbedeckung, TEOS-Prozess, pyrolytische Zersetzung, Siliziumnitrid – Si_3N_4 in der Mikrotechnik, Herstellung von Si_3N_4-Schichten, Einbau von freiem Wasserstoff in die Schichten, Siliziumoxinitrid $Si_xO_yN_z$, Variation der Schichtzusammensetzung, Herstellung von Oxinitridschichten, epitaktisches Silizium, Homoepitaxie, Heteroepitaxie, polykristallines Silizium, Wolfram, Anlagentechnik für CVD-Prozesse, Temperaturregeleinrichtungen, CVD-Anlagen bei reaktionsbegrenzter Abscheidung, CVD-Anlagen bei diffusionsbegrenzter Abscheidung, Wandheiztechnik, Vor- und Nachteile der unterschiedlichen Anlagentypen, Grundanordnung von PECVD-Prozessen, PECVD-Prozesse, Abscheidung von PECVD-Schichten, PECVD-SiO_2, PECVD-Si_3N_4, PECVD-$TiSi_2$, Vorteile von PECVD-Prozessen, MOCVD-Prozesse, toxische Prozesschemikalien, LCVD-Prozesse, Nutzung der Strahlungsenergie, Abscheiderate, selektive maskenlose Beschichtung

6.4.1 Abscheideprozesse

	Unterschiedliche Abscheideprozesse
Abscheideprozesse	Unter Abscheideprozessen sind alle Prozesse zu verstehen, bei denen das Substrat als Träger für die abzuscheidenden Materialien dient. Das Substrat selbst ist am Prozess nicht beteiligt. Man kann in der Abscheidung zwischen Abscheidungen aus der Gasphase und Abscheidungen aus der flüssigen Phase unterscheiden.
	Weiterhin kann man bei Abscheidungen aus der Gasphase zwischen chemisch dominierten Prozessen → CVD – Chemical Vapour Deposition und physikalisch dominierten Prozessen → PVD – Physical Vapour Deposition differenzieren.

Abscheidungen aus der Flüssigphase können stromlos sein → LPD – Liquid Phase Deposition. Eine Sonderform ist hier das Spin-Coating, bei dem eine Flüssigkeit durch Auftropfen, Abschleudern und Lösungsmittelverdampfen zu einem Feststofffilm gewandelt wird. Sie können aber auch durch das Fließen eines Stromes gekennzeichnet sein. Man bezeichnet Letzteres als galvanische Abscheidung. Die Prozesse Spin-Coating und galvanische Abscheidung werden in diesem Abschnitt nicht beschrieben. Im Abschnitt 6.5 „Schichtabscheidung aus der flüssigen Phase" wird auf diese Prozesse eingegangen

6.4.2   Chemische Abscheidung aus der Gasphase

CVD-Prozesse

Herstellung dünner Schichten	Ein wesentlicher Prozess zur Herstellung dünner Schichten für die Mikrotechnik ist die Abscheidung chemischer Komponenten aus der Gasphase (engl.: Chemical Vapour Deposition; kurz CVD-Prozess). Dieser Prozess ermöglicht die Abscheidung einer Vielzahl der unterschiedlichsten Schichtsysteme. Das Grundprinzip dieses Prozesses besteht in der Reaktion gasförmiger Substanzen an der Oberfläche eines zu beschichtenden Substrates, wobei erst durch die Reaktion das Dünnschichtmaterial gebildet werden soll.
Grundprinzip des CVD-Prozess	
	Zur Realisierung dieses Verfahrens ist generell eine Anregung der Komponenten, die miteinander reagieren sollen, notwendig. Diese Anregung wird durch die Zufuhr von Energie bewirkt. Nach der Art des Energieeintrages kann man verschiedene Grundprinzipien der CVD-Verfahren unterscheiden.
unterschiedliche CVD-Verfahren	Bei Zufuhr von thermischer Energie spricht man allgemein von CVD-Prozessen, die sich nun noch im Verfahrensparameter Druck unterscheiden können. Während APCVD-Verfahren („Atmospheric Pressure"-CVD) bei Atmosphärendruck durchgeführt werden, wird bei LPCVD-Verfahren („Low Pressure"-CVD) mit Unterdruck, d.h. unter Vakuumbedingungen gearbeitet. Erfolgt die Anregung der Gaskomponenten durch eine Niederdruckgasentladung, so spricht man von plasmaunterstützter CVD oder PECVD („Plasma Enhanced"-CVD). Bei einer Anregung der Teilchen durch optische Strahlung hoher Energie (Laser) wird der Begriff LCVD verwendet.
	Die Attraktivität von CVD-Verfahren liegt in der außerordentlichen Vielfalt der abscheidbaren Substanzen, der hohen Reinheit der abgeschiedenen Schichten, der weitgehenden Unabhängigkeit von der Wahl des Substratmaterials und den prinzipiellen Möglichkeiten einer gezielten Einflussnahme auf die Schicht- und Strukturausbildung. Im ersten Teil sollen

zunächst die rein thermischen CVD-Prozesse näher betrachtet werden, d.h. Verfahren, bei denen die Anregung der Moleküle und Atome miteinander zu reagieren ausschließlich auf der Basis thermischer Energie gewonnen wird.

Thermische CVD-Prozesse

Reaktionskinetik

Thermische CVD-Verfahren sind außerordentlich komplexe Vorgänge bei denen eine Reihe von Einzelprozessen seriell und parallel ablaufen. Zur Realisierung der Verfahren wird ein Reaktionsgefäß oder Reaktor benötigt, der die zu beschichtenden Substrate aufnimmt und durch den die zur Reaktion notwendigen Gase strömen.

Eine grundlegende Voraussetzung für die Abscheidung qualitativ hochwertiger Schichten ist, dass eine Reaktion der Gasteilchen erst an der Substratoberfläche stattfindet. Man spricht dabei von einer heterogenen Grenzflächenreaktion, die katalytisch durch das Substrat selbst unterstützt werden kann. Kommt es bereits im Gasraum zu einer Reaktion der Gasteilchen, man spricht hierbei von einer homogenen Gasphasenreaktion, ist eine Partikel- bzw. Clusterbildung nicht auszuschließen. Diese Partikel können sich auf der Oberfläche des Substrates niederschlagen und einen ungestörten Schichtaufbau verhindern. Um diesen Effekt weitgehend zu vermeiden, wird häufig mit so genannten Kaltwandreaktoren gearbeitet. Die thermische Anregung der Reaktanten erfolgt bei diesen Anlagen erst an den aufgeheizten Substratoberflächen.

Kaltwandreaktoren

Heißwandreaktoren

Bei Heißwandreaktoren besteht ein weiterer Nachteil darin, dass die Reaktorwände schon nach kurzer Zeit mit der Schicht überzogen sind, die auf den Substraten gewünscht ist. Häufige Reinigungsprozeduren der Reaktorinnenwände sind daher erforderlich. Vorteilhaft ist allerdings bei diesem Verfahren die sehr starke Reduktion des Einflusses von Fremdstoffen. Durch die Wandreaktionen wird praktisch der gesamte Reaktorinnenraum mit einer homogenen und reinen Schicht überzogen, die das Einlagern von Fremdstoffen in starkem Maße unterdrückt.

Schichtbildungsprozess

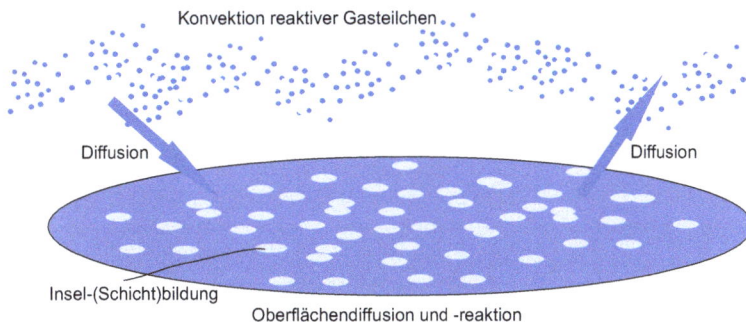

Konvektion reaktiver Gasteilchen
Diffusion
Diffusion
Insel-(Schicht)bildung
Oberflächendiffusion und -reaktion

entscheidende, **simultane** **Mechanismen**	Die bei der Schichtbildung an der Substratoberfläche ablaufenden Einzelprozesse lassen sich wie folgt definieren: 1. Transport der Reaktanten in den Reaktionsraum (Konvektion) 2. Transport der Reaktanten aus der konvektiven Strömungszone zur Substratoberfläche (Diffusion) 3. Adsorption der Reaktanten an der Substratoberfläche 4. Oberflächendiffusion der Reaktanten 5. Zerfall der Moleküle unter Bildung desorbierbarer Abprodukte (Pyrolyse) 6. Oberflächendiffusion der Restradikale 7. Einbau der Restradikale in die Festkörperoberfläche 8. Desorption der Abprodukte 9. Transport der Abprodukte in die Strömungszone (Diffusion) 10. Transport der Abprodukte aus dem Reaktor (Konvektion) Wie leicht aus dem Bild zu ersehen, ist der Gesamtprozess durch zwei wesentliche Mechanismen charakterisierbar: a) Transportprozesse b) Reaktionsprozesse an der Oberflächenprozesse.

	a) Transportprozesse
Konvektion	Der Transport der Reaktanten bzw. Abprodukte erfolgt durch Konvektion und durch Diffusion. Der konvektive Transportvorgang wird durch eine erzwungene Gasströmung im Reaktorraum verursacht. Technisch kann dies realisiert werden, indem bei APCVD-Anlagen mit einem Überdruck am Gaseinlass und bei LPCVD-Anlagen mit einem Unterdruck am Gasauslass gearbeitet wird. Um eine inhomogene Schichtbildung zu vermeiden, wird eine laminare Rohrströmung innerhalb des Reaktors angestrebt, d.h. die Reynolds-Zahl der Strömung ist generell kleiner 2300. In kommerziellen Systemen liegt die Reynolds-Zahl bei Re = 10 für LPCVD-Reaktoren und bei etwa Re = 100 für APCVD-Reaktoren.
Diffusions- **mechanismen**	Der Transport der Reaktanten aus der Strömungszone in die Abscheideregion ist nur durch die Wirkung von Diffusionsmechanismen erklärbar. Bei einer angenommenen laminaren Rohrströmung bildet sich ein paraboli-

Grenzschichtdicke	sches Geschwindigkeitsprofil aus, wobei die Randbedingung $v = v_{wand} = 0$ gilt. Der Übergang von $v > 0$ zu $v = 0$ wird durch eine Grenzschicht gebildet. Diese Grenzschicht besitzt eine Dicke δ entsprechend: $$\delta = \sqrt{\frac{\eta \cdot l}{\rho \cdot v}}$$ mit η – Viskosität des Gases; l – charakteristische Rohrlänge; ρ – Dichte; v – Geschwindigkeit am Rand der Grenzschicht. Innerhalb dieser Schicht erfolgt der Transport der Reaktanten. Nach dem Fickschen Gesetz und unter der Annahme idealer Zustände ($p_G = kTc$) kann ein Teilchenstrom Φ_G durch diese Grenzschicht definiert werden: $$\Phi_G = -\frac{D}{kT} \cdot \mathrm{grad}(p_G)$$ mit p_G – Partialdruck des Reaktanten; D – Diffusionskoeffizient; k – Boltzmannkonstante und T – Temperatur. Der Partialdruck p_G im Gasraum ist verschieden vom Partialdruck p_W der Reaktanten an der Wandung oder den eingebrachten Substraten, weil es an der Substratoberfläche zu den bereits erwähnten Reaktionen kommen kann.

	b) Reaktionsprozesse an der Oberfläche
Konsequenzen bei Energieaufnahme	Die durch Diffusion zur Oberfläche gelangenden Teilchen können dort auf Grund der erhöhten Temperatur sehr leicht Energie aufnehmen. Diese Energieaufnahme ist mit folgenden Konsequenzen verbunden: 1. Die Teilchen werden sofort wieder desorbiert und bewegen sich an der Oberfläche des Substrates entlang. 2. Durch die Energieaufnahme wird die Bindungsenergie überschritten, die Teilchen zerfallen in reaktive Radikale, die sich an der Oberfläche des Substrates bewegen. 3. Die Teilchen zerfallen, es bilden sich Radikale aus, die sofort mit den Oberflächenatomen des Substrates reagieren, andere werden desorbiert. Während im ersten Fall keine Schichtbildung möglich ist, können im Fall 2 und 3 sowohl Reaktionen von Radikalen an der Oberfläche und deren

Adsorption durch die Substratoberfläche als auch direkte Reaktionen der Radikalen mit den Oberflächenatomen zur Bildung einer neuen festen Phase führen [Scha]. Im Allgemeinen, d.h. bei entsprechender Wahl der Prozessparameter, kommt es durch diese Reaktionen zur Ausbildung einer Schicht. Die Abscheiderate wird dabei durch den Fluss Φ_W der abgeschiedenen Teilchen charakterisiert:

$$\Phi_W = k_r \cdot p_W$$

wobei

$$k_r = k_{r0} \cdot e^{-\frac{E_A}{kT}}$$

mit k_r – temperaturabhängige Reaktionsrate; E_A – Aktivierungsenergie der Reaktion; k – Boltzmannkonstante.

Da unter der Annahme linearer Abhängigkeiten gilt:

$$\text{grad}(p_G) = \frac{p_G - p_W}{\delta}$$

erhält man für das Verhältnis der Flussdichten folgende Beziehung:

$$\frac{\Phi_W}{\Phi_G} = \frac{p_W}{p_G - p_W} \cdot \frac{k_r}{D} \cdot kT \cdot \delta$$

Unter Nutzung der Ähnlichkeitsbeziehung [Schu] der Strömungstechnik kann man in folgende Form umwandeln:

$$Nu = \frac{C}{D} \cdot \delta$$

Nu ist dabei die Nusselt-Zahl. Für die Nutzung dieser Beziehung kann man zwei grundlegende Fälle unterscheiden.

1. Nu >> 1

1.Fall: Nu>>1   Unter dieser Bedingung wird die Reaktionsrate in entscheidendem Maße von der Diffusion bestimmt, d.h. es gilt:

$$\Phi_W = \frac{D}{kT\delta} \cdot p_G$$

Der Einfluss der chemischen Reaktion der Reaktanten an der Substratoberfläche ist vernachlässigbar. Der Einfluss der Temperatur auf die Abscheidung ist ebenso relativ gering, da angenommen werden kann, dass für die Diffusionskonstante folgender Zusammenhang gilt:

$$D \propto \frac{T^{1,5}}{p_G}.$$

Diffusions-begrenzte Abscheidung	Der Einfluss der Reaktorgeometrie ist dagegen nicht zu vernachlässigen, weil die Ausbildung der Strömungsverhältnisse zur Wandung durch die Größe δ charakterisiert wird. Bei diesen Verhältnissen spricht man von *diffusionbegrenzter* Abscheidung.
2. Fall: Nu<<1	**2. Nu << 1** In diesem Fall wird die Schichtbildung von der an der Oberfläche ablaufenden Reaktionen bestimmt. $$\Phi_W = k_r p_G$$ Der Einfluss von Transportprozessen ist sehr gering. Auch die Reaktorgeometrie bzw. die Lage der Substrate im Reaktor sind für diesen Vorgang von untergeordneter Bedeutung. Der Einfluss der Temperatur ist wegen der Temperaturabhängigkeit von k_r sehr hoch.
Reaktions-begrenzte Abscheidung	Die Abscheidung ist unter diesen Bedingungen *reaktionsbegrenzt*. Prozesse, die diese Charakteristik aufweisen, müssen durch eine relativ aufwendige Temperaturregelung gestützt werden. Die Temperaturabhängigkeit der Abscheidung bei CVD Prozessen ist im Bild dargestellt [Schu]. Durch die Erniedrigung von Druck und Temperatur kann die Nusselt-Zahl verkleinert werden, d.h. die Abscheidung wird zunehmend reaktionsbegrenzt. Dieser Umstand wird im Wesentlichen bei LPCVD-Prozessen genutzt. LPCVD-Anlagen besitzen daher im Allgemeinen eine sehr aufwendige Temperatursteuerung. Vorteilhaft ist bei diesen Anlagen, dass sich Reaktorgeometrie und Lage der Substrate kaum auf die Homogenität der Beschichtung auswirken. 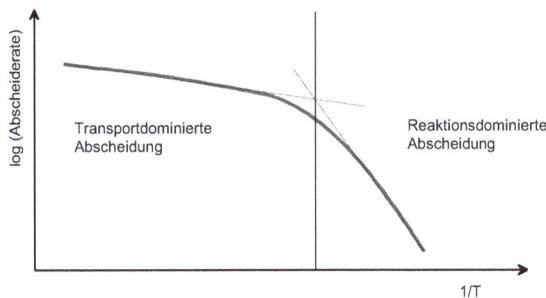 Bei APCVD-Anlagen ist die Abscheidung meist diffusionsbegrenzt. Diese Anlagen sind deshalb bezüglich ihrer Reaktorgeometrie und der Substratlagerung komplizierter aufgebaut als LPCVD-Anlagen.

Abscheidung ausgewählter Schichten

Abscheiden von Siliziumdioxid-schichten	Mit Hilfe von CVD-Techniken ist es möglich, Siliziumdioxid auf unterschiedliche Substratmaterialien abzuscheiden. Dies ist ein entscheidender Vorteil gegenüber der thermischen Oxidation von Silizium, bei der während der Reaktion Substratmaterial verbraucht wird.

verschiedene Prozesse zur Herstellung von Siliziumdioxid	In der Mikrotechnik werden SiO_2-Schichten als Maskierungsschichten für anisotrope und isotrope Ätzprozesse und sowie als Isolationsschichten verwendet. Im Bereich der Oberflächen-Mikrotechnik werden Siliziumdioxidschichten als so genannte Opferschichten eingesetzt. Für die Aufbau- und Verbindungstechnik werden dotierte SiO_2-Schichten als anodisch bondbare Schichten verwendet. Zur Herstellung von SiO_2 mit Hilfe von CVD-Verfahren gibt es eine Reihe unterschiedlicher Prozesse. An dieser Stelle sollen nur die grundlegenden Verfahren besprochen werden. Modifikationen dieser Prozesse sind grundsätzlich, vor allem in Anbetracht der spezifischen Funktion der Schichten, möglich.
LTO-Prozess (low temperature oxide) **Prozessparameter**	Der LTO-Prozess ist die einfachste Möglichkeit der Herstellung von SiO_2. Dieser Prozess kann mit APCVD- und LPCVD-Verfahren durchgeführt werden. Die Reaktionsgleichung dieses Prozesses lautet: $SiH_4 + O_2 \rightarrow SiO_2 + 2H_2\uparrow$ Die typischen Prozessparameter sind in der folgenden Tabelle angegeben.

Reaktionsgase	Druck/Pa	Temperatur / °C	Abscheiderate/ $nm \cdot min^{-1}$
$SiH_4 : O_2 = 0{,}05\text{–}0{,}2$	10^5 (APVCD)	400–450	30–300
$SiH_4 : O_2 = 0{,}1\text{–}1$	50 (LPCVD)	360–380	5–15

Um bei dieser Gaszusammensetzung eine homogene Gasphasenreaktion zu vermeiden, wird dem Sauerstoff häufig Stickstoff als Trägergas zugemischt. Die Stufenbedeckung ist bei den APCVD-Prozessen nicht konform. Beim LPCVD-Verfahren können nahezu konforme Stufenbedeckungen erreicht werden.

Die abgeschiedenen Schichten stehen unter einer Zugspannung von 200–300MPa. Durch den Einbau von nicht desorbierten H-Atomen in die Schichten wird der theoretische Brechungsindex des SiO_2 von n = 1,46 nicht erreicht.

HTO-Prozess (high temperature oxide)	Der HTO-Prozess wird ausschließlich mit Hilfe von LPCVD-Verfahren realisiert. Als Oxidationsmittel wird Distickstoffmonoxid eingesetzt. Als Siliziumlieferant dient reines Silan oder Dichlorsilan. Die Reaktionsgleichungen lauten: $SiCl_2H_2 + 2N_2O \rightarrow SiO_2 + 2N_2\uparrow + 2HCl\uparrow$ $SiH_4 + 2N_2O \rightarrow SiO_2 + 2N_2\uparrow + 2H_2\uparrow$ Das Verhältnis der eingesetzten Gase ist unterschiedlich und beträgt im Dichlorsilanprozess $SiH_2Cl_2 : N_2O = 0{,}14\text{–}0{,}5$. Beim reinen Silanprozess

	wird mit einer Zusammensetzung $SiH_4 : N_2O = 0,5$ gearbeitet. Die Prozesstemperatur liegt bei 900°C. Der Prozessdruck beträgt ca. 80 Pa.
	Die Abscheiderate liegt bei den genannten Prozessparametern bei etwa 10nm/min. Das mit diesen Prozessen hergestellte Oxid ist sehr hochwertig und mit thermischen Oxiden bezüglich der Eigenschaften vergleichbar. Problematisch ist bisweilen der Chlorprozess, da das Chlor durch die gebildeten Schichten bis zur Substratoberfläche diffundieren kann. Bei einigen Substratmaterialien kann dadurch die Oberfläche angeätzt werden. Die Haftfestigkeit der gebildeten Schichten auf dem Substrat wird durch diesen Prozess drastisch reduziert.
konforme Stufenbedeckung	Der LTO-Prozess zeichnet sich durch eine konforme Stufenbedeckung aus und ist daher speziell für mikrotechnische Anwendungen mit tiefen dreidimensionalen Strukturen sehr interessant. Allerdings ist auch bei den gebildeten Schichten mit dem Einbau von Fremdstoffen zu rechnen, so dass der Brechungsindex von 1,46 verschieden ist.
TEOS-Prozess **pyrolytische Zersetzung**	Bei den bisher betrachteten CVD-Prozessen erfolgte zunächst eine Aufspaltung der Reaktanten an der Substratoberfläche und anschließend eine Reaktion der freien Radikalen miteinander. In einem anderen Prozess erfolgt nur die pyrolytische Zersetzung eines am Substrat adsorbierten Materials. Dieses Material ist das Tetraethylorthosilikat (TEOS) mit der Summenformel $Si(OC_2H_5)_4$. Das TEOS ist eine Flüssigkeit, die sich durch einen sehr niedrigen Dampfdruck bei Raumtemperatur auszeichnet. Um eine ausreichende Versorgung der Prozesszone mit dem Reaktanten zu gewährleisten, werden die Gasversorgungssysteme bei Temperaturen von etwa 100°C mit speziellen Gasflussreglern betrieben. Das TEOS gelangt mit der Gasströmung zum Substrat und zerfällt an seiner Oberfläche bei Temperaturen von etwa 700°C. Dabei bildet sich reines und hochwertiges SiO_2 mit einem Brechungsindex von n = 1,46. Dieses Verfahren erlaubt eine homogene Stufenbedeckung. Üblicherweise wird das Verfahren in LPCVD-Anlagen durchgeführt. Die Abscheiderate zeigt starke Abhängigkeiten vom Partialdruck und der Temperatur. Übliche Depositionsraten liegen im Bereich von 5nm/min...50nm/min Das TEOS-Verfahren ist nicht durchführbar, wenn die zu beschichtenden Substrate bereits mit einer Al-Metallisierung versehen sind. Die Schmelztemperatur von Aluminium liegt bei 660°C.
Siliziumnitrid – Si_3N_4 in der Mikrotechnik	Siliziumnitrid wird in der Mikrotechnik vorwiegend als Maskierungsmaterial eingesetzt. Die chemische Stabilität des Materials ist außerordentlich hoch. Bei nasschemischen anisotropen Ätzprozessen von Silizium in alkalischen Lösungen ist praktisch keine Ätzrate des Siliziumnitrides messbar. Da es bei Hochtemperatur- und Niedrigtemperatur-Bondprozessen keine Bindung mit Silizium oder Siliziumdioxid eingeht, ist es hervorragend für den Einsatz in gestapelten Waferverbunden mit beweglichen Komponenten geeignet. Für diese Strukturen werden vorwiegend strukturierte Nitridschichten mit lokaler Oxidation (LOCOS) eingesetzt.

Herstellung von Si₃N₄-Schichten	Für die Herstellung von Si_3N_4-Schichten mit Hilfe von CVD-Verfahren stehen mehrere mögliche Reaktionen zur Verfügung. Generell wird das Material mit Hilfe von LPCVD-Prozessen abgeschieden. Die Nettoreaktionsgleichungen können dabei die folgenden sein: $3SiCl_2H_2 + 4NH_3 \rightarrow Si_3N_4 + 6HCl\uparrow + 6H_2\uparrow$ $3SiH_4 + 4HN_3 \rightarrow Si_3N_4 + 12H_2\uparrow$ Die typischen Prozesstemperaturen liegen zwischen 700°C und 900°C. Die Zusammensetzung der Gase liegt bei dem Chlorprozess bei SiH_2Cl_2 : NH_3 = 0,1–0,3 und bei dem Monosilanprozess bei SiH_4 : NH_3 = 0,2. Die abgeschiedenen Schichten zeigen eine annehmbare Uniformität und eine weitgehend konforme Stufenbedeckung. Die Abscheideraten der Schichten liegen zwischen 4 und 10nm/min und sind in starkem Maße von der Prozesstemperatur abhängig.
Einbau von Wasserstoff in die Schichten	Problematisch ist bei beiden Prozessen der Einbau von freiem Wasserstoff in die Schichten. Der Brechungsindex weicht vom theoretischen Wert (n = 2,0) meist ein wenig zu größeren Werten ab. Dies wird vor allem auf einen Si-Überschuss in den Schichten zurückgeführt. Die abgeschiedenen Schichten sind amorph, transparent und im Allgemeinen nicht stöchiometrisch, d.h. nicht entsprechend der Summenformel zusammengesetzt. Bei dem chlorhaltigen Prozess kann es zudem zu einer ungewollten Reaktion zwischen freiem Chlor und Ammoniak unter Bildung von Ammoniumchlorid kommen. Dieses Material kann sich in Form fein verteilter Partikel auf dem Substrat niederschlagen. Die Schichten stehen grundsätzlich unter einer sehr großen Zugspannung (bis zu 1GPa) und werden daher nur bis zu Maximaldicken von etwa 300nm abgeschieden. Durch Einlagerungen von Fremdstoffen, insbesondere Sauerstoff, kann dieser intrinsische Stress der Schichten abgebaut werden. Da eine Sauerstoffeinlagerung relativ leicht realisierbar ist, wird häufig mit Schichtsystemen gearbeitet, die einen merklichen Sauerstoffanteil aufweisen.
Siliziumoxinitrid $Si_xO_yN_z$	Das amorphe Oxinitrid $Si_xO_yN_z$ des Siliziums ist ein Werkstoff, der bezüglich seines inneren Spannungszustandes sehr gut eingestellt werden kann. Durch die Zugabe von Sauerstoff kann die Schichtzusammensetzung nahezu kontinuierlich zwischen Oxid und Nitrid verändert werden. Diese Eigenschaften sind insbesondere für mikromechanische Strukturen mit integrierten Federelementen von Bedeutung, da über die Schichtzusammensetzung eine Beeinflussung der Federkonstanten erreicht werden kann. Auch als Maskierungschichten eigenen sich die Oxinitridschichten sehr gut. Das Material ist transparent und nicht stöchiometrisch. Auf Grund der möglichen Variationen im Brechungsindex zwischen 1,46 und 2,0 ist dieses Material auch für Anwendungen der integrierten Optik von großer Bedeutung.
Variation der Schichtzusammensetzung	
Oxinitridschichten mit dem LPCVD-Prozess	Die Herstellung von Oxinitridschichten erfolgt mit Hilfe des LPCVD-Verfahrens. Dabei wird dem Reaktionsgas bestehend aus Dichlorsilan und

	Ammoniak N_2O (Lachgas) als Oxidationsmittel zugegeben. Das Verhältnis zwischen N_2O und NH_3 ist entscheidend für die Zusammensetzung der Schicht. Die Abscheidetemperatur liegt bei 800°C. Die Abscheiderate kann je nach Gaszusammensetzung zwischen 2nm/min und 10nm/min liegen. Die Stufenbedeckung ist konform. Einlagerungen von Wasserstoff in die Schichten sind generell zu verzeichnen. Durch die Einlagerung von Gasen in die Schichten können deren Eigenschaftsspektrum in einem sehr weiten Rahmen variiert werden.
Si-Schichten **epitaktische Si-Schichten**	Für verschiedene Applikationen in der Mikrotechnik, insbesondere aber zur Erzeugung von definierten pn-Übergängen in der Mikroelektronik werden Siliziumsubstrate einer Dotierungsart mit einer Si-Schicht einer anderen Dotierungsart bedeckt. Das Verfahren dieser Schichtbildung wird als Epitaxie oder epitaktische Schichtbildung bezeichnet. Dabei leitet sich diese Bezeichnung aus der Phänomenologie des Verfahrens ab. Die auf einem kristallinen Substratmaterial aufwachsenden Schichten besitzen ebenfalls eine kristalline Orientierung (griechisch: epi – darauf; taxos – Ordnung). Dabei kann zwischen folgenden grundsätzlichen Mechanismen unterschieden werden.
Homoepitaxie	Als Homoepitaxie bezeichnet man alle Verfahren, bei denen die aufwachsende Schicht im Wesentlichen die gleiche chemische Zusammensetzung besitzt, wie das Substrat.
Heteroepitaxie	Im Unterschied dazu sind bei der Heteroepitaxie die Schicht- und Substratmaterialien verschieden.
Dotanten	In der Si-Technologie werden vorwiegend Verfahren der Gasphasen-Epitaxie als CVD-Prozesse zur Erzeugung gleichmäßiger kristalliner Schichten verwendet. Dabei können sowohl APCVD-Verfahren als auch LPCVD-Verfahren zur Verwendung kommen. Die wesentlichen Prozesse basieren auf Monosilan SiH_4 oder Dichlorsilan $SiCl_2H_2$. Als Dotierstoffe kommen ebenfalls gasförmige Substanzen zur Anwendung, die bei hohen Temperaturen die Donatoren bzw. Akzeptoren freisetzen. Typische Gase sind Diboran B_2H_6, Phosphin PH_3 und Arsin AsH_3, die sich durch eine sehr hohe Toxizität auszeichnen. Die Zerfallsreaktion ist dann beispielsweise gegeben durch: $$2PH_3 \xrightarrow{\ T\ } 2P + 3H_2$$ Die Dotanten bewegen sich auf der Substratoberfläche durch Oberflächendiffusion und können in das sich bildende Si-Gitter der Schicht eingebaut werden. Bei Temperaturen von etwa 1100°C erfolgt die Zersetzung der Ausgangssubstanzen gemäß: $$SiH_4 \xleftarrow{\ 1100°C\ } Si + 2H_2 \uparrow$$

	$$SiCl_2H_2 \xleftarrow{\quad 1100°C \quad} Si + 2HCl \uparrow$$ Vorteil des an zweiter Stelle gezeigten Prozesses ist dessen mögliche Umkehrung. Silizium wird dabei geätzt. Durch gezielt eingestellte Flussraten der Gase können auf diese Art abwechselnd Abscheide- und Ätzprozeduren durchgeführt werden. Die Oberflächenqualität der so abgeschiedenen Schichten kann damit deutlich verbessert werden.
Poly-Silizium	Auch polykristallines Silizium kann mit Hilfe von CVD-Prozessen abgeschieden werden. Es werden Prozessgase wie bei der Herstellung epitaktischer Schichten verwendet. Unterschiedlich ist in der Prozessführung nur die Abscheidetemperatur. Deutlich verringerte Prozesstemperaturen von 600°C...700°C verhindern das Auswachsen der Korngrenzen während der Schichtbildung. Folglich erhält die sich bildende Schicht eine kristalline Struktur, die durch unterschiedliche Orientierung der Einzelkristalle geprägt ist. Zur Einstellung der elektrischen Leitfähigkeit der Schicht werden auch bei diesem Prozess in Analogie zur Epitaxie die gleichen Dotiergase zugegeben.
Wolfram	Wolfram zeichnet sich dadurch aus, dass es Kontaktlöcher zwischen unterschiedlichen Leitbahnebenen hervorragend füllen kann. Dieser, in der Mikroelektronik genutzte Prozess, basiert nicht auf Sputterverfahren wie bei den meisten Metallen, sondern auf einem CVD-Prozess bei moderaten Temperaturen. Es handelt sich in der Regel um einen zweistufigen Prozess, bei dem zunächst Wolfram bis zu einer Schichtdicke von 20nm auf blankem Silizium aufwächst. Bei diesem Prozess wird das Si verbraucht. Als Prozessgas dient hier Wolframhexafluorid WF_6. $$2WF_6 + 3Si \xrightarrow{\quad 300°C \quad} 2W + 3SiF_4$$ Anschließend erfolgt das selektive Aufwachsen von Wolfram auf der bereits gebildeten W-Schicht, indem dem Reaktionsgas Wasserstoff beigemischt wird. $$WF_6 + 3H_2 \xrightarrow{\quad 300°C \quad} W + 6HF$$

Anlagentechnik für thermische CVD-Prozesse

Anlagentechnik für CVD-Prozesse	Thermische CVD-Anlagen bestehen, ähnlich wie thermische Diffusionsanlagen, aus einem Reaktor, der Gasversorgung, der Be- und Entladestation und der Steuerungstechnik. Im Unterschied zur Diffusion bzw. Oxidation werden die Reaktionszonen meist durch Edelstahlrohre gebildet, die einerseits den hohen Temperaturbelastungen gewachsen sind und die im Falle der LPCVD-Prozesse die entsprechenden Unterdrücke mechanisch aufnehmen können.

Temperatur-regeleinrichtungen	Da die thermischen CVD-Prozesse als wesentlichen Prozessparameter die Temperatur des Prozesses besitzen, müssen CVD-Anlagen über Heizungs- und Temperaturregeleinrichtungen verfügen. Dabei unterscheiden sich diese Temperatureinrichtungen wesentlich, wenn man APCVD- und LPCVD-Prozesse vergleicht. Wie bereits gezeigt, wird die Abscheidung durch zwei grundsätzliche Prozesse beeinflusst bzw. begrenzt.
CVD-Anlagen bei reaktionsbegrenz-ter Abscheidung	Betrachtet man einen Prozess im unteren Temperaturbereich, so zeigt sich eine sehr starke Abhängigkeit der Depositionsrate von der Temperatur. Bereits geringfügige Temperaturänderungen wirken sich sehr stark auf die Abscheidebedingungen aus. Der Prozess ist reaktionsbestimmt. Auswirkungen der Gasströmung sind kaum wahrnehmbar. Damit ist die Auslegung der entsprechenden Prozessanlagen definiert. Eine aufwendige Temperaturregelung ist notwendig, um reproduzierbare Abscheideraten zu erzielen. Die Anordnung der Scheiben und die Einkopplung der Gasströmung in die Prozesszone sind von untergeordneter Bedeutung. Typischerweise sind LPCVD-Anlagen nach diesen Anforderungen ausgelegt. Vorteil dieser Konzeption ist die relativ niedrige Prozesstemperatur. Nachteilig sind die Anlagenkosten verursacht durch die aufwendige Temperaturregeltechnik und die erforderliche Vakuumtechnik.
	Prozesse im oberen Temperaturbereich werden dagegen durch Transportprozesse eingeschränkt. Das heißt, die Abscheiderate hängt in starkem Maße von den Transportprozessen und der Geometrie der Reaktorzone ab. Die Temperatur hat einen vernachlässigbaren Einfluss auf die Deposition. Damit ergibt sich ein Anlagenkonzept, das in hohem Maße die Strömungsverhältnisse in der Reaktionszone berücksichtigt. Insbesondere APCVD-Anlagen verkörpern diese Anlagenkonzeption.
CVD-Anlagen bei diffusions-begrenzter Abscheidung	Somit ergeben sich für die Anlagengestaltung grundsätzliche Ähnlichkeiten, die durch das Sicherheitskonzept infolge der toxischen Gase und die notwendige Prozesstemperatur bestimmt werden. Unterschiede in der Anlagentechnik resultieren aus der strömungstechnischen Auslegung. Man kann, wie im Bild gezeigt, zwischen verschiedenen Anlagentypen für die thermische CVD unterscheiden.
Unterschiede der Wandheiztechnik	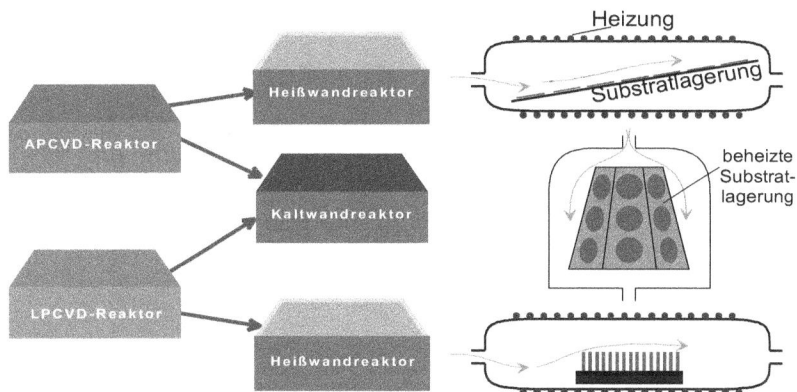

In der praktischen Nutzung hat sich in der Vergangenheit die LPCVD-Technik weitgehend durchgesetzt. Obwohl die Anlagenkosten deutlich über denen für APCVD-Anlagen liegen, können qualitative Vorteile in der Schichtbildung nachgewiesen werden. APCVD-Anlagen werden vorwiegend in der Epitaxie verwendet. Ein typischer Epitaxie-Reaktor ist der Kaltwandreaktor.

Vor- und Nachteile der verschiedener Anlagentypen

Der Vorteil der Kaltwandreaktortechnik liegt in der deutlich verringerten Abscheidung auf den Wandungen des Reaktors. Nachteilig ist die oft recht ungenaue Temperaturkontrolle auf den Substraten. Heißwandreaktoren haben nach endlicher Prozesszeit diese Probleme nicht, das Gesamtsystem ist auf nahezu gleiche Temperatur erwärmt. Die unterschiedlichen Scheibenanordnungen in den Kaltwandreaktoren verdeutlichen den starken Einfluss der Reaktorgeometrie und der Gasströmung beim APCVD-Prozess.

PECVD-Prozesse

Grundanordnung von PECVD-Prozessen

Im Gegensatz zu thermischen CVD-Verfahren erfolgt die Anregung der Teilchen, die später eine Schicht bilden sollen, bei PECVD-Prozessen mit Hilfe von Plasmen. „PECVD" steht dabei für „*Plasma Enhanced Chemical Vapour Deposition*". Die Plasmen werden in einer Entladungsstrecke, in der sich auch die beschichteten Substrate befinden, gezündet. Da eine Substratbeteiligung unerwünscht ist, liegen die Substrate üblicherweise bei diesem Prozess auf Erdpotential. Bei diesem Verfahren können Rohreaktoren (Barell-Reaktor) und Platten-Reaktoren verwendet werden. Letztere haben einen deutlich geringeren Durchsatz, werden aber wegen der besseren Steuerbarkeit der Prozesse bevorzugt verwendet. Eine typische Anordnung für einen Parallelplattenreaktor ist im Bild gezeigt.

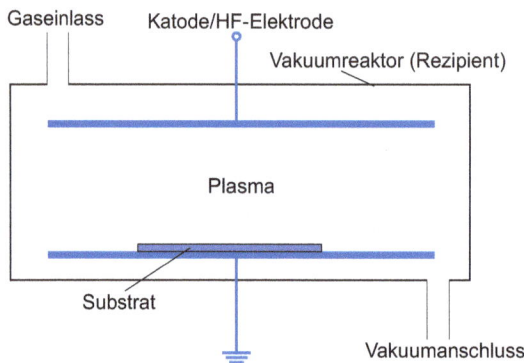

PECVD-Prozess

Gaseinlass · Katode/HF-Elektrode · Vakuumreaktor (Rezipient) · Plasma · Substrat · Vakuumanschluss

Die Elektroden sind in diesem Fall parallel zueinander angeordnet. Das Substrat befindet sich auf der geerdeten Elektrode. Dadurch tritt es mit dem Plasma kaum oder nur in geringem Maße mit einigen Elektronen in Wechselwirkung. Die wesentlichen Prozesse der Schichtbildung finden an der Substratoberfläche statt. Diese Prozesse werden durch im Plasma aktivierte Moleküle ausgelöst. Das Problematische dieser Anordnung ist, dass sie mit der Anordnung zum Plasmaätzen identisch ist. Werden also im Plasma Spezies gebildet, die das Substrat oder die sich darauf bildenden Schichten ätzen, dann wird das Substrat bzw. die sich bildende Schicht angegriffen und es findet nicht die gewünschte Schichtbildung statt. Um also eine Schichtbildung zu gewährleisten, ist es erforderlich, die Prozessparameter so einzustellen, dass der gewünschte Effekt eintritt. In der Regel sind diese Prozessparameter sehr eng toleriert und man spricht auch vom „Prozessfenster". Betrachtet man als Reaktion die Abscheidung von reinem Silizium auf Basis von $SiCl_4$ dann kann sowohl die Schichtbildung als auch das Ätzen der Schicht auftreten.

$$Si \longleftrightarrow Si + 2Cl_2$$

Daher ist es zwingend erforderlich, das Gleichgewicht zugunsten des gewünschten Prozesses zu verschieben. Mögliche Einflussgrößen sind hierbei die Temperatur, eingekoppelte Plasmaleistung, der Druck und der Gasfluss. Allerdings wirken sich auch geometrische und materialspezifische Faktoren, wie der Plattenabstand zwischen beiden Elektroden, die Kontur der Reaktionskammer, die Art der Gaseinströmung, das verwendete Elektrodenmaterial, das Material der Reaktionskammer u.Ä. auf das Gleichgewicht aus. So ist es auch nicht möglich, Prozessdaten, die zur gewünschten Abscheidung geführt haben, von einem Anlagetyp auf einen weiteren zu übertragen.

PECVD-Prozesse werden häufig zur Abscheidung von SiO_2, Si_3N_4 und SiO_xN_y eingesetzt. Die abgeschiedenen PECVD-Schichten sind in der Regel nicht stöchiometrisch. Als typische Reaktionen sollen dabei folgende Beispiele dienen.

PECVD-SiO₂

a) Siliziumoxid SiO₂

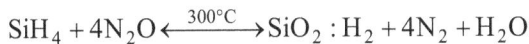

$$SiH_4 + 4N_2O \xleftrightarrow{\text{300°C}} SiO_2 : H_2 + 4N_2 + H_2O$$

Dabei wird durch die Bezeichnung „:H" unterstrichen, dass die Schichten einen hohen Wasserstoffanteil enthalten. Der Brechungsindex liegt mit n = 1,47 leicht über dem von Glas (n = 1,46). Die Schichten können je nach Abscheidebedingungen unter mechanischen Zug- oder Druckspannung stehen. Die mögliche Optimierung auf spannungsarme Schichten ist ein Vorteil des PECVD-Prozesses. Die Kantenbedeckung ist jedoch nicht konform. Dieser Nachteil tritt bei nahezu allen PECVD-Beschichtungen auf.

PECVD-Si₃N₄

b) Siliziumnitrid Si₃N₄

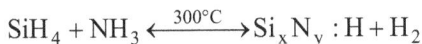

$$SiH_4 + NH_3 \xleftrightarrow{\text{300°C}} Si_xN_y : H + H_2$$

Die Schichten besitzen einen hohen H-Anteil. Mechanische Spannungen können durch geeignete Wahl der Prozessparameter minimiert werden. Der Brechungsindex der Schichten liegt mit n = 2,2 meist über dem von

PECVD-TiSi₂	Si_3N_4 (n = 2,0). Die Kantenbedeckung ist nicht konform.
	c) Titansilizid
	$$2SiH_4 + TiCl_4 \xleftarrow{\quad 300°C \quad} TiSi_2 + 2H_2 + 4HCl$$
	Die Schichten werden als Leitbahnen verwendet. Allerdings kann die hohe elektrische Leitfähigkeit erst durch einen abschließenden Temperprozess bei 600°C erreicht werden.
Vorteil von PECVD-Prozessen	Der grundlegende Vorteil von PECVD-Prozessen besteht in der Möglichkeit der Abscheidung bei vergleichsweise geringen Temperaturen. Üblicherweise liegen die Prozesstemperaturen bei 300°C. Ein weiterer Vorteil liegt in der Möglichkeit, Schichten mit sehr niedrigen mechanischen Spannungen herzustellen. Nachteilig ist die nicht konforme Kantenbedeckung. Nachteilig ist weiterhin, dass die Schichten keine stöchiometrische Zusammensetzung besitzen und damit meist qualitativ schlechtere Eigenschaften aufweisen als entsprechend stöchiometrische Materialien.

MOCVD-Prozesse

Einsatzgebiete der MOCVD-Prozesse	Grundlage dieser Prozesstechnik sind metallorganische Verbindungen („Metal Organic"-CVD). Typische Vertreter sind Trimethyl-Al; Trimethyl-Ga, Trimethyl-In. Diese meist sehr toxischen Verbindungen werden genutzt, um definierte Schichten vor allem für optische Anwendungen zu generieren. Die Prozesstemperaturen liegen in der Regel um den Bereich von 1000°C. Häufig werden die Anlagen induktiv oder mit Hilfe von Strahlern beheizt. In Kombination mit NH_3 als Stickstoffquelle werden GaN- oder InN-Schichten hergestellt. In der Mikroelektronik hat sich das Verfahren zur Herstellung von aktiven optischen Bauelementen inzwischen bewährt. Aktuell finden MOCVD-Prozesse bei der Herstellung von Leitbahnen aus Kupfer Anwendung. Die Prozesstemperaturen sind dabei deutlich geringer (ca. 400°C). In der Mikrosystemtechnik sind MOCVD-Verfahren auf Grund der hohen Toxizität der eingesetzten Gase und der damit verbundenen aufwendigen Prozesstechnik gegenwärtig nicht kostendeckend einsetzbar und daher kaum von Bedeutung.

Laser-CVD-Prozesse

Nutzung der Strahlungsenergie	Bei Laser-CVD-Verfahren (LCVD) wird die Strahlungsenergie genutzt, um reaktionsfähige Teilchen zu erzeugen. [Ibb] Dazu wird ein Laserstrahl auf einen Bereich nahe der Substratoberfläche fokussiert. Die reaktionsfreudigen Radikale werden an der Festkörperoberfläche adsorbiert und reagieren miteinander unter Bildung eines Feststoffes. Eine Erwärmung

<table>
<tr><td></td><td>

der Substratoberfläche findet nur selektiv im Abscheidebereich statt. Die übrige Substratoberfläche wird nicht erwärmt und das Verfahren kann bei geringer thermischer Belastung der Substrate durchgeführt werden. Die Abscheiderate hängt von verschiedenen Faktoren ab und berechnet sich aus

</td><td>

Laser-strahl

Anregungs-zone

$\leftarrow$ d $\rightarrow$

Struktur

Substrat

</td></tr>
<tr><td>

Berechnung der Abscheiderate

</td><td colspan="2">

$$R_D = \frac{Dc}{r+d}$$

mit r – auf die Stoßwahrscheinlichkeit W_D mit der Abscheidungsoberfläche bezogene freie Weglänge λ; D – Diffusionskoeffizient; c – Konzentration der Teilchen; $\overline{v}$ – mittlere Geschwindigkeit der Teilchen.

$$r = \frac{\lambda}{W_D} = \frac{2D}{W_D \overline{v}}$$

Für $r \gg d$ folgt somit

$$R_D = \frac{W_D c \overline{v}}{2}$$

</td></tr>
<tr><td>

Vorteil: selektive maskenlose Beschichtung

</td><td colspan="2">

Grundsätzlich kann mit Hilfe dieses Verfahrens eine selektive Beschichtung realisiert werden. Es ist weiterhin möglich, Einzelstrukturen, wie Balken oder Zungen, aus definierten Materialien zu erzeugen. Vorteilhaft ist weiterhin, dass dieses Verfahren ohne Masken eingesetzt werden kann. Die Prozessgase sind mit denen der thermischen CVD identisch. Da das Verfahren seriell schreibend ist, besitzt es bezüglich der Produktivität entscheidende Nachteile und wird daher vorwiegend im Forschungs- und Entwicklungs-Bereich eingesetzt.

</td></tr>
</table>

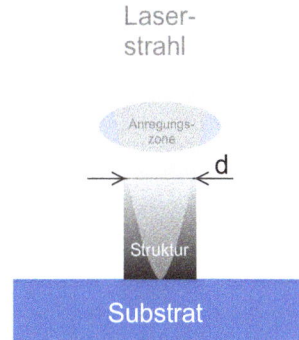

<table>
<tr><td></td><td>

Merke

Chemical Vapour Deposition (CVD)
Ziel: Herstellung dünner Schichten (dielektrisch, leitfähig)

Prozess
Abscheidung chemisch aktiver Komponenten aus der Gasphase
Anregung der Schichtbildung durch Zufuhr von thermischer Energie
→ thermischer CVD-Prozess
2 grundlegend parallel ablaufende Prozesse beeinflussen Schichtbildung:
- Transportprozesse (Konvektion, Diffusion)
- Reaktionsprozesse (chemische Reaktion der angeregten Radikale an Substratoberfläche)

</td></tr>
</table>

Unterschiede
- APCVD-Prozess („Atmospheric Pressure"-CVD): Abscheidung bei Normaldruck
  - Abscheidung wird durch Transportprozesse der Reaktanten begrenzt
  - Temperatureinfluss ist gering
  - Stufenbedeckung ist nicht konform
- LPCVD-Prozess („Low Pressure"-CVD): Abscheidung bei Unterdruck, d.h. unter Vakuumbedingungen
  - Abscheidung wird durch Reaktionsprozesse an der Substratoberfläche begrenzt
  - Temperatureinfluss ist sehr groß
  - Stufenbedeckung ist konform
- Reaktortypen
  - Heißwandreaktor
  - Kaltwandreaktor
- Anregung der Gaskomponenten in einer Niederdruck-gasentladung → plasmaunterstützter CVD oder PECVD („Plasma Enhanced"-CVD)
  - deutlich geringere Prozesstemperaturen gegenüber thermischer CVD
- Bei Verwendung (meist sehr toxischer) metallorganischer Verbindungen in thermischen CVD-Prozessen → Bezeichnung MOCVD („Metal Organic"-CVD)
- Anregung der Teilchen durch optische Strahlung hoher Energie LCVD („Laser"-CVD)
  - maskenlos
  - selektive Beschichtung

Typische Schichten
- Siliziumdioxid (HTO, LTO, TEOS)
- Siliziumnitrid
- Siliziumoxinitrid
- Poly-Silizium (auch dotiert)
- Epitaktisches Silizium
- Metallsilizide
- Wolfram

Literatur

[Ibb]   Ibbs, K.; Osgood, R.: Laser chemical processing for microelectronics; Cambridge University Press, 1993

[Kod]   Kodas, T.; Hampden-Smith, M.: The Chemistry of Metal CVD; Wiley-VCH, 1997

[Ree] Rees, W.: CVD of Nonmetals; Wiley-VCH, 1998

[Scha] Schade et al.: Fertigung integrierter Schaltungen; Verlag Technik, 1988

[Schu] Schumicki, G.; Seegebrecht, P.: Prozeßtechnologien; Springer, 1991

6.4.3   Zerstäuben im Plasma – Sputtern

	Schlüsselbegriffe
	Historisches, verschiedene Sputterverfahren, Diodenanlagen, „Top-down"-Sputtern und „Bottom-up"-Sputtern, Einsatz von Gasen im Prozess, Zerstäubung von Targetmaterialien, Zerstäubungsprozess, Veränderungen an der Targetoberfläche, kinetische Vorgänge an der Targetelektrode, Stoßausbeute, Einflussfaktoren auf die Stoßausbeute, Energie der stoßenden Teilchen, Masse der stoßenden Teilchen, Einfallswinkel der stoßenden Teilchen, Masse der Targetatome, Eigenschaften der abgesputterten Teilchen, Magnetronsputtern, Besonderheiten des reaktives Zerstäubens, Elektrodenanordnung bei Sputteranlagen, Dynamik des Abscheidevorganges, Kühlung der Targetelektrode, Targetanordnung

	Plasma- oder Katodenzerstäuben
Geschichtlicher Hintergrund der Technik	Das Plasma- oder Katodenzerstäuben ist eine Technik, die schon seit Mitte des vorigen Jahrhunderts bekannt ist. Ein milchiger Belag an der Innenseite von Gasentladungsröhren konnte als das Katodenmaterial identifiziert werden [Gro]. Dieses war offensichtlich während der Gasentladung von der Katode freigesetzt worden und auf der Innenseite der Röhre niedergeschlagen. Dabei nahm man zunächst an, dass ein Prozess, der dem Verdampfen der Metalle ähnlich ist, dieses Phänomen verursacht. Später zeigte sich jedoch, dass die Richtcharakteristik, die bei thermischen Verdampfungsprozessen zu beobachten ist, erst bei hohen Energien in der Entladung auftritt. Doch bereits bei kleineren Entladungsenergien kam es zum Materialabtrag bzw. der Kondensation an exponierten Flächen, ohne die erwartete Richtcharakteristik. Damit war offensichtlich, dass Teilchen auch durch andere Prozesse als thermische aus den Oberflächen der Festkörper freigesetzt werden können. Diese Prozesse sind weitgehend Stoßprozesse, bei denen die kinetische Energie von Ionen bzw. Neutralteilchen genutzt wird. Die Ionen können die notwendige kinetische Energie aus dem elektrischen Feld, insbesondere in der Umgebung der negativen Elektrode aufnehmen. Beim anschließenden Stoßprozess auf der negativen Elektrode können in Abhängigkeit von der Energie Bindungen aufgebrochen, Katodenatome angeregt und schließlich sogar freigesetzt werden. Auf Grund des atomaren Abstäubens von Teilchen wurde dieses Verfahren auch als Zerstäubungstechnik bzw. „Sputtering" bezeichnet.

Dieses Verfahren war lange Zeit unbedeutend gegenüber der Verdampfungstechnik. Erst mit der Entwicklung der modernen Mikroelektronik |

erlangte das Sputtern auf Grund seiner einfachen Prozessführung bei hoher Schichtqualität erneut Bedeutung [Fra, Scha]. So wurden in jüngster Vergangenheit verschiedene Sputterverfahren entwickelt, die mehr oder weniger technische Bedeutung erlangt haben. Typische Verfahren der Plasmazerstäubung sind im Schema gezeigt.

P l a s m a z e r s t ä u b u n g	
Anordnung:	Diodenanordnung / Triodenanordnung
Anregung:	Gleichspannung / HF-Entladung
Magnetfeld:	ja, Magnetron / nein
Gasart:	Inertgas / Reaktivgas

verschiedene Sputterverfahren

Diodenanlagen

Wegen der technisch zunehmenden Bedeutung sollen im Folgenden nur Diodenanlagen näher betrachtet werden. Diese Anlagen besitzen unabhängig vom Hersteller einen sehr ähnlichen Grundaufbau. Wesentliche Unterschiede bestehen nur in der Anordnung des Targets zum zu beschichtenden Substrat. So kann man zwischen dem „Top-down"-Sputtern und dem „Bottom-up"-Sputtern unterscheiden.

Im Bild ist das Schema einer Diodensputteranlage für den Bottom-up-Prozess gezeigt.

„Top-down"-Sputtern und „Bottom-up"-Sputtern

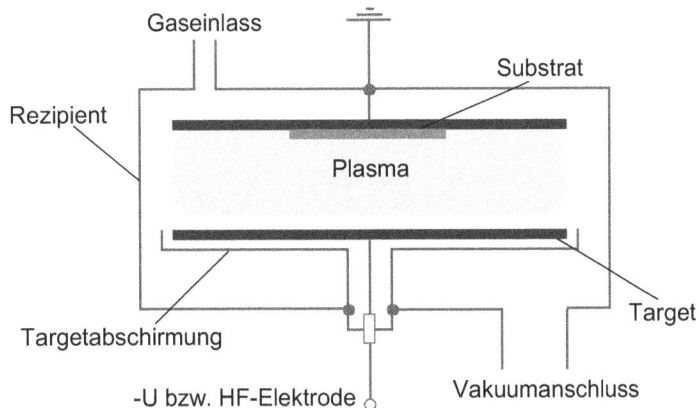

Obwohl es theoretisch keine Unterschiede zwischen den beiden Prozessanordnungen gibt, wird das Bottom-up-Sputtern zunehmend bevorzugt. Gründe dafür liegen in der geringeren Gefahr des Verschmutzens der Substratoberflächen durch Partikel, die infolge der Schwerkraft abgelagert werden können.

Einsatz von Gasen im Prozess	Das im Prozess verwendete Gas dient im Wesentlichen der Lieferung von ionisierbaren Teilchen. Bei der Abscheidung reiner und elementarer Schichten wird daher ein Edelgas verwendet, das keine Reaktionen mit den abgestäubten Teilchen zeigt. Zur Bildung von Schichten aus chemischen Verbindungen werden zum Teil reaktive Gase eingesetzt. Diese Gase werden in der Entladungsstrecke aktiviert und können so unmittelbar mit den abgestäubten Teilchen reagieren. So lassen sich zum Beispiel piezoelektrische ZnO-Schichten durch das Abstäuben von reinen Zink-Targets herstellen, wenn das Reaktionsgas einen dominierenden Anteil an reinem Sauerstoff enthält [Ait, Schw]. Durch den Zusatz eines reaktiven Gases kann aber auch der Zerfall der chemischen Verbindungen des Targets beim Ionenbeschuss kompensiert werden. Das Herstellen von ZnO-Schichten unter Nutzung von ZnO-Targets erfolgt ebenso in einer mit Sauerstoff angereicherten Gasatmosphäre [Tan].

Leitfähige Targetmaterialien können in Gleichspannungsentladungsanlagen abgestäubt werden. Zur Steigerung der Schichtwachstumsrate wird dieser Prozess mit einem Magnetfeld unterstützt. Isolierende Substratmaterialien werden in HF-Entladungssystemen bearbeitet. Um eine merkliche Abscheiderate auf den Substraten zu erhalten, wird auch hier bevorzugt mit Magnetronsystemen gearbeitet.

Die Charakterisierung der Vorgänge, die schließlich zur Schichtbildung führen, ist analytisch praktisch nicht möglich, da sehr viele Parallelreaktionen gleichzeitig ablaufen. Daher sollen im Folgenden die Vorgänge qualitativ beschrieben werden. |
| **Zerstäubung von Targetmaterialien**

Zerstäubungs-prozess | Die Zerstäubung von Targetmaterialien erfolgt, wenn diese mit Teilchen hoher Energie beschossen werden. Dabei finden an der Oberfläche des Targets und in den darunter liegenden Atomlagen Stoßprozesse statt, die die Bindungskräfte erschüttern. Dabei können die Stöße sowohl durch einfallende Ionen und Neutralteilchen ausgelöst werden als auch durch angeregte Atome aus dem Inneren des Targets. Infolge von Rekombinationen in unmittelbarer Nähe zum Target erfolgt der Beschuss nicht nur mit geladenen Teilchen, sondern auch mit Neutralteilchen. Durch Reflektionen von Stößen im Innern des Festkörpers können auf Oberflächenatome auch Kraftwirkungen aus dem Festkörper auftreten, die in den Gasraum weisen. Überschreitet die Energie der Summe aller Stöße bei einem Atom einen kritischen Wert, so kann dieses Atom aus dem Festkörperverbund freigesetzt werden. Die typischen |

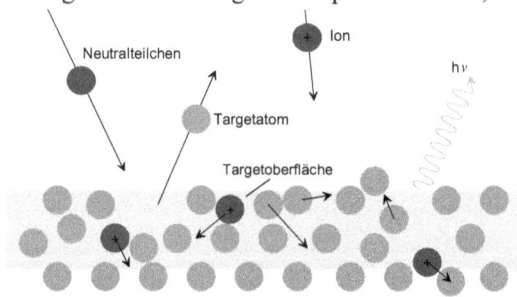

Veränderungen an der Targetoberfläche	Vorgänge am Target sind im Bild gezeigt. Die Targetoberfläche wird durch die Stoßvorgänge in ihrem Aufbau stark beeinflusst. Es finden Platzwechselvorgänge statt, Leerstellen werden gebildet, Atome werden zu anderen Gitterplätzen verschoben. Die einfallenden Ionen können in die Oberfläche des Targets eingebaut werden – eine ungewollte Form der Ionenimplantation. Durch unelastische Stöße können die energetischen Zustände der betreffenden Atome verändert werden. Der Rückfall aus angeregten Zuständen ist mit dem Freisetzen von Strahlen verbunden. Ebenso können Elektronen aus dem Targetmaterial freigesetzt werden. Diese Reaktion ist insbesondere bei Gleichspannungsentladungssystemen zur Aufrechterhaltung der Entladung erwünscht und somit notwendig.
	Die Targetoberfläche kann des Weiteren mit Restgasanteilen reagieren. Dadurch können chemische Verbindungen gebildet werden, die das Abstäuben selbst wieder beeinflussen können. Diese Schichten verhindern zeitweilig das Zerstäuben der Targetatome, werden aber nach entsprechend langer Beschusszeit auch von der Oberfläche abgestäubt.
	Durch diese Vorgänge an der Targetoberfläche finden ständig Veränderungen statt, die einer reproduzierbaren Prozessführung entgegenstehen. Daher ist es bei allen Sputterprozessen zwingend erforderlich, die eigentliche Beschichtung erst dann vorzunehmen, wenn sich ein Gleichgewichtszustand der verschiedenen Parallelreaktionen eingestellt hat. Bis zur Einstellung dieses Zustandes ist das Substrat mit Hilfe von Blenden vor der Beschichtung zu schützen. Im Allgemeinen besitzt die Vorkonditionierung der Anlagen bis zum eigentlichen Sputterprozess eine Zeitdauer von einigen Minuten (5 bis 10).
	Schließlich können auch einzelne Targetatome nach entsprechenden Stoßkaskaden freigesetzt werden. Diese freien Atome bewegen sich mit ihrer kinetischen Energie in nahezu alle Raumrichtungen ohne merklich in die Entladungsprozesse einzugreifen.
Kinetische Vorgänge an der Targetelektrode **Stoßausbeute**	Wie bereits im vorangehenden Abschnitt beschrieben, finden an der Targetelektrode eine Vielzahl von Reaktionen statt, die nicht unmittelbar mit dem Abstäuben in Verbindung gebracht werden können. Der größte Teil der Energie der auf die Targetoberffläche beschleunigten Teilchen wird in Wärme umgesetzt (ca. 90%). Nur ein geringer Teil der Energie steht zur Freisetzung von Targetteilchen, dem erwünschten Prozess, zur Verfügung. Um diesen Anteil näher zu quantifizieren, wurde der Begriff Stoßausbeute Y geprägt. Allerdings ist die exakte Berechnung dieser Größe aufgrund der Vielzahl paralleler Vorgänge einerseits und der vielfältigen Einflussgrößen andererseits nicht möglich. Die Bewertung der Stoßausbeute Y erfolgt daher in den meisten Fällen auf der Basis experimenteller Ergebnisse. Grundsätzlich kann die Stoßausbeute Y als das Verhältnis von abgestäubten Atomen zu aufprallenden Ionen angesehen werden.

$$Y \propto c \frac{\gamma\left(\dfrac{M_T}{M_I}\right)}{W_0} E_0$$

mit M_T – Atommasse der Targetatome, M_I – Atommasse der Gasionen, E_0 – Beschleunigungsenergie der Ionen, W_0 – Oberflächenbindungsenergie, γ – Stoßenergieübertragungsfaktor, c – Korrekturfaktor.

Einflussfaktoren auf die Stossausbeute:

Im Folgenden sollen die unterschiedlichen Einflussfaktoren auf die Stossausbeute näher diskutiert werden.

a) Energie der stoßenden Teilchen

Energie der stoßenden Teilchen

Die kinetische Energie der Ionen und der Neutralteilchen, die auf das Target prallen, beeinflusst in hohem Maße die Stoßausbeute. Schon bei sehr geringen Energien dieser Teilchen ist eine quantifizierbare Stoßausbeute Y zu beobachten. Mit zunehmender Energie der Ionen steigt die Stoßausbeute bis zu einem Maximalwert an. Wie aus dem Bild zu erkennen ist, steigt dieser Maximalwert für eine definiertes Targetmaterial mit der Masse der stoßenden Gasteilchen. Weiter zunehmende Energie führt nicht, wie erwartet, zu einem verstärkten Abstäuben. Die kinetische Energie der Teilchen wird dann so groß, dass Implantationseffekte an Bedeutung gewinnen. Die Folge ist eine reduzierte Freisetzung von Targetatomen. Im Diagramm ist der Einfallwinkel $\Theta = 60°$.

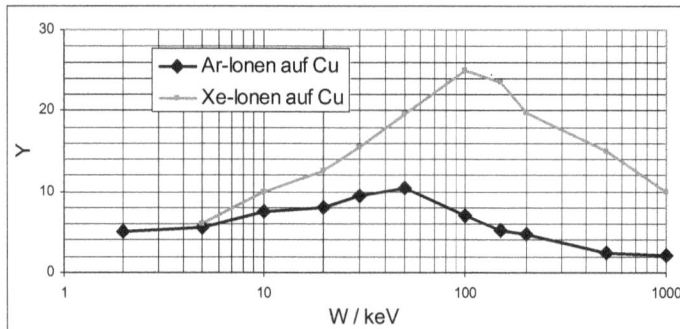

b) Masse der stoßenden Teilchen

Masse der stoßenden Teilchen

Wie ebenfalls aus dem Bild zu entnehmen ist, steigt die Stoßausbeute mit der Masse der stoßenden Teilchen. Bei vergleichbaren kinetischen Energiewerten ergeben sich somit unterschiedliche Stoßausbeuten, wenn verschiedene Gase verwendet werden. Mit steigender Teilchenenmase verschiebt sich auch das Maximum der Stoßausbeute zu größeren Ionenenergien. Dies liegt offensichtlich an zwei Effekten. Zum einen werden durch die größeren Teilchenmassen Stoßkaskaden mit deutlich höherer Intensität ausgelöst, so dass die Freisetzung von Targetatomen erleichtert wird. Andererseits reduziert sich die Implantationsmöglichkeit bei niedrigeren Energien infolge der größeren Teilchendurchmesser. In der folgenden Tabelle sind für unterschiedliche Materialien und Ionensorten die möglichen Stoßausbeuten aufgelistet. Dabei wurden für das am meisten verwendet Ar^+ auch unterschiedliche Beschleunigungsenergien berücksichtigt. Der Einfallswinkel ist stets senkrecht zur Oberfläche.

Target	He^+	Ar^+			Xe^+
	1000 eV	200 eV	600 eV	1000 eV	1000 eV
C	0,1	0,05	0,2	0,6	1,2
Al	0,2	0,35	1,2	2,0	1.1
Si	0,1	0,2	0,5	0,7	0.5
Ti	0,065	0,2	0,6	0,8	0,8
Cr	0,2	0,7	1,3	2,0	2,0
Fe	0.12	0,5	1,3	1.4	1,8
Co	0,12	0,6	1,4	1,3	1,8
Ni	0,16	0,7	1,5	2,0	2,1
Cu	0,5	1,1	2,3	3,0	3,3
Ge	0,12	0,5	1,2	1,6	2.0
Nb	0,05	0,25	0,65	1,2	1,4
Mo	0,03	0,4	0,9	1,0	1,4
Pd	0,16	1,0	2,4	3,0	3,5
Ag	0,3	1,6	3,4	5.0	6,0
Ta	0,02	0,3	0,6	0,9	1,1
W	0,02	0,3	0,6	1,0	1,4
Pt	0,06	0,6	1,6	1,8	2,6
Au	0.13	1,1	2,8	3,0	5,0

Einfallswinkel der stoßenden Teilchen

c) Einfallswinkel der stoßenden Teilchen

Die Einfallswinkel der stoßenden Teilchen sollten bei plattenförmig aufgebauten Reaktoren in der Größenordnung von 90° liegen. Nun ist aber leicht verständlich, dass bei einem solchen Einfallswinkel kaum mit einer großen Stoßausbeute Y zu rechnen ist, da eine in das Targetinnere gerichtete Verschiebungsrichtung der Teilchen bevorzugt ist. Auch die

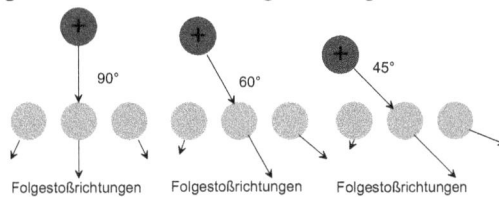

resultierende Stoßrichtung verschiedener Kaskaden ist kaum zur Target-Oberfläche gerichtet (siehe Bild). Die abgestäubten Teilchen müssen die Impulsrichtung praktisch um 180° drehen. Mit einer merklichen Verringerung des Einfallwinkels kann daher die Stoßausbeute durch oberflächennahe Stoßkaskaden deutlich verbessert werden. Im Diagramm ist das Verhältnis der Stoßausbeute bezogen auf den senkrechten Einfall gezeigt. Daraus ist ersichtlich, dass die Sputterrate ihr Maximum bei einem Einfallswinkel $\Theta \approx 70°$ besitzt.

d) Masse der Targetatome

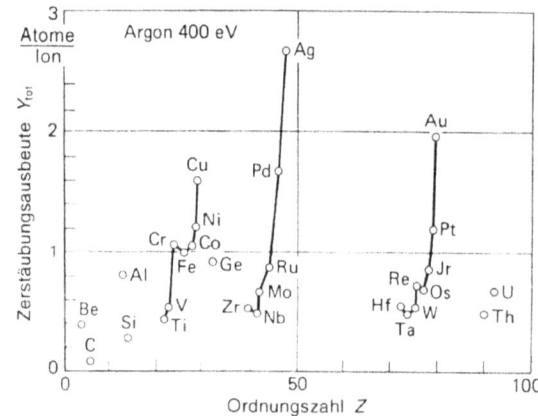

Masse der Targetatome

Werden vergleichbare Energiewerte der stoßenden Ionen bzw. Neutralteilchen angenommen, so ist es möglich, den Einfluss zu bestimmen, den die Masse der Targetatome auf die Stoßausbeute besitzt. Bei einer Reihe von Untersuchungen konnte festgestellt werden, dass die Stoßausbeute mit der Zunahme der relativen Atommasse der Targetatome innerhalb einer Periode des Periodensystems steigt. Die Elemente einer Hauptgruppe haben demzufolge ähnliche, aber nicht immer gleiche Stoßausbeuten. Im beigefügten Diagramm sind die Stoßausbeuten in Abhängigkeit von der Ordnungszahl gezeigt.

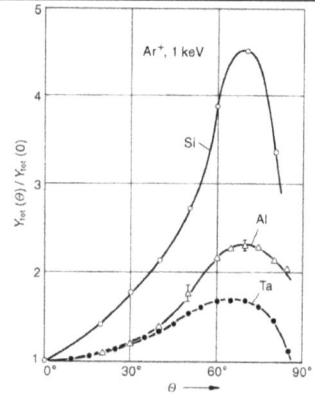

Eigenschaften der abgesputterten Teilchen

Nachdem die Bindungsenergie für ein Teilchen des Targets den kritischen Wert überschritten hat, löst sich dieses Teilchen von der Targetoberfläche und tritt in den Gasraum ein. Dabei nehmen die Teilchen die Energiewerte der letzten kaskadierten Stöße in Form kinetischer Energie auf und entfernen sich damit vom Target. Die Höhe dieser Teilchenenergie liegt in Abhängigkeit von den Sputterbedingungen im Bereich von $1eV < W_{at} < 15eV$. Diese Energie ist deutlich größer als bei thermischen Verdampfungsprozessen. Infolgedessen unterscheiden sich auch die Schichtbildungsprozesse in beiden Verfahren. Durch ihre hohe Energie zeigen abgestäubte Teilchen eine stark ausgeprägte Oberflächendiffusion. Die Anlagerung an energetisch günstigen Punkten auf der Substratoberfläche wird damit begünstigt. Gleichzeitig steigt durch diese Prozesse die Haftfestigkeit der Schichten auf den Substratmaterialien.

Beim thermischen Verdampfen ist die Teilchenenergie dagegen sehr niedrig ($0{,}04eV < W_{at} < 0{,}2eV$). Damit sind Oberflächendiffusionen auf dem zu beschichtenden Substrat stark eingeschränkt, wenn keine zusätzlichen Maßnahmen, wie z.B. Substratheizung, ergriffen werden. Die Haftfestigkeit der Schichten ist damit im Vergleich zum Sputterbeschichten relativ gering.

Die Flugrichtung abgestäubter Atome wird mit zunehmender Entfernung vom Target infolge von Kollisionen mit Ionen oder Neutralteilchen, die in Richtung des Targets beschleunigt werden, immer mehr stochastisch. Die Beschichtung von Substratmaterialien ist somit in starkem Maße durch diffusionkontrollierte Transportprozesse bestimmt und weniger durch eine Richtungscharakteristik, wie beim thermischen Verdampfen. Folglich werden tiefgeätzte Stufen auch mit Schichten bedeckt und nicht wie bei richtungsabhängigen Beschichtungsverfahren abgeschattet.

Allerdings kommt es bei den im Gasraum stattfindenden Wechselwirkungen auch zum Austausch von Energie. Folglich kann es zu einer Ionisierung von Targetatomen und einer zum Substrat gerichteten Bewegung kommen. Bei entsprechend hoher Ladungsträgerdichte kann die Entladung sogar ohne Beteiligung eines Arbeitsgases aufrechterhalten werden.

Magnetron-sputtern	Beim Magnetron-Sputtern wird die Lorentzkraft ausgenutzt, bei der bewegte Ladungen senkrecht zur magnetischen Flussrichtung abgelenkt werden. Bei einer kreisförmigen Anordnung der Magneten bilden die Elektronen daher eine toroidförmige Wolke hoher Elektronendichte über dem Target.

Innerhalb dieser Wolke kommt es zu vermehrten Stößen mit Atomen des Sputtergases und damit zu einer höheren Ionisationsrate. Die Folge ist ein größerer Ionenstrom zum Target und damit ein verstärktes Bombardement. Schließlich können dadurch die Stoßkakaden verstärkt und gegenüber reinem DC-Sputtern (Gleichspannungs-Sputtern) höhere Absputteraten generiert werden. Da die Ionendichte aber örtlich verteilt ist, wird das Target verstärkt im Bereich hoher Ionendichten abgetragen. Es bilden sich sichtbare Zonen verstärkter und geringerer Erosion aus.

Besonderheiten des reaktives Zerstäubens	Wie bereits weiter oben erwähnt, kann das Sputtern mit Hilfe verschiedener Prozessgase realisiert werden. Als Inertgas findet am häufigsten Argon Anwendung, da es auf Grund seiner Verfügbarkeit und

Masse einen guten Kompromiss für das gesamte Verfahren darstellt. Die reaktive Sputtertechnik erfordert jedoch die Existenz von Prozessgasen, die in der Lage sind, mit dem jeweiligen Targetmaterial zu reagieren. Das Ziel beim reaktiven Sputtern besteht in der Herstellung von Schichten, die aus Verbindungen der Targetmaterialien bestehen. Obwohl es prinzipiell auch möglich ist, die entsprechenden Verbindungsmaterialien als Targets unmittelbar abzustäuben, wird das reaktive Sputtern insbesondere dann eingesetzt, wenn die Stöchiometrie der Schichten exakt eingestellt werden soll oder wenn die Eigenschaften der Schichten gezielt modifiziert werden sollen.

Als Reaktivgase kommen sehr oft O_2, N_2, NH_3 und CH_4 zur Anwendung. Dabei ist insbesondere die Herstellung von Oxid- oder Nitridschichten mit spezifischen Eigenschaften von großem technischen Interesse. Die Reaktivgase reagieren mit dem Targetmaterial und werden dabei verbraucht. Um die Entladung aufrechtzuerhalten, wird der gesamte Prozess daher häufig durch einen konstanten Anteil Ar im Gasstrom gestützt.

Die chemische Reaktion kann am Target, am Substrat und im Gasraum erfolgen. Dabei besteht jedoch immer das Ziel, ausschließlich Substratreaktionen zu generieren. Reaktionen im Gasraum würden zur Partikelbildung führen, sind aber relativ unwahrscheinlich (Impuls- und Energieerhaltung). Reaktionen am Target verändern das Sputterverhalten und senken die Beschichtungsrate erheblich. Nur bei einer Zerstäubungsrate, die größer ist als die Reaktionsrate der Reaktivkomponenten kann die Targetreaktionen akzeptiert werden.

	Anlagen für Zerstäubungstechnik
Elektroden-anordnung in Sputteranlagen	Sputteranlagen bestehen aus einer Reaktionskammer mit Elektrodenanordnung sowie Substrat- und Targetaufnahme, einem elektrischen Spannungsversorgungssystem, einem Vakuumsystem, einer Steuerung der Gasversorgung, Transporteinrichtungen für die Substrate sowie entsprechender Prozessmesstechnik.
	Dabei kommen der Gestaltung der Reaktionskammer und der Elektrodenanordnung ganz hervorragende Bedeutungen zu. Letztlich bestimmen die applikationsspezifischen Anforderungen an den jeweiligen Prozess die Gestalt der Anlage sowie die Anordnung der Elektroden.
Dynamik des Abscheide-vorganges	Insbesondere der Abstand zwischen dem Target und dem Substrat bestimmt die Dynamik des Abscheidevorganges und somit auch die Abscheiderate. Wird dieser Abstand zu gering gewählt, so kann bei vorgegebener Spannung die zur stationären Entladung notwendige Stromdichte in der Entladungsstrecke nicht erreicht werden – die Entladung erlischt.

Andererseits steigen die Wechselwirkungen der abgesputterten Atome im Gasraum, wenn der Elektrodenabstand zu groß gewählt wird. Damit sinkt die Abscheiderate erheblich. Folglich ist die Einstellung des Elektrodenabstandes ein Kompromiss zwischen maximal erzielbarer Abscheiderate und minimaler Betriebsspannung im stationären Entladungsfall. In einer Vielzahl von experimentellen Untersuchungen hat sich gezeigt, dass dieser Abstand zwischen 35mm und 70mm liegt. Die Fläche der Elektroden bzw. die Flächenrelationen von Substrat und Target hat unmittelbare Auswirkung auf die Homogenität der sich ausbildenden Schichten. So sollte das zu beschichtende Substrat keine größere Fläche als das Target aufweisen. Infolge der Streuprozesse der abgesputterten Teilchen im Plasma können in den Randbereichen des Substrates geringere Wachstumsraten auftreten, wenn das Substrat nicht optimal an die Größe des Targets angepasst ist. Insbesondere bei Magnetronanlagen macht sich dieses Verhalten in verstärkter Form bemerkbar. Daher gilt als experimenteller Richtwert für kreisförmige Substrate, den Durchmesser des Targets gleich dem 2,5fachen des Substratdurchmessers zu wählen. Unter diesen Bedingungen kann meist eine hohe Uniformität (± 5%) der Schichten über der gesamten Substratoberfläche gewährleistet werden.

Kühlung der Targetelektrode

Targetanordnung

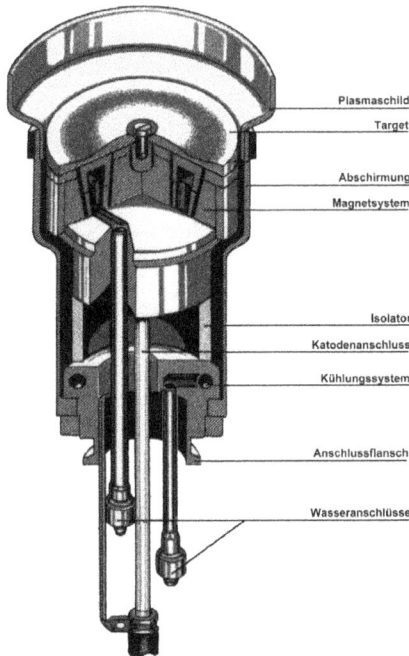

Aufgrund der ständigen Stoßprozesse an der Targetelektrode (Katode bzw. HF-Elektrode) ist deren Erwärmung nicht auszuschließen. Dabei kann die Erwärmung ohne entsprechende Gegenmaßnahmen leicht die Schmelztemperatur des Targetmaterials übersteigen. Eine effektive Kühlung der Elektrode und des Targets ist daher unumgänglich. Üblicherweise werden die Elektroden mit Wasser gekühlt, das sich durch ein System von Kühlkanälen durch die Elektroden bewegen kann. Durch den Einsatz von Cu als Basismaterial wird die Wärmeleitfähigkeit der Elektroden deutlich verbessert. Die Targetmaterialien werden als Plattenmaterialien auf die Elektroden aufgebracht. Eine direkte Ankopplung der Targetmaterialien an den Kühlkreislauf ist nicht sinnvoll, da das Risiko besteht, mögliche Kühlungskanäle im Target durch das Absputtern von Material zu öffnen und die Reaktionskammer mit Wasser zu verunreinigen. Zur effektiven Kühlung werden die Targets daher auf den Elektroden mit Hilfe von Lot-, Bond- oder Schraubtechniken befestigt, wobei stets ein möglichst geringer thermischer Übergangswiderstand zwischen Elektroden- und Targetmaterial angestrebt wird. Der typische Aufbau einer Elektrode mit Target ist im Bild gezeigt [Ard]. Um das Absputtern der Elektroden zu verhindern, befinden sich um die eigentlichen Targets oft relativ kompliziert gestaltete Schirmkonstruktionen. Diese sind kompliziert weil sie sich in unmittelbarer Nähe zum Hochspannungspotential der Elektrode befinden und auf Erdpotential liegen. Die Spaltabstände zur Elektrode müssen dabei so gewählt sein, dass zwischen der Abschirmung und der Elektrode im Betriebszustand keine Entladung brennen kann, zwischen dem Target und der Substratelektrode aber eine stabile Entladung besteht.

Merke

Katodenzerstäuben – Sputtering
Ziel: Abscheidung dünner metallischer und dielektrischer Schichten

Verfahrensunterschiede
- DC-Sputtern (nur Metalle)
- HF-Sputtern (Metalle und Dielektrika)
- Sputtern mit Inertgas
- Sputtern mit Reaktivgas
- Magnetfeldunterstütztes Sputtern (Magnetronsputtern)
  höhere Ionisierungswahrscheinlichkeit → höhere Sputterrate
- Lage des Targets:
  oben → „Top-down"-Sputtern
  unten → „Bottom-up"-Sputtern

Prozess
- Beschleunigte Ionen und Neutralteilchen schlagen Atome aus der Targetoberfläche
- Targetatome bewegen sich frei im Vakuum und setzen sich auf freien Oberflächen ab → Schichtbildung
- relativ hohe Energie der abgesputterten Teilchen
- gute Haftfestigkeit
- Verbessung der Haftfestigkeit durch Substratheizung
- meist konforme Stufenbedeckung
- Homogenität der Schicht abhängig von
  o Targetdurchmesser
  o Abstand Target – Substrat
- Reaktives Sputtern mit reaktiven Gasen
  o → O_2, N_2, NH_3, CH_4
  o Zugabe von Inertgas (Ar) zur Stabilisierung
    der Entladung

Kenngröße – Stoßausbeute
- Verhältnis von abgestäubten Atomen zu aufprallenden Teilchen
- Einflussfaktoren auf die Stoßausbeute
  - Energie der stoßenden Teilchen
  - Masse der stoßenden Teilchen
  - Einfallswinkel der stoßenden Teilchen
  - Masse der Targetatome

Anlagentechnik
- Reaktionskammer
- Vakuumversorgung
- Gasversorgung
- Steuerteil
- Hoher Energieumsatz an Targetelektrode
  - starkes Aufheizen
  - Wasserkühlung erforderlich

Literatur

[Ait]   Aita, C.; Purdes, A.: The effect of O_2 on reactively sputtered zinc oxide; in: J. Appl. Phys., Vol. 51, no. 10, 1980, 5533–5536

[Ard]   v. Ardenne Anlagentechnik GmbH: Firmenschrift; Dresden, o.J.

[Fra]   Franz, G.: Oberflächentechnologien mit Niederdruckplasmen; Springer, 1994

[Gro]   Grove, W.: Philosophical transactions of the Royal Society of London; Nr. 142, 1852, 87ff

[Scha] Schade et al.: Plasmatechnik; Verlag Technik, 1990

[Schw] Schwesinger et al.: Piezoelectric micropumps based on a new deposition technology for ZnO-films; in: Micro System Technologies, 1994, 1035–1044.

[Tan]   Tansley, T.; Neely, D.: Adsorption, desorption and conductivity of sputtered Zinc Oxide thin films; in: Thin Solid Films, Nr. 121, 1984, 95–107

6.4.4 Beschichtung durch Bedampfen

	Schlüsselbegriffe
	Dünne Metallschichten und deren Anwendung, Bedampfung in der MST, Hochvakuumbedingungen, Parameter der Verdampfung, Temperatur, mittlere freie Weglänge, Sättigungsdampfdruck, Clausius-Clapeyron-Gleichung, Partialdampfsättigungsdruck, Verdampfungsrate, Ziel: dünne metallische Schichten, Lambert-Kosinus-Gesetz, Schichtdickenverteilung, Richtcharakteristik, Homogenitätsschwankungen, Ausnutzungsgrad, direkte Heizung, Tiegelformen, indirekte Heizung, Grundaufbau der Elektronenstrahlverdampfung, Tiegel beim Elektronenstrahlverdampfen, Prozessparameter, der Verdampfungsregeln, Substratbelastung, Strahlungsenergie, Verdampfen verschiedener Materialien, Verfahrensmodifikationen

	Thermische Verdampfung
dünne Metallschichten und deren Anwendung	Das Verdampfen von Materialien hat seit vielen Jahren große Bedeutung in der Mikroelektronik erlangt. Mit Hilfe der Verdampfung ist es möglich, Substrate mit einer metallischen dünnen Schicht zu versehen. Durch die Beschichtung von Silizium können beispielsweise Leitbahnen hergestellt werden, die den Stromfluss in mikroelektronischen Bauelementen bewirken. Es ist jedoch auch möglich, andere Substrate, wie Gläser zu beschichten. Durch diese Schichten kann das optische Verhalten der Gläser erheblich beeinflusst werden. Bekannte Beispiele sind Reflexionsschichten, die vorwiegend in der Gebäudeindustrie eingesetzt, zu einer hohen Reflexion des IR-Strahlungsanteils bei gleichzeitiger Transmission des sichtbaren Spektralbereiches führen. Auch die Herstellung optischer Spiegelflächen für definierte Spektralbereiche kann mit Hilfe der Bedampfungstechnik realisiert werden. Ein wesentlicher Vorteil des Verfahrens liegt in der einfachen Handhabung und der hohen Umweltverträglichkeit. Darüber hinaus ist es möglich, mit minimalem Materialeinsatz die entsprechende Schichtstruktur zu erzeugen. Obwohl das Verdampfen im Wesentlichen an Materialien gebunden ist, die in ihre dampfförmige Phase übergeleitet werden können, ist das Spektrum der realisierbaren Aufdampfschichten außerordentlich vielfältig. So können sandwichartige Mehrschichtaufbauten erzeugt oder auch Legierungsschichtsysteme hergestellt werden.
Bedampfung in der MST	Für die Mikrosystemtechnik ist dieses physikalische Schichtbildungsverfahren sehr interessant. Zum einen ist es mit Hilfe des Verfahrens möglich, Kontaktierungsschichten und Leitbahnen auf verschiedenen evaku-

ierbaren Substratmaterialien zu erzeugen. Zum anderen können die spezifischen Eigenschaften definierter Schichtsysteme oder Legierungen genutzt werden, indem funktionsbestimmende Elemente der Mikrokomponenten direkt aus den entsprechenden Materialien gefertigt werden. Dabei werden entsprechende modifizierte Strukturierungsverfahren verwendet, die auch bei der dreidimensionalen Strukturbildung der Substrate eingesetzt werden.

Besonders empfehlenswert ist die Verdampfungstechnik als kostengünstiges Beschichtungsverfahren. In der Mikroelektronik kaum noch eingesetzt, ist das thermische Verdampfen in der MST außerordentlich attraktiv, da es alle Anforderungen erfüllt, die an dünne Schichten gestellt werden.

Hochvakuumbedingungen	Die Verdampfungstechnik ist ein Verfahren, das unter Hochvakuumbedingungen durchgeführt wird. Diese Umgebungsbedingungen sind notwendig, weil das zu verdampfende Material durch Temperatureinwirkung in seine Dampfphase überführt wird und die entstehenden Dampfteilchen sich auf möglichst geradlinigen Bahnen von der Erzeugerquelle fortbewegen sollen. Unter Normalbedingungen würden ständige Stoßprozesse mit Gasteilchen zu einer ungeordneten Teilchenbewegung führen. Die Quelle stellt gegenüber der Umgebung einen Ort dar, von dem ständig Teilchen emittiert werden. Die gesamte Umgebung, d.h. die Gehäusewandung und das zu beschichtende Substrat, bilden gegenüber der Quelle eine Dampfsenke. Die von der Quelle ausgehenden Teilchen können, wenn die Temperatur der Umgebung entsprechend niedrig gewählt ist, auf der Wandung und dem Substrat niederschlagen und kondensieren. Dadurch wird ein Schichtaufbau realisiert. Um einen möglichst optimalen Niederschlag des Verdampfungsmaterials auf dem Substrat zu erreichen, muss dieses optimal in den von der Quelle ausgehenden Dampfstrom angeordnet werden. Die wesentlichen Parameter der Verdampfung sind die Abscheiderate und die Homogenitätsverteilung der gebildeten Schicht auf dem Substrat. Durch das Erhitzen des Verdampfungsgutes wird dieses zunächst aufgeschmolzen und bei weiterer Temperatursteigerung in zunehmendem Maße verdampft.
Überführung in Dampfphase	
Kondensation der Dampfteilchen	
Parameter der Verdampfung	
Temperatur	In der Umgebung der Verdampfungsquelle, dem Tiegel, stellt sich dabei bei konstanter Temperatur kein thermischer Gleichgewichtszustand ein. Ein solcher Zustand wäre nur in einem sehr eng begrenzten und abgeschlossenen System zu bemerken. Im Gleichgewicht ist die Zahl der von der Quelle ausgehenden Dampfteilchen mit der Zahl der zur Quelle zurückkehrenden Teilchen identisch. Bei realen Anordnungen bildet die gesamte Umgebung der Verdampfungsquelle eine Senke. Ist die Temperatur der Dampfsenke niedriger als die der Quelle, so können sich die Dampfteilchen darauf niederschlagen und letztlich entsprechende Schichten bilden.

mittlere freie Weglänge	Um eine nahezu lineare Ausbreitung der Dampfteilchen von der Quelle bis zum Substrat zu gewährleisten, ist es notwendig, den Verdampfungsprozess unter Vakuumbedingungen durchzuführen. Als charakteristische Größe für die Stoßwahrscheinlichkeit der Teilchen wird sehr häufig die mittlere freie Weglänge λ angegeben. Diese Größe ist in starkem Maße vom Druck und der Gasart abhängig. $$\lambda = \frac{kT}{p\sqrt{2}\pi d^2}$$ mit p – Druck, d – Durchmesser eines Gasteilchens, k – Boltzmann-Konstante, T – absolute Temperatur. Mit sinkendem Druck nimmt die mittlere freie Weglänge, die ein Teilchen zurücklegen kann, ohne einen Stoß mit einem anderen Gasteilchen zu vollziehen, immer mehr zu. Bei einem Druck von 13,3 mPa beträgt beispielsweise die mittlere freie Weglänge eines Teilchens in dem Gas Luft etwa 50 cm [Sc1].
Sättigungsdampf-druck **Clausius-Clapeyron-Gleichung**	Wird ein Material erhitzt, so steigt dessen Dampfdruck messbar an. Bei der Betrachtung eines vollständig geschlossenen Systems bildet sich zwischen der flüssigen (festen) und der Dampfphase ein Gleichgewicht aus. Man bezeichnet den Dampfdruck in der Gasphase als den Sättigungsdampfdruck. In Abhängigkeit von der Temperatur ist es möglich, den Sättigungsdampfdruck p_D zu berechnen. Entsprechend der Gleichung von *Clausius-Clapeyron* ergibt sich: $$\frac{dp_D}{dT} = \frac{\Delta Q_D}{T(V_D - V_{Fl})}$$ mit Q_D – Verdampfungswärme, V_D – Molvolumen des Dampfes, V_{Fl} – Molvolumen der Flüssigkeit, T – Temperatur. Unter realen Bedingungen kann angenommen werden, dass das Molvolumen des Dampfes V_D wesentlich größer ist als das Molvolumen der Flüssigkeit V_{Fl}, somit ergibt sich: $$V_D - V_{Fl} \approx V_D$$ $$V_D = \frac{RT}{p_D}$$ mit der Gaskonstante R = 8,314 J/(mol K). Damit lässt sich folgende vereinfachte Darstellung gewinnen

$$\frac{dp}{dT} = \frac{\Delta Q_D}{T\left(\dfrac{RT}{p_D}\right)}$$

und weiter

$$\frac{dp_D}{p_D} = \frac{\Delta Q_D dT}{RT^2}$$

Mit dem Lösungsansatz für die Differenzialgleichung

$$\ln p_D = C_1 - \frac{C_2}{T}$$

erhält man schließlich als Lösung:

$$p_D = C_1 e^{-\frac{C_2}{T}} \text{ wobei gilt } C_2 = \frac{\Delta Q_D}{R}$$

Wie erwartet, ist der Sättigungsdampfdruck in starkem Maße von der Temperatur abhängig. Die Wirkungen materialspezifischer Eigenschaften auf den Sättigungsdampfdruck sind tabellarisch und grafisch erfasst, daher sei hier nur auf die Literatur [Sc1] verwiesen.

Partialdampfsättigungsdruck

Für Legierungen ergibt sich der Sättigungsdampfdruck p_D zu:

$$p_D = \sum_{\nu} c_{\nu} p_{D_{\nu}}$$

mit c_{ν} – molare Konzentration der Einzelkomponente einer Legierung und $p_{D\nu}$ – Partialdampfsättigungsdruck der Einzelkomponente.

Da sich die Partialdampfsättigungsdrücke der reinen Elemente unterscheiden, muss bei einer definierten Verdampfungstemperatur einer Legierung die Konzentration der Einzelkomponenten in der Schmelze und in der Dampfphase unterschiedlich sein. Die Komponente mit dem größeren Dampfdruck ist in der Dampfphase höher konzentriert. Dadurch kommt es zu einer Verarmung der Schmelze bezüglich der Komponente mit dem höheren Dampfdruck. Die auf dem Substrat niedergeschlagene Schicht besitzt demzufolge nicht die gleiche Zusammensetzung wie die eingesetzte Legierung. Um dennoch Legierungen abscheiden zu können, sind zusätzliche Maßnahmen notwendig, über die im Folgenden noch berichtet wird.

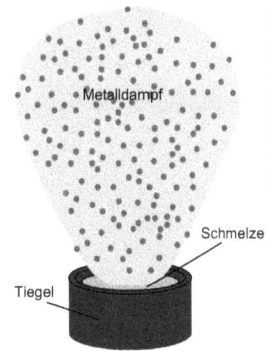

Verdampfungs- rate	Für praktische Beschichtungen ist die erreichbare Verdampfungsrate für verschiedene Materialien von Interesse. Die Verdampfungsrate R_D ist direkt vom Sättigungsdampfdruck $[p_D] = Pa$ abhängig und lässt sich empirisch nach folgender Beziehung ermitteln: $$R_D = 4,43 \cdot 10^{-6} \cdot p_D \cdot \sqrt{\frac{M}{T}}$$ mit $[M] = g/mol$ – molare Masse des Verdampfungsmaterials, Temperatur $[T] = K$. Die Verdampfungsrate gibt die pro Flächen- und Zeiteinheit verdampfte Masse eines Einsatzmaterials an. Die Dimension ist $[R_D] = gcm^{-2}s^{-1}$. Häufig werden in der Literatur Diagramme zur Verdampfungsgeschwindigkeit in Abhängigkeit von der Temperatur und den eingesetzten Materialien angegeben.
Ziel: dünne metallische Schichten	Das allgemeine Ziel der Verdampfung besteht darin, Substrate mit einer definierten Materialschicht zu bedecken. Dabei soll die gebildete Schicht in ihrer Dicke möglichst homogen über dem gesamten Substrat verteilt sein.
Lambert-Kosinus- Gesetz	Maßgeblich für diese homogene Dickenverteilung ist die Lage des Substrates zum Dampfstrom und die aus der Quelle resultierende Dampfstromdichte. Betrachtet man ein Flächenelement dA_D, von dem ein Dampfstrom ausgeht, der sich in einer gedachten Halbkugel oberhalb der Quelle ausbreitet, und vernachlässigt man die Stoßprozesse zwischen den Dampf- und den Restgasteilchen, so besitzt dieser Dampfstrom eine Verteilung, die als das Lambert-Kosinus-Gesetz beschrieben wird. Die Dampfstromdichte Φ gehorcht dabei der folgenden Beziehung: $$\Phi(\alpha) = \Phi_0 \cos\alpha$$ $\Phi(\alpha)$ - Verteilung der Dampfstromdichte, Φ_0 - Dampfstromdichte entlang der Flächennormalen von dA_D, α - Winkel zur Flächennormalen. Für die Schichtdickenverteilung ergibt sich unter dieser Voraussetzung: $$d(\alpha) = d_0 \cos\alpha$$

Schichtdicken-verteilung	mit d_0 – Schichtdicke in Normalenrichtung von der dampfabgebenden Quelle beim Abstand a_0 und $d(\alpha)$ – Schichtdicke auf einer Kugelfläche mit dem Winkel α zur Normalenrichtung. Die Verteilung der Schichtdicke d_S auf einem ebenen Substrat, das senkrecht zur Flächennormalen angeordnet ist, ergibt sich auf Basis der oben genannten Voraussetzungen: $$d_S = d_0 \cos^4 \alpha$$ Diese Formel beschreibt einen Näherungszustand, denn sie besitzt nur Gültigkeit, wenn die zu verdampfende Fläche klein ist gegenüber dem Abstand a_0 und wenn die Fläche eben ist. Letzteres ist jedoch bei Verdampfungsprozessen aus der Schmelze nicht der Fall. Auf Grund der Oberflächenspannungen der Schmelze und der Benetzung des Tiegelmaterials ergeben sich konkav oder konvex gekrümmte Oberflächen, die die Schichtdickenverteilung auf dem Substrat erheblich beeinflussen können. Dieses Verhalten wird berücksichtigt, indem die Verteilung der Dampfstromdichte in Abhängigkeit vom Winkel α (die Richtcharakteristik) mit einem Exponenten versehen wird:
Richt-charakteristik	$$\Phi = \Phi_0 \cos^n \alpha$$ Der Exponent n kann dabei in Abhängigkeit von der Verdampferquelle Werte zwischen 1 und 4 annehmen. Die Verteilung der Schichtdicke auf einem ebenen zu beschichtenden Substrat berechnet sich demzufolge nach: $$d(\alpha) = d_0 \cos^{(n+3)} \alpha$$
Homogenitäts-verteilung	Interessant für Beschichtungen sind die Homogenitätsverteilungen der gebildeten Schichten. Insbesondere interessieren die maximal zu erwartenden Abweichungen von der mittleren Schichtdicke. Entsprechend letzter Gleichung ergibt sich die Änderung der Schichtdicke über einem zu beschichtenden Substrat in Abhängigkeit von der Abweichung vom Winkel α zu: $$\left| \frac{\Delta d_S}{d_S} \right| = (n+3) \tan \alpha \cdot \Delta \alpha$$ Für kleine Winkel α gilt $d\,\alpha = \alpha$ und es ergibt sich: $$\left| \frac{\Delta d_S}{d_S} \right| \approx (n+3) \cdot \alpha^2$$

Homogenitäts-schwankungen	Üblicherweise werden in der Beschichtungstechnik Homogenitätsschwankungen von etwa 5% zugelassen. Unter der Annahme von n = 1 ergibt sich ein zulässiger Beschichtungskegel von 7,5°.
Ausnutzungsgrad der Verdampfung	Der Ausnutzungsgrad der Verdampfung ist eine Größe, die angibt, welche Menge des eingesetzten Materials in der Quelle tatsächlich für die Beschichtung auf einem Substrat genutzt wird. Der Ausnutzungsgrad ist demnach das Verhältnis zwischen der zur Schichtbildung notwendigen Menge und der gesamten verdampften Menge an Material. Es gilt somit:

$$\eta = \frac{m_S}{m_D}$$

mit η – Ausnutzungsgrad, m_S – Gesamtmasse der gebildeten Schicht, m_D – gesamte verdampfte Masse.

Der Ausnutzungsgrad kann auf der Basis der Richtcharakteristik ermittelt werden. Für einen Kreiskegel mit dem Öffnungswinkel α ergibt sich ein Dampfstrom zu

$$\Phi(\alpha) = \int_0^{\alpha} \cos^n \sin \alpha \cdot d\alpha$$

Der gesamte Dampfstrom innerhalb eines kugelförmigen Halbraumes berechnet sich nach:

$$\Phi = \int_0^{\frac{\pi}{2}} \cos^n \sin \alpha \cdot d\alpha$$

Somit ergibt sich für den Ausnutzungsgrad η :

$$\eta = \frac{\Phi(\alpha)}{\Phi} = 1 - \cos^{(n+1)} \alpha$$

Für sehr kleine Winkel von α, d.h. großen Abstand des Substrates zur Quelle oder sehr kleine zu beschichtende Substrate folgt:

$$\eta \approx (n+1) \cdot \frac{\alpha^2}{2}$$

Unter der Annahme n = 1 und $\alpha = 10°$ (entspricht 0,1745) ergibt sich somit ein Wert für $\eta = 3 \cdot 10^{-2}$. Der Ausnutzungsgrad bei dieser Form der Beschichtung beträgt etwa 3%. Der größte Teil des zu verdampfenden

	Materials wird demzufolge an den Wandungen der Anlage abgeschieden. Dies ist insbesondere dann zu beachten, wenn die zu verdampfenden Materialien sehr kostenintensiv sind.

	Verdampfungsquellen
direkte Heizung	Zur Erhitzung des zu verdampfenden Materials können unterschiedliche Verfahren eingesetzt werden. Am einfachsten ist die direkte thermische Verdampfung, bei der das Verdampfungsmaterial in oder auf einem Tiegel angebracht wird. Dieser Tiegel wird von einem Strom durchflossen. Dadurch kommt es zur Aufheizung des Tiegels und des Verdampfungsgutes. Die Forderungen an die Eigenschaften der Tiegel hängen von der Art des zu verdampfenden Materials ab. Dabei ist darauf zu achten, dass durch die sehr hohen Temperaturen keine chemischen Reaktionen zwischen dem Verdampfungsmaterial und dem Tiegel auftritt. Ebenfalls muss gewährleistet sein, dass das Tiegelmaterial einen deutlich niedrigeren Dampfdruck aufweist als das zu verdampfende Material (Ausnahme: direkt beheizter selbstverdampfender Draht). Um eine möglichst geringe Fremdstoffkonzentration in den zu erzeugenden Schichten sicherzustellen, wird i.A. mit Verdampfungsmaterial sehr hoher Reinheit gearbeitet. Einige Tiegelformen für die direkte Heizung sind in den nachfolgenden Bildern dargestellt.
Tiegelformen	Schiffchen 
	Schiffchen 
	Körbchen 
	Wendel 
	Kasten 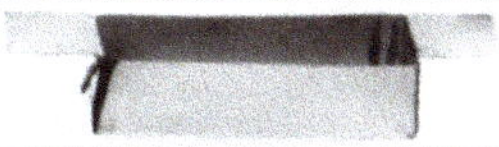
	Kasten mit Abdeckung 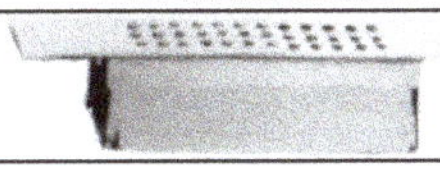
	Die gebräuchlichen Formen der Verdampfer sind gewendelte Drähte oder Körbchen bzw. Bandmaterialien mit entsprechenden Vertiefungen für das zu verdampfende Gut. Als Materialien werden typischerweise Wolfram, Molybdän oder Tantal eingesetzt. Diese Materialien zeichnen sich durch einen sehr hohen Schmelzpunkt und niedrigen Dampfdruck aus. In einigen Fällen erfolgt die Erhitzung ganzer Materialblöcke, in denen sich Vertiefungen für das Verdampfungsmaterial befinden. Diese Blöcke bestehen aus Graphit, Bornitrid oder anderen hochschmelzenden Keramiken.

indirekte Heizung	Neben der direkten Heizung, die als das einfachste Prinzip gilt, kommen auch Formen der indirekten Heizung bei der Verdampfung vor. Diese sind insbesondere dann bedeutungsvoll, wenn chemische Reaktionen des Tiegels nicht ausgeschlossen werden können bzw. wenn die Verdampfungsrate des Tiegelmaterials einen Einfluss auf die Schichtzusammensetzung und Schichtausbildung hat.

Bei der indirekten Heizung wird das Tiegelmaterial nicht durch direkten Stromfluss erwärmt. Damit ist die Frage der Leitfähigkeit des Tiegels nicht mehr für den Bedampfungsvorgang bedeutsam. Die Auswahl des Tiegelmaterials kann vielmehr unter dem Aspekt der chemischen Reaktivität mit dem zu verdampfenden Material erfolgen. Häufig werden daher für die Tiegel Oxide, wie z.B. Aluminiumoxid, eingesetzt. Im Bild sind einige indirekte Heizungsprinzipien dargestellt. Ein industriell sehr häufig verwendetes Verfahren ist die induktive Aufheizung der Tiegel.

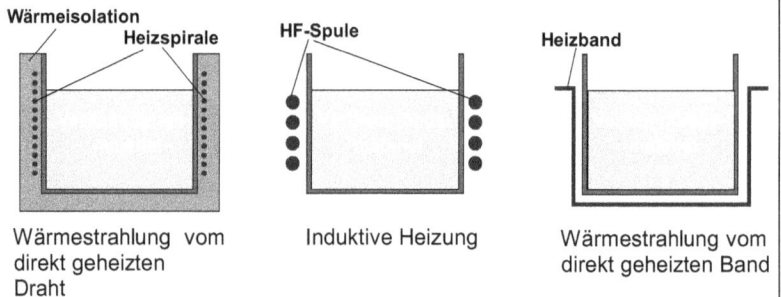

Wärmestrahlung vom direkt geheizten Draht

Induktive Heizung

Wärmestrahlung vom direkt geheizten Band

Die Erwärmung des Verdampfungsmaterials nach einem der zuvor geschilderten Prinzipien hat immer zur Folge, dass das zu verdampfende Material seine höchste Temperatur an der Grenzfläche zum Tiegel aufweist. Dies bedeutet aber, dass die eigentlich dampfabgebende Fläche, die Oberfläche der entstehenden Schmelze, geringere Temperaturen aufweist. Durch dieses Verhalten kann der Verdampfungsprozess empfindlich gestört werden. Durch die hohen Temperaturen an der Grenzfläche zum Tiegel können chemische Reaktionen mit dem Tiegelmaterial ausgelöst werden. Die Schmelze wird dann mit dem Tiegelmaterial verunreinigt. Bei ungenügendem Wärmeübergang im Verdampfungsgut kann es an der Grenzfläche zu einer lokalen Überhitzung mit dem Übergang in die Dampfphase kommen. Da dieser Dampf jedoch noch von dem darüberliegenden Material abgedeckt ist, kann ein Brodeln der Schmelze und ein Verspritzen des Verdampfungsgutes auftreten. Dies ist insbesondere dann negativ, wenn der Abstand zwischen dem zu beschichtenden Substrat und der Quelle zu gering gewählt wurde. Um diese Nachteile der Heizung des Verdampfungsgutes zu beseitigen, wurden Verfahren entwickelt, bei denen die dampfabgebende Oberfläche des zu verdampfenden Gutes auf die höchste Temperatur gebracht wird. Dies kann mit Energiequellen realisiert werden, die in Form von Strahlung auf die zu verdampfende Oberfläche gelenkt werden. Dabei können Ionen-, Elektronen- oder Lichtstrahlen

(Laser) eingesetzt werden. Die technisch größte Bedeutung haben zum gegenwärtigen Zeitpunkt jedoch Elektronenstrahlquellen. Der folgende Abschnitt wird sich daher mit den wesentlichen Grundlagen der Elektronenstrahlverdampfung beschäftigen.

Elektronenstrahlverdampfung

Grundaufbau der Elektronenstrahlverdampfung

Der Unterschied zwischen der Elektronenstrahlverdampfung und der Verdampfung aus direkt oder indirekt beheizten Tiegeln besteht lediglich darin, dass das zu verdampfende Gut in verschiedener Weise in den schmelzflüssigen Zustand und anschließend die Dampfphase überführt wird. Die grundlegenden Gesetzmäßigkeiten der Ausbreitung des Dampfes und der Oberflächenbeschichtung der Substrate unterscheiden sich nicht. Durch die Elektronenstrahlverdampfung wird allerdings erreicht, dass die Störungseinflüsse des idealen Zustandes deutlich gegenüber den anderen Heizungsverfahren reduziert werden.

Bei der Elektronenstrahlverdampfung wird eine Elektronenquelle benötigt. In dieser wird ein Elektronenstrahl erzeugt, beschleunigt und durch Umlenksysteme auf das zu verdampfende Gut fokusiert. Die Elektronenstrahlquellen werden i.A. als Elektronenstrahlkanonen bezeichnet. Der Leistungsbereich derartiger Kanonen liegt zwischen 1kW und 100kW. Man kann zwischen zwei grundsätzlichen Anordnungen der Kanonen unterscheiden – der Axialkanone und der Transversalkanone. Der Grundaufbau des bedeutenderen Transversalprinzips ist im Bild gezeigt.

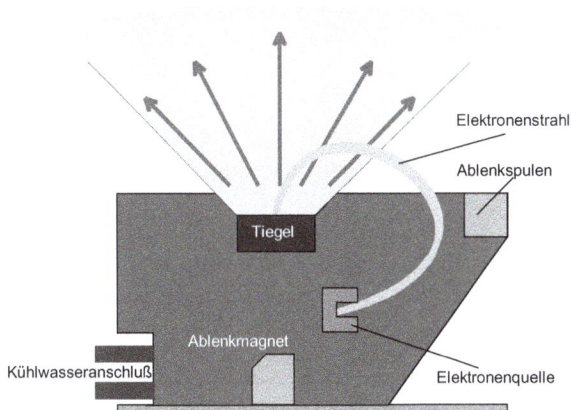

Bei beiden Systemen wird zunächst ein Elektronenstrahl erzeugt, beschleunigt und fokkusiert. Anschließend erfolgt ein Umlenken des Strahles auf das zu verdampfende Gut. Bei der Axialkanone beträgt der Umlenkwinkel 90°. Dadurch wird sichergestellt, dass die Ausbreitung des Dampfes nicht durch die Kanone behindert wird. Durch die Lage der Kanone zur

Dampfquelle kann allerdings nicht verhindert werden, dass eine Beschichtung der Kanone selbst mit dem Beschichtungsmaterial erfolgt.

Eine geometrisch günstigere Anordnung bildet die Transversalkanone. Bei dieser erfolgt eine Ablenkung des Strahles um 180° bzw. 270°. Eine Beschichtung der Kanone kann somit verhindert werden. Die bei beiden Quellen zur Anwendung kommenden Tiegel bestehen meist aus Kupfer, das von der Tiegelrückseite mit Wasser gekühlt wird. Der Vorteil der Elektronenstrahlverdampfung besteht darin, dass gegenüber den anderen Verdampfungsarten wesentlich höhere Verdampfungsraten erzielt werden können. Die Bildung von Spritzern ist durch die direkte Aufheizung des zu verdampfenden Materials an der Dampf abgebenden Oberfläche verhindert. Durch den sehr hohen Energieeintrag ist es möglich, auch Materialien zu verdampfen, die einen sehr hohen Schmelzpunkt aufweisen (W, Mo, Ta, Pt).

Tiegel beim Elektronenstrahlverdampfen	C- Tiegel	
	Mo-Tiegel	

Prozessparameter

Um eine möglichst homogene Schichtdickenverteilung auf dem Substrat und vertretbare Prozesszeiten zu erreichen, ist es notwendig, mit optimierten Verdampfungsparametern zu arbeiten. Diese Parameter richten sich im Wesentlichen nach dem Material, das zu verdampfen ist, und nach der Art der Anlage, mit der die Verdampfung durchgeführt werden soll. Einen weiteren Einfluss haben die Form des Tiegels und die Vakuumbedingungen, unter denen gearbeitet wird. Die Vielzahl der konstruktiven Ausführungen von Verdampfungsanlagen, Tiegeln, Elektronenstrahlkanonen und Vakuumkomponenten lassen eine einheitliche Angabe definierter Verdampfungsparameter für ein bestimmtes Material nicht zu. Die Aufstellung definierter Prozessparameter für den spezifischen Beschichtungsprozess ist demzufolge unerlässlich. Um bei der Suche nach den optimalen Parametern Zeit zu sparen, ist es sinnvoll, mit garantierten Prozessparametern der Anlagenhersteller, falls diese vorhanden sind, erste Versuche durchzuführen.

Verdampfungsregeln

Generelle Grundregeln bei der Verdampfung lassen sich aber definieren:

1. Wird die Verdampfungstemperatur zu niedrig gewählt, so ist die Dampfabgabe sehr gering. Im Volumen des Rezipienten kann es zu Stößen zwischen den Dampfteilchen und den Restgasteilchen kommen. Dadurch stellt sich nach kurzer Zeit (etwa 4 Stöße) eine statistisch ungerichtete Bewegung der Dampfteilchen ein. Die Ausbildung einer homogenen Schicht ist stark behindert.

	2. Bei zu hoher Verdampfungstemperatur befinden sich in der unmittelbaren Umgebung zur Schmelze sehr viele Dampfteilchen. Dadurch steigt die Stoßwahrscheinlichkeit untereinander. Die Bewegung der Teilchen wird statistisch ungerichtet. Die Abscheiderate auf dem Substrat sinkt.
Substratbelastung	Durch die thermische Verdampfung wird das zu beschichtende Substrat in geringem Maße thermisch belastet. Die Ursachen der thermischen Belastung liegen in der Energie der Teilchen, die auf das Substrat treffen, und der Strahlungsenergie, die von der Verdampfungsquelle ausgeht.
Strahlungsenergie	Die durch Strahlung hervorgerufene thermische Belastung ist sehr gering. Entsprechend des Stefan-Boltzmann-Gesetztes kann die gesamte aufgenommene Strahlungsenergie W nach Gleichung ermittelt werden $$W = \sigma A \varepsilon t \left(T_1{}^4 - T_2{}^4 \right)$$ mit σ – Strahlungskonstante des schwarzen Körpers; $\sigma = 5{,}67 \cdot 10^{-4} \text{Wcm}^{-2}\text{K}^4$; A – Fläche des Körpers; t – Zeitdauer der Energiezufuhr; ε – Emissionsgrad der strahlenden Fläche; T_1 – Temperatur des Körpers; T_2 –Temperatur der Umgebung. Da sich aber die Temperatur des Substrates nicht wesentlich von der Umgebungstemperatur unterscheidet (auch bei Probenheizung liegt die maximale Temperaturdifferenz bei nur 300K), ist nur eine vernachlässigbar geringe thermische Belastung der Substrate zu erwarten. Die durch den Aufprall der Dampfteilchen auf die Substratoberfläche freiwerdende Energie W_D lässt sich nach der folgenden Gleichung berechnen. $$W_D = \frac{1}{2}mv^2 = \frac{3}{2}kT_V$$ mit m – Masse des Teilchens, v – mittlere Geschwindigkeit k – Boltzmann-Konstante, T_V – Temperatur der Verdampfungsquelle. Im Bereich der Verdampfungstemperaturen von ca. 1000°C bis 2500°C entspricht dies Energien von weniger als 1eV. Durch die auftreffenden Teilchen werden also ebenfalls nur in sehr geringem Maße thermische Substratbelastungen hervorgerufen.
Verdampfen verschiedener Materialien	Nicht alle Materialien eignen sich für die thermische Verdampfung. Die Ursachen liegen vor allem im Zerfall und in der Dissoziation von chemischen Verbindungen unter Temperatureinwirkung. Für die thermische Verdampfung sind besonders Metalle gut geeignet. Mit Hilfe der Elektronenstrahltechnik lassen sich jedoch auch andere, schwer schmelzbare Verbindungen wie Gläser und verschiedene Oxide und Nitride in die Dampfphase überführen.

	Während das Verdampfen reiner Metalle weitgehend unproblematisch ist, bereitet die Verdampfung von Verbindungen einige Schwierigkeiten. Metallische Legierungen besitzen bestimmte Zusammensetzungen, die auch als Schichtmaterial wünschenswert wären. Bei der Überführung der Legierung in die Dampfphase werden jedoch die Komponenten zuerst verdampft, die den höheren Dampfdruck aufweisen. Die Legierung reichert sich also mit der Komponente mit dem niedrigeren Dampfdruck an und ändert so während der gesamten Verdampfung ständig ihre Zusammensetzung.
	Um Legierungen entsprechend ihrer Zusammensetzung auch als Schichten zu erzeugen, sind eine Reihe von Maßnahmen notwendig, die im Folgenden kurz beschrieben werden.
Verfahrens- modifikationen	**a) Nachfüttern**
	Bei diesem Verfahren erfolgt ein Verdampfen aus dem Schmelzsumpf. In der Anfangsphase verarmt die Schmelze an der Komponente mit dem höheren Dampfdruck. Damit sinkt im Verlaufe dieser Phase der Anteil der leichter flüchtigen Komponente im Dampfstrom. Schließlich bildet sich im stationären Zustand ein Verhältnis aus, in dem die beiden Komponenten entsprechend der Zusammensetzung der Legierung verdampft werden. Während dieser Phase wird kontinuierlich seitlich oder von unten die Legierung in fester Form nachgeführt.
	b) Flash-Verdampfung
	Dieses Verfahren zeichnet sich dadurch aus, dass das Verdampfungsgut in Form sehr kleiner Körner (Granulat) in die Heizzone eingebracht wird [Hol]. Diese granulierten Teilchen werden durch die Temperatureinwirkung spontan und rückstandsfrei verdampft.
	c) Simultan-Verdampfung
	Durch die Verdampfung der Legierungskomponenten aus unabhängigen Quellen kann erreicht werden, dass die sich bildenden Schichten hinsichtlich ihrer stöchiometrischen Zusammensetzung definiert werden können [Schi2]. Voraussetzung für die Variation der Zusammensetzung ist die genaue Kenntnis über die Verdampfungsrate der Einzelkomponenten.
	d) Springstrahl-Verdampfen
	Mit Hilfe der Ablenkungssteuerung von Elektronenstrahlen ist es möglich aus mehreren Tiegeln zu verdampfen. Dabei springt der Elektronenstrahl zwischen den Einzeltiegeln, die jeweils mit einer reinen Komponente der Legierung gefüllt sind. Durch die Einstellung der Verweilzeit über der jeweiligen Komponente kann erreicht werden, dass Schichten mit einer definierten Zusammensetzung erzeugt werden können [Sc2].

6 Herstellung der Mikrokomponenten

Thermische Verdampfung unter Hochvakuumbedingungen

Ziel:
- Herstellung dünner metallischer Schichten
- kostengünstige Alternative zu Sputtertechnik

Prozess
- Zu verdampfendes Material wird erhitzt und zuerst in die flüssige und schließlich in die Dampfphase überführt
- Verdampfung zeichnet sich durch Richtcharakteristik aus

Kenngrößen der Verdampfung:
- Partialdampfdruck
- Sättigungsdampfdruck
- Verdampfungsrate
- Abscheiderate
- Homogenitätsverteilung der Schicht auf dem Substrat
- Ausnutzungsgrad (sehr niedrig)

Verdampfungsquellen
- Quellen enthalten Verdampfungsmaterial
- Quellen werden unterschiedlich aufgeheizt
  - direkte Heizung von Tiegeln, Schiffchen, Körbchen
  - indirekte Heizung
  - Elektronenstrahlverdampfung
    - Axialkanone
    - Transversalkanone

Energie der Dampfteilchen sehr niedrig
- geringe Substratbelastung
- mäßige Haftung auf Substraten → Substratheizung

Legierungsverdampfung mittels modifizierter Elektronenstrahltechniken

Literatur

[Dri]   van der Drift, A.: Evolutionary selection: A PrincipleGovering Growth orientation in Vapour-Deposited Layers; in: Philips Res. Rep., Vol. 22, 1967, 267–288

[Hae]   Haefer, R.: Oberflächen- und Dünnschicht-Technologie I. Beschichtungen von Oberflächen; Springer, Berlin/Heidelberg, 1987

[Hol]   Holland, L.: Vacuum deposition of thin films; Chapman & Hill, London, 1961

[Sc1]   Schiller, S.; Heisig, U.: Bedampfungstechnik; Verlag Technik, Berlin, 1975

[Sc2]   Schiller, S. u.a.; „Erfahrungen mit einem 5 kW Elektronenstrahlverdampfer"
        Vakuum-Technik 16(1967), 9, 205-209

[Sc3]   Schnegraf, K. (Ed.): Handbook of Thin-Film Deposition Processes and Techniques;
        Noyes Publications, 1988

[Tho]   Thornton, J.: High rate thick film growth; in: Ann. Rev. Mater. Sci., Vol. 7, 1977,
        239–260

6.4.5 Schichtabscheidung aus der flüssigen Phase

	Schlüsselbegriffe
	Flüssigkeitsauftragen auf feste Oberflächen, Tauchtechnikverfahren, Sprühbelackungsverfahren, Spin-on-Verfahren, Prozessvoraussetzungen, Grundprinzip des Spin-on-Verfahrens, lokale Dickenverteilung, Dickenwachstum, Abdünnen der Schichtdicke, Verdampfungsrate, finale Schichtdicke, Vorhersage der Schichtdicke, Abscheiden metallischer Schichten durch Stromfluss, galvanischen Zelle, Prozessablauf, Faradaysches Abscheidegesetz, Komplexität des Prozesses, Stromdichte-Potentialkurve, galavanostatische Abscheidung, potentiostatische Abscheidung, Vorteile der galvanischen Abscheidung, selektive Abscheidung in Mikrostrukturen, Prozessablauf zur Herstellung selektiver Metallschichten, Voraussetzung für das Abscheiden, galvanische Prozesse in der Mikrotechnik, stromlose Metallabscheidung, Elektronenlieferant – Elektrolyt, Vor- und Nachteile des Verfahrens

6.4.5.1 Spin-on-Verfahren

	Aufbringen flüssiger Materialien auf Substratoberflächen
Flüssigkeits-auftragen auf feste Oberflächen	Das Auftragen von Flüssigkeiten auf feste Oberflächen und das anschließende Verfestigen der Flüssigkeit zu einem Festkörper ist ein seit langem bekannter Prozess. Die meisten Drucktechniken und die gesamte Maltechnik nutzen dieses Verfahren. Überlegungen, diese einfache Form der Festkörperbildung in die Mikrotechnik zu übertragen, sind daher auch schon relativ frühzeitig angestellt worden.
Tauchtechnik-verfahren	Erste Versuche wurden mit der Tauchtechnik unternommen. Dabei wird das Substrat vollständig in die Flüssigkeit eingetaucht und anschließend wieder herausgezogen. Dabei läuft die Flüssigkeit auf der Vorder- und Rückseite gleichmäßig ab und bildet auf dem Substrat einen geschlossenen Flüssigkeitsfilm. Die Dicke des Films kann über die Geschwindigkeit des Herausziehens in Grenzen eingestellt werden. Nachteilig ist allerdings der sich bildende Keil. Das heißt, am unteren Ende des Substrates ist die Dicke des Flüssigkeitsfilms größer als am oberen. Dabei können durchaus Dickenunterschiede von >10% auftreten. Für homogene Schichten in der Mikrotechnik sind diese Unterschiede zu groß. Daher wurden weitere Verfahren entwickelt, um eine gleichmäßige Beschichtung mit einer flüssigen Phase zu erreichen.

Sprühbelackungs-verfahren	Ein relativ junges Verfahren ist die Sprühbelackung. Bei diesem Verfahren wird, ähnlich wie bei Spraydosen, die aufzubringende Flüssigkeit in feine Tröpfchen zerstäubt, die sich auf der Oberfläche niederschlagen können. Dieses Verfahren wird bei der Beschichtung von strukturierten Substraten mit Fotolack genutzt. Der Vorteil besteht darin, dass die Schichtdicke auf allen zu beschichtenden Flächen nahezu gleich eingestellt werden kann. Damit können sowohl erhabene Strukturen, als auch Vertiefungen mit den gleichen Lackdicken versehen werden. Bei komplexen Mikrostrukturen ist dies das einzig mögliche Verfahren, um weitere Lithographieschritte durchzuführen. Nachteilig ist bei diesem Verfahren die große Zeitdauer eines Beschichtungsprozesses. So muss dass gesamte Substrat vom Flüssigkeitszerstäuber abgescannt werden, um einen geschlossenen Film zu generieren. Von größter Bedeutung ist jedoch das Schleuderverfahren (Spin-coating-Verfahren, Spin-on-Verfahren). Im Folgenden soll dies näher beschrieben werden.
Spin-on-Verfahren	Das Spin-on-Verfahren wurde ursprünglich zur gleichmäßigen Verteilung von Fotolack auf Si-Substraten eingeführt. Für diesen Prozess wird es noch heute zu über 90% genutzt. Mit dem Fortschreiten der Sol-Gel-Technik konnte das Verfahren jedoch auch sehr erfolgreich auf diese Materialien ausgeweitet werden.
Prozess-voraussetzungen	Voraussetzungen für alle Prozesse sind dabei die Folgenden: • Die Flüssigkeit besteht aus einem Lösungsmittel, in dem ein Festkörper kolloidal gelöst ist. • Die Flüssigkeit benetzt die Oberfläche des Substrates mit kleinen Randwinkeln. • Durch Verdampfen des Lösungsmittels nimmt die Viskosität der Flüssigkeit zu. • Beim vollständigen Entfernen des Lösungsmittels verbleibt ein Festkörper.
Grundprinzip des Spin-on-Verfahrens	Das Grundprinzip des Verfahrens besteht in Folgendem: Zunächst wird auf einem drehbar gelagerten Substrat eine definierte Menge der zu verteilenden Flüssigkeit zentral abgelegt. Anschließend wird das Substrat in Drehbewegung versetzt. Durch die entstehenden Zentrifugalkräfte verteilt

sich die Flüssigkeit über das gesamte Substrat und bildet einen geschlossenen Film. Praktisch wird die Ausbreitung der Flüssigkeit über dem Substrat mit relativ niedrigen Drehzahlen ($300 \text{min}^{-1} \ldots 600 \text{min}^{-1}$) durchgeführt. Bei diesem Vorgang stellt sich ein Gleichgewicht zwischen der Viskositätskraft und der Zentrifugalkraft ein. Bei der Anordnung wie im Bild gezeigt stellt sich also ein:

$$-\eta \frac{\partial^2 v}{dz^2} = \rho \cdot r \cdot \omega^2$$

mit v – Ausbreitungsgeschwindigkeit der Flüssigkeit über dem Substrat, ρ – Dichte, η – Viskosität und ω – Winkelgeschwindigkeit der Umdrehung.

Eine Lösung dieser Differentialgleichung ist jedoch sehr schwierig, da sich die Bedingungen permanent verändern. Durch das Ausbreiten der Flüssigkeit über dem Substrat nimmt auch dessen Oberfläche zu. Dadurch steigt die Verdampfungsrate an, die Viskosität nimmt folglich zu. Es stellt sich nach einer bestimmten Zeit eine mittlere Schichtdicke $\overline{d}_0$ ein. Diese Dicke hängt von der Verdampfungsrate, der Drehzahl und dem Benetzungsverhalten der Flüssigkeit ab.

lokale Dickenverteilung

Die lokale Dickenverteilung des Films kann aber noch erheblich schwanken. Zur Einstellung einer definierten Filmdicke wird die Drehgeschwindigkeit gesteigert, so dass überflüssige Flüssigkeit zum Rand bewegt und abgeschleudert werden kann. Bei diesem Vorgang nimmt die Viskosität der Flüssigkeit weiter zu. Man erhält schließlich für die Dicke der Schicht in Abhängigkeit von der Zeit:

Dickenwachstum

$$d(t) = \frac{\overline{d}_0}{\sqrt{1 + 4 \cdot a \cdot \overline{d}_0{}^2 \cdot t}} \quad \text{mit}$$

$$a = \frac{\rho \cdot \omega^2}{3 \cdot \eta}$$

Allerdings ist hierbei a als Konstante angenommen. Praktisch verändert sich a, weil die Dichte ρ und die Viskosität η ständig zunehmen.

Abdünnen der Schichtdicke

Letztere wird in der folgenden Differentialgleichung durch das Einführen der Verdampfungsrate k berücksichtigt. Für das Abdünnen der Schichtdicke kann man folglich schreiben:

$$\frac{dd}{dt} = -2 \cdot a \cdot d^3 - k$$

Verdampfungsrate

Die Verdampfungsrate k ergibt sich aus dem spezifischen Stoffparameter C und der Winkelgeschwindigkeit ω zu

	$$k = C\sqrt{\omega}$$ und muss für jede Flüssigkeit experimentell ermittelt werden.
finale Schichtdicke	Setzt man voraus, dass das Verhalten der Flüssigkeit zunächst durch den Fließprozess dominiert ist und anschließend durch den Verdampfungsprozess, dann ergibt sich als Lösung der Differentialgleichung die finale Schichtdicke d_f zu:
Vorhersage der Schichtdicke	$$d_f = c_0 \sqrt[3]{\frac{k}{2a(1-c_0)}}$$ Dabei ist c_0 ist dabei die Feststoffkonzentration in der Flüssigkeit. Dennoch bleibt die Vorhersage der Schichtdicke sehr problematisch. Der Grund dafür liegt unter anderem auch in dem Abdampfverhalten des Lösungsmittels. Dieses verdampft zuerst aus den oberflächennahen Bereichen. Dadurch steigt die Viskosität dort stärker an als in den darunter liegenden Zonen. Außerdem verhindert der sich bildende Feststoff an der Oberfläche ein weiteres Abdampfen der Lösungsmittel aus dem Inneren. Um eine exakte Schichtdickenvorhersage treffen zu können, sind daher in der Regel experimentelle Voruntersuchungen notwendig. Dies trifft sowohl für nicht hinreichend quantifizierte Fotolacke als auch für die meisten Sol-Lösungen zu.

6.4.5.2   Galvanische Schichtabscheidung

	Galvanische Zelle
Abscheiden metallischer Schichten durch Stromfluss	Metallische Schichten lassen sich sehr einfach mit Hilfe der galvanischen Abscheidung erzeugen. Voraussetzungen für diese Schichtabscheidung sind dabei:
	• Vorhandensein einer galvanischen Zelle
	• Existenz eines das betreffende Metall enthaltenden Elektrolyten
	• Äußerer elektrischer Gleichstromkreis
galvanische Zelle	Die galvanische Zelle besteht aus einem Gefäß mit einer Anode und einer Katode, die jeweils mit der Spannungsquelle verbunden sind. In der galvanischen Zelle befindet sich der meist wässrige Elektrolyt. Elektrolyte dissoziieren in wässrigen Lösungen und bilden dabei Ladungsträger in Form von Ionen. Man unterscheidet Kationen und Anionen. Bei Spannungszufuhr wandern die positiven Kationen in Richtung der Katode während die negativ geladenen Anionen zur Anode wandern. Infolge der Wanderung der Ladungsträger wird der vom äußeren Kreis gelieferte Strom durch die

	galvanische Zelle transportiert. Bei einem typischen Elektrolyt wie $CuSO_4$ und einer Cu-Anode ist also Folgendes zu beobachten:

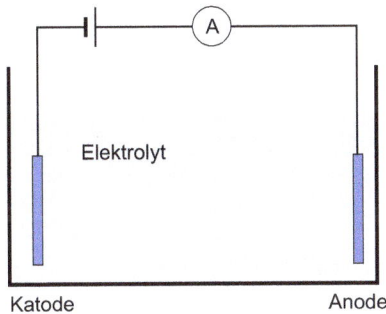

galvanische Zelle transportiert. Bei einem typischen Elektrolyt wie $CuSO_4$ und einer Cu-Anode ist also Folgendes zu beobachten:

a)   Dissoziation

$$CuSO_4 \rightarrow Cu^{2+} + SO_4^{2-}$$

Prozessablauf

b)   Katodenreaktion, Reduktion von Cu^{2+} zu atomarem Cu

$$Cu^{2+} + 2e \rightarrow Cu$$

Das Kupfer wird als Schicht auf der Katode abgeschieden

c)   Anodenreaktion

$$SO_4^{2-} \rightarrow SO_4 + 2e$$

Dabei reagiert die Sulfatgruppe mit dem Kupfer der Anode und löst es aus der Anode heraus. Das heißt, die Elektrode löst sich mit der Dauer des Vorgangs auf.

Faradaysches Abscheidegesetz

Die Menge des an der Katode abgeschiedenen Materials kann mit Hilfe des Faradayschen Abscheidegesetzes ermittelt werden. Für einen Elektrolyten mit z Ladungen/Ion ist die Ladung gegeben durch:

$$Q = zeN_A$$

mit e – Elementarladung = $1,602 \cdot 10^{-17}$C, N_A – Avogadro-Konstante = $6,023 \cdot 10^{-23}$mol^{-1}.

Das aus Konstanten bestehende Produkt eN_A wird auch als Faradaysche Konstante F (F = 96479Asmol^{-1}) bezeichnet. Damit erhält man

$$Q = zF$$

Unter Berücksichtigung des Stromes $I = \dfrac{Q}{t}$ erhält man durch Umformen für die abgeschiedene Menge

$$m = \frac{I \cdot t \cdot M}{z \cdot F}$$

mit M – molare Masse.

hohe Komplexität des Prozesses

Die direkte Proportionalität der abgeschiedenen Masse zu Strom und Zeit lassen auf einen einfach zu kontrollierenden Prozess schließen. Tatsächlich sind die Zusammenhänge aber außerordentlich komplex. Konzentrationsschwankungen, Diffusionsvorgänge, Schichtbildungsenergien und ge-

	hemmte Ladungsaustauschvorgänge machen eine analytische Beschreibung des Gesamtprozesses sehr schwierig.
Stromdichte-Potentialkurve	Praktisch wird daher bevorzugt die Stromdichte-Potentialkurve einer galvanischen Zelle genutzt, um deren Verhalten zu bestimmen. Unter dieser Kurve ist das Verhalten des Katoden-stromes in Abhängigkeit vom Katoden-potential zu verstehen. Die Kurve zeigt eine ausgeprägte S-Charakteristik mit einem gut kontrollierbaren linearen Ast. Bei zu geringen oder zu großen Strom-dichten ist die Qualität der abgeschiede-nen Schichten mangelhaft, bzw. es bil-den sich gar keine Schichten aus. 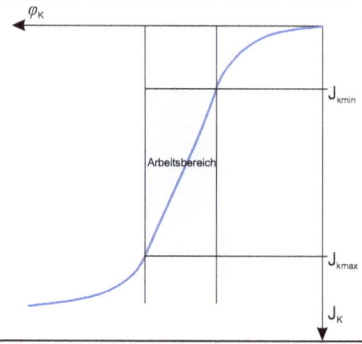
galavanostatische Abscheidung	Die Steuerung der Abscheidung erfolgt im linearen Bereich der Strom-dichte-Potential-Kurve. Im einfachsten Fall wird die Stromdichte konstant gehalten und es stellt sich ein den Abscheidebedingungen entsprechendes Katodenpotential ein. Man spricht dann von galavanostatischer Abschei-dung. Der entsprechende Aufbau ist im Bild weiter oben gezeigt.
potentiostatische Abscheidung **Vorteile der galvanischen Abscheidung**	Wenn das Ziel jedoch darin besteht, die Abscheidung bei einem konstan-ten Katodenpotential durchzuführen, dann spricht man von der potentiosta-tischen Abscheidung. Durch Steuerung des Stromes kann dies erreicht werden. Als Steuerinstrument wird ein Potentiostat verwendet, der über eine entsprechende elektronische Regelung verfügt. In diesem Fall muss die Anordnung um eine Elektrode, die Referenzelektrode, erweitert werden. Als Referenzelektroden werden dabei Materialien verwen-det, deren Potential in der elektro-chemischen Spannungsreihe genau festgelegt sind. Durch den Potenti-ostaten wird zudem sichergestellt, dass kein Strom über die Referenz-elektrode fließt. Das Beispiel dieser Anordnung ist im Bild gezeigt. 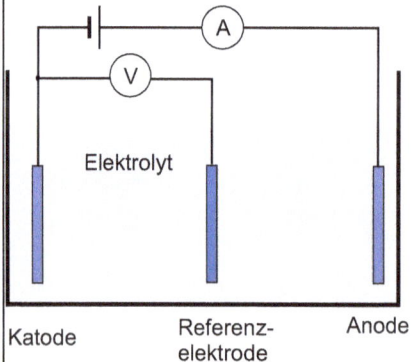
	Die Vorteile der galvanischen Abscheidung gegenüber den PVD-Verfahren liegen in der vergleichsweise hohen Abscheiderate und den sehr geringen Ausrüstungskosten. Es können sehr hohe Strukturhöhen bei gro-ßem Aspektverhältnis realisiert werden. Außerdem können beim Vorlie-gen entsprechend vorstrukturierter Substrate selektive Abscheidungen realisiert werden. Dieser Aspekt soll im Folgenden näher erläutert werden.

selektive Abscheidung in Mikrostrukturen **Prozessablauf zur Herstellung selektiver Metallschichten** **Voraussetzung für das Abscheiden**	Die Abscheidung von Metallen in Mikrostrukturen setzt voraus, dass die Mikrostrukturen über eine kontaktierbare metallische Startschicht verfügen. Die Mikrostrukturen können im einfachsten Fall aus Fotolack bestehen. Die Prozessfolge zur Herstellung selektiver Metallschichten hat damit folgendes Aussehen. 1. Abscheiden einer metallischen Startschicht 2. Auftragen einer Fotolackschicht 3. Belichtung und Entwicklung der Fotolackschicht 4. Kontaktierung der Startschicht und galvanische Abscheidung in einer Elektrolysezelle 5. Polieren der Metallschicht 6. Entfernen des Fotolackes 7. Ätzen der metallischen Startschicht	Fotolack Belichtung der Fotolackschicht mit darunter liegender ME-Startschicht Entwicklung der Fotolackschicht Metall Galvanisches Auffüllen der offenen Fenster Startschicht Entfernen des Fotolackes Ätzen der ME-Startschicht

Das Abscheiden in Mikrostrukturen, wie oben beschrieben, setzt jedoch voraus, dass die Fotolackschicht im Elektrolyt stabil ist und nicht vom Substrat abgehoben wird. Im Unterschied zu freiliegenden Elektroden wird die Wanderung der Kationen durch eine ungleichmäßige Feldverteilung beeinflusst. Hohe Feldstärken führen zu einem bevorzugten Wachstum der Schichten.

Um diesen Effekt einzuschränken, werden den Elektrolyten häufig Inhibitoren zugegeben. Dies sind Stoffe, die zur Einebnung der sich bildenden Schicht führen und das Wachstum an Spitzen bremsen. Sind verschieden große Strukturen vorhanden, dann zeigen sich unterschiedliche Abscheideraten. Um ein vollständiges Füllen aller Strukturen sicherzustellen, muss daher überplattet werden. Dadurch wachsen aus den Gebieten mit schnellerer Abscheidung pilzförmige Materialgebilde aus, die mechanisch durch einen Polierschritt entfernt werden müssen. Bei der Abscheidung kann es in einigen Fällen zur Bildung von Wasserstoff kommen. Dieser liegt in Form von Bläschen vor und kann die Abscheidung erheblich behindern,

	wenn er nicht aus der Abscheidungszone transportiert wird. Dies ist aber in Mikrostrukturen auf Grund der eingeschränkten Transportmechanismen nicht immer einfach. Daher müssen die Abscheidebedingungen so eingestellt werden, dass eine Wasserstoffentwicklung vermieden wird. (Wahl der Elektrolyte und des Katodenpotentials).
galvanische Prozesse in der Mikrotechnik	Das Abscheiden von Metallen in galvanischen Prozessen gewinnt auch in der Mikrosystemtechnik zunehmend an Bedeutung. Die üblichen Dünnschichtverfahren lassen nur begrenzte Schichtdicken zu, die galvanische Abscheidung ermöglicht dagegen die Herstellung deutlich größerer Schichtdicken. Dies ist für eine Vielzahl insbesondere mechanischer Mikrokomponenten von großer Bedeutung. Aber auch neuartige sensorische und aktorische Bauelemente können von den Fortschritten der galvanischen Abscheidung im Mikrobereich profitieren.

Stromlose Abscheidung von Metallen

stromlose Metallabscheidung	Die Herstellung von leitenden Startschichten auf Substraten kann mit Hilfe der stromlosen Metallabscheidung realisiert werden. Das Verfahren wird ähnlich, wie die galvanische Abscheidung, in einem Elektrolyten durchgeführt. Allerdings werden bei diesem Verfahren keine Elektroden benötigt. Die Reduktion der Me^+-Ionen findet durch eine in der Elektrolytlösung enthaltene Agenz statt. Diese liefert die zur Reduktion notwendigen Elektronen. Als Agenzien werden dabei genutzt:

Agenz	Abscheidung von
Natriumhypophosphit	Ni, Co
Natriumborohydrid	Ni, Au
Dimethylaminboran	Ni, Co, Au, Cu, Ag
Hydrazin	Ni, Au, Pd
Formaldehyd	Cu

Elektronenlieferant – Elektrolyt

Die Reaktion findet in der Regel nur an metallisch leitenden Oberflächen statt, da diese Elektronen auch weiter nachliefern können, und ist daher katalytisch. Im Falle isolierender Substrate ist eine Aktivierung der Oberflächen durch ein Tauchen in $PdCl_2$- oder $SnCl_2$-Lösungen erforderlich. Dadurch wird metallisches Pd oder Sn abgeschieden, das die Rektion mit dem Elektrolyten katalysieren kann.

Vor -und Nachteile des Verfahrens	Die Vorteile der stromlosen Beschichtung liegen in der konformen Bedeckung der Oberflächen. Diese ist bei mikrostrukturierten Bauelementen bisweilen von Bedeutung. Nachteilig wirken sich die komplexen chemischen Vorgänge, die starke Abhängigkeit von der Zusammensetzung des Elektrolyten und dessen Instabilität aus.

Abscheiden aus flüssiger Phase

Ziel:
Herstellung von dünnen Schichten oder mikrostrukturierten Formteilen

Flüssigkeitsauftrag auf feste Oberflächen
- Tauchziehverfahren
- Sprühbelackungsverfahren
- Schleuderverfahren (Spin-coating-Verfahren, Spin-on-Verfahren) überragende Bedeutung in Mikrotechnik
  - Auftrag von Fotolacken
  - Nutzung im Sol-Gel-Prozess
  - Schwierige Voraussage der Schichtdicke, da sehr komplexer Verfahrensablauf

Galvanische Schichtabscheidung
- Nutzung galvanischer Zellen
- Faradaysches Abscheidegesetz → Proportionalität von abgeschiedener Masse sowie Stromdichte und Zeit
- Galvanostatische Abscheidung bei konstanter Stromdichte
- Potentiostatische Abscheidung bei konstanter Spannung (Katodenpotenzial)
- große Schichtdicken realisierbar
- raue Oberflächen der abgeschiedenen Schichten
- Abscheidung in Mikrostrukturen bei Vorhandensein einer Startschicht möglich

Stromlose Abscheidung
- Elektronen zur Reduktion der Me^+-Ionen werden durch Elektrolyt geliefert
- Vorbehandlung isolierender Schichten notwendig
- konforme Bedeckung der Oberflächen

Literatur

[Fla]   Flack, W. et al.: A Mathematical-Model for Spin Coating of Polymer Resists; in: Journal of Applied Physics, Vol. 56 (4), 1984, 1199–1206

[Ham]   Hamann, C.; Hamnett, A.; Vielstich, W.: Electrochemistry, Wiley-VCH, 2007

[Mey]   Meyerhofer, D.: Characteristics of Resist Films Produced by Spinning; in: Journal of Applied Physics, Vol. 49 (7), 1978, 3993–3997

6.5 Strukturierungsverfahren

6.5.1 Isotrope Ätzprozesse

	Schlüsselbegriffe
	nasschemische Ätzverfahren, Selektivität, Ausbildung dreidimensionaler Strukturen, chemische Vorgänge, Zustand der Reaktionsprodukte, Reaktionsenergie, energetische Betrachtung, Reaktionsenthalpie, exotherme Reaktion, Reaktionsgeschwindigkeit ←→ Aktivierungsenergie, Nassätzprozesse in der Mikrosystemtechnik, Nachteile des Prozesses, Vorteile des Prozesses, isotropes Verhalten, anisotropes Verhalten, Richtungsabhängigkeit des Ätzprozesses, Ätzmechanismus, Strukturierung von Si in sauren Lösungen, exotherme Reaktion, Autokatalyse, Konzentration der Lösung, reaktions-/diffusionsbestimmte Prozesse, Ätzcharakteristik für Silizium, Unterschied der Ätzraten verschieden orientierter Si-Substrate, Tiefenätzrate/Unterätzrate, Maskierungsprobleme, typische Ätzprofile, Phänomenologie der Strukturbildung, Unterschiede bei verschieden orientierten Si-Substraten

6.5.1.1 Reaktionen beim nasschemischen Ätzen

	Allgemeines
nasschemische Ätzverfahren	Nasschemische Ätzverfahren sind dadurch charakterisiert, dass die zu strukturierenden Substrate einem Ätzmedium ausgesetzt werden. Dies kann durch Eintauchen in die Ätzlösungen oder durch ein Besprühen der Substrate mit der Ätzlösung erfolgen. Die chemische Reaktion von Molekülen der Ätzlösung mit Oberflächenatomen des Substrates führt zu deren Auslösung aus dem Feststoffverband. Um dreidimensionale Formen auszubilden, ist es notwendig, die Oberflächen mit Maskierungsschichen zu versehen, die in den zu strukturierenden Bereichen entsprechende Fenster aufweisen. Diese Maskierungsschichten müssen eine hohe Resistenz gegenüber der Ätzlösung aufweisen. Andernfalls erfolgt auch deren Auflösung und die dreidimensionale Strukturierung ist nicht zu gewährleisten.
	Das unterschiedliche Ätzverhalten der verschiedenen Feststoffe gegenüber der Ätzlösung wird durch die Selektivität S charakterisiert

Selektivität	$$S = \frac{R_{Sub}}{R_{Mask}}$$
	Dabei sind R_{sub} die Ätzrate des Substrates und R_{Mask} die Ätzrate der Maske. Für technische Strukturierungen sind generell große Werte von R einzustellen.
Ausbildung dreidimensionaler Strukturen	Die Ausbildung dreidimensionaler Strukturen wird von der Ätzlösung, der Maskierung, aber auch dem eingesetzten Werkstoff und dessen Gefüge bestimmt. Insbesondere bei einkristallinen Werkstoffen kann sich ein erheblicher Einfluss der Orientierung zeigen.
chemische Vorgänge	Das nasschemische Ätzen von Festkörpern ist ein Prozess, bei dem die zu bearbeitenden Oberflächen in Kontakt mit der Ätzlösung gebracht werden. Der Angriff der Ätzlösungen erfolgt generell von der Oberfläche her. Die gesamte chemische Reaktion läuft an der Grenzfläche ab. Bei der Reaktion kommt es zum Herauslösen von Feststoffteilchen unter gleichzeitiger Verschiebung der Grenzfläche Festkörper – Ätzlösung in das Festkörperinnere. Die Ätzprozesse können unter Gewinn an freier Energie oder unter Zufuhr von Energie verlaufen.
Reaktions-produkte	Die entstehenden Reaktionsprodukte können flüssig, fest oder gasförmig sein. Grundsätzlich kann man für diese Reaktion schreiben: $$\alpha A + \beta B \Leftrightarrow \gamma C + \delta D$$ Dabei sind α, β, γ und δ stöchiometrische Faktoren der an der Reaktion beteiligten (A, B) beziehungsweise entstehenden Stoffe (C, D). Die molare Reaktionsenergie ΔU_R, die durch diese Reaktion freigesetzt wird, ermittelt sich nach:
Reaktionsenergie	$$\Delta U_R = -(\alpha U_A + \beta U_B) + \gamma U_C + \delta U_D$$
energetische Betrachtung	Reaktionen, bei denen die innere Energie abnimmt, d.h. $\Delta U_R < 0$, das System also Energie in Form von Wärme an seine Umgebung abgibt, werden als exotherme Reaktionen bezeichnet. Ist dagegen die innere Energie der Endprodukte größer als die innere Energie der Ausgangsprodukte, d.h. $U_R > 0$, so wird die Reaktion als endotherm bezeichnet. Bei der Reaktion wird aus der Umgebung Wärme aufgenommen. Nehmen an der gesamten Reaktion nur flüssige und feste Stoffe teil, so entspricht die molare Reaktionsenergie in etwa der molaren Reaktionsenthalpie ΔH_R. Somit gilt die Gleichung:
Reaktions-enthalpie	$$\Delta U_R \approx \Delta H_R$$ Bei allen Untersuchungen zum nasschemischen Ätzen von Silizium wurde festgestellt, dass sich die innere Energie der Endprodukte verringerte, d.h.

exotherme Reaktion	während der Reaktion Energie an die Umgebung abgegeben wurde. Silizium reagiert also mit den bekannten verwendeten Ätzlösungen in Form einer exothermen Reaktion.

Diese Exothermie ist in starkem Maße an die verwendeten Ätzlösungen gebunden und hängt vom Zustand der inneren Energie des Systems bei einer definierten Temperatur ab. |
| **Reaktionsgeschwindigkeit ←→ Aktivierungsenergie** | Weiterhin kann bei allen chemischen Reaktionen eine sehr starke Temperaturabhängigkeit festgestellt werden. So ändert sich insbesondere die Reaktionsgeschwindigkeit mit der Temperatur. Als Richtwert für die meisten Reaktionen kann eine Zunahme der Reaktionsgeschwindigkeit um das 2- bis 4-fache bei einer Temperatursteigerung um 10K festgehalten werden. Dabei existiert eine lineare Abhängigkeit der Form:

$$\lg A = a - \frac{b}{T}$$

wobei A als Geschwindigkeitskonstante der Reaktion und a bzw. b als konstante Koeffizienten angenommen werden.

Die Differentiation der Gleichung liefert:

$$\frac{d\ln A}{dT} = \frac{2{,}303b}{T^2} = \frac{E_A}{RT^2}$$

Die Aktivierungsenergie der Reaktion ist E_A; R ist die Gaskonstante und T die Temperatur.

Dabei beschreibt die Aktivierungsenergie E_A nach Arrhenius das Maß an Wärmeenergie, das die Atome bzw. Moleküle aufnehmen müssen, um „aktiv" zu werden. Die Aktivierungsenergie lässt sich aus dem Anstieg der Geraden ermitteln, die man beim Auftragen der Geschwindigkeitskonstanten über der reziproken Temperatur erhält. Praktisch erfolgt die Ermittlung der Aktivierungsenergie unter Nutzung der folgenden Gleichung und Beachtung des Bildes.

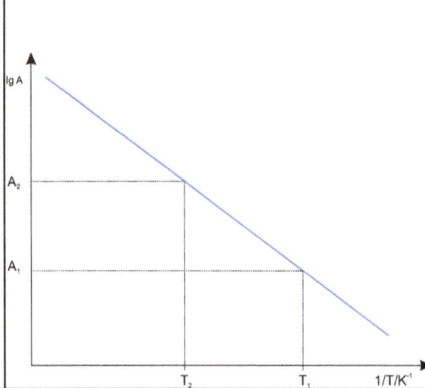

$$\lg \frac{A_1}{A_2} = \frac{E_a}{2{,}303 \cdot R} \cdot \left(\frac{1}{T_1} - \frac{1}{T_2} \right)$$

Obwohl die Aktivierungsenergie für eine von Arrhenius gefundene empirische Beschreibung der chemischen Reaktionsmechanismen steht, basieren eine Vielzahl von Reaktionsbeschreibungen auf der Charakterisierung der Aktivierungsenergie. Auch das |

nasschemische Ätzen von Silizium kann mit Hilfe der Aktivierungsenergie beschrieben werden. Die Geschwindigkeitskonstante ist in diesem Fall die Ätzrate des Siliziums. Anhand der Gleichung und des Bildes ergibt sich im Wesentlichen der folgende Zusammenhang: Mit steigender Aktivierungsenergie verringert sich die Geschwindigkeitskonstante, die Reaktion verläuft langsam oder nur bei entsprechend hoher Energiezufuhr. Im Gegensatz dazu laufen Reaktionen mit einer niedrigen Aktivierungsenergie unter gleichartigen Bedingungen mit einer wesentlich höheren Reaktionsgeschwindigkeit ab. In der Literatur zeigen sich insbesondere bei der Untersuchung des Ätzverhaltens von Halbleitermaterialien sehr häufig Interpretationen der Aktivierungsenergie. Speziell bei der Deutung des anisotropen nasschemischen Ätzverhaltens von Silizium wird die Aktivierungsenergie häufig mit in die Überlegungen einbezogen. Allerdings zeigen sich bei diesen Interpretationen bisweilen auch Widersprüche. Daher ist der sorgfältige und vorsichtige Umgang mit diesem empirischen Wert stets angeraten.

6.5.1.2   Nasschemisches Ätzen von Silizium in sauren Lösungsgemischen

Nasschemisches Ätzen von Silizium	
Nassätzprozesse in der MST **Nachteile des Prozesses**	Das nasschemische Ätzen von Silizium gehört zu den gebräuchlichsten Verfahren, um dreidimensionale Mikrostrukturen zu erzeugen. Obwohl der Prozess des nasschemischen Strukturierens einige Nachteile aufweist, wird dieses Verfahren häufig dann eingesetzt, wenn entsprechend tiefe Mikrostrukturen herauszubilden sind. Nachteilig ist die Belastung der Siliziumsubstrate mit alkalihaltigen, wässrigen Lösungen und den damit verbundenen möglichen Kontaminationen der Oberflächen. Besonders bei folgenden Hochvakuumprozessen ist ein aufwendiger Trocknungsprozess der nasschemisch bearbeiteten Substrate notwendig.
	Kontaminationen wirken sich bei elektronischen Bauelementen äußerst negativ durch die Beeinflussung des Ladungsträgerprofils aus. In der Mikrostrukturtechnik können bereits sehr dünne Verunreinigungsschichten das Ätzverhalten der Substrate selbst oder die Haftfestigkeit von Folgeschichten beeinflussen. Die gesamte Technik des Nassätzens stellt somit immer einen technologischen Bruch im Ablauf der Scheibenbearbeitung dar, die sonst fast ausschließlich unter Vakuumbedingungen stattfindet. Es ist verständlich, dass die Suche nach alternativen trockenen Strukturierungsmethoden mit hoher Intensität betrieben wird.
Vorteile des Prozesses	Der entscheidende Vorteil der nasschemischen Bearbeitung liegt in der äußerst kostengünstigen Möglichkeit des „Batch Processings", bei dem gleichzeitig eine Vielzahl gleichartiger Substrate behandelt werden kön-

nen. Gegenüber den trockenen Strukturierungsmethoden sind darüber hinaus auch der vergleichsweise niedrige Investitionsaufwand für die Anlagentechnik und die geringen Prozesskosten vorteilhaft.

isotropes Verhalten	In den folgenden Abschnitten soll das nasschemische Ätzverhalten von Silizium näher diskutiert werden. Dabei wird in Anlehnung an bekannte Darstellungen zwischen isotropem und anisotropem Ätzverhalten unterschieden. Dennoch sei darauf hingewiesen, dass die Verwendung dieser Begriffe das tatsächliche Verhalten nicht exakt widerspiegelt. Richtungsunabhängiges bzw. richtungsabhängiges Ätzen kennzeichnet das Verhalten wesentlich besser. Unter den Begriffen „isotrop" bzw. richtungsunabhängig und „anisotrop" bzw. richtungsabhängig soll folgendes Verhalten verstanden werden:

Isotrope Ätzlösungen greifen den Festkörper in allen seinen Raumrichtungen gleichermaßen an. Die Ätzrate und somit auch die Geschwindigkeitskonstante der Reaktion sind daher nicht abhängig von einer Raumrichtung. Typischerweise ergeben sich bei diesem Verhalten Ätzprofile mit einer starken Unterätzung der Masken.

Betrachtet wird ein Festkörper mit einer ebenen Oberfläche, die mit einer Maskierungsschicht überzogen ist. In der Maskierungsschicht befindet sich ein Fenster mit einer endlichen großen lateralen Ausdehnung. Durch dieses Fenster kann die entsprechende Ätzlösung an die Oberfläche des Festkörpers gelangen. Im ersten Ätzschritt wird eine infinitesimal dünne Schicht der Dicke d von oben nach unten geätzt. Im folgenden Ätzschritt

erfolgt der Vorwärtstrieb der Ätzung und ein gleichzeitiger seitlicher Angriff auf die im ersten Schritt gebildeten Wandungen. Dabei ist die seitlich gerichtete Ätzrate identisch zu der abwärts gerichteten Ätzrate. Nach endlichen Ätzschritten sollte sich auf diese Art ein Kantenprofil ausbilden, wie im Bild gezeigt.

Sind die Maskierungsfenster groß, dann bleibt der Boden der Struktur auch nach dem Ätzen flach, wie der Festkörper im Maskierungsfenster vor dem Ätzprozess. Die Größe dieser flachen Zone ist nahezu identisch mit der Größe des Maskenfensters.

anisotropes Verhalten	Weichen die Profile der geätzten Strukturen von den oben geschilderten ab, so liegt ein Ätzverhalten vor, das in irgendeiner Weise durch eine Richtungsabhängigkeit charakterisiert ist. Die Isotropie des Ätzprozesses ist dann nicht mehr gegeben, der Vorgang verläuft anisotrop. Die Ursachen der Anisotropie können dabei sehr vielfältig sein und sind bis zum

6 Herstellung der Mikrokomponenten

Richtungsab-hängigkeit des Ätzprozesses	gegenwärtigen Zeitpunkt noch nicht befriedigend erklärbar. Obwohl es eine Reihe von Interpretationsversuchen [Sei, Bas, Ken, Bea] gibt, das streng anisotrope Ätzverhalten von Silizium in alkalischen Lösungen zu erklären, zeigen die entwickelten Modellvorstellungen noch eine Reihe von Schwächen, so dass eine umfassende Erklärung der experimentell gefundenen Ergebnisse nicht immer möglich ist. Die Erklärung des Ätzprozesses als eine Umkehrung des Wachstumspro-zesses [Hei, Elw] mit allen damit verbundenen energetischen Wechsel-wirkungen scheint aus gegenwärtiger Sicht der sinnvollste Modellansatz. Dabei wird das Ätzen der Kristallbildung gleichgesetzt. Das Reaktions-gleichgewicht ist jedoch beim Ätzen in Richtung Abtrag verschoben. Die sich bildende äußere Kontur, charakterisiert durch die Außenflächen, besitzt gegenüber dem Zustand vor dem Ätzen eine geringere innere E-nergie. Flächen mit dem maximalen Energiegewinn werden demzufolge bevorzugt, andere mit deutlich geringerer Ätzrate angegriffen. In einer Vielzahl experimenteller Untersuchungen hat sich gezeigt, dass beim nasschemischen Ätzen von Silizium ein isotropes Ätzverhalten praktisch nicht auftritt. Die sich ausbildenden Profile weisen in nahezu allen Fällen eine Richtungsabhängigkeit auf. Die Betrachtung des nass-chemischen Ätzens von Silizium unter dem Blickwinkel der Isotropie und die damit verbundene Differenzierung sind daher außerordentlich frag-würdig. Aus diesem Grunde werden in den folgenden Abschnitten nicht anisotrope und isotrope nasschemische Ätzverfahren gegenübergestellt. Es erfolgt eine Bewertung des nasschemischen Ätzverhaltens von Silizi-um in unterschiedlichen chemischen Lösungen.

Ätzmechanismus **Strukturierung von Silizium in sauren Lösungen**	**Reaktionen beim nasschemischen Ätzen von Silizium in sauren Lösungen** Die Strukturierung in sauren Lösungen wird im Folgenden exemplarisch am Beispiel von Silizium als Basismaterial beschrieben. Obwohl die Re-aktionsmechanismen bei anderen einkristallinen Materialien auf Grund der chemischen Reaktion anders sein können, ist kaum zu erwarten, dass sich das Verhalten deutlich vom Silizium unterscheiden wird. Für Silizi-um werden als saure Ätzer Lösungen auf der Basis von HNO_3-HF, die entweder mit Essigsäure (CH_3COOH) oder mit H_2O gepuffert sind, einge-setzt. Diese Puffer-Zusätze dienen dabei im Wesentlichen zur Lösung der festen Silizium-Fluor-Verbindungen. In der Reaktion dient HNO_3 der Oxidation des Siliziums. Das sich bildende Oxid wird mit Hilfe der Fluss-säure von der Oberfläche abgelöst. Dadurch kann wird ein erneuter An-griff der Salpetersäure auf die freiliegenden Si-Oberflächen möglich. Die Reaktion kann beispielsweise wie unten gezeigt ablaufen:

exotherme Reaktion	$3HNO_3 + 2Si \rightarrow 2SiO_2 + HNO_2 + NO_2 + NO + H_2$ $2HNO_2 + Si \rightarrow SiO_2 + 2NO + H_2$ $SiO_2 + 6HF \rightarrow H_2SiF_6 + 2H_2O$ Mögliche Zwischenschritte der Reaktion wurden hier nicht berücksichtigt. Die Reaktion ist exotherm. Es zeigt sich, dass Reaktionsprodukte, wie HNO_2 die Reaktion zusätzlich verstärken können. Wenn im Resultat einer chemischen Reaktion Produkte gebildet werden, die sich ebenfalls an der
Autokatalyse	Reaktion im Sinne eines ähnlich gearteten Stoffumsatzes beteiligen, so bezeichnet man diesen Vorgang als Autokatalyse. Auf Grund dieses auto-katalytischen Verhaltens, das außerdem noch durch die zunehmende Re-aktionstemperatur verstärkt wird, ist eine Reaktionskontrolle außerordent-lich problematisch. Daher wird dieser Ätzprozess schon seit langer Zeit nicht mehr intensiv untersucht. Letzte Arbeiten von Robbins und Schwartz [Rob] liegen mehr als 20 Jahre zurück. Bei diesen Untersuchun-gen wurden kleine rechteckförmige Substratstücke mit einer originalen <111>-Orientierung der Oberfläche verwendet. Diese Si-Proben wurden ohne weitere Maskierungsschritte der Ätzlösung ausgesetzt. Nach dem zeitlich determinierten Ätzen erfolgten Charakterisierungen der Oberflä-che und geometrische Messungen an den verbliebenen Körpern. Dabei konnten Kompositionen und Ätzbedingungen gefunden werden, die eine glatte Oberfläche zur Folge hatten. Die gefundenen Ätzer können zum chemischen Polieren der Oberflächen genutzt werden. Der Anteil der HNO_3 ist in diesen Fällen sehr groß > 50%; Flusssäure wird nur in sehr geringen Mengen (5%–10%) zugegeben. Dadurch kann das sich bildende Siliziumdioxid nicht in ausreichendem Umfang abgetragen werden, die Ätzrate ist entsprechend klein. Diese Reaktion ist technisch mit geringem Aufwand beherrschbar. Typische Politurätzer wurden bereits von [Ker] beschrieben.
Konzentration der Lösung entscheidend für das Ätzverhalten **reaktionsbe-stimmter Prozess** **diffuions-bestimmter Prozess**	Bei den Untersuchungen konnte weiterhin festgestellt werden, dass die Konzentration der Lösung in entscheidendem Maße das Ätzverhalten bestimmt. Unter der Voraussetzung konstanter HF-Konzentration ist die Ätzrate bei sehr geringen und sehr großen HNO_3-Anteilen in der Lösung deutlich eingeschränkt gegenüber Anteilen im Bereich von 20%-40%. Ein vergleichbares Ätzverhalten konnte von Schwesinger [Sch] an unter-schiedlich orientierten Si-Wafern mit Maskierungstrukturen nachgewiesen werden. Im Bereich der geringen HNO_3-Konzentration wird die Oxidation des Siliziums durch den Mangel an freien Reaktanten eingeschränkt oder begrenzt. Die Oxidation ist reaktionsbegrenzt. Mit steigendem Anteil von HNO_3 nimmt diese Wirkung ab. Schließlich erreicht die Ätzrate ein Ma-ximum im Bereich von bis zu $1000\mu m/min$. Bei weiter ansteigendem HNO_3-Anteil sinkt die Ätzrate. Die Ursache dafür sind Transportprozesse, bei denen HF-Moleküle an die inzwischen oxidierte Substratoberfläche

bewegt werden. Die Reduktion des Oxides ist somit im Bereich hoher HNO_3-Anteile transportbegrenzt.

Durch die Begrenzung der Reaktion wird deren Kontrolle wieder deutlich verbessert. Die typische Ätzcharakteristik für Silizium ist im Bild dargestellt. Diese Untersuchungen wurden mit maskierten <110>-Si-Proben durchgeführt.

Ätzcharakteristik für Silizium

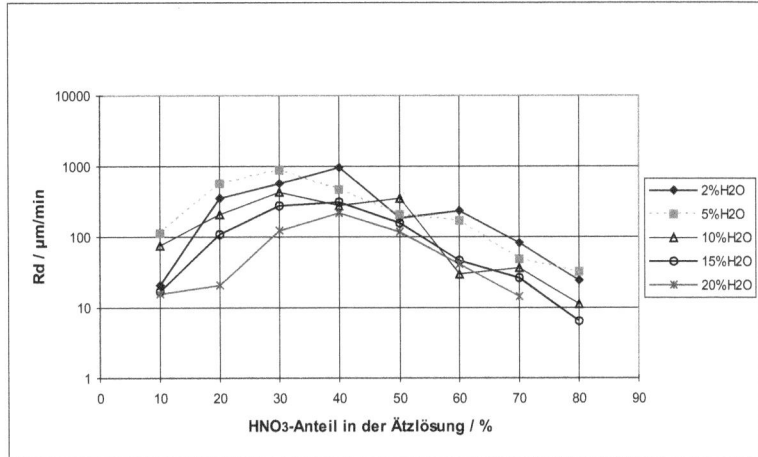

Auch bei tieferen Temperaturen kann ein vergleichbares Ätzverhalten gefunden werden. Allerdings konnte ebenso nachgewiesen werden, dass sich die Ätzraten verschieden orientierter Substratmaterialien unterscheiden. So sind die maximalen Ätzraten von <100>-Silizium deutlich kleiner als die von <110>- und <111>-orientiertemSilizium. Dieses nicht isotrope Verhalten wird noch durch die Unterschiede in der Tiefenätzrate und der Unterätzrate gestützt.

unterschiedliche Ätzraten in verschieden orientierten Si-Substraten

Typische Werte für die unterschiedlichen Orientierungen sind der Tabelle zu entnehmen. Insbesondere bei hohen Temperaturen zeigt <100>-orientiertes Silizium Ätzraten, die mehr als eine Größenordnung geringer sind als Ätzraten anderer Orientierungen.

Si-Orient.	10°C		22°C		35°C		50°C		65°C	
	R_d	R_u	R_d	R_u	R_d	R_u	R_d	R_u	R_d	R_u
<100>	33	25	36	22	52	33	48	35	27	20
<110>	16	17	11	7	122	103	404	352	424	368
<111>	36	24	54	39	108	93	218	200	450	359

Vergleich der Tiefen- und Unterätzraten unterschiedlich orientierter Silizium-Wafer bei 30% HNO_3- Anteil und 60%-HF-Anteil; R_d-Tfenätzrate / µm/min; R_u-Uerätzrate / µm/min
Ausgangskonzentration: 70(Vol)%-ige HNO_3; 40(Vol)%-ige HF

	Der Mechanismus, der dieses Verhalten begründet, ist bisher noch nicht gefunden. Die Unterschiede zwischen Tiefenätzrate und Unterätzrate sind ebenso ungeklärt. Dennoch konnten für alle Orientierungen gültige Abhängigkeiten gefunden werden. Im nachfolgenden Bild sind die Zusammenhänge dargestellt. Trägt man die arithmetischen Mittel der Ätzrate über dem Säureprodukt der verwendeten Lösung auf, so kann man approximierte Geraden für die Ätz- und die Unterätzrate aufstellen. Diese Geraden schneiden sich stets im gleichen Bereich des Säureproduktes. Bei kleinen Säureprodukten überwiegt immer die Unterätzrate, während bei großen Säureprodukten die Tiefenätzrate dominant wird.
Tiefenätzrate/ Unterätzrate	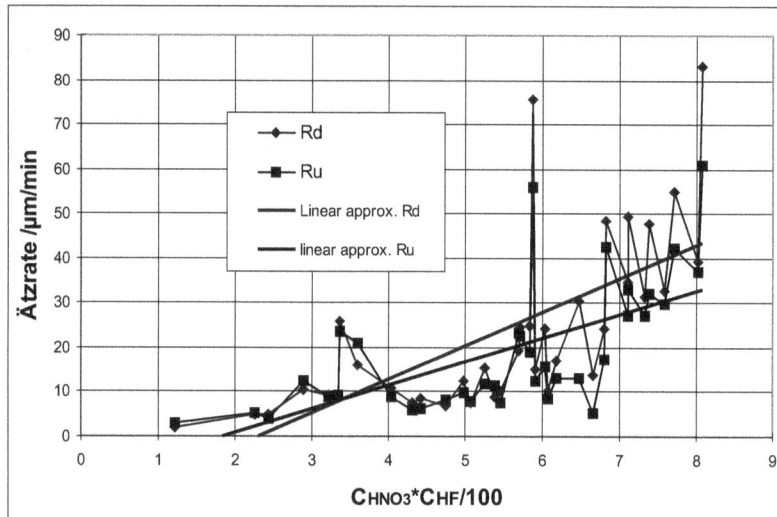
Maskierungs-probleme	Technisch werden diese Effekte bislang nicht genutzt. Auch die unter definierten Bedingungen gefundenen Ätzraten von $> 800 \mu m/min$ werden nicht verwertet. Die Ursachen dafür liegen in der äußerst problematischen Kontrolle des Prozesses, der ungewünschten Aufweitung der geätzten Strukturen durch das isotrope Verhalten und der meist zu geringen chemischen Beständigkeit der verwendeten Maskierungsmaterialien. Dennoch ist die Nutzung isotroper Ätzverfahren auf Grund der hohen Ätzgeschwindigkeiten nicht generell abzulehnen. Bedenkt man, dass die Ätzraten in Silizium mit verschiedenen Verfahren (trocken- oder nasschemisch) nicht über $10 \mu m/min$ liegen, so scheinen mögliche Steigerungen um den Faktor 10 oder mehr angesichts der Anlagenauslastung außerordentlich interessant. Die Herstellung von Mikrokomponenten könnte durch derartige Prozessschritte erheblich erleichtert werden. Auf Basis des gegenwärtigen Forschungsstandes ist an eine industrielle Verwertung allerdings noch nicht zu denken. Neben den Maskierungsschichten sind auch die sich bildenden Oberflächenprofile noch als Hauptprobleme anzusehen. Maskierungsschichten wie SiO_2 aber auch Si_3N_4 besitzen eine zu geringe Beständigkeit. Metallische Schichten sind mit Ausnahme von Gold, Platin

	u.Ä. ebenfalls nicht resistent genug in der HNO_3-HF-H_2O-Lösung. Die in einer technischen Nutzung notwendige Maskierung führt somit zu einem erheblichen Nachteil des Verfahrens. Nachteilig sind auch die entstehenden Oberflächenprofile, die nicht immer den Erwartungen entsprechen.
	Die gezeigten REM-Bilder wurden unter einem etwa gleichen Winkel von der mit dem Pfeil gekennzeichneten Ecke aufgenommen. Ätzversuche wurden an jeweils neuen Proben durchgeführt. Die hier gezeigten Aufnahmen wurden ausschließlich an <110>-orientierten Si-Wafern gewonnen.

typische Ätzprofile			
	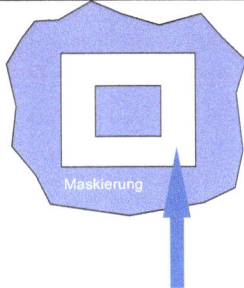 a) einfache Maskenfenster mit mesaförmigen Strukturen	 b) 58% HNO_3; 8% HF; 34% H_2O	 c) 45% HNO_3; 16% HF; 39% H_2O
	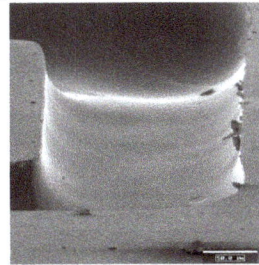 d) 31% HNO_3; 26% HF; 43% H_2O	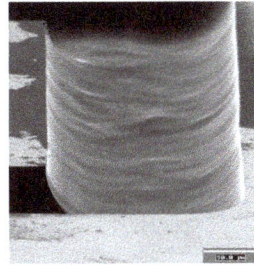 e) 16% HNO_3; 36% HF; 48% H_2O	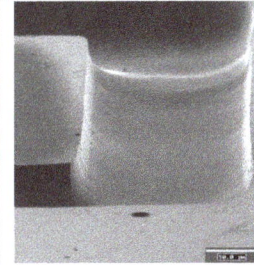 f) 32% HNO_3; 18% HF; 50% H_2O
	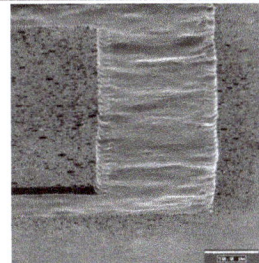 g) 16% HNO_3; 33% HF; 51% H_2O	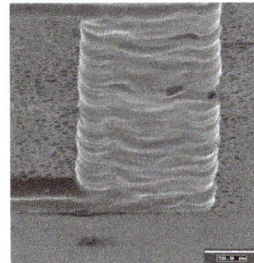 h) 8,5% HNO_3, 40% HF; 51,5% H_2O	 i) 25% HNO_3; 23% HF; 52% H_2O

Ätzstrukturen in Silizium	In den REM-Bildern sind die Oberflächenprofile geätzter Strukturen gezeigt. Als Basis dieser Untersuchungen dienten einfache Maskenfenster mit mesaförmigen Strukturen, wie in Bild a) gezeigt. Als Maskierungsschicht wurde Si_3N_4 verwendet, das sich in Bezug auf seine Resistenz sehr

unterschiedlich zeigte. So greifen einige Lösungskombinationen die Maskierungsschichten in hohem Maße an (Bild g und h). Andere Lösungszusammensetzungen wirken sich dagegen kaum auf die Maskierungsschichten aus. Die Zusammensetzung der Ätzlösung wurde stark variiert. Diese Variation bezog sich sowohl auf den Anteil der Salpetersäure, als auch auf den Anteil der Flusssäure. Mit dieser Variation änderte sich auch der Anteil des Wassers, das permanent an der Reaktion beteiligt ist. Schon bei geringfügig veränderter Zusammensetzung der Ätzlösung sind deutliche Unterschiede in den sich ausbildenden Ätzprofilen erkennbar. Bei geringerem Wasseranteil sind die Oberflächen relativ glatt und eben. Dagegen zeigt sich mit zunehmenden Wasseranteilen immer deutlicher ein Profil, das in starkem Maße an die Ausbildung von Spurrinnen erinnert. Außerdem ist in vielen Fällen ersichtlich, dass die Seitenwände nicht die typische anisotrope Profilausbildung zeigen. Die Oberflächen der geätzten Proben weisen ein sehr unterschiedliches Aussehen auf. Raue Strukturen mit scharfkantigen Profilen, wie in [Rob] beschrieben, sind kaum auszumachen. Neben sehr glatten Oberflächen sind auch weniger glatte Flächen zu erkennen. Dabei kommt die Rauhigkeit einer Welligkeit nahe, die in Abhängigkeit von der Zusammensetzung der Lösung mehr oder weniger stark ausgeprägt ist. Obwohl nicht eindeutig nachweisbar, scheint der Einfluss des Wassers auf die Oberflächenstrukturierung recht groß zu sein. Mit zunehmenden Wasseranteilen in der Lösung steigt auch die Oberflächenwelligkeit, um schließlich bei höchsten Wasseranteilen eine maximale Welligkeit zu zeigen. Allerdings ist dieses Verhalten nicht kontinuierlich, so dass auch bei geringeren Wasseranteilen in der Lösung schon schwache Wellenbildungen auf der Oberfläche zu erkennen sind, die dann bei ansteigenden Wasseranteilen nicht mehr nachgewiesen werden können.

Unterschiede bei verschieden orientierten Si-Substraten

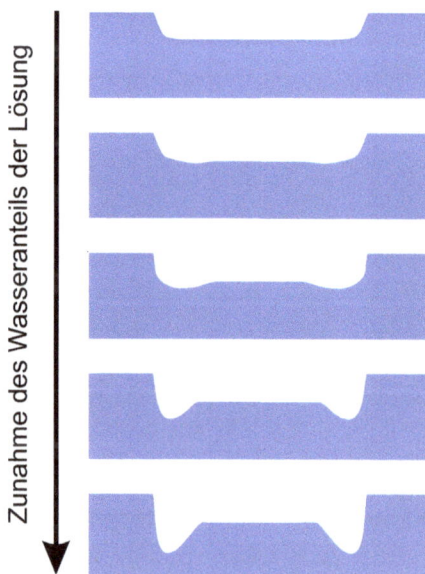

Zunahme des Wasseranteils der Lösung

Unterschiede zwischen verschieden orientierten Si-Substraten sind vorhanden. Allerdings lassen sich keine eindeutigen Zusammenhänge ableiten. Die Ausbildung des Profils in Abhängigkeit vom Wasseranteil in der Ätzlösung ist im unteren Bild gezeigt. Während die Randbereiche sehr stark vom Ätzmittel angegriffen werden, verbleibt im mittleren Bereich der Struktur ein deutlich langsamer ätzendes Plateau.

Der Winkel der Seitenwände mit der Oberfläche nähert sich mit

6 Herstellung der Mikrokomponenten

steigendem Wasseranteil 90°. Eine Erklärung dieses Verhaltens kann in der autokatalytischen Reaktion liegen. In den Randbereichen kann durch die Reaktion mit den Seitenwänden und dem Boden ein größerer Energiebeitrag pro Raumeinheit freigesetzt werden als an glatten Oberflächen. Dadurch kann die Temperatur lokal stärker ansteigen als in der Umgebung, also auch über den ebenen Flächen. Die Ätzrate steigt an. Ein Anstieg ist auch durch die erhöhte Konzentration der Reaktionsprodukte in den Kantenbereichen zu erwarten. Unter kontrollierten Prozessbedingungen könnte dies beispielsweise zum Freiätzen von Strukturen genutzt werden.

Merke

Strukturierung durch Ätzprozesse
Ziel: Präzise Formgebung von Festkörpern

Nasschemisches Ätzen
- gehört zu den ältesten Strukturerzeugungsverfahren
- Reaktionen finden beim Einbringen des Festkörpers in die Ätzlösung statt.
- Reaktionen können sein:
  - exotherm (d.h. Wärme wird freigesetzt)
  - endotherm (d.h. Wärme wird verbraucht)

Ätzkenngrößen
- Reaktionsgeschwindigkeit wird durch Arrhenius-Gleichung beschrieben
- Definition der Aktivierungsenergie einer Reaktion
- Ermittlung durch grafisches Auftragen der Reaktionsgeschwindigkeit über $1/T$ → Steigung entspricht Aktivierungsenergie

Ätzverhalten
- *Isotrope* bzw. richtungsunabhängig wirkende Ätzlösungen greifen den Festkörper in allen seinen Raumrichtungen gleichermaßen an
- starkes Unterätzen der Maskierungsschicht
- Tiefenätzrate und Unterätzrate sind identisch
  → kugel- bzw. wannenförmiges Profil der finalen Struktur
- *Anisotrope* bzw. richtungsabhängige Ätzlösungen greifen Festkörper in verschiedenen Raumrichtungen mit unterschiedlicher Ätzgeschwindigkeit an
- Tiefenätzrate und Unterätzrate unterscheiden sich
- schwache bis sehr starke Abweichungen vom Kugel- bzw. Wannenprofil

Ätzen von Silizium in sauren Ätzlösungen (HNO_3:HF:H_2O)
- Ätztemperatur 10°C...60°C

- autokatalytische Reaktion
    - Reaktionsprodukte reagieren ebenfalls mit Silizium
    - Stark exothermes Verhalten
- Silizium wird in sauren Lösungen kaum isotrop geätzt
- vorwiegendes Verhalten des Ätzens ist schwach bis stark richtungsabhängig
- unterschiedliche Oberflächenorientierungen führen zu unterschiedlichen Ätzraten
- generell gilt: $R_{<111>} \mu R_{<110>} > R_{<100>}$
- maximale Ätzraten werden bei einem HNO_3-Gehalt von 30%...40% (Vol.) erreicht
- Maskierung sehr schwierig, da Gemische aus HF und HNO_3 gegenüber allen Materialien außerordentlich aggressiv wirken
- Wasseranteil in Ätzlösung wirkt sich entscheidend auf die Profilbildung aus

Literatur

[Bas] Bassous, B.: The Fabrication of High Precision Nozzles by the Anisotropic Etching of (100) Silicon; in: J. Electrochem. Soc., Vol. 125, H. 8, 1978, 1321–1327

[Bea] Bean, K.: Anisotropic Etching of Silicon; in: IEEE Tr. on Electron Devices, Vol. ED-25, No. 10, 1978, 1185–1193

[Elw] Elwenspoek, M.: On the mechanism of anisotropic etching of silicon; In: J. Electrochem. Soc., Vol. 140, No. 7, 1993

[Hei] Heim, U.: Untersuchung zur Simulation des nasschemischen richtungsabhängigen Ätzens von Einkristallen; Dissertation, TU Ilmenau, 1996

[Ken] Kendall, D.: Vertical etching of silicon at very high aspect ratios; In: Ann. Rev. Mater. Sci., Vol. 9, 1979, 373–403

[Ker] Kern, W.: Chemical etching of Silicon, Germanium, Gallium Arsenide and Gallium phosphide; in: RCA Review, Vol. 39, 1978, 278–305

[Rob] Robbins, H.; Schwartz, B.: Chemical etching of silicon; in: J. Electrochem. Soc., Vol. 123, No. 12, 1976, 1903–1909

[Sei] Seidel, H. et al.: Anisotropic Etching of Crystalline Silicon in Alkaline Solutions. Part I; in: J. Electrochem. Soc., Vol. 137, No. 11, 1990, 3612–3626

[Sch] Schwesinger, N.: The anisotropic etching behavior of so called isotropic etchants; in: Mikrosystem Technologies, Potsdam, 1996

6.5.2   Richtungsabhängiges nasschemisches Ätzen

	Schlüsselbegriffe
	Basisprozess der Mikrosystemtechnik, Merkmale der Anisotropie, Phäno-menologie, Maskierungsschichten, Begrenzung des Tiefenprofils, Be-rechnungen, Unterätzung, Oberflächeneffekte, Orangenschaleneffekt, Ätz-lösungen, Nachteil der anorganischen Ätzlösungen, nicht alkalihaltige Ätzlösungen, organische Ätzlösungen, Verhalten der Ätzlösungen, Ein-fluss von Temperatur und Konzentration, quantitative Charakterisierung der Ätzrate, Bedeutung der Aktivierungsenergien, Hillockbildung, MESA-Strukturen, Mikromaskierung – Ursache für Hillocks, Reaktionen in anor-ganischen Lösungen, Reaktion von Silizium, Oxidation, Reduktion, Reak-tionen in organischen Lösungen, Wirkung der Gitterbindung, Lage der Oberflächenatome, Ätzprozess von <100>-orientierten Oberflächen, Ätz-prozess von weiteren Oberflächen, Ätzraten verschiedener Kristallrichtun-gen, Isopropanol verhindert „Channeling", Ätzen von Kristallen ←→ Kristallwachstum, energetische Zustände dominieren Ätzreaktion, konve-xe Ecken, Kompensations-Strukturen, dreieckförmige Kompensations-strukturen, Dimensionierung, weitere Kompensationsstrukturen

6.5.2.1   Nasschemisches Ätzen von Silizium in basischen Lösungsgemischen

	Richtungsabhängige Ätzraten
Basisprozess der MST	Das nasschemische richtungsabhängige Ätzen zählt zu den Basisprozessen der Mikrotechnik. Dieses relativ einfache und unkomplizierte Verfahren ermöglicht es, dreidimensionale Strukturen mit höchster Präzision herzu-stellen.
	Die ersten Untersuchungen zu diesem Prozess wurden bereits in den 60iger Jahren von *Finne & Klein* [Fin] durchgeführt. Bei diesen Untersu-chungen konnte gezeigt werden, dass die unterschiedlichen Kristallebenen von Silizium in basischen Lösungen mit unterschiedlichen Geschwindig-keiten abgetragen und definierte Kristallebenen praktisch nicht von der Ätzlösung angegriffen werden. Dieses in unterschiedliche Richtungen differenzierte Ätzverhalten wurde als richtungsabhängiges Ätzen bezeich-net und in späteren Arbeiten erneut nachgewiesen [Dec].
	Erste mögliche Anwendungen dieses Prozesses werden erst viele Jahre später publiziert. Von Bassous & Baran [Bas] werden Düsen für einen Tintenstrahldruckkopf vorgestellt, die mit Hilfe der richtungsabhängigen Ätztechnik erzeugt wurden. Kurze Zeit später werden von Petersen [Pet]

	mögliche weitere Applikationen vorgeschlagen. Die Intensität der Forschung beschränkt sich schon bald nicht nur auf das in der Mikroelektronik gebräuchliche <100>-orientierte Silizium. Die hochgradige Anisotropie des Ätzens von Silizium in basischen Lösungen wird von Kendall [Ken] nachhaltig nachgewiesen, der in seinen Untersuchungen mit <110>-orientiertem Silizium arbeitete. Obwohl man annehmen sollte, dass die Untersuchungen zu diesem Prozess inzwischen abgeschlossen sind, kann man bis in die heutige Zeit Publikationen von Ergebnissen auf diesem Gebiet finden. Den Hintergrund dieser Untersuchungen bilden dabei die eigentlichen Mechanismen, die dieses richtungsabhängige Verhalten des Ätzens auslösen, und die Suche nach geeigneten Ätzlösungen, die nicht wie das KOH zu einer alkalischen Kontamination der Schaltkreise führt.
Merkmale der Anisotropie	Bei allen Untersuchungen ist festzustellen, dass die Anisotropie beim Ätzen von <100>-Silizium durch folgende hervorragende Merkmale geprägt sind: 1. Die (111)-Ebenen des Siliziums werden nur in sehr geringem Maße von dem Ätzmedium angriffen. 2. Finale Ätzstrukturen werden vorwiegend durch (111)-Ebenen gebildet. 3. Die Ätzrate an konvexen Ecken ist größer als die Tiefenätzrate.

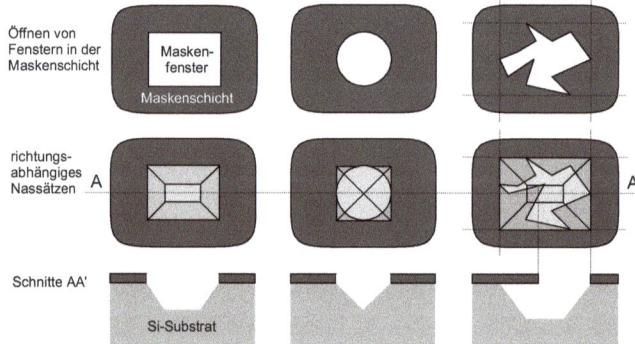

Phänomenologie richtungsabhängiger nasschemischer Ätzprozesse in Silizium

Phänomenologie	Im Folgenden soll die Phänomenologie dieser Prozesse näher betrachtet werden. Bringt man ein Si-Substrat mit einer <100>-Orientierung der Oberfläche und entsprechend resistenten Maskierungsschichten auf der Oberfläche in eine basische Lösung ein, deren Temperatur deutlich über der Raumtemperatur liegt, so kann man an der Entwicklung von Gasbläschen an der Oberfläche des Substrates das Einsetzen einer chemischen Reaktion beobachten.

	Als resistente Maskierungsschicht kann bei diesen Versuchen SiO_2 oder Si_3N_4 verwendet werden. Die einsetzende Reaktion ist mit einer zeitlich fortschreitenden Auflösung der freiliegenden Siliziumfläche verbunden. Allerdings zeigt es sich, dass diese Reaktion an bestimmten Kristallflächen des Siliziums heftig, an anderen dagegen weniger heftig oder gar nicht auftritt. Die geringste Reaktion zeigen dabei Flächen, die die Oberfläche des <100>-orientierten Substrates in einem definierten Winkel von 54,74° schneiden und zudem noch senkrecht aufeinander stehen. Es bilden sich also in jedem Fall rechteckförmige Vertiefungen aus, deren prinzipielle Form im Bild dargestellt ist.

Maskierungsschichten

Begrenzung des Tiefenprofils

Es zeigt sich, dass immer die am äußersten Rand der Maskierungsschicht liegenden (111)-Ebenen des Si die Begrenzung des Tiefenprofils erzwingen. Die sich ausbildende rechteckförmige Struktur ist demzufolge nicht von der Struktur der Maskierung abhängig. Offensichtlich sind sowohl die Tiefenätzrate in das Silizium als auch die laterale Ätzrate in allen Richtungen größer als die Ätzrate der {111}-Ebenen.

Die Maskierungsschichten werden so lange unterätzt, bis die begrenzende (111)-Ebene erreicht ist. Durch dieses Verhalten wird es möglich, hochgenaue Formen zu erzeugen, deren äußere Begrenzung durch {111}-Ebenen gebildet wird. Die Lage dieser

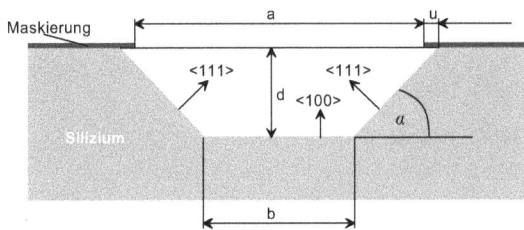

Ebenen ist im Si-Einkristall genau definiert. Wesentliche Abweichungen bzw. Toleranzen sind auf Grund des kristallinen Aufbaus nicht zu erwarten. Auf Basis dieser Aussage lassen sich sehr einfache Grundkonstruktionen erstellen und geometrische Zusammenhänge ableiten (siehe Bild).

Berechnung der Seitenlänge am Grund der Struktur

Bei einer gegebenen Maskenöffnung der Breite a und einer Ätztiefe d kann die Strecke b am Boden bestimmt werden zu:

$$b = a - \frac{2d}{\tan \alpha}$$

mit $\alpha = 54,74°$ erhält man für $\tan \alpha \approx \sqrt{2}$.

Damit wird

$$b = a - d \cdot \sqrt{2}$$

Unterätzung

Die Unterätzung u der Maske in Richtung der (111)-Ebene ergibt sich zu

$$u = \frac{R_{<111>} \cdot d}{\sin \alpha}$$

	Dabei bezeichnet $R_{<111>}$ die Ätzrate in <111>-Richtung. Allerdings ist der Wert von u sehr klein und wird deshalb bei vielen Betrachtungen vernachlässigt. Von größter Beachtung sind dagegen die Ätzraten der {100}- und der {110}-Ebenen – $R_{<100>}$ und $R_{<110>}$.
Oberflächen-effekte	Die entstehenden <111>-Ebenen besitzen als Kristallflächen I. Ordnung eine perfekte und glatte Oberfläche. Verwerfungen oder Stufungen treten meist nur dann auf, wenn eine Fehlorientierung des Einkristalls vorliegt. Der Boden der Struktur sollte ebenso glatt sein. Allerdings zeigt sich hier der nicht zu vernachlässigende Einfluss der Ätzbedingungen. Schon geringste Variationen in den Prozessbedingungen, d.h. Zusammensetzung der Ätzlösung, Konzentration der Lösung und Temperatur wirken sich auf das Profil der {100}-Ebene aus. Häufig ist daher ein „Orange peel"-Effekt
Orangenschalen-effekt	(Orangenschaleneffekt), der mehr oder weniger stark ausgeprägt sein kann und Oberflächenunebenheiten im Bereich von einigen nm bis zu etwa 1μm aufweisen kann. In den beiden Bildern sind verschiedene {100}-Oberflächen geätzter Strukturen gezeigt. Die Unterschiede resultieren nur aus der Verwendung unterschiedlich zusammengesetzter Ätzlösungen. Bisher wurden die verwendeten Ätzlösungen noch nicht näher charakterisiert. Dies scheint aber notwendig, wenn deren Einfluss auf die Profilausbildung, zumindest der freigelegten Oberflächen, so groß ist.

"Orange peel"-Effekt

atomar glatte Flächen

6.5.2.2   Ätzlösungen und Ätzverhalten

	Ätzlösungen und Ätzverhalten
Ätzlösungen	Wie bereits oben erwähnt, kann einkristallines Silizium mit Hilfe basischer Lösungen geätzt werden. Im Verlauf der Entwicklung wurden dabei unterschiedliche Reagenzien eingesetzt, die entsprechende spezifische Vor- und Nachteile aufweisen. Man kann grundsätzlich zwischen anorganischen und organischen Ätzlösungen unterscheiden.

Als typische Ätzlösungen werden eingesetzt:

Typ	Zusammensetzung	Chemische Formel
anorganisch	Alkalihydroxid	KOH
		NaOH
		LiOH
		CsOH
	Ammoniak	NH_4OH
organisch	Ethylendiamin	$N_2H_4(CH_2)_2$
	Hydrazin	N_2H_4
	Tetramethylammoniumhydroxid (TMAH)	$(CH_3)_4NOH$

Nachteil der anorganischen Ätzlösungen

Die anorganischen Substanzen auf alkalischer Basis haben den Nachteil der Kontamination elektronischer Strukturen mit Alkaliionen. Dies führt auf Grund der hohen Diffusionsgeschwindigkeit der Ionen im kristallinen Silizium zur Besetzung von Leerstellenplätzen und der Freisetzung von negativen Ladungsträgern und damit zu Veränderungen im elektronischen Zustand des gesamten Halbleiters und insbesondere der p-n-Übergänge. Die Funktionsfähigkeit elektronischer Schaltungen wird also hochgradig negativ beeinflusst.

Als vorteilhaft sind die relativ unkomplizierte Handhabung, die geringe Toxizität und die unproblematische Entsorgung der Substanzen anzusehen. Der entscheidende Vorteil liegt jedoch in der relativ hohen Ätzrate, die gegenüber anderen Ätzlösungen bei vergleichbaren Temperaturen erzielt werden kann.

nicht alkalihaltige Ätzlösungen

Nicht alkalihaltige Substanzen besitzen den Vorteil relativ hoher Ätzraten und einer deutlich verminderten Kontaminationsgefahr. Allerdings ist die Handhabung bzw. Entsorgung von Substanzen wie NH_4OH, nicht einfach.

organische Ätzlösungen

Wesentlich problematischer ist die Handhabung aller organischen Ätzlösungen. Hydrazin und Ethylendiamin sind als Krebs erzeugende Substanzen eingestuft und bedürfen daher aufwendiger Schutzvorkehrungen, um Unfälle zu vermeiden. Die Ätzraten sind gegenüber KOH deutlich reduziert. Allerdings zeigt es sich, dass die sich bildenden Oberflächen außerordentlich glatt sind. Die Rauhigkeiten der (100)-Oberflächen liegen deutlich unter 1nm. Dieser Vorteil wird in einigen Applikationen gezielt genutzt.

Verhalten der Ätzlösungen	Tetramethylammoniumhydroxid (TMAH) wird als alternative und weniger toxische Substanz eingesetzt, um eine Kompatibilität zwischen „mikromechanischer" und mikroelektronischer Fertigung zu erzielen. Insbesondere für den Einsatz in CMOS-Fertigungslinien ist das TMAH-Ätzverfahren entwickelt worden [Tab]. Die Ätzraten sind mit denen von KOH vergleichbar. Die Oberflächengüte erreicht nicht die der anderen organischen Ätzlösungen. Problematisch ist auch die Entsorgung der anfallenden Ätzlösung nach dem Prozess.

Alle beschriebenen Substanzen werden generell mit Wasser verdünnt eingesetzt. Die üblichen Prozesstemperaturen liegen im Bereich von 65°C bis 95°C. Bei einigen Untersuchungen wurden noch Pyrazin ($C_4H_4N_2$), Pyrokatechol ($C_6H_4(OH)_2$) oder Isopropanol zugegeben. Dabei zeigten sich quantitative Unterschiede im Ätzverhalten. Ein Einfluss auf die Ausbildung grundsätzlich anderer Strukturen konnte nicht nachgewiesen werden [Cse, Wu]. Allerdings konnte ein deutlicher Einfluss auf die Selektivität gegenüber den Maskierungsschichten und den {111}-Ebenen gefunden werden. Auch die Oberflächenqualität ließ sich mit verschiedenen Zusätzen in der Ätzlösung steigern. |
| **Einfluss von Temperatur und Konzentration** | Die Ätzrate aller Kristallebenen zeigt eine deutliche Temperaturabhängigkeit. Mit steigender Temperatur nimmt die Ätzrate merklich zu. Daher findet man in der Literatur auch sehr häufig Arrhenius-Plots, in denen die Ätzrate einer bestimmten Kristallebene logarithmisch über der reziproken Temperatur aufgetragen ist. Aus den Anstiegen dieser Geraden lässt sich die Aktivierungsenergie der Reaktion gemäß der Beziehung ermitteln:

$$R = R_0 \exp\left(-\frac{E_a}{kT}\right)$$

mit R – Ätzrate, Ea – Aktivierungsenergie, k – Boltzmann-Konstante und T – Temperatur.

|

quantitative Charakterisierung der Ätzrate	Eine typische Abhängigkeit der Ätzrate von der Temperatur ist im Bild gezeigt. Es ist leicht zu erkennen, dass die Ätzrate mit der Temperatur rasch zunimmt. Dabei hat die Konzentration der Lösung keinen Einfluss auf das Verhalten. Ferner kann gezeigt werden, dass mit zunehmender Konzentration der Ätzlösung die Ätzrate sinkt. Derartige Kurven eignen sich daher, um qualitative Tendenzen des Ätzprozesses schnell zu erfassen.

Zur quantitativen Charakterisierung werden häufig Kurven herangezogen, bei denen der Logarithmus der Ätzrate über der reziproken absoluten Temperatur aufgetragen ist. Wie aus dem folgenden Bild zu erkennen ist, sind die Aktivierungsenergien für das Ätzen einer Kristallebene des Siliziums weitgehend unabhängig von der Konzentration der eingesetzten Ätzlösung. Der Anstieg der interpolierten Geraden führt in jedem Fall zu gleichen Werten der Aktivierungsenergie.

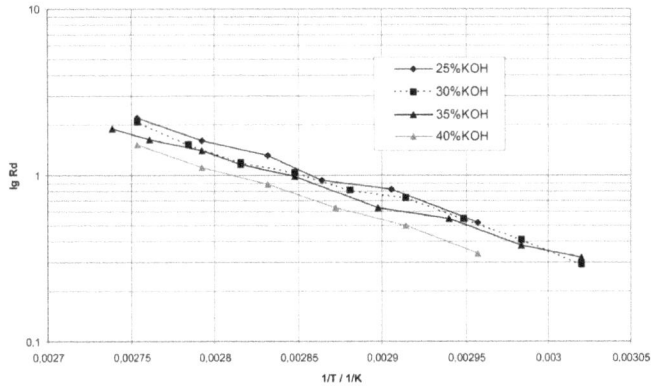

Die Aufstellung derartiger Kurven ist damit ein Hilfsmittel, um das Ätzverhalten besser charakterisieren zu können. Allerdings lassen sich viele Ergebnisse aus der Literatur mit Hilfe solcher Angaben kaum vergleichen. Die Ursachen dafür liegen in der Art und Konzentration der verwendeten Ätzlösung und zum Teil auch in unterschiedlichen Ergebnissen bei gleichen Versuchsbedingungen durch verschiedene Zulieferer der Basissubstanzen.

Eine Charakterisierung der Ätzwirkung ist anhand dieser Kurven nicht prinzipiell möglich. Obwohl man deutlich höhere Ätzraten bei verringerter alkalischer Konzentration feststellen kann, sind Interpretation der Oberflächenprofile und der damit verbundenen unmittelbaren Wirkung auf das Substratmaterial nicht möglich. So zeigen sich bei geringer Konzentration der Lösung meist sehr raue und stark strukturierte {100}-Oberflächen. Mit steigender Konzentration der Ätzlösung werden die Oberflächeninhomogenitäten dagegen zunehmend eingeebnet und man erhält nahezu perfekt ausgebildete kristalline Flächen.

Bedeutung der Aktivierungs-energien	So ist die Interpretation der Ergebnisse in starkem Maße an die spezifischen Prozessbedingungen gebunden. Dennoch können anhand der Kurven qualitativ gültige Gesetzmäßigkeiten abgeleitet werden. So kann für definierte Ätzlösung nachgewiesen werden, dass die Aktivierungsenergie E_a für Reaktionen der <100>- bzw. <110>-Ebenen deutlich unter der für die <111>-Ebene liegt. Ändert sich die Zusammensetzung der Ätzlösung, kann, auch bei qualitativ veränderten Werten, der gleiche Zusammenhang wieder gefunden werden. Dies ist ein Indiz für die höhere Reaktivität der <100>- bzw. <110>-Ebenen. Die Ursachen für das veränderte Ätzverhalten lassen sich allerdings nicht auf dieser Basis erklären.

Spezifische Ergebnisse

Hillocks beim richtungs-abhängigen nasschemischen Ätzen	Neben diesem allgemeinen Ätzverhalten zeigt sich eine weitere Erscheinung beim richtungsabhängigen nasschemischen Ätzen, die bislang noch nicht verallgemeinert wiedergegeben werden kann. Dabei handelt es sich um die Herausbildung von so genannten „Hillocks". Unter „Hillocks" versteht man eine pyramidenförmige Erhebung auf einer ebenen kristallinen Fläche. Die Hillocks können aber auch im Übergangsbereich zwischen der (100)- Ebene und der (111) Ebene auftreten. Die äußere Form der Hillocks ist durch die Lage der Kristallebenen in ihrem Inneren gekennzeichnet. Dadurch besitzen die Hillocks meist eine sehr symmetrische geometrische Gestalt. Typische Hillocks sind in folgenden Bildern gezeigt.

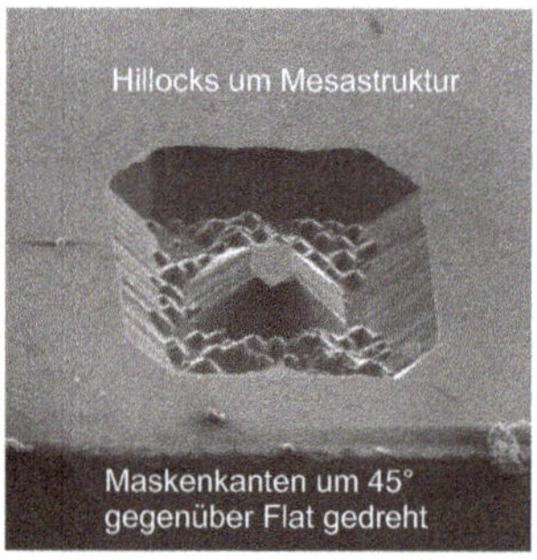

MESA-Struktur	Im Inneren der gezeigten Strukturen befindet sich eine so genannte MESA-Struktur, die an ihrer Oberfläche noch eine Maskierungsschicht trägt. Diese pyramidenstumpfförmige MESA-Struktur ist von einer Vielzahl von Hillocks umgeben. Dabei zeigt sich deutlich, dass die Hillocks sowohl am Grund der Vertiefung gebildet werden als auch an den seitlichen {111}-Ebenen. Diese Ebenen werden durch die Hillocks zudem in der Rauhigkeit beeinflusst. Durch die Bildung der Hillocks kann die gesamte Strukturgebung einer spezifischen Mikrokomponente scheitern.

Mikromaskierung – Ursache für Hillocks	Das Auftreten der Hillocks ist bislang nicht vollständig geklärt. Hillocks treten unabhängig von der Art der verwendeten Ätzlösung, deren Konzentration und Temperatur auf. Oft wird ihre Erscheinung mit Mikromaskierungseffekten in Verbindung gebracht. Dabei sind die Ursachen der Maskierung im Inneren des Einkristalls bislang nicht erklärbar. Ein am Boden gebildeter Hillock ist im Bild vergrößert dargestellt. Aus dem Bild kann man sehr gut die hochgradige Symmetrie dieser Gebilde erkennen. Es scheint so, als würden die Seiten der Hillocks z.T. durch langsam ätzende {111}-Ebenen gebildet. Die mögliche Mikromaskierung, die offen-

sichtlich von den Spitzen ausgeht, führt zunächst zur Ausbildung der symmetrischen Struktur. Bei andauerndem Ätzvorgang werden die Flächen bzw. Kanten des Hillocks angegriffen. Anschließend wird die Mikromaskierung an der Spitze unterätzt und dadurch unwirksam. Der Hillock kann entfernt werden. Gibt es weiter Mikromaskierungen, so wie im Bild, kommt es zur Ausbildung weiterer Hillocks.

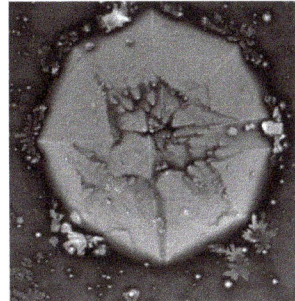

Interessant scheint in diesem Zusammenhang die Tatsache, dass die Bildung von Hillocks beispielsweise bei einigen Wafern eines Loses auftreten kann, während die anderen Wafer von dieser Erscheinung völlig unberührt bleiben.

Das sporadische Auftreten der Hillocks war Anlass für eine Vielzahl von Untersuchungen. Leider konnten die Ursachen bislang nicht eindeutig identifiziert werden. Bhatnagar und Nathan [Bat] vermuten die Ursachen in der Vorgeschichte der Wafer, d.h. den Vorbehandlungsprozessen, und, da diese bei einem Los meist gleich sind, auch in spezifischen strukturellen Defekten. Insbesondere Hochtemperaturprozesse könnten das Entstehen von Hillocks verursachen. Die Ausbildung dieser Fehler ist jedoch in jedem Fall ein nicht zuordenbarer Qualitätsverlust und führt zu Unsicherheiten bei der Produktionsbewertung nasschemischer anisotroper Ätzprozesse.

Ursachen der Richtungsabhängigkeit des Ätzverhaltens

Reaktionen in anorganischen Lösungen	Betrachtet man die chemische Reaktion, die beim richtungsabhängigen Ätzen von Si auftritt, so kann man für ein KOH-Wassergemisch als mögliche Ätzlösung folgende Gleichungen aufstellen:

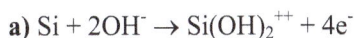

a) $Si + 2OH^- \rightarrow Si(OH)_2^{++} + 4e^-$

Ein Oberflächenatom des Si reagiert mit jeweils zwei OH^--Gruppen, wobei während dieser Reaktion insgesamt 4 Elektronen freigesetzt werden. Diese können in das Leitungsband des Si injiziert werden. Die OH^--

Gruppen werden durch die basischen Lösungen bereitgestellt. Im zweiten Schritt, einem Reduktionsschritt, reagiert der gebildet Hydroxidkomplex erneut mit Hydroxylgruppen zu:

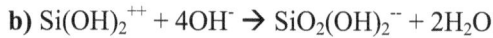

b) $Si(OH)_2^{++} + 4OH^- \rightarrow SiO_2(OH)_2^{--} + 2H_2O$

Unter diesen Bedingungen würde allerdings das Silizium durch die kontinuierliche Injektion von Elektronen negativ aufgeladen werden und somit die Fortdauer der Reaktion begrenzen. Außerdem erklärt sich die Bildung der Gasblasen aus den dargestellten Gleichungen nicht. Offensichtlich findet noch eine weitere Reaktion statt. Nach bisherigen Erkenntnissen ist diese Reaktion in folgender Gleichung definiert:

c) $4H_2O + 4e^- \rightarrow 4OH^- + 2H_2 \uparrow$

Als chemische Bruttoreaktion erhält man somit:

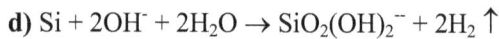

d) $Si + 2OH^- + 2H_2O \rightarrow SiO_2(OH)_2^{--} + 2H_2 \uparrow$

Reaktion von Silizium

Silizium reagiert also nur mit der OH^--Gruppe und mit Wasser unter Bildung eines Komplexes, der selbst in basischen Lösungen löslich ist. Während der gesamten Reaktion wird, entsprechend der Bruttogleichung, nur Wasser verbraucht. Die Reaktion selbst ist an den ständigen Transfer von Ladungsträgern gebunden, in diesem Fall Elektronen, entsprechend Gln. a) und c). Ohne diesen Transfer der Ladungen würde die Reaktion nicht stattfinden. Der Austausch der Ladungen erfolgt an der Oberfläche des Si und ist daher durch Diffusionsvorgänge in der Lösung beeinflussbar. Diese Diffusionsvorgänge werden durch den Abtransport des Si-Komplexes von der Oberfläche und den Antransport von reaktiven OH-Gruppen geprägt.

Oxidation

Die Reaktion ist durch einen Oxidationsschritt und einen Reduktionsschritt gekennzeichnet. Während der Oxidation lagern sich die OH-Gruppen an das Si an und lockern dabei dessen Rückbindung zum Gitter. In der Reduktionsphase kommt es zur Reaktion und Ablösung des basischen Si-Komplexes. Beide Reaktionsschritte können dominant sein.

Reduktion

Bei einem Überschuss an OH-Gruppen kann die Oxidation ständig ablaufen. Die Bildung und der Abtransport des Si-Komplexes aus der Reduktionsreaktion bestimmen dagegen als langsamster Prozess die Geschwindigkeit der Gesamtreaktion. Die Reaktion wird also durch die Reduktionsreaktion und diffusive Transportprozesse in ihrer Geschwindigkeit begrenzt. Da ein Rühren der Ätzlösung und ein damit verbundenes verbessertes Strömungsverhalten die Reaktionsgeschwindigkeit nicht merklich verändert, nimmt man an, dass der begrenzende Faktor ausschließlich durch den Reduktionsschritt induziert wird. Diese Verhältnisse stellen sich bei allen anorganischen Ätzlösungen ein, bei denen ein Überschuss an OH-Gruppen zu verzeichnen ist.

6 Herstellung der Mikrokomponenten

Reaktionen in organischen Lösungen	Eine völlig andere Phänomenologie stellt sich bei organischen Ätzlösungen ein. Die Konzentration an reaktiven OH-Gruppen ist um Größenordnungen geringer als in anorganischen Lösungen. Der Transport dieser Gruppen zur Oberfläche und die folgende Oxidation bestimmen nun als langsamster Prozess die Geschwindigkeit der Gesamtreaktion. Da bei diesen Untersuchungen auch ein erheblicher Einfluss der Strömungsbedingungen in der Lösung festgestellt wurde, wird angenommen, dass in organischen basischen Lösungen ein diffusionsbegrenzter Prozess dominiert.

Nun wurde aber auch gezeigt, dass die Reaktionen in organischen Lösungen mit großer Wahrscheinlichkeit ein wenig anders ablaufen als in anorganischen Lösungen. Nach Finne & Klein [Fin] finden in organischen Lösungen, wie EDP (eine Mischung aus Ethylendiamin, Wasser und Pyrokatechol), folgende Reaktionen statt:

$$Si + 2OH^- \rightarrow Si(OH)_2^{++} + 4e^-$$

$$Si(OH)_2^{++} + 4OH^- \rightarrow Si(OH)_6^{--}$$

$$Si(OH)_6^{--} + 3\,C_6H_4(OH)_2 \rightarrow Si(C_6H_4O_2)_3^{--} + 6H_2O$$

Die OH$^-$-Gruppen werden durch das Ethylendiamin gemäß der Beziehung gestellt:

$$N_2H_4(CH_2)_2 + H_2O \rightarrow N_2H_5(CH_2)_2^+ + OH^-$$

Gleichzeitig findet die Reaktion c) statt, bei der die Neutralität des Siliziums durch Ladungstransfer wiederhergestellt wird.

Damit lautet die Bruttoreaktion

$$2N_2H_4(CH_2)_2 + Si + 3\,C_6H_4(OH)_2 \rightarrow N_2H_5(CH_2)_2^+ + Si(C_6H_4O_2)_3^{--} + 2H_2 \uparrow$$

Nun kann aber auf der Basis der chemischen Reaktionen nicht erklärt werden, warum es Gitterebenen im Silizium gibt, die sehr schnell, und andere, die langsam oder gar nicht angegriffen werden. Die Lösung dieses Problem, beschäftigt schon seit langer Zeit eine Vielzahl von Wissenschaftlern. Eine vollständig verständliche und in sich logische Lösung kann aber bis jetzt noch nicht angeboten werden. Besonders eindrucksvolle Ergebnisse kommen in diesem Zusammenhang von Seidel et al. [Sei], Elwenspoek [Elw] und Heim [Hei].

Wirkung der Gitterbindung	Seidel [Sei] schlägt in diesem Zusammenhang ein elektrochemisches Modell vor, bei dem nicht die Oberflächenatome allein für das Ätzverhalten verantwortlich sind. Auch deren Bindungen im Kristallgitter sind entscheidend für das Lösungsverhalten in basischen Lösungen. Da sich die Bindungsverhältnisse der einzelnen Oberflächenatome in unterschiedlichen Orientierungen deutlich unterscheiden, muss auch die Ätzrate unterschiedlich sein. Betrachtet man die unterschiedlichen orientierten Ober-

flächen von technisch verfügbarem Silizium, so stellt sich ein Schema gemäß dem nachfolgenden Bild dar.

Es ist leicht zu erkennen, dass die Oberflächen der verschieden orientierten Si-Substrate über unterschiedliche Eigenschaften verfügen müssen. Beim <100>-Si existieren zwei freie Bindungen, an die sich die OH-

Lage der Oberflächenatome

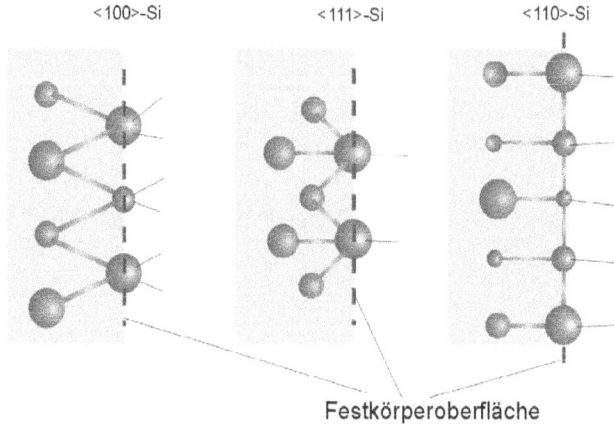

<100>-Si   <111>-Si   <110>-Si

Festkörperoberfläche

Gruppen anlagern können. Das <110>-Si und das <111>-Si besitzt an dieser Stelle nur eine freie Bindung, so dass eine Anlagerung und damit auch das Herauslösen der Einzelatome erschwert sein dürften. Allerdings sind die Oberflächenatome beim <111>-Si dreimal in das Gitter rückgebunden, die des <110>-Si haben dagegen nur eine Rückbindung in das Kristallgitter. Zwei Bindungen zu Nachbarn bilden sich parallel zur Oberfläche aus. Dies könnte die Festigkeit der Oberflächenatome gegenüber denen im <111>-Si herabsetzen. Der gesamte Ätzprozess verläuft bei <100>-orientierten Oberflächen nach Seidel [Sei] in folgenden fünf Stufen ab: (der Doppelpfeil $\leftrightarrow$ steht für eine feste Verbindung)

Ätzprozess von <100>-orientierten Oberflächen

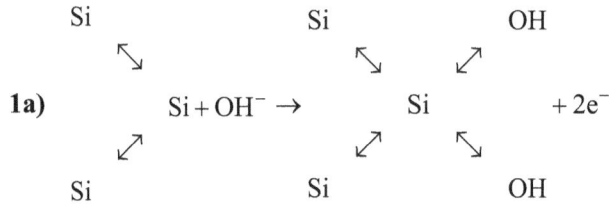

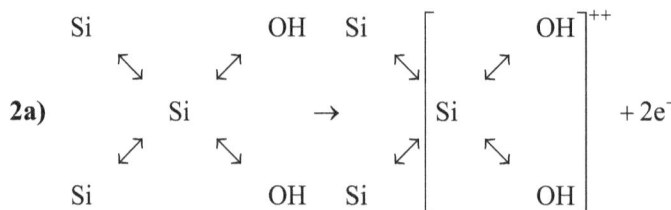

3a)
$$\left[\begin{array}{c} \text{Si} \nearrow^{\text{OH}}_{\searrow_{\text{OH}}} \end{array}\right]^{++} + 2\text{OH}^- \rightarrow \text{Si(OH)}_4$$

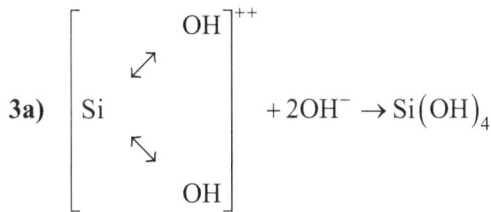

Da das gebildete Si(OH)_4 instabil ist, reagiert es in der schon gezeigten Form zu:

4a) $\text{Si(OH)}_4 \rightarrow \text{SiO}_2(\text{OH})_2^{--} + 2\text{H}^+$

Wegen der Einhaltung der Neutralitätsbedingungen und des Gleichgewichts sind darüber hinaus die folgenden Reaktionen von Wasser bzw. Wasserstoff erforderlich:

$$2\text{H}^+ + 2\text{OH} \rightarrow 2\text{H}_2\text{O}$$

5a) $4\text{H}_2\text{O} + 4\text{e}^- \rightarrow 4\text{H}_2\text{O}^-$

$$4\text{H}_2\text{O}^- \rightarrow 4\text{OH}^- + 2\text{H}_2$$

Im Gegensatz dazu kann für die beiden anderen Oberflächenorientierungen (<110> bzw. <111>) folgender Reaktionsablauf festgehalten werden.

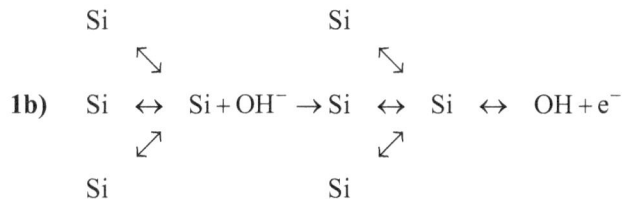

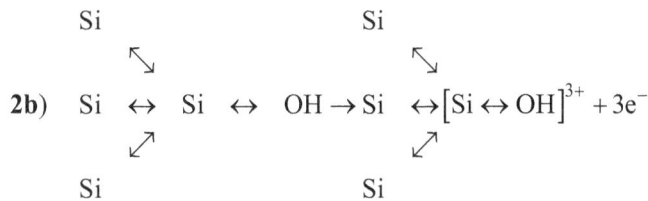

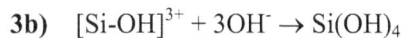

1b)
$$\begin{array}{ccccc} \text{Si} & & & \text{Si} & \\ & \searrow & & & \searrow \\ \text{Si} & \leftrightarrow & \text{Si} + \text{OH}^- \rightarrow \text{Si} & \leftrightarrow & \text{Si} & \leftrightarrow & \text{OH} + \text{e}^- \\ & \nearrow & & & \nearrow \\ \text{Si} & & & \text{Si} & \end{array}$$

2b)
$$\begin{array}{ccccc} \text{Si} & & & \text{Si} & \\ & \searrow & & & \searrow \\ \text{Si} & \leftrightarrow & \text{Si} & \leftrightarrow & \text{OH} \rightarrow \text{Si} & \leftrightarrow [\text{Si} \leftrightarrow \text{OH}]^{3+} + 3\text{e}^- \\ & \nearrow & & & \nearrow \\ \text{Si} & & & \text{Si} & \end{array}$$

3b) $[\text{Si-OH}]^{3+} + 3\text{OH}^- \rightarrow \text{Si(OH)}_4$

Danach ist der Prozessablauf identisch zu dem von <100>-orientierten Si-Oberflächen und verläuft weiter gemäß Gl. 4a). Vergleicht man die hier aufgestellten Reaktionsmechanismen mit den aus der Realität bekannten Daten, so werden Widersprüche offensichtlich. Die Ätzrate $R_{<110>}$ in der <110>-Richtung ist um Größenordnungen größer als die in <111>-Richtung. Als Erklärung dafür wird angenommen, dass das Rückbindungsverhalten von Oberflächenatomen energetisch anders anzusetzen ist, als das von Gitteratomen. Das heißt, die aus dem Gitter wirkenden Bin-

Ätzprozess von weiteren Oberflächen

dungskräfte übersteigen die zwischen Oberflächenatomen aufgebauten Kräfte erheblich. Wenn dies angenommen wird, so lässt sich nicht erklären, warum die Ätzraten von <110>-orientierten Substraten in Abhängigkeit von der verwendeten Ätzlösung größer, aber auch kleiner sein können als die Ätzrate von <100>-orientierten Flächen.

Für verschiedene Ätzlösungen sind in der folgenden Tabelle die Ätzratenverhältnisse in Bezug auf die Ätzrate der (111)-Ebene angegeben. Obwohl ein unmittelbarer Vergleich dieser Ergebnisse nicht möglich ist, da sich die Umgebungsbedingungen stark unterscheiden, lässt sich eine Tendenz klar erkennen.

Ätzraten verschiedener Kristallrichtungen	**Ätzlösung**	$R_{(100)} : R_{(110)} : R_{(111)}$
	KOH-H_2O	30 : 50 : 1
	KOH-H_2O-Isopropanol	27 : 6 : 1
	Ethylendiamin – Wasser – Pyrokatechol	17 : 10 : 1
	Hydrazin-H_2O	16 : 9 : 1

Isopropanol verhindert „Channeling"

Mit Ausnahme von KOH-Wasser ist die Ätzrate der (100)-Ebene im Silizium am größten. Die Ätzraten der (110)-Ebenen sind fast immer kleiner als die der (100)-Ebenen. Als Erklärung für dieses Verhalten wird angenommen, dass im Fall der Ätzung mit Isopropanol das bevorzugte Eindringen von Wasser in die (110)-Kristallebene („Channeling") durch den Alkohol verhindert und so auch die Ätzrate drastisch reduziert wird. Eine Erklärung für die anderen basischen Lösungen kann jedoch nicht gegeben werden, so dass an dieser Stelle die aufgestellten Thesen nicht mehr angewendet können. Erklärungen zu diesem Verhalten finden sich möglicherweise bei Elwenspoek [Elw] und Heim [Hei]. Beide gehen, wenngleich von völlig unterschiedlichen Basisansätzen, davon aus, dass beim Ätzen kristalliner Stoffe die energetischen Zustände des Gesamtsystems für die Ausbildung der Strukturen verantwortlich sind. Somit sind auch energetische Zustände für die Höhe der Abtragsgeschwindigkeit verantwortlich. Basis der Überlegungen ist: Das Ätzen von Kristallen ist die Umkehrreaktion des Kristallwachstums. Beide Reaktionen existieren ständig in unmittelbarer Nähe. Das Reaktionsgleichgewicht ist aber auf Grund der äußeren Bedingungen zu einer Seite verschoben.

Ätzen von Kristallen ←→ Kristallwachstum

Kristallisation ←→ Kristallätzung

Die Richtung der Reaktion hängt also von den äußeren Bedingungen ab. So muss beispielsweise beim Ätzen jene Energie aufgebracht werden, um ein Gitterbaustein aus dem Kristallverbund herauszulösen, die bei der

	Kristallisation durch die Anlagerung des Bausteins in Form des Zuwachses der inneren Energie gewonnen werden konnte. Bei diesen Vorgängen sind die energetischen Zustände des Festkörpers von Bedeutung. Das Ätzen ist der Übergang von einer festen Phase in eine gelöste Phase des Feststoffes, wobei ein Gewinn an innerer Energie für das System Festkörper-Ätzlösung erzielt werden muss. Das Aufbringen der Energie, die zur Ablösung des Gitterbausteins führt, muss letztlich in einen Gewinn an innerer Energie für das System Festkörper-Ätzlösung münden. Damit ist aber auch der energetische Zustand der Ätzlösung selbst für das Ablösen von Gitterbausteinen von Bedeutung. Die Kombination aus dem inneren energetischen Zustand der Ätzlösung, dem energetischen Zustand der Oberflächenatome und dem Enthalpiegewinn ΔG bei der Reaktion ist somit entscheidend für die Richtung und die Intensität der Reaktion.
energetische Zustände dominieren Ätzreaktion	Oberflächenatome verschiedener Kristallebenen sind, wie oben gezeigt wurde, unterschiedlich an das Kristallgitter gebunden. Diese Rückbindung erfolgt unmittelbar zu den Nachbarn erster Ordnung. Aber auch die Nachbarn höherer Ordnung beeinflussen den energetischen Zustand der betrachteten Atome. In der gleichen Reaktionsumgebung können also unterschiedliche Reaktionsintensitäten für die verschiedenen Kristallrichtungen erwartet werden. Die Folge sind unterschiedliche Ätzraten und schließlich das richtungsabhängige Ätzverhalten. Was geschieht aber, wenn sich die Konzentration der Ätzlösung oder die Reaktionstemperatur ändern? Die innere Energie der Lösung ändert sich. Das zuvor betrachtet Gleichgewicht kann nicht mehr aufrechterhalten werden. Unter der Voraussetzung einer noch stattfindenden Auflösung des Festkörpers können auf Grund der Kombination der verschiedenen energetischen Zustände von Ätzlösung und Festkörper sowie dem Enthalpiegewinn neue Reaktionsintensitäten gefunden werden. Dies zeigt sich in unterschiedlichen Ätzraten gegenüber dem vorherigen Versuch. Dabei kann aber auch das Verhältnis der Ätzraten unterschiedlicher Kristallebenen vertauscht werden. Auf Basis dieser Überlegungen lässt sich das scheinbar widersprüchliche Ätzverhalten verschiedener Kristallebenen in unterschiedlichen Lösungen erklären.

konvexe Ecken	Ein wesentliches Merkmal von richtungsabhängigen Ätzprozessen in Silizium ist die Unterätzung konvexer Ecken. Konvexe Ecken sind durch Masken charakterisiert, bei denen mindestens eine Ecke in das Fenstergebiet hineinragt. Im Bild ist eine typische konvexe Ecke gezeigt. Ebenso sind auch konkave Ecken zu sehen, die im Gegensatz zu konvexen Ecken in das Maskengebiet hineinragen. An konvexen Ecken können höher indizierte Gitterebenen des Einkristalls die Oberfläche schneiden. Diese Ebenen zeichnen sich durch eine höhere Ätzrate als die Grundebenen aus. In verschiedenen Ätzversuchen wurden dabei folgende Ebenen identifiziert: {212}, {130}, {331} und {411}. Dabei hängt 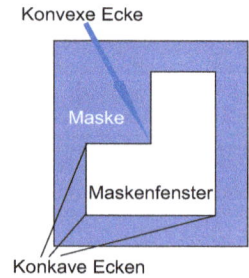

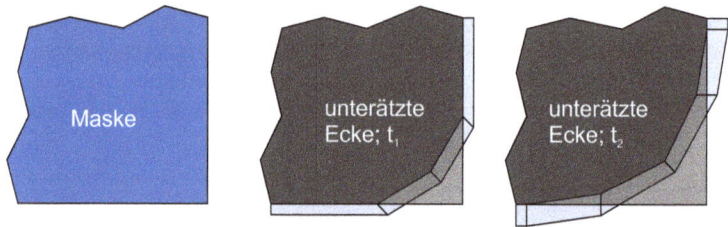

das Auftreten der schnell ätzenden Ebenen in starkem Maße von der Zusammensetzung, der Konzentration und der Temperatur der Ätzlösung ab. Eine Zusammenstellung der Ergebnisse ist in [Elw] angegeben. Bei Verwendung von <100>-orientierten Si-Wafern werden durch die höhere Ätzrate dieser Ebenen konvexe Ecken mit einer höheren Geschwindigkeit geätzt als die {100}-Ebene. Die Folge ist ein Unterätzen der Maske, wie im Bild gezeigt. Durch die Unterätzung konvexer Ecken ist es nicht möglich, Geometrien zu erzeugen, die senkrechte Winkel aufweisen.

Kompensations-Strukturen	Abhilfe kann allerdings geschaffen werden, wenn es gelingt, die Unterätzung durch zusätzliche Strukturen zu unterbinden. Dabei müssen die Strukturen so ausgelegt werden, dass sie vollständig verschwunden sind, wenn die erforderliche Ätztiefe erreicht ist. Man nennt diese Strukturen daher auch Kompensationsstrukturen. Da die Art der schnell ätzenden Ebenen an die Reaktionsbedingungen geknüpft ist, müssen die Kompensationsstrukturen an die jeweilige Reaktion angepasst werden. Daher gibt es keine allgemeingültigen Gestaltungshinweise, sondern nur grundsätzliche Geometrieformen der Eckenkompensation. Auf die wesentlichen Formen soll im Folgenden eingegangen werden.
Dreieckförmige Kompensationsstrukturen	Die {212}-Flächen schneiden die {001}-Ebene in <210>-Richtung. Daher ist es möglich, Kompensationsdreiecke zu konstruieren, die entlang der {210}-Ebene verlaufen. Im Bild ist eine typische Dreieckkompensation gezeigt. Dabei gibt es drei charakteristische Werte. Die Unterätzung u

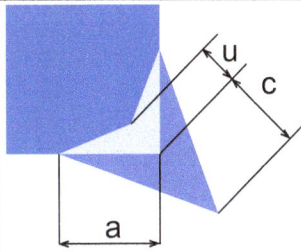

| **Dimensionierung** | bezieht sich auf die Strecke von der Maskenecke bis zur Si-Ecke unmittelbar unterhalb der Maske. Die Höhe c des Kompensationsdreiecks ergibt sich aus |

$$c = 2 \cdot u$$

Der Abstand a zwischen dem konvexen Eckpunkt und dem Schenkelschnittpunkt mit der unkompensierten Maske ergibt sich aus

$$a = \sqrt{2} \cdot c \quad \text{bzw.}$$
$$a = \sqrt{8} \cdot u$$

Mit diesen Daten kann eine entsprechende Struktur konstruiert werden. Voraussetzung ist jedoch die Kenntnis der Unterätzrate. Diese ist gegebe-

weitere Kompensationsstrukturen

nenfalls in einem Vorversuch zu ermitteln. Neben der Kompensation mit Dreiecken kann auch jede beliebige geometrische Gestalt verwendet werden, wenn diese in dem Dreieck so angeordnet

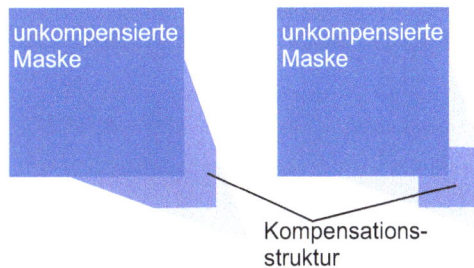

werden kann, dass seine Strukturkanten mit denen der Dreieckstruktur übereinstimmen. In einigen Fällen reichen die Flächen zur Integration einer entsprechenden Kompensationsstruktur nicht aus. Daher wird hier

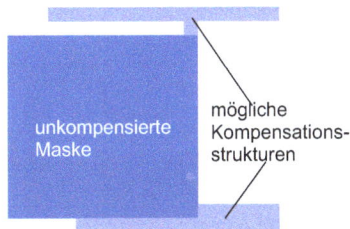

mit Streifenkompensationsstrukturen gearbeitet. Die Streifen sind dabei so auszulegen, dass bei Erreichen der gewünschten Ätztiefe die Streifenstrukturen bis zum Punkt der zu kompensierenden Ecke weggeätzt sind. Im Beispiel sind derartige Kompensationsmöglichkeiten gezeigt. Voraussetzung für die Auslegung von Kompensationsstrukturen ist in jedem Fall eine genaue Kenntnis der Unterätzraten. Zu deren Ermittlung müssen die Zusammensetzung der Ätzlösung, deren Konzentration und die Temperatur bekannt sein. Auf Basis dieser Daten lässt sich die Unterätzung ermitteln. Für identische Ätzbedingungen lassen sich aus den gewonnen Ergebnissen entsprechende Kompensationsstrukturen konstruieren.

Nasschemisches richtungsabhängiges Ätzen
→Basisprozess der Mikrotechnik

Ziel: Herstellung hochpräziser dreidimensionaler Strukturen in Silizium

Ätzmedien
- Wässrige alkalische Basen (KOH, NaOH)
- NH_4OH
- Wässrige organische Basen (Ethylendiamin, Hydrazin, TMAH)
- Zusätze: Isopropanol, Pyrokatechol
- Temperatur: > 50°C

Richtungsabhängigkeit (Anisotropie) beim Ätzen von <100>-Silizium
- {111}-Ebenen werden kaum vom Ätzmedium angriffen
- Finale Strukturen werden durch {111}-Ebenen gebildet
- Diese bilden bei <100>-orientierten Substraten mit der Oberfläche einen Winkel von 54,74°
- Schnittlinien der {111}-Ebenen mit <100>-orientierter Oberfläche verlaufen stets parallel bzw. senkrecht zum Hauptflat (<110>-Richtung)
- {100}- und {110}-Ebenen werden geätzt
- Unterschiede der Ätzrate von Zusammensetzung der Ätzlösung abhängig
- Kriterium für unterschiedliche Ätzraten: Aktivierungsenergie
- Reaktion von Silizium:
  - Oxidationsschritt:
    - OH-Gruppen lagern sich an Silizium an
    - lockern Rückbindung der Oberflächenatome zum Gitter
  - Reduktionsschritt:
    - Bildung eines basischen Si-Komplexes
    - Ablösung des Si-Komplexes
- Reaktionsschritte durch Transfer elektrischer Ladungen gekennzeichnet
- Einflussgrößen auf Reaktion
  - Konzentration der Ätzlösung
    - Ätzrate steigt mit sinkender Konzentration
  - Temperatur der Ätzlösung
    - Ätzrate steigt mit steigender Temperatur
- Weitere Effekte
  - „Orangenschaleneffekt" der tief geätzten (100)-Ebene
  - Bildung von Hillocks

Unterätzung konvexer Maskengebiete
- Konvexe Ecken → Maskengebiete, die eckenförmig in das Maskenfenster ragen
- Unterätzrate an konvexen Ecken ist größer als Tiefenätzrate
- Keine tief geätzten Strukturen die sich unter Winkel von 90° schneiden
- Abhilfe: Kompensationsstrukturen
- Sie werden so ausgelegt, dass sie vollständig verschwunden sind, wenn erforderliche Ätztiefe erreicht ist;
- Formen
  - Dreieckkompensation
  - rechteckförmige Kompensation
  - Streifenkompensation

Literatur

[Bas] Bassous, B.: The Fabrication of High Precision Nozzles by the Anisotropic Etching of (100) Silicon; in: J. Electrochem. Soc., Vol. 125, H. 8, 1978, 1321–1327

[Bat] Bhatnagar, N.: On pyramidal protrusions in anisotropic etching of <100> silicon; in: Sensors & Actuators, Vol. A/36, 1993, 233–240

[Cse] Csepregi, L. et al.: Technologie dünngeätzter Siliziumfolien im Hinblick auf monolithisch integrierbare Sensoren; BMFT-FB-T 83-089

[Dec] Declercq et al.: Optimization of the Hydrazine-Water Solution for Anisotropic Etching of Silicon in Integrated Circuit Technology; in: J. Electrochem. Soc., Vol. 122, No. 4, 1975, 545–552

[Elw] Elwenspoek, M.; Jansen, H.: Silicon Micromachining; Cambridge University Press, 1998

[Fin] Finne, R.; Klein, D.: A water-aminecomplexing agent system for etching silicon; In: J. Electrochem. Soc., Vol. 114, No. 9, 1967, 965–970

[Hei] Heim, U.: Untersuchung zur Simulation des nasschemischen richtungsabhängigen Ätzens von Einkristallen; Dissertation, TU Ilmenau, 1996

[Ken] Kendall, D.: Vertical etching of silicon at very high aspect ratios; in: Ann. Rev. Mater. Sci., Vol. 9, 1979, 373–403

[Nij] Nijdam, A., et al.: Formation and stabilisation of pyramidal etch hillocks on silicon {100} in anisotropic etchants: experiments and Monte Carlo simulation; MME 2000 Proceedings, Uppsala, 2000

[Pet] Petersen, K.: Fabrication of an integrated planar silicon ink-jet structure; in: IEEE Tr. on Electron Devices, Vol. ED-26, No. 12, 1979, 1918–1920

[Sei] Seidel, H. et al.: Anisotropic Etching of Crystalline Silicon in Alkaline Solutions. Part I; in: J. Electrochem. Soc., Vol. 137, No. 11, 1990, 3612–3626

[Tab]   Tabata, O. et al.: Anisotropic etching of silicon in TMAH solutions; in: Sensors &
        Actuators Vol. A/34, 1992, 51–57

[Wu]   Wu, X.-P. et al.: A study on deep etching of silicon using E-D-P-Water; in: Sensors &
        Actuators, Vol. 9, 1986, 333–343

[Taba] Tabata, O. et al.; "Anisotropic etching of silicon in TMAH solutions",
        Sensors & Actuators A, 34(1992), p. 51-57

[Wu]   Wu, X.-P. et al.; "A study on deep etching of silicon using E-D-P-Water",
        Sensors & Actuators, 9(1986), p. 333-343

6.5.3   Trockenchemische Ätzprozesse

<table>
<tr><td></td><td colspan="2">Schlüsselbegriffe</td></tr>
<tr><td></td><td colspan="2">Historisches, Plasmaätzen, Ionenstrahlätzen, Reaktives Ionenstrahlätzen, chemisch unterstütztes Ionenstrahlätzen, reaktives Ionenätzen, Einteilung Trockenätzprozesse, Strukturierung durch Absputtern, Maskierung, Aspektverhältnis, Unterschied zum nasschemischen Ätzen, Strukturierung mit reaktiven Teilchen, Bildung gasförmiger desorbierbarer Abprodukte, isotropes Ätzprofil, chemische Reaktion, Substratanordnung beim PE, Veraschen von Fotolack, Ätzrate, Einsatzgebiete von Plasmaätzverfahren, Strukturierung von Si mit PE, Reaktionen, Prozessbedingungen für PE von Si, RIE – Kombination aus chemischem und physikalischem Prozess, Substratanordnung beim RIE, Ionen im Plasma, reaktiven Radikale im Plasma, Eigengleichvorspannung (DC-Bias), RIE von Silizium, Ätzraten, Passivierung der Seitenwände, Alternierende Prozessfolge: Ätzen – Beschichten, Seitenwandpassivierung durch geeignete Prozessgase, Neigung der Seitenwände, Flaschenhals, Microgras, Ätzverzögerung, trockenchemische Strukturierung weiterer Materialien, Siliziumoxid, Siliziumnitrid, Veränderungen der Selektivität, Aluminium, Post Etch Corrosion</td></tr>
</table>

<table>
<tr><td></td><td colspan="2">Trockene Strukturierung
von Silizium</td></tr>
<tr><td>Historisches</td><td colspan="2">Das trockenchemische Ätzen von Silizium ist eine relativ junge Prozesstechnologie. Die Anfänge dieses Verfahrens liegen in der Veraschung von Fotoresistschichten, die durch trockenchemische Ätzprozesse hocheffektiv und mit geringer Querkontamination der Substratoberflächen entfernt werden konnten. Erst danach erkannte man auch die Möglichkeiten im Bereich der Siliziumbearbeitung.</td></tr>
<tr><td>PE</td><td>Plasmaätzen – Plasma Etching (PE)</td><td>Da an das Veraschen von Resist keine Forderung nach der Form einer Struktur gestellt wurde, wurden zunächst einfache Plasmaätzverfahren (PE) verwendet, um den Fotolack vollständig von der Oberfläche zu entfernen. Das Plasmaätzen ist ein rein chemischer Prozess.</td></tr>
<tr><td>IBE</td><td>Ionenstrahlätzen – Ion Beam Etching (IBE)</td><td>Bei der Bearbeitung von Silizium oder verschiedenen Maskierungsschichten wurde sehr bald eine höhere Anisotropie in der Strukturierung gefordert. Folglich wurde anstelle der chemischen Ätzkomponente des Plasmaätzens eine physikalische</td></tr>
</table>

		Komponente zum Ätzen entwickelt. Analogien aus dem Bereich des Sputterns dienten dabei als Vorlage. So entwickelte sich zunächst das Ionenstrahlätzen (IBE), bei dem gezielt mit einem Ionenstrahl der Materialabtrag realisiert wurde. Das dem Strahl ausgesetzte Material wird von der Festkörperoberfläche abgesputtert.
RIBE	Reaktives Ionenstrahlätzen – Reactive Ion Beam Etching (RIBE)	Es zeigte sich bald, dass durch das Sputterverfahren des IBE nur eine sehr geringe Selektivität erzielt werden konnte. Maskierungsmaterial und zu strukturierendes Substrat wurden mit nahezu der gleichen Ätzgeschwindigkeit abgetragen. In der weiteren Entwicklung wurde der Ionenstrahl durch reaktive Komponenten angereichert, um die Selektivität zu steigern (RIBE).
CAIBE	Chemisch unterstütztes Ionenstrahlätzen – Chemical Assisted Ion Beam Etching (CAIBE)	Da auch diese reaktiven Komponenten nicht die gewünschten Resultate einer hohen Anisotropie ermöglichten, wurde der weitere Ätzvorgang durch Zugabe einer chemisch aktiven Substanz beschleunigt (CAIBE). Nachteilig war bei diesem Anlagensystem der hohe gerätetechnische Aufwand im Vergleich zu den erreichbaren Ätzraten.
RIE	Reaktives Ionenätzen – Reactive Ion Etching (RIE)	Der Durchbruch der Ätztechnik erfolgte in der Mikroelektronik mit RIE-Anlagen, bei denen eine Kombination aus chemischen, physikalischen und ionenunterstützten Ätzprozessen zum Materialabtrag beitragen. Mit relativ geringem gerätetechnischem Aufwand konnten so mikrostrukturierte Komponenten bei großer Selektivität und mit hoher Anisotropie erzeugt werden.
Einteilung Trockenätzprozesse	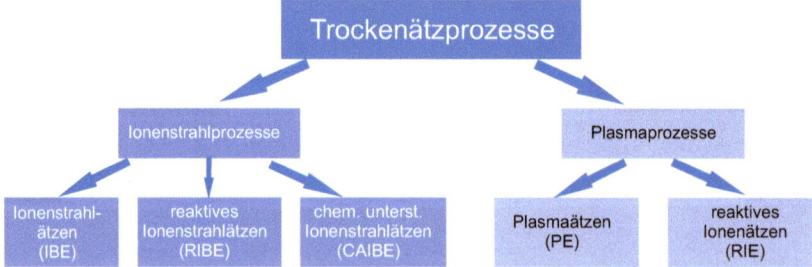 Eine Zuordnung der verschiedenen Verfahren ist der Grafik zu entnehmen. In der Mikrosystemtechnik haben die Ionenstrahlätzverfahren nur eine Bedeutung im Bereich der Forschung und Entwicklung. Wesentlich grö-	

ßere Bedeutung in der Herstellung von mikrostrukturierten Komponenten haben die Plasmaätzverfahren. Dabei ist zwischen reinem Plasmaätzen und reaktivem Ionenätzen zu unterscheiden. In der Mikrostrukturierung hat das reaktive Ionenätzen den eindeutigen Vorrang. Im Folgenden sollen daher die beiden Plasmaätzprozesse näher beschrieben werden.

Grundsätzliche Verfahrensunterschiede

Strukturierung durch Absputtern

Wie bereits im Kapitel über die Plasmaentladungen gezeigt wurde, eignen sich Gasentladungssysteme grundsätzlich zum Ätzen von Substraten. Die Ionen werden dabei im elektrischen Feld beschleunigt und treffen mit großer Energie auf der Katode bzw. Gegenelektrode auf. Durch Ionenbeschuss und die damit verbundenen kaskadierten Stöße werden Teilchen aus der Oberfläche der so beschossenen Substrate ausgelöst. Als Arbeitsgase eignen sich hierbei besonders Edelgase, die chemisch keine Reaktionen zeigen. Daher ist es zunächst unabhängig, welches Material sich auf der Elektrode befindet. Das Abstäuben oder Absputtern findet in jedem Fall statt. Die Selektivität des Verfahrens ist also sehr gering. Auch die Effektivität dieses rein physikalischen Verfahrens ist nicht hoch. Das heißt, die pro Zeiteinheit freigesetzte Menge an Substanz ist sehr klein. So kann beispielsweise nur durch die Verwendung großflächiger Targets beim Sputtern ein merklicher Materialabtrag realisiert werden.

Maskierung

Die Anwendung dieses Verfahrens zur gezielten Strukturierung von Materialien ist grundsätzlich möglich. Dabei wird das zu strukturierende Substrat mit einer Maskierungsschicht bedeckt. Durch das Ionenbombardement werden das Substratmaterial in den Fenstern der Maskierung und das Maskierungsmaterial abgesputtert. Bei ungünstiger Materialauswahl ist die Sputterrate des Maskierungsmaterials größer als die des Substratmaterials. Dadurch wird nach Abstäuben der Maskierungsschicht das gesamte Substrat geätzt. Die ursprüngliche Stufenstruktur, die durch das Maskierungsfenster gegeben war, bleibt jedoch erhalten. Im Fall geringerer Sputterraten des Maskierungsmaterials kann durchaus eine Tiefenstrukturierung des Substrates erzielt werden. Im Bild sind die entsprechenden Unterschiede gezeigt. Die maximalen Ätzraten des Verfahrens liegen in einer Größenordnung von ca. 1,5µm/h. Um Mikrostrukturen mit einer Tiefe von einigen µm herzustellen, wären daher erhebliche Ätzzeiten erforderlich. Es ist also aus wirt-

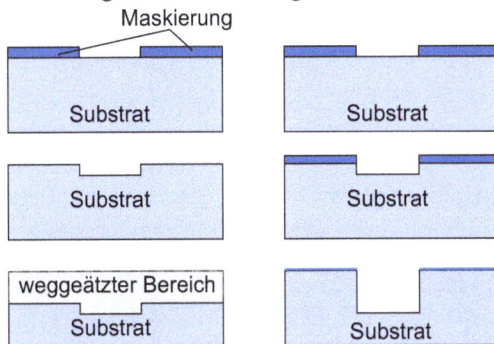

schaftlicher Sicht wenig sinnvoll, Sputterätzverfahren zur Strukturierung von Substraten zu verwenden, wenn nur dieser physikalische Abstäubungsmechanismus zur Verfügung stünde. Sinnvoll ist deren Einsatz jedoch bei der Strukturierung dünner Schichten.

Das sich bei diesem Ätzverfahren einstellende Ätzprofil ist im Bild gezeigt. Durch die gerichtete Ionenbewegung auf das Substrat werden Strukturen mit nahezu senkrechten Seitenwänden erzeugt. Die Unterätzung u ist deutlich geringer als die Tiefenätzung t und kann durch geeignete Wahl der Prozessparameter praktisch vernachlässigt werden.

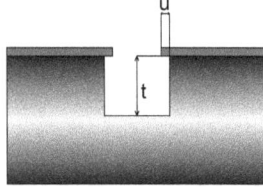

Das Ätzprofil ist anisotrop. Dieses anisotrope Verhalten kann mit dem Anisotropiegrad A ausgedrückt werden.

Anisotropiegrad

$$A = 1 - \frac{u}{t}$$

Sehr häufig findet man auch die Angabe Aspektverhältnis Asp

Aspektverhältnis

$$Asp = t : u$$

Unterschied zum nasschemischen Ätzen

wobei u die Unterätzung und t die Ätztiefe darstellen. Diese Art der Anisotropie unterscheidet sich von der Anisotropie beim nasschemischen richtungsabhängigen Ätzen. Sie wird nicht, wie beim Nassätzprozess durch die Kristallorientierung des Substrates bestimmt. Die Anisotropie resultiert hier vielmehr aus dem gerichteten physikalischen Absputtern von Substratatomen. Das Ziel des anisotropen Ätzens besteht darin, möglichst tiefe Strukturen mit einer verschwindend kleinen oder keiner Unterätzrate zu erzeugen. Der Anisotropiegrad A sollte also möglichst nahe 1 liegen. Dabei ist der Anisotropiegrad auch von der Art der zu strukturierenden Materialien abhängig, da die Sputterrate eine materialabhängige Größe ist.

Strukturierung mit reaktiven Teilchen

Wie aber bereits oben gezeigt, führen die Stoßprozesse in Entladungsstrecken nicht allein zur Bildung von Ladungsträgern, die eine gerichtete Bewegung vollziehen können. Es werden auch reaktive Molekülteilchen gebildet, die als Radikale unter definierten Bedingungen chemische Reaktionen mit der Oberfläche der Substrate eingehen können. Es kommt zu einem intensiven chemischen Ätzvorgang, wenn die Radikale in der Lage sind, mit den Oberflächenatomen eine flüchtige, d.h. gasförmige Verbindung bilden. Diese gasförmige Verbindung muss leicht von der Substratoberfläche desorbierbar sein, um weitere gleichartige Reaktionen zu ermöglichen. Die Gasentladung ist in diesem Fall nicht die primäre Ursache des Ätzens. In der Gasentladung werden jedoch die für den Ätzprozess notwendigen reaktiven Teilchen erzeugt. Werden also Gase verwendet, die o.g. Bedingung gehorchen, dann finden in der Regel chemische Ätzme-

Bildung gasförmiger desorbierbarer Abprodukte

	chanismen statt. Man bezeichnet diesen Prozess als das Plasmaätzen (PE).
	Bei diesem Prozess bilden sich die bekannten isotropen Ätzprofile aus. Die Unterätzung u der Maske ist nahezu identisch mit der Tiefenätzung t. Der Anisotropiegrad ist A = 0. Eine ähnliche Charakteristik erhält man beim nasschemischen Ätzen von Silizium in sauren Lösungsgemischen. Auf Grund des deutlich höheren Prozessaufwandes gegenüber den nasschemischen Prozessen kommt dieser Prozess in der Mikrosystemtechnik kaum zum Einsatz.
isotropes Ätzprofil	

Plasmaätzverfahren

chemische Reaktion	Beim Plasmaätzverfahren wird nur die chemische Reaktion reaktiver Radikaler mit den Oberflächenatomen des zu strukturierenden Materials genutzt. Physikalische Reaktionen des Substrates oder eventuell vorhandener Schichten sind unerwünscht. Aus diesem Grunde werden die Substrate so in der Reaktionskammer positioniert, dass eine Wechselwirkung mit beschleunigten Ionen ausgeschlossen werden kann. Bei HF-Entladungs-Anlagen werden daher die Substrate immer auf der Gegenelektrode bzw. Erdelektrode abgelegt.
Anordnung der Substrate	

An dieser Elektrode ist nur mit dem Einfall von Elektronen zu rechnen. Durch die Raumladungszone vor der Elektrode werden die Elektronen abgebremst, so dass sie in der Regel eine sehr geringe kinetische Energie aufweisen. Die typische Anordnung eines solchen Ätzprozesses ist im Bild gezeigt. Das reine trockenchemische Ätzen liefert Ätzraten in der Größenordnung von etwa 1µm/min. Typischerweise wird dieser Prozess eingesetzt, wenn großflächige Beschichtungen auf dem Substrat selektiv entfernt werden sollen.

Veraschung von Resist	Ein Beispiel für diesen Prozess ist das Ätzen von Fotoresistmaterialien. Dabei werden Sauerstoff oder sauerstoffhaltige Prozessgase eingesetzt. Die reaktiven Sauerstoffionen reagieren mit nahezu allen Komponenten des organischen Resistmaterials. Man bezeichnet diesen Prozess auch als Veraschungsprozess.

Die Reaktion zeigt eine charakteristische Abhängigkeit von der Temperatur. Dies ist auch in der Gleichung wiedergegeben. Die Ätzrate $R_ä$ ist vom Fluss der Sauerstoffatome zum Substrat Φ_O, der Aktivierungsenergie E_A und der Temperatur T abhängig:

$$R_ä = k_0 \cdot \Phi_O \cdot e^{-\frac{E_A}{kT}}$$

mit k_0 – Prozesskonstante und k – Boltzmann-Konstante.

Plasmaätzverfahren sind zur Erzeugung von Mikrostrukturen ungeeignet. Sie besitzen allerdings große Bedeutung beim Ätzen und Strukturieren von Schichtsystemen. Hierbei ist insbesondere deren großes Potenzial bei der Entfernung von Opferschichten hervorzuheben. Das Entfernen von Opferschichten mit Hilfe nasschemischer Ätzprozesse führt häufig zu Problemen des „Stickings". Dabei werden Schichten oberhalb der Opferschicht auf die unterhalb der Opferschicht befindlichen Schichten oder Substrate gezogen und fixiert, wenn die Opferschicht entfernt wurde. Ursachen dafür sind van der Waalssche Kräfte, die durch Wasserstoffbrückenbildung ausgelöst werden. Diese treten insbesondere bei wässrigen Prozessen auf. Mit Hilfe der Plasmaätztechnik können diese Effekte vermieden werden. Durch die hohe Selektivität des Verfahrens lassen sich so gezielt spezifische Schichten bei geeigneter Wahl der Reaktionsgase entfernen.

Plasmaätzen von Silizium	
Strukturierung von Si- mit PE	Si-Substrate können mit Hilfe des Plasmaätzverfahrens isotrop strukturiert werden. Dabei wird die spontane Reaktion der Fluorionen bzw. -atome mit den Oberflächenatomen des Si genutzt. Mögliche Reaktionen, die dabei auftreten, sind im Bild zu sehen. Es können, wie zu sehen ist, reaktive Produkte oder stabile und weniger reaktive Produkte entstehen. Als Prozessgase werden fluorhaltige Gase wie CF_4 oder SF_6 eingesetzt, die einen hohen Anteil an reaktiven Fluoratomen garantieren. Das Fluor bindet sich dabei an die freien Valenzen der Oberflächenatome des Siliziums. Es dringt auch geringfügig in die Oberflächenzone ein und bricht die Si-Si-Bindungen auf.

Dadurch werden die Bindungen zu den Oberflächenatomen gelockert und schließlich durch weitere Penetration von Fluor gelöst. Es bilden sich leicht desorbierbare gasförmige Produkte, die stabil sein (SF_4) oder weiter reagieren können (SF_2^{++}). Die typischen Reaktionsgleichungen für diesen Prozess lauten:

$$Si + 4F \rightarrow SiF_4$$
$$Si + 2CF_2 \rightarrow SiF_4 + 2C_{ads}$$

Reaktionen **Prozessbedingung en für das PE von Silizium**	 reaktives SiF$_2$ stabiles SiF$_4$ ● Silizium ● Fluor	Bei Verwendung kohlenstoffhaltiger Gase können unerwünschte Nebenerscheinungen auftreten. Durch die Adsorption von Kohlenstoff C$_{ads}$ auf der Oberfläche wird die Reaktion behindert, die Ätzrate reduziert sich. Typische Prozessbedingungen für das PE von Silizium sind dabei folgende: Plasmafrequenz: 0,8...13,56MHz; 2,45Ghz Druck im Reaktionsraum: >10Pa Spannung U$_{HF}$: 400...800V

Reaktives Ionenätzen (RIE)

RIE – **Kombination aus chemischem und physikalischem Prozess**	Beim reaktiven Ionenätzen wird eine geschickte Kombination von physikalischen und chemischen Ätzprozessen ausgenutzt. Durch diese Kombination wird es möglich, die Vorteile beider Verfahren für die Strukturierung zu nutzen. Durch den chemischen Ätzprozess kann die Ätzgeschwindigkeit gesteigert werden und durch den Sputtervorgang findet eine bevorzugte Tiefenstrukturierung mit stark anisotroper Profilausbildung statt. Die Ursache für dieses Verhalten liegt in der kombinierten Wirkung freier Ionen. Diese treffen mit hoher Geschwindigkeit auf dem Boden der freien Struktur auf und schädigen infolge ihrer Wechselwirkung die Substratoberfläche. Die chemisch reaktiven Radikale kommen leichter mit den geschädigten Substratoberflächen in Kontakt. Dadurch werden chemische Reaktionen an der Substratoberfläche begünstigt. Die sich dabei ausbildenden Seitenwände sind nicht das bevorzugte Aufschlaggebiet der schnellen Ionen. Dadurch sind die Schädigungen dieser Zonen durch schnelle Ionen sehr gering. Der chemische Ätzangriff wird in diesen Zonen ebenfalls in hohem Maße eingeschränkt. Man bezeichnet die Kombination aus physikalischem und chemischem Ätzen unter Ausnutzung der Wirkung eines Plasmas zur Erzeugung reaktiver und beschleunigter Teilchen als „Reaktives Ionenätzen" (Reactive Ion Etching – RIE). Dieses Verfahren besitzt ein relativ breites Prozessfenster, d.h.,

	durch die Wahl geeigneter Prozessparameter kann die Ausbildung des Ätzprofils gezielt beeinflusst werden.
Substratanordnung beim RIE	Beim reaktiven anisotropen Ätzen im Plasma befindet sich das Substrat stets auf der Elektrode, über die die hochfrequente elektrische Leistung in das Plasma eingespeist wird (siehe Bild).

Da diese Elektrode in der Regel sehr klein gegenüber der Gegenelektrode ist, nimmt die HF-Elektrode ein stark negatives Potenzial (Eigengleichvorspannung; DC-Bias) an. Ionen aus dem Plasma werden demzufolge in Richtung der HF-Elektrode beschleunigt. 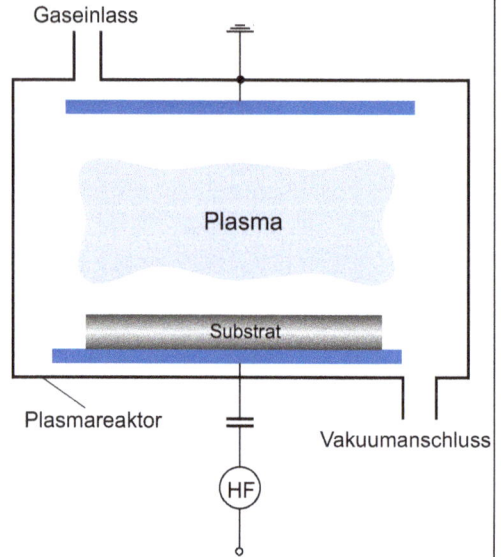 |
| **Ionen im Plasma** | Im Plasma selbst befinden sich Elektronen, Ionen, Neutralteilchen, reaktive Radikale der verwendeten Ätzgase. Die Elektronen übernehmen im Wesentlichen den dauerhaften Ionisierungsprozess und tragen als Ladungsträger den Strom in der Entladungsstrecke. Das Substrat wird durch sie nicht beeinflusst.

Ionen und in geringem Maße auch Neutralteilchen werden in Richtung der HF-Elektrode beschleunigt. Das Substrat erfährt durch diese Teilchen dauerhafte Stöße, die zum Aufbrechen von Bindungen, zur Freisetzung einzelner Atome, schließlich zum Absputtern von Atomlagen und zur Erwärmung führen. Dieser Prozess ist weitgehend materialunabhängig, d.h. es erfolgt ein schichtweiser Abtrag der dem Ionenstrom ausgesetzten Materialien. Damit ist die Selektivität dieses Prozesses sehr gering. Die Sputterausbeute Y derartiger Prozesse hängt von der Oberflächenbindungsenergie W_0 der Substratatome, der Masse der beschleunigten Ionen M_I und der Masse der Substratatome M_S ab. Damit erhält man die folgende Proportionalitätsbeziehung: |
| **reaktive Radikale im Plasma** | $$Y \propto \frac{1}{W_0} \cdot \left(\frac{M_I}{M_I + M_S} \right)$$

Die reaktiven Radikale sind die chemisch aktiven Komponenten des Reaktionsgases. Dabei wird das Reaktionsgas so ausgewählt, dass sich entweder das Substrat- oder das Schichtmaterial mit seinen reaktiven Radikalen verbindet und dabei eine flüchtige Verbindung bildet. Dieser Reak- |

Eigengleich- vorspannung (DC-Bias)	tionsprozess ist offensichtlich sehr stark vom Material abhängig und damit auch in hohem Maße selektiv. Über die Einstellung der Eigengleichvorspannung (DC-Bias) kann die Reaktion in ihrem Verhalten sehr gut gesteuert werden. Hohe DC-Bias-Werte bedeuten einen hohen physikalischen Anteil am Ätzprozess, das Absputtern überwiegt. Die sich ausbildenden Profile sind weitgehend anisotrop. Eine hohe DC-Bias hat jedoch auch deutliche Nachteile. Durch große Werte werden die Ionen stark beschleunigt und gegeben diese Energie beim Aufprall an das Substrat ab. Dadurch kommt es nicht nur zum Abstäuben, sondern auch zur Schädigung der darunter liegenden Substratbereiche (Strahlenschäden). Während des Ätzens würde sich also eine Schädigungszone im Substrat herausbilden, die nach Abschluss des Prozesses ausgeheilt werden muss. Weiterhin führen hohe DC-Bias-Werte zu einer sehr geringen Selektivität. Maskierungsschichten werden ebenso abgestäubt wie das zu strukturierende Substrat. Daher wäre die Verwendung von schwer abstäubbaren Maskenmaterialien sinnvoll. Der Kompromiss besteht jedoch darin, die DC-Bias gezielt zu reduzieren. Bei verringerter DC-Bias wird der Prozess verstärkt durch chemische Reaktionen bestimmt. Dadurch steigt die Selektivität der Reaktion an. Dies hat zur Folge, dass bei geeigneter Wahl der Prozessgase das Substrat geätzt wird, während die Maskierungsschicht unbeeinflusst bleibt. Auch die Strahlschäden können deutlich reduziert werden. Daher ist die Wahl der Prozessparameter immer ein Kompromiss zwischen der geforderten Anisotropie und der möglichen Selektivität des Prozesses. Eine weitere Einflussgröße auf die Anisotropie ist der Druck in der Reaktionskammer. Hoher Druck wirkt sich negativ auf die Beschleunigung der Ionen aus und führt daher zu einer stärker chemischen Komponente des Abtrages, also zur isotropen Profilausbildung. Bei verringertem Gasdruck dominieren die physikalischen Prozesse, d.h. die Profilausbildung erhält einen anisotropen Charakter.

**Reaktives Ionenätzen von
Silizium**

RIE von Silizium **Ätzraten**	Analog wie beim Plasmaätzen reagieren die Oberflächenatome des Siliziums spontan mit Fluoratomen. Darüber hinaus kann jedoch auch ein Ätzverhalten mit anderen Prozessgasen registriert werden. So ätzen Chlor, Brom und Jod das Silizium ebenfalls, wenn Si-Substrate in einer RIE-Anordnung positioniert sind. Dies liegt an der Vorschädigung der Morphologie an der Oberfläche des Substrates durch den Ionenbeschuss. Man kann dabei jedoch festhalten, dass sich die Ätzraten mit dem Ätzgas ändern. Generell ist die Größe der Ätzraten von der Gasart abhängig. Allgemein lässt sich so ein qualitatives Ätzratenverhältnis formulieren: $$R_F = R_O > R_{Cl} > R_{Br} > R_J$$

Passivierung der Seitenwände	Mit Hilfe dieses einfachen RIE-Verfahrens lassen sich jedoch in der Regel nur relativ geringe Strukturtiefen erzeugen (ca. 20µm). Werden tiefere Strukturen benötigt, dann muss der laterale Ätzanteil, der auch bei einfachen RIE-Prozessen auftritt, drastisch eingeschränkt werden. Grundsätzliche Möglichkeiten bestehen hierbei in der Passivierung der Seitenwände mit Hilfe geeigneter Beschichtungen. Dabei kann man zwischen verschiedenen Verfahrensalternativen unterscheiden.
alternierende Prozessfolge: Ätzen - Beschichten	So können zum einen durch die Kombination von Ätz- und Beschichtungsprozessen, die jeweils alternierend durchgeführt werden, sehr tiefe Strukturen im Substrat erzeugt werden. Bei diesem Prozess werden in der Beschichtungsphase die Oberfläche, die Seitenwände und die Böden der gebildeten Strukturen abgedeckt. Dieser Prozess findet in der Ätzanlage statt. Dabei wird mit Anlagen gearbeitete, bei denen die HF-Leistung induktiv in das Plasma eingekoppelt wird (Inductively Coupled Plasma – ICP). Durch veränderte Leistungs- und Frequenzparameter, in Kombination mit Prozessgasen, die die Bildung von Polymeren begünstigen, wird anstelle des Ätzprozesses ein Beschichtungsvorgang ausgelöst. Die Polymere lagern sich dabei auf allen offenen Oberflächen ab. Nach dem Beschichtungsprozess mit einer Zeitdauer von einigen Sekunden erfolgt eine erneute Änderung der Prozessparameter, indem die Plasmaleistung und -frequenz sowie die Prozessgase wieder auf das Ätzen eingestellt werden. In dieser Phase werden zunächst bevorzugt die Schichten abgesputtert, die sich auf den ebenen Oberflächen befinden. Schichten auf den Seitenwänden werden wegen des gerichteten Ioneneinfalls kaum attackiert und verbleiben auf der Seitenwand.
	Nach dem Entfernen der ebenen Polymerschichten wird das freiliegende Substratmaterial wieder chemisch und physikalisch geätzt. Mit Hilfe einer derartigen Prozessführung können Strukturen mit nahezu senkrechten Wänden bis zu Tiefen von einigen 100µm erzeugt werden [Lär].
Seitenwandpassivierung durch geeignete Prozessgase	Alternativ zu diesem Prozess kann auch mit Gasgemischen gearbeitet werden, deren reaktive Komponenten sowohl zu Beschichtungen als auch zu selektiven Ätzprozessen führen können. In diesem Fall reagieren die Gaskomponenten zunächst mit den Oberflächen des Substratmaterials und bilden dabei desorbierbare Abprodukte. Diese verbleiben jedoch in der Reaktionszone und bilden mit anderen reaktiven Radikalen schwer lösliche Verbindungen, die sich auf den freien Oberflächen niederschlagen. Durch den dauerhaften Ionenbeschuss werden diese Niederschläge von den ebenen Oberflächen abgesputtert. Auf den senkrechten Wandflächen treten jedoch nur sehr geringe Sputtereffekte auf, so dass die Schichten dort verbleiben und die Wandungen vor dem chemischen Ätzangriff schützen. Im Bild sind typische Seitendwandpassivierungsprozesse beim Tiefenätzen von Si-Substraten gezeigt.

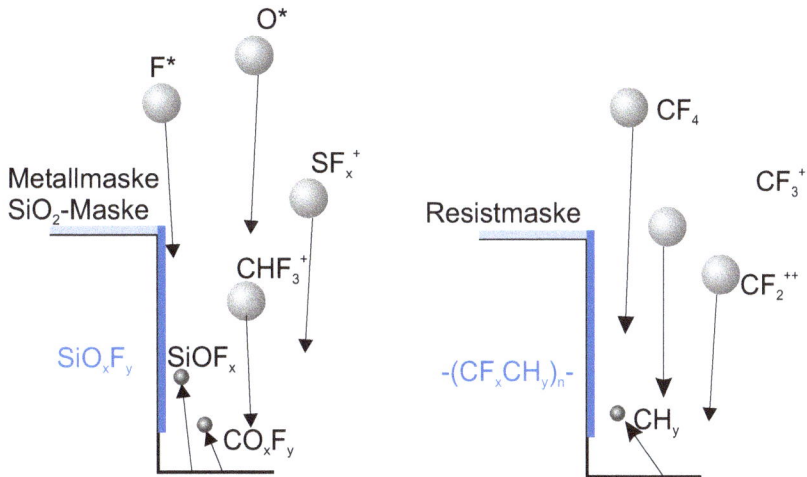

Die Wahl der Prozessparameter ist allerdings nicht einfach und generell von der Konstruktion der Anlage und ihrer Ansteuerung abhängig. Daher ist es nicht sehr sinnvoll, RIE-Ätzparameter verschiedener Anlagentypen miteinander zu vergleichen. Lediglich qualitative Zusammenhänge lassen sich bei diesen Prozessen erklären.

Der Prozess des anisotropen Tiefenätzens von Silizium wird durch eine Reihe verschiedener Effekte und Vorgänge begleitet, die im Folgenden kurz erläutert werden sollen [Elw].

Effekte beim anisotropen Tiefenätzen von Silizium	
	Silizium wird im RIE-Prozess analog zum Plasmaätzen mit fluorhaltigen Gasen geätzt. Durch den hohen physikalischen Anteil wird der Prozess des anisotropen Tiefenätzens von Silizium außerdem durch eine Reihe verschiedener Effekte und Vorgänge begleitet, die im Folgenden kurz erläutert werden sollen.
Neigung der Seitenwände – „Tilting"	Dieser Effekt kann auftreten, wenn die Strömungsverhältnisse in der Reaktionskammer nicht optimal abgestimmt sind oder die Strukturen auf dem Substrat sehr groß sind gegenüber der Elektrodenanordnung. Kann durch vergrößerte Elektrodenanordnungen und verkleinerte Strukturen vermieden werden. 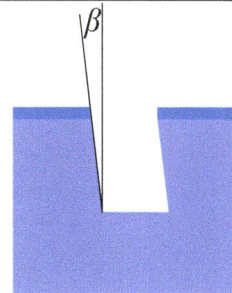

Flaschenhals – „Bowing"	Dieser Effekt ist durch die elektrostatische Ablenkung der Ionen und Stoßprozesse der Teilchen begründet. Dadurch wird die Flugbahn der Teilchen, die zunächst gerichtet war, in eine stochastische Teilchenbewegung verwandelt. Folge ist ein seitlich durch Sputtervorgänge induziertes Ätzen. Die Verminderung der Auswirkung dieses Effektes liegt einerseits in der Verwendung von nicht isolierenden Substraten, die eine elektrische Aufladung vermeiden, und in der drastischen Reduzierung des Druckes während des Prozesses.	
Mikrogras- „Black Silicon"	Mikrogras entsteht, wenn die einfallenden Ionen oder Teilchen nahezu mit dem gleichen Einfallswinkel auf dem Boden der Struktur oder des Substrates ankommen. Leichte Änderungen der Einfallsrichtung können dies verhindern. Letzteres kann durch leichte Stoßprozesse der Teilchen mit sich selbst und den Wandungen realisiert werden.	
Ätzverzögerung – „Etch Lag"	Unter Ätzverzögerung ist eine unterschiedliche Ätzrate in Abhängigkeit von der Strukturbreite der Trenches zu verstehen. Diese Ätzverzögerung zeigt sich, wenn Gräben unterschiedlicher Breite geätzt werden. Je schmaler der Graben, umso kleiner die Ätzrate. Ursache dafür ist die Verarmung von Ionen oder Radikalen im Bodenbereich der Trenches. Diese werden im oberen Bereich durch Wechselwirkungsprozesse mit den Seitenwänden getrappt und stehen am Boden nicht mehr zur Verfügung. Bei schmalen Trenches macht sich dieser Einfluss deutlicher bemerkbar als bei breiteren. Eine Minderung dieses Effektes kann durch eine verstärkte Seitenwandpassivierung herbeigeführt werden.	

RIE weiterer Materialien	Neben Silizium können auch andere Materialien trockenchemisch strukturiert werden. Die Strukturierungsverfahren für andere Materialien wurden nahezu ausschließlich in der Mikroelektronik entwickelt. Sie können aber in der Mikrosystemtechnik ohne grundlegende Prozessmodifikationen eingesetzt werden. Wesentlich sind die Trockenätzverfahren bei der Herstellung lateral definierter Strukturen in dünnen Schichten. Diese können aus SiO_2, Si_3N_4, Poly-Si oder Metallen bestehen. Die dabei möglichen Ätzprofile können isotrop oder auch anisotrop sein. Dies spielt jedoch im Hinblick auf die meist sehr dünnen Schichten oft nur eine untergeordnete Rolle in der Mikrosystemtechnik.
Siliziumoxid	Beim Trockenätzen von SiO_2 werden die gleichen Ätzgase wie bei Silizium verwendet. Hier kommt es darauf an, eine möglichst große Selektivität zu Silizium und zu einer möglichen Fotolackmaske zu erzielen. Bei fluorhaltigen Ätzgasen zeigen sich folgende grundlegende Reaktionen: $$SiO_2 + 4F \rightarrow SiF_4 + 2O$$ $$SiO_2 + 2CF_2 \rightarrow SiF_4 + 2CO$$ $$SiO_2 + CF_x \rightarrow SiF_4 + (COF_2; CO_2; CO)$$ Durch die Zugabe von Wasserstoff zum Ätzgas kann die Ätzrate des Si erheblich reduziert werden, während die SiO_2-Ätzrate nahezu konstant bleibt. Allerdings wird durch eine zu große Menge an Wasserstoff im Ätzgas die Polymerisation gefördert, so dass auch die SiO_2-Ätzrate sinkt. Der Wasserstoff bindet freie F-Atome und verhindert dadurch das Ätzen des Siliziums. Wasserstoff kann in Form von CHF_3 oder CH_4 dem Ätzgas beigemischt werden. Unter optimalen Bedingungen ist die Selektivität a) zu Silizium 50 b) zu Fotolack 7 (bei Kühlung der Wafer bis zu 20)
Siliziumnitrid **Beeinflussung der Selektivität**	Das Trockenätzen von Si_3N_4-Schichten erfolgt mit ähnlichen Prozessgasen wie beim SiO_2. Hier ist oft eine gut Selektivität zu SiO_2, zu Si und zum Fotolack gefordert. Durch die fluorhaltigen Gase kann folgende Reaktionen ausgelöst werden: $$Si_3N_4 + 12F \rightarrow 3SiF_4 + 2N_2$$ Geringe Mengen an Sauerstoff im Ätzgas steigern die Selektivität gegenüber SiO_2, verringern aber die Selektivität zu Fotolacken und zu Silizium. Daher wird meist mit ca. 5% Sauerstoffanteil im Ätzgas gearbeitet. Frei liegendes Silizium hat meist eine deutlich höhere Ätzrate als Si_3N_4 in diesen Gemischen. Die Zugabe von Wasserstoff zum Ätzgas verbessert die Selektivität zu Si und zu Fotolack, während sich die die Selektivität zu SiO_2 deutlich verschlechtert. Die Wahl der Verfahrensparameter hängt

	daher vom Design und den Anforderungen an die jeweilige Schicht ab. Auch Siliziumoxinitrid SiO_xN_y kann mit Hilfe der oben geschilderten Prozessgase trockenchemisch strukturiert werden. Dabei hängt auch hier die Zusammensetzung des Ätzgases von den Anforderungen an die Schichtstruktur ab.
Aluminium	Aluminium als wesentliches Leitungsmaterial kann mit chlorhaltigen Gasen geätzt werden. Zum Einsatz kommen dabei CCl_4, BCl_3, Cl_2 oder $SiCl_4$. Als prinzipielle Reaktion tritt bei diesem Prozess folgende auf

$$Al + 3Cl \rightarrow AlCl_3$$

Das $AlCl_3$ ist bei Temperaturen von $> 50°C$ flüchtig und kann aus dem Reaktor entfernt werden. Daneben entstehen noch einige chlorhaltige Produkte, die bei Zufuhr von Wasser eine sehr stark korrodierende Wirkung zeigen. Insbesondere Metalle werden durch diese Produkte angegriffen. Daher ist es notwendig, die Prozessanlagen vor dem Eindringen von Wasser zu schützen. Dies geschieht mit Vakuumschleusen, durch die die Wafer in die Analage ein- bzw. ausgeschleust werden. Durch die Chlorchemie sind die Schichten durch so genannte „Post Etch Corrosion" betroffen. Dabei können sämtliche metallische Strukturen bei Luftkontakt durch den Wasseranteil zersetzt werden. Als Gegenmaßnahme wird daher nach dem Ätzen in Chlorgasen ein Ätzschritt durchgeführt, in dem das Chlor im Ätzgas durch Fluor ersetzt wird. Man verwendet hierbei CF_4. Dadurch wird der Anteil der korrosiven Produkte drastisch reduziert. Die Anlagen, mit denen Chlorprozesse durchgeführt werden, sind daher in der Regel auch deutlich kostenintensiver in der Anschaffung und Wartung als Anlagen, die nur mit Fluorprozessen belastet sind. |
| **Post Etch Corrosion** | |

	Merke
	Trockenätzprozesse → Basistechnologie der Mikrotechnik
Ziel: Herstellung hochpräziser Mikrostrukturen

Unterscheidung
- *Strahlätzprozesse*
  - Ionenstrahlätzen (IBE)
  - Reaktives Ionenstrahlätzen (RIBE)
  - chemisch unterstütztes Ionenstrahlätzen (CAIBE)
  - nur geringe Abtragsraten
  - aufwendiges Equipment
  - vorwiegend im F&E-Bereich

- *Plasmaätzprozesse*
  - Plasmaätzen – Plasma Etching (PE) |

- o Nutzung der chemischen Reaktion reaktiver Radikale mit den Oberflächenatomen zum Abtrag des zu strukturierenden Materials
- o hohe Selektivität
- o keine Richtungsabhängigkeit der Ätzprofile
- o geringe Substratbelastung

- *Verfahrensmerkmale beim PE von Silizium*
  - o Nutzung fluorhaltiger Gase
  - o Spontanreaktion zwischen Si- und F-Atomen
  - o Bildung von flüchtigem SiF_4
  - o C im Gas behindert Reaktion → SF_6

- *Reaktives Ionenätzen – Reactive Ion Etching (RIE)*
  - o Nutzung der physikalischen Reaktion des Absputterns mit beschleunigten Teilchen in Kombination mit der chemischen Reaktion reaktiver Radikale
  - o einstellbare Selektivität
  - o einstellbare Richtungsabhängigkeit
  - o relativ hohe Substratbelastung
  - o verschiedene Prozessmodifikationen

- *Verfahrensmerkmale beim RIE von Silizium*
  - o chemisches Ätzen des Substratmaterials
    → Analoge Reaktion wie bei PE
  - o physikalisches Absputtern des Substratmaterials
  - o Bildung von Passivierungsschichten → Schutz der Seitenwände
  - o physikalisches Absputtern der Passivierungsschichten am Boden der Ätzkontur

- *RIE-Ätzen ausgewählter Materialien*
  - o Silizium → fluorhaltige Gase (CF_4, SF_6)
  - o Siliziumdioxid → fluorhaltige Gase + wasserstoffhaltige Gase (CHF_3, CF_4+CH_4)
  - o Siliziumnitrid → fluorhaltige Gase + wasserstoffhaltige Gase + Sauerstoff
  - o Aluminium → chlorhaltige Gase (CCl_4, BCl_3)

- *Prozesseffekte beim Tiefenätzen:*
  - o Neigung der Seitenwände
  - o Flaschenhals
  - o Mikrogras
  - o Ätzverzögerung

Literatur

[Cob]   Coburn, J.: Plasma etching and reactive ion etching; American Vacuum Society monograph series, 1982

[Elw]   Elwenspoek, M.; Jansen, H.: Silicon Micromachining; Cambridge University Press, 1998

[Lär]   Lärmer, F., Schilp, A.: Method of anisotropically etching silicon; DE 4244045

[Ran]   Rangelow, I.: Deep etching of silicon; Oficyna Wydawnicza Politechniki Wroclawskiej, 1996

[Sch]   Schumicki, G.; Seegebrecht, P.: Prozeßtechnologien; Springer, Berlin, 1991

6.6 Alternative Mikrostrukturierungsverfahren

Mikrodimensionen, Werkstoffe beim Spritzgießen, Spritzgießmaschinen, Anordnungen zum Spritzgießen, Beschreibung des Spritzvorgang, mikrostrukturierte Formteileinsätze, Silizium als Formeinsatz, bevorzugte Materialien, Vorteil des Spritzgießens, Kombination von Mikrotechnik und Spritzgießtechnik: MID-Verfahren, Spritzgießen nichtorganischer Pulvermassen, Heißprägen mit vorgewärmtem Prägestempel, geeignete Materialien, Prozessbedingungen, Vor- und Nachteile des Heißprägens, Spritzprägen, Einsatzgebiete der Laserstrukturierung, Ablation mittels Laserstrahlung, Strahlungsintensität, Abtragsstadien, Mikrostrukturierung mit fokussiertem Laserstrahl, Fokusdurchmesser, Strahlqualität, Vorteil des Verfahrens, Einsatz von Excimer-Lasern mit breitem Strahl, Mikrostrukturierung durch Masken, Analogie zur Projektions-Lithographie, Schärfentiefe, Absorptionslänge, gepulster Betrieb – Dauerstrichbetrieb, Laser für die Mikrostrukturierung, Funkenerosionsverfahren, Verfahrensablauf der Funkenerosion, Verfahrensarten, Mikrodrahterosion, Mikrosenkerosion, Qualität der Werkzeuge, Vor- und Nachteile von Funkenerosionsverfahren, spanabhebende Mikrostrukturierung, Mikrobohren, Mikrohobeln, Mikrofräsen, Profilformen der Fräswerkzeuge, Vergleich alternativer Fertigungsverfahren

6.6.1 Spritzgießen

Mikrodimensionen	Das Spritzgießen ist ein Verfahren, das aus der klassischen Verarbeitungstechnik stammt und in die Domäne des Mikrobereichs eindringt. Dabei sind nicht die Anlagen für das Mikrospritzgießen im Mikrobereich angesiedelt, sondern die Formteile, die mit diesem Verfahren hergestellt werden, besitzen zumindest in einer Raumrichtung Mikrodimensionen. Daher ist die häufig verwandte Bezeichnung Mikrospritzgießen ein wenig irreführend. Vielmehr handelt es sich um ein Spritzgießen, dessen Resultat zumindest teilweise mikrostrukturierte Bauteile sind. Im Folgenden soll daher das Verfahren näher beschrieben werden und auf die Besonderheiten des „Mikro" eingegangen werden.

Werkstoffe beim Spritzgießen	Spritzgießen ist ein Verfahren, in dem fast ausschließlich Polymerwerkstoffe verarbeitet werden. Dabei können Thermoplaste, Duroplaste und Elastomere eingesetzt werden. Diese werden meist als pulverförmige oder granulierte Massen verarbeitet. Daneben können auch keramische Massen und Metalle spritzgegossen werden, wenn sie pulverförmig aufbereitet und mit einem Bindmittel versehen sind. Die Verarbeitungsbedingungen der verschiedenen Polymergruppen und Pulvermassen unterscheiden sich jedoch merklich.

Spritzgießmaschinen

Zum Spritzgießen werden Spritzgießmaschinen eingesetzt. Diese bestehen grundsätzlich aus folgenden Bestandteilen.

1. Beschickungsaufsatz

2. Plastizierzylinder

3. Spritzkolben

Aus dem Beschickungsaufsatz, der den Vorrat an zu verarbeitender Masse aufnimmt, gelangt das Granulat oder Pulver in den Plastizierzylinder. Dieser kann eine rotierende Schnecke enthalten, die die Masse vorantreibt, gleichzeitig durch Temperaturerhöhung aufschmilzt und dabei verdichtet. Von dort gelangt die Masse dosiert in den Kolbenzylinder, in dem sich ein Kolben bewegt. Dieser Kolben presst die verflüssigte Masse unter hohem Druck durch eine Düse in ein temperiertes Formwerkzeug. Man bezeichnet diese Art der Spritzgießmaschine als Kolbenspritzgießmaschine mit Schneckenplastizierung. In manchen Maschinen wird die rotierende Schnecke auch als Kolben genutzt. Man spricht dann von Schneckenkolbenspritzgießmaschine.

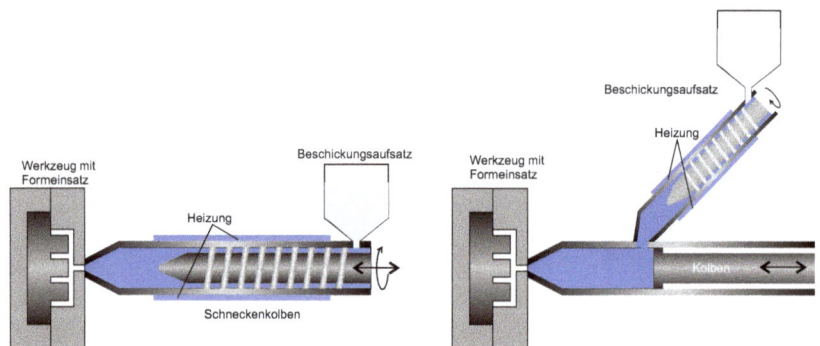

Wichtig ist bei allen Maschinen die genaue Dosierung der verflüssigten Masse vor dem Kolben. Das temperierte Formwerkzeug wird bei verschiedenen Polymeren unterschiedlich betrieben. Bei Thermoplasten wird das Werkzeug nach dem Einspritzvorgang gekühlt, so dass die sich darin befindliche Masse abkühlt und erstarrt. Bei Duroplasten wird der Formeinsatz beheizt, so dass es zur Vernetzung und zum Erstarren der Massen

Anordnungen beim Spritzgießen	kommt. Bei Elasten erfolgt die Vulkanisation im Werkzeug. Ähnlich wie bei den Duroplasten wird dazu die Werkzeugtemperatur erhöht. Bei nichtorganischen Massen erfolgt meist ein Abkühlen. Nach dem Verfestigen werden die Formteile mit Hilfe von Auswurfstiften aus dem Werkzeug entfernt. Die Werkzeuge besitzen daher eine Auswurftrennebene wie schematisch im Bild gezeigt.
	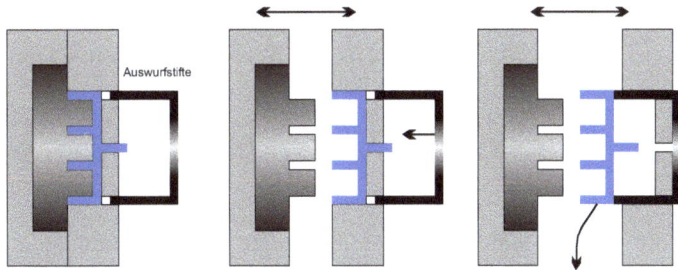
Spritzvorgang	Der Spritzvorgang wird unter sehr großen Drücken (500bar...2000bar) durchgeführt, um sicherzustellen, dass der Formeinsatz vollständig gefüllt ist. Da es beim Abkühlen bisweilen zum Volumenschwund kommen kann, erfolgt häufig auch ein Nachdrücken von Material. Das Spritzwerkzeug muss dabei diese großen Drücke aufnehmen. Für die Wiederholbarkeit des Vorgangs spielen die Dynamik des Kühlregimes bei Thermoplasten und die Geschwindigkeit der Aushärtung bei Duroplasten eine entscheidende Rolle. Wegen der hohen Drücke kommt es bei Verunreinigungen oder ungenauer Fertigung zur Ausbildung von „Schwimmhäuten" in der Werkzeugtrennebene. Beim Design von mikrostrukturierten Elementen ist daher darauf zu achten, dass keine Funktion bestimmenden Flächen oder Konturen in dieser Ebene liegen.
Mikro-strukturierte Formteileinsätze **Silizium als Formeinsatz**	Die Werkzeuge besitzen einen Adapter, um sie an die Spritzgießmaschine anzuflanschen. Mikrostrukturen werden als Formteileinsätze in den Werkzeugen verankert. Auf diese, dem direkten Fluss der Gießmasse ausgesetzten Teile, wirken sehr hohe Reibkräfte. Daher sind die Formteile meist aus Edelstahl. Mikrotechnische Formteile werden meist aus Nickel gefertigt. Die Standzeit eines solchen Einsatzes liegt in der Größenordnung von 70.000 Schuss. Formeinsätze aus Silizium erreichen diese hohe Schusszahl nicht. Auf Grund der Sprödigkeit des Materials kommt es oft zu Ausbrüchen an freistehenden Kanten. Dennoch ist Silizium als Formteileinsatz nicht unbedeutend. Anisotrop nasschemisch geätzte Strukturen zeichnen sich durch die hohe Konizität der Seitenwände aus, eine Eigenschaft, die das Entformen aus dem Werkzeug erleichtert. Bei guter Justierung und optimaler Prozesswahl entstehen atomar glatte Oberflächen. Weiterhin ist die Herstellung von Si-Formeinsätzen ein relativ einfacher und schneller Prozess im Vergleich zur Herstellung von Formteilen aus Nickel. Diese werden üblicherweise in einem galvanischen Bad abge-

	schieden. Dazu muss aber eine entsprechende Negativstruktur in einem Fotolack vorliegen. Schließlich muss die galvanisch gewachsene Struktur noch mechanisch bearbeitet werden, um glatte Oberflächen der Spritzgussteile zu erzielen.
	Für Mikrobauteile eignen sich nicht alle Polymere, da deren Schwundverhalten oder deren Quellungsverhalten zu unvertretbaren Dimensionsabweichungen führen kann.
bevorzugte Materialien	Als bevorzugte Materialien werden Thermoplaste wie PMMA (Polymethylmetacrylat), PC (Polykarbonat), POM (Polyoxymethylen) und PEEK (Polyetheretherketon) eingesetzt. Grundsätzlich besitzen alle nach diesem Verfahren hergestellte Mikrokomponenten innere Spannungen. Die Höhe dieser Spannungen wird von dem Temperregime und der Massekonzentration im Bauteil selbst bestimmt. Daher können durch geschicktes Design und optimierte Prozessführung die inneren Spannungen klein gehalten werden.
Vorteil des Spritzgießens	Die Spritzgusstechnik von polymeren Massen ist ein ausgereiftes und seit langer Zeit erprobtes Verfahren. Sie zeichnet sich durch eine hohe Produktivität aus und ist für große Stückzahlen bestens geeignet. Die Kosten für die Werkzeuge und Formteileinsätze sind aber nicht unerheblich. Daher ist das Spritzgießen auch nur für sehr große Stückzahlen eine Alternative.
Kombination von Mikrotechnik und Spritzgießtechnik: MDI-Verfahren	Als eine hervorragende Kombination von Mikrotechnik und Spritzgießtechnik kann das MID-Verfahren („Moulded Integrated Device") angesehen werden. Dabei werden Mikrokomponenten in das Spritzwerkzeug eingelegt und mit einem Polymer umspritzt. Als Resultat erhält man Halbzeuge oder Fertigprodukte, die ein Gehäuseteil bzw. ein komplettes Gehäuse besitzen. Da bei diesem Verfahren die empfindlichen Teile der Mikrokomponente durch den Formteileinsatz geschützt sind, lassen sich auf diese Weise anwendungsspezifisch Gehäuse um Mikrosysteme realisieren.
Spritzgießen nichtorganischer Pulvermassen	Beim Spritzgießen von Teilen aus nichtorganischen Pulvermassen entstehen vorgeformte Teile, deren endgültige Dimension noch nicht festliegt. Zur finalen Formgebung wird das Bindemittel ausgetrieben bzw. ausgebrannt und die Pulverteilchen bisweilen auch unter Druck zusammen gesintert. Bei diesen Prozessen kommt es zu einem verstärkten Volumenschwund (bis zu 20%), der z.T. nur sehr schwer vorhersagbar ist. Toleranzanforderungen im Mikrobereich können somit nur schwer eingehalten werden. Entsprechend ist die Verwendung dieser Verfahren in der Mikrosystemtechnik sehr begrenzt.

6.6.2   Heißprägen (Hot Embossing)

Heißprägen mit Prägestempel

Materialien für das Heißprägen

Das Heißprägen (Hot Embossing) ist ein Verfahren, bei dem ein vorgewärmter Prägestempel mit großer Kraft (> 200bar) in einen über die Glasübergangstemperatur vorgewärmten Werkstoff gedrückt wird. Für diesen Prozess eignen sich nur Materialien, die mit ansteigender Temperatur erweichen. Duroplaste können mit diesem Verfahren nicht, Thermoplaste hingegen bevorzugt bearbeitet werden.

Prozessbedingungen

Das Verfahren findet unter Vakuum statt, um eine Oxidation bzw. Verzunderung der beteiligten Bauteile sowie Lufteinschlüsse in den Mikrobauteilen zu vermeiden. Ähnlich wie beim Spritzgießen wird bei diesem Verfahren mit mikrostrukturierten Formteileinsätzen gearbeitet. Diese können aus Edelstahl, Nickel oder Silizium gefertigt sein. Das zu prägende Werkstück befindet sich auf einem massiven, temperierbaren Werkstückhalter. Das Formteil ist auf eine Werkzeugplatte aufgespannt. Die Werkzeugplatte wird arretiert gegen den Werkstückhalter gefahren. Dabei drückt sich das Formteil in den zu strukturierenden Werkstoff. Dieser weicht dem Formteil aus und fließt in die verbleibenden Freiräume zwischen Formteil und Werkstückhalter. Die Fließwege sind dabei sehr kurz und es kommt nur zu geringfügigen inneren mechanischen

Vor- und Nachteile des Heißprägens

Spannungen. Dieses Verfahren ist für die Herstellung einfacher Mikrokomponenten wie z.B. Mikrokanäle eine kostengünstige Alternative. Auch für diffraktive Optiken kann das Verfahren sinnvoll eingesetzt werden. Die notwendige Kühlung vor der Entnahme des strukturierten Bauteils steigert allerdings die Gesamtprozesszeit. Die Nutzung in der Massenfertigung ist dadurch eingeschränkt. Im unteren und mittleren Stückzahlbereich ist das Verfahren jedoch ökonomisch sinnvoll anwendbar.

Spritzprägen

Eine Alternative bezüglich der inneren Spannungen einerseits und der Produktivität des Verfahrens andererseits stellt das Spritzprägen dar. Bei diesem Verfahren werden die Vorzüge von Spritzgießen und Heißprägen kombiniert. Dazu wird zuerst das nicht komplett geschlossene Werkzeug mittels Spritzguss bis zu einer definierten Materialmenge nicht vollständig

	gefüllt. Dabei wird mit sehr geringem Vordruck gearbeitet. Anschließend wird das Werkzeug vollständig geschlossen. Dadurch wird die gespritzte Masse in die verbliebenen Höhlräume gedrängt und erhält ihre endgültige Form. Der Vorteil des Verfahrens liegt unter anderem auch darin, dass sowohl Thermoplaste als auch Duroplaste und Elastomere verarbeitet werden können.

6.6.3 Laserstrukturierung

	Mikrostrukturierung mittels Laserstrahl
Einsatzgebiete der Laserstrukturierung	Die Mikrostrukturierung mittels Laserstrahl ist ein Verfahren, das im Bereich der Metalle und Polymere schon seit einigen Jahren verwendet wird. Die Strukturierung von Halbleitern, insbesondere von Silizium bereitete jedoch bislang Schwierigkeiten, da sich durch den Laserstrahl Schmelzablagerungen bildeten, die sehr schlecht oder gar nicht zu beseitigen waren. Inzwischen konnten auch Lösungen gefunden werden, um Silizium mit Lasern zu bearbeiten. Im Abschnitt 5.5.1 wird auf eine dieser Möglichkeiten hingewiesen. In diesem Abschnitt soll auf die grundsätzliche Möglichkeit der Mikrostrukturierung mit Lasern eingegangen werden. Der Abtrag von Material mittels Laserstrahl wird auch als Laserablation bezeichnet. Bei der Ablation treten verschiedene Mechanismen auf, die kurz erläutert werden sollen.
Ablation mittels Laserstrahlung	Beim Einfall der Laserstrahlung kommt es zunächst zu deren Absorption im Festkörper. Die Absorption der Strahlung kann mit Hilfe des Lambert-Beer-Gesetzes ermittelt werden. Danach nimmt die Intensität I der Strahlung mit deren Eindringen in den Festkörper exponentiell ab.
Strahlungsintensität	$I = I_0 \cdot e^{-\alpha d}$ mit d – Substratdicke, α – Absorptionskoeffizient, I_0 – Anfangsintensität des Strahls. Die Absorptionslänge L_A ist der Kehrwert des Absorptionskoeffizienten α. Die Absorption ist von der Wellenlänge der Strahlung und der Leitfähigkeit des Festkörpers abhängig. Mit steigender Wellenlänge λ nimmt die Absorptionslänge zu. Für unterschiedliche Materialien sind die Absorptionslängen verschieden. Für Metalle gilt $10nm < L_A < 100nm$. Gläser haben dagegen eine sehr große Absorptionslänge im Bereich von cm und können daher nur sehr schlecht mittels Laserstrahlung bearbeitet werden. Durch die Absorption werden letztlich die Gitteratome des Festkörpers zu Schwingungen angeregt, die Festkörpertemperatur steigt an. In Abhängigkeit von der eingestrahlten Leistung kann man verschiedene Stadien des Abtrags beobachten.

Abtragsstadien	1. Unterhalb von 10^4W/cm^2 findet nur eine Erwärmung des Werkstückes statt.
	2. Im Bereich zwischen 10^5W/cm^2 und 10^6W/cm^2 kommt es zum lokalen Aufschmelzen und zur Verdampfung des Werkstoffes. Dieser Bereich wird zur Gestaltung von Oberflächenprofilen genutzt.
	3. Zwischen 10^6W/cm^2 und 10^8W/cm^2 bildet sich eine Kapillare mit dem Fokusdurchmesser, durch die das verdampfte Material entweichen kann. Dieser Bereich ist für das Bohren definierter Löcher und das Lasertrennen von Bedeutung.
	4. Bei Leistungen $>10^8 \text{W/cm}^2$ wird der austretende Dampf ionisiert. Es bildet sich ein lokales Plasma, das einen Teil der Strahlung absorbiert und damit den Bearbeitungsprozess einschränkt.
	Ziel der Mikrostrukturierung ist es, die Oberflächen von Substraten mit Hilfe der Laserstrahlung gezielt und definiert im Mikromaßstab zu profilieren. Das Trennen und das Bohren von Löchern stehen bei diesen Prozessen nicht im Vordergrund. Zur Mikrostrukturierung gibt es grundsätzlich zwei verschiedene Verfahren. Das Schreiben des Strahls durch eine Maske und das maskenlose Schreiben mit einem fokussierten Laserstrahl.
Mikrostrukturierung mit fokussiertem Laserstrahl **Fokusdurchmesser**	Bei diesem Verfahren wird ein Laserstrahl auf die Oberfläche des zu bearbeitenden Werkstückes fokussiert. Durch Bewegen des Werkstückes oder des Laserstrahls kann so eine Linie geschrieben werden. Um eine definierte Struktur zu erzeugen, wird diese abgescannt. Die Tiefe der Struktur kann vergrößert werden, indem das Abscannen entsprechend mehrfach erfolgt. Durch geschickte und überlappende Strahlführung lassen sich dabei auch dreidimensionale Profile im Werkstück erzeugen. Die Scangeschwindigkeit liegt bei diesem Verfahren bei 10cm/s...50cm/s. Als Laser werden dabei Nd:YAG-Laser und CO_2-Laser genutzt. Der Fokus des Strahls muss bei diesem Verfahren immer auf der Oberfläche liegen.
	Für den Fokusdurchmesser d_0 kann dabei folgende Beziehung angenommen werden [Ehr]:
	$$d_0 = \frac{\lambda}{\pi} FM^2 \text{ mit}$$
Strahlqualität	$$F = \frac{f}{d_L}$$
Vorteil des Verfahrens	mit λ – Wellenlänge der Laserstrahlung, f – Brennweite der Linse, d_L – Strahldurchmesser auf der Linse, M^2 – Strahlqualität.

mögliche Profilausbildung
bei der Laserablation
mit fokussiertem Strahl

	Die minimale Strukturbreite hängt offensichtlich von der Wellenlänge des Strahls, der Brennweite der Linse und der Strahlqualität ab. Bei der Verwendung diodengepumpter Festkörper-Laser kann gegenwärtig eine Strahlqualität von $M^2 \approx 1$ erreicht werden.
	Das Verfahren mit fokussiertem Laserstrahl besitzt den großen Vorteil der Maskenfreiheit. Damit können beachtliche Kosten eingespart werden. Eingesetzt wird das Freistrahlverfahren beim Bohren von Löchern, beim Schneiden von Nuten mit und ohne Profil sowie beim Trennen von Substraten.

<table>
<tr><td>Einsatz von Excimer-Lasern mit breitem Strahl</td><td rowspan="3">

Im Gegensatz zum oben beschriebenen Verfahren wird die Strukturierung der Substratoberflächen bei maskengebundenen Verfahren nicht mit einem fokussierten Strahl realisiert. Hier wird ein vom Querschnitt breiter Strahl genutzt, um eine Maske mit der Fläche von einigen cm^2 homogen auszuleuchten. Dazu werden meist Excimer-Laser genutzt. Das Lasermedium ist dabei gasförmig und besteht aus einem Halogen oder einem Halogen-Edelgas-Gemisch. Durch eine gepulste Entladung können die Edelgasatome angeregt und zur Reaktion mit den Halogenatomen gebracht werden, es bilden sich Dimere. Beim Zerfall der Dimere wird eine kurzwellige UV-Strahlung abgegeben. Die Wellenlängen dieser Strahlung liegt zwischen 157nm...351nm, je nach Dimer. Diese Strahlung wird nun über ein optisches System auf eine Maske gelenkt. Dabei wird die Fläche der Maske gleichmäßig bestrahlt. Die Maske besteht aus Metall mit festen Strukturen oder aus beweglich angeordneten Blenden. In Strahlengang ist hinter der Maske ein optisches Linsensystem angeordnet, durch das eine Verkleinerung der Maskenstrukturen auf das zu bearbeitende Substrat erfolgt, d.h. die Maskenstruktur wird verkleinert auf der Substratoberfläche abgebildet. Dabei können mehrere gleiche Strukturen im „Step and Repeat"-Verfahren, wie im Bild gezeigt, bearbeitet werden.

Laserstrahl

Maske

Abbildungs-optik

Substrat

</td></tr>
<tr><td>Mikro-strukturierung durch Masken</td></tr>
<tr><td>Analogie zur Projektions-Lithographie</td></tr>
<tr><td>minimale</td><td>Die Verhältnisse gleichen denen der Projektions-Lithographie. Daher können auch die Prozess bestimmenden Parameter übernommen werden. Die minimale Strukturbreite a_{min} ergibt sich aus:</td></tr>
</table>

Strukturbreite	$$a_{min} = \frac{k \cdot \lambda}{NA}$$
	mit λ – Wellenlänge der Strahlung, NA – numerische Apertur Linsensystems, k – Kohärenzgrad der Strahlung.
Schärfentiefe	Bei der Nutzung von Excimer-Lasern liegt der Wert von k bei 0,6...0,8. Entscheidend für die Bearbeitung ist weiterhin die Schärfentiefe bzw. DOF (Depth Of Focus). Diese sollte möglichst große Werte annehmen, um ein großes Bearbeitungsfenster zu erhalten. Mit $$DOF = \pm \frac{\lambda}{2(NA)^2}$$ zeigen sich die gleichen Probleme wie bei der Projektionsbelichtung. Minimale Strukturbreite und Schärfentiefe stehen im Widerspruch zueinander. Kleine Strukturbreiten erfordern kleine Wellenlängen λ und eine große Numerische Apertur NA. Große Schärfentiefe setzt große Werte von λ und kleine Werte der NA voraus. Daher ist bei der praktischen Anwendung immer ein Kompromiss zwischen der minimalen lateralen Auflösung und der Schärfentiefe zu schließen.
Absorptionslänge	Im Gegensatz zur Projektionslithographie erfolgt durch die Strahlung ein Abtrag des Substratmaterials mittels Laserablation. Dabei können Polymere, Keramiken und Metalle bearbeitet und strukturiert werden. Im Unterschied zum Verfahren mit fokussiertem Laserstrahl wird bei diesem Verfahren mit Laserpulsen definierter Länge gearbeitet. Bei bekanntem Absorptionskoeffizienten α kann so die Abtragsrate pro Laserpuls ermittelt werden. Diese ergibt sich bei Strahlung oberhalb der Schwellenergie I_S aus der Absorptionslänge L_A. $$L_A = \frac{1}{\alpha} \ln\left(\frac{I_0}{I_S}\right)$$ Die Laserablation mittels Maskentechnik hat einen deutlich geringeren Ausnutzungsgrad der Strahlquelle zur Folge. Es ist jedoch als paralleles Verfahren in der Produktivität dem seriellen Verfahren mit fokussiertem Laserstrahl deutlich überlegen.
gepulster Betrieb - Dauerstrichbetrieb	Bei Lasern unterschiedet man zwischen gepulsten Betrieb (p) und Dauerstrichbetrieb (cw – contineous wave). Beide besitzen Vorzüge und Nachteile, die hier aber nicht näher charakterisiert werden sollen. Daher wird auf verfügbare Literatur verwiesen [Dong, Mesch]. Für die Mikrostrukturierung mittels Laser können unterschiedliche Lasermedien eingesetzt werden. In der folgenden Tabelle sind verschiedene Laser, deren Welllängenbereich deren maximale Leistung und die möglichen Betriebsarten zusammengefasst.

	Lasermedium		Wellenlänge /nm	Max. Leistung /W	Betriebsart
Laser für die Mikrostrukturierung	CO_2		10600	12000	cw, p
	Nd:YAG		1064	4000	cw, p
	Nd:YVO$_4$		1064	1000	cw, p
	Excimer	XeF	351	100	p
		XeCl	308	200	p
		KrF	248	150	p
		ArF	193	75	p
		F$_2$	157	20	p

6.6.4 Funkenerosionsverfahren

	Materialabtrag durch elektrische Entladung
Funkenerosionsverfahren	Unter Funkenerosion versteht man ein Verfahren, bei dem durch elektrische Entladungen ein Materialabtrag hervorgerufen wird. Voraussetzung für dieses Verfahren sind zwei unterschiedlich geladene Elektroden, die sich in einem meist flüssigem Dielektrikum befinden. Als Dielektrika kommen Wasser oder Öle zum Einsatz. Eine der beiden Elektroden ist das Bearbeitungswerkzeug, die andere Elektrode ist das zu bearbeitende Werkstück. Werkzeugmaterialien sind vor allem Kupfer, Wolfram, Molybdän oder Graphit. Da das Werkstück als Elektrode geschaltet ist, ergibt sich als eine Grundeigenschaft der zu bearbeitenden Stoffe die gute elektrische Leitfähigkeit. Mit Hilfe der Funkenerosion werden vorwiegend Metalle strukturiert. Isolierstoffe und undotierte Halbleiter können mit diesem Verfahren nicht bearbeitet werden.
Verfahrensablauf der Funkenerosion	Bei der Funkenerosion werden das Werkzeug und das Werkstück gemeinsam in eine dielektrische Lösung gebracht. Werkzeug und Werkstück werden auf sehr geringe Distanz zueinander angeordnet (wenige μm), so dass zwischen ihnen ein Spalt entsteht. Durch das Anlegen eines kurzen Spannungsimpulses zwischen den Elektroden Werkzeug und Werkstück baut sich in dem mit dem Dielektrikum gefüllten Spalt ein elektrisches Feld auf. Bei ausreichender Höhe der elektrischen Feldstärke kommt es zum elektrischen Durchschlag. Dabei tritt der Durchschlag immer an der Stelle mit der höchsten Feldstärke auf. Da beim elektrischen Durchschlag ein Plasma entsteht, steigen die Temperaturen in unmittelbarer Umgebung des Plasmakanals sehr stark an. Das Dielektrikum verdampft im Kanalbe-

reich explosionsartig und löst eine Druckwelle aus. Gleichzeitig werden die Elektrodenzonen im Plasmabereich erhitzt, schmelzen und verdampfen. Dadurch entstehen kraterförmige Gebilde auf dem Werkzeug und dem Werkstück. Durch die negative Polung des Werkstückes wird dieses einem zusätzlichen Ionenbombardement aus dem Plasmakanal ausgesetzt und dadurch wesentlich stärker abgetragen als das positiv gepolte Werkzeug. Der zwischen beiden Elektroden fließende Entladungsstrom führt nach kurzer Zeit zum Zusammenbruch des elektrischen Feldes. Die Entladung erlischt und kann, da das verdrängte Dielektrikum in den Spalt zurück-

+ -
U

Arbeitsspalt
Werk-
zeug
Dielektrikum
Werkstück

fließt, durch einen nächsten Spannungsimpuls erneut gezündet werden. Dabei kann man feststellen, dass die Länge des Spannungimpulses, der zum Durchschlag führt, unmittelbar von der Spaltbreite abhängig ist. Je kleinere Spaltbreiten verwendet werden, umso kürzere Spannungimpulse reichen zur Zündung des Durchschlages aus. Mit sinkender Spaltbreite sinkt aber auch die Abtragstiefe, wodurch die Abtragsgenauigkeit jedoch gesteigert wird. Die thermische Belastung der Werkstücke ist lokal auf die Durchschlagszone begrenzt. Durch das Dielektrikum erfolgt zudem eine permanente Kühlung.

Verfahrensarten

Bei der Funkenerosion kann man mehrere Verfahrensarten unterscheiden. Für die Mikrotechnik sind dabei die *Mikrodrahterosion* und die *Mikrosenkerosion* von Bedeutung.

Mikrodrahterosion

Bei der Mikrodrahterosion dient der Draht als Arbeitselektrode. Mit dem

Draht

- +
U

Werkstück   Wasser / Öl

positiv geschalteten Draht lassen sich Durchgangschnitte in Substrate und profilierte Formteile anfertigen. Dabei kann der Draht als Endlosschleife dauerhaft angetrieben werden, um dessen Stoffverluste zu minimieren und die Genauigkeit der Bearbeitung zu erhöhen. Mit Feinstdrähten, deren Durchmesser bei minimal 30µm liegt, lassen sich erhabene Strukturen mit einer minimalen Stegbreite von 10µm realisieren. Die Genauigkeit der Strukturen liegt bei etwa 2µm. Oberflächenqualitäten können sehr gut über den Spaltabstand geregelt werden. Bei großen Arbeitspalten sind die Oberflächen recht rau. Kleinere Arbeitsspalte erlauben Oberflächenrauhigkeiten im Bereich von 0,1µm. Im Bild ist die typische Anordnung der Drahterosion schematisch gezeigt.

Mikrosenkerosion

Bei der Mikrosenkerosion wird ein Formteilwerkzeug in das zu strukturierende Substrat gesenkt. Dabei erfolgt ein allmählicher Vorschub des Werkzeuges so, dass der notwendige Arbeitsspalt stets konstant erhalten bleibt. Mit mikrostrukturierten Formwerkzeugen lassen sich so negative Formen im Substrat erzeugen. Eine Sonderform dieses Verfahrens ist das Bohren von Löchern. Dazu wird ein Bohrwerkzeug in das Substrat abgesenkt. In einer weiteren Ausführungsform des Verfahrens kann das Werkzeug nach dessen definierter Einsenkung auch lateral über dem Substrat bewegt werden. Dadurch können nahezu beliebige Formen und Profile in das Substrat eingebracht werden. Im Bild sind die Möglichkeiten gezeigt.

Qualität der Werkzeuge	Strukturbestimmende Größe ist in jedem Fall die Geometrie des Werkzeuges. Die Qualität entsprechender Werkzeuge ist daher auch entscheidend für die Qualität der Strukturen, die mittels Senkerosion hergestellt werden können. Eine Möglichkeit zur Herstellung von Werkzeugen ist das Funkenerosionsverfahren selbst. Andere Möglichkeiten bestehen in der Nutzung von galvanischen Abscheidungen in mikrostrukturierte Hohlräume.
Vor- und Nachteile von Funkenerosionsverfahren	Die Funkenerosion ist ein serielles Verfahren und gestattet es daher nicht, große Stückzahlen mit hoher Produktivität herzustellen. Für Muster und kleine Stückzahlen besitzt sie durchaus Berechtigung. Die Anlagentechnik ist relativ einfach und unkompliziert. Die aufwändige Herstellung der entsprechenden Werkzeuge schränkt die ökonomischen Vorteile dieses Verfahrens allerdings bisweilen ein.

6.6.5 Spanabhebende mikromechanische Strukturierungsverfahren

spanabhebende Mikrostrukturierung	**Grundlegendes zum spanabhebenden Fertigungsverfahren** Die Herstellung von komplexen, mikrostrukturierten, mechanischen Komponenten stößt in der Si-Technologie bisweilen auf große Schwierigkeiten. Nur durch aufwendige Strukturierungs- und Bondschritte lassen sich einige Geometrien realisieren. Andere, komplizietere Geometrien sind mit den bekannten Verfahren nicht mehr zu fertigen. Typisches Beispiel ist ein profiliertes Zahnrad, wie

in nebenstehender Abbildung (Hanser, mikroproduktion 3 (2005), S. 9) gezeigt ist. Derartige Gebilde lassen sich mit den bekannten klassischen spanabhebenden Fertigungsverfahren herstellen. Unter klassischen Verfahren sind hier das Bohren, das Hobeln und das Fräsen zu verstehen. Zur Realisierung der Mikrostrukturen sind hier jedoch speziell geformte Werkzeuge erforderlich. Diese erlauben es, Strukturen bis in den μm-Bereich zu erzeugen.

Bei allen spanabhebenden Verfahren handelt es sich um serielle Verfahren. Da hierbei jeweils nur eine Mikrostruktur durch eine Folge von Verfahrensschritten herausgearbeitet wird, können die Vorteile des „Batch Processings" wie bei der Silizium-Technologie nicht erreicht werden. Ihre Bedeutung liegt daher in der Kleinserienfertigung und noch mehr in der Herstellung von Formeinsätzen für das Spritzgießen und das Heißprägen.

	Das dominierende Verfahren der spanabhebenden Mikrostrukturierung ist das Mikrofräsen. Durch geeignete Fräswerkzeuge und die Möglichkeit des Verkippens des Werkstückhalters in 2 Raumrichtungen können mit Hilfe dieses Verfahrens eine Vielzahl unterschiedlicher Geometrien erzeugt werden.
Mikrobohren	Mit Hilfe des Mikrobohrens lassen sich feinste Durchgangslöcher oder Lochbohrungen (Sacklöcher) herstellen.
Mikrohobeln	Das Mikrohobeln wird im Mikrobereich kaum eingesetzt. In der Regel werden planare Oberflächen mit Hilfe modifizierter Mikrofrästechniken erzeugt. Im Folgenden soll daher nur das Mikrofräsen näher erläutert werden.
Mikrofräsen	Das Mikrofräsen erfolgt in Ultrapräzisionsfräsmaschinen, mit deren Hilfe man Werkstücke aus unterschiedlichen Materialien bearbeiten kann (siehe Bild). Derartige Maschinen erlauben Rotationsgeschwindigkeiten der Werkzeuge von 80.000min^{-1} bis 150.000min^{-1}. Diese hohen Geschwindigkeiten sind in der Mikrobearbeitung nötig und erforderlich, weil die entsprechenden Schnittflächen der Werkzeuge sehr klein sind. Bei diesen Geschwindigkeiten werden Rundlaufgenauigkeiten der Werkzeuge von < 2μm erzielt. Üblicherweise lassen sich Metalle, Keramiken und auch Silizium bearbeiten. Dabei wird die

	Werkzeuggeometrie zwingend an das zu bearbeitende Material angepasst. Die Fräswerkzeuge bestehen aus Metall, die Schneidflächen können aus Diamant oder speziellen Hartstoffschichten bestehen. Dabei kann Diamant nicht zur Bearbeitung von Stählen oder eisenhaltigen Legierungen eingesetzt werden. Die Mikrofräser haben Werkzeugdurchmesser im Bereich von 0,1mm...1mm. Die Drallwinkel können je nach zu bearbeitendem Material und Bearbeitungsprozess zwischen 15° und 45° liegen. Einen Eindruck von der Präzision der Fräswerkzeuge vermitteln die beiden Bilder unten. In einem Beispiel ist ein „Hitachi-Tool" mit einem Spitzendurchmesser von 40μm gezeigt. Im zweiten ist die Spitzenkontur hervorgehoben.
Profilformen der Fräswerkzeuge	

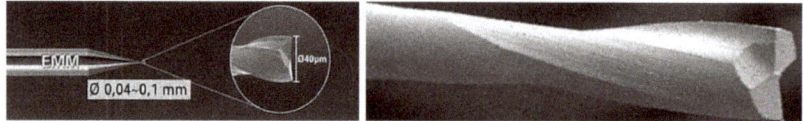

Die typischen Profilformen, die sich mit Hilfe der Frästechnik herstellen lassen, hängen von der Form der Frässpitze ab. In der folgenden Tabelle sind einige typische Grundformen gezeigt.

Kontur	Beschreibung / Werkzeugform und -bewegung
	Nut mit senkrechten Wänden, die unteren Ecken sind scharf ausgebildet.
	Schräg abfallende Flanke, die unteren Ecken sind scharf ausgebildet.
	Konkav geneigte verrundete Flanken.
	Konvex geneigte verrundete Flanken, die untere Ecke verrundet. Mit anderer Fräsergeometrie können auch scharf ausgebildete Ecken erzeugt werden.
	Endform von gefrästen Vertiefungen. Bei allen Nuten sind die Enden, wenn sie im Werkstück aufhören, verrundet. Andere Endformen sind nicht realistisch herstellbar. In der Mikrofluidik kann dies bei Krümmern sehr gut genutzt werden. Stege können hingegen mit Kanten gefertigt werden, die senkrecht aufeinander stehen.

Wesentliche Merkmale der Hochpräzisionsbearbeitung liegen in der erreichbaren minimalen Strukturbreite, der Oberflächenbeschaffenheit und der Maßhaltigkeit der Strukturen. Bei den Strukturbereiten müssen Stege von Nuten unterschieden werden. Während es prinzipiell möglich ist, Stege mit einer Breite von ca. 5µm zu erzeugen, liegt die Breite der Nute im Bereich des Werkzeugdurchmessers (minimal z.Zt. 40µm). Die Oberflächenbeschaffenheit hängt im Wesentlichen von der Güte der Schwingungsdämpfung ab. Bei sehr gut gedämpften Maschinen erreicht man Rautiefen von $R_a < 0{,}05$µm. Mit diesen außerordentlich guten Werten bieten die Oberflächen optische Qualität. Die Positioniergenauigkeit des Werkzeuges zum Werkstück erreicht bei sehr guten Maschinen Bereiche von ±2µm. Diese Werte sind vergleichbar mit Positioniertoleranzen in der Proximity-Lithographie. Allerdings sind die Kosten für diese Präzision in der mechanischen Bearbeitung ungleich höher als in der Fotolithographie.

Gegenüberstellung alternativer Mikrofertigungsverfahren

Vergleich alternativer Fertigungsverfahren

Alternative Fertigungsverfahren dienen vorwiegend der Mikrostrukturierung von Werkstoffen, die nicht mit den Verfahren der Halbleitertechnik bearbeitet werden können. Sie erweitern das Feld der Mikrotechnologie um diese Werkstoffgruppen erheblich. Die Entwicklungsreife dieser Verfahren hat bis auf die Spritzgusstechnik noch lange nicht das Niveau der Halbleitertechnologien erreicht. Dass diese Verfahren jemals in diese hochproduktiven Bereiche vorstoßen werden, ist zu bezweifeln. Zum einen fehlt die treibende Kraft einer innovativen Technik, wie etwa der Mikroelektronik. Zum anderen sind die preislichen Unterschiede bei den Ausgangswerkstoffen nicht so markant, dass dadurch ein größeres Einsparungspotential zu erwarten wäre. Da die alternativen Werkstoffe qualitativ hochwertiger Mikroprodukte häufig eine gezielte Materialmodifikation und -konfektionierung erfordern, sind deren Preisvorteile meist marginal.

In der folgenden Tabelle sind die wesentlichen Parameter verschiedener alternativer Mikrofertigungstechnologien zusammengestellt.

Verfahren		Kosten		Standzeit Werkzeug	Minimale Strukturen		Aspekt-verhältnis	Stückzahl-bereich
		Ausrüstung	Werkzeug		Stege /μm	Nuten/μm		
Spritzgießen		hoch	hoch	70.000 Sch.	2	20	<10	ab 10^6
Heißprägen		mittel	hoch	70.000 Präg.	2	20	<100	$10^3...10^4$
Laser-ablation	Fokuss. Strahl	mittel	-	-	1	20	<1000	$1...10^3$
	Masken-projektion	mittel	Mittel	unbegrenzt	1	10	<1000	$10^3...10^5$
Funken-erosion	Draht	niedrig	Niedrig	niedrig	5	>30	<1000	1...100
	Senker.	niedrig	Mittel	niedrig	100	>40	<100	1...100
Mikrofräsen		hoch	Niedrig	niedrig	10	>30	<50	1...100

Merke

Nutzung alternativer Strukturierungsverfahren in der Mikrotechnik

Ziel:
Mikrostrukturierung von beliebigen Substratmaterialien, die nicht mit Technologien der Si-Technik bearbeitet werden können

Spritzgießen
Einspritzen von plastifizierter Masse in Werkzeuge mit mikrostrukturiertem Formeinsatz
- Kolben- und Schneckenkolbenspritzgießmaschinen
- Formeinsatz aus Ni oder Si
- Spritzen von Thermoplasten → Kühlen nach „Schuss", um Formteile aus dem Werkzeug zu entnehmen
- Spritzen von Duroplasten → Heizen nach „Schuss", um Formteile aus dem Werkzeug zu entnehmen
- Umspritzen von Mikroteilen → MID-Technik
- hohe Produktivität,
- bevorzugte Materialien:
  - Polymere
  - Keramische Massen

Heißprägen
Einprägen der Mikrostruktur in thermoplastische Substrate mit beheiztem Stempel:
- Stempel enthält mikrostrukturierte Formeinsätze
- Formeinsätze aus Ni oder Si

6 Herstellung der Mikrokomponenten

- Prozess unter Vakuum
- mittlere Produktivität
- bevorzugte Materialien:
  - Polymere

Laserstrukturierung
Mikrostrukturierung durch Ablation (Verdampfen des Substratmaterials) durch fokussierten Laserstrahl:
- maskenloses Verfahren
- serielles Verfahren mit niedriger Produktivität

Mikrostrukturierung mit Excimer-Laser:
- Materialabtrag durch Ablation
- maskengebundenes Verfahren
- relativ hohe Produktivität, da Batch-Prozess
- bevorzugte Materialien:
  - Metalle
  - Keramiken
  - Gläser
  - Halbleiter
  - Polymere

Funkenerosionsverfahren
Materialabtrag durch elektrischen Entladungsprozess in dielektrischer Flüssigkeit:
- Elektroden: Werkzeug und zu bearbeitendes Substrat
  - Drahterosion
  - Senkerosion
- Qualität des Werkzeuges und Abstand zwischen Werkzeug und Substrat bestimmen Präzision der Mikrostruktur
- serielles Verfahren mit geringer Produktivität
- bevorzugte Materialien:
  - Metalle

Spanabhebende Mikrostrukturierung
Anwendung klassischer Fertigungstechniken im Mikrobereich:
  - Mikrofräsen
  - Mikrobohren
  - Mikrohobeln
- begrenzte Strukturauflösung durch Werkzeuggeometrie und -dimension
- serielles Verfahren mit sehr geringer Produktivität, geeignet um relativ komplizierte Formteile zu erzeugen
- bevorzugte Materialien:
  - Metalle

Literatur

[Abe]   Abeln, T.: Grundlagen und Verfahrenstechnik des reaktiven Laserpräzisionsabtragens von Stahl; Herbert Utz, 2002

[Arn]   Arnold, J.: Abtragen metallischer und keramischer Werkstoffe mit Excimerlasern; Teubner, 1994

[Don]   Donges, A.: Physikalische Grundlagen der Lasertechnik; Hüthig, 2000

[Ehr]   Ehrfeld, W.: Handbuch Mikrotechnik; Hanser, 2002

[Feu]   Feurer, M.: Elektroerosive Metallbearbeitung. Materialabtrag durch Funkenerosion; Vogel, 1983

[For]   Forschungsvereinigung Räuml. Elektron. Baugruppen e.V.: 3D-MID Technologie; Hanser, 2004

[Gas]   Gastrow, H.; Unger, P.: Der Spritzgießwerkzeugbau in 130 Beispielen; Hanser, 2006

[Gre]   Greener, J.; Wimberger-Friedl, R.: Precision Injection Molding. Process, Materials and Applications; Hanser, 2006

[Iff]   Iffländer, R.: Festkörperlaser zur Materialbearbeitung; Springer, 1990

[Jas]   Jasper, K.: Neue Konzepte der Laserstrahlformung und -führung für die Mikrotechnik; Herbert Utz, 2003

[Lut]   Lutz, N.: Oberflächenfeinbearbeitung keramischer Werkstoffe mit XeCl-Excimer-Laserstrahlung; Hanser, 1994

[Mi1]   Michaeli, W. et al.: Technologie des Spritzgießens; Hanser, 2000

[Mi2]   Michaeli, W.: Einführung in die Kunststoffverarbeitung; Hanser, 2006

[Mes]   Meschede, D.: Optik, Licht und Laser; Teubner, 2005

[Rad]   Radtke, J.: Herstellung von Präzisionsdurchbrüchen in keramischen Werkstoffen mittels repetierender Laserbearbeitung; Herbert Utz, 2003

[Sön]   Schönbeck, J.: Analyse des Drahterosionsprozesses; Hanser, 1993

[Swi]   Schwietering, C.: Technologische Aspekte der mikromechanischen Fräsbearbeitung mit Schaftwerkzeugen; Vulkan, 2003

[Trau] Trautmann, A.: Advanced Microneedle and Microelectrode Arrays; Der Andere Verlag, 2006

[Wec]   Weckerle, D.: Funkenerosion. Technologie und Anwendung; Moderne Industrie, 1989

[Iff] Iffländer, R.; „Festkörperlaser zur Materialbearbeitung", Springer-Verlag GmbH, 1990

[Jas] Jasper, K.; „Neue Konzepte der Laserstrahlformung und -führung für die Mikrotechnik", Herbert Utz, 2003

[Lutz] Lutz, N.; „Oberflächenfeinbearbeitung keramischer Werkstoffe mit XeCl- Excimer-Laser-strahlung", Hanser Fachbuchverlag, 1994

[Mich1] Michaeli, W. u.a.; „Technologie des Spritzgießens", Hanser Fachbuch, 2000

[Mich2] Michaeli, W.; „Einführung in die Kunststoffverarbeitung", Hanser Fachbuchverlag, 2006

[Mesch] Meschede, D. „Optik, licht und Laser", Teubner Verlag 2005

[Rad] Radtke, J.; „Herstellung von Präzisionsdurchbrüchen in keramischen Werkstoffen mittels repetierender Laserbearbeitung", Herbert Utz, 2003

[Schö] Schönbeck, J.; „Analyse des Drahterosionsprozesses", Hanser Fachbuchverlag, 1993

[Trau] Trautmann, A.; „Advanced Microneedle and Microelectrode Arrays", Der Andere Verlag, 2006

[Weck] Weckerle, D.; „Funkenerosion. Technologie und Anwendung", Moderne Industrie, 1989

[Schw] Schwietering, C.; „Technologische Aspekte der mikromechanischen Fräsbearbeitung mit Schaftwerkzeugen", Vulkan, 2003

6.7   Aufstellen des Flowcharts

	Prozessablaufplan
Planung des Prozesses zur Herstellung von Mikrokomponenten	Die Herstellung von Mikrosystemen geschieht in der Regel in mehreren Prozessschritten. Jeder einzelne Prozessschritt trägt dabei zum Entstehen der finalen Struktur bei. Nach Abschluss des letzten Schrittes sollte das komplette, funktionsbereite Mikrosystem vorliegen. Leider tritt dieses positive Ergebnis bisweilen erst nach einer Reihe von Fehlversuchen auf. Die Gründe dafür liegen nicht zuletzt in der möglichen negativen Beeinflussung der bereits erzeugten Strukturen durch einen Folgeprozessschritt. Auch fehlerhaftes Design der Mikrokomponente oder einer der Masken kann zu einem Ausfall führen. Probleme dieser Art treten nicht selten auf und führen zu nicht unerheblichen finanziellen Verlusten und zur Verzögerung in der Herstellung der Mikrokomponenten. Um diese Verluste zu vermeiden, ist es notwendig, vor der Prozessierung der Mikrokomponenten einen detaillierten Prozessablaufplan, einen so genannten „Flowchart", aufzustellen.
Bestandteile des Prozessablaufplans „Flowchart"	Der Flowchart enthält alle Prozessschritte, die zur Herstellung der Mikrokomponente notwendig sind, in der zeitlichen Reihenfolge. Jeder einzelne Prozessschritt ist bezüglich seiner charakteristischen Merkmale, wie Zeitdauer, Temperatur, Druck, Konzentration von Lösungen, eingesetzte Materialien, genau beschrieben.
	Darüber hinaus finden sich im Flowchart Angaben zur Messung und zu den zu erreichenden Parametern. Durch eine Skizze wird außerdem der zu erreichende Strukturierungsgrad verdeutlicht. Im Folgenden wird ein beispielhafter Flowchart für einen beheizbaren Mikroreaktor mit integrierter Temperaturmessung vorgestellt. Die Angaben zu den Prozessparametern sind dabei exemplarisch und können durchaus variieren.
Einzelkomponenten des Mikroreaktordesigns	Der Mikroreaktor beinhaltet folgende Einzelkomponenten: Kanalstrukturen, Reaktionskammer, Heizelement, Temperatursensor. Er besteht aus einer Silizium-Glas-Kombination. Im Bild ist das Design des Mikroreaktors gezeigt. Bei der Herstellung des Reaktors erfolgt nur die Strukturierung des Siliziums. Das Glas dient zur Abdeckung
Maskensatz	Zur Herstellung der Struktur ist ein Maskensatz mit insgesamt 3 Masken erforderlich. Die Masken sind bezeichnet als:
	• NÄO – Nassätzen Oberseite, Justiermarken, Trennlinien • NÄU – Nassätzen Unterseite, Justiermarken • MEU – Metallisierung Unterseite, Justiermarken

Aufbau des Mikroreaktors	Aufbau des Mikroreaktors	Die Strukturierung des Siliziums erfolgt mit Hilfe des anisotropen nasschemischen Ätzens. Die Metallschicht muss vor dem Ätzen aufgebracht und strukturiert werden, da durch einen Fotolackprozess nach dem Ätzen Verstopfungsgefahr für die fluidischen Anschlüsse besteht.

Im nächsten Abschnitt wird eine mögliche Prozessreihenfolge für den beheizbaren Mikroreaktor mit integrierter Temperaturmessung mit den einzelnen Prozessschritten, dem Material, den Prozessbedingungen und den Messungen beschrieben.

Hauptanforderung in diesem Beispiel ist es, mit einer minimalen Maskenzahl und Prozessschrittanzahl auszukommen. Zum leichtern Verständnis sind noch Prozessskizzen hinzugefügt.

Flowchart

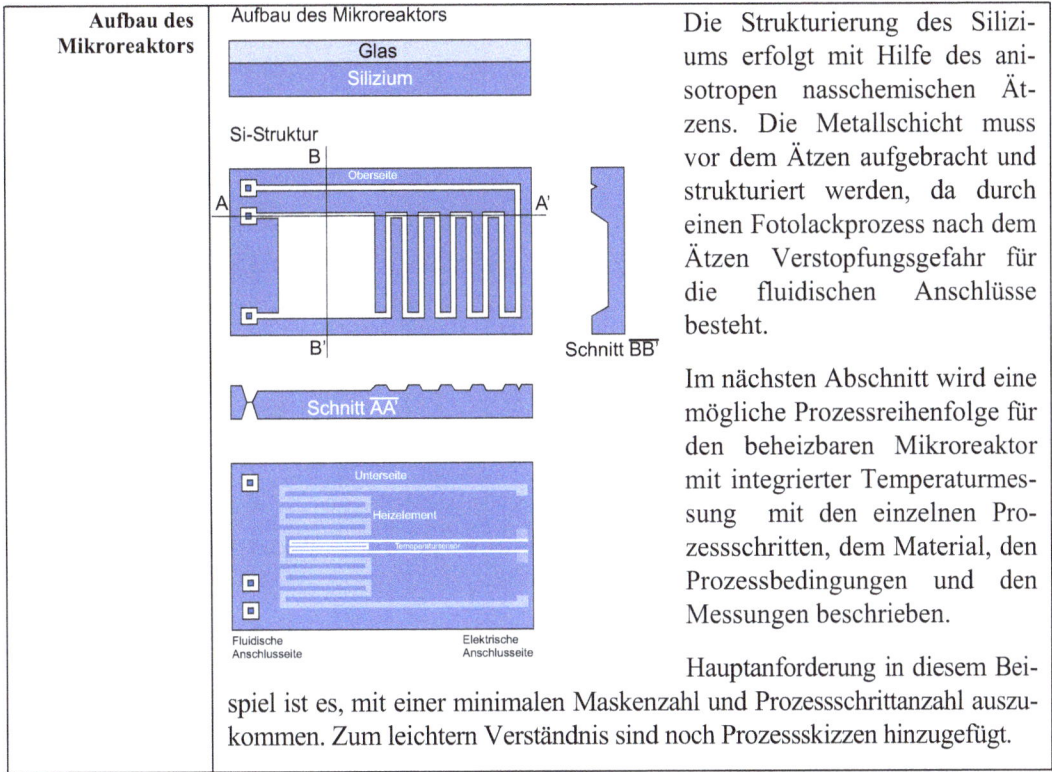

Prozess	Material, Prozessbedingungen, Messungen	Prozessskizze
Erstreinigung	Ausgangsmaterial: <100>-Si, p-dotiert, doppelseitig poliert, Dicke 500μm • SC1:NH_4OH:H_2O_2:H_2O = 1:1:5, T = 75°C, t = 10min • Spülen DI-H_2O, T = 23°C, t = 10min • HF-Dip: HF:H_2O = 1:5, T = 23°C, t = 10min • Spülen DI-H_2O, T = 23°C, t = 10min • SC2: HCl:H_2O_2:H_2O = 1:1:5, T = 80°C, t = 10min • Spülen DI-H_2O, T = 23°C, t = 10min • H_2SO_4:H_2O_2 = 1:4, T = 150°C, t = 10min • Spülen DI-H_2O, T = 23°C, t = 10min	
Thermische Oxidation	Feuchte Oxidation • Bubblertemperatur: 95°C • O_2-Fluss: 10sl/min • T = 1080°C • t = 8h30min Messung Schichtdicke → Ellipsometer, Weißlichtspektroskopie Zieldicke: 2,5μm ± 0,1μm	

Lithographie	*Belackung* • Positivresist Marke XYZ • 3ml/Wafer • Formierung: 600min^{-1}, t = 15s • Abschleudern: 5500min^{-1}, t = 30s • Prebake: Hot Plate 105°C, 30s Messung Lackdicke. → Weißlichtspektroskopie Zieldicke (CD): 10µm ± 0,2µm *Belichtung* Maske MEU *Entwicklung* Entwickler Marke ZYX *Postbake* Hot Plate 110°C, 30s Messung: Optische Kontrolle Strukturbreite Sensor →Mikroskop CD ± 0,2µm	
Metallisierung	E-Beam-Verdampfung: Cr-Schicht: Dicke ca. 40nm Ni- Schicht: Dicke 1,0µm Strom: nn A t = nn min (nn) Werte sehr anlagenspezifisch	
Metall strukturieren	Resist entfernen (strippen) Azetonspülung Messung: Optische Kontrolle Strukturbreite Sensor → Mikroskop CD ± 0,2µm	
Lithographie	*Belackung* • Positivresist Marke XYZ • 3ml/Wafer • Formierung: 600min^{-1}, t = 15s • Abschleudern: 5500min^{-1}, t = 30s • Prebake: Hot Plate 105°C, 30s Messung Lackdicke → Weißlichtspektroskopie Zieldicke: 2µm ± 0,2µm *Belichtung* Maske NÄU *Entwicklung* Entwickler Marke ZYX *Postbake* Hot Plate 110°C, 30s	
Lithographie	*Belackung* • Positivresist Marke XYZ • 3ml/Wafer • Formierung: 600min^{-1}, t = 15s • Abschleudern: 5500min^{-1}, t = 30s • Prebake: Hot Plate 105°C, 30s Messung Lackdicke → Weißlichtspektroskopie Zieldicke: 2µm ± 0,2µm *Belichtung* Maske NÄO *Entwicklung* Entwickler Marke ZYX *Postbake* Hot Plate 110°C, 30s	

　　　　　　　　　Herstellung der Mikrokomponenten

Strukturierung SiO$_2$	Gepufferte HF (BHF) HF:NH$_4$F:H$_2$O = 1:6:1, T = 23°C, t = 20min Spülen DI-H$_2$O, T = 23°C, t = 10min Kontrolle: Färbung im Fenster • weiß: SiO$_2$ entfernt • farbig: SiO$_2$ nicht restlos entfernt	
Resist entfernen	Spülen Azeton Messung: CD-Strukturbreite Oxidfenster Messung: Dicke Metallschicht → Weißlichtinterferometer	
Anisotropes nass-chemisches Ätzen	KOH 35%, T = 90°C, t = 4h 10min Spülen DI-H$_2$O, T = 23°C, t = 10min Messung: Strukturtiefe Reaktionskammer →Weißlichtinterferometer Zieltiefe 250µm ± 2µm Kontrolle: Durchätzung Anschlüsse	
Entfernen SiO$_2$	Gepufferte HF (BHF) HF:NH$_4$F:H$_2$O = 1:6:1, T = 23°C, t = 2min Spülen DI-H$_2$O, T = 23°C, t = 10min	
Erstreinigung	Ausgangsmaterial: Glaswafer mit angepasstem thermischen Ausdehnungskoeff.; Durchmesser wie Si-Wafer; Dicke 300µm • SC1:NH$_4$OH:H$_2$O$_2$:H$_2$O = 1:1:5, T = 75°C, t = 10min • Spülen DI-H$_2$O, T = 23°C, t = 10min • HF-Dip: HF:H$_2$O = 1:5, T = 23°C, t = 10min • Spülen DI-H$_2$O, T = 23°C, t = 10min • SC2: HCl:H$_2$O$_2$:H$_2$O = 1:1:5, T = 80°C, t = 10min • Spülen DI-H$_2$O, T = 23°C, t = 10min • H$_2$SO$_4$:H$_2$O$_2$ = 1:4, T = 150°C, t= 10min • Spülen DI-H$_2$O, T = 23°C, t = 10min	
Anodisches Bonden	Gleichspannung: 400V: Si auf Anodenpotential, Glas mit Aufsatzkatode, T = 400°C, t = 30min Kontrolle: Stromverlauf I(t) → charakteristischer Peak	
Vereinzeln	Glasseite des Verbunds auf Blaufolie (Adhesivfolie) fixieren Abdecken Si-Oberseite mit Blaufolie Trennschleifen entlang Trennlinien Vorschub: 3mm/s	

Endkontrolle	Kontrolle der Reaktorstrukturen
	a) elektrisch
	    a. Heizelement
	    b. Sensor
	b) Fluidisch
	    a. Durchgang
	    b. Fluidwiderstand	

	Ausgangsmaterialien: 49% HF 30% H_2O_2 29% NH_4OH 96% H_2SO_4 40% NH_4F DI-H_2O: Deionisiertes Wasser

Bemerkungen zum Flowchart

Variations-möglichkeiten der Prozessfolge **Erläuterung des Prozesses**	Die beschriebene Prozessreihenfolge kann durchaus variiert werden. Im vorliegenden Fall bestand die Hauptanforderung darin, mit einer minimalen Maskenzahl und Prozessschrittanzahl auszukommen. Diese Forderung wird durch den Einsatz von Nickel und Chrom als Metallschichten für die Heiz- und Sensorstrukturen erfüllt. Beide Metalle besitzen eine sehr hohe Korrosionsbeständigkeit in KOH und werden praktisch nicht angegriffen. Dadurch ist deren Passivierung im Tiefenätzprozess auch nicht erforderlich. Ein möglicher Angriff durch die gepufferte Flusssäure beim Strukturieren des SiO_2 wird durch den Resist verhindert. Die im Bild gezeigten verbleibenden Metallstrukturen sind nicht maßstäblich. Real tritt von den Seiten eine Unterätzung beim abschließenden SiO_2-Ätzen auf. Diese Unterätzung wird jedoch sehr eingeschränkt, da das SiO_2 während des anisotropen Ätzens auf etwa 0,5µm zurückgeätzt wird. Durch das flächige SiO_2-Ätzen werden die Metallstrukturen daher nur etwa 0,5µm unterätzt. Das anisotrope Ätzen wird in einem einzigen Prozessschritt durchgeführt. Bei kleineren Kanalstrukturen wird der natürliche Ätzstopp an den {111}-Ebenen ausgenutzt. Bei allen tieferen Strukturen wird generell bis zur Mitte der Substratdicke geätzt. Dadurch bilden sich einseitig der Reaktorraum und beidseitig die durchgeätzten Anschlusslöcher.

Flowchart

- Detaillierte Aufstellung aller Prozessschritte, die zur Herstellung einer Mikrokomponente notwendig sind
- strenge Beachtung der Reihenfolge der einzelnen Prozessschritte
- charakteristische Merkmale jedes einzelnen Prozessschrittes
  - Zeitdauer
  - Temperatur
  - Druck
  - Konzentration von Medien
  - zu nutzendes Prozessequipment
  - Gasflüsse
  - Leistungsbereiche
  - Frequenzen
  - einzusetzende Materialien
  - Angaben zu Messungen
  - zu verwendende Messgeräte
  - Vorgaben der zu erreichenden Parametern
  - Prozessskizze über den zu erreichenden Bearbeitungsstand

7 Konfektionierung der Mikrokomponenten

7.1 Aufbautechnik auf Waferlevel

Schlüsselbegriffe	
	Verkapselung mikroelektronischer Komponenten, Verkapselung von Mikrosystemen, spezielle „Fenster"-Technik, Verschluss von Kavitäten, Waferbonden, Klebetechnik, Haftvermittler, Nachteile von Klebstoffen, Lotverbindung von Glaswafern, Lotverbindung von Glas und Silizium, Voraussetzungen für das Silizium-Direkt-Bonden (SDB), Verfahrensstufen SDB, Herstellung hydrophiler Oberflächen, nasschemische Prozessschritte, sorbiertes Wasser, Prebonden, Festigkeitsphasen gebondeter Wafer, Tempern, Brückenbildung Si-O-Si, Nutzung hydrophober Waferoberflächen, Wasserstoffdesorption, Brückenbildung Si-Si, Problem: Verunreinigungen, Bonden unter Feldeinfluss, Elektrisches Feld und erhöhte Temperatur, Brückenbildung Si-O-Si, Stromdichte-Zeit-Charakteristik, praktische Durchführung des anodischen Bondens, Verfahrensvor- und -nachteile, Bonden bei niedrigen Temperaturen

Waferbondtechniken	
Verkapselung mikro-elektronischer Komponenten	Die Strukturierung der Siliziumsubstrate oder auch anderer Materialien ist mit Hilfe der Basistechnologien möglich, die weiter oben beschrieben wurden.
	In der weiteren Prozesstechnologie und der Fertigstellung der Elemente unterscheiden sich Mikrosystemtechnik und Mikroelektronik erheblich. Mikroelektronische Schaltungen werden üblicherweise auf einen Träger aufgebracht. Dieser wird mit dem Schaltkreis in einem Gehäuse angeordnet, kontaktiert und anschließend verkapselt. So ist ein hinreichend sicherer Schutz der Bauelemente vor Umwelteinflüssen möglich. Probleme treten insbesondere auf, wenn die im Schaltkreis erzeugten Temperaturen

nicht abgeführt werden können oder wenn mechanische Spannungen infolge der Verkapselung zu Rissbildungen führen und damit die Funktionsfähigkeit der Schaltung erheblich beeinflussen. Diese Probleme sind gegenwärtig noch Gegenstand von wissenschaftlichen Untersuchungen.

Verkapselung von Mikrosystemen

In der Mikrosystemtechnik stellt sich die Situation völlig anders dar. Die Verkapselung der Systeme würde dazu führen, dass deren Funktion erheblich eingeschränkt würde. Es besteht ein essentieller Bedarf an Strukturen, die neben der elektrischen Kontaktierung über weitere offenen Signal- oder Energiewandlungsfenster verfügen. Das heißt, die Bauelemente müssen entweder Signale oder andere Formen von Energie (hierunter sind nicht die rein elektrischen Signale zu verstehen) aus ihrer Umgebung aufnehmen bzw. Signale oder Energie in ihre Umgebung abgeben können. Dies ist aber bei einer vollständigen Kapselung nicht möglich.

spezielle „Fenster"-Technik

Daher ist der Aufbau von Mikrokomponenten durch die bekannte elektronische Kontaktierung und eine der Funktion angepasste spezifische Fenstertechnik gekennzeichnet. Diese Fenster ermöglichen die „Kommunikation" des Bauelementes mit seiner Umgebung auf nichtelektrischer Basis. Die Gestaltung dieser Fenster hat sich als außerordentlich kompliziert herausgestellt. Durch ungeschützte Öffnungen können die Bauelemente sehr leicht verschmutzen, korrodieren und schließlich ausfallen. Der Einsatz von Mikrokomponenten in ungereinigten fließenden bzw. gasförmigen Medien ist daher bislang nicht über das Stadium der akademischen Forschung hinausgewachsen.

Verschluss von Kavitäten

Wesentlich mehr Bedeutung haben dagegen Systeme erlangt, die mechanische Größen, wie Druck, Beschleunigung oder Kraft erfassen. Zungen, Membranen oder Biegeelemente als sensitive Teile dieser Mikrokomponenten befinden sich im Inneren und können vollständig gekapselt entweder indirekt über eine Arbeitsmembran oder direkt angesteuerte werden. Dennoch muss auch bei diesen Bauelementen eine hohe mechanische Beweglichkeit der empfindlichen Strukturen sichergestellt werden.

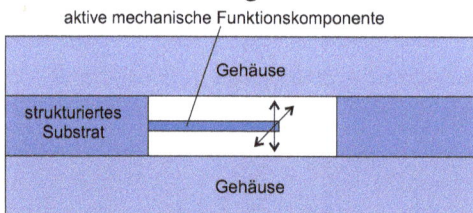

aktive mechanische Funktionskomponente

Gehäuse

strukturiertes Substrat

Gehäuse

Dies ist mit Hilfe von Vergusstechniken kaum zu realisieren. Wie aus dem Beispiel im Bild zu ersehen ist, sind die empfindlichen Strukturen meist mit einem oder mehreren Substraten verbunden. Zur Gewährleistung der Beweglichkeit befinden sich die sensitiven Komponenten in einer Kavität, die von unten und von oben mit einem Gehäuseteil verschlossen ist. Dabei ist ein hermetischer Verschluss wegen des minimierten Risikos der Korrosion in den meisten Fällen vorzuziehen.

	Zum hermetischen Verschluss der Mikrokomponenten kann zwischen verschiedenen Verfahren unterschieden werden. Ständig zunehmende Bedeutung besitzen in die Waferbondtechniken. Daher sollen diese Techniken im Folgenden näher charakterisiert werden.
Waferbonden	Unter dem Begriff „Waferbonden" ist die Verbindung mindestens zweier Wafer miteinander zu verstehen. Dabei ist es nicht unerheblich, ob diese Wafer Strukturen aufweisen oder nicht. In jedem Fall ist die direkt flächige Verbindung der einander zugewandten Oberflächen das Kriterium dieser Verbindungstechnik. Im Falle strukturierter Wafer werden nur die unmittelbar aufeinander stoßenden Flächen miteinander verbunden. Grundsätzlich wird das Waferbonden auf Substratebene durchgeführt. Die Vereinzelung der Mikrokomponenten erfolgt nach der Bondung. Das Bonden selbst kann mit Hilfe unterschiedlicher Verfahren realisiert werden.

7.1.1 Verbindungstechnik mit Hilfsstoffen

	Klebebondung
Klebetechnik **Haftvermittler**	Die Klebetechnik ist ein relativ einfaches Verfahren, um Substrate miteinander zu verbinden. Das Verfahren lässt sich automatisieren und kann mit zumeist ausreichend hoher Produktivität betrieben werden. Im Prozess werden beide zu verbindenden Substrate mit einer dünnen Schicht des Klebstoffes beschichtet. Da die Haftung flüssiger Klebstoffe auf den geläppten Silizium-Oberflächen oft problematisch ist, erfolgt vor der Klebstoffbeschichtung ein so genanntes „Primern". Dazu wird die Oberfläche mit einem Haftvermittler, z.B. Hexamethyldisilasan (HMDS), beschichtet. Anschließend erfolgt der Auftrag des Klebstoffes. Die beiden Substrate werden zusammengeführt und je nach verwendetem Klebstoff unter Druck gesetzt oder drucklos belassen. Insbesondere bei anaerob (unter Ausschluss von Luft) aushärtenden Klebstoffen, wird kurzzeitig mit externem Druck gearbeitet. Um möglichst homogene Klebefugen zu erhalten, wird der Klebstoff, ähnlich wie bei der Fotolithographie mit Hilfe von Abschleuderverfahren verteilt.

gereinigter Wafer

HMDS-Beschichtung

Klebstoffauftrag und Verteilung

Klebebondung

Waferverbund

<table>
<tr><td>

Nachteile von Klebstoffen

</td><td>

Nachteilig ist, dass durch die Verbindungsschichten Lösungsmittel eindringen können, die die Adhäsion an der Grenzfläche Klebstoff-Substrat herabsetzen. Bei strukturierten Substraten mit empfindlichen Strukturen kann ein Eindringen des Klebstoffes in diese Strukturen nur mit großem Aufwand oder gar nicht verhindert werden. Hermetisch dichte Verbindungen sind prinzipiell möglich, haben aber nur eine begrenzte Lebensdauer.

Da in der Mikrosystemtechnik sehr häufig mit fluidischen Medien gearbeitet wird, ist der Einsatz von Klebeverbindungen nur auf spezielle Lösungen beschränkt. Bevorzugt werden hier hermetisch wirkende Waferbondtechniken ohne Klebstoffeinsatz. Dazu gibt es drei grundsätzliche Verfahren, a) Lotbondung b) Silizium-Direkt-Bonden (SDB) oder auch „Silcon Fusion Bonding" genannt (SFB) und das c) anodische Bonden.

</td></tr>
</table>

a) Lotbondung

<table>
<tr><td>

Lotverbindung von Glaswafern

</td><td>

Die Verbindung von Glaswafern kann mit Hilfe des Klebens und wesentlich eleganter mit der Glaslottechnik erfolgen. Dazu wird ein Glaslot auf einem Substrat aufgetragen. Dies kann mittels Siebdruck erfolgen, wenn pastöse „Glasfritte" verwendet wird. Diese Technik erlaubt es auch, bereits strukturierte Wafer zu beschichten. Nachdem das Lösungsmittel aus der Paste abgedampft wurde, kann der zweite Glaswafer mit dem ersten justiert in Kontakt gebracht werden. Nun erfolgt eine Erwärmung bis zur Schmelztemperatur (400°C … 500°C) des Glaslotes. Beim Abkühlen erstarrt die Schmelze und liefert eine hermetisch dichte Verbindung zwischen den Glaswafern.

Rakel, Lotpaste, Sieb, Substrat

</td></tr>
<tr><td>

Lotverbindung von Glas und Silizium

</td><td>

Silizium und Glas können mit dem gleichen Verfahren hermetisch dicht miteinander verbunden werden. Allerdings muss bei diesem Verfahren eine Glaslotpaste verwendet werden, die im thermischen Ausdehnungskoeffizient an den des Siliziums angepasst ist. Durch diese Form der Verbindung wird die Si-Technik sehr wirksam mit der Glastechnik verknüpft und kann von vorteilhaften Eigenschaften der Gläser profitieren.

</td></tr>
</table>

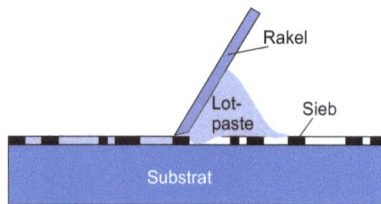

7.1.2 Verbindungstechniken ohne Hilfsstoffe

b) Silizium-Direkt-Bonden (SDB)

Voraussetzungen für das SDB	Beim SDB erfolgt die Bondung von mindestens 2 Si-Substraten ohne die Verwendung von Hilfsstoffen. Dabei entsteht eine hermetisch dichte Verbindung zwischen den gebondeten Substraten. Das Verfahren lässt sich in drei Stufen unterteilen
Verfahrensstufen SDB	1. Wafervorbehandlung 2. Prebonden bei Raumtemperatur 3. Nachtempern bei erhöhter Temperatur Die Vorbehandlung der Wafer dient dem Ziel, die Oberflächen von Partikeln zu befreien. Partikel kleinster Dimension können den gesamten Bondvorgang behindern. Üblicherweise werden daher auch die bekannten Standardreinigungsschritte für Si-Substrate verwendet. In der Folge dieser Verfahren werden die Oberflächen der Si-Wafer modifiziert, d.h. hydrophil oder hydrophob eingestellt.
Herstellung hydrophiler Oberflächen	Hydrophil bedeutet wasseranziehend. Bei diesem Verfahren kommt es darauf an, die Oberflächen der Substrate so zu behandeln, dass sie einen hydrophilen Charakter bekommen. Dies ist mit Hilfe von nass- und trockenchemischen Prozessen möglich. Bei den nasschemischen Prozessen haben sich folgende Abläufe bewährt.
nasschemische Prozessschritte	1. Durchführung einer Standardreinigungsprozedur entsprechend der nachfolgenden Tabelle

Prozess	Medien	T /°C	t /min
Tauchen (K1)	H_2O_2 (30%) : NH_4OH(25%) : H_2O = 1 : 1 : 6	75–80	5
Spülen	DI-H_2O	22	2
Tauchen (K2)	H_2O_2(30%) : HCl(37%) : H_2O = 1 : 1 : 6	75–80	5
Spülen	DI-H_2O	22	2
Reinspülen	gefiltertes DI-H_2O	22	10
Schleudern		22	3–5

2. Weiterbehandlung der Wafer in einer der folgenden Lösungen

Lösung	Temperatur	Dauer
$H_2SO_4(96\%):H_2O_2$ $= 2...3 : 1$	110°C + Ultraschall	15 min
$HNO_3 (65\%)$	80°C	30 min

3. Abspülen in DI-H_2O

4. Trockenschleudern der Wafer

Nach dieser Vorbehandlung erhält man hydrophile, also wasseranziehende Oberflächen. Durch Plasmavorbehandlungen der Wafer im Sauerstoffplasma kann ein sehr ähnlicher Effekt erzielt werden.

Ursache für das hydrophile Verhalten in den freien, nicht gesättigten Bindungen der Oberflächenatome des Si [Plö] ist Folgendes: Es bildet sich zunächst eine hydroxilierte Oberflächenschicht. An diese Schicht können sich weitere Wassermoleküle anlagern. Man unterscheidet zwischen chemisorbiertem Wasser an der Oberfläche und physisorbierten Wasser in den folgenden Monolagen. Im Bild ist eine solche Oberfläche schematisch gezeigt.

sorbiertes Wasser

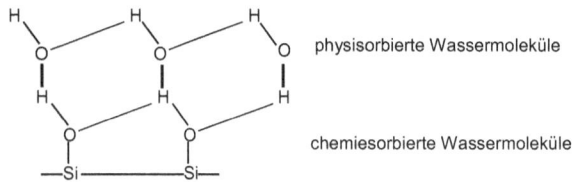

physisorbierte Wassermoleküle

chemiesorbierte Wassermoleküle

Werden nun Wafer mit derartigen Oberflächen miteinander in Kontakt gebracht, so kommt es zur spontanen Wasserstoffbrückenbildung zwischen den hydrophilen Gruppen. Dieser Vorgang erfolgt meist spontan in der Mitte der Wafer mit radialer Ausbreitungsrichtung. Es bildet sich eine so genannte „Bond Front" aus, die zum Waferrand fortschreitet. Dadurch steigt die Bindungskraft zwischen den beiden Wafern deutlich an. Dieses Prebonden als zweiter Verfahrensschritt wird bei Raumtemperatur durchgeführt. Mit steigender Temperatur sinkt die Fortschreitungsgeschwindigkeit der Bondwelle, verursacht durch das von der Oberfläche desorbierte Wasser. Oberhalb von 300°C ist ein Prebonden nicht mehr möglich. Die Zugfestigkeit nach dem Prebonden bei Raumtemperatur liegt in einem Bereich von 0,5MPa...2,0MPa und hängt von der Art der Vorbehandlung ab. Die Wafer haben einen Abstand von ca. 30nm...40nm.

Prebonden

Tempern

Im anschließenden Temperschritt werden die vorgebondeten Wafer weiter erhitzt. Dabei nimmt die Festigkeit der Verbindung zu.

Zunächst kann man bei Temperaturen bis ca. 700°C eine Umformierung der gebundenen Wassermoleküle feststellen. Die Reaktion ist dabei durch folgende Summengleichung gekennzeichnet:

Festigkeitsphasen gebondeter Wafer	$SiOH - (OH_2)_2 ... (OH_2)_2 - OHSi \rightarrow SiOH - HOSi + (OH_2)_4$
	Bei dieser Reaktion wird letztlich Wasser in gasförmiger Form abgegeben. Dies zeigt sich an Gasblasen, die den Bondvorgang erheblich stören können. Der Abstand der Wafer sinkt auf etwa 20nm.
	Steigen bei weiteren Temperschritten die Temperaturen über 700°C, erfolgt eine erneute Umlagerung der Brückenbildung, Wasser wird abgespalten beide Wafer werden über die Sauerstoffatome miteinander fixiert. Die entsprechende Reaktionsgleichung lautet:
	$SiOH ... HOSi \rightarrow Si - O - Si + H_2O$
	Dabei nimmt der Abstand der Wafer zueinander auf Werte von wenigen nm ab, die Festigkeit vergrößert sich. Das bei der Reaktion frei werdende Wasser wird desorbiert bzw. diffundiert bei höheren Temperaturen in das Silizium.
Brückenbildung Si-O-Si	Dementsprechend kann man in Abhängigkeit von der Temperatur drei verschiedene Festigkeitsphasen gebondeter Wafer feststellen.
Nutzung hydrophober Waferoberflächen	Das Verfahren des Waferbondens kann im ersten Prozessschritt auch abgewandelt werden. Anstelle der hydrophilen Oberflächen wird dann mit hydrophoben Oberflächen gearbeitet. Die Hydrophobisierung erreicht man durch eine Behandlung der Wafer nach der Standardreinigung in einem HF-Bad. Die Oberflächen sind nach dieser Behandlung wasserstoffterminiert und stoßen das Umgebungswasser ab.
	Diese Eigenschaften können leicht mit Hilfe der Messung des Randwinkels von Wassertropfen auf den Substraten überprüft werden. Dieser liegt bei derartigen Oberflächen im Bereich zwischen 60° und 70°.
Wasserstoffdesorption	Beim Annähern zweier so vorbehandelter Wafer wirken zunächst nur Van-der-Waals-Kräfte, d.h. die Festigkeit der Bindung ist deutlich schwächer ausgeprägt als bei hydrophilen Oberflächen. Bei Temperaturen über 600°C kommt es jedoch zu einer Wasserstoffdesorption und einer Si-Brückenbindung mit Festigkeiten des Basismaterials. Die entsprechende Gleichung dazu lautet:
Brückenbildung Si-Si	$Si - H ... H - Si \rightarrow Si - Si + H_2$

	Bei dieser Reaktion wird der Wasserstoff von den Oberflächen desorbiert und kann über Diffusionsprozesse den Verbund verlassen. Infolge der direkten Verbindung von Silizium mit Silizium übersteigt die Festigkeit dieser Bindung die der mit hydrophilisierten Oberflächen.
Verunreinigungen	Das SDB ist ein sehr partikelempfindlicher Prozess. Bereits beim Prebonden liegen die Waferabstände deutlich unter 50nm. Staubpartikel, die meist größer sind, wirken sich dementsprechend katastrophal auf das Bondergebnis aus. Daher ist es notwendig, diesen Prozess unter optimalen Reinheitsbedingungen durchzuführen. Dazu zählen die Partikelfreiheit in unmittelbarer Umgebung und die absolute Partikelfreiheit der eingesetzten Reinigungslösungen. Sichtbare Schlierenbildung auf der Oberfläche nach einem Reinigungs- oder Spülprozess sind bereits ein Indikator für das Misslingen des Bondvorganges.

c) Anodisches Bonden

Bonden unter Feldeinfluss	Das anodische Bonden ist dem SDB sehr ähnlich. Unterschiedlich sind bei beiden Prozessen die Bondpartner. Beim anodischen Bonden erfolgt eine unmittelbare Verbindung von ungleichnamigen Partnern, z.B. Silizium – Glas. Ebenso wie beim SDB sind beim anodischen Bonden keine Hilfsstoffe zur Steigerung der Festigkeit der Verbindung notwendig. Die Verbindung selbst ist hermetisch dicht. Erste Untersuchungen zu diesem Verfahren wurden von Pomerantz et al. [Pom] publiziert.

In der Reinigungs- und der Prebondphase der Substrate bestehen gegenüber dem SDB erste Unterschiede. Bei der Substratreinigung werden üblicherweise Standardverfahren eingesetzt. Allerdings kommt es wegen der Fehlanpassung zwischen dem Gitter der kristallinen Substrate und dem Glasnetzwerkes nicht zu einem Prebonden durch die Wasserstoffbrücken. |
| **elektrisches Feld und erhöhte Temperatur** | Damit können die Substrate nicht nahe genug in Kontakt treten. Hier wird der Einfluss des elektrischen Feldes genutzt. Bei hohen Temperaturen (>300°C) wird das Glas leitfähig. Die im Glas vorhandenen Na-Ionen beginnen ihre Wanderung zur Katode und verarmen dadurch im Grenzflächenbereich Glas – Silizium. Gleichzeitig baut sich auf der Si-Seite eine positive Raumladung auf, die gemeinsam mit der negativen Raumladung im Glas, infolge der verbleibenden negativen Sauerstoffionen, ein Mikrofeld erzeugen, das beide Substrate aneinander zieht. Das elektrostatische Feld besitzt somit nur temporäre Bedeutung während des |

| | Bondens. Nach Abschluss des Vorganges wird der Zusammenhalt der beiden Festkörper durch chemische Bindungen verursacht. Durch das Fließverhalten des Glases werden bei höheren Temperaturen Rauhigkeiten im Mikrospalt ausgeglichen. Die Reaktionen an den Festkörperoberflächen sind denen beim Silizium-Direkt-Bonden mit hydrophilen Oberflächen sehr ähnlich. Die mechanische Festigkeit der Verbindung ist nicht gleich der beim SDB mit hydrophoben Oberflächen. |

Brückenbildung Si-O-Si

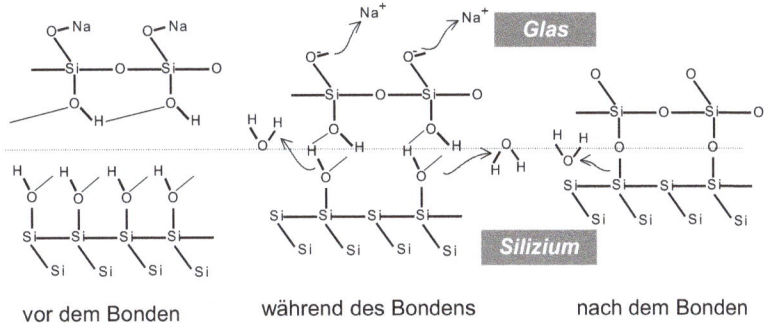

vor dem Bonden   während des Bondens   nach dem Bonden

Stromdichte-Zeit-Charakteristik

Die Na-Ionen wandern bis zur Oberfläche des Glases und reagieren dort mit dem Luftsauerstoff. Die Wanderung der Na^+-Ionen kann im äußeren Stromkreis der Anordnung mit Hilfe einer Strommessung beobachtet werden. Dazu werden charakteristische Stromdichte-Zeit-Kurven aufgenommen. Das typische Bondverhalten in der Stromdichte-Zeit-Charakteristik ist im Bild gezeigt.

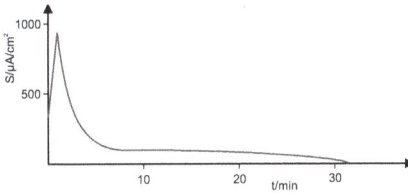

Durch die Reaktion der Natriumatome an der Oberfläche des Glases mit dem Luftsauerstoff bilden sich deutlich sichtbare Rückstände in den Bereichen aus, wo die externen Elektroden mit dem Glas in Kontakt stehen.

praktische Durchführung des anodischen Bondens

In der praktischen Durchführung dieses Verfahrens werden daher Anordnungen gewählt, die einerseits eine sehr hohe Ausbreitungsgeschwindigkeit der Bondfront zulassen, die aber andererseits nur geringe Rückstandsbildungen ermöglichen. Insbesondere werden dazu unterschiedlich ausgebildete Elektrodenformen eingesetzt. Eine einfache Anordnung des anodischen Bondens ist im Bild gezeigt. Dabei wird die Temperatur mit Hilfe einer geregelten

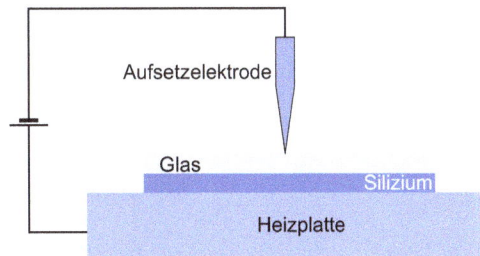

	Heizplatte eingestellt. Auf der Heizplatte ist das Silizium fixiert und mit positivem Potential belegt. Als Aufsatzelektrode wird eine chemisch beständige und zunderfreie Spitzenelektrode eingesetzt.
Verfahrensvor- und -nachteile	Das anodische Bonden besitzt gegenüber dem SDB einige Vorteile. Die Temperaturen und die Partikelempfindlichkeit sind deutlich geringer. Staubpartikel werden durch das elastische Verhalten des Glases meist problemlos zugebondet. Nachteilig ist das Austreten der Na-Atome und deren Reaktion mit dem Luftsauerstoff. Nachteilig ist weiterhin die Notwendigkeit eines elektrischen Feldes, wenn Strukturen gebondet werden sollen, die bereits elektronische Komponenten enthalten.

Das anodische Bonden ist industriell ein fest etablierter Prozess. Es existieren Geräte verschiedener Anbieter, in denen das Verfahren sicher durchgeführt werden kann. |

	Ausblick
Bonden bei niedrigen Temperaturen	Die Waferbondverfahren besitzen zurzeit noch einige Nachteile. Insbesondere die hohen Prozesstemperaturen beim SDB und die relativ hohen Spannungen beim anodischen Bonden führen zu Einschränkungen in der Anwendbarkeit der Verfahren. Daher ist die noch immer anhaltende verstärkte Forschungsaktivität auf dem Gebiet des Niedertemperaturbondens verständlich. Die bislang erzielten Ergebnisse sind zwar in Hinblick auf die Verbindung bei niedrigen Temperaturen verständlich, lassen aber bezüglich der Produktivität gegenwärtig noch viele Fragen offen.

Das anodische Bonden kann in Bezug auf die notwendigen Prozesstemperaturen sicherlich weiter optimiert werden. Die erforderlichen elektrischen Felder können allerdings nicht maßgeblich eingeschränkt werden. |

	Merke
	Verkapseln in Mikrotechnik komplexer als in Mikroelektronik
• Signalein- bzw. -ausgang muss sichergestellt werden
• spezielle Fenster erforderlich
• einfachster Fall: Verkapselung

Bonden auf Waferlevel
• Klebebonden
    o Primern mit Haftvermittler
    o Gefahr des Verstopfens empfindlicher Strukturen
• Lotbonden
    o Glaslote werden als Pasten aufgetragen
    o Temperschritt; Verbindung von Glas-Glas und Glas-Si |

- Silizium-Direkt-Bonden (SDB) nur für Verbindung Si-Si geeignet
  - hydrophilisierende Oberflächenvorbehandlung
    - Wafer „ansprengen"
    - Tempern bei Temperaturen > 800°C
    - Bildung von Si-O-Si-Brücken
  - hydrophobisierende Oberflächenbehandlung
    - Wafer zusammenspannen
    - Tempern bei Temperaturen > 800°C
    - Bildung von Si-Si-Brücken
- anodisches Bonden (AB) nur für Verbindungen Si-Glas geeignet
  - Si-Wafer wird auf Glaswafer fixiert
  - Elektrisches Gleichfeld und Temperatur von 400°C
  - Si-Wafer: Anodenpotenzial
  - Glas: Katodenpotenzial
  - Wanderung von Na-Ionen im Glas
  - Verbindung durch
    - zuerst Feldkräfte
    - danach chemische Kräfte durch Brückenbildung Si-O-Si
  - Ziel:
    Erniedrigung der bislang hohen Prozesstemperaturen

Literatur

[Har]   Harendt, C. et al.: Wafer bonding: Investigation and in situ observations of the bond process; in: Sensors & Actuators, Vol. A21-A23, 1990, 927 ff.

[Kis]   Kissinger, G.; Kissinger, W.: Hydrophilicty for silicon wafer bonding processes; in: Phys. Stat. Sol., 123. Aufl., 1991, 185 ff.

[Mat]   Matthes, K.-J.; Riedel, F.: Fügetechnik. Überblick – Löten – Kleben – Fügen durch Umformen; Hanser, 2003

[Plö]   Plößl, A.; Kräuter, G.: Wafer direct bonding: Tailoring adhesion between brittle materials, in: Materials science and Engineering, 1998

[Pom]   Pommerantz, D., Wallis, G.: Field-assisted glass-metall sealing; in: J. Appl. Physics, 1969, 3946 ff.

[Ste]   Stengl, R. et al.: A model for the silicon wafer bonding process, in: Jap. Journ. of Appl. Phys., Vol. 28, H. 10, 1989, 1735 ff.

7.2 Aufbautechnik auf Chiplevel

	Schlüsselbegriffe
	Chipmontagetechnik, eutektisches Bonden, Löten, Klebebonden, Einschränkung der Anwendbarkeit, elektrische Anschlusstechnik, Drahtbonden, Kontaktierungen, Drahtbondtechniken, Thermokompressionsbonden, Ultraschallbonden, Thermosonicbonden, Flip-Chip-Technik, modifiziertes Lötverfahren, „Under" Bump Metallisierung, höckerförmige Lot-Bumps, Abbau mechanischer Spannungen, Tape Automated Bonding, mikrooptische Anschlusstechnik, integrierte Optik, mikrooptische Bauelemente, Streifenwellenleiter, Justierung von Lichtwellenleitern, fluidische Anschlusstechnik, eingesetzte/aufgesetzte Kanülen, Nachteil der Kanülentechnik, aufklebbare Schlauchadapter, Schlauchadapter ohne Klebeverbindung, mechanische Anschlusstechnik, elastische Membranen, träge Massen, Gehäuseanforderungen, Einsatzgebiete von Mikrosystemen, Mikrosysteme – Schnittstelle zur Makrowelt, Gehäuse für den erfolgreichen Einsatz von Mikrosystemen, adaptierte Gehäuse – keine Standards, Klassifizierung von Mikrosystemen, Typklasse I: optische Fenster, Typklasse II: Anschluss von Mikrokanälen, Typklasse III: Anschluss von Tropfenerzeugern, Typklasse IV: Anschluss von mechanisch beweglichen Komponenten, Typklasse V: Mikrokomponenten mit rotatorischen Elementen

7.2.1 Fixierungstechniken

	Die-Bonden
Chipmontage-technik	Die folgenden Arbeitsschritte sind aus der Fertigung mikroelektronischer Schaltkreise bekannt. Ihr sinnvoller Einsatz in der Mikrosystemtechnik ist jedoch nicht zwangsläufig gegeben. Da an einigen Stellen zumindest einige Teilprozesse auch in der Mikrosystemtechnik genutzt werden, sollen an dieser Stelle die Grundzüge der Chipmontage erläutert werden. Nachdem die Substrate vollständig bearbeitet wurden und in einem anschließenden Trennverfahren die Chips vereinzelt werden konnten, erfolgt nun deren Montage. Dazu werden die „Dies" (Würfel) auf Träger montiert. Die Träger sind in der Regel vorgefertigte Bauteile mit entsprechenden Standardabmessungen. Sie können aus Metall, Keramik oder Glas bestehen. Während bei metallischen Trägern die elektrisch leitenden Pins

bereits vorhanden sind, weisen die isolierenden Träger strukturierte metallische Leiterbahnen auf, die zur späteren Kontaktierung genutzt werden. Durch das Die-Bonden werden die Silizium-Chips mit der Rückseite auf den Trägern mechanisch fixiert.

Dazu werden verschiedene Verfahren eingesetzt:

eutektisches Bonden

1. Nutzung von Eutektika

   Es ist bekannt, dass Silizium und Gold unter bestimmten Bedingungen ein Eutektikum mit einer Schmelztemperatur von 363°C bilden. Dies nutzt man, indem der Träger mit einer Goldschicht versehen wird. Der Chip wird auf diese Schicht gesetzt, auf eine Temperatur von ca. 380°C gebracht und in leichte Schwingungen versetzt. Durch die Diffusion der Si-Atome in das Gold wird innerhalb der Diffusionszone der eutektische Punkt des Gemisches erreicht, so dass dessen Verflüssigung eintritt. Bei Abkühlung unter 363°C erstarrt die Schmelze. Es bildet sich eine hermetisch dichte Verbindung zwischen dem Silizium und dem Träger.

Löten

2. Nutzung klassischer Lote

   Löten hat den Vorteil bei niedrigeren Prozesstemperaturen arbeiten zu können. Nachteilig ist die erforderliche Rückseitenmetallisierung der Si-Chips. Zunächst wird die metallisierte Rückseite mit einer dünnen Lotschicht versehen. Dazu werden die Chips rückseitig auf einer festen Lotvorlage positioniert. Durch die Erwärmung des Lotes wird dessen Schmelzpunkt überschritten und es kommt zur Rückseitenbenetzung des Chips. Der so konfektionierte Chip kann nun auf einem Träger, z.B. Kupfer, fixiert werden, indem es dort aufgelegt wird und die Temperatur kurzeitig über die Schmelztemperatur des Lotes gebracht wird. Es bildet sich eine hermetisch dichte Verbindung zwischen dem Silizium und dem Träger.

Klebeboden

3. Nutzung von Klebstoffen

   Das Klebebonden erlaubt noch geringere Prozesstemperaturen als das Löten. Dazu werden polymere Klebstoffe in hochviskoser, flüssiger Form oder als Präpräg (vorgeprägte Folie) auf den Träger aufgebracht. Anschließend wird der Chip unter Druck und Temperaturen von bis zu 160°C fixiert. Als Polymerwerkstoffe werden vorwiegend Duromere, wie Epoxidharze, verwendet. Durch metallische Füllstoffe können diese Harze elektrisch und thermisch leitend eingestellt werden. Es bildet sich keine hermetisch dichte Verbindung zwischen dem Silizium und dem Träger.

Einschränkung der Anwendbarkeit

Die geschilderten Verfahren setzen voraus, dass die Chips problemlos aus dem Waferverband herausgelöst werden können. Diese Voraussetzung ist jedoch bei sehr vielen Mikrostrukturkomponenten nicht gegeben. Daher ist die Verwendung dieser Verfahren nur bedingt möglich.

Nach dem Chipbonden erfolgt in der Mikroelektronik der Drahtbondprozess.

7.2.2   Anschlusstechniken

	Elektrische Anschlüsse
elektrische Anschlusstechnik	Nach der Fixierung der Chips auf dem Träger erfolgt deren elektrische Kontaktierung. Man kann dabei zwischen verschiedenen Verfahren unterscheiden.

Bei einigen Verfahren wird die elektrische Kontaktierung auch zur Fixierung der Chips genutzt, so dass man auf den Die-Bond-Prozess verzichten kann. Hier sollen allerdings nur die elektrischen Kontaktierungsverfahren besprochen werden, die für die Mikrosystemtechnik von Bedeutung sind.

Drahtbondtechniken

1. Elektrische Verbindung mit Drähten

Das Drahtbonden ist die älteste, aber am häufigsten eingesetzte Technik zur elektrischen Kontaktierung der Chips. Drahtbonden ist ein serielles Verfahren, d.h. die Bondpads werden nacheinander mit Anschlusspads/-pins auf dem Träger verbunden. Dazu werden Drahtbrücken von Bondpads auf dem Chip zu den Anschlusspads oder -pins auf dem Träger gelegt. Die verwendeten Drähte sind aus Gold oder Aluminium mit einem Durchmesser von 20µm…30µm. Die Kontaktierung auf den Pads/Pins kann mit zwei sich unterscheidenden Verfahren erfolgen.

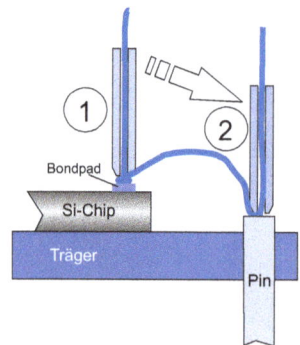

a.   Temperatur und Druck

Thermokompressionsbonden

Bei diesem Verfahren wird eine leitfähige Verbindung zwischen dem Bondpad und dem Draht durch Temperatur und Druck erreicht. Dazu werden Chip und Trägerstreifen kurzzeitig auf eine Temperatur von etwa 300°C erhitzt. Dann wird der Bonddraht aus einer Kapillare zuerst durch eine kurzzeitige elektrische Entladung aufgeschmolzen, so dass sich an dessen Spitze eine kugelförmige Kontur entwickelt. Diese wird unter Druck auf das vorgewärmte Pad gepresst. Dadurch kommt es zu einer dauerhaften Verbindung. Anschließend wird der Draht zum Träger-Pad/-Pin gezogen, dort ebenfalls unter Druck angepresst und schließlich durch die Kanüle abgequetscht. Schließlich erhält der Draht wieder die Kugelkontur für den nächsten Bondschritt.

b. Hochfrequente Schwingungen

Um die Chips thermisch nicht zu belasten kann, das Kontaktieren auch mittels Ultraschall durchgeführt werden. Bei diesem Verfahren werden die Kontaktpartner leicht zusammengepresst und mit Ultraschallfrequenzen in Schwingung versetzt. Die dadurch entstehende lokale Reibungswärme reicht aus, um eine metallische Verbindung zwischen den Bondpartnern herzustellen. Zuerst wird der Kontaktdraht auf dem Bondpad des Chips fixiert. Anschließend wird der Draht zum Pin gezogen, dort ebenfalls unter Ultraschall und leichtem Druck fixiert und schließlich durch das Werkzeug hinter der Bondstelle abgerissen.

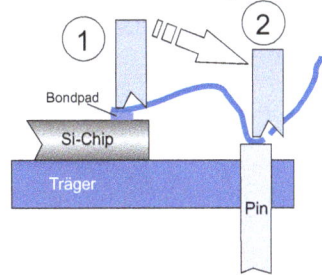

c. Kombination von Schwingung, Druck und Temperatur

Das Thermosonicbonden ist eine Kombination aus den beiden o.g. Verfahren. Es wird bei einer Temperatur von ca. 150°C durchgeführt.

2. Kontaktieren und „Umdrehen" (FC-Technik)

Die Flip-Chip-Technik ist ein modifiziertes Lötverfahren. Ihre Vorteile bestehen in der hohen Produktivität (alle Verbindungen werden in einem Arbeitsgang hergestellt), in der Temperaturableitung und in der Möglichkeit, die Chips gleichzeitig mechanisch auf dem Träger zu fixieren.

Die Flip-Chip-Verbindung wird zwischen dem Bondpad auf dem Chip und einer Leiterbahnstruktur auf dem Träger hergestellt. Das Verbindungselement ist ein so genannter Löthöcker oder Bump, der aus einem Lot oder einem leitfähigen Klebstoff bestehen kann. Der Bump ist ein halbkugelartiges Gebilde mit einer Höhe 50µm…80µm. Die Bumps werden auf die Pads des Chips platziert.

Dabei ist bei metallischen Bumps eine „Under Bump Metallization" (UMB) erforderlich. Dies ist eine Schicht, die das Al-Pad vollständig überdeckt und dessen Oxidation verhindert sowie die Lötfähigkeit der Metallschicht sichert. Der typische Schichtaufbau des UMB ist im Bild gezeigt. Die Nickel- und die Goldschichten werden stromlos bzw. elektrolytisch abgeschieden. Auf diesen UMB wird nun ein PbSn-Lottropfen abgelegt. Dazu existieren verschiedene Methoden.

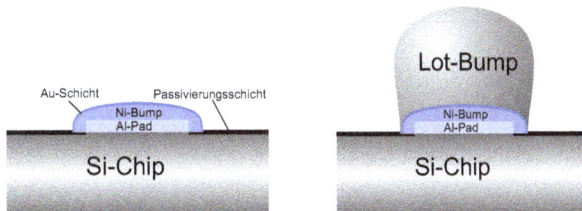

höckerförmige Lotbumps	Eine Methode für kleine und mittlere Stückzahlen ist das Solder-Ball Bumping. Dazu werden vorkonfektionierte Lotkugeln mit einem Laserstrahl auf die UMB's aufgeschmolzen. Bei größeren Stückzahlen wird per Siebdrucktechnik Lotpaste auf die Chips gedruckt und anschließend aufgeschmolzen. Durch die Oberflächenspannungen in der Schmelze bildet sich die halbkugelförmige Gestalt wie im Bild gezeigt. Nach der Bestückung aller Bondpads auf dem Chip wird dieser kopfüber (flip) ausgerichtet und justiert auf dem Träger platziert. Dabei treffen die Bumps auf die für sie vorgesehenen Leiterbahnabschnitte. Mit Hilfe eines Reflow-Lötprozesses werden die Bumps kurz aufgeschmolzen, die Lötverbindung zum Leiterbahnmaterial hergestellt und anschließend wieder abgekühlt. Die Legierungsbildung kann auch mit Goldbumps und Thermokompressionsbonden realisiert werden. Klebstoffbumps werden mit Hilfe von Klebstoffdosiersystemen oder mittels Siebdrucktechnik auf den Chips oder dem Träger positioniert. Nach Kontaktierung der zu verbindenden Teile erfolgt die Aushärtung des Klebstoffs unter leichten Druck und bei erhöhter Temperatur.
Abbau mechanischer Spannungen	Da bei allen FC-Verfahren mechanische Spannungen zwischen dem Träger und dem Chip auftreten, wird zu deren Abbau oft ein so genannter Underfiller eingesetzt. Dies ist ein Polymer, das in der Lage ist, die mechanischen Spannungen aufzunehmen und die Chips zu entlasten.
	Der entscheidende Vorteil der FC-Technik besteht darin, dass sie bereits auf Wafer-Level eingesetzt werden kann. Dies führt zu erheblichen Einsparungen bei Montageprozessen.

3. Nutzung der Bandtechnik (TAB)

Tape Automated Bonding	Diese Technik ist vor allem bei sehr großen Stückzahlen interessant und kann als eine Vorstufe der FC-Technik aufgefasst werden. Hier soll auf diese Technik nicht näher eingegangen werden [Völ].

	Optische Anschlüsse
mikrooptische Anschlusstechnik	Die optische Anschlusstechnik in der Mikrosystemtechnik unterscheidet sich von der elektrischen erheblich. Einerseits gibt es integrierte mikrooptische Bauelemente auf Streifenwellenleiterbasis, andererseits gibt es eine Vielzahl klassischer extrem miniaturisierter Bauelemente, die den Strahlengang beeinflussen können, Strahlung detektieren oder Strahlung emittieren. Die grundlegende Fragestellung besteht bei diesen Elementen darin, die entsprechende Strahlung optimal ein- bzw. auszukoppeln. Da Strahlung nicht zwingend an spezifische Festkörpereigenschaften, wie die elektrische Leitfähigkeit gekoppelt ist, sind die Möglichkeiten des Strahlungsein- bzw. -austrittes bei einem Mikrosystem auch breiter gefächert.

integrierte Optik	Bei der integrierten Optik vereinfacht sich die Situation, da hier die Lichtwellenleitertechnik angewendet wird. Diese ist vergleichbar mit der elektrischen Leitungstechnik. Nur sind in diesem Fall die optischen Strahlen an die optischen Eigenschaften des Mediums gebunden und nicht elektrische Ladungsträger an die elektrische Leitfähigkeit. Bei der integrierten Optik besteht der Lichtwellenleiter aus einem anderen Material als der Mantel (z.B. SiO_2-SiO_xN_y-SiO_2) und weist daher auch andere Brechungsindizes auf. Zum Transport der Strahlung wird die Totalreflexion am Mantelmaterial genutzt. Lichtwellenleiter und mikrooptische Bauelemente, wie Verzweiger oder Richtkoppler, können somit mit Hilfe von Wafertechnologien hergestellt werden. Als Werkstoffe kommen dabei Silizium, Gläser, kristallines Galliumarsenid GaAs und Lithiumniobat $LiNbO_3$ in Waferform zum Einsatz.
mikrooptische Bauelemente	

Streifen-wellenleiter	Die typische Bauform eines Streifenwellenleiters (SLWL) ist im Bild gezeigt. Problematisch ist bei diesen Bauelementen die Ein-/Auskopplung der Strahlung. In der Regel werden optischen Fasern genutzt. Dazu werden Lichtleitfaser und Lichtwellenleiter mit den Stirnflächen einander zugeordnet und dauerhaft fixiert.

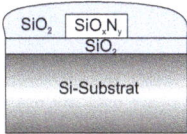

Die Zuordnung des freiliegenden Lichtwellenleiters (LWL) erfolgt dabei mit Hilfe V-förmiger Strukturen, die mit anisotropen, nasschemischen Ätzprozessen im Si erzeugt werden können. Die V-Form erlaubt die optimale Lagerung und Zuordnung des LWL. Da sich beim anisotropen Ätzen immer geneigte Seitenflächen ergeben, ist auch die Stirnfläche geneigt und daher nicht für die Lichteinkopplung geeignet. Aus diesem Grund werden die Aufnahme für den LWL und der Chip mit integrierter Optik gesondert gefertigt und anschließend

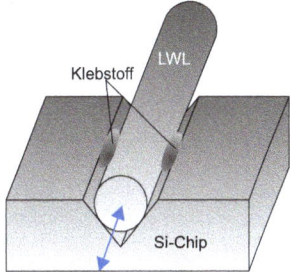

justiert auf einem Träger angeordnet. Das Verfahren ist außerordentlich aufwändig und erfordert viel Erfahrung. Bislang gibt es jedoch kaum industriell erprobte Lösungen in diesem Gebiet. Problematisch sind neben möglichen Fehljustierungen auch Fehlanpassungen, die durch thermische Dehnung hervorgerufen werden können.

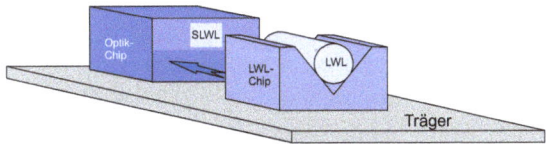

Justierung von Lichtwellenleitern	Wesentlich einfacher ist die Justierung von LWL und SLWL auf einem Substrat durch Nutzung der anisotropen Trockenätztechnik. Mit Hilfe des ASE- (Advanced Silicon Etch) Prozesses können sehr tiefe Strukturen im Silizium erzeugt werden. Die Seitenwände sind dabei kaum gegenüber der Senkrechten geneigt. In ersten Ätzschritt wird die Aufnahme für den LWL erzeugt.

	Im zweiten Ätzschritt, einem Polierätzen, erfolgt die Glättung der senkrechten Einkoppelfläche. Dieser 2. Schritt ist erforderlich, weil der ASE-Prozess eine alternierende Kombination von Ätz- und Beschichtungsprozessen ist. Bei der Beschichtung werden vorwiegend die Seitenwände vor dem nachfolgenden Ätzschritt geschützt. Dadurch bildet sich ein wellenförmiges Muster auf den Seitenwänden aus, dessen Rauhigkeit im Bereich von 1nm...5nm liegen kann. In einer sehr starken Übertreibung ist dies im oben stehenden Bild gezeigt. 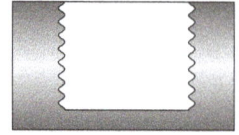

Fluidische Anschlüsse

fluidische Anschlusstechnik	Anschlüsse zur fluidischen Kontaktierung von Mikrosystemen bereiten große Probleme. Hier muss im Gegensatz zu den zuerst genannten Anschlussprinzipien ein leckfreier Stofftransport sichergestellt werden. In der Makrotechnik existieren jedoch keine Rohr- oder Schlauchsysteme, die den Anforderungen der Mikrosystemtechnik entsprechen. Daher muss die fluidische Verbindungstechnik zusätzlich die Kopplung zur Makrowelt leisten.
Kontaktierung von Mikrokanälen	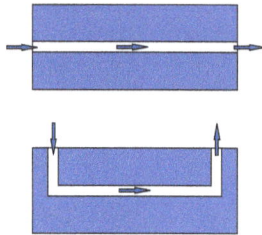 Mikrokanäle besitzen immer einen Einlass und einen Auslass. Diese können seitlich oder an der Oberfläche des Substrates angeordnet sein. Zur Kontaktierung dieser Mikrokanäle existiert bislang keine zufriedenstellende Standardlösung. Im einfachsten Fall erfolgt die Befüllung der Mikrokanäle mit Hilfe einer Spritze durch einen Öffnungseinlass, der sich auf der Oberfläche befindet. Durch Kapillarkräfte verteilt sich die Flüssigkeit dann im Kanal. In Systemlösungen ist diese Art des Befüllens aber ungeeignet, da es beim Gebrauch von mehreren Fluiden zu ungewünschten Reaktionen kommen kann. Die Fluide sollen oft definiert in das Mikrosystem appliziert werden.
eingesetzte/ aufgesetzte Kanülen	Die unmittelbare fluidische Verbindung zur Makrowelt kann mit Hilfe folgender Lösungen realisiert werden: **a) Kanülen als klassische Form** Kanülen werden in der Medizin zum Applizieren von Medikamenten eingesetzt. Sie bestehen meist aus einer Edelstahlkapillare und einem angespritzten Anschlussteil. Dieses Teil stellt die eigentliche Kopplung zur Makrowelt dar. Es kann auf den Kolben einer Spritze aufgesteckt werden. Durch äu- 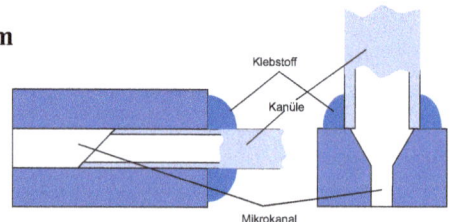

	ßeren Druck kann die Flüssigkeit aus dem Kolben durch die Kapillare gepresst werden. Diese Technik kann man mit Mikrokanälen kombinieren. Dazu werden Kanülen entweder in die Kanäle eingelassen oder stumpf über den Kanalöffnungen platziert. Mögliche Leckagen werden vermieden, indem die Kanüle mit einem Klebstoff abgedichtet und fixiert wird.
Nachteil der Kanülentechnik	Dieses Verfahren ist allerdings nicht automatisierungsfähig und daher auch nicht sehr produktiv. Die Klebeverbindungen sind zudem sehr anfällig bei der Verwendung organischer Lösungsmittel. Nachteilig ist weiterhin, dass die Zufuhr von Flüssigkeiten nur über aufgesteckte Spritzen realisierbar ist. Beim stumpfen Aufsetzen der Kanülen kann bei deren Fixierung Klebstoff in den Mikrokanal eindringen und diesen verschließen. Außerdem sind derartig stumpfe Verbindungen mechanisch sehr leicht zu beschädigen.

b) Einsatz von Klebstoffen

aufklebbare Schlauchadapter

Die Unzuverlässigkeit der Kanülenverbindung und deren aufwändige Montage führten zu Lösungen, die diese Mängel beseitigen sollten. Es wurden kommerzielle Schlauchadapter entwickelt, die auf die Oberfläche montiert werden können. Als Technik wird auch hier das Kleben angewendet.

Im Bild ist ein Beispiel einer solchen Verbindung der Fa. Upchurch [Upc] gezeigt. Dabei wird das rechte untere Teil auf der Oberfläche mittels Klebetechnik befestigt. Das rechte obere Teil besitzt eine zentrale Bohrung und dient zum Aufstecken eines Schlauches. Dieser wird befestigt indem das linke Teil, das zuvor auf den Schlauch gesteckt wurde, im Gewinde des auf der Oberfläche fixierten Teils festgezogen wird. Diese Technik ist für niedrige Druckbereiche ausreichend und nutzt professionell gefertigte Teile. Nachteilig ist die notwendige Klebeverbindung. Nach Gebrauch oder Ausfall der Mikrokomponente sind die Schlauchanschlüsse nicht mehr verwendbar.

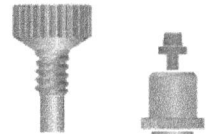

c) Vermeidung der Nichtlösbarkeit

Schlauchadapter ohne Klebeverbindung

Die Verbindung mit externen Schläuchen kann mit Hilfe eines Schlauchadapters erfolgen. Dieser ermöglicht eine lösbare Verbindung zum Mikrokanal mit makroskopischen standardisierten Schlauchverbindungselementen. Als Basis werden dazu Elemente genutzt, die von kommerziellen Herstellern [Upc, Omn] angeboten werden. Diese bestehen aus einer Ferrule, die am Schlauchende aufgesetzt wird und zur radialen Abdichtung und einem Gewindkörper mit Innenbohrung zur Schlaucharretierung dient. Der Schlauchadapter ist ein U-förmiges Teil aus Metall oder einem

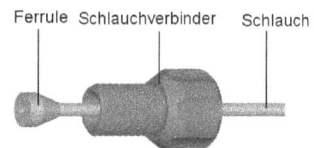

harten Polymer (z.B. PEEK) und besitzt in einem Schenkel ein Innenloch mit Gewinde zur Aufnahme des Schlauchverbinders. Der Schlauchadapter wird auf den Mikrofluidik-Chip gesteckt. Dabei wird die Gewindebohrung zur Öffnung im Chip ausgerichtet. Anschließend wird der Schlauchverbinder in die Gewindebohrung eingeschraubt. Dadurch kann eine druckfeste, aber lösbare Verbindung zwischen Chip und Schlauch realisiert werden. Bei Funktionsausfall des Chips sind die Anschlussteile weiter verwendbar.

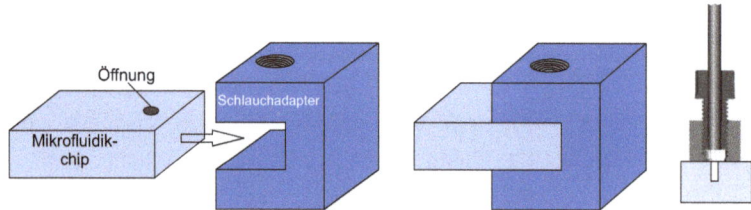

Die Schwierigkeiten der fluidischen Verbindung zu mikrostrukturierten Bauelementen haben neben den oben geschilderten Lösungen oft dazu geführt, das Problem aus dem Mikrobereich in den Makrobereich zu verlagern. Dazu wird die Mikrokomponente vollständig eingehaust. Das Gehäuse dient dann als fluidische Schnittstelle. Um die Funktion sicherzustellen, erfolgt innerhalb des Gehäuses eine Abdichtung zwischen den einzelnen Ein- und Ausgängen.

Mechanische Anschlüsse

mechanische Anschlusstechnik

Mechanische Anschlüsse dienen der Ein- bzw. Ausleitung von Kräften oder Verstellwegen aus dem Mikrosystem.

elastische Membranen

Mikrostrukturen, die diese Anforderung erfüllen, müssen dabei gegen Kontaminationen geschützt werden. Dies ist einerseits möglich, indem die vom Mikroantrieb erzeugte Bewegung auf eine Membran übertragen wird. Andererseits kann durch die Nutzung von elastischen Materialien im Gehäuse des Mikroantriebes eine Bewegung per Hebelarm nach außen übertragen werden. Die Kraft- bzw. Wegauslenkung wird durch Stellorgane verrichtet, die mittelbar oder unmittelbar mit dem Mikroaktor verbunden sind. Stellorgane können dabei Hebelgelenkstrukturen in Form von Balken und Brücken oder Membranen sein. Mit diesen Anordnungen lassen sich nur translatorische Bewegungen erzeugen. Eine Generation von außerhalb des Mikrosystems nutzbaren rotatorischen Bewegungen scheint aus heutiger Sichtweise nicht möglich. Lösungen zur mechanischen Ankopplung sind dabei sehr anwendungsspezifisch. Es ist daher hier auch nur möglich, prinzipielle Lösungsansätze zu präsentieren.

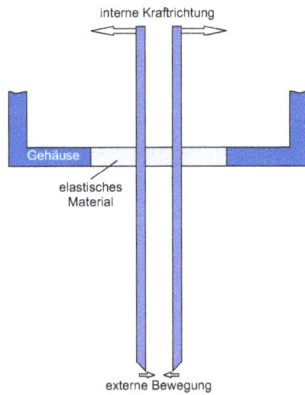

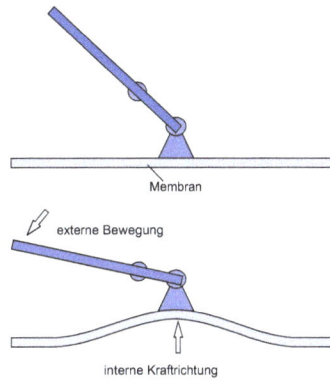

träge Massen	Die Einkopplung mechanischer Energie in mikrostrukturierte Komponenten erfolgt in den meisten Fällen über die Masseträgheit. Dazu besitzen derartige Mikrosysteme eine große seismische Masse, die federnd aufgehängt ist. Durch die Beschleunigungen a erfährt das träge Massestück mit der Masse m gemäß der Beziehung

$$F = m \cdot a$$

eine Kraft F und wird in eine der Beschleunigung entgegengerichtete Richtung ausgelenkt. Diese Auslenkung kann detektiert werden, indem die Federn mit entsprechenden Detektoren (piezoelektrisch, piezoresistiv usw.) ausgestattet sind. Um ungewollte Detektion zu vermeiden und ein Überschwingen zu verhindern, müssen die federnd aufgehängten Massen gedämpft werden. Dies kann über die Auslegung der entsprechenden Federn realisiert werden. Es können aber auch fluidische Dämpfungselemente genutzt werden. Eine Möglichkeit dazu besteht darin, das gesamte System in einer Dämpfungsflüssigkeit, z.B. Öl, zu lagern. Unter diesen Bedingungen muss die Verbindung der Chips mit dem Gehäuse so erfolgen, dass entweder die Dämpfungsflüssigkeit als Vorlage im Gehäusedeckel vorliegt und der Träger mit dem Chip in den Gehäusedeckel gesteckt und das Gehäuse geschlossen wird. Oder es werden im Gehäuse wiederverschließbare Öffnungen angeordnet, die ein Befüllen und anschließendes Verschließen ermöglichen. |

7.2.3 Gehäusetechniken

Gehäuseanforderungen	**Grundanforderungen**

Das Gehäuse eines Mikrosystems hat vielfältige Aufgaben. Es dient der mechanischen Fixierung und geometrischen Zuordnung einzelner oder verschiedener Komponenten eines aus mehreren Komponenten bestehenden Systems (hybrides Mikrosystem), der externen elektrischen Kontaktie- |

rung, dem Temperaturmanagement, dem Schutz des Mikrosystems vor ungewollter Zerstörung und der Anpassung des Mikrosystems an die Einsatzumgebung.

Einsatzgebiete von Mikrosystemen

Mikrosysteme können unterschiedlichste Aufgaben wahrnehmen. Sie können Bewegungen durch das Wirken externer Kräfte ausführen oder selbst mechanische Bewegungen bei elektrischer Ansteuerung vollziehen. Sie können chemische bzw. biologische Stoffe detektieren, können Strahlung empfangen, reflektieren oder aussenden, können fluidische Ströme leiten, steuern und initiieren und vieles mehr [Gil].

Mikrosysteme – Schnittstelle zur Makrowelt

Als komplette Mikrosysteme vereinigen sie dabei die o.g. Aufgaben mit einer entsprechenden Steuerung im Mikromaßstab. Während die Steuerung durch bekannte mikroelektronische Schaltungen realisiert werden, in denen elektrische Signale entsprechend aufbereitet und verarbeitet werden, müssen Mikrosysteme auch ihre ureigene „zusätzliche" Funktion erfüllen. Dadurch treten sie unmittelbar mit ihrer Umgebung in Kontakt. Sie bilden also in jedem Fall eine Schnittstelle von der Mikrowelt zur Makrowelt. Um dieser Schnittstellenfunktion gerecht zu werden, benötigen sie ein entsprechendes „Fenster", das das Vordringen physikalischer, chemischer oder biologische Größen zum Mikrosystem ermöglicht oder den aktiven Eingriff in Stoff-, Energie- oder Signalflüsse erlaubt. Die klassische Form des Verkapselns, wie bei elektronischen Schaltkreisen üblich, erfüllt diese Bedingung aber nicht. Hier werden die Chips auf einen Träger aufgebracht, elektrisch kontaktiert und anschließend mit einer Vergussmasse verkapselt. Die Anschlüsse nach außen können nur elektrische Signale bzw. elektrische Energie transportieren. Neben dieser elektrischen Anschlusstechnik muss aber mindestens noch ein Anschluss für weitere Größen existieren. Daher ist es notwendig an Hand der konkreten Einsatzbedingungen des jeweiligen Mikrosystems die Fenster so zu definieren, dass ein optimaler Austausch mit dem Mikrosystem stattfinden kann.

adaptierte Gehäuse – keine Standards

Leider wurde in der Vergangenheit diesem Bereich der Mikrosystemtechnik kaum Beachtung geschenkt. Gegenwärtig zeichnet sich aber deutlich ab, dass die Gehäusetechnik für Mikrosysteme über deren wirtschaftlichen Erfolg entscheidet. Nur mit für ihre spezifische Funktion geeigneten Gehäusen können Mikrosysteme erfolgreich eingesetzt werden. Da die Gehäusung in starkem Maße von der Funktion und den Bedingungen, unter denen das Mikrosystem eingesetzt werden soll, abhängt, ist es auch nicht möglich, Standardlösungen für die Gehäusetechnik anzugeben – die Einsatzbedingungen sind einfach zu vielfältig. Vielmehr soll auf Möglichkeiten hingewiesen werden, die dem Stand der heutigen Technik entsprechen. Dabei können jedoch nur Beispiele gezeigt werden, die verdeutlichen sollen, welche Möglichkeiten der Gehäusetechnik existieren.

Klassifizierung von Mikrosystemen	Bei der Betrachtung verschiedener Mikrosysteme kann man unterschiedliche Produkte klassifizieren. In der folgenden Tabelle sind diese Typen mit entsprechenden Beispielen aufgeführt:	

Typklasse	Typ	Beispiel
I	Starre ortsfeste Strukturen	Strahlungssensoren, Magnetfeldsensoren
II	Starre ortsfeste Strukturen mit intern bewegten Stoffströmen	Mikrokanäle, Mikromischer
III	Starre ortsfeste Strukturen mit in- und extern bewegten Stoffströmen	Tintenstrahldruckköpfe
IV	Deformierbare Strukturen ohne Festkörperreibung (Dehnung, Verbiegung, Torsion)	Beschleunigungssensoren, Kippspiegel, piezoresistive Sensoren, Mikrofone, Mikromembranpumpen, Mikroventile
V	Bewegliche Strukturen mit Reibung und Kraftwirkung	Rotatorische Mikromotoren

Mit zunehmender Typklassennummer nimmt der Anspruch an die Gehäusetechnik zu.

Typklasse I Optische Fenster	Mikrosysteme der Typklasse I lassen in vielen Fällen die Gehäusetechnik aus der Mikroelektronik zu. In anderen Fällen muss ein entsprechendes Fenster für die zu detektierende Größe geschaffen werden. Die Chips sind auf einem Träger befestigt. Der Träger befindet sich in einem Standardgehäuse (z.B. TO-Gehäuse). Als Gehäusematerialien werden meist Metalle oder Keramiken verwendet. Die elektrische Kontaktierung erfolgt durch Bonddrähte zu den Anschlussbeinchen. Das Standardgehäuse muss ein Fenster (Aussparung, die mit einem Glaseinsatz o.Ä. versehen sein kann) enthalten, durch das das zu detektierende Signal auf das Chip gelangen kann. In korrosiver Umgebung ist ein Einsatz von Materialien, die das gewünschte Signal ungehindert durchleiten, zwingend erforderlich. Das Standardgehäuse wird mittels Klebe-, Schweiß- oder Löttechnik mit dem Träger verbunden.

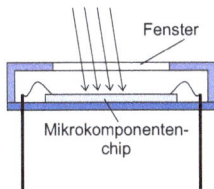

Fenster

Mikrokomponentenchip

	Bei optischen Strukturen mit hoher Empfindlichkeit ist der Einsatz von Klebstoffen wegen möglicher Ausgasung zu vermeiden. Vor der Verkapselung ist ein Evakuierungsschritt erforderlich, um die Wassermoleküle aus den Strukturen zu entfernen. Bei der Einkopplung magnetischer Felder kann die bekannte Gehäusetechnik genutzt werden. Allerdings ist darauf zu achten, dass alle Gehäuseteile, wie Träger, Sockel und Verschlusskappe nicht ferromagnetisch sind. In elektrisch leitenden Gehäusen können Spannungen induziert werden und die Messungen verfälschen. Daher ist der Einsatz von Polymeren oder Keramiken als Gehäusematerial anzustreben.
Typklasse II **Anschluss von** **Mikrokanälen**	Intern bewegte Stoffströme lassen sich nur in geschlossenen Strukturen bewegen. Dies sind in der Regel Kanäle, die mit Hilfe von Mikrostrukturierungstechniken in Substraten erzeugt wurden. Zum Verschluss der Kanäle werden diese mit einem zweiten Substrat, das ebenfalls Kanalstrukturen enhalten kann, abgedeckt. Die Verbindung zwischen den Substraten muss in diesem Fall hermetisch dicht sein. Zur Verbindung eignen sich hier besonders das Silzium-direkt-Bonden das anodische Bonden oder das Glaslotbonden. Klebebonden ist wegen der Verstopfungsgefahr nicht geeignet. Im günstigsten Fall nehmen die Substrate die Gehäusefunktion wahr. Zusätzliche Einhausungsschritte können dadurch entfallen. Daher ist eine Auslegung der Komponenten nach diesem Designvorbild anzustreben. Um einen Zugang zu den Kanälen zu erhalten, müssen entsprechende Ein- und Auslässe vorhanden sein. Diese können bei diesem Design z.B. zusammen mit der Kanalherstellung bei nasschemischen Ätzprozessen in Silizium erzeugt werden. Einzige Voraussetzung und Design-Regel ist: Die Tiefe der Kanäle beträgt ½ der Substratdicke. Bei anderen Werkstoffen lassen sich ähnliche Prozeduren anwenden.
Typklasse III **Anschluss von** **Tropfenerzeugern**	Bei Tintenstrahldruckköpfen zeigen sich schon unterschiedliche Wirkprinzipien. Man kann zwischen piezoelektrischen Druckköpfen und Bubble-Jet-Druckköpfen unterscheiden. Allen ist gemeinsam, dass die Tinte durch ein Kanalelement fließt, dort bei Ansteuerung beschleunigt wird und das Kanalelement durch eine Düse als Tropfen verlässt. Dabei darf die Düse nicht verschlossen oder verschmutzt werden und es darf sich keine Tinte im Austrittsbereich ansammeln. Damit ist eine Grundfunktion definiert, die für alle Druckköpfe erfüllbar sein muss. Die Düsen müssen Tropfen abgeben, sie müssen gereinigt

	werden können und sie sollten sich gegenüber der Tinte hydrophob verhalten. Da eine mechanische Reinigung wegen der Möglichkeit des Verstopfens ausgeschlossen ist, werden üblicherweise Unterdruckprozeduren im Düsenbereich angewendet. Zur Realisierung dieser Anforderungen eignen sich am besten Düsen, die in eine ebene Platte eingelassen sind. Dabei kann die Düsenplatte auch geteilt sein (im Bild gestrichelte Linie), um in einem Teil die Tropfenantriebe (Heizwiderstände oder Piezobieger) aufzunehmen und im zweiten Teil die Düsen auszubilden. Die Düsenplatte muss hermetisch dicht mit dem Träger verbunden sein, um Leckströmungen zu vermeiden. Dieses System muss dann an den Tintentank adaptiert werden. In der konkreten Ausführung unterscheiden sich die Produkte verschiedener Hersteller erheblich, ohne jedoch das geschilderte Grundprinzip zu verändern.
Typklasse IV Anschluss von mechanisch beweglichen Komponenten	Bei diesen Strukturen existieren bewegliche Elemente, die im normalen Betrieb verformt werden können. Ein Verguss dieser Strukturen ist ausgeschlossen, da hierbei deren Funktion verloren ginge. Die Strukturen sind Biege- oder Torsionselemente bzw. Membranen. Sie zeichnen sich durch eine extrem hohe Fragilität aus. Diese Eigenschaft führt schon zu erheblichen Problemen beim Freilegen einzelner Chips. Die klassische Trenntechnik mit einem durch Wasserstrahl gekühlten Diamantsägeblatt würde zur Zerstörung der mechanisch empfindlichen Teile führen. Die Teile müssen also schon vor dem Trennen geschützt werden. Eine sehr wirksame Technik bietet sich hier an, indem alle empfindlichen Elemente auf einem Substrat mit einem weiteren Substrat abgedeckt werden. Dabei enthält das zweite Substrat in dem Bereich der mikrostrukturierten Elemente Kavitäten, die den vollen Bewegungsspielraum der Mikrostruktur zulassen. Das zweite Substrat kann mit Hilfe von Waferbondtechniken (SDB, anodisches Bonden) auf dem ersten fixiert werden. Dies ist grundsätzlich möglich, wenn die Mikrosturktur keine elektronischen Komponenten enthält.

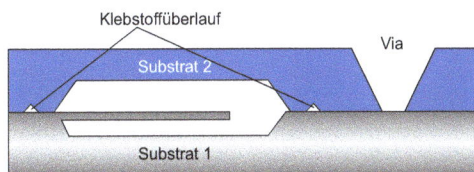

Die Kontaktierung der Mikrokomponente kann mit Hilfe von durchgeätzten Löchern (Vias) im ersten oder im zweiten Substrat erfolgen. Die Lage der Vias bestimmt letztlich die Einbaurichtung des Bauelementes. Das Bonden der beiden Wafer kann unter Vakuum oder bei Normaldruck erfolgen. Die Bondverbindung ist in jedem Fall hermetisch dicht. Bei Mikrokomponenten mit elektronischen Bauteilen lässt sich diese Technik wegen der hohen Temperaturen bzw. Spannungen nicht anwenden. Aus diesem Grund müssen hier andere Verfahren eingesetzt werden. Ein weiteres Waferbond-Verfahren ist das Klebebonden. Bei diesem Verfahren müssen die Klebstoffe exakt dosiert an vorgeplanten Positionen abgelegt werden. Mögliche Überläufe des Klebstoffs können durch entsprechende Auffanggräben, die sich auf einem der beiden Wafer befinden, vermieden werden. Nachteilig bei diesem Verfahren ist die

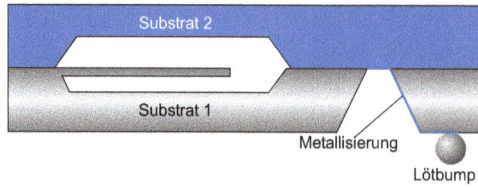

Wahrscheinlichkeit des Ausgasens der meist organischen Klebstoffe. Die dabei entstehenden Gase können korrosiv sein und Kontakte oder empfindliche Strukturen in ihrer Funktion erheblich stören. Alle o.g. genannten Prozesse müssen unter hohen Reinheitsbedingungen und gegebenenfalls bei definierter Luftfeuchte duchgeführt werden. Wasser kann sich bei beweglichen Strukturen auf deren Oberfläche niederschlagen und bei Annäherung an andere Oberflächen zum Effekt des „Sticking" führen. Dabei werden die bewegten Teile mit relativ großer Kraft an sie berührenden Oberflächen festgehalten.

Als Resultat der o.g. Prozesse erhält man einen Waferverbund, bei dem die empfindlichen Strukturen weitgehend geschützt sind. Anschließend erfolgt das Abscheiden einer Metallschicht und deren Strukturierung, um die Leitbahnen von der Mikrokomponente in den Vias zu kontaktieren. Die dabei entstehenden Bondpads können bereits mit entsprechenden Lötbumps belegt werden, so dass nach diesem Schritt fertig konfektionierte und eingehauste Bauelemente vorliegen. Im folgenden Schritt werden die Chips in einem Standardtrennprozess vereinzelt. Da diese Verfahren sehr lange auf Wafer-Level durchgeführt werden, sind sie hochproduktiv und daher bereits beim Design der Mikrokomponente anzustreben.

In einer anderen, ebenfalls auf Wafer-Level [Lin] basierenden Technologie werden die empfindlichen Strukturen mit einer Opferschicht (Phosphorsilikatglas (PSG), SiO_2) komplett bedeckt. Anschließend erfolgt eine Abscheidung einer Schutzschicht aus Si_3N_4. In diese wird eine Öffnung geätzt. Anschließend wird die PSG-Schicht geätzt und getrocknet. Danach wird in einem weiteren CVD-Prozess die Si_3N_4-Schicht verschlossen und weiter verstärkt. Schließlich werden die Kontaktpads für elektrische Anschlüsse geöffnet. Der Chip wird nun auf einem Träger fixiert und mit Bonddrähten kontaktiert. Da diese Strukturen einer mechanischen Belastung im Spritzgussverfahren nicht widerstehen, werden sie mit einem elastischen Gel beschichtet. Anschließend erfolgt der Verguss mit einer entsprechenden Vergussmasse. Im Bild ist die komplette Prozessfolge dargestellt. Wie aus der Prozessfolge deutlich wird, ist das Einhausen empfindlicher Bauelemente oft mit einem sehr hohen Aufwand verbunden. Daher sei nochmals darauf verwiesen, dass die Gehäusetechnik, bei der die Substrate selbst als Gehäuse dienen, deutliche ökonomische Vorteile besitzt. Auch wenn anstelle von Lötbumps mit Bonddrähten gearbeitet wird, die offen liegen, können diese in einem einfachen Verfahren mit einem Elastomer abgedeckt werden.

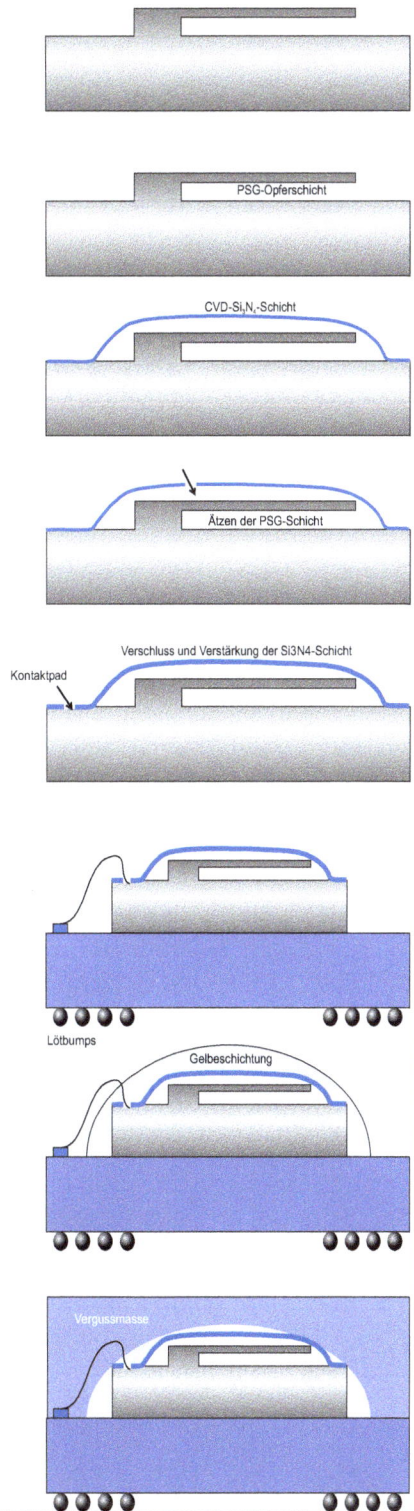

Typklasse V Mikrokomponenten mit rotatorischen Elementen	Gehäuse für diese Typklasse unterscheiden sich von den vorhergehenden durch die Tatsache, dass Kräfte oder Bewegungen aus der Mikrokomponente ausgekoppelt werden. Kommerzielle Lösungsansätze gibt es für diese Typklasse bisher nicht. Der Grund mag auch die bislang nicht existierende Gehäusetechnik sein. Mögliche Alternativen für entsprechende Gehäuse könnten darin bestehen, die rotatorischen Antriebssysteme vollständig zu kapseln. Die Kraftein- bzw. -ausleitung könnte über eine mit dem Antrieb verkoppelte elastische Membran realisiert werden.

	Merke

	Fixierung von Chips
	• eutektisches Bonden
	• Löten
	• Klebeboden
	
	Elektrische Anschlüsse:
	(elektrische leitfähige Verbindung zur Makroumgebung)
	• Drahtbondtechniken:
	   ○ Thermokompressionsbonden
	   ○ Ultraschallboden
	   ○ Thermosonicbonden
	• Flip-Chip-Technik
	   ○ Lötbumps
	• Tape Automated Bonding
	
	Optische Anschlüsse:
	(optische Verbindungen zu optischen Komponenten in der Makroumgebung)
	• integrierte mikrooptische Bauelemente auf Streifenwellenleiterbasis
	• Justierung von Lichtwellenleitern
	   ○ tiefgeätzte (nasschemisch) Mikrogräben
	• Ankopplung von Lichtwellenleitern an Streifenwellenleiter
	   ○ tiefgeätzte (trockenchemisch) Mikrogräben
	• Strahlungseinkopplung durch Gehäuse
	
	Fluidische Anschlüsse:
	(mediengerechte Verbindung zu Makrover- und -entsorgungs-vorrichtungen)
	• eingesetzte/aufgesetzte Kanülen
	• aufklebbare Schlauchadapter
	• Schlauchadapter ohne Klebeverbindung

Mechanische Anschlüsse:
(Ein-/Auskopplung von Verstellwegen und Kräften aus der/zur Makroumgebung)

- Membranen
- Träge Massen

Gehäusetechnik
Zuordnung von Typklassen

⇩ starre ortsfeste Strukturen
⇩ starre ortsfeste Strukturen mit intern bewegten Stoffströmen
⇩ starre ortsfeste Strukturen mit in- und extern bewegten Stoffströmen
⇩ deformierbare Strukturen ohne Festkörperreibung (Dehnung, Verbiegung, Torsion)
⇩ bewegliche Strukturen mit Reibung und Kraftwirkung

- Zunahme der Komplexität des Gehäuseaufbaus

Literatur

[Fi]   Fischer, U.: Optoelectronic Packaging; Vde-Verlag, 2002

[Ger]   Gerdom, K. et al.: Optische Aufbau- und Verbindungstechnik in der elektronischen Baugruppenfertigung: Einführung; Verlag Detert, M, 2002

[Gil]   Gilleo, K.: MEMS and MOEMS packaging challenges; in: Journal for Materials Processing and Manufacturing Science, Vol. 8, No. 4, 2001, 361–379

[Lin]   Lin, L.; Howe, R.T.; Pisano, A.P.: Microelectromechanical filters for signal processing; in: IEEE/ASME J. Microelectromech. Syst., Vol. 7, 1998, 286–294

[Omn]   Omnifit: Katalog; 2006

[Sch]   Scheel, W.: Baugruppentechnologie der Elektronik. Montage; Verlag Technik, 1999

[Upc]   Upchurch: Katalog; 2007

[Völ]   Völklein, F.; Zetterer, T.: Einführung in die Mikrosystemtechnik; Vieweg, 2000

[Wol]   Wolter, K.; Weise, S.: Interdisziplinäre Methoden in der Aufbau- und Verbindungstechnik; Ddp Goldenbogen, 2003

7.3   Vereinzeln der Mikrostrukturen

	Schlüsselbegriffe
	Vereinzeln von Chips, Trennschleiftechnik, Sägeblätter für unterschiedliche Materialien, Dicke der Trennscheiben und Drehzahlen, Wiederholung des Prozesses, Fixierung der Wafer, chipping, Waferschutz, Schutz durch Waferbonden, Alternatimethoden, Ritzen und Brechen, Bandsägen, Nassätzen, Laserablation

	Trennen in der Mikroelektronik
Vereinzeln von Chips	In der Mikroelektronik werden, nachdem alle Strukturierungsprozesse im batch abgeschlossen sind, die jeweiligen Einzelstrukturen aus dem Waferverband herausgetrennt. Im Resultat dieses Trennprozesses entstehen die Chips.
Trennschleiftechnik **Sägeblätter für unterschiedliche Materialien**	Als produktives Verfahren wird dazu eine Trennschleiftechnik genutzt. Bei diesem Verfahren bewegt sich eine Trennscheibe auf der Oberfläche des Si-Wafers entlang und schleift dabei das Substratmaterial ab. Die Trennscheiben sind sehr dünne Metallblättchen, in denen im Arbeitsbereich fein verteilte Diamantkörnchen eingebunden sind. Man kann zwischen galvanisch gebundenen, metallgebundenen und harzgebundenen Sägeblättern unterscheiden. Dabei dienen die Bindungen der Haltbarkeit der Sägeblätter. Für Silizium und Keramiken werden mit galvanisch gebundenen oder metallgebundenen Sägeblättern bearbeitet. Für Gläser werden vorwiegend harzgebundene Sägeblätter genutzt.

Dicke der Trennscheiben und Drehzahlen

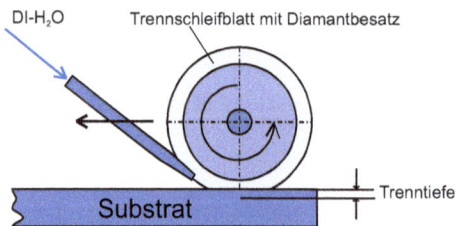

DI-H$_2$O   Trennschleifblatt mit Diamantbesatz

Substrat   Trenntiefe

Die Dicken der Trennscheiben liegen in der Regel zwischen 20µm…50µm. Diese Scheiben werden auf eine Präzisionsspindel gespannt und in Rotation versetzt. Abhängig von der Blattdicke zeigen diese Scheiben bei sehr großen Drehzahlen ($30.000min^{-1}$ …$60.000min^{-1}$) einen stabilen, flatterfreien linearen Gleichlauf und können zum Materialabtrag eingesetzt werden. Dazu werden sie mit einer definierten Tiefe (meist ½ Waferdicke) in das zu bearbeitende Material abgesenkt und mit einer Vorschubgeschwindigkeit von einigen cm/s im Material vorangetrieben.

Es entstehen gerade Schleifnuten mit einer dem Maß der Absenkung entsprechenden Tiefe. Dieser Vorgang wird mehrfach wiederholt, wobei die Einsenktiefe in das Material bei jedem Neustart vergrößert wird. Nach der letzen Absenkung ist der Wafer vollständig getrennt. Da bei diesem Prozess Wärme entsteht, die das zu bearbeitende Material und die Trennscheiben schädigen kann, wird die Trennscheibe permanent mit einem Strahl aus deionisiertem Wasser gekühlt. Durch diesen Wasserstrahl werden außerdem die beim Schleifprozess entstehenden Partikel weggespült. Der Durchmesser der Sägeblätter nimmt bei diesem Prozess infolge der Reibung ab und muss daher permanent kontrolliert werden.

Die Wafer werden bei diesem Prozess zunächst mit der Rückseite auf einer selbstklebenden Folie (Blaufolie) fixiert. Durch die Fixierung verbleiben die beim Trennprozess freigelegten Chips in ihrer Position (Folie wird beim Trennen nicht zerteilt). Dieser Verbund wird in einem Spannrahmen mechanisch stabilisiert und auf den Vakuumchuck der Trennsäge abgelegt und mittels Unterdruck fixiert. Durch Drehung des Chucks können Trennlinien erzeugt werden, die sich unter definierten Winkeln schneiden. In der Mikroelektronikfertigung beträgt dieser Winkel stets 90°.

Zur Orientierung sind auf den Wafern in der Regel entsprechende Schnittlinien aufgezeichnet. Durch den Trennschleifvorgang werden nahezu senkrechte Nutwände erzeugt. An den Kanten tritt jedoch eine Zone mit Ausbrüchen (chipping) auf, die einige µm in das Material hineinreichen kann. Die mögliche Nutzung der Schnittkanten als mechanische Kante wird dadurch stark eingeschränkt. Typische Fehler die beim Trennen auftreten sind im Schnittbild (siehe oben) ein wenig übertrieben gezeigt.

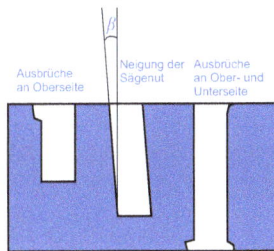

Nachdem alle Trennschnitte fertig gestellt sind, wird die Trennfolie gedehnt und die vereinzelten Chips können mittels Vakuumpinzette abgenommen werden.

In der Mikrosystemtechnik werden sehr häufig fragile mechanische Strukturen und tiefe Mikrostrukturen erzeugt. Diese würden im oben geschilderten Prozess zerstört oder durch den entstehenden Sägeschlamm zugesetzt werden. Daher müssen die Wafer vor Verschmutzung und mechanischer Schädigung geschützt werden. Die einfachste Schutzmaßnahme besteht darin, auf die Wafer beidseitig eine Schutzfolie aufzuziehen. Dies ist bei einfachen, tief geätzten Strukturen möglich. Mechanische empfindliche Strukturen können jedoch beim Entfernen der Schutzfolie geschädigt werden. Daher wird bisweilen mit Fotolack als Schutzmaterial gearbeitet. Der Fotolack wird dabei komplett über dem Wafer und den empfindlichen Strukturen verteilt. Dadurch werden die Strukturen mechanisch stabilisiert. Nach dem Trennen wird der Fotolack mit einem geeigneten Lösungsmittel

(Randnotizen: Wiederholung des Prozesses; Fixierung der Wafer; chipping; Waferschutz)

entfernt. Dabei ist jedoch nicht immer eine restlose Beseitigung des Fotolackes sicher gestellt.

Schutz durch Waferbonden

Das sicherste Verfahren besteht darin, die strukturierten Wafer mit einem weiteren Wafer abzudecken. Dieser kann ebenfalls Mikrostrukturen enthalten, die allerdings mit dem abzudeckenden Wafer in Kontakt stehen. Die Verbindung der Wafer kann mit Hilfe des Siliziums direkt Bondens, des anodischen Bondens, des Lötens oder des Klebebondens realisiert werden. Das Klebebonden wird dabei oft mit einem niedrigschmelzenden Wachs als Klebstoff verwendet. Allerdings besteht auch hier die Gefahr, das Wachs nicht vollständig entfernen zu können. Durch die übrigen Bondverfahren wird zwischen beiden Wafern eine hermetisch dichte, nicht lösbare Verbindung geschaffen. Diese Arten der Verbindung gestatten es jedoch nicht, die Mikrostrukturen nachträglich zu öffnen, ohne sie dabei zu schädigen. Daher ist es bereits beim Entwurf der Mikrosysteme notwendig, sich mit der einzusetzenden Trenntechnik auseinander zusetzen. Unlösbar aufgebondete Wafer bieten nicht nur den Schutz beim Trennen der Mikrostrukturen, sie können auch nach dem Trennen in Chipgröße zum Schutz der Mikrokomponente vor ungewollten Umwelteinflüssen dienen.

Als Alternative zum Trennschleifen stehen folgende Techniken zur Verfügung:

Alternativmethoden

Ritzen und Brechen

1. Diamantritzer – gewölbte Oberfläche

   Dieses ältere Verfahren beruht auf der Nutzung der einkristallinen Eigenschaften von Si-Wafern. Dabei wird mit Hilfe eines Lineals und eines Diamantritzer die Oberfläche des Wafers parallel und senkrecht zum Flat angeritzt. Anschließend wird die so bearbeitete Scheibe auf eine großflächig nach außen gewölbte Fläche gedrückt. Dabei bricht das Silizium entlang der eingeritzten Linien. Das Verfahren erfordert viel Erfahrung. Empfindliche Strukturen werden dabei meist zerstört, so dass auch hier geeignete Schutzmaßnahmen erforderlich sind.

2. Stahlband mit Diamantbesatz

Bandsägen

   Das Bandsägen ist ein vergleichsweise schonendes Trennverfahren. Anstelle des Trennsägeblattes wird hier ein endloses mit Diamantkörnern besetztes Metallband zum Trennen genutzt. Die Diamantsplitter sind in der Regel metallisch gebunden.

	Die Bandlaufgeschwindigkeit beträgt dabei einige cm/s. Der Vorschub liegt im Bereich von wenigen mm/s. Das Band muss zur Vermeidung des Ausglühens gekühlt werden. Wegen der geringen Vorschub und Bandlaufgeschwindigkeiten kann mit einem deutlich „sanfteren" Wasserstrahl gearbeitet werden, so dass sich die Gefährdung empfindlicher Teile in Grenzen hält. Verschmutzungen durch die Schleifrückstände können ebenfalls auftreten. Die Schnittbreite beträgt je nach Bandtyp zwischen 400µm...800µm. Allerdings ist die Ausbruchzone beidseitig jeweils etwa halb so breit wie der Schnittgraben. Das Verfahren ist, wie auch das Trennsägen seriell, mit deutlich geringeren Arbeitsgeschwindigkeiten.
Nassätzen	3. Chemische Reaktion

Eine weitere „schonende" Möglichkeit besteht in der Nutzung von Nassätzprozessen. Silizium kann hier in KOH geätzt werden. Dazu sind entsprechende Ätzgräben bei der Maskierung vorzuhalten. Die empfindlichen Strukturen müssen jedoch dabei vollständig geschützt werden. Dies ist meist nur in einem zusätzlichen Dünnschichtprozess möglich, bei dem Si_3N_4 abgeschieden werden muss, da die merkliche Ätzrate von SiO_2 ein vollständiges Durchätzen der Wafer nicht zulässt. Problematisch sind bei diesem Verfahren das verstärkte Ätzen der konvexen Ecken und die im Resultat des Prozesses frei in der Lösung schwimmenden Chips. Diese müssen aufgefangen und vorsichtig getrocknet werden. Nachteilig ist weiterhin der große Flächenbedarf, der durch das anisotrope Ätzen einzukalkulieren ist. |
| **Laserablation** | 4. Energiereiche Strahlung

Der Abtrag von Substratmaterial mit Hilfe von Laser wird als Ablation bezeichnet. Die Anwendung dieses Verfahrens ist bei Metallen, Polymeren und Gläsern weitgehend untersucht. Silizium zeigte bislang jedoch deutliche Probleme. Durch den Laserstrahl kam es zu Schmelzablagerungen in der Schnittzone, die mit dem Substratmaterial verschweißen und nicht entfernt werden konnten. Die Schnittkanten waren durch eine Vielzahl von Ausbrüchen gekennzeichnet. Die Schnitttiefe betrug bei einem Scan etwa 20µm. Inzwischen gibt es jedoch viel versprechende Entwicklungen, die den Einsatz dieser Technik beim Trennen von Mikrosystemen sehr attraktiv erscheinen lassen. Dabei wird eine diodengepumpte Strahlquelle genutzt, die auf dem MOPA-Prinzip (Master Oscillator Power Amplifier) beruht[Leit]. Als Lasermedium wird dabei Nd:YVO$_4$ genutzt. Im Gegensatz zu herkömmlichen Nd:YAG-Lasern konnte damit eine deutliche längere Impulswiederholrate bei Impulslängen von bis zu 1µs erzielt werden. Bei |

Repititionsrate von 60kHz kann bei einer Vorschubgeschwindigkeit von 750mm/s ein Schnitt mit einer Tiefe von 70µm in das Silizium gelegt werden. Die Schnittbreite beträgt 30µm. Die Kanten sind nahezu ausbruchfrei. Zum Freilegen von Mikrokomponenten auf dickeren Si-Substraten muss die Schnittlinie mehrfach gescannt werden. Ein Schutz empfindlicher Strukturen, wie bei den zuerst geschilderten Verfahren ist nicht erforderlich. Damit besitzt die Trenntechnik von empfindlichen offenen Mikrostrukturen ein sehr wirkungsvolles und zudem produktives Verfahren.

Merke

Nach Abschluss aller Strukturierungsprozesse werden Einzelstrukturen aus dem Waferverband herausgetrennt.
Resultat: Chips

Trennverfahren
- Trennschleiftechnik
  - o Trennscheibe definierter Dicke
  - o Oberfläche mit Diamantstaub besetzt
  - o an zu trennendes Material angepasst
  - o hohe Drehzahl, linearer Vorschub, Kühlung durch Wasserstrahl
  - o Schutz der Strukturen
    - ▪ Adhäsionsfolie
    - ▪ Fotolack
    - ▪ aufgebondeter Wafer
- Alternative Trennverfahren
  - o Ritzen und Brechen
  - o Bandsägen
  - o Nassätzen
  - o Laserablation

Literatur

[Leit]   Leitner, M.; Körner, E. „Vereinzeln dünner Silizium-Wafer mittels innovativer Lasertechnolgien, Stuttgarter Lasertagung 2003, S. 119-122

8 Mess- und Prüftechnik (Qualitätsicherungsmanagement)

	Schlüsselbegriffe
	Ziel: funktionsfähige Bauelemente, Minimierung der Ausfälle im Herstellungsprozess, Messung im Fertigungsprozess, Kontrolle der Substratoberflächen, Kontrolle grundlegender Verfahrensschritte, Defektkontrolle, kontinuierliche Oberflächenkontrolle, Streulichtmessung, Wafer-Mapping, „goldener" Chip, nachweisbare Defekte, Schichten in der Mikrosystemtechnik, Schichtdickenverteilung, Homogenität der Schichtdicke, Stichprobenmessung, Interferenz von Strahlen, koaxiales Messen, Schichtdicke von Mehrschichtsystemen, ellipsometrische Messungen, elektrische Feldstärke linear polarisierter Lichtwellen, Polarisationszustände, Polarisationsänderung, Aufbau und Funktion des Ellipsometers, Winkel Δ und ψ, Brechung und Reflexion des Lichtstrahls, Berechnung der Schichtdicke, Ellipsometer mit rotierendem Analysator, Einsatzbereich der Ellipsometrie, Maßhaltigkeit, CD-Messung, Eignung der CD-Messung, Widerstandsmessung, Strukturtiefenmessung in der Mikrosystemtechnik, mikroskopische Abstandsmessung – rechnerische Strukturtiefenermittlung, berührendes Tastschnittverfahren, Prozesskontrollmodule, berührungslose Weißlichtinterferometrie, Aufbau des Weißlichtinterferometers, Vorzüge der Weißlichtinterferometrie, Nachteil der Weißlichtinterferometrie, weitere Strukturanalyseverfahren, Funktion in nichtelektrischen Domänen, Entwicklung von Mikrokomponenten $\equiv$ Entwicklung neuer Messtechnik, Messung im Entwurfsprozess

8.1 Prozessmesstechnik

	Charakterisierung von Bauelementen der MST
Ziel: funktionsfähige Bauelemente	Das Ziel der Herstellung von mikrostrukturierten Bauelementen besteht letztlich darin, nach Abschluss des Herstellungsprozesses über qualitativ

Minimierung der Ausfälle im Herstellungs- prozess	hochwertige Bauelemente zu verfügen, die die an sie gestellten Anforderungen in vollem Umfang erfüllen.

Dabei besteht weiterhin das Bestreben, möglichst wenige oder gar keine Ausfälle während des gesamten Herstellungsprozesses zuzulassen. Diese Zielvorstellungen führen zu Mess- und Kontrollaufgaben, die während und nach dem Herstellungsprozess durchgeführt werden müssen. Nach Abschluss des Herstellungsprozesses muss die jeweilige Funktion der Mikrostruktur charakterisiert werden. Da bei großen Stückzahlen die Einzelprüfung ökonomisch unvertretbar ist, können nur Stichproben kontrolliert und charakterisiert werden. Bei konsequenter Batch-Fertigung kann aus den Stichproben auf die Qualität aller gefertigten Einzelprodukte geschlossen werden. Bei diesem Kontrollverfahren wird das Resultat jedoch erst nach Abschluss aller Fertigungsschritte sichtbar. Zeigt sich bei einer Stichprobe ein Fehler, dann muss die gesamte Losgröße, die parallel mit dem Testmuster gefertigt wurde, verworfen werden. Dies kann bei großen Losgrößen oder einer Vielzahl von Prozessschritten zu erheblichen finanziellen Einbußen führen. Daher ist es notwendig, die Ergebnisse der einzelnen Prozessschritte dauerhaft zu kontrollieren, um auf Prozessfehler rasch reagieren zu können und damit irreparable Schäden auf ein Minimum zu beschränken. Gleichzeitig wird durch die dauerhafte Prozesskontrolle die Qualität der gefertigten Produkte sichergestellt. Durch die Prozessmesstechnik wird also die finale Endkontrolle in den Fertigungsabschnitt verschoben. |
| **Messung im Fertigungsprozess**

Kontrolle der Substrato- berflächen | Die Messung charakteristischer Größen im Fertigungsprozess kann sehr vielfältig sein. Zum einen kann jeder einzelne Prozessschritt hinsichtlich seiner Wirksamkeit untersucht werden. Zum zweiten können mehrere nacheinander folgende zusammengehörige Prozessschritte charakterisiert werden. Zum dritten kann schließlich die Wirkung der Summe aller Prozessschritte anhand der Funktion des finalen Endproduktes untersucht werden. Die Messverfahren für diese verschiedenen Bereiche können daher sehr unterschiedlich sein.

Grundsätzlich kann die Prozessüberwachung aber durch die ständige Kontrolle der Oberflächen der Substrate erfolgen. Dabei werden die O- berflächen der Wafer vor Beginn der Prozessierung vollständig optisch erfasst. Jeder Wafer erhält ein elektronisches Image („Wafer Map"). Durch das konsequente Anwenden dieser Technik nach jedem (kritischen) Prozessschritt werden Unregelmäßigkeiten sofort erkennbar, wenn ein Vergleich mit der erwarteten Idealstruktur, die ebenfalls gespeichert vorliegt, möglich ist. |
| | Die optische Charakterisierung der Substratoberflächen ist nicht immer ausreichend, um die Qualität der Fertigung sicherzustellen. Häufig ist es auch notwendig, die Ursachen der Defekte zu kennen, um gezielte Verfahren zu deren Beseitigung einsetzen zu können. |

Kontrolle grundlegender Verfahrensschritte	Obwohl die Mikrosystemtechnik gegenwärtig eine nahezu unübersichtlich große Vielzahl einzelner Prozessschritte kennt, lassen sie sich durch Abstraktion auf ein Minimum reduzieren. Die wesentlichen Prozessschritte zur Herstellung von Mikrokomponenten sind stets: a) Schichtwachstum/Schichtabscheidung b) Schichtstrukturierung c) Substratstrukturierung Für diese Prozessschritte sollen im Folgenden mögliche Charakterisierungsverfahren beschrieben werden. Die Mehrzahl der Messverfahren beruhen darauf, geometrische Kenngrößen zu erfassen. Diese sind Schichtdicken, laterale Strukturdimensionen, Dimensionen von tief geätzten Strukturen und Oberflächenrauhigkeiten.

8.1.1   Defekte auf Oberflächen

	Charakterisierung von Oberflächen
Defektkontrolle	Schichtdefekte können in zwei Formen auftreten. Partikel auf der Oberfläche können bei der Beschichtung ganz oder teilweise eingeschlossen werden. Dadurch entstehen in der Schicht sporadische Spitzen. Werden die Partikel nicht eingeschlossen, dann wird die Fläche, die sie überdecken, nicht beschichtet. Ähnliche Effekte treten auch auf, wenn bestimmte Bereiche der Oberfläche durch dünne Verunreinigungsfilme bei der Beschichtung nicht benetzt werden. Es entstehen Löcher in der Schicht. Diese Effekte lassen sich mit der oben beschriebenen Messtechnik identifizieren. Daraus gewinnt man ein Wafer-Map und kann die Wirksamkeit der Defekte einschätzen [Fra].
kontinuierliche Oberflächen-kontrolle	Die Oberflächen der Substrate sind den jeweiligen Prozesstechniken unmittelbar ausgesetzt. Daher ist es notwendig, die Qualität der Oberflächen zu Beginn und während des Prozessdurchlaufs zu kontrollieren. Dadurch können negative Einflüsse auf die Funktion der Bauelemente sehr frühzeitig erkannt und beseitigt werden. In der Regel finden diese Kontrollen nicht nur an Stichproben, sondern an der gesamten Losgröße statt. Dabei erhält jedes Substrat ein charakteristisches Oberflächenbild.

Streulichtmessung	Die Kontrolle der Defektdichte erfolgt meist mit optischen Verfahren. Dazu werden die Wafer mit einem kollimierten Lichtstrahl beleuchtet. An

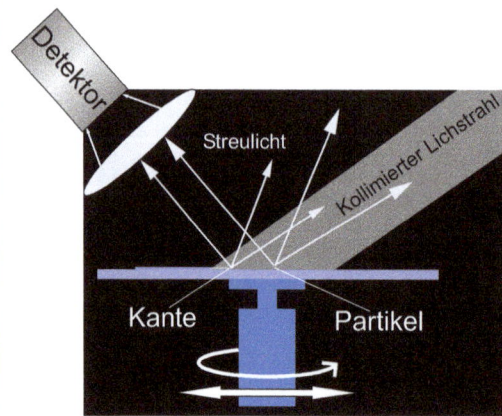

Unebenheiten, Partikeln, Defekten in Schichten, Stufen, Kratzern und Ähnlichem wird die Strahlung gestreut. Das generierte Streulicht wird mittels einer Linse gesammelt, mit einer entsprechenden Schaltung in ein elektrisches Signal gewandelt und als solches weiterverarbeitet und als Image abgelegt. Mit diesem Verfahren lassen sich die Oberflächen der Wafer vollständig abscannen.

Wafer-Mapping

Durch die Rotation und die Verschiebung des Substrates in einer Raumrichtung ist es möglich, alle Stellen auf der Oberfläche zu erfassen. Man erhält dabei einen so genannten Defekt-Map von der Substratoberfläche. Das Verfahren wird daher auch als „Defekt-Mapping" bezeichnet. Im oben stehenden Bild ist das Prinzip dieses Verfahrens gezeigt. Der dunkle Hintergrund deutet dabei an, dass die Messung von Fremdstrahlung geschützt durchgeführt werden muss. Ursprünglich war das Verfahren nur für das

Wafer-Mapping geschlossener unstrukturierter Schichten vorgesehen, da die Anwendung des Verfahrens bei strukturierten Wafern zu Interpretationsproblemen führt. Jede Kante wird dabei automatisch als Fehler detektiert. Inzwischen wird hier mit so genannten „goldenen Chips" gearbeitet. Unter goldenem Chip versteht man eine ideale, d.h. fehlerlose Chipfläche mit einer dem jeweiligen Prozessschritt

goldener Chip

entsprechenden definierten Struktur. Das Streulichtbild dieser Chipfläche ist als Image gespeichert. Durch den Vergleich der Streulichtbilder von realem und goldenem Chip kann auf Defekte geschlossen werden, wenn beim realen Chip deutliche Signalveränderungen gegenüber dem goldenen Chip auftreten.

nachweisbare Defekte

Mit Hilfe dieses Verfahren lassen sich Defekte von weniger als 1µm nachweisen und sehr exakt (einige nm) lokalisieren. Typische nachweisbare Fehler sind: Partikel, Verunreinigungsschichten, Unterbrechungen, Kurzschlüsse, Abheben von Schichten oder Resist, Ätzgruben, Strukturkanten, Kratzer, Wasserspuren, Blasenspuren. Das Image dieser Fehler, ein Wafer-Map ist im Bild beispielhaft gezeigt.

8.1.2 Schichtdickenmessung

	Schichten und deren Kenngrößen
Schichten in der Mikrosystemtechnik	Eine Schicht im Sinne der Mikrosystemtechnik zeichnet sich dadurch aus, dass ihre Dicke d im Vergleich zu ihren lateralen Abessungen sehr klein ist. Mit den Seitenlängen a und b gilt demzufolge: $d \ll a, b$
Schichtdicken-verteilung	Schichten müssen bestimmten Anforderungen genügen, um die Qualitätsansprüche an die Mikrokomponenten zu erfüllen. Dazu zählen die Defektfreiheit und die homogene Verteilung der Schichtdicke über dem gesamten Substrat. Letztere kann auch mit modernsten Technologien nur in Grenzen eingehalten werden. Daher wird bei der Verteilung der Schichtdicke üblicherweise eine Toleranz von ± 5% zugelassen.
Homogenität der Schichtdicke	Die Messung der Schichtdicke dient der Überprüfung der Homogenität abgeschiedener oder aufgewachsener Schichten. Die Schichtdickenmessung kann rein optisch erfolgen. Sie kann aber auch indirekt über die Messung des Widerstandes bei definierten lateralen Schichtstrukturen realisiert werden. Bei vorhandenen Strukturkanten kann aus der Ermittlung der Stufenhöhe der Kante die Schichtdicke bestimmt werden. Für diese Messung lassen sich optische und mechanische Verfahren einsetzen. Im folgenden Abschnitt werden jedoch nur einige optische Methoden zur Schichtdickenermittlung näher betrachtet werden [Her, Bub].
Stichproben-messung	Schichten auf Substraten zeichnen sich durch ihre spezifischen optischen Eigenschaften aus. Charakteristische Eigenschaften sind dabei die Transparenz bei bestimmten Wellenlängen der Strahlung und der Brechungsindex. Die Schichtdickenmessung setzt bei den folgenden Verfahren die Transparenz der zu messenden Schichten für die eingesetzte Strahlungswellenlänge voraus. Schichtdicken werden im Gegensatz zum Wafer-Mapping nur stichprobenartig auf einem Wafer gemessen. So sind bis zu einem Durchmesser von 200mm 5 Messstellen pro Wafer darüber bis zu 9 Stellen pro Wafer üblich. Die Messstellen sind dabei, wie im Bild gezeigt über den Wafer verteilt, um ausreichende Informationen über die Schichtdickenverteilung zu erhalten. *Wafer mit verschiedenen Messpositionen*

Interferenz von Strahlen	Befindet sich auf einem reflektierendem Wafer eine transparente Schicht und trifft auf diese Schicht ein polychromatischer Lichtstrahl, dann wird ein Teil des Strahls an der Oberfläche der Schicht und ein anderer Teil an der Substratoberfläche reflektiert. Die beiden reflektierten Strahlanteile können sich überlagern. Bei dieser Überlagerung kann es zu Verstärkungen oder zu Abschwächungen des resultierenden reflektierten Strahls kommen. Der Grund dafür liegt in den unterschiedlichen Laufzeiten der Strahlen, die an unterschiedlichen Flächen reflektiert werden. Betrachtet man das Verhalten in Abhängigkeit von der Wellenlänge, so zeigt sich ein in Grenzen periodischer Kurvenverlauf mit ausgeprägten Maxima und Minima. Über der Wellenzahl aufgetragen ergibt sich eine harmonische Funktion, deren Frequenz proportional zur optischen Weglänge ist. Damit lässt sich aus der Frequenz der optische Weg bestimmen.
koaxiales Messen **Schichtdicke von Mehrschicht-systemen**	Bei bekannter Brechzahl n kann daraus die Schichtdicke ermittelt werden. Die Geräte zur Messung der Schichtdicke nach diesem Prinzip arbeiten koaxial. Die eingegkoppelte Strahlung und die reflektierte Strahlung stehen senkrecht auf der Oberfläche der Schicht bzw. des Substrates. Befinden sich mehr als eine Schicht auf dem Substrat, dann treten auch mehrere Reflexionen auf. Mit Hilfe der Fourieranalyse lassen sich dabei die unterschiedlichen Frequenzen bestimmen. Damit kann auch die Schichtdicke einzelner Schichten von Mehrschichtsystemen bestimmt werden. Voraussetzung für die Ermittlung der Schichtdicke ist allerdings die Kenntnis des Brechungsindex der jeweiligen Schicht. Dies schränkt die Anwendbarkeit besonders dann ein, wenn dieser Wert nicht bekannt ist. Das Verfahren ist für Schichtdickenbereiche von etwa 0,1μm bis zu einigen μm geeignet.

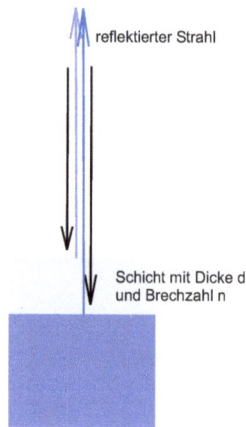

Auf Grund der Einfachheit und der relativ geringen Investitionskosten ist dieses Verfahren für sehr viele Messaufgaben im Bereich der Mikrosystemtechnik völlig ausreichend, nicht mehr jedoch, wenn es darauf ankommt, sehr dünne Schichten mit hoher Auflösung zu bestimmen. Alternativ bietet sich als rein optisches Verfahren die Ellipsometrie an. |

Im Diagramm: reflektierter Strahl — Schicht mit Dicke d und Brechzahl n

ellipsometrische Messungen

Zur exakten Bestimmung der Dicke und des Brechungsindex sehr dünner Schichten ist die Ellipsometrie hervorragend geeignet. Dabei können mit Hilfe der Ellipsometrie sowohl die Dicke der Schicht als auch der Brechungsindex der Schicht bestimmt werden. Die Grundlagen der Ellipsometrie sind in Azzam [Azz] grundlegend beschrieben. Zum Verständnis des Verfahren sollen hier einige Anmerkungen erfolgen.

Licht besitzt als elektromagnetische Welle eine elektrische und eine magnetische Feldstärkekomponente. Beide Komponenten stehen senkrecht zur Ausbreitungsrichtung des Lichtstrahls. Legt man ein Koordinatensystem zugrunde, in dem die Ausbreitungsrichtung des Lichtes in z-Richtung erfolgt, dann bezeichnet man die senkrecht auf z stehenden Koordinaten als p- und s-Achse. Dabei steht seht p für Wellenformen parallel zur Einfallsebene und s für Wellenformen senkrecht zur Einfallsebene (siehe Bild). Die elektrische Feldstärke

elektrische Feldstärke linear polarisierter Lichtwellen

$\vec{E}$ einer linear polarisierten Lichtwelle kann somit allgemein mit

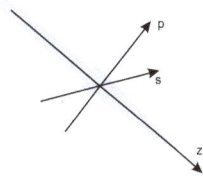

$$\vec{E}(r,t) = \hat{E}\cos(\omega t - \vec{k}z + \delta)$$

wobei ω die Kreisfrequenz und r der Radius ist,

mit dem Wellenvektor

$$\left|\vec{k}\right| = \frac{2\pi}{\lambda} \qquad \lambda - \text{Wellenlänge der Strahlung}$$

und dem Anfangsphasenwinkel δ beschrieben werden. Diese Gleichung führt jedoch nur zu einer ebenen transversalen Welle. Unter Nutzung der p- und s-Koordinaten kann jeder Polarisationszustand des Lichtes beschrieben werden. Dabei gilt:

$$\vec{E}(r,t) = \begin{pmatrix} \hat{E}_p \cos(\omega t - kz + \delta_p) \\ \hat{E}_s \cos(\omega t - kz + \delta_s) \end{pmatrix}$$

Bei optischen Messungen sind die Amplitudenverhältnisse von Bedeutung, die Zeitabhängigkeit dagegen nicht. Daher kann in komplexer Schreibweise notiert werden:

$$\vec{E} = \begin{pmatrix} \hat{E}e^{j\delta_p} \\ \hat{E}e^{j\delta_s} \end{pmatrix}$$

Polarisations-zustände	Die Polarisationszustände lassen sich daher wie folgt beschreiben:

Phasendifferenz $\Delta\delta = \delta_p - \delta_s$	Polarisation	
	$E_p \neq E_s$	$E_p = E_s$
0°	linear	
0° < $\Delta\delta$ < 90°	elliptisch	
90°	elliptisch	zirkular
90° < $\Delta\delta$ < 180	elliptisch	
180°	linear	
180° < $\Delta\delta$ < 270°	elliptisch	
270°	elliptisch	zirkular
270° < $\Delta\delta$ < 360°	elliptisch	

Polarisations-änderung

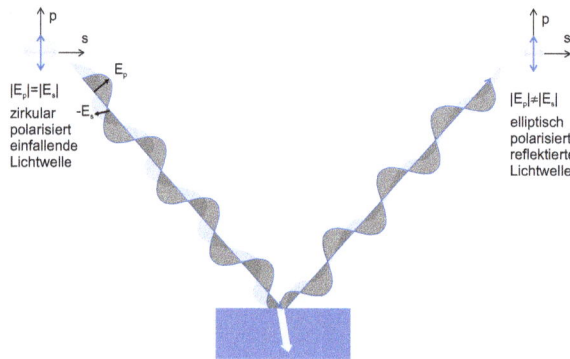

Trifft ein Lichtstrahl auf eine Ebene und wird dort reflektiert, dann wird dessen Polarisation geändert. Wird ein zirkular polarisierter Lichtstrahl reflektiert und ändert seine Polarisation, dann ist der reflektierte Strahl immer elliptisch polarisiert. Von diesem Verhalten wird auch der Name Ellipsometrie abgeleitet. Im Bild sind diese Zusammenhänge illustriert. Der einfallende Lichtstrahl ist zirkular polarisiert und wird an der Oberfläche reflektiert. Ein Teil des Lichtes wird am Substrat gebrochen und durchdringt dieses, wenn es für die entsprechende Wellenlänge transparent ist. Zur Messung der optischen Parameter von Schichten nutzt man dieses Verhalten im Ellipsometer.

Aufbau und Funktion des Ellipsometers

Der Grundaufbau des Ellipsometers ist im Bild dargestellt. Der einfallende Lichtstrahl wird durch einen Polarisator und einen $\lambda/4$-Kompensator geschickt und trifft unter dem Winkel φ die Oberfläche. Von dort wird er reflektiert, durchdringt den Analysator und

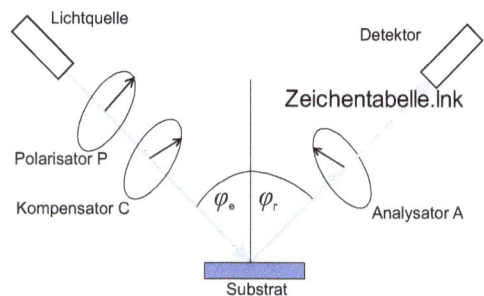

	trifft schließlich auf den Detektor. Mit der Jones Notation kann der Polarisationszustand der einfallenden Welle (e hochgestellt) wie folgt beschrieben werden:

$$\vec{E}^e = \begin{pmatrix} E_p^e \\ E_s^e \end{pmatrix} = \begin{pmatrix} \hat{E}_p^e e^{j\delta_p^e} \\ \hat{E}_s^e e^{j\delta_s^e} \end{pmatrix}$$

Für die reflektierte Welle (r hochgestellt) erhält man

$$\vec{E}^r = \begin{pmatrix} E_p^r \\ E_s^r \end{pmatrix} = \begin{pmatrix} \hat{E}_p^r e^{j\delta_p^e} \\ \hat{E}_s^r e^{j\delta_s^r} \end{pmatrix}$$

Die Änderung der Polarisation wird durch die Winkel Δ und ψ widergegeben. Dabei gilt:

$$\Delta = \left(\delta_p^r - \delta_s^r\right) - \left(\delta_p^e - \delta_s^e\right) \text{ sowie}$$

$$\tan\Psi = \frac{\left|\frac{\hat{E}_p^r}{\hat{E}_p^e}\right|}{\left|\frac{\hat{E}_s^r}{\hat{E}_s^e}\right|}$$

Mit den komplexen Reflexionskoeffizienten R_p und R_s

$$R_p = \left|\frac{\hat{E}_p^r}{\hat{E}_p^e}\right| e^{j\left(\delta_p^r - \delta_p^e\right)} \text{ bzw. } R_s = \left|\frac{\hat{E}_s^r}{\hat{E}_s^e}\right| e^{j\left(\delta_s^r - \delta_s^e\right)}$$

erhält man schließlich

$$\tan\Psi e^{j\Delta} = \frac{R_p}{R_s}$$

Der Analysator A wird dabei so weit gedreht, dass die Intensität der am Detektor auftreffenden Strahlung minimal wird bzw. verschwindet. Mit der üblichen Einstellung des Kompensators C = −45° erhält man schließlich

$$\frac{R_p}{R_s} = \tan A e^{j\left(2P + \frac{\pi}{2}\right)}$$

Der Koeffizientenvergleich liefert:

$$\Psi = |A|$$
$$\Delta = 2P \pm 90°$$ |

Die linke Spalte enthält: **Winkel Δ und ψ**

Brechung und Reflexion des Lichtstrahls	Die ψ- und Δ-Werte lassen sich für unterschiedliche Einfallwinkel φ_e ermitteln. Bei der Ermittlung der Schichtdicke von transparenten Filmen auf reflektierenden Substraten wird der Lichtstrahl an der Oberfläche und den Grenzflächen gebrochen und reflektiert. Dadurch kommt es zur Überlagerung der reflektierten Teilstrahlen. Betrachtet man das System Luft-Film-Substrat, wie im Bild gezeigt, dann sind die Reflexionen an den Grenzflächen zu

0 - Luft; n_0

1 - Film n_1, d_1
2- Substrat n_2

berücksichtigen. Mit den spezifischen Reflexionskoeffizienten r_{01} (Luft-Film) und r_{12} (Film-Substrat) ergeben sich die Reflexionskoeffizienten für p- und s-polarisierte Strahlung zu:

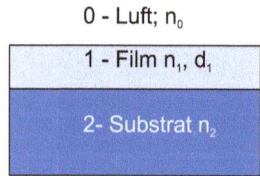

$$R_p = \frac{r_{01_p} + r_{12_p}\, e^{-j2\alpha}}{1 + r_{01_p}\, r_{12_p}\, e^{-j2\alpha}}$$

$$R_s = \frac{r_{01_s} + r_{12_s}\, e^{-j2\alpha}}{1 + r_{01_s}\, r_{12_s}\, e^{-j2\alpha}}$$

mit α als Phasenverschiebung zwischen benachbarten Teilstrahlen.

$$\alpha = \frac{2\pi d_1}{\lambda} \cdot \sqrt{n_1^2 - n_0^2 \sin^2 \varphi}$$

Daraus ergibt sich der komplexe Refexionskoeffizient ρ

$$\rho = \frac{R_p}{R_s} = \frac{\dfrac{r_{01_p} + r_{12_p}\, e^{-j2\alpha}}{1 + r_{01_p}\, r_{12_p}\, e^{-j2\alpha}}}{\dfrac{r_{01_s} + r_{12_s}\, e^{-j2\alpha}}{1 + r_{01_s}\, r_{12_s}\, e^{-j\alpha}}}$$

Berechnung der Schichtdicke	Als komplexer Koeffizient ist ρ durch das Wertepaar tanψ und Δ definiert. Andereseits hängt aber ρ auch von den optischen Parametern der Schicht und des Substrates sowie dem Einfallwinkel der Strahlung ab, d.h. $\rho = \rho(n_1, n_2, d_1, \varphi)$. Bei vorgegebenem Winkel φ und bekannten Größen n_1 und n_2 lassen sich somit die Werte für die Schichtdicke d_1 ermitteln.
Ellipsometer mit rotierendem Analysator	In modernen Ellipsometern wird mit einem rotierenden Analysator und bei festgelegtem Einfallswinkel zur Bestimmung der Schichtparmeter gearbeitet. Durch Analyse der Intensität der Strahlung am Detektor können bei konstanter Winkelgeschwindigkeit die Werte von ψ und Δ ermittelt werden. Die Rückrechnung liefert jedoch, da die Messungen zyklisch verlaufen, kein eindeutiges Ergebnis für n und d. Allerdings liegen die möglichen Lösungen sehr weit voneienander entfernt. Dadurch

Einsatzbereich der Ellipsometrie	können durch Erfahrung und entsprechende Einschätzung die tatsächlichen Werte leicht lokalisiert werden. Um die Eindeutigkeit zu verbessern, kann auch eine erste Einschätzung mit Hilfe des Weislichtverfahrens erfolgen. Mit der Ellipsometrie lassen sich die optischen Parameter von Substraten, Einzelschichten und Mehrfachschichten charakterisieren. Die Auflösung des Verfahrens liegt im Bereich von etwa 10nm für die Schichtdicke Die Genauigkeit liegt bei der 2. Nachkommastelle für den Brechungsindex. Metallische Schichten lassen sich mit diesem Verfahren charakterisieren, solange ihre Transparenz größer als 20% ist. Dies ist in der Regel bei Schichtdicken < 100nm gegeben.

8.2   Charakterisierung von Schichtstrukturen

	Strukturierte Schichten
Maßhaltigkeit	Schichten werden durch Ätzverfahren oder durch Entwicklungsprozesse (Resist) strukturiert. Bei dieser Art der Strukturierung ist es notwendig, zu überprüfen, ob die vom Design vorgegebenen Maße eingehalten werden. Durch zu lange Einwirkung des Ätz- bzw. Lösungsmittels kann es zu ungewünschten Strukturaufweitungen kommen. Zu kurze Ätz- oder Entwicklungszeiten führen dazu, dass die Schicht nicht vollständig an den entsprechenden Stellen entfernt wird. Die Charakterisierung der Schichtstrukturen kann mit verschiedenen Verfahren realisiert werden.
CD-Messung	Unter CD-Messung ist die Überprüfung von „Critical Dimensions" (CD) zu verstehen. Kritische Dimensionen können an Testmodulen, die sich auf dem Substrat befinden, gemessen werden. In der Regel werden dazu Mikroskope genutzt. Bei der Kontrolle werden minimale und maximale Distanzen gemessen. Unvollständig entfernte Schichten zeichnen sich in der Regel durch ein verändertes Reflexionsverhalten aus. Die optische Mess-

Eignung der CD-Messung	technik ist für Mikrosysteme völlig ausreichend, da minimale Strukturbreiten von ca. 1µm auflösbar sind. Die in der Mikrosystemtechnik gebräuchlichen minimalen Strukturbreiten liegen meist bei > 5µm. Durch die unmittelbare Kopplung der Messung mit entsprechenden CCD-Kamerasystemen ist eine vollständige Automatisierung dieses Messverfahrens möglich. Das Messverfahren eignet sich generell für alle strukturierten Schichtmaterialien. Voraussetzung ist dabei, dass sich das Reflexionsverhalten von Schicht und Untergrund deutlich unterscheiden. Treten nur geringe Unterschiede auf oder sind Schicht und Untergrund aus dem gleichen Material, dann ist dieses Verfahren ungeeignet.
Widerstandsmessung	Metallisch leitende Schichten können mittels elektrischer Widerstandsmessung charakterisiert werden. Dazu werden Testmodule auf den Substraten plaziert, die über definierte Längen L und Breiten B der metallischen Bahnen sowie entsprechende Anschlusspads verfügen. Bei der Messung des Widerstandes kann auf den vorausgehenden Strukturierungsprozess geschlossen werden. Dabei gilt folgende Beziehung: $$R = \rho \cdot \frac{L}{A} = \rho \cdot \frac{L}{B \cdot d}$$ Bei bekanntem spezifischen Widerstand ρ und bekannter Schichtdicke d, sowie konstanter Länge L kann der theoretische Wert mit dem tatsächlichen Wert verglichen werden.

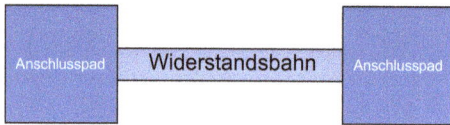

8.3 Charakterisierung von Mikrostrukturen

	Messung der Strukturtiefe
Strukturtiefenmessung in der Mikrosystemtechnik	Bei der Messung der Strukturtiefe geätzter Strukturen treten deutliche Unterschiede zwischen der Mikroelektronik und der Mikrosystemtechnik hervor. Während in der Mikroelektronik bereits Strukturtiefen von 10µm als sehr tief angesehen werden, sind in der Mikrosystemtechnik Strukturtiefen von einigen 100µm keine Seltenheit. Die Nutzung der in der Mikroelektronik bekannten Messprinzipien scheidet daher aus. Die Entwicklung geeigneter Messverfahren für derartige Tiefendimensionen setzte historisch bedingt später ein und hat inzwischen schon einen sehr ausgereiften Entwicklungsstand erreicht. Im Folgenden sollen daher kurz einige Verfahren beschrieben werden, die es erlauben, tief geätzte Strukturen mit hoher Genauigkeit zu messen.

mikroskopische Abstandsmessung – rechnerische Strukturtiefen-ermittlung	Anisotrop nassgeätzte Strukturen in <100>-Silizium zeichnen sich durch Seitenwände aus, die die Oberfläche unter einem Winkel von 54,74° schneiden. Die Seitenwände werden dabei von kristallographischen {111}-Ebenen gebildet. Zum Messen der Tiefe einer Struktur

eignet sich daher ein sehr einfaches Abstandsmessverfahren, das mit Hilfe des Bildes erläutert werden soll. Mit einem Mikroskop erfolgt die Fokussierung auf den Grund der Struktur und die Messung des Abstandes a. Anschließend wird der Fokus auf die Substratoberseite gestellt und der Abstand b gemessen. Mit der Vereinfachung

$$c = \frac{b-a}{2}$$

erhält man

$$d = c \cdot \tan 54,74°$$
$$d = c \cdot \sqrt{2}$$

Dieses einfache Verfahren erlaubt es, die Tiefe d berührungslos und mit relativ hoher Genauigkeit zu bestimmen. Die Genauigkeit hängt dabei von der Mikroskopoptik und des Messokulars ab. Das Verfahren wird vorwiegend in Laboren genutzt.

berührendes Tastschnitt-verfahren	Mit Hilfe des Tastschnittverfahrens kann die Tiefe von Strukturen durch berührende Messung bestimmt werden. Dazu wird eine Messspitze mit sehr geringem Spitzenradius entlang einer vorgegebenen Linie durch die Struktur bewegt. Dabei ist die aus Diamant bestehende Messspitze mit einem Eisenkern verbunden, der sich in einer Spule bewegt. Entsprechend der Eintauchtiefe des Eisenkerns in die Spule, wird in dieser eine Spannung induziert, deren Werte in Höhenwerte umgerechnet werden können. Mit Hilfe

dieses Verfahrens lassen sich Strukturtiefen von 2nm bis ca. 200μm erfassen. Der Messfehler liegt bei etwa 3%. Der Nachteil des Verfahrens liegt in der berührenden Messung. Durch die Diamantspitze wird die Oberfläche auf Grund der Auflagekraft leicht angeritzt. Dies kann bei mikroskopischen oder nanoskaligen Oberflächen bereits zu Funktionsbeeinträchtigungen führen. Bei schrägen Seitenwänden wirkt sich die Bewegungsrichtung auf die resultierende Auflagekraft aus. Dadurch kommt es zu systematischen Fehlern. Der Vorteil des Verfahrens liegt in der Möglichkeit, Stufenhöhen von strukturierten Schichtsystemen zu erfassen und

	damit Schichtdicken zu bestimmen. Außerdem lässt sich damit auch die Oberflächenrauheit von ausgewählten Strukturen bestimmen. Das Verfahren lässt sich prinzipiell in der Fertigung einsetzen. Dabei werden gezielt Prozesskontrollmodule angefahren und ausgemessen. Wegen seiner Vielseitigkeit (Profil, Rauhigkeit und Schichtdicke) wird das Verfahren bevorzugt in der Labormesstechnik eingesetzt.
Prozesskontroll-module	Prozesskontrollmodule sind Strukturen auf dem Wafer, die es erlauben, die Spezifik eines definierten Prozesses genau zu überwachen. Sie haben keine weitere Funktion zu erfüllen, als die Ermöglichung einer spezifischen Messung. Dabei kann es sich um die Schichtdicke, CD-Werte, Strukturhöhen u.Ä. handeln.
berührungslose Weißlicht-interferometrie **Aufbau des Weißlichtinter-ferometers**	
	Mit dem Weißlichtinterferometer [Hec, Ped] ist es möglich, strukturierte Gebiete mit hoher Auflösung zu erfassen. Das Verfahren arbeitet völlig berührungslos und ist daher gegenüber dem Tastschnittverfahren im Vorteil. Das Weißlichtinterferometer besteht aus einer Weißlichtquelle, einem Strahlteiler, einer Referenzspiegelfläche und einer CCD-Kamera mit entsprechendem Objektiv. Das Licht der Strahlquelle wird im Strahlteiler aufgespalten und trifft auf das Messobjekt und die Referenzspiegelfläche. Die von beiden Oberflächen reflektierte Strahlung wird überlagert und von der CCD-Kamera detektiert.
Vorzüge der Weißlichtiner-ferometrie	Bei der Überlagerung der reflektierten Strahlung kann es zu Interferenzen kommen, wenn die Weglänge der Strahlung vom Messobjekt zur Kamera gleich der Weglänge der Strahlung vom Referenzspiegel zur Kamera ist. Es entsteht ein Interferenzmuster, das mit Hilfe eines entsprechenden

Nachteil der Weißlichtiner-ferometrie	Programms ausgewertet wird. Im Resultat dieser Bewertung erhält man ein Bild von der Oberflächentopographie des untersuchten Messobjektes. Die Vorteile der Weißlichtinerferometrie liegen aber auch in dem möglichen erfassbaren Höhenbereich. So liegt der Höhenbereich zwischen 0,5μm bis > 5mm bei einer Auflösung von < 10nm. Die lateralen Messbereiche hängen vom Grundaufbau des Interferometers ab. Bei mikroskopartigem Aufbau der Interfometer liegt der laterale Analysenbereich bei etwa 150μm x 150μm mit einer Auflösung von etwa 0,6μm. Für großflächige Analysen gibt es Geräte mit einem lateralen Messbereich von ertwa 40mm x 40mm mit einer Auflösung im Bereich von < 10μm. Für die Mikrosystemtechnik ist die Ermittlung der Topographie mit Hilfe der Weißlichtinerferometrie meist ein völlig ausreichendes Verfahren, um die Qualität der Strukturierung zu kontrollieren. Vorteile des Verfahrens sind weiterhin die Möglichkeit der Rauhigkeitsmessung und die Bestimmung der Dicke von Schichten an entsprechenden Strukturkanten.

Schräge Kanten mit einem Winkel von > 15° lassen sich mit diesem Verfahren nicht erfassen. Dieser Nachteil tritt insbesondere an anisotrop nasschemisch geätzten Strukturen auf. Das schränkt die breite Anwendbarkeit in der Mikrosystemtechnik deutlich ein. Sehr steile Flanken (ca. 90°) lassen sich hingegen sehr gut auflösen, so dass die Kontrolle trockenchemisch geätzter Strukturen mit diesem Verfahren möglich ist.

Das Verfahren lässt sich sehr gut in die Prozesslinie integrieren, so dass an ausgewählten Prozesskontrollmodulen eine Topographiemessung durchgeführt werden kann. Für eingehende Analysen der Oberflächen-profile mikrostrukturierter Bauteile ist das Verfahren in der modernen Labormesstechnik von grundlegender Bedeutung. |
| **weitere Strukturanalyse-verfahren** | Für die Qualitäskontrolle der Fertigung mikrostrukturierter Bauelemente sind die oben geschilderten Verfahren meist ausreichend. In der Laboranalytik kommen noch weitere Verfahren zum Einsatz, deren wichtigste Vertreter hier nur genannt werden:

• Rasterelektronenmikroskopie (Scanning Electron Microscopy – SEM)

• Konfokale Mikroskopie

• Konfokale Laser Scanning Mikroskopie (LSM)

• Raster-Tunnel-Mikroskopie

• Raster-Kraft-Mikroskopie

• Nahfeld-optische Mikroskopie (Scanning Near field Optical Microscopy – SNOM) |

8.4 Kontrolle der Funktion mikrostrukturierter Bauelemente

	Angepasste Messtechnik
Funktion in nichtelektrischen Domänen	Mikrostrukturierte Bauelemente zeichnen sich vor allem dadurch aus, dass sie häufig neben einer elektronischen Komponente (die nicht zwingend erforderlich ist) funktionsbestimmende Komponenten in nichtelektronischen Domänen besitzen. Die Kontrolle dieser funktionsbestimmenden Komponente zeigt auf, ob die geforderte Funktion tatsächlich realisiert werden kann. Sie gibt weiterhin Aufschlüsse darüber, unter welchen Bedingungen die spezifische Funktion erfüllt wird. Schließlich können Bereiche für die jeweilige spezifische Funktion und die entsprechenden Betriebsparameter extrahiert werden. Betrachtet man die Vielfalt der mikrostrukturierten Bauelemente (z.B. Tintenstrahldruckkopf, Drucksensor, Drehratensensor, Elektrostatischer Antrieb, Mikroreaktor), dann wird deutlich, dass es für die verschiedenen Komponenten keine vergleichbaren Messwerkzeuge geben kann.
Entwicklung von Mikrokomponenten ≡ Entwicklung neuer Messtechnik	Die Messtechnik muss an die spezifischen Produkte angepasst werden. Nur in wenigen Fällen reicht es aus, bekannte Messverfahren für die Mikrokomponenten zu modifizieren. Sehr häufig steht jedoch nicht die Messtechnik zur Verfügung, mit der ein mikrostrukturiertes Bauelement charakterisiert werden kann. Daher ist die Entwicklung neuartiger mikrostrukturierter Komponenten oft mit der Entwicklung einer entsprechenden Messtechnik zur Bewertung der Funktion der Komponenten verbunden.
	Da auf Grund der Anzahl bekannter mikrostrukturierter Komponenten eine ebenso große Zahl möglicher Charakterisierungsverfahren existiert, kann auf deren detaillierte Beschreibung im Rahmen dieses Buches nicht näher eingegangen werden. Es sei jedoch darauf hingewiesen, dass bereits im Entwurfsstadium mikrostrukturierter Komponenten Überlegungen angestellt werden müssen, mit Hilfe welcher Messverfahren deren Charakterisierung und Bewertung durchgeführt werden soll. Ohne diese Überlegungen und die daraus abzuleitenden Maßnahmen (Entwicklung geeigneter Messprinzipien) fällt insbesondere bei neuen Entwicklungen deren Charakterisierung schwer oder scheitert sogar.
Messungen im Entwurfsprozess	Der Mangel an geeigneter Messtechnik für neuartige Mikrokomponenten wird deutlich, wenn man bekannte und in der Literatur beschriebene Entwurfsstrategien anwenden will.
	Nach einer weit verbreiteten Meinung wird dazu in der Regel auf der Basis konkreter Vorstellungen von der zu entwickelnden Mikrokomponente zunächst ein Modell entwickelt, das dessen wesentliche Eigenschaften beschreibt. Auf Basis des Modells erfolgt anschließend die Systemsimulation

unter Beachtung der bekannten Betriebsparameter. Als Ergebnis dieses Prozesses erhält man eine Mikrokomponente, die im Design für die jeweilige Funktion optimiert ist. Das Problem besteht allerdings darin, dass zur Verifikation der Simulation wesentliche Kenngrößen des Systems zumindest annähernd bekannt sein müssen. Ist dies nicht der Fall, besteht die Gefahr, dass die Lösungen der Simulation nicht konvergieren oder dass unrealistische Daten berechnet werden. Das reale Verhalten von Mikrokomponenten ist auf Grund fehlender umfassender Kenntnisse vom komplexen Zusammenspiel natürlicher Gesetzmäßigkeiten jedoch häufig unerwartet. So erlangen beispielsweise makroskopisch unbedeutende Effekte im Mikrobereich eine zunächst nicht voraussagbare dominierende Wirkung. Durch geeignete Messtechniken kann das Systemverhalten unter unterschiedlichen Betriebsparametern charakterisiert, können für die Simulation notwendige Kenngrößen gewonnen werden. Ohne adäquate Charakterisierungsmöglichkeiten des Komponentenverhaltens stehen jedoch meist keine gesicherten Kenngrößen für die Simulation zur Verfügung. Modellbildung ist daher immer dann als Werkzeug geeignet, wenn ausreichende Daten über das Mikrosystem bekannt sind, wenn bestehende Lösungen optimiert werden sollen. Neuartige, innovative Lösungen erfordern jedoch neben der Entwicklung der Mikrokomponente auch die Entwicklung geeigneter Messtechnik.

Merke

Messverfahren in der Mikrotechnik
Ziele:
- qualitativ hochwertige Bauelemente
- minimaler (kein) Ausschuss

→ *kontinuierliche Kontrolle*
- Substrate und (Prozessmaterialien) →Eingangskontrolle
- Kontrolle der einzelnen Prozessschritte
  - o Schichtwachstum/ Schichtabscheidung
  - o Schichtstrukturierung
  - o Substratstrukturierung

Oberflächendefekte
- Streulichtmessung
- Wafer-Mapping
  - o Partikel auf der Oberfläche
  - o bei Beschichtungen eingeschlossene Partikel
  - o unerwünschte Schichtbildungen
    - ▪ ganzflächig
    - ▪ partiell
  - o Kratzer

Schichtdickenmessung
- Schichtdickenverteilung
- Homogenität der Schichten
- Verfahren
  - Weißlichtinterferenzspektroskopie (koaxiale Überlage-rung von einfallenden und reflektierten Lichtstrahlen)
  - Ellipsometrie (Änderung des Polarisationszustandes von polarisiertem Licht durch Brechung und Refexion)

Maßhaltigkeit
- Messung kritischer Dimensionen (CD-Messung)
- bei metallischen Strukturen → Widerstandsmessung

Strukturtiefenmessung
- mikroskopische Abstandsmessung – rechnerische Ermittlung der Strukturtiefe (berührungslos, aufwändig, nur bei bekannter Neigung der Flanken)
- Weißlichtinterferometrie (berührungslos, stark eingeschränkt bei geneigten Flanken)
- Tastschnittverfahren (berührend, weitgehend von Flankenneigung unabhängig)

Messtechnik für Mikrosysteme
- zwingend an Funktion des Mikrosystems angepasst
- sehr produktspezifisch
- bei Entwicklung neuer Mikrosysteme meist separate Entwicklung geeigneter Messtechnik erforderlich

Literatur

[Azz]   Azzam, R.; Bashara, N.: Ellipsometry and Polarized Light; North Holland Publication, Amsterdam, 1979

[Bub]   Bubert, H.; Jenett, H.: Surface and Thin Film Analysis: A Compendium of Principles, Instrumentation, and Applications; Wiley-VCH, 2002

[Fra]   Franz, G.: Streulicht- und ellipsometrische Messungen mit hoher lateraler Auflösung unter endlicher Messapertur; TU Berlin, 2002

[Hec]   Hecht, E.: Optik; Oldenbourg, 2005

[Her]   Herrmann, D.: Schichtdickenmessung; Oldenbourg, 1993

[Ped]   Pedrotti, F. et al.: Optik für Ingenieure. Grundlagen; Springer, 2005

9 Entwurf neuartiger, mikrostrukturierter Bauelemente

9.1 Allgemeiner Entwurfsprozess

Schlüsselbegriffe	
	Marktanteil von Mikrosystemen, Potenziale der Mikrosystemtechnik, natürliche Mikrosysteme, Originalität und Qualität, Definition von Grundelementen, Neuentwicklung durch Modellierung und Simulation? Situation aus Herstellersicht, keine Modelle für originelle Produkte, früherer Markteintritt ohne Simulation, sinnvoller Einsatz der Simulation, Beispiel: Geometriefaktor, geschickte Verknüpfung von Standardkomponenten, Grundproblem des Entwurfs: Anforderung → Wirkprinzip, Probleme bei der Lösungsfindung, Wirksamkeit von Methoden, Brainstorming als Teamarbeit, Grundregeln des Brainstormings, Bewertung des Brainstormings, Vorteile des Brainstormings, Nachteil des Brainstormings, Münchner Modell, ganzheitlicher Modellansatz, Nachteil des Münchner Modells, Methode der Empathie, Nachteile der Empathie, ARIZ und TRIZ, komplexe Methode, Grundgedanke von TRIZ, TRIZ-Beispiel: quadratischen Gleichung, Abstraktionsphase, Erstellen der Innovations-Check-Liste, Funktionsmodell, Identifizieren des Hauptwiderspruchs, Phase der Lösungsfindung, Transformationen für physikalische Unvereinbarkeiten, Widerspruchsmerkmale, innovative Lösungsprinzipien, Matrix der Widersprüche

9.1.1 Ausgangslage

	Situationsbeschreibung
Marktanteil von Mikrosystemen	Mikrosysteme haben bislang nur einen vergleichsweise geringen Marktanteil. Dennoch prognostizieren viele Wissenschaftler und Institute eine drastische Steigerung des Einsatzes von Mikrosystemen im industriellen

und im privaten Bereich. Diese Prognose ist sicher richtig, denn mit den bisherigen Entwicklungen der Mikrosystemtechnik werden in der Regel nur sehr begrenzte Märkte bedient.

Potenziale der Mikrosystemtechnik

Die Potenziale der Mikrosystemtechnik sind aus gegenwärtiger Sicht nur zu einem Bruchteil des Möglichen ausgeschöpft. Es gibt also eine Vielzahl „weißer" Flecken oder „versteckter Schätze" die es gilt, zu identifizieren und letztlich zu verwertbaren Produkten umzuwandeln.

Natürliche Mikrosysteme

Zur Verdeutlichung betrachte man ein sehr kleines Insekt, z.B. eine Eintagsfliege, eine Spinnmilbe oder Ähnliches. Die Fliege kann nicht nur laufen und fliegen, sie verfügt auch über eine entsprechende Sensorik, um sich zu paaren, um Nahrung aufzunehmen, um Gefahr wahrzunehmen u. dgl. Dazu kommt noch eine nicht zu unterschätzende Energieversorgung, die die motorischen Fähigkeiten unterstützt. Dies alles ist auf kleinstem Raum zu einem System organisiert – einem echten, natürlichen Mikrosystem. Aber es gibt ja nicht nur die Fliege – man betrachte nur die ungeheure Vielfalt im Insektenreich. Nahezu unerschöpfliche Potenziale könnten bei konsequenter Beobachtung natürlicher Vorbilder, vor allem aus dem Mikrobereich genutzt werden. Von dieser Entwicklungsstufe sind wir gegenwärtig noch meilenweit entfernt.

Es stellt sich kaum die Frage:

Wie kommt man zu neuartigen Mikrosystemen, die in Anlehnung an die Natur aufgebaut sind, die die natürlichen Prinzipien nutzen?

Vielmehr stellen sich technische Fragen nach Produkten mit verbesserter Qualität, höherer Zuverlässigkeit und gesteigerter Rentabilität. Mikrotechnologien erscheinen dabei als ein Schlüssel für erfolgreiche Verbesserungen bei gleichzeitig hochproduktiver und kostengünstiger Fertigung. Dies können Mikrotechnologien jedoch nicht sofort leisten. Im Gegensatz zur Mikroelektronik mit höchstintegrierten Schaltungen existieren in der Mikrosystemtechnik in der Regel mehrere physikalische Domänen, die der Höchstintegration entgegenstehen. Deutlich geringere Produktzahlen führen bei hochproduktiver Fertigung sehr schnell zu Stillstandszeiten.

Die Vorteile der Mikrosysteme zeigen sich zunächst also nur durch deren herausragende Qualität und Originalität.

Originalität und Qualität

Definition von Grundelementen

Ein vorläufiger Weg aus dieser Situation scheint möglich, wenn es gelingt Grundelemente zu definieren, die für Anwendungen in verschiedenen Domänen geeignet sind. So können Balkenelemente mit entsprechenden funktionellen Schichten für den aktiven Aktorbetrieb (piezoelektrisch, elektrothermisch usw.) genutzt werden. Mit entsprechender Masse können die gleichen Elemente auch für den Sensorbetrieb genutzt werden (piezoelektrisch, elektrostatisch usw.). Analoge Entwicklungen sind auch für Platten bzw. mehrfach aufgehängte Membranen denkbar. Durch diese Art

	der Modularisierung wird der Fertigung die Möglichkeit eingeräumt, unterschiedliche Mikrokomponenten auch in kleineren Stückzahlen zu fertigen. Ein „Leerlaufen" der Produktion kann auf diese Art vermieden werden. Dadurch können produzierende Unternehmen zumindest für eine längere Übergangszeit profitabel arbeiten. Allerdings ist diese Art der Produktentwicklung stark eingeschränkt und führt auf Dauer nicht zu originärer Vielfalt
Neuentwicklung durch Modellierung und Simulation?	Wie kommt man aber zu originären Produkten mit hoher Qualität? Schaut man in die Fachliteratur, dann ist der Entwurf von Mikrosystemen offensichtlich durch Methoden der Modellierung und Simulation vorgegeben [Ger]. Dies ist leider nur zum Teil richtig und wird auch häufig durch die Realität widerlegt.
Situation aus Herstellersicht	Betrachtet man die typische Situation, dann stellt sich Folgendes dar: Ein Hersteller möchte sein bestehendes Produkt verbessern oder ein völlig neues Produkt auf den Markt bringen. Dazu muss er unter anderem technische Problemstellungen lösen. Zur Lösung der technischen Probleme könnte die Mikrotechnik einen Beitrag leisten. Damit ergibt sich aus der Problemstellung eine Liste von Anforderungen, die das Mikrosystem erfüllen muss. Der Entwurf des Mikrosystems verläuft dann in der Regel nach folgendem Schema (siehe Bild). Die Modellierung und Simulation hat dabei zunächst keine Bedeutung. Wenn die Anforderungen nicht erfüllt werden, dann ist es in der Regel einfacher, ein neues Wirkprinzip zu verwenden, ein verändertes Design zu entwerfen
keine Modelle für originelle Produkte	oder den Flowchart zu verändern als die Modellierung des Systems zu betreiben. Durch diese pragmatische Herangehensweise werden erhebliche Kosten eingespart. Dies auch, wenn die Herstellung der ersten Prototypen relativ teuer ist. Die Modellierung und Simulation erfolgt in der Regel erst, wenn mit Hilfe der erstellten Prototypen erste Messwerte gewonnen werden konnten. Diese fließen dann in die Simulation mit ein. Der Grund für diese Herangehensweise liegt auf der Hand. Für originäre Mikrosysteme existieren in der Regel keine Modelle. Sie müssen erst entwickelt und mit

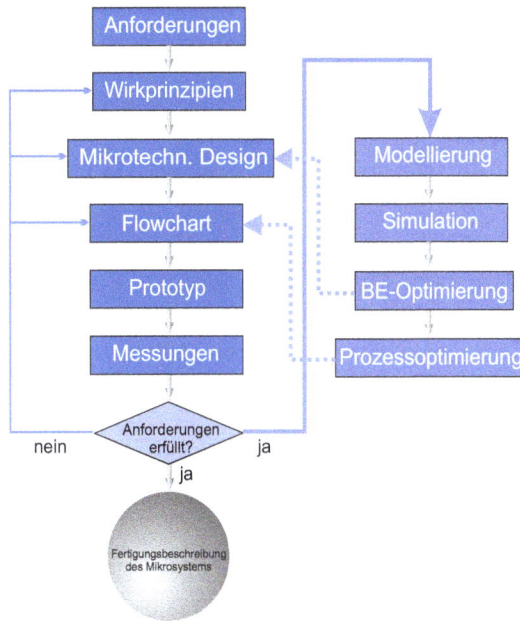

früherer Markteintritt ohne Simulation	Hilfe von Messdaten abgeglichen werden. Dieser Prozess kostet sehr viel Zeit und Manpower. Bei originären Produkten muss man von der Idee bis zur Einführung eines optimierten Systems (inkl. Modellierung und Simulation) in den Markt mit einer Zeitdauer von etwa 10 Jahren rechnen. Dabei wird der größte Teil der Zeit durch die Modellierung und Optimierung des Designs verbraucht. Erhält man hingegen schon nach den ersten Iterationen in der Prototypenherstellung ein den Anforderungen entsprechendes Produkt, kann man sich deutliche Marktvorteile durch die vorgezogene Einführung sichern. Durch meist fehlende Konkurrenz kann man auch bei noch geringen Stückzahlen hohe Umsätze erzielen. Mit zunehmender Existenz am Markt wird das Produkt bei steigenden Stückzahlen und sinkenden Einzelpreisen optimiert, so dass der Umsatz weitgehend gehalten werden kann. Durch Modellierung und Simulation bereits in der Entwicklungsphase wird die Entwicklungszeit von originären Produkten deutlich heraufgesetzt. Der Markteintritt erfolgt zu einem Zeitpunkt, bei dem die Stückkosten schon sinken. Die Kosten für umfassende Mess- und Charakterisierungstechniken müssen ebenso vorgeschossen werden. Das Risiko, ein nicht produzierbares Produkt zu entwickeln, bleibt bestehen. Da kein Bezug zum Markt existiert, erhöht sich auch das Risiko, Produkte zu entwickeln, die nicht am Bedarf ausgerichtet sind. Modellierung und Simulation ersetzen nicht das Feedback von Kunden. Dies vermittelt sich aber nur über das tatsächliche Produkt und nicht über die Idee von einem Produkt mit hoher Vollkommenheit.
sinnvoller Einsatz der Simulation **Beispiel: Geometriefaktor**	Die Methoden der Modellbildung und Simulation haben sehr große Bedeutung für bestehende Produkte, die bereits am Markt eingeführt wurden, die aber noch nicht die volle Leistungsfähigkeit erreicht haben. Wenn also ein hoher Optimierungsbedarf besteht, dann sollte unbedingt auf Modelle und Simulationen zurückgegriffen werden. Ähnlich verhält es sich mit Systemstrukturen, bei denen einzelne Teilkomponenten durch deutlich verbesserte Teilkomponenten ersetzt werden sollen. Auch hier kann durch entsprechende Simulation auf das Systemverhalten geschlossen werden. Voraussetzung ist allerdings, dass für die einzelnen Teilkomponenten des Systems verifizierte Modelle existieren. Dabei liegt die Betonung nicht nur auf „Modell" sondern auch auf dem Begriff „verifiziert". Für die Teilkomponenten muss durch entsprechende Test- und Messverfahren deren Leistungsspektrum und -verhalten vollständig charakterisiert sein. Gibt es schließlich eine Vielzahl bekannter Teilkomponenten mit verifizierten Eigenschaften, analog zu Zellbibliotheken in der Mikroelektronik, dann können durch deren geschickte, aber variable Integration originäre Systeme mit unterschiedlichen Eigenschaften entwickelt werden. Im Bild sind die prinzipiellen Möglichkeiten dazu gezeigt, wobei nur der Faktor Geometrie als spezifisches neues Merkmal des Systems hervortritt. Ein System, bestehend aus vier Teilkomponenten, wird hierbei so zusammengesetzt, dass jeweils jede Teilkomponente einmal vorhanden ist. Die Teilkomponenten werden stets lagerichtig, d.h. nicht verdreht miteinander verknüpft.

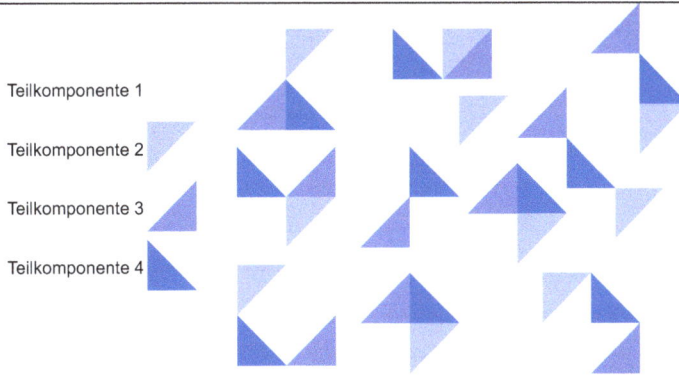

Teilkomponente 1

Teilkomponente 2

Teilkomponente 3

Teilkomponente 4

geschickte Verknüpfung von Standard-komponenten

Das Bild zeigt einige, aber nicht alle möglichen Variationen, die sich geometrisch unterscheiden. Auf Grund der unterschiedlichen Verknüpfungen miteinander entstehen völlig unterschiedliche geometrische Gebilde. Auf diese Weise können mit Hilfe von Modellierung und Simulation eine Vielzahl neuartiger und originärer Systeme kreiert werden. Voraussetzung ist jedoch immer die Kenntnis über das Verhalten der Teilkomponenten. Diese Art der Produktentwicklung kommt auch den Produzenten entgegen. Die Herstellung einer überschaubaren Anzahl jeweils gleichartiger Komponenten wird durch den Produktionsprozess unterstützt. Die Auslastung des Equipments kann auf diese Art sichergestellt werden. Probleme stellen in diesem Fall „nur" die Schnittstellen zwischen den Komponenten dar.

In einigen Fällen ist diese Art des Entwurfs völlig ausreichend. In der Mehrheit der Fälle gelangt man jedoch trotz intensiver Kombination bekannter Teilkomponenten nicht zu Lösungen, die dem Anforderungsprofil entsprechen. Wenn dies eintritt, dann steht man im Entwurfsprozess erneut an der Position, wie im Bild gezeigt.

Anforderungen

Wirkprinzip

Ausgehend von den Anforderungen ist ein Wirkprinzip zu finden oder bei mehreren Möglichkeiten auszuwählen, das den Anforderungen gerecht wird.

Grundproblem des Entwurfs: Anforderung →Wirkprinzip	Dies ist die entscheidende Phase in jedem originären Entwurfsprozess. • Welche Wirkprinzipien sind zur Realisierung der geforderten Eigenschaften oder Aktionen geeignet? • Wie kann das Wirkprinzip in ein entsprechendes mikrotechnisches Design umgesetzt werden? • Welcher Flowchart ist nötig, um das gefundene Design in ein entsprechendes Produkt umzusetzen? Ganz im Gegensatz zur Mikroelektronik stehen in der Mikrosystemtechnik nun auch Fragen der konstruktiven Umsetzung von Wirkprinzipien im Vordergrund. Es müssen daher auch Werkzeuge verwendet werden, die Konstrukteure in der Produktentwicklung nutzen. Außerdem wird in diesem Stadium ein hohes Maß an Kreativität und Phantasie, werden Ideen gefordert. Neben grundlegenden Kenntnissen, Erfahrungen, logischem Denkvermögen sind an dieser Stelle auch die augenblickliche Stimmung, die persönliche Situation und das assoziative Vermögen der agierenden Personen von Bedeutung. Nicht selten spielt der Zufall beim Entwickeln einer Lösungsidee eine entscheidende Rolle.
Probleme bei der Lösungsfindung **Wirksamkeit von Methoden**	Die Behandlung dieses Themas bereitet allen Autoren, die sich mit dem Entwurf technischer Systeme und Komponenten beschäftigen, erhebliches Kopfzerbrechen. Kasper [Kas] widmet dieser entscheidenden Fragestellung in einem 375 Seiten umfassenden Werk mit dem vielversprechenden Titel „Mikrosystementwurf" ganze *vier* Seiten. Bei Lindemann [Lin] sind es in einem Werk mit dem Titel „Methodische Entwicklung technischer Produkte" *sieben* Seiten von 326. Dies ist keine Geringschätzung des Problems, es ist vielmehr der Tatsache geschuldet, dass bis zum heutigen Tage noch kein für Ingenieure und Naturwissenschaftler akzeptabler Algorithmus gefunden wurde, der es erlaubt, systematisch originelle Ideen zu generieren. Wahrscheinlich schließt sich die Existenz eines solchen Algorithmus von selbst aus. So gibt es für die Phase der Lösungsfindung nur einige Methoden, die die Suche nach geeigneten Lösungen erleichtern helfen sollen. Die Wirksamkeit dieser Methoden ist nicht unumstritten und auch nicht sicher belegbar. Man sollte sie daher mit Vorsicht verwenden und nicht Erwartungen in sie setzen, die nicht erfüllt werden können. Bildlich gesprochen wirken sie etwa wie ein „Hörgerät für einen Blinden". Das heißt, der schon voll entwickelte (z.T. überentwickelte) Sinn wird noch verstärkt. Auf den nicht entwickelten Sinn nehmen sie kaum oder gar keinen Einfluss. Das kann möglicherweise für einige Entwickler bei der Suche nach Problemlösungen hilfreich sein. Andere zeigen sich hingegen auch bei Anwendung der Methoden als resistent. Im Folgenden soll daher auf die einige Möglichkeiten eingegangen werden, die das Finden geeigneter Lösung erleichtern sollen. Es sei jedoch nochmals darauf verwiesen, dass die angegebenen Möglichleiten nicht zwingend zu einem erfolgreichen Ergebnis führen.

9.1.2   Wege der Lösungsfindung

Brainstorming als Teamarbeit

Das Brainstorming wird sehr häufig eingesetzt, um Ideen zu generieren. Dazu trifft sich eine Gruppe von mehreren gleichgestellten Personen, die unmittelbar oder mittelbar mit dem Problem vertraut sind, und tauscht ohne Ansehen der Person jeweils eigene Ideen zur Lösung des Problems aus. Durch geschickte Moderation wird der Fokus stets auf das Problem gerichtet. Dabei müssen folgende Grundregeln eingehalten werden:

Grundregeln des Brainstormings

1. Keine kritischen Bemerkungen zu den Ideen der Anderen

2. Die Qualität der Ideen ist der Quantität an Ideen untergeordnet

3. Jegliche Assoziationen sind erwünscht

Ein Brainstorming sollte nicht über 45 Minuten andauern. Längere Zeiten führen zur Ermüdung und einem Nachlassen der Ideengeneration. Nach dieser Zeit erfolgt die Bewertung der gefunden Lösungen. Dazu werden entsprechende Entscheidungskriterien aufgestellt, nach denen die Lösungsvorschläge bewertet werden. Nach [Pah] könnte eine solche Bewertung folgendermaßen aussehen:

Bewertung des Brainstormings

Lösung	Anforderungserfüllung	Realisierbarkeit	Techn. Aufwand	Zeitrahmen	Entwicklungskosten	Verträglichkeit	…	Σ
1	!	-	?	?	+	+		?
2	+	+	-	-	+	+		+
3	-	+	+	+	+	+		-
…								

+ Lösung weiter verfolgen; - Lösung nicht akzeptabel; ! Anforderungen prüfen;
? weitere Informationen erforderlich

Vorteile des Brainstormings

Die Vorteile des Brainstormings liegen auf der Hand. Es ist sehr leicht zu erlernen und kann in unterschiedlichen Variationen und Abwandlungen durchgeführt werden. Dabei soll die Gruppenarbeit insbesondere zur Ausnutzung synergetischer Effekte genutzt werden. Eine Reihe psychologischer Hemmschwellen können den Erfolg solcher Sitzungen einschränken. So ist es kaum zu verhindern, dass trotz unerlaubter Kritik jeder Teilnehmer seine Äußerungen und die Äußerungen der anderen für sich bewertet und intern einordnet. Diese „Rang"-ordnung ist im zeitlich folgenden Brainstorming latent vorhanden und wirkt sich auf die Ideengeneration negativ aus. Abhilfe schafft hier möglicherweise das Brainwriting, bei dem die Gedanken schriftlich und anonym niedergelegt und anschließend bewertet werden. Der Erfolg eines Brainstormings in Bezug auf die Problemstellung ist generell nicht sichergestellt. Es wird möglicherweise eine Vielzahl an Ideen generiert. Dabei steht die Quantität der Ideen und nicht deren Qualität im Vordergrund. Eine originelle Idee zeichnet sich jedoch durch Klasse aus und ist nicht durch eine große Masse weniger origineller Ideen zu ersetzen. So kann eine Vielzahl schlechter oder ungeeigneter Ideen im ungünstigen Fall (bei entsprechendem zeitlichem Druck) zur Auswahl einer Kompromissvariante führen, die bezüglich der Anforderungen nur bedingt geeignet ist.

Andererseits können durch das Brainstorming auch Ideen entwickelt werden, oder Impulse zu neuen Ideen gegeben werden, die dann zu einer tatsächlich originären Lösung führen. Bei diesen Verfahren spielt der Zufall der Generation neuer Ideen jedoch eine sehr große Rolle. Als effiziente Methode zur Generation neuer Ideen kann das Verfahren nicht angesehen werden. Es ist vielmehr eine Möglichkeit, um kreatives Denken anzuregen

Nachteil des Brainstormings

Grundlegender Nachteil des Verfahrens ist seine unstrukturierte Suche. Bei der Suche nach einem geeigneten Wirkprinzip wird der Suchraum durch die geforderten Merkmale (m) und deren mögliche Zustände (z) charakterisiert.

keine Lösung des Grundproblems

Problem-stellung

ideale Lösung

Wenn also mehrere Merkmale mit verschiedenen Zuständen kombiniert werden, ergibt sich eine unübersichtliche Anzahl von Suchoperationen (O) gemäß

$$O = m^z$$

Die gefundenen Lösungen sind dabei nicht zwingend optimal. Suchvektoren zeigen in alle Raumrichtungen des Lösungsraumes und treffen nur mit sehr geringer Wahrscheinlichkeit das optimale Wirkprinzip.

Lösungsfindung für ein technisches Problem – Münchner Vorgehensmodell (MVM)

Münchner Modell

Eine zielgerichtete Suche nach einer originären Lösung verspricht das Münchner Modell [Lim]. Hier wird der Entwicklungsprozess in seiner Gesamtheit erfasst. Neben den drei Hauptschritten

- Problem bzw. Ziel klären

- Lösungsalternativen generieren

- Entscheidung herbeiführen

verfügt das Modell über sieben Elemente, wie im folgenden Bild dargestellt.

Diese Methode beschreibt ganzheitlich die Entwicklungsschritte. Daher sind die Schritte „Ziel analysieren" und „Ziel planen" auch ein Bestandteil der Methode. In Unternehmen sind diese beiden Teilschritte von grundlegender Bedeutung. Aus dieser Zielplanung ergeben sich letztlich die Anforderungen, über die ein neues Produkt verfügen muss. Schließlich wird auf der Basis der Anforderungen das Problem strukturiert, d.h., es werden Handlungsschwerpunkte abgeleitet, die sich auf Basis der ganzheitlichen Entwicklung ergeben. Für das konkrete Produkt ergeben sich aus der

Ganzheitlicher Methodenansatz

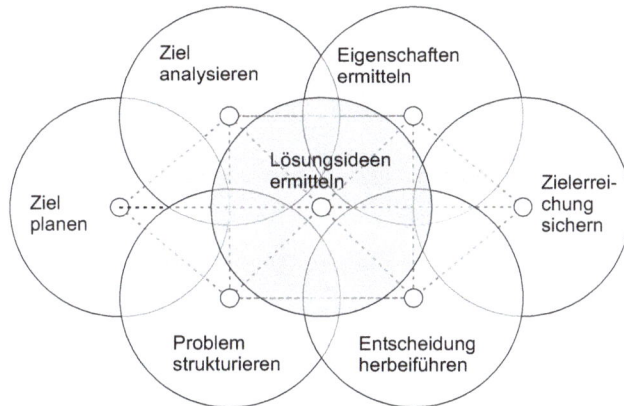

Problemstrukturierung unter anderem auch Fragen nach der Einsatzumgebung und den damit verbunden zusätzlichen Anforderungen. Kernschritt der Entwicklung ist aber auch hier: Lösungsideen zu ermitteln. Diese entscheidende Frage wird leider nur sehr allgemein dargestellt. Hier wird auf bekannte Methoden des Brainstorming oder Brainwriting hingewiesen. Die Synektik, bei der völlig artfremde Begriffe, stochastisch ausgewählt, in Beziehung zum Problem gestellt werden, wird als weitere Methode vorgeschlagen. Schließlich findet sich der Hinweis auf die Bionik, bei der biologische Analogien in technischen Systemen eingesetzt werden könnten. Eine Methodik zum Generieren neuer Lösungen findet sich leider nicht. Neue Lösungsideen, so scheint es, entstehen mehr oder weniger durch Zufall – im Team oder in den Gedankengängen einzelner Entwickler.

Nachteil des Münchner Modells

Lösungsfindung für ein technisches Problem – Empathie

Methode der Empathie:

Eine weitere Möglichkeit des Generierens originärer Lösungen liegt in der Methode der Empathie. Darunter ist zu verstehen, dass sich der Entwickler gedanklich an den Ort des Geschehens versetzt. Dieses gedankliche Versetzen in die operative Zone erfordert ein hohes Maß an Phantasie. Unter der operativen Zone ist dabei die Position zu verstehen, an der entscheidende Funktionen des Bauelementes stattfinden. Bei makroskopisch einfachen Systemen ist dies noch relativ einfach nachvollziehbar. Wenn es sich

| | dagegen um komplexere Gebilde (Systeme) handelt, dann können eventuell verschiedene Funktionen im System von entscheidender Bedeutung sein, so dass das „Hineinversetzen" sehr schwierig wird. Im Mikrobereich ist nicht zwingend mit komplexen Systemen zu rechnen. Allerdings erfordert das Hineinversetzen in die Mikrobereiche ein hohes Abstraktionsvermögen. Viele Strukturen sind im Mikrobereich nur mit Hilfe der Mikroskopie visualisierbar. Die Aktionen finden oft in diesem, aber auch im Sub-Mikrobereich statt. Das geistige „Hineinversetzen" in diese Strukturen mit dem Hintergrund, die mögliche Aktion der Mikrostruktur durch geeignete Maßnahmen zu beeinflussen, erfordert ein Maß an Phantasie, das nicht jeder Entwickler aufbringen kann. Besonders nachteilig ist dabei das dominante Auftreten kleiner Effekte (Reibung, Sticking …). Im Makrobereich spielen diese Effekte nur eine untergeordnete Rolle und sind dem Entwickler daher auch erfahrungsmäßig nicht erschlossen. Beim |

Nachteile der Empathie

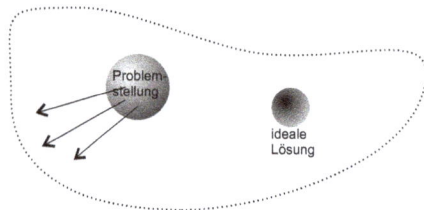

„Hineinversetzen" in den Mikrobereich ist dem Entwickler aber nur seine Erfahrungswelt bekannt, so dass er die Wirkung kleiner Effekte gar nicht einschätzen kann. Die Folge davon sind Fehleinschätzungen und Fehlinterpretationen der Aktionen der Mikrostruktur. Das Verfahren scheint zunächst zielorientiert, ist es aber auf Grund der unbekannten Größen im Mikrobereich nicht. Im Gegensatz zum Brainstorming gibt es nur wenige Suchvektoren, die aber bestimmte Richtungen im Lösungsraum einnehmen. Durch Zufall kann auch mit Hilfe dieser Methode eine geeignete Lösung gefunden werden (wenn die Suchvektoren in Richtung der idealen Lösung zeigen).

Lösungsfindung für ein technisches Problem – TRIZ

ARIZ und TRIZ

komplexe Methode

Die Methode, die eine systematische Lösungsfindung verspricht, wird als TRIZ bezeichnet. (TRIZ – Theorie zur Lösung erfinderischer Aufgaben). Die Ursprünge der Methode liegen in der bereits 1946 begonnen Entwicklung der ARIZ durch Genrich S. Altschuller [Alt]. (ARIZ – Algorithmus zur Lösung erfinderischer Aufgaben). Die Methode wurde entwickelt, um komplexe und komplizierte technische Systeme zu entwickeln. Es lassen sich generell auch einfache Problemstellungen durch Anwendung der ARIZ lösen. Die TRIZ ist ein System mehrerer Methoden, auch der ARIZ, das es ermöglichen soll, zielgerichtet eine Aufgabenstellung, hier das Finden eines Wirkprinzips, unter Nutzung von naturwissenschaftlichen Gesetzmäßigkeiten zu lösen. Die verschiedenen Methoden der TRIZ erschweren allerdings das Verstehen und Erlernen. Im Folgenden sollen daher die wesentlichen Aspekte der der TRIZ vorgestellt und erläutert werden.

Grundgedanke von TRIZ	Der Grundgedanke der TRIZ besteht darin, die bestehende Denkbarriere zwischen dem Problem und seiner Lösung zu überwinden. Diese Barriere besteht nahezu immer und muss zum Finden des Wirkprinzips überwunden werden. Ursachen für diese Barriere sind eigene Erfahrungen und Kenntnisse, die es nicht gestatten, das „Unmögliche" zu denken. Die TRIZ schlägt nun einen Umweg vor, der die Denkbarriere überwinden helfen soll.

Dabei wird von folgender Überlegung ausgegangen: Die Lösung für das Grundproblem existiert schon. Sie wird jedoch möglicherweise in einem völlig artfremden Bereich eingesetzt. Dieser Bereich ist nicht bekannt.

TRIZ-Beispiel: quadratische Gleichung	Durch eine totale Abstraktion des Problems ist es möglich, eine Lösung des nunmehr abstrakten Problems zu finden, da für das abstrakte Problem bereits ein Lösungsansatz existiert. Dieser Lösungsansatz wird schließlich an das Problem adaptiert und man erhält eine Lösung für das spezielle Problem unter Umgehung der Denkblockade. Am Beispiel für die Lösung einer quadratischen Gleichung ist dies anschaulich gezeigt.

abstraktes Problem: $ax^2+bx+c=0$

Lösungsfindung

allgemeine Lösung: $x_{1,2} = -\dfrac{b}{2a} \pm \sqrt{\left(\dfrac{b}{2a}\right)^2 - \dfrac{c}{a}}$

Abstraktion

Problemstellung: $3x^2+5x+2=0$

Adaption

spezielle Lösung: $x_1=-1$, $x_2=-2/3$

Eine Anwendung von TRIZ in der Mikrosystemtechnik ist bislang noch nicht bekannt. Allerdings bietet das Mikroumfeld geradezu ideale Voraussetzungen, diese Methode einzusetzen. Die Vorgehensweise bei der TRIZ ist bei technischen Problemstellungen folgende [Kle, Zob]:

Erstellen einer Innovations-Check-Liste	**Abstraktionsphase**
	
	Aufstellen einer Innovations-Check-Liste mit folgenden Schwerpunkten:
	
	• Welche Funktion/en (F_i) ist/sind zu erfüllen?
	• Wie wird diese Funktion üblicherweise erfüllt?
	   o Welche Nachteile treten dabei auf?
	   o Was sind die Ursachen der Nachteile?
	   Sollte das System noch nicht existieren, dann erübrigt sich die Beantwortung dieser Fragen
	• Wie agiert das System in seiner Umgebung?

	• Welche Ressourcen stehen zur Lösung der Aufgabe zur Verfügung?
	    ○ stofflich
	    ○ räumlich
	    ○ zeitlich
	    ○ funktionell
	    ○ energetisch
	    ○ informatorisch
	• Wie könnte ein ideales System gestaltet sein?
	Hier wird ein idelaes Endresultat (IER) formuliert, das als System die Funktion erfüllt, von selbst arbeitet und körperlich eigentlich gar nicht vorhanden ist (d.h. keine negativen Einflüsse ausüben kann)
	• Welche Lösungen werden ausgeschlossen?
	Im Bereich der Mikrotechnik sind alle Lösungen ausgeschlossen, die sich nur mittels makroskopischer Systeme realisieren lassen
	• Welche Parameter sind angestrebt?
	Festlegung der Funktionsparameter und deren Wertebereiche
	• Wie sind die wirtschaftlichen Bedingungen?
	• Wie lautet die Umkehrung der Aufgabenstellung?
	• Wie lautet die Aufgabenstellung ohne Nutzung von Fachtermini in abstrakter Form?

Funktionsmodell	**Wie sieht das Funktionsmodell aus?** Das Funktionsmodell beschreibt das Verhalten von Ursache und Wirkung. Dazu wird jede Funktion durch ein Substantiv und ein aktives Verb beschrieben. Man unterscheidet *nützliche Funktionen* (NF) und *schädliche Funktionen* (SF). Funktionsverknüpfungen werden mit Pfeilen gekennzeichnet. F_a erzeugt F_b $F_a \longrightarrow F_b$ F_a verursacht F_c $F_a \Longrightarrow F_c$ F_a verhindert F_d $F_a \longmapsto F_d$ F_a wirkt gegen F_e $F_a \Longmapsto F_e$ NF's werden durch Kreise und SF's werden durch Rechtecke dargestellt. Durch Hinterfragen der Funktionsbeziehungen wird es möglich, den Konflikt aufzudecken, der eine Lösung verhindert. Dieser wird auch als der Widerspruch bezeichnet. Dabei ist die zum Ausfall des Systems führende Funktionsverknüpfung entscheidend. Folgende Fragen sollten gestellt werden:

$NF_a \xrightarrow{?} NF_b$

$NF_a \xRightarrow{?} SF_b$

$NF_a \xmapsto{?} SF_b$

$NF_a \xRightarrow{?} NF_b$

$SF_a \xrightarrow{?} SF_b$

$SF_a \xRightarrow{?} NF_b$

$SF_a \xmapsto{?} NF_b$

$SF_a \xmapsto{?} SF_b$

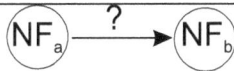

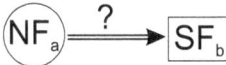

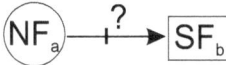

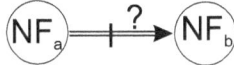

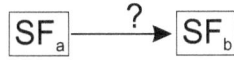

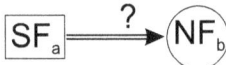

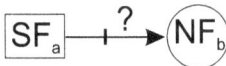

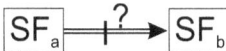

Identifizieren des Hauptwider-spruchs	Dabei ist anzumerken, dass der Hauptwiderspruch meist ein rein technischer Widerspruch ist. Technische Widersprüche lassen sich durch Abstraktion in physikalische Unvereinbarkeiten zurückführen. Dabei stellen die Unvereinbarkeiten eine deutliche Steigerung des Widerspruchs dar. So lauten physikalische Unvereinbarkeiten z.B.

- ein Teil soll nass und trocken sein
- ein Teil soll heiß und kalt sein
- ein Teil soll elastisch und spröde sein
- ein Teil soll vorhanden und nicht vorhanden sein

Hilfreich ist in dieser Phase auch die Beschreibung des Problems mit einfachen Worten – ohne Fachtermini zu verwenden. Nach Linde [Lin] sollte man dabei die Regel beachten: „Ein Problem lösen heißt, sich von dem Problem lösen."

Nachdem der Hauptwiderspruch identifiziert und es möglicherweise gelungen ist, eine physikalische Unvereinbarkeit zu definieren, kann man zur Lösung des Problems übergehen. Es ist allerdings wichtig, die Abstraktionsphase mit hoher Sorgfalt durchzuführen. Durch die Definition der Widersprüche und der Unvereinbarkeiten wird bereits der mögliche Lösungsraum drastisch eingeschränkt, es erfolgt bereits eine Fokussierung auf das IER. Für den Bereich der Abstraktion sollten mindestens 40% des Gesamtaufwandes der Entwicklung einkalkuliert werden.

Transformationen für physikalische Unvereinbarkeiten	**Phase der Lösungsfindung** Die Phase der Lösungsfindung unterscheidet zwei Methoden, die von der Art der Abstraktion abhängen. Für *physikalische Unvereinbarkeiten* lassen sich dabei vier fundamentale Lösungsansätze (Transformationen) ableiten. Diese sind: *1. Aufteilen im Raum* Kann man die Unvereinbarkeiten räumlich voneinander trennen? *2. Aufteilen in der Zeit* Ist es möglich, die Unvereinbarkeiten zeitlich zu trennen? In welcher Reihenfolge sind sie dann anzuordnen, um die Funktion zu erreichen? *3. Aufteilen in der Struktur* Besteht die Möglichkeit, das System so zu gestalten, dass ein Teil des Systems über eine Eigenschaft verfügt, das Gesamtsystem dagegen die entgegengesetzte Eigenschaft aufweist? *4. Aufteilen in den stofflichen Zuständen* Kann durch Zustands- (Energie-)änderung die Unvereinbarkeit beendet werden (z.B. Phasenumwandlung)? Die systematische Lösungsfindung ist auf diesem hohen Abstraktionsniveau auf wenige mögliche Lösungsansätze beschränkt. Gelingt es bereits hier, einen geeigneten Lösungsansatz für das gesuchte Wirkprinzip zu finden, dann ist die Wahrscheinlichkeit einer innovativen Lösung sehr groß.
Widerspruchs-merkmale	In einigen Fällen ist das hohe Abstraktionsniveau nicht erreichbar. Durch TRIZ besteht dann die Möglichkeit eine andere Methode anzuwenden. Grundlage sind hier die *technischen Widersprüche*. Durch Altschuller wurden die technischen Parameter, die einen Widerspruch kennzeichnen, systematisiert. Dadurch konnte ein System von 39 Widerspruchsmerkmalen zusammengestellt werden. Im Folgenden sind diese Merkmale aufgelistet. 1 Masse/Gewicht eines beweglichen Objektes 2 Masse/Gewicht eines unbeweglichen Objektes 3 Länge eines beweglichen Objektes 4 Länge eines unbeweglichen Objektes 5 Fläche eines beweglichen Objektes 6 Fläche eines unbeweglichen Objektes 7 Volumen eines beweglichen Objektes 8 Volumen eines unbeweglichen Objektes 9 Geschwindigkeit

	10	Kraft
	11	Spannung oder Druck
	12	Form
	13	Stabilität der Zusammensetzung des Objektes
	14	Festigkeit
	15	Haltbarkeit eines beweglichen Objektes
	16	Haltbarkeit eines unbeweglichen Objektes
	17	Temperatur
	18	Helligkeit
	19	Energieverbrauch eines beweglichen Objektes
	20	Energieverbrauch eines unbeweglichen Objektes
	21	Leistung, Kapazität
	22	Energieverluste
	23	Materialverluste
	24	Informationsverlust
	25	Zeitverlust
	26	Materialmenge
	27	Zuverlässigkeit *(Sicherheit, Lebensdauer)*
	28	Messgenauigkeit
	29	Fertigungsgenauigkeit
	30	Äußere negative Einflüsse auf das Objekt
	31	Negative Nebeneffekte des Objektes
	32	Fertigungsfreundlichkeit
	33	Bedienkomfort
	34	Reparaturfreundlichkeit
	35	Anpassungsfähigkeit
	36	Kompliziertheit der Struktur
	37	Komplexität in der Kontrolle oder Steuerung
	38	Automatisierungsgrad
	39	Produktivität *(Funktionalität)*

Neben diesen Widerspruchsmerkmalen wurden von Altschuller auch Löungsansätze geliefert. Ursprünglich waren das auf Basis der Analyse von 40.000 Patenten 35 innovative Lösungsprinzipien [Alt]. Durch weiterführende Arbeiten wurden nach Sichtung von ca. 2.500.000 Patentschriften diese Prinzipien um nur 5 weitere ergänzt. Die Lösungsprinzipien sind:

	1	Zerlegung/Segmentierung
	2	Abtrennung
	3	örtliche Qualität
	4	Asymmetrie
	5	vereinen/koppeln
innovative	6	Universalität/Integration
Lösungsprinzipien	7	Verschachtelung/Matrioschka
	8	Gegenmasse/Gegengewicht
	9	vorgezogene Gegenwirkung

	10 vorgezogene Wirkung
	11 Vorbeugungsmaßnahme/untergelegte Kissen
	12 Äquipotential
	13 Funktionsumkehr
	14 Krümmung/Kugelähnlichkeit
	15 Dynamisierung
	16 partielle oder überschüssige Wirkung
	17 höhere Dimension
	18 mechanische Schwingungen
	19 periodische Wirkung
	20 Kontinuität der Prozesse
	20 Überspringen/Durcheilen
	21 Schädliches in Nützliches wandeln
	22 Rückkopplung
	23 Vermittler
	24 Selbstversorgung/Selbstbedienung
	25 Kopieren
	26 billige Kurzlebigkeit
	27 Mechanik ersetzen
	28 Abtrennung
	29 flexible Hüllen und Folien
	30 poröse Materialien
	31 Farbveränderung / Signalgebung
	32 Homogenität
	33 Beseitigung und Regeneration
	34 Eigenschaftsänderung /Aggregatzustand
	35 Phasenübergang
	36 Wärmeausdehnung
	37 starkes Oxidationsmittel
	38 träges Medium
	39 Verbundmaterial/Stoffzusammensetzung

Matrix der Widersprüche

Die Widerspruchsmerkmale und die innovativen Lösungsprinzipien sind in einer Widerspruchsmatrix miteinander verknüpft. Dabei sind die Merkmale in der ersten Spalte und der ersten Zeile der Matrix aufgetragen. Die Merkmale in der Spalte verbessern sich entsprechend der Aufgabenstellung. Die Merkmale in der Zeile indizieren dagegen die Verschlechterung. Wenn also z.B. die Merkmale 5 (Fläche des beweglichen Objektes) und 10 (Kraft) derart im Widerspruch stehen, dass die Flächenvergrößerung eine Verbesserung darstellt und die steigende Kraft eine Verschlechterung, dann finden sich im Schnittpunkt beider Merkmale im Matrixfeld Ziffern der innovativen Lösungsprinzipien, deren konsequente Anwendung zur Lösung des Problems beitragen soll.

9 Entwurf neuartiger, mikrostrukturierter Bauelemente

sich verbessernde Merkmale	sich verschlechternde Merkmale				
					Kraft
	Fläche				10, 14 23, 27

Die komplette Widerspruchsmatrix findet sich in [Orl, Zob, web].
Gelingt es nicht mit den beiden oben geschilderten Verfahren, eine innovative Lösung zu entwickeln, dann kann nach TRIZ auf die *Datenbank der Effekte* zurückgegriffen werden. Diese Datenbank enthält inzwischen mehr als 6.500 physikalische und chemische Effekte. Durch die Nutzung dieses Effektekataloges kann die Lösung in Kombination mit der Widerspruchsmatrix herbeigeführt werden.

Schließlich stellt TRIZ noch eine Anzahl von *76 Standardlösungen* zur Verfügung. Diese Standardlösungen kennzeichnen die am häufigsten auftretenden Lösungen für technische Aufgabenstellungen.

Damit existieren für die Lösungsfindung 4 mächtige Werkzeuge, die es dem Entwickler ermöglichen sollen, von einer Aufgabenstellung zu einem geeigneten Wirkprinzip zu gelangen. Nach Aussagen von TRIZ-Experten lassen sich mit diesen Werkzeugen ca. 90% aller Aufgabenstellungen lösen. Für die restlichen 10% wird die Methode ARIZ angeboten. Dabei soll ARIZ insbesonder für komplizierte Systeme in einem komplexen Umfeld geeignet sein. Da derartige Systeme in der Mikrosystemtechnik nicht vordringlich zu erwarten sind, wird hier auf eine Erläuterung von ARIZ verzichtet. ARIZ ist aber für originäre Neuentwicklungen grundsätzlich ein geeignetes Werkzeug.

Vorteil von TRIZ

Der Vorteil der TRIZ bestehe, so die Verfechter dieser Theorie, in der Überwindung des Trägheitsvektors des Denkens. Dieser Trägheitsvektor führt beim Suchen nach Lösungen immer in Richtung der bekannten Lösungen und nicht in Richtung der idealen Lösung. Durch TRIZ wird dagegen der Suchwinkel eingeengt und es erfolgt eine fast konvergente Suche in Richtung der idealen Lösung.

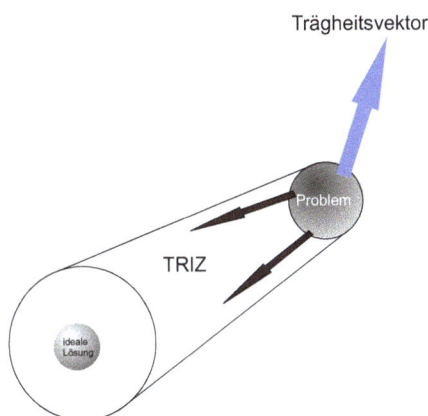

Entwurf von Mikrosystemen
- Entwurfsprozess von Mikrosystemen unterscheidet sich vom klassischen Entwurfsprozess häufig durch das Fehlen von Modellen und Simulationstools
- Einsatz dieser Tools ist bei völlig neuartigen Produkten aus ökonomischer Sicht unproduktiv
- sinnvoller Einsatz von Simulationen bei bekannten Modellen
- geschickte Verknüpfung von Standardkomponenten in Kombination mit Simulation führt häufig zu originellen, hochwertigen Lösungen

Anforderung → Wirkprinzip
- bei der Suche nach völlig neuen Lösungen besteht das Grundproblem im Finden eines Wirkprinzips, das den gestellten Anforderungen gerecht wird
- zur Lösungsfindung können verschiedene Methoden eingesetzt werden:
  - Brainstorming
    - Ideengeneration
    - Quantität anstelle von Qualität
    - keine Sicherheit einer optimalen Lösungsfindung
  - Münchner Vorgehensmodell (MVM)
    - ganzheitlich methodischer Ansatz
    - gesamter Entwurfsprozess hervorragend charakterisiert
    - Ausnahme: Lösung des Grundproblems
    - keine Sicherheit einer optimalen Lösungsfindung
  - Methode der Empathie
    - Sich in das Problem „hineinversetzen"
    - Erfordert hohes Maß an Abstraktionsvermögen und Erfahrung
    - Für den Mikrobereich nur sehr schwer anwendbar
    - Keine Sicherheit einer optimalen Lösungsfindung

  - TRIZ-Methode:
    - Überwindung der Denkbarriere zwischen dem Problem und seiner Lösung
    - Abstraktion des Problems
      - Innovationscheckliste
      - Funktionsmodell des Problems
      - Identifikation des Hauptwiderspruchs
    - Lösungsansätze
      - Transformationen für physikalische Unvereinbarkeiten

		- Matrix der Widersprüche
		    • Liste häufigster Widerspruchs-
		     merkmals
		    • Liste innovativer Lösungsprinzipien
		  o Innovativer Lösungsansatz existiert meist bereits für völlig anders geartete Probleme und hat in anderen Bereichen zu konkreten Lösungen geführt
		  o Lösungsansatz wird an das Problem adaptiert (transformiert)
		  o Lösung des speziellen Problems
		  o Hohe Wahrscheinlichkeit einer optimalen Lösungsfindung

Literatur

[Alt]   Altschuller, G.; „Erfinden – Wege zur Lösung technischer Probleme; Planung und Innovation", Cottbus, 1998

[Ger]   Gerlach, G.; Dötzel, W.; „Einführung in die Mikrosystemtechnik", Fachbuchverlag Leipzig, 2006

[Kasp]   Kasper, M. „Mikrosystementwurf", Springer, Berlin 2000

[Kle]   Klein, B.; „TRIZ/TIPS – Methodik des erfinderischen Problemlösens", Oldenburg, München 2002

[Lim]   Lindemann, U.; „Methodische Entwicklung technischer Produkte", Springer, Berlin 2006

[Lind]   Linde, H.; Hill, B.; „Erfolgreich erfinden", Hoppenstedt, Darmstadt 1993

[Orl]   Orloff, M.; „Grundlagen der klassischen TRIZ", Springer, 2006

[Pahl]   Pahl, G. u.a.; „Konstruktionslehre", Springer, Berlin 2003

[Zob]   Zobel, D.; „TRIZ für Alle"; Expert-Verlag, Renningen 2006

[web]   http://www.triz40.com/?lan=de

9.2 Umsetzung des Wirkprinzips

9.2.1 Entwicklung einer dreidimensionalen, konstruktiven Lösung

	Schlüsselbegriffe
	Adaptionsphase, Überprüfung der Anwendbarkeit, Dominanz der Planartechnologien, Reihenfolge der verschiedenen Prozessschritte, Beispiel einer 3-D-Mikrostruktur, Variante 1: Bearbeitung von vorn, segmentierte Bearbeitung, Variante 2: Bearbeitung von rechts/links, Variante 3: Bearbeitung von oben/unten, Kreativität des Entwicklers, Reduzierung der aktiven Waferfläche, Kombination von planaren und räumlichen Strukturen, Schutz planarer Strukturen, Prozessfolge: 1. planare Strukturen, 2. Schutzschichten, 3. Tiefenstrukturierung, 4. Entfernen der Schutzschichten, Hilfsprozess mit Tragwafer, Flowchart – technische Überprüfung des Wirkprinzips, Kosteneinschätzung, Beispiel Kostenberechnung, vollständiger TRIZ-Prozess

	Technische Umsetzung des Wirkprinzips
Adaptionsphase	Unabhängig von der Methode der Lösungsfindung ist nach erfolgreicher Ideenfindung die virtuelle Umsetzung der Idee in ein technisches Gebilde ein weiterer Schritt zum Produkt. In dieser Phase muss die Idee zunächst virtuell in ein geometrisches dreidimensionales Gebilde umgesetzt werden. Diese Umsetzung erfordert ein räumliches Denk- und Vorstellungsvermögen. Als Resultat dieser Überlegungen entsteht zunächst ein skizzenhaftes Gebilde des Mikrosystems. Durch die Anwendung ingenieurmäßiger Kenntnisse, d.h. grober Abschätzungen, werden dem Gebilde die notwendigen Dimensionen zugeordnet. In dieser Phase können zur Qualifizierung auch Modellrechnungen, falls die Modelle existieren, eingesetzt werden. Das Resultat dieser Überlegungen ist ein vollständiges geometrisches Design des Mikrosystems mit festgelegten geometrischen Maßen. Bei völlig neuartigen Systemen, für die noch keine Modelle existieren, ist es zweckmäßig, geometrische Varianten aufzustellen. In diesen geometrischen Varianten werden die geometrischen Parameter variiert, deren Einfluss als groß für die Gesamtfunktion des Systems vermutet wird. Der Vorteil dieser Vorgehensweise liegt darin, dass nach erfolgter Herstellung der Systeme und entsprechender Charakterisierung Messwerte vorliegen, die bei der Optimierung folgender Produktgenerationen in die Modellierung der Funktion einfließen können.

Überprüfung der Anwendbarkeit	Bei dieser Umsetzung müssen einige Randbedingungen beachtet werden:
	1. In welcher Umgebung soll das System eingesetzt werden?
	2. Ist ein Schutz vor schädlichen Einflüssen notwendig?
	3. Wie kann mit dem mikroskopisch kleinen System manipuliert werden?
	4. Wie sind die Anschlüsse zur Makrowelt zu gestalten, damit die gewünschte Funktion auch effektiv umgesetzt werden kann?
	5. Ist eine Gehäusung erforderlich?
	6. Wie muss das Gehäuse gestaltet sein, damit die Funktion effektiv umgesetzt werden kann?
	7. Wie ist das Mikrosystem in dem Gehäuse anzuordnen und zu fixieren?
	8. Wie groß ist der notwendige Montageaufwand zur Fixierung des Mikrosystems im Gehäuse?
	Es ist notwendig, diese Fragestellungen in vollem Umfang zu beantworten. Wenn es nicht gelingt, diese Fragen zufrieden stellend zu beantworten, dann ist es zunächst notwendig, das konstruktive Design des Mikrosystems zu überarbeiten. Sollte auch nach der Überarbeitung keine zufrieden stellende Beantwortung der Fragen möglich sein, dann ist es notwendig, nach anderen Lösungen zu suchen und dafür die am besten geeignete Methode einzusetzen. Die Iterationsschleife zur Suche nach geeigneten Lösungen muss erneut durchlaufen werden.

9.2.2 Transformation des dreidimensionalen Design in ein zweidimensionales Layout

Planare Prozesse – Dreidimensionale Systeme

Dominanz der Planartechnologien

Reihenfolge der verschiedenen Prozessschritte

Beispiel einer 3D-Mikrostruktur

Wenn sich eine Lösung als geeignet herausstellt, dann können die Prozessschritte zu deren Herstellung festgelegt werden. In der Mikrosystemtechnik basieren ca. 90% aller Prozesse auf Planartechnologien, d.h., es werden ebene Substrate von einer Seite oder beidseitig bearbeitet. Dem Rand der Substrate kommt bei dieser Bearbeitung kaum Bedeutung zu.

Die grundsätzlichen Prozessschritte der Planartechnologie sind Tiefenstrukturierungen mit Hilfe von Ätzprozessen und Schichtabscheidungen auf der Substratoberfläche. Als wesentlicher Hilfsprozess zur Strukturübertragung von Mikrodimensionen dient die Fotolithographie.

In der Regel ist es nicht möglich, mit einem Prozess alle Bestandteile der Mikrokomponente zu generieren. Daher müssen verschiedene Prozessschritte in einer genau einzuhaltenden Reihenfolge durchgeführt werden. Dazu sind Projektionen des dreidimensionalen Designs in die Ebene erforderlich. Zu diesem Zeitpunkt müssen die typischen Charakteristika der unterschiedlichen Prozesse bekannt sein, da diese sich direkt auf die Konturausbildung auswirken.

Variante 1: Bearbeitung von vorn

Das oben gezeigte Bild ist das Beispiel eines 3-dimensionalen Designs. Die Pfeile entsprechen den möglichen Bearbeitungsrichtungen. Dabei ist die Bearbeitungsrichtung auf den Betrachter äquivalent zur Richtung in die Ebene hinein. Je nach Anforderung an das Mikrosystem könnte eine Bearbeitung in allen Richtungen erfolgen. Unter der Annahme eines trockenchemischen anisotropen Ätzprozesses ist klar, dass nur die Bearbeitungsrichtung in die Ebene hinein zu dem gewünschten Resultat führt. Die zur Bearbeitung erforderliche Maske ist die Projektion der Oberflächenstruktur in Bearbeitungsrichtung. Bei Verwendung von Positivlack ergibt sich daher folgende Maskenstruktur (siehe Bild). Durch Trennschleifen mit der Diamantsäge werden die Strukturen in der gewünschten Form freigelegt.

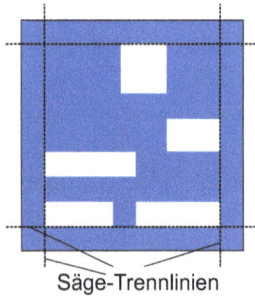

Säge-Trennlinien

segmentierte Bearbeitung

Wenn diese Richtung aber durch äußere Bedingungen nicht bearbeitet werden kann, dann ist eine segmentierte Bearbeitung notwendig. Unter der Annahme der gleichen Prozesstechnik wie oben muss dann von rechts, links, oben und unten bearbeitet werden. Dies ist jedoch auf Grund der planaren Substrate nicht möglich. Es kann also nur von oben und unten bzw. rechts und links bearbeitet werden (jeweils Vorder- und Rückseite des Substrates).

Variante 2: Bearbeitung von recht/links

Bei der Bearbeitung von rechts bzw. links fällt auf, dass die Aussparung an der Oberseite nicht strukturiert werden kann. Um dies zu erreichen muss die Konstruktion geteilt werden, d.h., es werden zwei Wafer benötigt, um das System zu erstellen. Damit stehen vier Seiten zur Bearbeitung zur Verfügung. Allerdings erhöht sich damit auch die Zahl der notwendigen Masken auf vier. Im Bild sind die entsprechenden Masken gezeigt (W1 – Wafer 1; W2 – Wafer 2).

9 Entwurf neuartiger, mikrostrukturierter Bauelemente

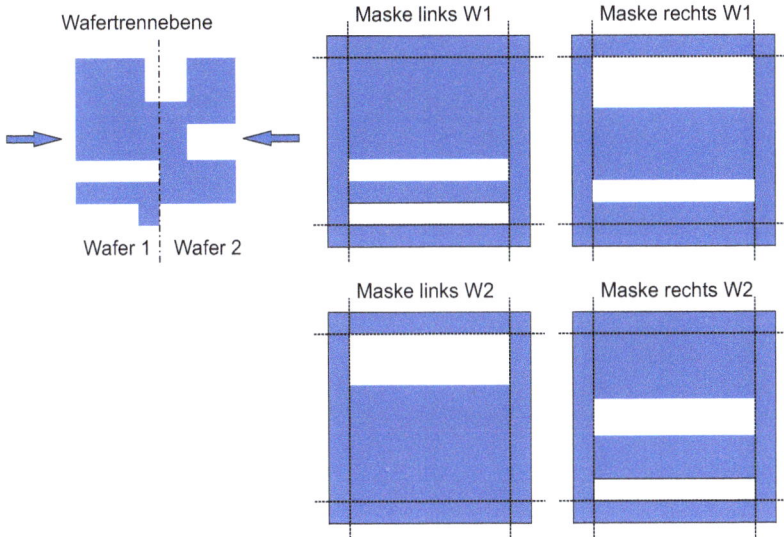

Wafertrennebene   Maske links W1   Maske rechts W1

Wafer 1   Wafer 2

Maske links W2   Maske rechts W2

Bei der Bearbeitung treten aber weitere Probleme auf. So kann nicht sichergestellt werden, dass beim Ätzen des ersten Wafers von links der untere Bereich stehen bleibt, während im darüberliegenden Bereich der Wafer vollständig durchgeätzt wird. Auch durch geschickte Prozessführung des Ätzens von beiden Seiten ist die Konturtreue beim Wafer 1 nicht garantiert.

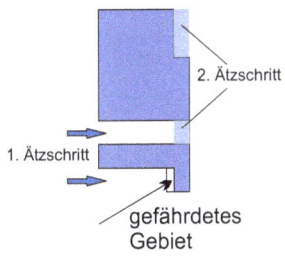

2. Ätzschritt

1. Ätzschritt

gefährdetes
Gebiet

Das gleiche Problem tritt beim zweiten Wafer auf, wenn von links geätzt wird. Hier muss der untere Bereich durchgeätzt werden, während der darüberliegende Bereich nicht die gesamte Wafertiefe umfasst. Durch geschickte Maskengestaltung und Prozessführung lässt sich hier allerdings Konturtreue erreichen. Wegen der unsicheren Prozessführung ist es notwendig, eine weitere Wafertrennebene einzuführen. Dies ist im Beispiel gezeigt.

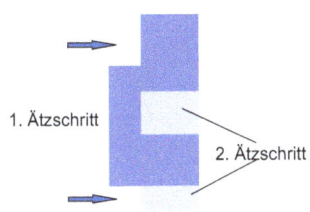

1. Ätzschritt

2. Ätzschritt

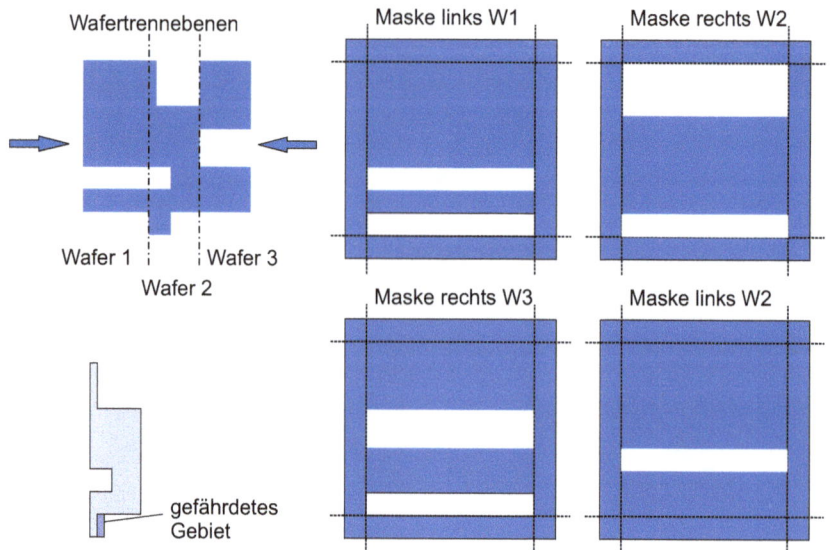

Da die Wafer 1 und 3 vollständig durchgeätzt werden, ist für deren Prozessierung jeweils nur eine Maske erforderlich. Für den Wafer 2 werden Masken für die Prozessierung von rechts und links benötigt. Dabei zeigt sich aber erneut, dass Gebiete auftreten, deren Konturtreue nicht garantiert werden kann. Man kann die Trennebenen zwischen den Wafern 1 und 2 bzw. 2 und 3 beliebig verschieben, es treten immer Gebiete auf, die ungewollt geätzt werden. Abhilfe ist nur möglich wenn eine 3. Wafertrennebene eingeführt wird.

Variante 3: Bearbeitung von oben/unten

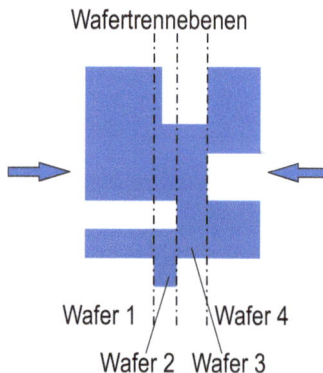

Zur Prozessierung sind insgesamt sechs Masken erforderlich. Die Gesamtstruktur besteht dann aus vier übereinander gebondeten Chips.

Bei der Bearbeitung von oben und unten zeigt sich, dass ebenfalls Aussparungen nicht strukturiert werden können. Daher muss auch hier das Mikrosystem aus 2 Chips, die auf verschiedenen Wafern hergestellt werden, realisiert werden. Dabei werden die Teil-Chips vollständig strukturiert. Die Verbindung der Chips erfolgt auf Waferlevel mit Hilfe von Waferbondprozessen. Analog zum obigen Beispiel sind für die Strukturierung der beiden

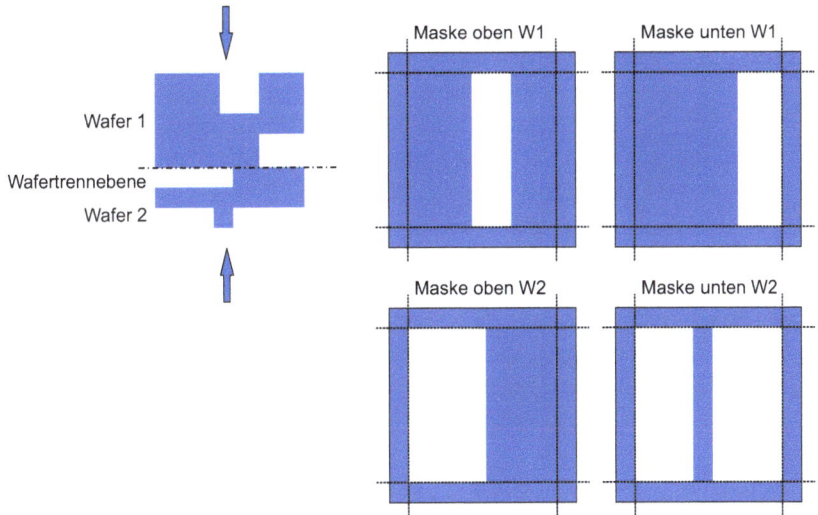

Maske oben W1   Maske unten W1

Maske oben W2   Maske unten W2

Wafer vier Masken erforderlich. Durch geschickte Wahl der Wafertrenne-bene können die Strukturen ohne Gefährdung der Konturtreue erzeugt werden.

<table>
<tr>
<td>**Kreativität des Entwicklers**</td>
<td>Anhand dieses Beispiels wird deutlich, dass durch die kreative Arbeit des Entwicklers Kosten und Risiken minimiert werden können. Bei der Strukturierung von rechts und links werden sechs Masken benötigt, außerdem ist ein technologisch sehr unsicherer Bondprozess mit vier Wafern erforderlich (bei mehr als zwei Wafern im Verbund steigt die Gefahr des Bruches). Die Bearbeitung von oben und unten kann mit zwei Wafern und vier Masken realisiert werden. Die Bruchgefahr ist damit praktisch ausgeschlossen. Ein geschickter Entwickler wird jedoch immer die Variante 1 anstreben, bei der mit einer Maske und keinem Waferbondprozess gearbeitet wird. Dies reduziert die Prozesskosten erheblich und verringert das Ausfallrisiko der Bauelemente drastisch.</td>
</tr>
<tr>
<td>**Reduzierung der aktiven Waferfläche**</td>
<td>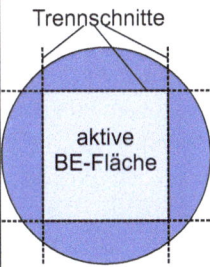
Trennschnitte
aktive BE-Fläche

In manchen Fällen wird es kaum möglich sein, die Anzahl der Waferbonds in einem Verbund bei einem Wert von eins zu halten. Größere Werte steigern aber das Risiko des Bruchs mindestens eines der Wafer im Verbund und damit die Ausfallwahrscheinlichkeit. In Grenzen kann die Zahl der Waferbonds gesteigert werden, wenn auf die Prozessierung der Standardwaferform verzichtet werden kann. Durch Reduzierung der aktiven Fläche für die Bauelemente auf den Innenbereich des Wafers und das Abtrennen der Randzonen kann das Risiko des Brechens eines Wafers im Verbund mit mehr als 2 Wafern stark eingeschränkt werden. Dennoch sollte es das Ziel jeder Entwicklung sein, die Summe der Chips im Verbund möglichst gering zu halten und den Verbund immer in Waferform (auch mit abgetrennten Randbereichen) zu realisieren.</td>
</tr>
</table>

Kombination von planaren und räumlichen Strukturen

Das Problem mikrostrukturierter Bauelemente besteht in der notwendigen Kombination von planaren (meist mikroelektronischen) und räumlichen Strukturen auf einem Wafer. Nachdem die räumliche Strukturierung erfolgt ist, bereitet das weitere Prozessieren der Wafer meist nicht geringe Schwierigkeiten. Schon das Fixieren der Wafer und deren Transport kann durch tiefgeätzte Strukturen erheblich beeinträchtigt werden (Vakuumansaugung versagt wegen unebener Oberfläche infolge der 3D-Strukturierung).

Schutz planarer Strukturen

Auch die Lithographie auf der strukturierten Seite bereitet große Schwierigkeiten, weil die Verteilung des Fotolackes mit Hilfe der Spin-on-Verfahren zu Schichten mit erheblicher Dickenabweichung führt. Durch Sprühbeschichtung kann dieses Problem gelöst werden. Dennoch bleiben Fragen der Belichtung ungelöst, wenn Strukturen mit geneigten Seitenwänden vorliegen. Es können ungewollte Reflexionen auftreten, und es kann zur Strukturaufweitung kommen, weil der Abstand Maske – Substrat nicht konstant ist.

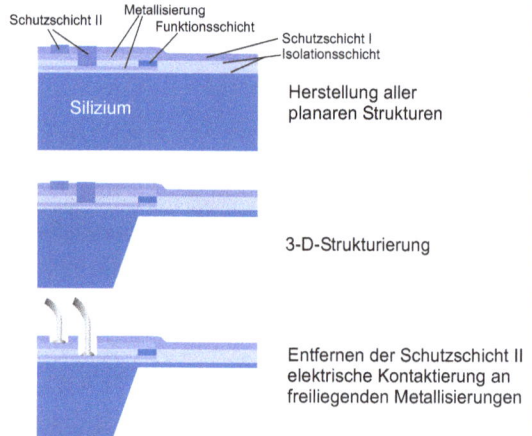

Prozessfolge:

Um diese Probleme zu vermeiden, ist es grundsätzlich sinnvoll, die Prozessfolge so auszulegen, dass zuerst alle planaren Strukturen auf dem Wafer angefertigt werden. Nach der Fertigstellung sind diese durch eine entsprechend geeignete Schutzschicht

1. planare Strukturen

2. Schutzschichten

(Schutzschicht I) abzudecken. Dabei ist es sinnvoll, die Bereiche der elektrischen Kontaktierung mit einem Material (Schutzschicht II) abzudecken, das andere chemische Eigenschaften aufweist als die Schutzschicht I, das aber auch während der 3-D-Strukturierung stabil bleibt. Im vorletzten Prozessschritt erfolgt die Tiefenstrukturierung mit dem entsprechenden Ätzverfahren (nass- oder trockenchemisch). Schließlich wird im letzten Prozessschritt die Schutzschicht II entfernt. Da diese stets bis zur Metallisierungsebene reicht, ist es nun möglich, die freiliegenden Metallstrukturen mit Hilfe geeigneter Techniken (Drahtbonden) zu kontaktieren.

3. Tiefenstrukturierung

4. Entfernen der Schutzschichten

Sollte dennoch die Notwendigkeit weiterer Prozesse bestehen, dann kann in einem Hilfsprozess mit einem Tragwafer gearbeitet werden. Ein solcher Tragwafer ist un-

Hilfsprozess mit Tragwafer

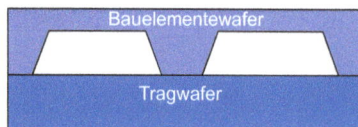

strukturiert und wird mit Hilfe von Klebe- oder Wachstechniken auf der tiefenstrukturierten Seite des Bauelementewafers fixiert. Damit können mit diesem Hilfsverbund weitere Prozessschritte auf dem Bauelementwafer durchgeführt werden. Dieser Hilfsprozess erfordert jedoch zusätzlichen Aufwand bei der Fixierung, beim Trennen des Verbundes und schließlich bei der restlosen Entfernung des Fixierungsmittels.

9.2.3 Verifikation der Lösung

Technische Überprüfung der Anwendbarkeit des Wirkprinzips

Flowchart – technische Überprüfung des Wirkprinzips	Wenn die technische Umsetzung des Wirkprinzips in der Mikrotechnik als grundsätzlich möglich eingeschätzt wird, ist es als Nächstes notwendig, einen *detaillierten Flowchart* aufzustellen. Dabei ist es sinnvoll, mit Prozesszustandsskizzen zu arbeiten, die das Ziel des jeweiligen Prozesses charakterisieren. Durch den Flowchart werden die zur Herstellung des Bauelementes notwendigen Masken deutlich hervorgehoben. Weiterhin werden die zur Herstellung notwendigen Einzelprozesse aufgelistet. Da sich manche Prozesse in der Reihenfolge ausschließen, kann man leicht mögliche Konflikte erkennen.

Zeigen sich bei der Erstellung des Flowcharts Probleme, dann ist die Umsetzung von 3D in 2D erneut zu überdenken. Die Umsetzung von 3D in 2D ist, wie oben gezeigt ein Prozess, der in starkem Maße die Kreativität des Entwicklers fordert. Durch Drehen des virtuellen Bauelementes im Raum und Veränderung der möglichen Arbeitsrichtungen können meist Konflikte, die im Flowchart sichtbar werden, korrigiert werden.

Ist eine Korrektur jedoch nicht möglich, dann ist der Rücksprung in die Adaptionsphase erforderlich. Die Adaptionsphase ist erneut zu durchlaufen. Erst wenn auch dieser erneute Durchlauf keine befriedigenden Ergebnisse zeigt, muss die *Iterationsschleife der Lösungsfindung* erneut bearbeitet werden.

Ökonomische Prüfung des Wirkprinzips

Kostenein-schätzung	Unter der ökonomischen Überprüfung eines Wirkprinzips ist nicht die buchhalterische Auseinandersetzung mit der Problemstellung zu verstehen. Hierbei handelt es sich vielmehr um die Abschätzung der Kosten, die die Herstellung des Bauelementes mit Hilfe der Mikrotechnologie verursachen könnte. Jeder Entwickler fühlt sich bei dieser Frage überfordert, kennt er doch die Prozesskosten im Detail kaum. Dies ist jedoch auch nicht

notwendig. Im Mittel betragen die Kosten für einen Fertigungsschritt auf einem Wafer in der Mikrotechnologie etwa 75€. Diese Kosten beziehen sich auf Prozesse mit einem Waferdurchmesser von 4" (100mm), wobei es günstigere Prozesse und weitaus teurere Prozesse gibt. Die Kosten setzen sich aus den Kosten für die verwendeten Geräte und Materialien sowie die notwendigen Personal- und Reinraumkosten zusammen. Weiterhin sind bei diesem Wert keine Unterscheidungen zwischen Batch-Fertigung (eine Vielzahl von Wafern wird parallel bearbeitet) und Einzelwaferbearbeitung erforderlich. Zusammengehörige Einzelprozesse sind bei dieser Einschätzung bereits als ein Prozess zusammengefasst, wie z.B.:

Fotolithographie
- Belackung
- Belichtung
- Prebake
- Entwicklung
- Postbake

Standardreinigung
- Caro-Reingung
- Spülen DI-H_2O
- SC1
- Spülen DI-H_2O
- HF-Dip
- Spülen DI-H_2O
- SC2
- Spülen DI-H_2O

Beispiel Kosten-berechnung

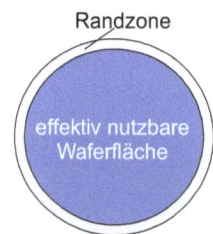

Der Mittelwert ist eine gute Größe, um die Fertigungskosten grob abzuschätzen. Aus der Chipanzahl/Wafer und der zu erwartenden Ausbeute lassen sich so relativ grob die Fertigungskosten für ein Mikrosystem einschätzen.

Beispiel: Ein Mikrosystem nimmt eine Chipfläche von 1mm x 1mm ein. Unter Beachtung der Randzone von 5mm lassen sich auf einem 4"-Wafer ≈ 6300 Chpis platzieren. Zur Herstellung der Mikrosysteme sind 5 Masken erfoderlich. Bei Maskenkosten (MK) von rund 700€/Maske ergibt sich ein Fixbetrag von 3.500€. Insgesamt werden 15 Prozessschritte benötigt, um das Mikrosystem herzustellen. Damit ergibt sich für die Prozesskosten (PK) eine Größe von 1125€. Bei der Prozessierung von nur einem Wafer mit einer Gesamtausbeute von 80% können insgesamt 5040 Systeme (N) hergestellt werden. Die reinen Fertigungs- und Materialkosten (K) betragen demzufolge:

$$K = \frac{PK}{N} = \frac{1125€}{5040} = 0,22€$$

Werden die Maskenkosten mit in die Rechnung einbezogen, dann ergibt sich:

$$K = \frac{PK + MK}{N} = \frac{1125€ + 3500€}{5040} = 0,92€$$

Diese erste grobe Kostenkalkulation zeigt deutlich den Einfluss der Chipgröße auf die Kosten. Größere Chipflächen führen zu einem entsprechenden Kostenanstieg. Durch Verkleinerung der Chipfläche kann das Kostenpotenzial deutlich gesenkt werden.

Durch die grobe Kosteneinschätzung kann das Mikrosystem auch ökonomisch charakterisiert werden. Sollte diese Einschätzung in starkem Konflikt mit den Erwartungen stehen, dann ist die Umsetzung von 2D in 3D erneut zu überdenken. Sollten sich nach diesem Denkprozesse die Konflikte nicht gelöst haben, dann ist die Adaptionsphase erneut zu durchlaufen. Schließlich ist ein Rücksprung in die Lösungsfindung erforderlich, wenn auch nach der Adaptionsphase keine befriedigende Antwort gefunden werden konnte.

vollständiger TRIZ-Prozess	**Vollständiges Schema der Entwicklung** Die typischen Entwicklungsphasen sind im nebenstehenden Bild noch einmal übersichtlich zusammengestellt. Dabei wird als Entwicklungsmethode TRIZ vorgeschlagen. TRIZ bietet gegenüber den anderen Methoden den Vorteil einer gezielten Lösungssuche, setzt jedoch voraus, dass die Analyse des Problems mit äußerster Sorgfalt erfolgt. Fehlerhafte Analysen oder falsche Interpretationen führen auch mit TRIZ zu nicht praktikablen Lösungen. So muss der Zufälligkeit von guten Ideen auch mit TRIZ eine nicht geringe Bedeutung zugemessen werden.

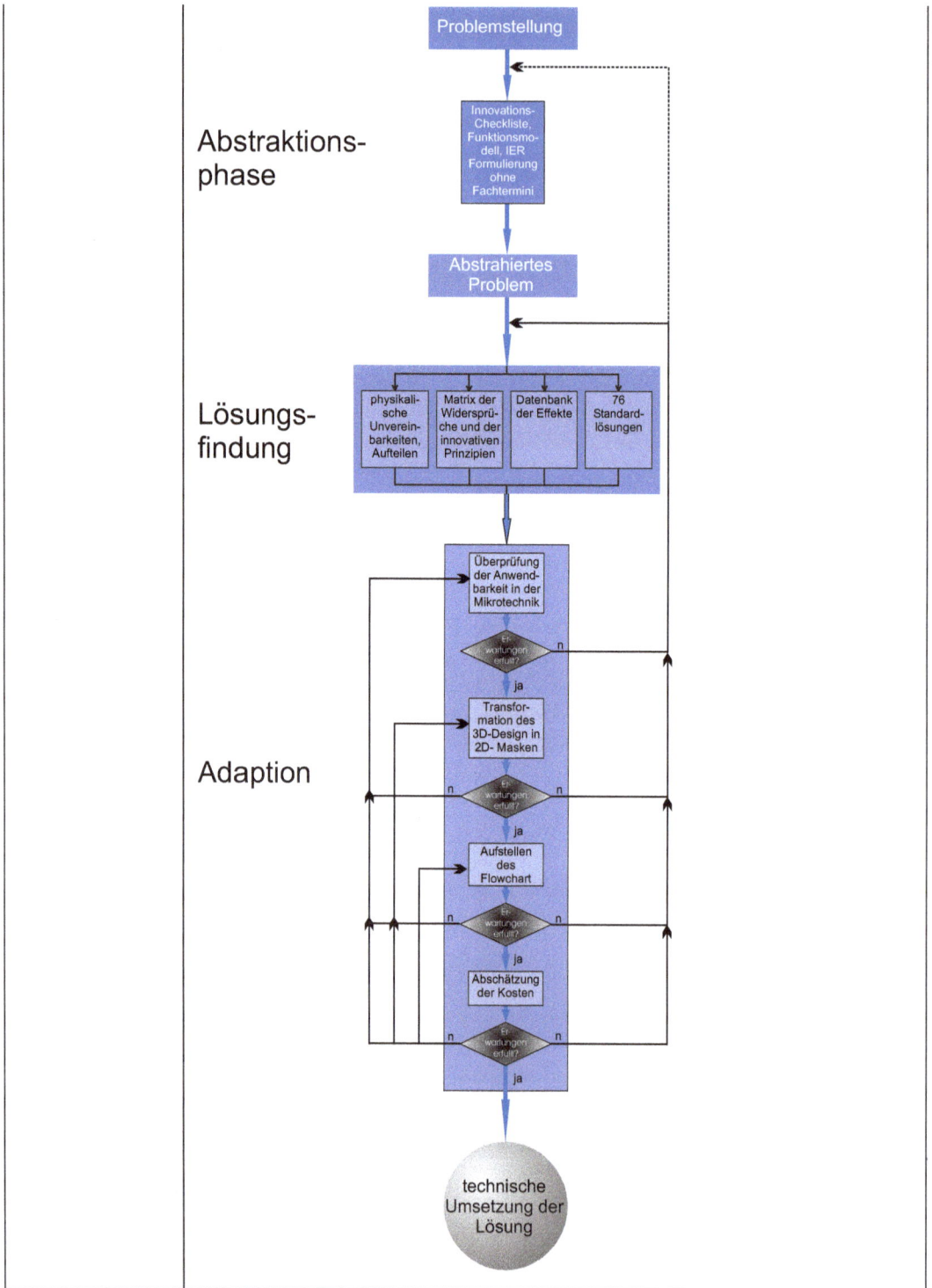

Abstraktions-
phase

Lösungs-
findung

Adaption

Problemstellung

Innovations-
Checkliste,
Funktionsmo-
dell, IER
Formulierung
ohne
Fachtermini

Abstrahiertes
Problem

physikali-
sche
Unverein-
barkeiten,
Aufteilen

Matrix der
Widersprü-
che und der
innovativen
Prinzipien

Datenbank
der Effekte

76
Standard-
lösungen

Überprüfung
der Anwend-
barkeit in der
Mikrotechnik

Erwartungen
erfüllt?   n

ja

Transfor-
mation des
3D-Design in
2D- Masken

Erwartungen
n   erfüllt?   n

ja

Aufstellen
des
Flowchart

n   Erwartungen
erfüllt?   n

ja

Abschätzung
der Kosten

n   Erwartungen
erfüllt?   n

ja

technische
Umsetzung der
Lösung

9 Entwurf neuartiger, mikrostrukturierter Bauelemente

Planare Prozesse – dreidimensionale Systeme
- 90% aller Prozesse Planartechnologien
  - Ätzprozesse
  - Schichtabscheidungen
- ebene Substrate müssen von einer Seite oder beidseitig bearbeitet werden
- Rand dieser Bearbeitung kaum bedeutend
- Hauptprozess der Strukturübertragung → Fotolithographie
- exakte Reihenfolge verschiedener Prozessschritte ist für erfolgreiche Umsetzung des Wirkprinzips essentiell
- Ziel:
  - Prozessierung mit minimal möglicher Waferzahl
  - Prozessierung mit minimal möglicher Maskenzahl
  - Prozessierung mit minimal möglicher Prozessschrittzahl
  - Kombination planarer und räumlicher Mikrostrukturen
  - Prozessfolge:
    1. Herstellung und Strukturierung *aller* planaren Strukturen
    2. Schutz der planaren Strukturen mit Schutzschichten
    3. Tiefenstrukturierung
    4. Entfernung der Schutzschichten
    5. Hilfsprozess:
       Nutzung von Tragwafern nach der Tiefenstrukturierung
- Technische Überprüfung des Wirkprinzips:
- Erstellen eines detaillierten Flowcharts
- Probleme bei Prozessfolge:
  - Umsetzung von 2D in 3D überdenken
  - Rücksprung in die AdaptionsphaseIterationsschleife der Lösungsfindung
- Kosteneinschätzung
  - Prozesskosten
  - Maskenkosten
  - Waferkosten

Vollständiger TRIZ-Prozess mit den Phasen
- Abstraktion
- Lösungsfindung
- Adaption

9.3 Materialauswahl

	Schlüsselbegriffe
	Verschiedene Materialien, Substratmaterial, Funktionsmaterial, Hilfsmaterial, Auswahl der Funktionswerkstoffe, Kriterien zur Auswahl der Substratwerkstoffe, Vergleich typischer Substratwerkstoffe, Einschränkung der Auswahl

	Materialdifferenzierung
	Die Auswahl von geeigneten Materialien für die virtuelle Mikrokomponente wird von verschiedenen Faktoren beeinflusst. Zunächst muss aber beim Materialeinsatz zwischen Substratmaterialien, Funktionsmaterialien und Hilfsmaterialien unterschieden werden.
Substratmaterial	Substratmaterialien sind Materialien, aus denen die Mikrokomponente aufgebaut ist. Im Gegensatz zur klassischen Technik können nicht beliebig viele Substratmaterialien ausgewählt werden. Die extrem eingeschränkten Möglichkeiten der Montage im Mikrobereich und die zur Verfügung stehenden Montagetechnologien schränken die Zahl der frei wählbaren Substratmaterialien erheblich ein. In der Regel besteht eine Mikrokomponente daher aus einem, bestenfalls aus zwei unterschiedlichen Substratmaterialien.
Funktionsmaterial	Unter Funktionsmaterialien sind Materialien zu verstehen, die die Funktion der Mikrokomponente ermöglichen, aber an das Vorhandensein eines Trägerwerkstoffes, das Konstruktionsmaterial, gebunden sind. Unter Funktion ist dabei die Nutzung spezifischer Eigenschaften des Funktionsmaterials zu verstehen (elektrische Leitfähigkeit, magnetische Leitfähigkeit,

	Piezoelektrizität, Piezoresistivität, chemische Beständigkeit, Wärmeleitfähigkeit, Elastizität ...). Funktionsmaterialien werden in der Mikrosystemtechnik meist in Form dünner Schichten oder, wesentlich seltener, als massive Körper auf dem Konstruktionsmaterial angeordnet. Eine Mikrokomponente kann eine Vielzahl von Funktionsmaterialien enthalten. Substratmaterialien können selbst auch als Funktionsmaterialien fungieren. Funktionsmaterialien können aber Konstruktionsmaterialen nicht ersetzen.
Hilfsmaterial	Hilfsmaterialien sind Werkstoffe, die zur sicheren Verbindung von Substratmaterialien und Funktionsmaterialien oder Funktionsmaterialien untereinander beitragen. Bei Schichtsystemen können dies Schichten sein, die die Haftung einer Funktionsschicht auf dem Konstruktionsmaterial sicherstellen. Auch Klebstoffe und Lote dienen als Hilfsmaterial. Hilfsmaterialien tragen nicht zur Funktion der Mikrokomponente bei, sind aber bisweilen unerlässlich, um Funktionsmaterialien zu fixieren. Hilfsmaterialien können Substratmaterialien nicht ersetzen.
	Aus dieser Differenzierung ergeben sich grundlegende Überlegungen zur Werkstoffauswahl für die zukünftige Mikrokomponente.

	Dominanz der Substratmaterialien
Auswahl der Funktionswerkstoffe	Die Auswahl der Werkstoffe für eine Mikrokomponente erfolgt grundsätzlich unter dem Aspekt der Funktion der Mikrokomponente. Wenn ein bestimmtes Wirkprinzip entwickelt wurde, das den Anforderungen an das zukünftige Produkt gerecht wird, dann ergeben sich auf Basis dieses Prinzips sofort spezifische Anforderungen an die notwendigen Funktionswerkstoffe. Auf Grund der Spezifik der Lösung und der damit verbundenen Notwendigkeiten der Existenz spezifischer Eigenschaften bestehen bei der Auswahl von Funktionswerkstoffen in der Regel nur sehr geringe Auswahlmöglichkeiten. Man wird also bestrebt sein, Materialien zu finden, die in ihrem Eigenschaftsspektrum die erforderliche Spezifik aufweisen. In der ersten Iteration ist also der/die Werkstoffe zu finden, der die Hauptfunktion der Mikrokomponente sicherstellt (z.B. Piezoelektrizität). Im Weiteren sind dann die Funktionswerkstoffe festzulegen, die die Funktion des dominierenden Funktionswerkstoffes sicherstellen (z.B. Isolationsschichten, Elektrodenschichten ...). Dabei ist die Frage nach dem Substratwerkstoff zunächst völlig unerheblich, da dieser die Funktion in der Regel nicht gewährleistet. Nachdem aber die Funktion der Mikrokomponente materialmäßig geklärt ist, stellt sich schließlich doch die Frage nach dem Träger für die Funktionswerkstoffe – nach dem Substratmaterial.
	Die Auswahl des Substratmaterials ist von dominierender Bedeutung in der Mikrosystemtechnik. Durch die Festlegung auf eine bestimmte Materialsorte wird auch die gesamte Fertigungstechnologie festgelegt. Bei dieser

Wahl spielen nicht zuletzt Kostenaspekte und die Verfügbarkeit eine entscheidende Rolle.

Betrachtet man die unterschiedlichen Grundmaterialien, dann kann man deutliche Vor- und Nachteile identifizieren. Diese können an folgenden wesentlichen Kriterien sichtbar gemacht werden:

a. Entwicklungsreife der Mikrostrukturierung
b. Applikation von Funktions- und Hilfsmaterialien
c. Verfügbarkeit und Anzahl qualifizierter Einzelprozesse
d. Ausrüstungskosten
e. Prozesskosten
f. Produktivität
g. Kosten des Basismaterials

Natürlich kann diese Zusammenstellung noch deutlich erweitert werden. Hier sollen jedoch nur wesentliche, die Herstellung von Mikrokomponenten betreffende Kriterien, hervorgehoben werden.

Vergleich typischer Substratwerkstoffe

	a	b	c	d	e	f	g
Silizium	+++	+++	+++	---	---	+++	+
Glas	+	++	++	+++	+++	+	--
Keramik	0	+	+	-	-	+	+
Metalle	+	++	++	-	+	--	++
Polymere	+	--	-	0	++	+++	+++

Einschränkung der Auswahl

Silizium, Metalle, Gläser und Keramiken sind vakuumtaugliche Materialien und können daher in bekannten physikalischen (PVD-) Abscheideverfahren (Bedampfung, Sputtern) beschichtet werden. Der Einsatz von CVD-Verfahren ist von der Höhe der Erweichungstemperatur abhängig. Daher sind nur Silizium und Keramiken in CVD-Prozessen uneingeschränkt beschichtbar. Polymere sind nicht generell vakuumtauglich. Durch Konfektionierung und Modifizierung sind in Polymeren oft leicht flüchtige Stoffe enthalten, die im Hochvakuum ausgasen. Dadurch können sich die Grundeigenschaften der Polymere leicht verändern. Vakuumtaugliche Polymere können nur in PVD-Verfahren beschichtet werden. Die Anwendung von thermischen CVD-Prozessen ist wegen der hohen thermischen Belastung der Substrate meist ausgeschlossen.

Hochtemperaturprozesse nach der Beschichtung sind nur bei Keramiken und Silizium uneingeschränkt möglich. Bei Polymeren sind diese Prozesse völlig ausgeschlossen. Gläser und Metalle zeigen in Abhängigkeit vom Schmelzpunkt Einschränkungen. Spin-on-Verfahren sind daher auch nur bei den Materialien möglich, die einen nachträglichen Hochtemperaturschritt zulassen.

Galvanische Abscheideprozesse sind bei allen Materialien möglich.

Die Haftung von Funktionsmaterialien auf den Substraten ist für Silizium ausführlich untersucht. Gitterfehlanpassungen oder Fehlanpassungen wegen unterschiedlicher thermischer Ausdehnungskoeffizienten können durch geeignete Zwischenschichten kompensiert werden. Für Gläser, Keramiken, Metalle und Polymere sind diese Anpassungsschichten nur bedingt bekannt. Damit herrscht bei diesen Materialien gegenüber dem Silizium noch ein hoher Entwicklungsbedarf, der aber die Prozesssicherheit deutlich einschränkt.

Anhand dieser Zusammenstellung lässt sich deutlich erkennen, dass Silizium als Basismaterial ideal dann geeignet ist, wenn die Integration von Funktionswerkstoffen erforderlich ist. Durch eine große Vielfalt an erprobten Prozessen kann eine sichere Fertigung, auch komplizierter Mehrstoffkomponenten, realisiert werden. Nachteile der Si-Technologie sind die hohen Ausrüstungs- und Prozesskosten. Auf Grund der hohen Produktivität kann dieser Nachteil bei hohen Stückzahlen überwunden werden.

Alle anderen Materialien zeigen deutliche Schwächen bei der Integration von Funktionswerkstoffen, weil zu deren Integration keine ausreichende Anzahl an qualifizierten Prozessen zur Verfügung steht.

Gläser zeigen deutliche Vorteile in den Equipment- und Prozesskosten. Allerdings sind die Materialkosten vergleichsweise hoch.

Die Vorteile der Keramik liegen in der sehr hohen thermischen Stabilität der Mikrokomponenten und den niedrigen Materialkosten. Allerdings sind die Equipment- und Prozesskosten im mittleren Bereich angesiedelt.

Metalle lassen sich meist nur mit serieller Technik mikrostrukturieren. Daher ist die Produktivität bei relativ hohen Equipmentkosten niedrig. Der Einsatz von Metallen in der Formteilfertigung scheint folglich als sehr sinnvoll.

Der Vorteile von Polymeren liegt in den geringen Materialkosten und einer hohen Produktivität bei vergleichsweise moderaten Equipmentkosten.

Merke

Materialien der Mikrosystemtechnik
- Substratmaterialien
- Funktionsmaterialien
Hilfsmaterialien

Auswahl der Funktionsmaterialien → *Kriterien:*
- Funktion der Mikrokomponente
- Anpassung an Substratmaterial

Auswahl der Substratmaterialien → *Kriterien:*
- Entwicklungsreife der Mikrostrukturierung
- Applikation von Funktions- und Hilfsmaterialien
- Verfügbarkeit und Anzahl qualifizierter Einzelprozesse
- Ausrüstungskosten
- Prozesskosten
- Produktivität
- Kosten des Basismaterial

Verzeichnis der Schlüsselbegriffe

www.ingramcontent.com/pod-product-compliance
Lightning Source LLC
Chambersburg PA
CBHW042031220326
41598CB00074BA/7405